JN107305

ハードウェア・デザイン・シリーズ

実用電源回路設計ハンドブック

戸川治朗 著

CQ出版社

ま え が き

メモリを代表とするIC関連の技術の進展にはめまぐるしいものがあります．それとあいまって電子機器の高性能，高機能化も急テンポで進んでいます．また，時代の流れといってはそれまでですが，低価格，小型化の進行度合にも目をみはるものがあります．

とりわけ，VTRカメラ，ワープロ，ラップトップ・パソコンなどの電池駆動型ポータブル機器が急激に普及をしだしています．こうしたものは，小型・軽量化と同時に低消費電力で電池の使用時間を少しでも長くできるような工夫がなされていなければなりません．

そうした観点からすると，種々の回路や部品を動作させるための電源装置に対しても，機器の仕様に合わせて最適の設計がなされていなければなりません．ただ必要な電圧と電流が取れればよいというわけにはいかなくなってきたのです．

そのために，市販されている汎用タイプのモジュール電源だけでは特性面や経済性の面からなかなか満足のいかない場合が多くなってきています．つまり，どうしても個別に専用の電源装置を作らなければならないことがあるのです．

電源装置は，電圧や電力を変換するだけの単純な機能ですから，回路構成もほかの電子回路に比較して決して複雑ではありません．そのために，安易に設計をしがちで無駄な部品を使用したり信頼性を低下させたりということが多々あるようです．

ところが，機器本体で消費する電力がすべて電源部を通過するわけですから，定電圧制御用のトランジスタやレギュレータICなどは高圧，大電流で動作させなければなりません．そのために半導体には電力損失が発生し，発熱します．

また，スイッチング・レギュレータにおいては，大変大きな雑音を出してしまいます．機器を動作させるための心臓部ともいえる電源回路ですから，このような問題に対しては慎重に対処しなければ，目的とする機器の性能を得ることはとうていできるわけがありません．

そこで本書は，広範囲にわたる電源装置の設計方法を多くの回路例を掲げながら解説してみました．整流回路の動作のしくみから，大型のスイッチング・レギュレータにいたるまで，実際に応用できる種々の回路方式を掲載してあります．とりわけ，オンボード型のローカル・レギュレータとして活用できるDC-DCコンバータなど，専用ICの使用例をなるべく多くとり入れるように心掛けたつもりです．回路の設計だけではなく，放熱やノイズ対策に関した部品の実装方法についても述べてあります．

また，応用設計が可能なように基礎的な技術について多くのページをさいていますので，若干煩雑な計算式も含まれているかも知れません．とくに，トランスやコイル類の設計は重要な部分ですが，なかなか難しいことが多く，たんに数値の計算だけでは十分な特性が得られません．そこで，ノウハウ的な内容も可能なかぎり入れたつもりですが，最終的には実験的に決定しなければならない要素が多いということを覚悟してください．

たとえ簡単な電源装置であっても，自分で設計・組み立てをしたものが目的通りに動作したならば，それはそれはうれしいものです．ぜひ本書を参考としながら，挑戦をしてみてください．

1988年3月　　著　者

本書はオンデマンド発行にあたり，2色刷りだった本文を1色に変更しました．ご了承ください．

もくじ

プロローグ　電源回路技術のあらまし

第1部　ドロッパ型レギュレータの設計法

第1章　整流回路の設計法
―― まずは直流電圧を得るために

第2章　もっとも簡単な安定化電源
―― 直流安定化の基本を学ぶために

第3章　3端子レギュレータの応用設計法
―― もっともよく使うシリーズ・レギュレータ IC

第4章　シリーズ・レギュレータの本格設計法
―― 安定化電源の本質を理解するために

第7章　無停電電源の設計法
―― パソコンの停電補償を行うために

第8章　高圧電源の設計法
―― DC-DC コンバータと倍電圧整流を利用する

第9章　雑音を小さくするさまざまな工夫
―― ノイズ対策のノウハウを詳解

プラス・ワン　放熱のための実装技術ノウハウ

エピローグ　電源回路の新しい技術

・表紙デザイン／宰　良二
・表紙フォト　／佐瀬　真

プロローグ 電源回路技術のあらまし

●なぜ安定化電源が必要か
●安定化電源二つの方式

なぜ安定化電源が必要か

● 電子回路は直流電源で動作する

あたりまえの話ですが電子機器はすべて，動力源となる電源部がなければ動作できません(図1)．しかも，その大半が5Vや12Vの安定化直流電源を必要とします．そして，これらの直流電源の元になるものの多くは，ハンディ・タイプのポータブル機器はバッテリ(電池)であり，それ以外は商用電源のAC 100 V/200 Vです．

図2に示すように，商用電源を入力源とするものでは，電源トランスによって必要な値へ電圧を変換し，整流して直流電圧にしてから回路や機器へ供給します．しかし，整流しただけの直流電源では，入力のAC 100 Vが変化したり，トランスや整流ダイオードの電圧降下などで電圧の安定度や精度が悪く，十分に回路や機器の性能を引き出すことができません．

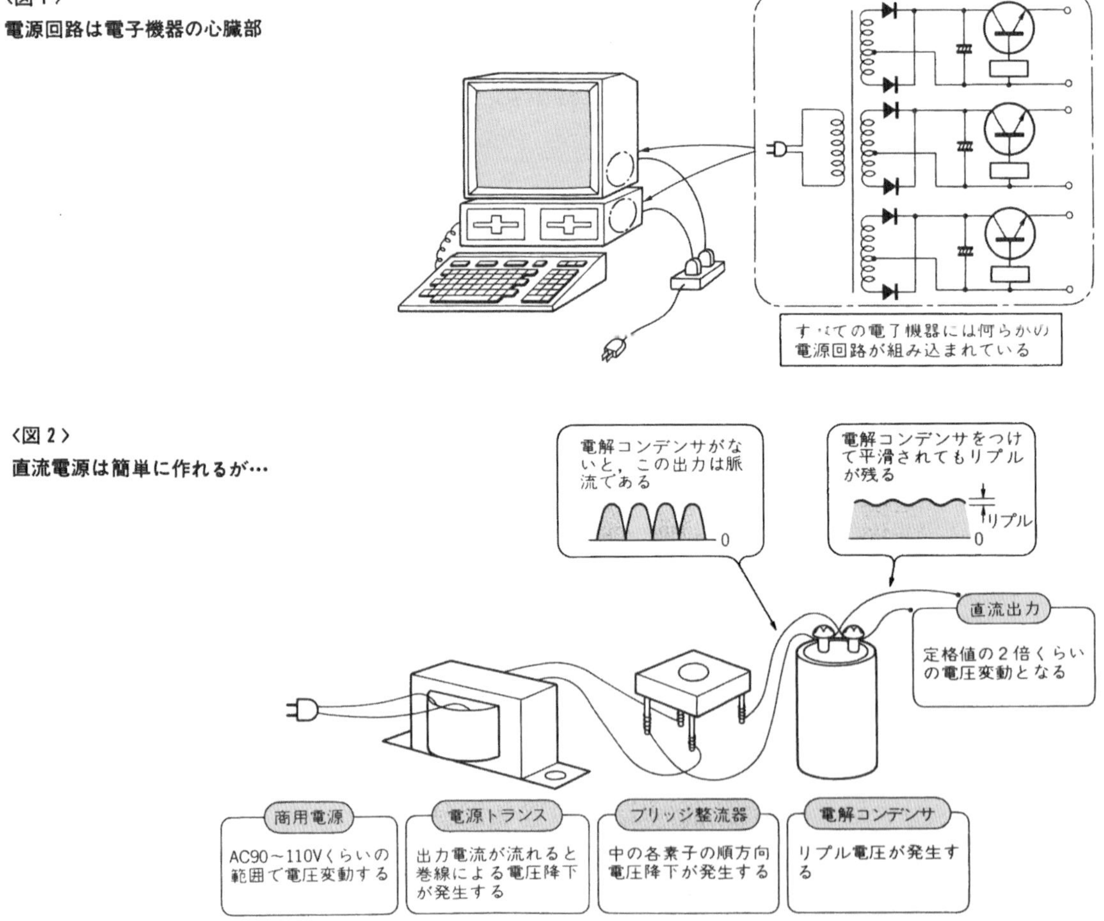

〈図1〉
電源回路は電子機器の心臓部

〈図2〉
直流電源は簡単に作れるが…

●電圧変動の原因

図 2 を結線図としたのが**図 3** ですが，この二つの図から，直流出力電圧の変動する要因を考えてみます．

▶商用電源電圧の変動

日本国内は電源事情が大変よく，あまり商用電源電圧の変動はありません．通常では，100 V に対して±5 V 以内の変動と考えてさしつかえありません．しかし，例えばすぐ近くに大型の冷房機など電動機類があって，それが起動した時には，100 V の電源電圧が，90 V くらいまで低下することはめずらしくありません．

▶電源トランスの電圧降下

トランスの大小によって異なりますが，細い銅線を数百回以上も巻線しているので，電線の抵抗によって電圧降下が発生します．

また，トランスの1次側，2次側にリーケージ・インダクタンスが直列に挿入されるので，これによる電圧降下も発生します．

▶整流ダイオードの電圧降下

整流用として多く使われるブリッジ・ダイオードは，**図 3** のように4個のダイオードで構成されていますが，ダイオードは，流れる電流によって順方向の電圧降下が変化してしまいます．

▶リプル電圧

商用電源の交流電圧はサイン波なので，電解コンデンサによって平滑しても，必ずリプル電圧が発生します．これは，電源周波数の2倍で連続的に変化する電圧変動と考えることができます．

しかも，実際には**図 4** に示すような負荷の変動も考慮しなければなりません．したがって，**図 3** のような，ただの整流しただけの電源では大きな電圧変動を発生してしまいます．そして，すべての条件を考慮すると，入力する商用電源の変動に対して2倍以上の電圧変動になってしまいます．

● IC や電子部品の動作に合う電圧を作る

トランジスタや IC などの半導体はもとより，モータやリレー，ランプなど，すべての電子部品には印加できる最大電圧が規定されています．そして，この電圧値を越えてしまうと，電子部品が破損したり，寿命が極端に短くなったりしてしまいます．

例えば，ディジタル IC の TTL では，定格電圧が+

〈図 3〉 整流回路の構成

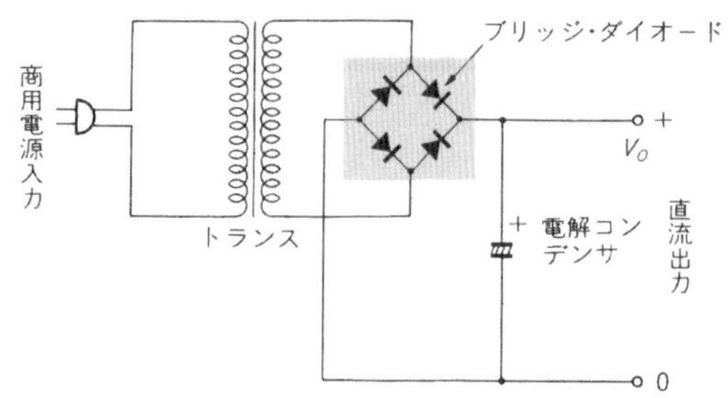

5 V で，動作を保証する電圧は 4.5 V～5.5 V，最大電圧は 7 V になっています．

また，ランプなどは印加電圧が10 %上昇すると，消費電力は2乗で増加して1.2倍以上になります．そして，それによって寿命は半減するといわれています．

さらに，OP アンプなどによる微弱信号を増幅する回路では，電源電圧の変動が信号に重畳して，信号の変動やノイズとなってしまいます．その結果，必要とする精度や安定性が得られなくなってしまいます．

このように，電源電圧の変動は機器の性能や信頼性の面において大きな障害要因となってしまいます．

電源回路は，まさに電子機器の心臓そのものです．ただの整流電源ではほとんどの装置が満足に動作することができません．そこで，電子的な手段を講じて安定な電圧を得ようとするのが安定化電源です．

安定化電源 二つの方式

現在，主に用いられている直流安定化電源の方法としては，大別してドロッパ・レギュレータとスイッチング・レギュレータと呼ばれる方式があります．

● 安定度を優先するときはドロッパ・レギュレータ

図 5 に示すのがドロッパ方式と呼ばれるもので，シリーズ・レギュレータやシャント・レギュレータと呼ばれるものがこれに属します．そして，これらの方法は特に電圧精度(安定度)を要求されるものや，小さな電力を扱うものに好んで使用されています．

というのは，このドロッパ・レギュレータは電気的なノイズの発生量が非常に少なく，直流出力電圧に含

〈図 4〉

電子回路の負荷変動

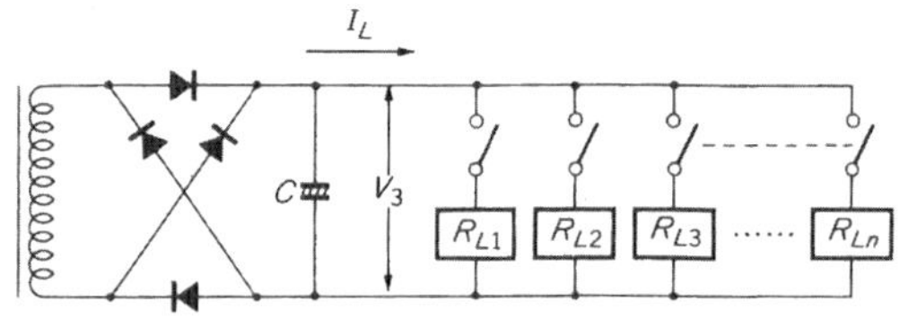

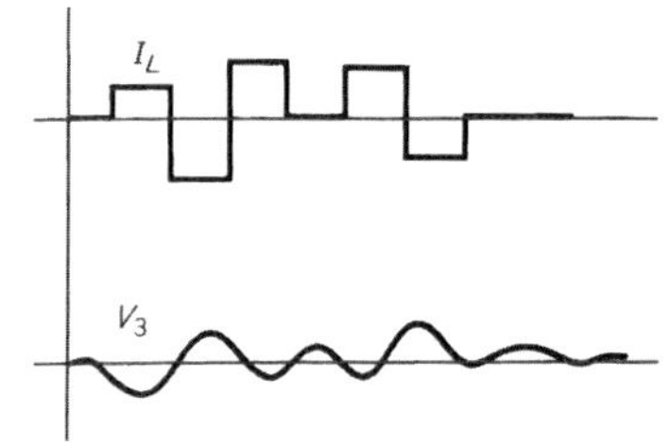

R_{L1}～R_{Ln} は各ディジタル素子の動き(負荷変動)

〈図5〉ドロッパ・レギュレータ(シリーズ制御型)の構成

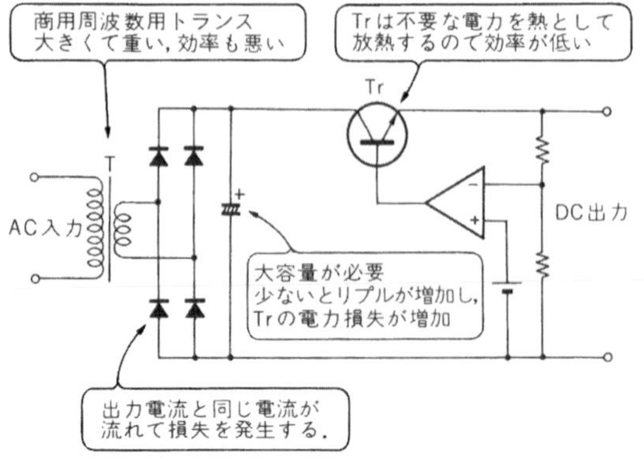

〈図6〉ドロッパ・レギュレータは小型ローカル・レギュレータとして使うことが多い

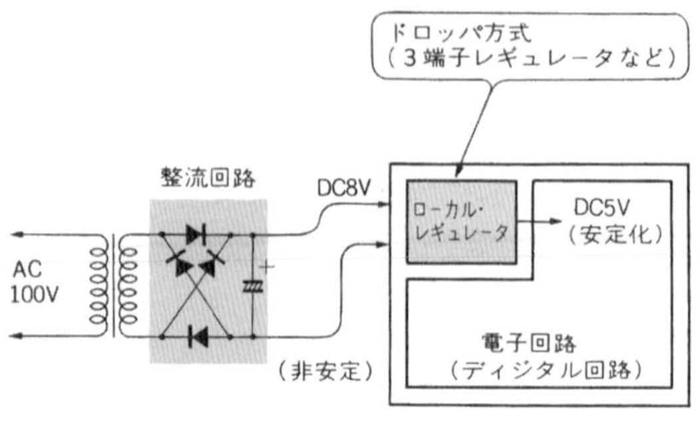

まれるリプルも小さく，**極めて安定度の高い電源を構成できるのです**．ですから，ノイズを極端に嫌う**無線機や測定器**などには好んで用いられています．

ただしドロッパ・レギュレータは，入力電源である整流電圧と出力電圧の差分を，すべて制御トランジスタが背負っています．そして出力電流がそのまま制御トランジスタのコレクタ電流として流れます．ですから，**出力電流の大きいものを作ろうとすると，このトランジスタには大きな電力損失**を生じてしまいます．

電力損失はすべて熱になってしまいますから，この制御トランジスタやダイオードといった半導体類は，発熱によって使用許容温度を越えないように，大きな面積の放熱器に取り付けなければならなくなってしまいます．

そのため，ある程度大きな電力，例えば20W程度以上の出力電力が必要な場合には，電源部での電力損失が大きくなり，あまり用いられることはありません．

ただ，簡単な回路構成で高い信頼性が得られることは捨て難いメリットといえますので，**図6**のような**小型ローカル・レギュレータ(オンボード・レギュレータ)**としては重宝に使われています．

● **小型，高効率化のスイッチング・レギュレータ**

シリーズ・レギュレータとかシャント・レギュレータと呼ばれるドロッパ・レギュレータに対して，**図7**に示すようなスイッチング・レギュレータ方式では70%**以上の変換効率**が得られます．したがって，例えば5V，6Aの電源の場合，**ドロッパ・レギュレータでは**70Wの**損失**であったものが，**スイッチング・レギュレータだと**12W**程度の損失**で済むことになります．ですからその分，放熱に要する面積が少なくて済みます．

また，電源トランスは動作周波数が低いものほど大きくしなければならず，商用電源の50/60Hzを変換するドロッパ・レギュレータでは，重い大きなものとなってしまいます．

一方，スイッチング・レギュレータでは，**動作周波数を数十kHz以上**にすることが容易ですから，電力変換に使用する**トランスは軽くて小型**のものでよいことになります．

写真1に一般のシリーズ・レギュレータ用の電源トランスと，スイッチング・レギュレータ用のトランスの比較を示します．

このほか，ドロッパ・レギュレータでは，商用電源

〈図7〉
スイッチング・レギュレータの構成

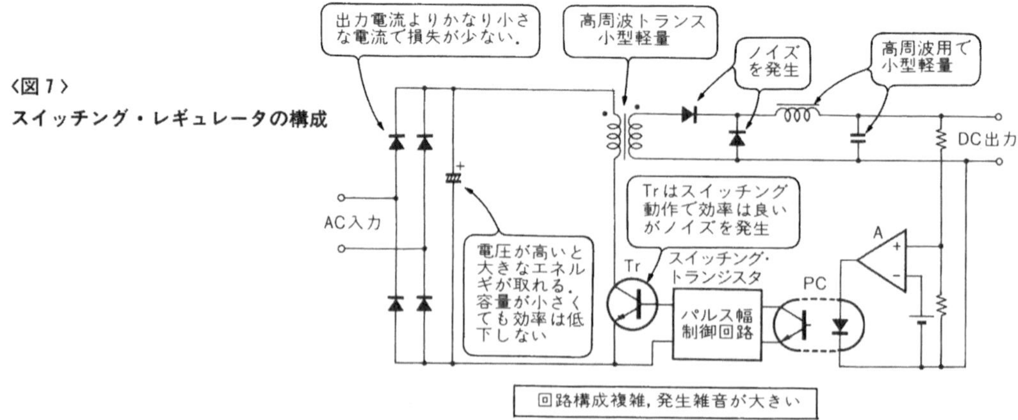

のトランスによって，いったん電圧を下げてから整流して直流を得なければなりません．そのため整流回路には出力電流がそのまま流れ，**整流ダイオードの損失も多く，平滑コンデンサも大型**のものが必要となってしまいます．

しかし，スイッチング・レギュレータでは動作周波数が数十kHz以上になりますので，**平滑コンデンサも小型**のものでよいことになります．

さらに，スイッチング・レギュレータは一般的にAC 100 Vを直接に整流した直流を入力源としますので，電圧が高い分だけ入力側の電流が少なくて済み，整流ダイオードの損失を低減することができます．

ただし，スイッチング・レギュレータ方式は回路構成や動作が複雑です．しかも，何にも増して，**電気的なノイズを相当大きなレベルで発生してしまいます．**したがって，無線機，測定器，医療機器などの，極めて**微弱な信号を取り扱うものには不向き**といわざるを得ません．

● 時代はスイッチング・レギュレータ方式へ

近年はICによる回路の集積化技術が進み，複雑な機能を必要とする回路が1チップ化されています．そして，最近ではわずか数点の外付け部品だけで，**高効率なスイッチング・レギュレータを組むことができる**ようになりました．また，その品種も，ありとあらゆる用途向けのものが揃ってきています．

なかには数W程度の出力電力のものでも，これらのICを利用することにより，シリーズ・レギュレータよりも容易に，安価なスイッチング・レギュレータ方式による直流安定化電源を作ることも可能になってきています．

ただし，あたりまえのことですが，これらのICも使い方が正確でないと信頼性の低下や，使用部品の破損事故などを招いてしまいます．この点には十分な配慮をしなければなりません．

写真2に市販のスイッチング・レギュレータ・モジュールと，オンボード用スイッチング・レギュレータ

(a) シリーズ・レギュレータ用(50/60 Hz商用入力)

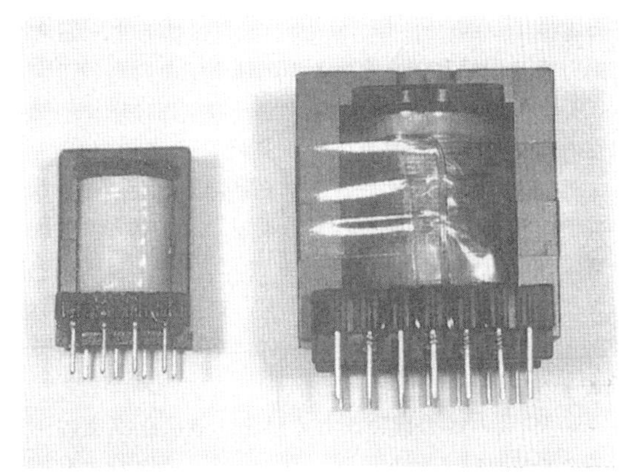

(b) スイッチング・レギュレータ用(20kHz-50kHz)

〈写真1〉電源トランスの比較

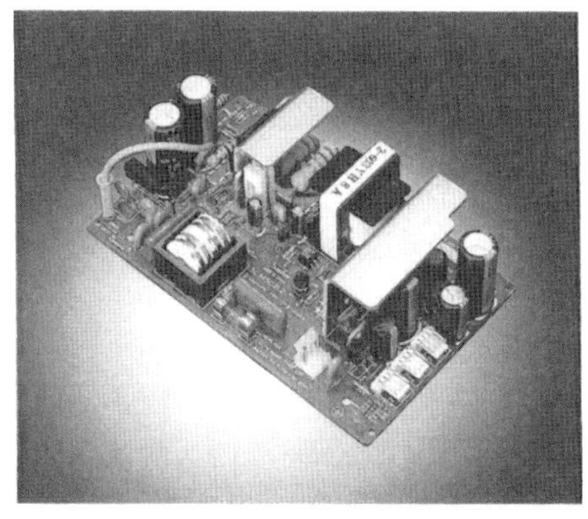

(a) 100 V入力型モジュール電源

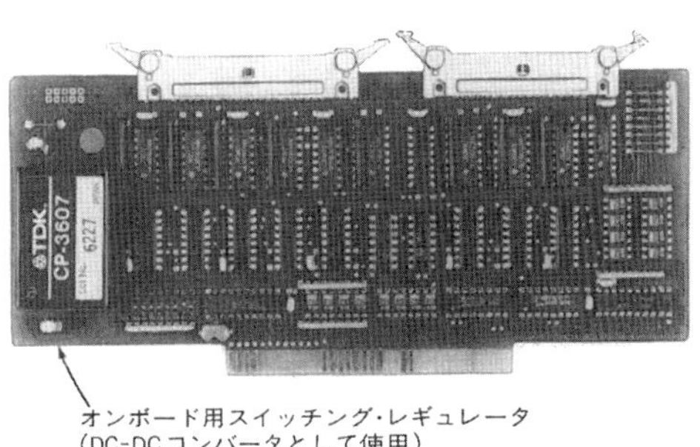

オンボード用スイッチング・レギュレータ
(DC-DCコンバータとして使用)

(b) 小型オンボード・スイッチング・レギュレータ

〈写真2〉スイッチング・レギュレータの内部

の一例を示します．

ということで，本書の以後の各章でそれぞれの方式の電源回路について実用的な設計例を紹介していきます．内容の構成は，

第1部　ドロッパ・レギュレータの設計

第2部　スイッチング・レギュレータの設計

と分割して説明していくことにしますが，時代の背景から，第2部「スイッチング・レギュレータの設計」について多くの誌面をさくことになります．

また，説明の都合上から第1部と第2部とに分けてありますが，スイッチング・レギュレータの一部にはドロッパ・レギュレータの技術も多く利用されています．つまり，ドロッパ・レギュレータの技術は多くの場合，電源回路技術の共通要素となっています．したがって，第1部「ドロッパ・レギュレータの設計」については，電源回路技術入門という位置づけで読んでいただけるとよいと思います．

●電源装置の電力変換効率について

電源装置の電力変換効率をηとすると，電源内部の損失電力P_Lは，

$$P_L=(1/\eta)-1\cdot P_O$$

となります．P_Oは出力電力で，直流出力電圧V_Oと出力電流I_Oの積で，$(V_O\times I_O)$で求められます．**図A**が，出力電力と電力変換効率との関係を示したものです．

シリーズ・レギュレータでは一般に出力電圧の低いものほど変換効率が悪くなります．

具体的には，マイコンなどを駆動するためのシリーズ・レギュレータ方式の5V電源では，電力の変換効率は30％くらいにしかなりません．残り70％は熱になってしまいます．例えば，5V，6Aの電源の場合，出力電力が30Wに対して損失は70Wにもなってしまうのです．

70Wもの電力損失による熱を，適度な温度に下げるために放熱させるには，ものすごく大きな放熱器が必要になってしまいます．しかし，大きな放熱器は軽薄短小の要求にそぐわないものです．したがって，シリーズ・レギュレータは，どうしても高精度の電源が必要なときか，数W程度以下の小電力のものにしか使用されなくなりました．

写真Aに，昔よく使われたシリーズ・レギュレータ方式の大型安定化電源の一例を示します．放熱部分が印象的です．

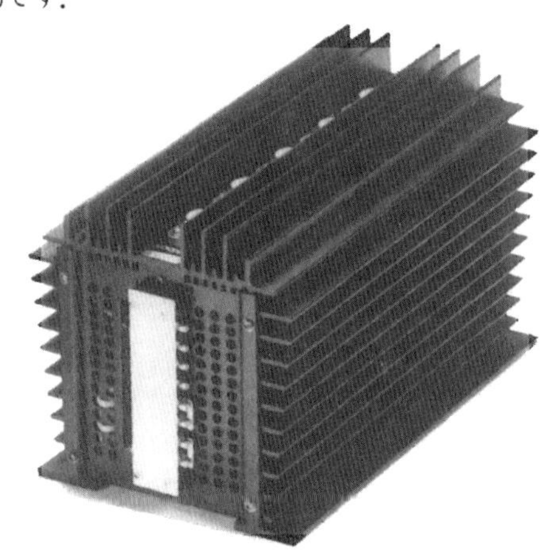

〈写真A〉大きな放熱器のシリーズ・レギュレータ
〔ボルゲン電機㈱〕

〈図A〉
電源の効率対内部損失

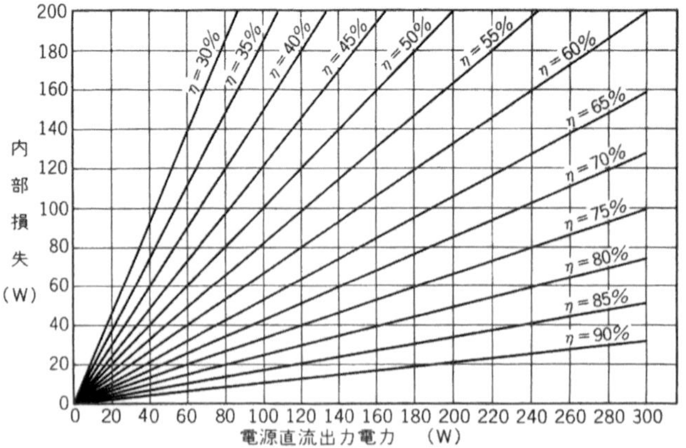

第1部
ドロッパ型レギュレータの設計法

第1章——まずは直流電圧を得るために
整流回路の設計法

●整流回路のいろいろ
●整流ダイオードの選び方
●平滑用コンデンサの選び方など

ここでは，商用電源のAC 100 Vを直接(スイッチング・レギュレータの場合)か，あるいは電源トランスによって(ドロッパ型レギュレータの場合)変換した交流電圧を，直流電圧に整流する回路について説明します．

整流回路のいろいろ

● ダイオード1本による整流回路

商用電源は，50 Hzか60 Hzのサイン波で，半周期ごとに正負の対称電圧波形です．**図1-1**のように，1本のダイオードで，正負どちらかを半周期だけ整流するものを半波整流回路といいます．

例えば，正の半周期で電流を供給しようとすると，負の半周期ではダイオードに逆電圧 V_R が，

$$V_R = \tilde{e}$$

として印加されます．つまり，ダイオードは正の半周期間にコンデンサに充電された電荷が，逆方向に放電されるのを防止する目的で使われるのです．

注意すべきことは，**整流された電圧波形は半波のサイン波ですが，コンデンサへの充電電流はパルス状と**なってしまうことです．直流出力電流 I_O は，**図1-2**のようにコンデンサへの充電電流 i_C の平均値となるので，

$$I_O = \frac{1}{T}\int_0^t i_C \cdot dt$$

となります．

このように半波整流回路では，コンデンサへの充電電流 i_C は電源周波数の1周期に1回しか流れないので，**電流の最大値** i_{CP} **はその分大きくなってしまいます**．ですから半波整流回路は，出力電流が大きいとリ**プルを低減するために大容量の平滑コンデンサを必要**とします．そのために，**数十mA出力程度までの小電力回路**にしか用いられることがありません．

● ダイオード2本による整流回路

ダイオードが1本ですんだ半波整流回路に対して，ダイオードを2本使ってサイン波の正負両方向共に整

〈図1-1〉半波整流回路

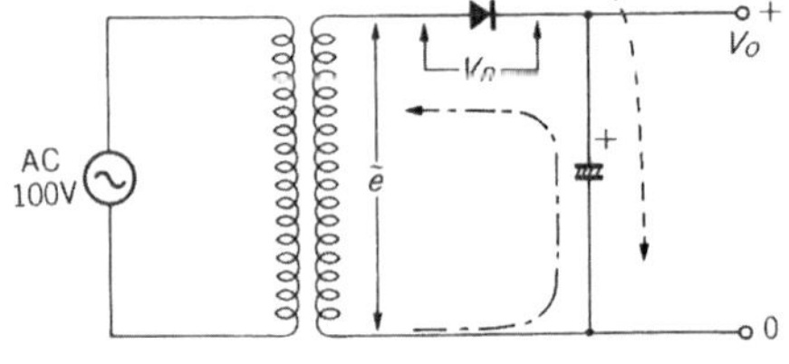

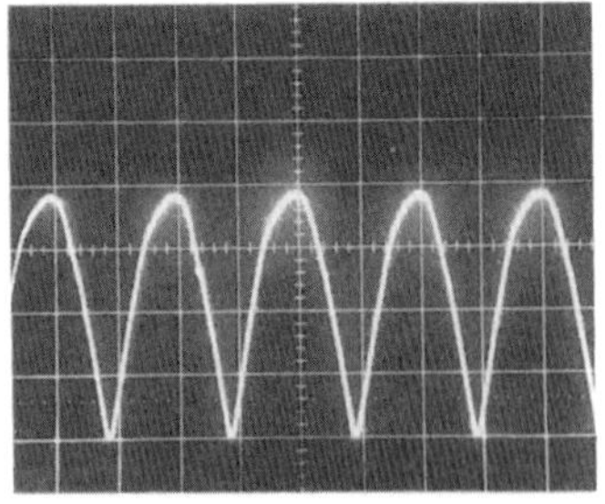

〈写真1-1〉両波整流の脈流波形(平滑コンデンサなし)
(5 V/div，5 ms/div)

〈図1-2〉半波整流時のコンデンサへの充電電流

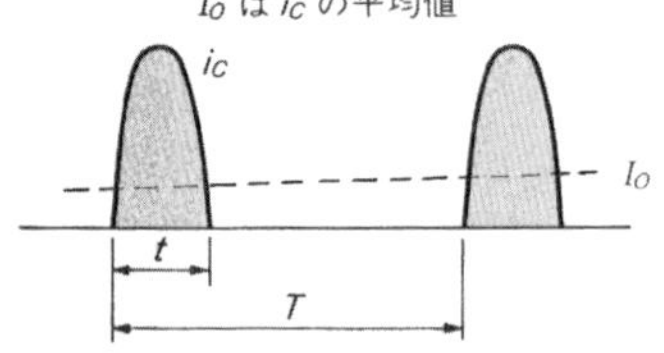

〈図1-3〉両波整流回路

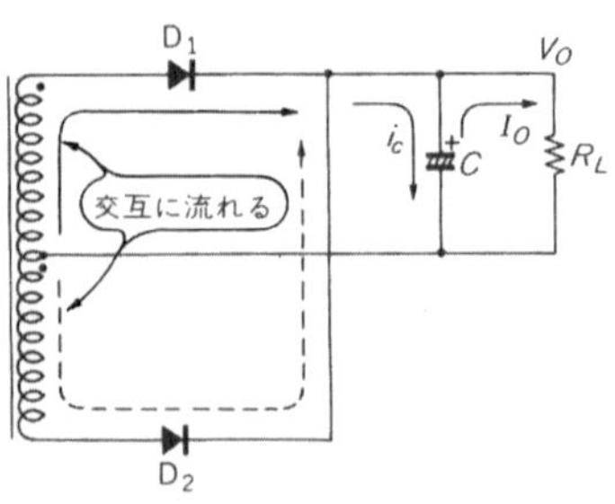

〈図1-4〉両波整流回路の波形

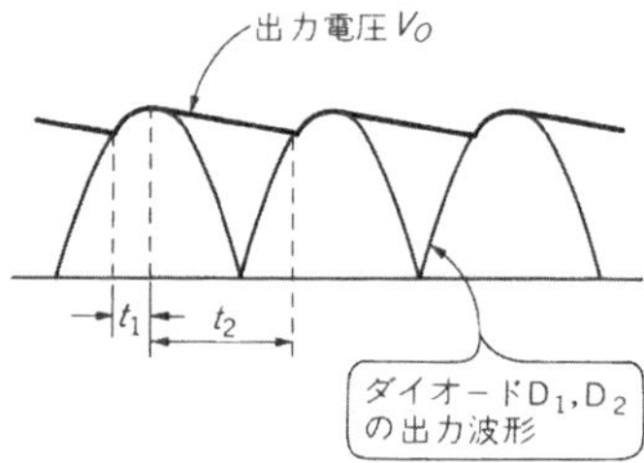

〈図1-5〉電気回路理論上の力率

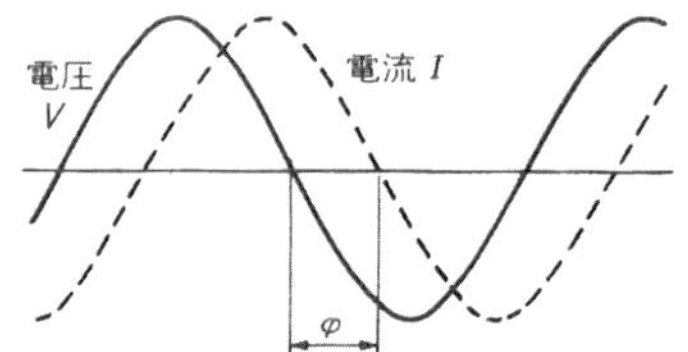

流する方式として，**両波整流回路**があり，**全波整流回路**とも呼ばれています．

この両波整流回路は**図1-3**のように，**トランスはセンタ・タップを中点として二つの巻線が必要です**．トランスの各々の巻線は，・印が同極性となるように接続されていますから，正の半サイクルではダイオード D_1 が導通し，負のサイクルでは D_2 が導通します．

したがって，整流波形は**図1-4**のように180°ずつ繰り返される，サイン波形の半波の脈流となります．**写真1-1**がこの波形です．しかし，このままでは電圧が0Vになる点が発生してしまうため，**平滑コンデンサ C を接続しなければなりません**．

このように，ダイオード整流回路のすぐ後に平滑コンデンサを入れる方式を，**コンデンサ・インプット型整流**といいます．

● **平滑コンデンサの大きさで決まる整流回路の特性**

コンデンサは電荷を蓄える作用がありますから，印加された波形が脈流であっても，整流出力は**図1-4**のように0Vまで下がらずに直流となります．しかし，電池のような完全な直流ではなく，**三角波状のリプル分**を含んでいます．

電圧が上昇している t_1 **期間**は，平滑コンデンサ C に充電されていた電圧よりも，ダイオードを通して供給される脈流の電圧のほうが高い期間です．そして，この間には**コンデンサへの充電電流 i_C が流れます**．

逆に，t_2 **期間**は平滑コンデンサ C の電圧のほうが高いために充電電流は流れず，**コンデンサから負荷 R_L への放電電流**だけが流れます．

リプル電圧の下降する傾きは，負荷 R_L とコンデンサ C の時定数で定まりますから，出力電流 I_O が大きく（つまり，負荷 R_L が小さく）なればなるほど，リプル電圧も増加してしまいます．

ですから，リプルを大きくしないようにするには，**出力電流 I_O に比例して，平滑コンデンサ C の容量を大きくしなければなりません**．

写真1-2に実際のリプル電圧と充電電流との関係を示します．

なお，この整流回路の出力電圧の最大値は出力電流 I_O に無関係に脈流電圧の最大値です．したがって，サイン波の実効値 e_{rms} の $\sqrt{2}$ 倍，すなわち $1.41\times e_{rms}$ となります．

● **コンデンサ・インプット型整流回路は力率が悪い**

さて，コンデンサ・インプット型の整流回路では，**図1-4**のように必ず $t_1<t_2$ であり，通常の場合はその比率が1：5程度になってしまいます．そのため，充電電流 i_C のピーク値 i_{CP} は，整流回路の出力電流 I_O の比率で増加してしまいます．もちろん，i_C の平均値は常に I_O と等しくなければなりませんので，コンデンサ C への充電電流の実効値 $i_{C\,rms}$ は，

$$i_{C\,rms}=\sqrt{\frac{1}{T}\int_0^{t1} i_C{}^2 dt}$$

で表され，大きな値を示します．

そして，この電流 $i_{C\,rms}$ がダイオードやトランスに流れ，整流回路への入力電流となります．その結果，AC入力側からみた力率 $\cos\phi$ は，

$$\cos\phi=\frac{W}{V\cdot A}$$

で表され，これを悪化させることになります．

V，A は交流回路の電圧，電流の実効値を表し，W は交流入力電力を表しています．この値は，およそ0.55～0.6程度と考えてさしつかえありません．

電気回路理論でいう力率とは，**図1-5**のような，電流と電圧の位相差のことですが，コンデンサ・インプット型整流においては位相差はほとんどなく，**交流電流の実効値が大きくなるために**，皮相電力 $V\cdot A$ が増大

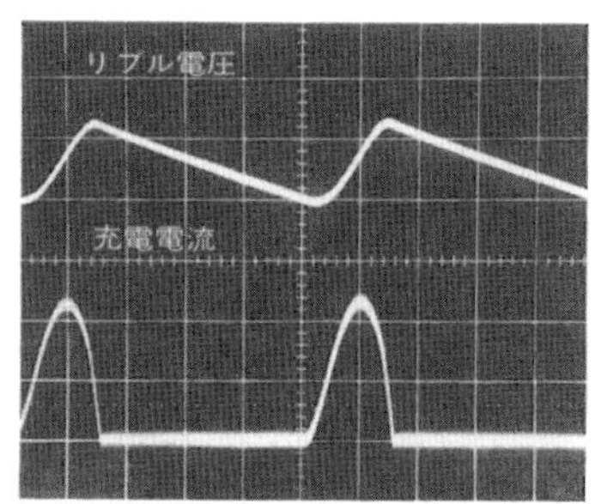

〈写真1-2〉両波整流回路のリプル電圧と充電電流波形
（上；0.5V/div，下；0.5A/div，2 ms/div）

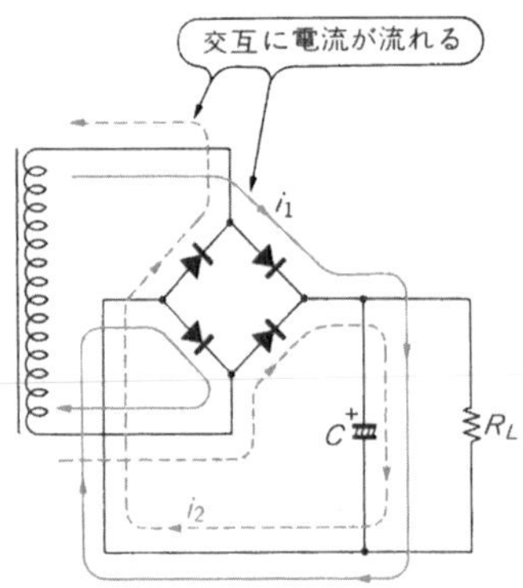

〈図1-6〉ブリッジ整流回路

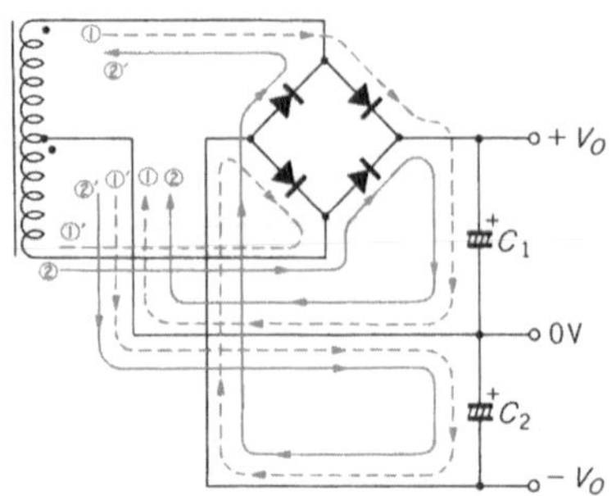

〈図1-7〉正負電源の整流回路

してしまうのです．

写真1-3 にコンデンサ・インプット型整流回路の電源トランスの端子電圧と電流の波形を示します．

なお，最近ではこの力率低下を防止するためにアクティブ平滑フィルタと呼ぶ方式が利用されつつあります．これについては，本書の最終章(エピローグ…電源回路の新しい技術)で紹介しています．

● ダイオード4本の整流回路

もっとも多く利用されるのは，ダイオードを4本使うブリッジ整流回路です．これを**図1-6**に示します．これも両波整流回路の一種と考えられます．トランスの巻線は一つですむ代わりに，ダイオードを4個使用しなければなりません．といっても，実際にはあらかじめ4個接続されたブリッジ・ダイオードが多く市販されていますので，この手間は大したことはありません．

図1-6 の実線と点線の電流は，交流の正または負の半周期ごとに交互に流れます．したがって，両波整流回路と同じような動作になるわけです．

これからわかるように，ブリッジ整流回路では電流の流れる経路に必ず2個のダイオードが直列に挿入されるため，ダイオードの順方向の電圧降下 V_F が普通の両波整流に比べて2倍となり，その分損失が増加することになります．

ダイオードの順方向電圧降下 V_F は，普通のシリコン・ダイオードで約1Vですから，出力電圧の低いものほどこの比率が大きくなり，電力の変換効率を低下させる要因となってしまいます．

例えば，整流電圧が5Vの時と20Vの時とで，出力電流が同じ1Aの場合を考えてみます．ダイオードの順方向電圧降下 V_F を共に1Vとすると，5V出力のときの入力電力 P_5 は，

$$P_5=(5\ \mathrm{V}+2\ V_F)\times 1\ \mathrm{A}=7\ \mathrm{W}$$

ですから，効率 η_5 は，

$$\eta_5=\frac{5}{P_5}=\frac{5}{7}=71.4\ \%$$

です．

一方，20V出力のときでは，

$$P_{20}=(20\ \mathrm{V}+2\ V_F)\times 1\ \mathrm{A}=22\ \mathrm{W}$$

ですから，効率は，

$$\eta_{20}=\frac{20}{P_{20}}=\frac{20}{22}=90.9\ \%$$

と，かなり大きな数値の差となってしまいます．

ですから，低電圧，大電流の整流回路としては，両波整流に比較してブリッジ整流は不向きであるといえ

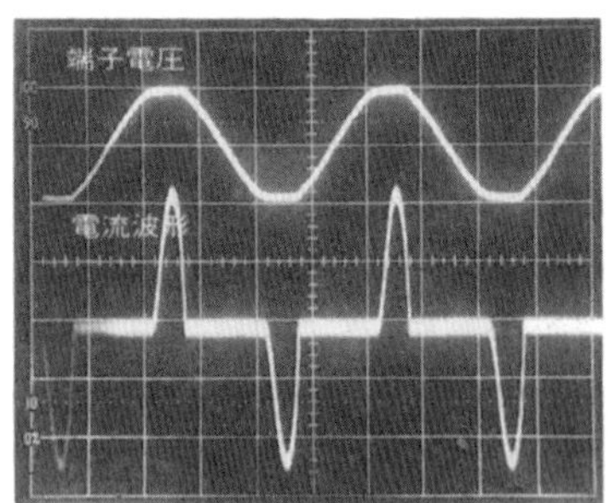

〈写真1-3〉コンデンサ・インプット型整流回路のトランス端子電圧と電流波形

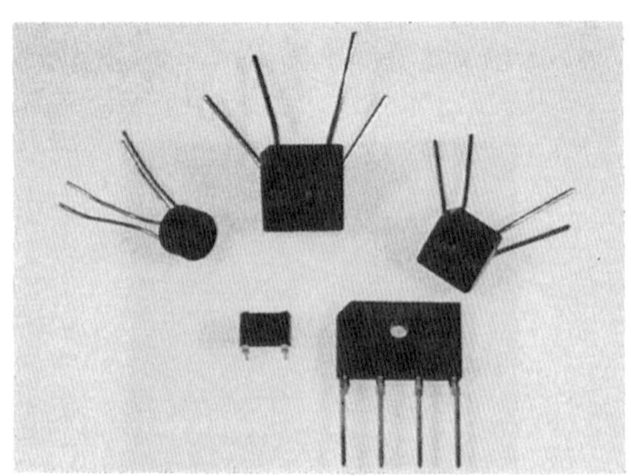
〈写真1-4〉ブリッジ・ダイオードの一例

〈図1-8〉 ダイオードの V_F–I_F 特性(1Aタイプ)

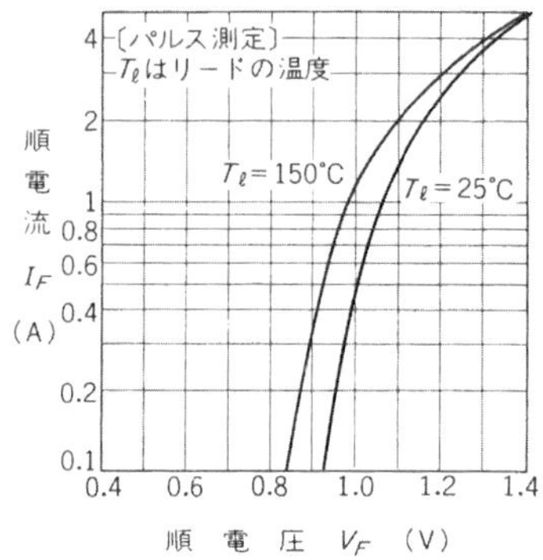

〈図1-9〉 ブリッジ・ダイオード

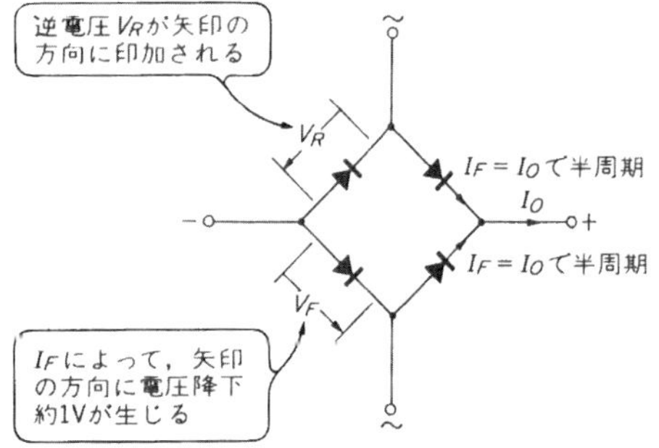

〈図1-10〉 整流ダイオードへの逆方向電圧

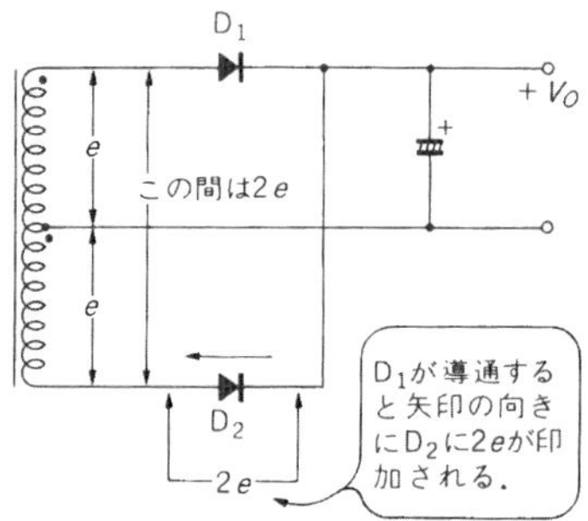

ます.

なお，整流出力のリプルに関しては，コンデンサ・インプット型では両波整流とまったく同様になります.

● **正負電源のための整流回路**

ダイオード4本のブリッジ・ダイオードを用いて，両波整流の正負電源を作ることもできます. この場合は，センタ・タップ付きのトランスを用いて，**図1-7** のような回路とします.

図中の①と①′，または②と②′は，それぞれ同時に半周期ずつ電流を流します. また，①と②はコンデンサ C_1 だけを，①′と②′は C_2 だけを充電します.

トランスのセンタ・タップが，平滑コンデンサの C_1 と C_2 の中点に接続されているので，ここを0Vとするとまったく等しい電圧の絶対値で，正負電圧を出力することができます. つまり，各コンデンサ C_1，C_2 側からみると，単体の両波整流回路が2回路あると見なすことができます.

また，この回路は中点を用いずに両端を使用すれば，倍電圧整流回路となります.

整流ダイオードの選び方

● **ダイオードとブリッジ・ダイオードの特性**

ダイオードは図で示すとおり，▶の向きだけに電流を流すことのできるデバイスです. ただし，**図1-8** に示すように順方向(▶向き)の電流 I_F が流れると必ず順方向電圧降下 V_F が発生します. これは順電流 I_F への依存性をもっていますが，比例関係ではなく非線形特性です.

そして，順電流 I_F と順電圧 V_F によって電力損失が発生しますので，大電流(1A以上)の整流回路においては自己発熱に注意しなければなりません.

また，整流回路では**図1-9** のようにダイオード4本を一組にしたブリッジ・ダイオードが多く使用されます. これは物理的にダイオードを集合させたものですから，使い方としては普通のダイオードと同じです.

ただし，ダイオードは半波整流回路にしろ両波整流回路にしろ，一般にはコンデンサ・インプット型整流回路が用いられています. この場合，平滑コンデンサへの充電電流が**図1-2** や**図1-4** で示したようにパルス状で流れることに注意して，整流ダイオードの定格を決定します.

● **ダイオードの逆耐圧 V_{RM} の求め方**

図1-10 の両波整流回路では，D_1 が導通している期間に，D_2 のカソード-アノード間に印加される電圧 V_D は，2倍の e となります. e は交流のサイン波形ですから，ダイオードに加わる最大値 $V_{D(max)}$ は，

$$V_{D(max)}=2\sqrt{2}\times e_{rms}$$

となります. そして，実際にはACの入力電圧が変動すると，それに比例して e_{rms} も変化するため，最高入力電圧時でも $V_{D(max)}$ がダイオードの耐圧 V_{RM} を越えないようにしなければなりません.

一方，ブリッジ整流回路においては，トランスが1巻線だけですから，ダイオードの逆方向に印加される電圧は e となります. この場合は，ダイオードが2個直列には接続されず，それぞれのダイオードに最大値 $\sqrt{2}\times e_{rms}$ ずつが印加されますので，注意してください.

また，実際の整流回路の使用状態においては，外来ノイズやサージが加わることがありますので，耐圧は十分に余裕を見ておかなければなりません. 一つの目安としては，整流電圧の2倍の逆耐圧のものを使用す

ればよいでしょう．

● ダイオードの順方向電流の求め方

次に電流の条件を考えてみます．くどいようですが，一般のコンデンサ・インプット型の整流回路では，ダイオードを流れる電流i_Cはサイン波形とならず，パルス状で流れます．このパルス状の電流は，いろいろな条件で最大値が変化してしまいます．

まず，ダイオードを流れる電流 i_C の平均値 $I_{(ave)}$ は，整流後の直流電流 I_O に等しくなければなりませんから，半サイクルの周期を T とし，電流の流れている期間(導通角という)を t_1 とすると，

$$\frac{1}{T}\int_0^{t_1} i_C \cdot dt = I_O$$

となります．

一般に整流ダイオードの順方向電流 I_F は，この i_C の平均値で最大定格が決められています．しかし，こ

〈表1-1〉[2]
ダイオードの通電可能電流(放熱器なし)

種類	型状	定格電流	通電可能電流	主なダイオード名
リード型(小)		1A	0.5A	D1V(新電元) EM1(サンケン)
リード型(大)		2.5A	1A	S3V(新電元) RM4(サンケン)
ブリッジ・ダイオード(シングル・イン・ライン)	S1VB	1A	0.5A	S1VB(新電元) 1B4B(東芝)
ブリッジ・ダイオード	S2VB 40 37	2A	1A	S2VB(新電元) 2B4B(東芝)
ブリッジ・ダイオード	S4VB 40 38	4A	1.8A	S4VB(新電元) 4B4B(東芝)

〈図1-11〉 O.H.Schade のグラフ(1)

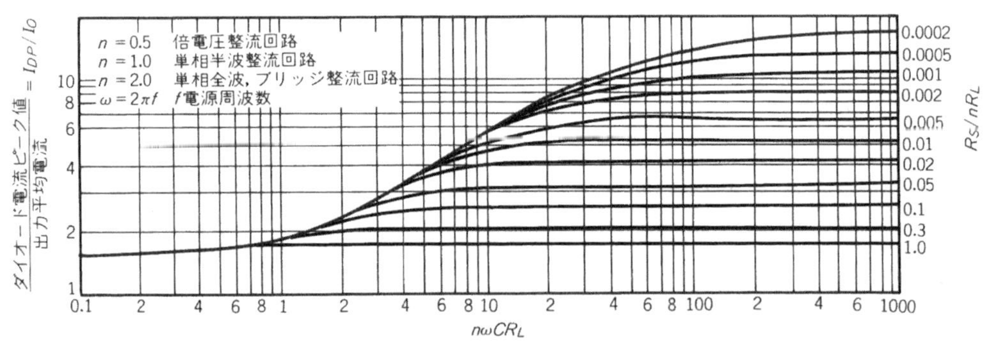

(a) 充電電流せん頭値

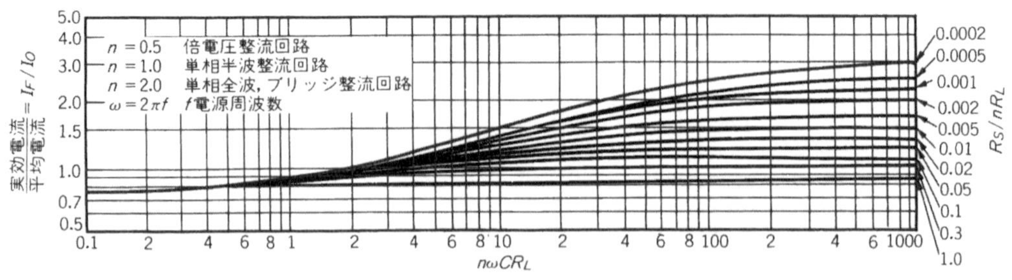

(b) 充電電流の実効値

れは電流が直流で流れた場合の規定値であって，パルス状で流れる場合は，定格値を下げて考えなければなりません．

このパルス電流の最大値 i_{CP} がどのくらいになるかは，**図1-11** に示すO.H. Schade 氏のグラフから求めることができます．このグラフは，次節の平滑用コンデンサの決定ともからんできます．

横軸の $n\omega CR_L$ の n はたんなる係数で，両波整流では $n=2$ となります．C は平滑コンデンサの容量，R_L は負荷抵抗値です．R_L は，整流電圧 V_O と直流出力電流 I_O とから，

$$R_L=V_O/I_O$$

として求めます．一般的には，この $n\omega CR_L=40\sim60$ 程度がもっとも合理的な数値といわれています．

次に右縦軸の $R_S/(nR_L)$ は，負荷抵抗とライン・インピーダンスの比率を意味します．R_S はライン・インピーダンス値ですが，これを**図1-12** に示します．この値には，配線の抵抗値はもとより，トランスの巻線の抵抗分も含めて考えなければなりません．したがって，電源トランスが小型になればなるほど，細い線を用いていて巻数も多くなることから，この R_S が高くなります．

これらの条件からグラフを決定し，左縦軸の数値 (I_{DP}/I_O) を読み取ります．そして，この数値に直流出力電流 I_O を掛けたのが，電流のピーク i_{CP} となります．

一般には，i_{CP} は I_O の2～3倍程度の値となりますから，使用するダイオードの最大定格は，大まかな目安として I_O の1.5倍くらいのものを選ぶようにします．なぜなら，ダイオードの順電流 I_F は，整流後の直流出力電流で規定され，別にピーク電流が規定されているからです．

例えば，直流出力電圧 $V_O=15$ V で，出力電流 $I_O=3$ A とし，$n\omega CR_L=50$ だとします．すると，負荷抵抗分の R_L は，

$$R_L=\frac{V_O}{I_O}=\frac{15}{3}=5(\Omega)$$

となります．

そして，ライン・インピーダンス $R_S=1\,\Omega$ とすると，

$$\frac{R_S}{n\cdot R_L}=\frac{1}{2\times5}=0.1$$

なので，**図1-11**(a) のグラフから，

$$\frac{I_{DP}}{I_O}=2.7$$

となり，ダイオードを流れる電流のピーク I_{DP} 値は，

$$I_{DP}=2.7\times I_O=2.7\times3=8.1(\mathrm{A})$$

ということになります．

このことからわかるように，負荷抵抗 R_L に対してライン・インピーダンスが低ければ低いほど，ダイオードを流れるピーク電流が大きくなります．

● ダイオードのサージ電流

ダイオードのもう一つの電流条件は，せん頭サージ電流 I_{FSM} です．

コンデンサ・インプット型の整流回路では，最初に電源スイッチをONする時点では，平滑コンデンサの端子電圧は0Vになっています．ですから，トランスの巻線側から見ると，ダイオードを通してコンデンサで短絡された状態となっています．

したがって，スイッチをONした瞬間には，コンデンサへ大きな充電電流が流れます．これを突入電流といい，**図1-13** に示しますが，この大きな充電電流によってコンデンサの端子電圧が上昇していき，それに伴って徐々に充電の電流値が定常状態に落ちついていきます．

この値は，ライン・オペレート・タイプと呼ばれるAC 100 Vを直接整流した直流で動作させるスイッチング・レギュレータなどの場合は，100 A以上にもなってしまいます．また，電源トランスを使用するシリーズ・レギュレータの場合でも，40～50 Vもの整流電圧を得ようとするものでは，30 A以上にもなる場合があります．

そして，当然この電流は整流ダイオードを通して流れますから，ダイオードはこれに耐えられるものでな

〈図1-12〉ライン・インピーダンス

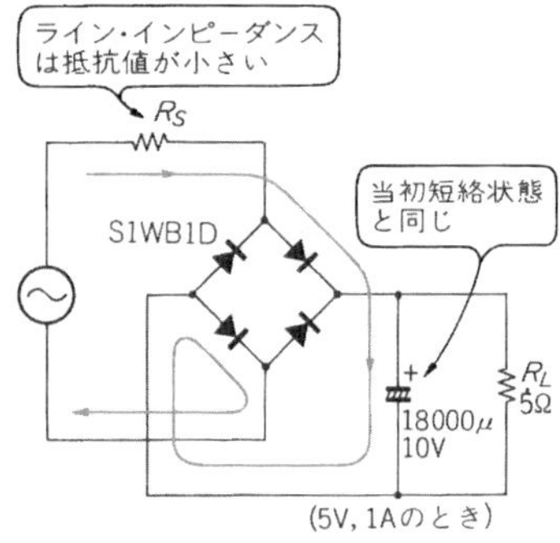

〈図1-13〉コンデンサへの突入電流

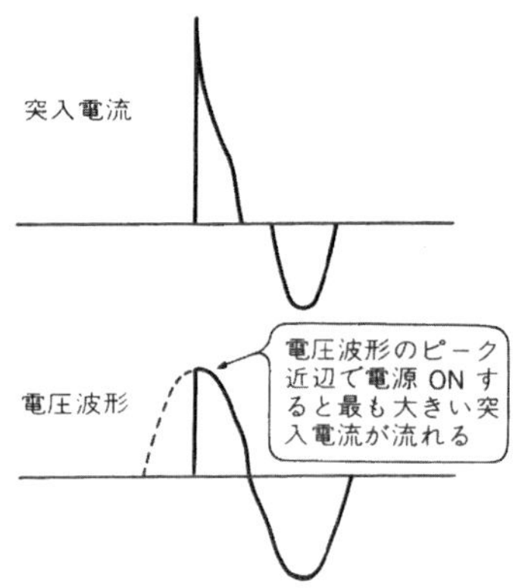

〈図1-14〉ダイオードのI_{FSM}(新電元，DIV)

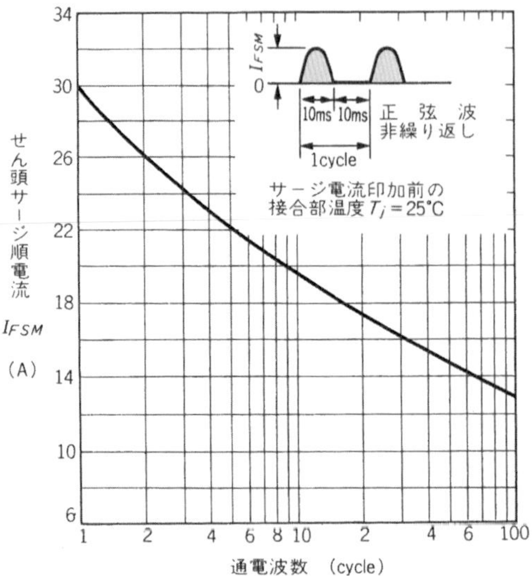

くてはなりません．

一般に，**図1-14**に示すような整流ダイオードのサージ耐量I_{FSM}は，順電流I_Fの10倍程度の許容値をもっています．しかし，これは1サイクルだけの保証値であり，さらにダイオードの温度が高い状態では，許容値が低下してしまいます．極力余裕のある定格のものを使用しなければなりません．

● ダイオードの電力損失

ところで，ダイオードは順方向電圧降下V_Fと順電流I_Fとによって，電力損失を発生します．そして，これによって自己発熱して温度が上昇してしまいます．

現在，一般に使用されているシリコン系のダイオードは，最大ジャンクション温度$T_{j(max)}$が150℃ですから，どのような場合でもこれを越えないようにしなければなりません．

ダイオードの電力損失を厳密に計算するのは容易で

〈図1-15〉ブリッジ・ダイオードの周囲温度と通電可能電流(新電元，S4VB)

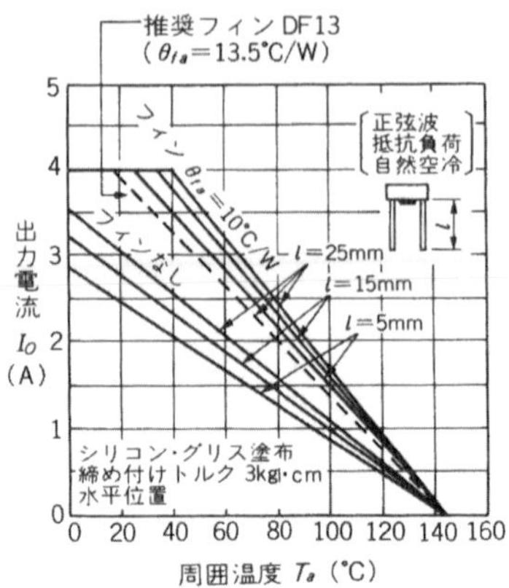

はありません．そこで，簡単に目安を付ける方法としては，先に示した**図1-8**のようなグラフから順方向電圧降下V_F=1.1Vとし，整流後の直流電流I_Oとの積を損失として計算します．

また，ブリッジ・ダイオードでは，常に2個のダイオードに電流が流れるので，合計の損失は2倍にしなければなりません．

ダイオードの形状と通電可能な電流値の概略を**表1-1**に示しておきますので参考にしてください．

また，4Aタイプ・ブリッジ・ダイオードの周囲温度と通電可能な電流との関係を**図1-15**に示します．これは，内部の素子が自己発熱によって，ジャンクション温度に達する条件によって決定されています．

ですから，これ以上の電流を流したい場合には，ダイオードを何らかの放熱器に取り付けて，温度上昇を低く抑えるような工夫が必要となります．**写真1-5**にブリッジ・ダイオードに取り付けた放熱器の例を示します．

また，**表1-2**によく使用する一般整流用ダイオードの定格特性の例を示しますので参考にしてください．

〈写真1-5〉ブリッジ・ダイオードの放熱例

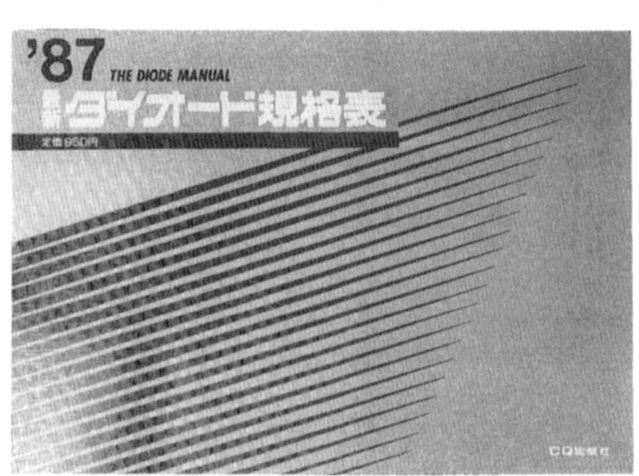

〈写真1-6〉CQ出版社で発行しているダイオード規格表

〈表1-2〉整流ダイオードの一例

平均順電流 $I_{F(AV)}$	耐圧：V_{RM}					
	100V	200V	400V	600V	800V	1000V
0.5A	S5295B DFD05B	1S2775 S5295D DFD05C	1S2776 S5295G DFD05E	1S2777 S5295J DFC05G, DFD05G	TFR1L TFR2L DFC05J, DFD05J	TFR1N TFR2N DED03L, DF05L
1 A	1S1885 1BH62, 1BZ61 10D1 S5277B, S5566B V19B, W03B	1S1886 1DH62, 1DZ61 10D2 S5277D V19C, W03C	1S1834, 1S1887, 1S2756 1GH62, 1GZ61 10D4 S5277G, S5566G V19G	1S1835, 1S1888, 1S2757 1JH62, 1JZ61 10D6 S5277J, S5566J V19G	1S1829 1LH63, 1LZ61 10D8 S5277L U07J	1S1830 1NZ61 10DZ10 S527N, S5566N U07L
1.3A	DS185E	V03C DS185D SR1G4	V03E SR1G8	V03G SR1G12	V03J SR1G16	
2 A	DFB20B, DSA20B RU4Y	U06C DFB20C, DSA20C RU4Z	U06E DFB20E, DSA20E	U06G DFB20G, DSA20G	U06J DFB20J, DSA20J	DFB20L, DSA20L
2.5A	U05B, U19B, U17B ISR17-100 ISR18-100	D05C, U19C, U17C ISR17-200 ISR18-400	U05E, U19E, U17E ISR17-400 ISR18-400	U05G ISR17-600 ISR18-600	U05J ISR17-800	ISR17-1000
3 A	3BH61, 3BZ61 U05B DFD30B, DSC30B	3DH61, 3DZ61 U15C DFD30C, DSC30C	3GC12, 3GH61, 3GZ61 U15E DFD30E, DSC30E	3JC12, 3JH61, 3JZ61 U15G DFD30G, DSC30G	3LC12, 3LH61, 3LZ61 U15J DFD30J, DSC30J	3NC12, 3NZ61 DFD30L, DSC30L
6 A	6BG11 ISR110-100, ISR107-100	6DG11 ISR107-200	6GG11, 6GC12	6JG11, 6JC12	6LC12	6NC12
12A	12BG11, 12BH11 ISR111-100, ISR108-100 SR10A2	12DG11, 12DH11 ISR108-200 SR10A4	12GG11, 12GC11 SR10A4	12JG11, 12JH11, 12GC11 SR10A12	12LC11 SR10A16	12NC11 SR10A20

(1) $I_{F(AV)}$ は規定温度が品種により異なるので，詳しくは各々のデータ・シートを参照のこと
(2) 高速整流素子（ファスト・リカバリ・ダイオード）も含む

くわしくは，**写真1-6** に示すようなダイオード規格表，あるいはメーカのデータブックを参照して選択する必要があります．

平滑用コンデンサの選び方

整流回路でもっとも注意しなければならないのが，平滑用のコンデンサです．これには体積当たりの容量がもっとも大きくとれることから，アルミ電解コンデンサが使われています．これは単純な構造の部品ですが，使い方を間違えると，直流電源としての特性が出なかったり，コンデンサがパンクしたりして大変なことになります．

また，急激に破損することがなくても，短時間で静電容量が減少して寿命を短くすることもあります．電源装置の信頼性は電解コンデンサで決定されるといっても過言ではなく，使用方法を十分に熟知しておく必要があります．

● コンデンサの電圧定格

まず耐圧は，整流，平滑後のリプル電圧のピーク値以上でなければなりませんので，トランスの巻線電圧を$\sqrt{2}$倍した電圧を目安とします．もちろん，この時には入力電圧の変動値を考慮して，最高入力電圧時としなければなりません．

さらに，トランスに表示されている端子電圧は定格電流を流した時のもので，電流が減少すると電圧値が上昇しますので注意が必要です．これは，トランス巻線の抵抗分による電圧降下があるためで，その率を変動率といい，ε で表しています．

トランスの定格電圧を e，入力電圧の変動を$\pm\alpha$ %とすると，コンデンサの耐圧 V_C は，

$$V_C \geqq e \times \frac{100+\alpha}{100} \times \sqrt{2} \times \varepsilon \quad \text{(WV)}$$

でなければなりません．トランスの変動率 ε は，大き

さによって異なりますので，概略値を**表1-3**に示します．WVはワーキング・ボルトといい，コンデンサに連続して印加できる耐圧を意味しています．

電解コンデンサではWVに対して，サージ電圧V_{SURGE}も規定されています．これは，短時間であればWVを越えた電圧にも耐えることができ，約1.3×WVが上限値となっています．

従来の電解コンデンサは，印加電圧によって寿命が短くなるといわれていました．これは，コンデンサ自身の漏れ電流によって自己発熱を発生するためですが，最近のものは特性が改良され，漏れ電流はほとんど無視できる程度に少なくなっています．ですから，定格さえ越えなければあまりディレーティング(定格低減)をしなくても，寿命には影響しないようになっています．

〈写真1-7〉 電解コンデンサの外観
(左から，一般用，高周波用，中高圧用)

● コンデンサの静電容量

次に静電容量を求めます．極力小型のコンデンサを使いたいところですが，あまり少ない容量にすると整流出力のリプル電圧が増えてしまいます．

平滑コンデンサの容量を求めるもっとも一般的な方法が，**図1-16**に示すO.H. Schade氏のグラフによる求め方です．厳密に計算すると繁雑ですので，簡単に計算する方法を述べます．

まず，整流後の等価的な負荷抵抗R_Lを求めます．この時の整流電圧V_Oは，電圧波形のひずみ，整流ダイオードの順方向電圧降下，リプル電圧などを考慮して，その平均値を求めるための係数を0.9として掛けるようにします．つまり，

$$V_O = \tilde{e} \times \sqrt{2} \times 0.9 \, (\mathrm{V})$$

となります．

直流電流I_Oは，一般的なシリーズ・レギュレータでは，出力電流I_Oそのものなので，

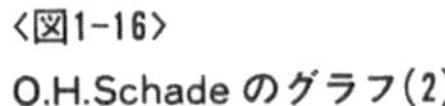
〈図1-16〉
O.H.Schadeのグラフ(2)

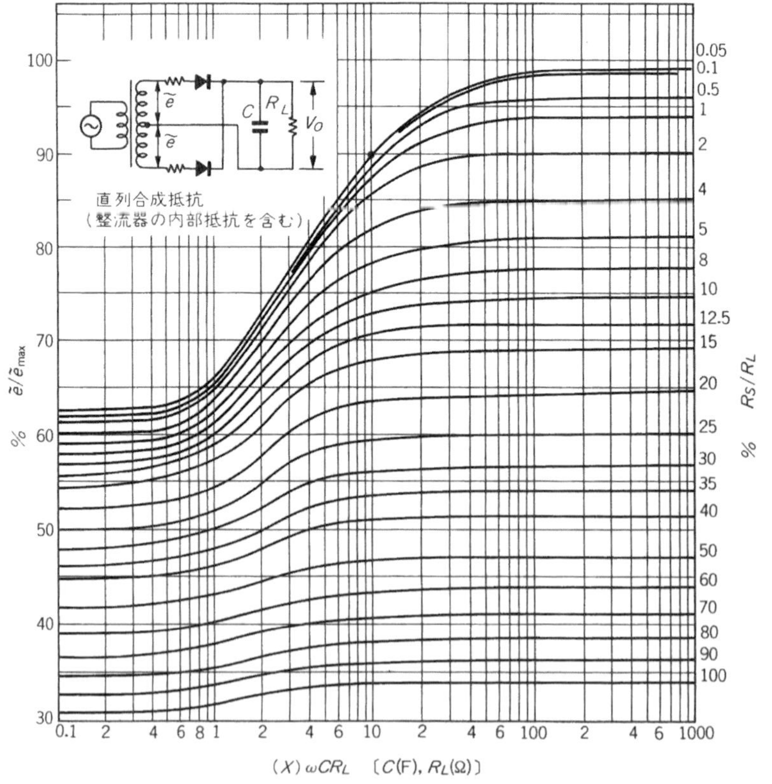

$$R_L = \frac{V_O}{I_O} (\Omega)$$

となります.

次に，R_S/R_L を求めます．R_S は整流回路のライン・インピーダンスで，大半がトランスの巻線抵抗分です．トランスは変動率 ε が定格(容量と外形)から，**表1-3** のように概略わかっていますので，無負荷時の整流電圧 V_O' は，計算を簡略化すると，

$$V_O' = \left(1 + \frac{\varepsilon}{100} \right) \cdot V_O$$

として求められます．したがって，トランスの巻線抵抗分 R_S による電圧降下は，

$$V_O' - V_O = I_O \cdot R_S$$

となりますから，

〈表1-3〉トランスの容量と変動率 ε

容量 (VA)	概略寸法 $W \times D \times H$	変動率 (%)
10	50×45×60	35
15	60×45×70	25
30	70×55×90	17
50	85×65×120	15
70	85×70×120	12
100	85×80×120	9.5
200	110×100×140	7
300	135×110×150	6
500	150×135×150	3.8
1k	170×150×100	2.5

●チョーク・インプット型整流とは

コンデンサ・インプット型整流のほかに，チョーク・インプット型整流方式と呼ぶものがあります．コンデンサ・インプット型整流では，前に述べたように，平滑コンデンサへの充電電流のピーク値が大きくなってしまい，AC 入力電流の実効値が増え，AC 入力の力率が悪化してしまいます．

そこで**図1-A** のように，整流ダイオードと平滑コンデンサとの間にチョーク・コイルを挿入します．すると**図1-B** のように，チョーク・コイルのインピーダンス成分で充電電流のピーク値が低く抑えられ，電流の流れている導通角が広がります．ですから，整流後のリプル電圧を小さくすることができます．

ただし，整流電圧は脈流波形の最大値とはならず，AC 電圧の実効値 $\tilde{e}$ に対して，

$$V_O \fallingdotseq 0.9\,\tilde{e}$$

と低くなってしまいます．

さらに，出力電流 I_O が低下すると，**図1-C** のように，ある点から急激にコンデンサ・インプット型の整流動作へ向うことになり，整流電圧が上昇してしまいます．この点を臨界値といいますが，以上のような理由から電流 I_O が大幅に変化するような電源には不向きといえます．

また，チョーク・インプット方式は，チョーク・コイルが大型になってしまいますので，大電力用の整流回路以外にはあまり使用されていません．ただし，スイッチング・レギュレータの方式の一つであるフォワード・コンバータにおいては，出力トランスの 2 次側にこのチョーク・インプット型整流が使用されます．これについては，フォワード・コンバータのところ(第 2 部第 4 章)で紹介します．

〈図1-A〉チョーク・インプット型整流回路

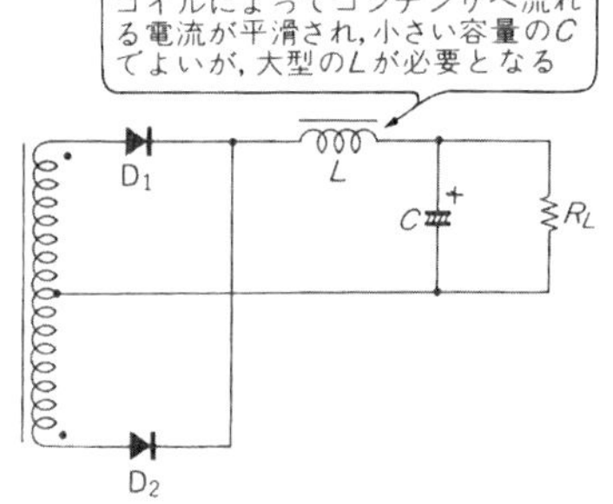

〈図1-B〉チョーク・インプット型整流の電流波形

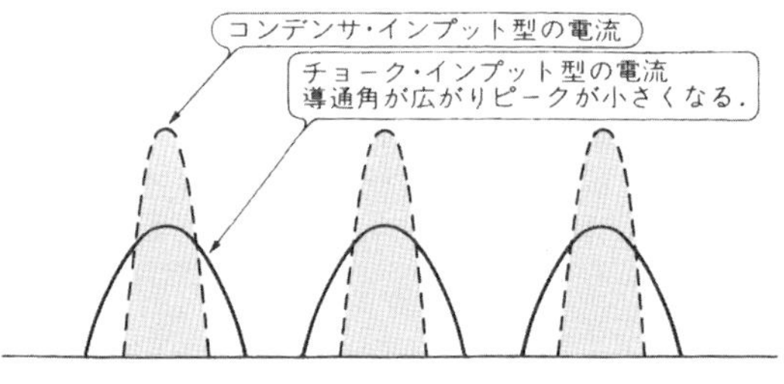

〈図1-C〉チョーク・インプット型整流の出力電圧特性

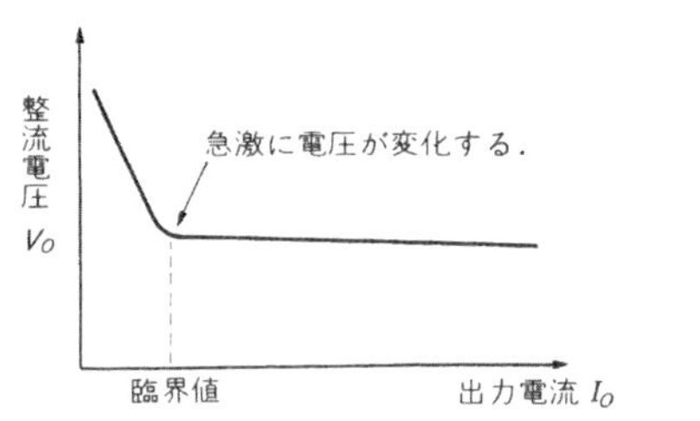

$$R_S=\frac{\varepsilon}{100}\cdot\frac{V_O}{I_O}$$

として求めることができます．

図1-16 において，左縦軸が整流回路だけの電圧変動率 $\widetilde{e}/\widetilde{e}_{\max}$ を表しています．例えば，これを 10％とするには，$\widetilde{e}/\widetilde{e}_{\max}=90$ の点の横軸 ωCR_L を読み取ります．両波整流だと $\omega CR_L=10$ となりますが，一般的には 20～30 が合理的な数値であるとされています．これは整流リプル電圧を決定するたんなる係数であり，これが大きくなるほどリプル電圧を小さくすることができます．

この数値を X としておくと，求める平滑コンデンサの容量 C は，

$$C=\frac{X}{\omega R_L}=\frac{X}{2\pi f\cdot R_L}$$

として求めることができます．

例えば，出力電圧 $V_O=15$ V，出力電流 $I_O=3$ A の整流回路で $X=25$ とすると，必要な平滑コンデンサ C は，

$$C=\frac{25}{2\pi f\cdot R_L}=\frac{25}{2\pi\times 50\times 5}\fallingdotseq 16{,}000(\mu\mathrm{F})$$

ということになります．電源周波数は $f=50$ Hz として計算しましたが，60 Hz とすれば，$C\fallingdotseq 13{,}000(\mu\mathrm{F})$ となります．

● リプル電圧とリプル電流の大きさ

コンデンサ・インプット型の整流回路では，負荷を重くしていくにしたがってリプル電圧が大きくなり，整流電圧の平均値が低下し，負荷電流による電圧変動が発生します．そのため，平滑コンデンサの容量はなるべく大きいほうが，リプル電圧のうえからは有利です．しかし，大容量のコンデンサはその分，外形が大きくなります．

コンデンサの容量を決定するためには，もう一つ，コンデンサに流れるリプル電流の条件を加味しなければなりません．このリプル電流は，コンデンサ内部の純抵抗分による損失に関与するため，実効値で規定されています．

リプル電圧とリプル電流を求めるには，**図1-17** を用います．先に決定した容量 C から ωCR_L を逆算しなおし，それに対応するグラフの縦軸から，リプル電圧の割合 v/V_O を求めます．この v/V_O は，平均整流電圧に対するリプル電圧の実効値を％表示したものですから，平滑コンデンサへのリプル電流 I_r は次の計算式で求めます．

$$I_r=\omega\cdot C\cdot v\,(\mathrm{A})$$

これは例えば，5 V，1 A の整流回路では約 1.2 A もの値となります．

ここで，ω の成分は両波整流では電源周波数の 2 倍

〈図1-17〉
O.H.Schade のグラフ(3)

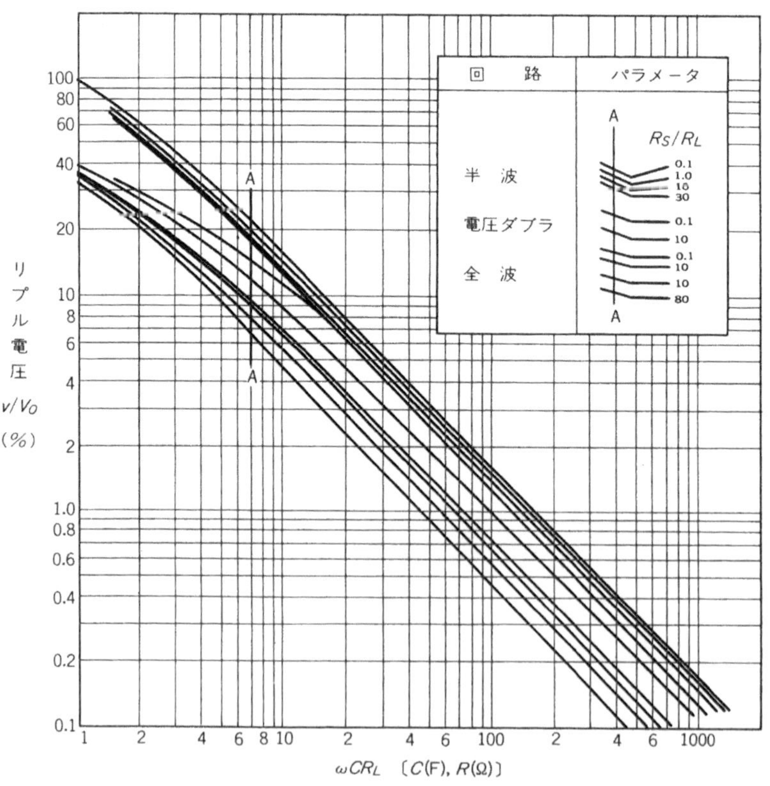

〈図1-18〉電解コンデンサの等価回路

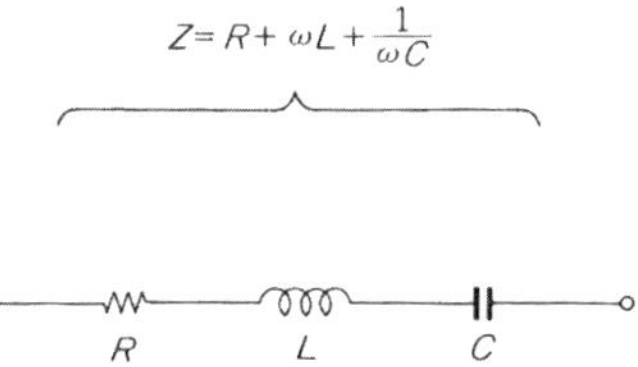

〈表1-4〉温度軽減係数

周囲温度(℃)	85	70	65	40以下
係　　数	1.0	1.7	1.9	2.8

〈表1-5〉周波数軽減係数

周波数(Hz)	60(50)	120	1k	10k以上
係　　数	0.8	1.0	1.3	1.5

となりますから，$2f$ を代入しなければなりません．

コンデンサの等価回路は**図1-18** のように L・C・R を直列接続したものと考えられます．そして，そのインピーダンス Z は，

$$Z=R+\omega L+\frac{1}{\omega C}$$

と表せます．これをグラフにすると**図1-19** のようになります．

● **電解コンデンサへの許容リプル電流**

電解コンデンサのリプル電流値 I_r の許容値は，純抵抗分 R によって発生する損失で自己発熱温度上昇値が 5～7℃ になる点で規定されています．これが寿命に影響し，温度が 10℃ 上昇すると寿命が半減する，いわゆる 10℃ 2倍則の原理に従います．

電解コンデンサは一般用のものでは 85℃，高温用では 105℃ が使用温度の限界で，せいぜい 2000 時間程度の動作しか保証されていません．したがって，85℃ のものを 55℃ で使用すると，

$$T=2000\times 2^{(85-55)/10}=16,000\ \mathrm{H}$$

ですから，連続して使用すると2年間ほどの寿命しかないことになります．したがって，高温用のものを用いたり，極力周囲から熱の影響を受けないようにすることが必要です．

なお，大容量型のものはネジ端子かラグ・タイプ型となりますが，配線にも手間がかかります．同容量であれば，リード型のものを並列接続としたほうが特性もよく実装も容易です．

電解コンデンサに流し得る最大の許容リプル電流は，同一特性のものであれば，型状や寸法に比例関係となります．また，同一型状であれば低インピーダンス品ほど損失が少なくなるために，大きな電流を流すことができます．

〈図1-19〉電解コンデンサのインピーダンス特性

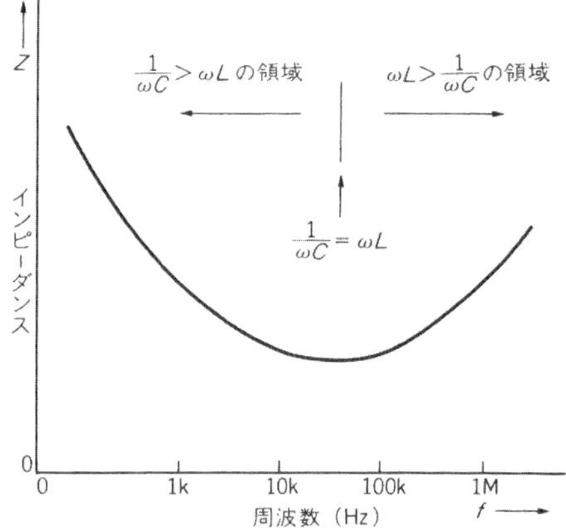

許容リプル電流は環境温度によっても変化します．一般的に，カタログ上では使用最高温度での値が表示されており，**表1-4** のように実使用温度による軽減係数が適用できます．

さらに，許容リプル電流値は 60 Hz の両波整流を想定した 120 Hz のリプルで規定されています．リプルの周波数が高くなると，より大きな電流が流せます．その比率は**表1-5** の周波数軽減係数に従います．

例えば，**表1-6** の 25SSP1000(1000 μF，25 V,) という電解コンデンサでは，105℃，120 Hz で 0.45 A の許容リプル電流ですが，60℃ で使用すると，

$$I_r=0.45\times 2.8=1.26\ (\mathrm{A})$$

まで流すことが可能となります．

電源装置に使用する電解コンデンサは，この許容リプル電流の条件によって，部品の選定をしなければならないことが多いことを覚えておいてください．

突入電流を抑えるには

● **突入電流発生の原因**

一般的なコンデンサ・インプット型整流方式においては，**写真1-8** のように，入力電源が投入された瞬間に大きな突入電流が発生します．初期状態では平滑コンデンサの充電電荷が0ですから，短絡状態に等しいために流れる電流です．

したがって，AC 100 V を直接整流して用いるライン・オペレート型スイッチング・レギュレータでは，必ず何らかの対策をしておかなければなりません．でないと，時には 100 A もの突入電流が流れてしまいます．

この突入電流を制限するものはライン・インピーダンス成分しかありませんので，これを Z_L とし，電源電圧の波高値を v_m とすると，突入電流の最大値 $I_{(P)rush}$

〈表1-6〉
SSP シリーズ電解コンデンサ(信英通信工業)

定格電圧 (サージ電圧) (V. DC)	公称 静電容量 (μF)	品名	静電容量 許容差 (%)以内	損失角の正接 (tan δ) 以下	漏れ電流 (μA) 以下	許容リプル電流 105℃ 120Hz (mA)以下	寸法 (mm)			
							ϕD	L	F	ϕd
25 (32)	33	25 SSP 33	±20	0.16	8.2	49	5	11	2.0	0.5
	47	25 SSP 47	±20	0.16	11.7	60	5	11	2.0	0.5
	100	25 SSP 100	±20	0.16	25.0	92	6.3	11	2.5	0.5
	220	25 SSP 220	±20	0.16	55.0	155	8	12.5	3.5	0.6
	330	25 SSP 330	±20	0.16	82.5	205	10	12.5	5.0	0.6
	470	25 SSP 470	±20	0.16	117	265	10	16	5.0	0.6
	1000	25 SSP 1000	±20	0.16	250	450	12.5	20	5.0	0.6
	2200	25 SSP 2200	±20	0.18	550	675	16	25	7.5	0.8
	3300	25 SSP 3300	±20	0.20	825	800	16	31.5	7.5	0.8
	4700	25 SSP 4700	±20	0.22	1175	1000	18	35.5	7.5	0.8

(注) ϕD：直径，L：長さ，F：リード線のピッチ，ϕd：リード線の直径

〈図1-20〉パワー・サーミスタによる突入電流防止回路

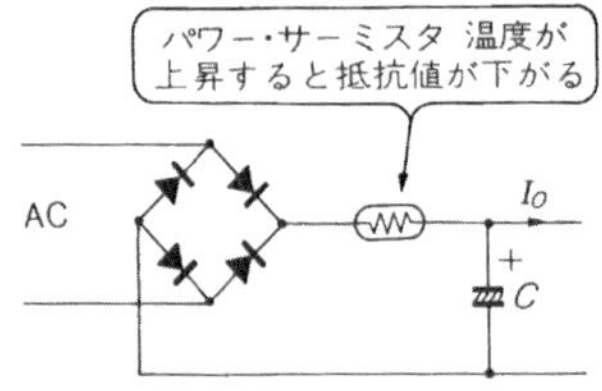

〈図1-21〉パワー・サーミスタの特性

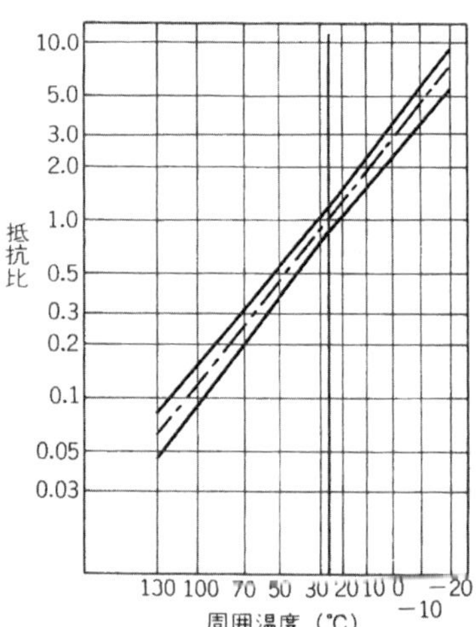

は，

$$I_{(P)rush}=\frac{v_m}{Z_L}$$

となります．

したがって，サイン波のピーク，すなわち位相としては90°か270°の時点で電源が投入されると，もっとも大きな値となります．

その後，この電流によってコンデンサの端子電圧が上昇し，ある時間で v_C に達したとすると，コンデンサへの電流は，

$$I_{rush}=\frac{v_m-v_C}{Z_L}$$

と徐々に減少していき，やがて定常状態にいたります．

平滑コンデンサの静電容量が大きいと，充電の時定数が長くなり，長い期間にわたって大きな電流が流れ続けます．そのため，入力側の電源スイッチの接点を焼損させたり，ヒューズを溶断させたりしますので注意しなければなりません．

● パワー・サーミスタを使う

突入電流のピーク値はライン・インピーダンスによって定まりますが，この値は必ずしも一定のものではなく，使用環境によって大きく変化してしまいます．

そこで，一般には，整流回路に何らかのインピーダンス成分を挿入し，電流値を抑える方法が取られています．しかし，たんに抵抗を接続したのでは，常時電

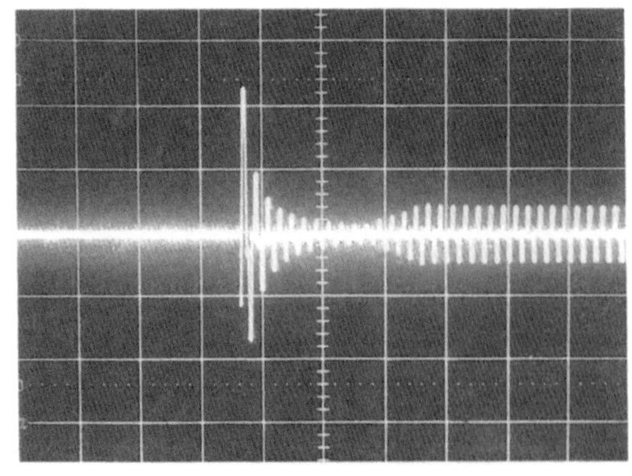

〈写真1-8〉AC 入力ラインの突入電流
(5 A/div，100 ms/div)

〈表1-7〉 パワー・サーミスタの特性(石塚電子)

型名	抵抗値 (Ω) at 25℃	最大動作電流(A)		R_1 (Ω)	時定数 (秒)	使用温度 (℃)
		at 25℃	at 55℃			
3D22	3	3.5	2.9	0.233	220	−30～130
4D22	4	3.0	2.5	0.310	230	
6D22	6	2.5	2.1	0.465	260	
4D18	4	2.6	2.1	0.310	170	
8D18	8	1.9	1.6	0.620	220	
8D13	8	1.6	1.3	0.620	160	
16D13	16	1.2	1.0	1.240	220	
5D11	5	2.0	1.6	0.388	130	
8D11	8	1.6	1.3	0.620	160	
10D9	10	1.3	1.0	0.775	130	
16D9	16	1.0	0.8	1.240	160	
22D7	22	0.8	0.6	1.705	125	
4W25	4	7.8	7.1	0.102	450	−30～200
6W22	6	6.1	5.6	0.153	450	

〈図1-22〉 リレーによる突入電流防止回路

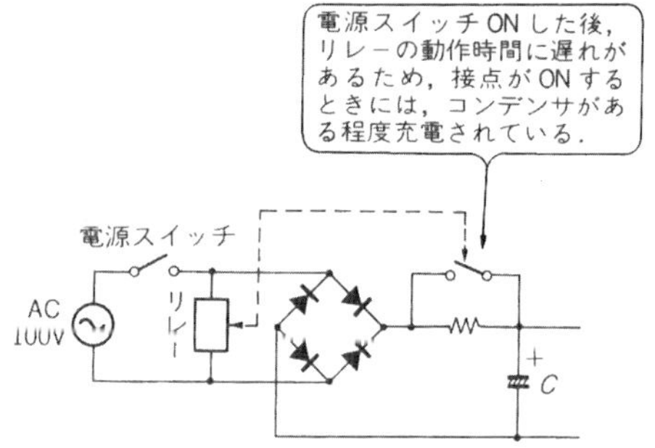

〈図1-24〉 突入電流の波形

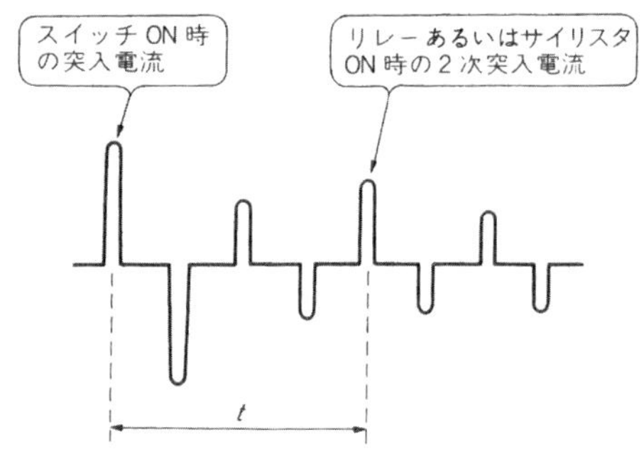

〈図1-23〉 サイリスタによる突入電流防止回路

サイリスタや，トライアックを使う．
ゲートのトリガ信号はスイッチング・レギュレータの出力トランスから供給する．
スイッチON後，遅れて動作するため，コンデンサはある程度充電されている．

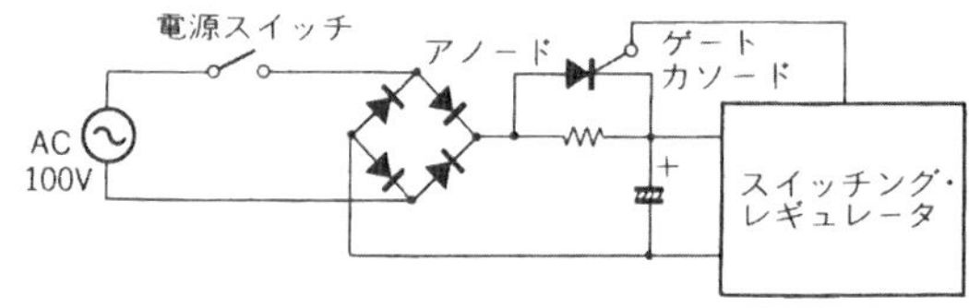

力損失を発生して得策ではありません．

もっとも手軽な方法としては，**図1-20** のようにパワー・サーミスタが利用されています．**サーミスタは図1-21 のように，低温時には大きな抵抗値を示し，温度が上昇するにしたがって低抵抗**となります．

たとえば，市販のパワー・サーミスタ 8D13 では**表1-7**のように，25℃において 8Ω の抵抗値ですが，最大温度 130℃では 0.62Ω となります．

これを先の**図1-20** のように接続すると，スイッチを投入した時点では大きな抵抗値によって突入電流が制限されます．その後，出力電流が流れると自己発熱して抵抗値が下がり，電力損失を軽減していきます．

ただし，パワー・サーミスタには熱時定数というものがあり，入力スイッチを切った瞬間に元の大きな抵抗値に戻ることができません．そのため，短いインターバルでスイッチを ON/OFF すると，電流制限能力を失なって突入電流が流れてしまうという欠点があります．

● より理想的な方法

そこで，**図1-22** のように抵抗とリレーの接点を並列にした回路も用いられています．当初リレーの接点は開いていますので抵抗によって電流が制限され，ある時間経過してからリレーを動作させて抵抗を短絡し，損失を発生させないようにします．

図1-23 はリレーの代わりにサイリスタを用いたものです．サイリスタはゲート-カソード間に正の電圧を印加すると導通しますので，**スイッチ投入後ある時間経過してから，ゲート信号を加えてやればリレーと同様な動作**をしてくれます．

この方法だと，スイッチ投入時に抵抗値で決まる突入電流が流れ，リレーあるいはサイリスタが導通した時点で，再度突入電流が流れます．**図1-24** において，この時間 t が短いと，2度目の電流のほうが大きくなってしまいますので，平滑コンデンサへの充電時定数に合わせて，十分長い t としておかなければなりません．

この実例については，ライン・オペレート型スイッチング・レギュレータであるフォワード・コンバータの設計事例(第2部第4章)の中で紹介されます．

第2章 —— 直流安定化の基本を学ぶために
もっとも簡単な安定化電源

●定電圧ダイオードと安定化電源
●基準電圧 IC とその利用技術

安定化電源を作るにはいろいろな方法がありますが，もっとも基本となるのは定電圧ダイオード，あるいはこれと似た働きをする基準電圧 IC を利用することでしょう．これらは，目的とする直流電圧(5 V 出力なら5 V 用，10 V 出力なら10 V 用といった具合)を得るためには欠かせないものです．

定電圧ダイオードと安定化電源

● 定電圧ダイオードの働き

最も簡単な安定化電源は，**図2-1** のように抵抗と定電圧ダイオード各1本ずつで構成することができます．

直流入力電圧は，もちろん出力電圧よりも高くないといけませんが，出力は，定電圧ダイオードと並列となるので，出力電圧の設定は定電圧ダイオードの選定によって決定されるという簡単なものです．

したがって，定電圧ダイオードは種々の直流安定化電源の基準電圧(出力電圧を決める基準となる電圧)としても広く使用されています．

さて，一般のダイオードは，電流は順方向にしか流さないという性質がありますが，一方では，逆方向に電圧を印加していくと，あるところで急激に電流が流れ始める点があります．これをブレーク・ダウン(ツェナ現象)といい，この時の電圧をブレーク・ダウン電圧と呼んでいます．これは，一般のダイオードでは逆耐電圧 V_{RM} と呼んでいます．これを利用したのが定電圧ダイオードです．

定電圧ダイオードの特性を**図2-2** に示します．右側の特性(順方向)は一般のダイオードと同じですが，左側に注目してください．急激に電流が流れ始める現象があるでしょう．これを降伏現象(ブレーク・ダウン)といいますが，さらに印加電圧を増加しても電流が増えるだけで，ダイオード両端の電圧はあまり変化しない特性を示します．つまり，この部分が定電圧特性を示しているわけです．

定電圧ダイオードは別名，ツェナ・ダイオードとも呼ばれていますが，これはこの降伏現象(ツェナ現象)を利用しているからです．

定電圧ダイオードは，一般のダイオードの降伏現象と比較して鋭角にこの領域に達します．そして，ダイオードの製造工程でこの降伏電圧(ツェナ電圧)が種々に制御され，各種のツェナ電圧値をもった定電圧ダイオードが作られています．

〈図2-1〉 最も簡単な安定化電源

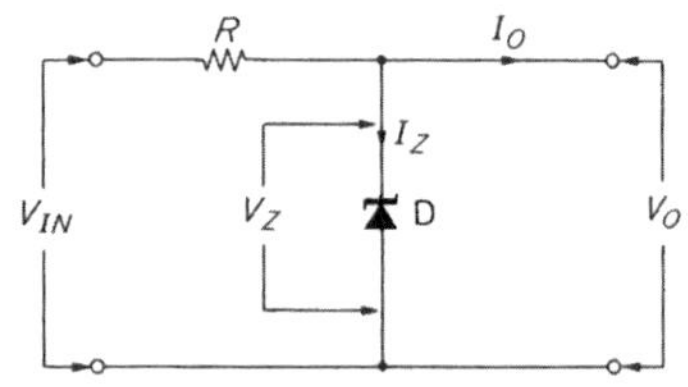

〈図2-2〉 定電圧ダイオードの電圧-電流特性

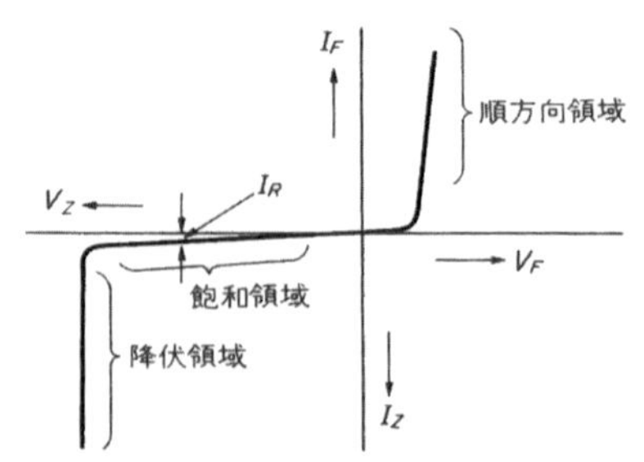

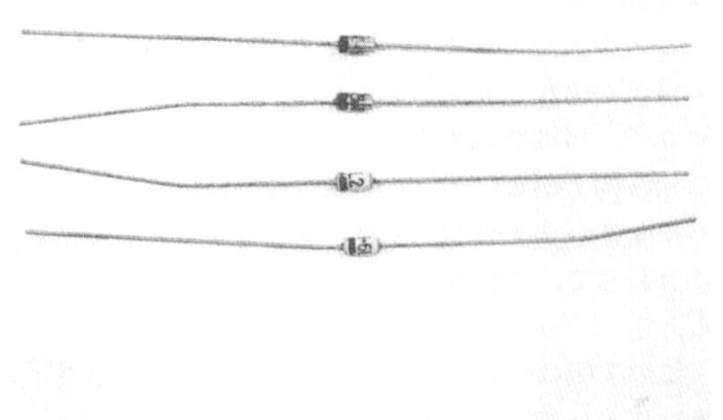

〈写真2-1〉 定電圧ダイオードの外観

● 定電圧ダイオードの定電圧特性

ところで，降伏領域…定電圧ダイオードの働きをする領域…の電圧-電流特性（V_Z-I_Z 特性という）は，必ずしも横軸に対して垂直とはならず，ある傾斜をもっています．これは，**図2-3** のように定電圧ダイオードに直列に抵抗が挿入された等価回路となるからです．この抵抗を一般に動作抵抗 r_Z と呼びますが，これが定電圧の安定性に強く影響します．

図2-4 に各電圧値の定電圧ダイオードの V_Z-I_Z 特性を示します．動作抵抗 r_Z は，電圧-電流の微分値でかなり小さな値ですが，電流の変化 ΔI_Z によって降下電圧 ΔV_Z が，

$$\Delta V_Z=\Delta I_Z\times r_Z$$

だけ変化してしまいます．

したがって，動作抵抗 r_Z は低いほうが電圧安定度が良くなります．

動作抵抗 r_Z は，**図2-5** のように電圧値によって大きく異なります．7～8 V のものがもっとも低く，これより高い電圧のものでも低い電圧のものでも，動作抵抗は高くなります．また，流す電流値 I_Z によっても大きく変化しますので，ある程度ツェナ電流 I_Z を流してやらないと，電圧安定度がよくなりません．

〈図2-3〉 定電圧ダイオードの等価回路

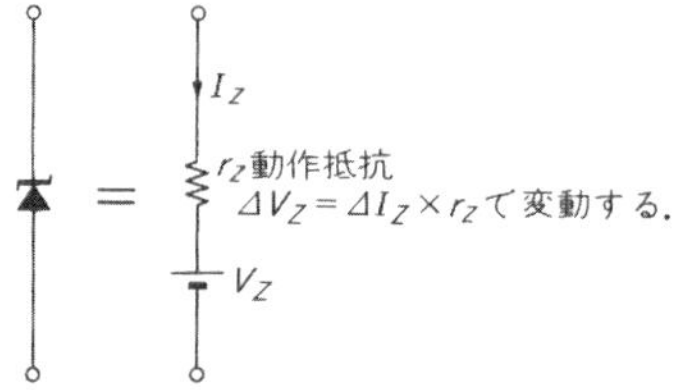

● 定電圧ダイオードの温度特性

定電圧ダイオードの電圧 V_Z は，**図2-6** のように素子の温度によっても変化します．これを温度特性といい，5～6 V を境界として，それより低い電圧値のものは負の温度係数，高いものは正の温度係数をもっています．

また，**図2-7** のように，5.3 V 付近の定電圧ダイオードでは，温度を 0℃ ～50℃ まで変化させても電圧値は 0.5 %ほどしか変化しません．したがって，温度に対して安定な電圧を得ようとする時は，温度係数がほぼ 0 の 5.5 V 前後のものを使用します．

あるいは**図2-8** に示すように，一般用ダイオードの順方向電圧降下が約 0.6 V で負の温度係数（−2.4 mV/℃）をもっていることを利用し，7 V 前後の正の温度係数をもった定電圧ダイオードとを直列に接続し，

〈図2-4〉
定電圧ダイオードの I_z-V_z 特性例

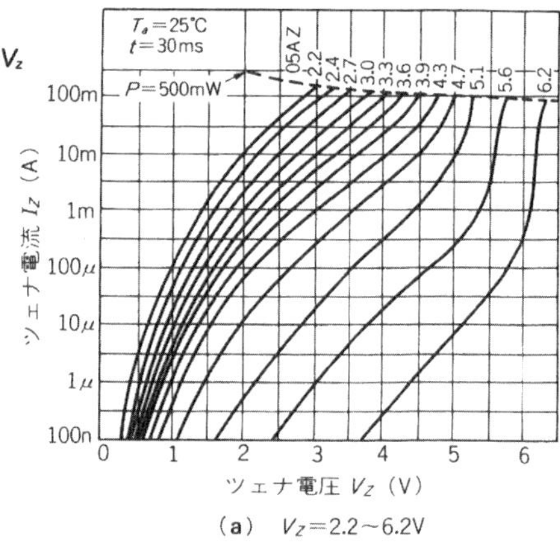

(a) V_Z=2.2～6.2V

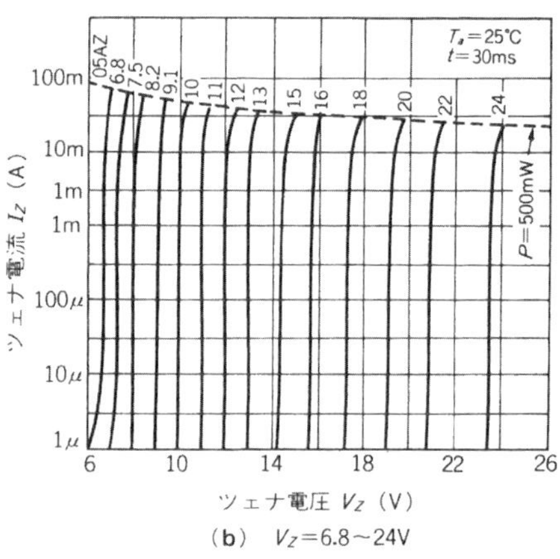

(b) V_Z=6.8～24V

〈図2-5〉 定電圧ダイオードの r_z-I_z 特性

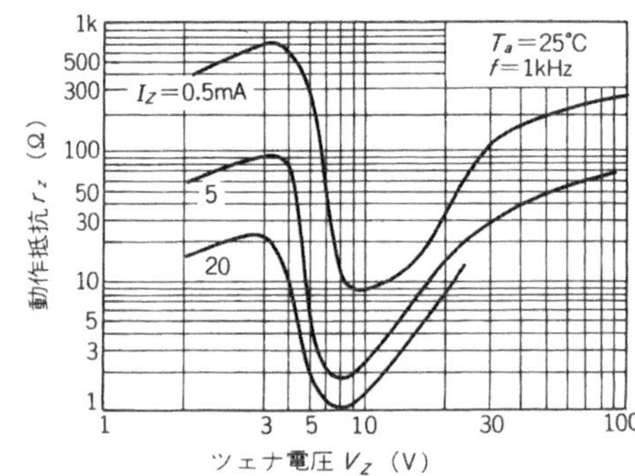

〈図2-6〉 定電圧ダイオードの γ_z-V_z 特性

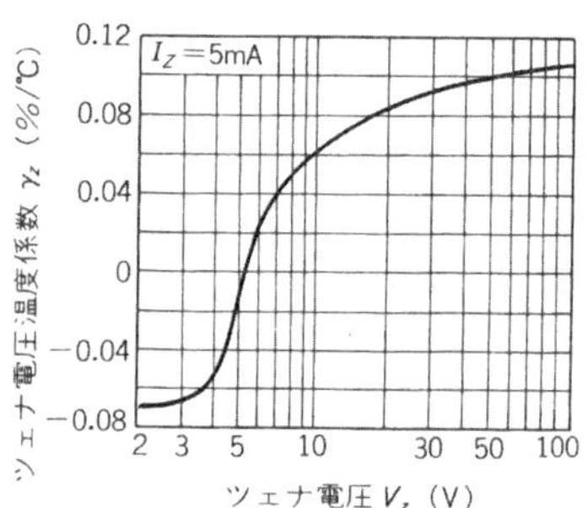

温度特性を補正します．

ところで先に示した**図2-2**の右側のグラフ（第１象限）は，定電圧ダイオードの順方向特性を示した領域です．一般のダイオードと同様に１Ｖ前後の順電圧降下 V_F で，順電流 I_F が流れます．しかし，定電圧ダイオードにおいては，この方向に電流が流せるような構造にはなっていませんので，逆電圧が印加されないような注意をしておかなければなりません．

参考までに，**表2-1**に東芝の 05AZ シリーズ定電圧ダイオードの，最大定格と電気的特性の一部を示しておきます．

● 安定化電源回路としての使い方

図2-9に，定電圧ダイオードを使うときの基本的な回路構成を示します．

今，入力電圧 V_{IN} に対して出力電流を I_O として定電圧ダイオードがないとすると，抵抗 R に $(I_O \times R)$ の電圧降下が発生しますから，出力電圧 V_O は，

$$V_O = V_{IN} - (I_O \times R)$$

となります．つまり，このままでは出力電流や入力電圧が変化すると，出力電圧 V_O は変化してしまいます．そこで，定電圧ダイオードを挿入し，これにも電流 I_Z を流すようにします．すると，この回路では，

$$V_O = V_{IN} - (I_O + I_Z) \cdot R$$

となりますから，I_O や V_{IN} が変動したら，それに応じて I_Z が変化して V_O が一定になるようにすればよいわけです．

それには最低入力電圧時でも，必ず $V_{IN} > V_Z$ となるようにします．そして，I_O が大きくなっても I_Z がいつ

〈図2-7〉 定電圧ダイオードの V_Z-T_a特性

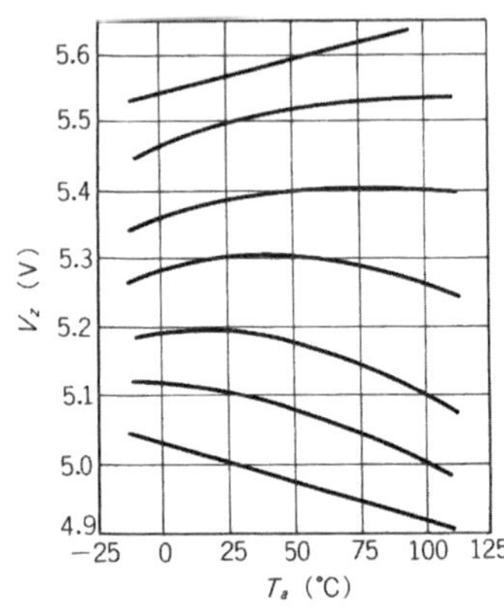

〈図2-8〉 定電圧ダイオードの温度特性の補正

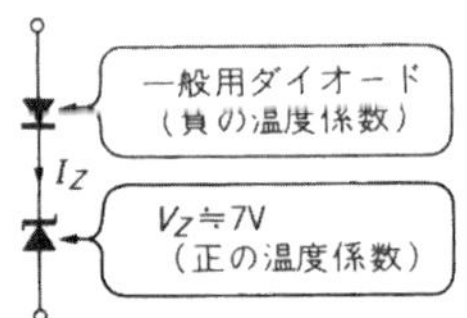

〈図2-9〉 定電圧ダイオードの基本的な使い方

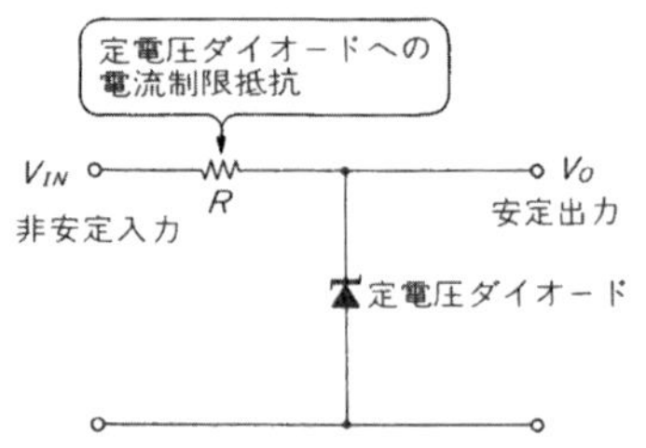

〈表2-1〉 代表的な定電圧ダイオード（P_D＝500 mW）

品　品	ツェナ電圧 V_Z(V) 最小	ツェナ電圧 V_Z(V) 最大	I_Z (mA)	動作抵抗 r_Z(Ω) 最大	動作抵抗 I_Z (mA)	立ち上がり動作抵抗 Z_{ZK}(Ω) 最大	立ち上がり動作抵抗 I_Z (mA)
05AZ2.2	2.110	2.445	20	120	20	2000	1
05AZ2.4	2.315	2.650	20	100	20	2000	1
05AZ2.7	2.520	2.930	20	100	20	1000	1
05AZ3.0	2.840	3.240	20	80	20	1000	1
05AZ3.3	3.150	3.540	20	70	20	1000	1
05AZ3.6	3.455	3.845	20	60	20	1000	1
05AZ3.9	3.74	4.16	20	50	20	1000	1
05AZ4.3	4.04	4.57	20	40	20	1000	1
05AZ4.7	4.44	4.93	20	25	20	900	1
05AZ5.1	4.81	5.37	20	20	20	800	1
05AZ5.6	5.28	5.91	20	13	20	500	1
05AZ6.2	5.78	6.44	20	10	20	300	1
05AZ6.8	6.29	7.01	20	8	20	150	0.5
05AZ7.5	6.85	7.67	20	8	20	120	0.5
05AZ8.2	7.53	8.45	20	8	20	120	0.5
05AZ9.1	8.29	9.30	20	8	20	120	0.5
05AZ10	9.12	10.44	20	8	20	120	0.5
05AZ11	10.18	11.38	10	10	10	120	0.5
05AZ12	11.13	12.35	10	12	10	110	0.5
05AZ13	12.11	13.66	10	14	10	110	0.5
05AZ15	13.44	15.09	10	16	10	110	0.5
05AZ16	14.80	16.51	10	18	10	150	0.5
05AZ18	16.22	18.33	10	23	10	150	0.5
05AZ20	18.02	20.72	10	28	10	200	0.5
05AZ22	20.15	22.63	5	30	5	200	0.5
05AZ24	22.05	24.85	5	35	5	200	0.5

も流れているように，R はそれなりに低い抵抗値に選ぶ必要があります．

ところが，R をあまり低い抵抗値にすると，最大入力電圧で最小の出力電流の時に，過大な I_Z が定電圧ダイオードに流れ，ダイオードの損失が許容値を越えてしまうことがあります．

したがって，実際には両方の条件を満足させ得るような，V_{IN} と R の設定が必要となります．

なお，このような電源回路は，出力電圧を安定化する素子(レギュレータ…定電圧ダイオード)と出力とが並列になっていますので，シャント・レギュレータという呼び方をすることもあります．

● 5V電源回路の設計例

では**図2-10**の回路で，入力電圧 V_{IN} が 10～14V の間で変動し，出力電圧 V_O＝5V の場合の抵抗値を計算してみます．

この回路は，出力電流が減少すると，その分を定電圧ダイオードに I_Z として流してやらなければなりません．ですから定電圧ダイオードは，入力電圧 V_{IN} が最大で出力電流 I_O＝0 の時に，もっとも大きな損失を発生します．

図2-10において，定電圧ダイオードに0.5Wタイプのものを使用し，実力として最大0.3Wの電力損失 P_D が許容されるとすると，流せる電流 $I_{Z(\mathrm{max})}$ は，

$$I_{Z(\mathrm{max})}=\frac{P_D}{V_Z}=\frac{0.3}{5}=60\ \mathrm{mA}$$

となります．そして，V_{IN}＝14V で定電圧ダイオードに最大電流 $I_{Z(\mathrm{max})}$ が流れるので，抵抗値 R は，

$$R=\frac{V_{IN(\mathrm{max})}-V_Z}{I_{Z(\mathrm{max})}}$$

$$=\frac{14-5}{0.06}=150\ \Omega$$

と求まります．

この時の抵抗 R の損失 P_R は，

$$P_R=I_Z{}^2{}_{(\mathrm{max})}\cdot R$$

$$=0.06^2\times150=0.54\ \mathrm{W}$$

となります．

次に，入力電圧が最低の10Vの時にはどのくらい

〈図2-10〉 5V出力のシャント・レギュレータ

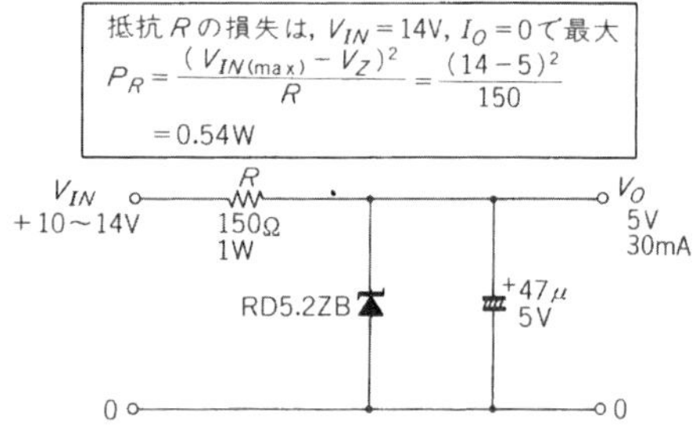

の出力電流が流せるか計算してみると，

$$I_{O(\mathrm{min})}=\frac{V_{IN(\mathrm{min})}-V_O}{R}$$

$$=\frac{10-5}{150}\fallingdotseq33\ \mathrm{mA}$$

ということになります．

結局，定電圧ダイオードによる安定化電源では，この程度の電力しか扱えませんし，当然のことながら，**出力電流 I_O と逆比例して変化する I_Z によって，出力電圧 V_O がかなり大きく変化してしまいます．**ですから，出力電流があまり大きくなく，しかもその**電流値の変化しない回路などでしか適用できないのが現状です．**

● もっと大きな出力電流をとりたいとき

もっと大きな電流を必要とする時には，何らかの方法を考えなければなりません．その一例が**図2-11**のようにトランジスタを追加する方法です．図(a)，(b)のどちらの動作も基本的には同じです．

トランジスタは，ベース電流 I_B(＝I_Z)に対して直流電流増幅率 h_{FE} 倍のコレクタ電流 I_C を流すことができます．したがって，

$$I_Z=I_B=\frac{I_C}{h_{FE}}$$

となり，結局，出力電流を $I_C=I_Z\times h_{FE}$ と増加させることができます．つまり，入力電圧や出力電流などの外的条件の変化による I_Z への制約が，大きく緩和されます．

〈図2-11〉
電流ブーストの方法

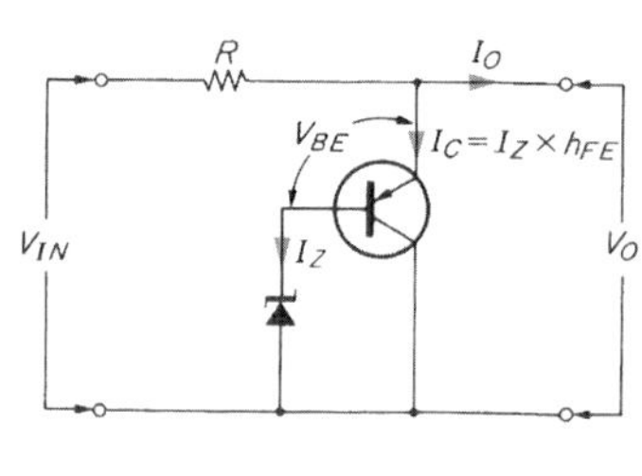

(a) PNPトランジスタ

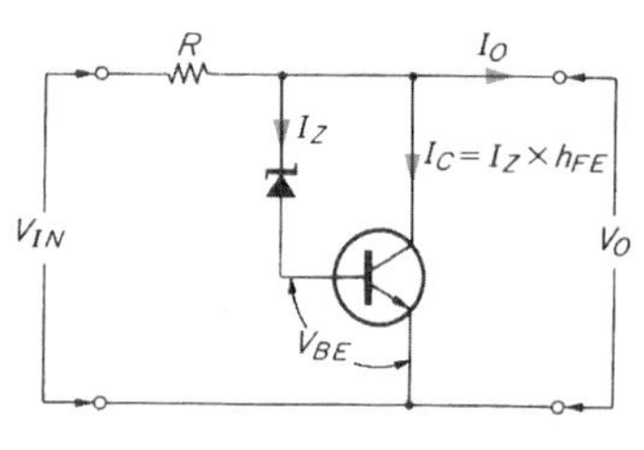

(b) NPNトランジスタ

〈図2-12〉 トランジスタのh_{FE}カーブ〔2SD880(東芝)〕

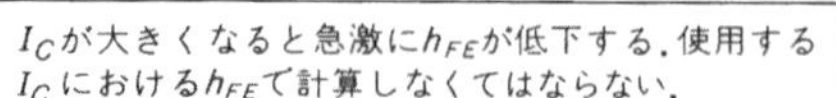

I_Cが大きくなると急激にh_{FE}が低下する．使用するI_Cにおけるh_{FE}で計算しなくてはならない．

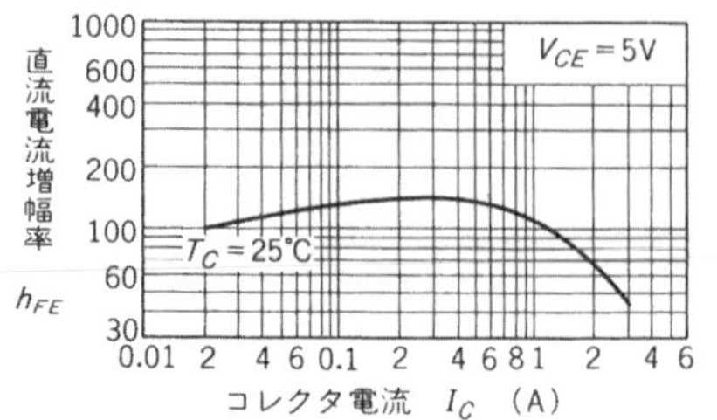

〈表2-2〉 主な基準電圧IC

公称電圧 V_z (V)	精度 T_a=25℃ (%)	型名	温度変動	動作電流
1.235	±0.32	LT1004C-1.2	200ppm(typ)	10μA～20mA
	±1	LT1034C	40ppm(max)	20μA～20mA
	±2	LM385-1.2	20ppm(typ)	15μA～20mA
2.5	±0.5	LT1004C-2.5	20ppm(typ)	20μA～20mA
	±0.2	LT1009C	6mV(max)	400μA～10mA
	±2	LM336B-2.5	6mV(max)	400μA～10mA
	±1.5	LM385B-2.5	20ppm(typ)	20μA～20mA
	±3	AD580J	85(max)	1.5mA
	±1	AD580K	40(max)	1.5mA
5.0	±0.2	LT1019C-5	20ppm(max)	1.2mA
	±1	LT1021BC-5	5ppm(max)	1.2mA

ちなみに，通常のトランジスタではh_{FE}は100以上，高増幅率(High βトランジスタ)のものでは，400～1000以上です．ただし，トランジスタのh_{FE}は，**図2-12**のようにI_Cの値によっても大きく変化しますから，使用条件における値をカタログ上のグラフから割り出さなければなりません．

なお，この時の出力電圧V_Oは，トランジスタのベース-エミッタ間の電圧をV_{BE}とすると，

$$V_O = V_Z + V_{BE}$$

と表せます．トランジスタのV_{BE}は，概略0.6Vですから，これを考慮して定電圧ダイオードの電圧を決定します．

ただし，この方法は基本的には定電圧ダイオードの損失をトランジスタが肩代わりしただけですから，総合的な内部損失が減少したわけではありません．ですから出力電流を増大させようとすると，その分損失が増加しますので，放熱器を取り付けるなどの温度上昇の対策を施さなければなりません．

基準電圧ICとその利用技術

● 基準電圧ICと定電圧ダイオードの違い

ICの時代になって，安定化電源だから定電圧ダイオードを使用する，というケースは意外と少なくなってきました．前述のように，定電圧ダイオードの特性は必ずしも安心して使えるほど安定でも高精度でもなく，それよりもICを使ったほうが楽だというわけです．

その代表が3端子レギュレータというわけですが，これにはあまりにも多く種類というか，ファミリがありますので次の章で改めて解説するとして，ここでは定電圧ダイオードを置き換える目的で使われている基準電圧ICの利用技術について述べることにします．

● バンドギャップ・リファレンスが多い

一般に基準電圧ICというと，最近ではバンドギャップ・リファレンスというものが常識的です．これは

〈図2-13〉 バンドギャップ・リファレンスの構成

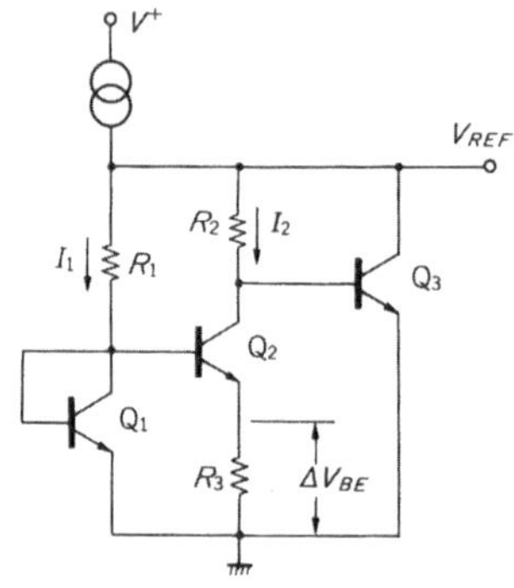

従来のツェナ・ダイオードとはまったく異なる原理を利用したもので，**図2-13**がバンドギャップ・リファレンスの原理図です．この回路において，Q_1とQ_2の特性が同一であるなら，

$$V_{REF} = V_{BE3} + \Delta V_{BE} \frac{R_2}{R_3}$$

(ただし，V_{BE3}はQ_3のV_{BE})

となり，仮にQ_1とQ_2のコレクタ電圧が等しいなら，

$$V_{REF} = V_{BE3} + \frac{KT}{q} \cdot \frac{R_2}{R_3} \ln \frac{R_2}{R_1}$$

(ただし，qは電荷素量，Kはボルツマン定数，Tは絶対温度)

となります．つまり式の第1項は，負の温度係数(−2.4mV/℃)であり，第2項は正の温度係数になっています．そこで，この両者の温度係数が相殺しあうように各定数を選んだのが，この方式の特徴になっています．

すなわち，この回路で出力電圧V_{REF}をシリコンのエネルギ・ギャップ電圧1.205Vに等しくすることで，温度特性が0になるというものです．

そして，実際の基準電圧としては，任意の電圧が取り出せるようにOPアンプと組み合わせてトリミングが行われています．

〈図2-14〉バンドギャップ・リファレンスの一例
〔REF01(PMI)〕

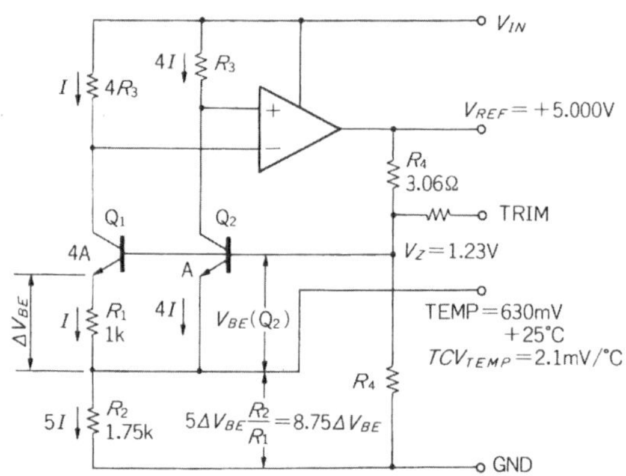

〈写真2-2〉TL431の外観

表2-2 に市販されているバンドギャップ・リファレンスの主なものを示します．**図2-14** はその中のREF 02(PMI社)の等価回路です．

● プログラマブル・シャント・レギュレータ TL431

さて，バンドギャップ・リファレンスによる基準電圧ICには多くの種類がありますが，たいていのものは計測器やA-D/D-Aコンバータの基準電圧として利用されるものが多く，価格も高めになっています．安定化電源用として広く使われているのはプログラマブル・シャント・レギュレータと呼ばれているTL431くらいでしょうか．

このICは特性(安定度)も適当であり，なによりも価格面での魅力が大きいICです．

このTL431は，バンドギャップ・レファレンスを内蔵した高精度なシャント・レギュレータで，**写真2-2** にこのICの外観を示します．また電気的特性を **表2-3** に示します．

出力電圧が2.5V～36Vの範囲で可変できるとい

〈図2-15〉[8]
TL431の端子配置
および接続例

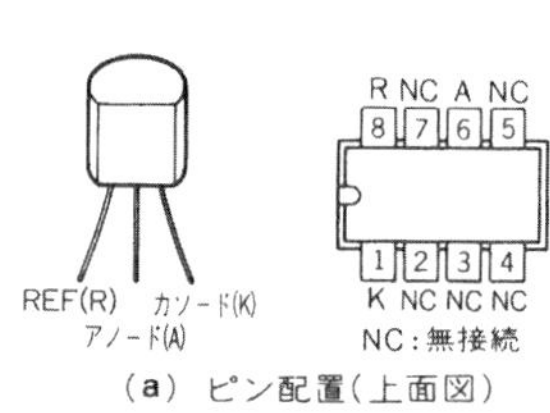

(a) ピン配置(上面図)

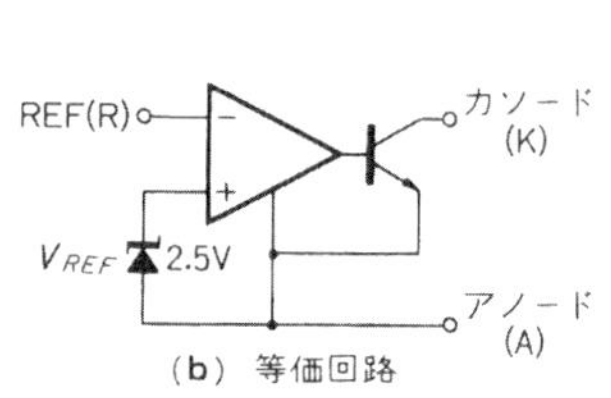

(b) 等価回路

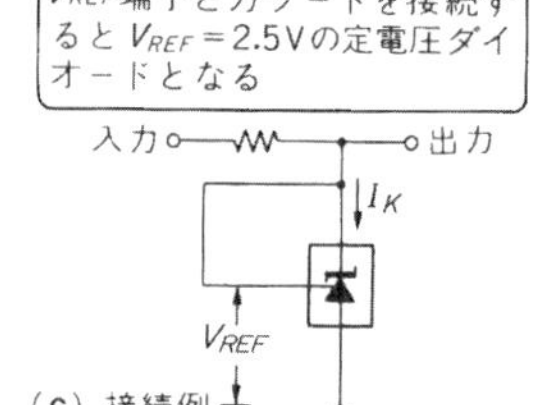

(c) 接続例

〈表2-3〉[8] TL431の定格と特性

■最大定格

項目		記号	定格	単位
カソード電圧		V_{KA}	37	V
連続カソード電流		I_K	100～150	mA
基準電圧端子入力電流		I_{REF}	0.05～10	mA
全損失(T_a≦25℃)	LPBパッケージ	P_D	900	mW
	LPパッケージ		775	
	JGパッケージ		1050	
	Pパッケージ		1000	
	PSパッケージ		446	
動作温度範囲	TL431C	T_{ope}	−20～85	℃
	TL431I		−40～85	
	TL431M		−55～125	

■電気特性

項目	記号	測定条件		TL431M typ	TL431M max	TL431I typ	TL431I max	TL431C typ	TL431C max	単位
基準電圧＊1	V_{REF}	$V_{KA}=V_{REF}$, $I_K=10mA$		2495	2550	2495	2550	2495	2550	mV
V_{KA}の変動に対するV_{REF}の電圧変動比	$\frac{\Delta V_{REF}}{\Delta V_{KA}}$	$I_K=$ 10mA	$\Delta V_{KA}=$ 10V～V_{REF}	−1.4	−2.7	−1.4	−2.7	−1.4	−2.7	mV/V
			$\Delta V_{KA}=$ 36V～10V	−1	−2	−1	−2	−1	−2	
基準電圧端子入力電流	I_{REF}	$I_K=10mA$, $R_I=10k\Omega$, $R_2=\infty$		2	4	2	4	2	4	μA
基準端子入力電流の温度変動	$I_{REF(dev)}$	$I_K=10mA$, $R_1=10k\Omega$, $R_2=\infty$		1	3	0.8	2.5	0.4	1.2	μA
レギュレーションに必要な最少カソード電流	I_{min}	$V_{KA}=V_{REF}$		0.4	1	0.4	1	0.4	1	mA

＊1：基準電圧の最小値は2440mV(TL431M/I/Cとも)

〈図2-16〉 TL431による可変電源回路

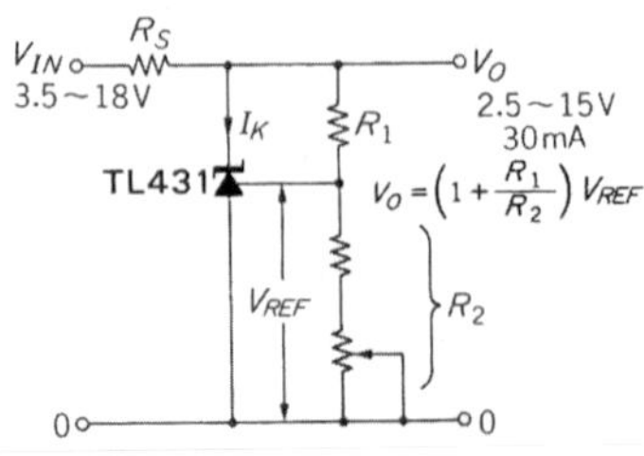

うことがプログラマブル・シャント・レギュレータと呼ばれる所以です．**図2-15**にTL431の端子配置，等価回路などを示します．

このICは，REF端子をカソードに接続すると，たんなる2.5Vの高精度定電圧ダイオードとして用いることができます．

● TL431を可変電源として使用するには

図2-16がTL431を使用したときの基本的な構成です．この回路でREF端子の電圧 V_R と内蔵の基準電圧 V_{REF} との間で，$V_R < V_{REF}$ の関係にある時は，カソードへは電流を引き込みません．

逆に，$V_R > V_{REF}$ となると，カソード電流 I_K が流れます．ですから**図2-16**のように接続すると，出力電圧を定電圧化しようとして常に，$V_{REF} = V_R$ となるように動作します．

出力電圧 V_O を分割抵抗 R_1 と R_2 で分圧し，REF端子に印加すると，

$$V_O = V_{KA}$$

$$= V_{REF} \cdot \left(1+\frac{R_1}{R_2}\right) + I_{REF} \cdot R_1$$

となります．I_{REF} は，通常数μA程度ですから，式は簡略化して，

$$V_O = V_{REF} \cdot \left(1+\frac{R_1}{R_2}\right)$$

となります．そして，V_{REF} は2.5Vで安定ですから，R_1 と R_2 の比率を変化させると，出力電圧 V_O を任意に変化させることができるというわけです．

つまり，出力電圧 V_O が何らかの原因(例えば入力電圧が上昇したり，出力電流が減少した場合など)で上昇しようとすると，同じ比率で V_{REF} も上昇しようとするために，カソード電流 I_K が流れます．これによって抵抗 R_S の電圧降下が大きくなり，V_O を規定の値にもどすような動作となるわけです．

● TL431のシリーズ・レギュレータへの応用

TL431自体はシャント・レギュレータと呼ぶものの一種ですが，これを基準電圧ICとして扱うと，当然シリーズ・レギュレータとしても利用できます．

図2-17が，シリーズ・レギュレータへの応用例です．出力電圧 V_O は，検出抵抗 R_1 と R_2 とによって，

$$V_O = \left(1+\frac{R_1}{R_2}\right) \cdot V_{REF}$$

となり，高精度に可変電源を構成することができます．

つまり，R_1 と R_2 の比率で任意に出力電圧を設定することができますが，最低の出力電圧値は $R_1=0$ とすると，

$$V_{O(\min)} = V_{REF} + V_{BE}$$

●TL431の定電流源への応用

TL431は，本文で紹介したシャント・レギュレータとして使用する以外に，様々な応用例が考えられています．

図2-Aは高精度な定電流電源です．(a)の回路は電流を流れ出しで使用するもので，出力電流 I_O は，

〈図2-A〉 定電流源への応用

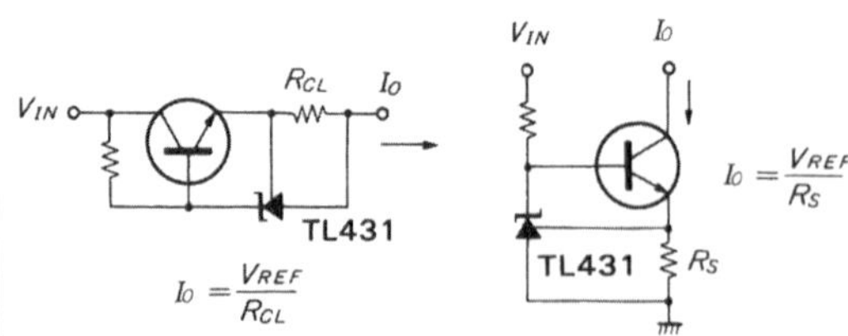

(a) 流れ出し電源　　(b) 引き込み電源

$$I_O = \frac{V_{REF}}{R_{CL}}$$

となります．

(b)は引き込み型であり，電流 I_O は，

$$I_O = \frac{V_{REF}}{R_S}$$

となります．

いずれの場合においても，電流検出用抵抗の両端の電圧が V_{REF} に等しくなるように，V_{AK} の電圧値を変化し，トランジスタのベース電流を制御しています．

出力電流値 I_O は，(a)，(b)いずれも検出抵抗とTL431の基準電圧だけで決定でき，温度変化なども発生せず，安定な定電流特性となります．電流値を任意に変化したい時には，R_{CL}，R_S を可変抵抗にしておけばよいことになります．

〈図2-17〉 TL431のシリーズ・レギュレータへの応用

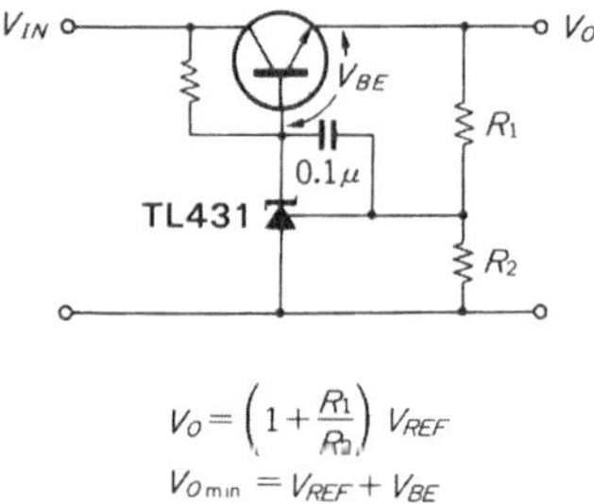

となります．

また，出力電流 I_O は付加するトランジスタのコレクタ電流 I_C によって決まります．ただし，トランジスタの C-E 間電圧 V_{CE} と出力電流 I_O とによって大きな電力損失が発生しますので注意が必要です．

なお，TL431 のカソードと V_{REF} 端子間に接続されたコンデンサは発振防止用のもので，0.1 μF くらいが適当です．

● TL431 使用上の注意点

このプログラマブル・シャント・レギュレータの内部等価回路は定電圧ダイオードと似ていますが，カソード電流 I_K による V_{REF} の依存性がありませんので，安定度を要求する基準電圧源として使用する場合でも，I_K を定電流回路に接続する必要がありません．

また，この TL431 に並列にコンデンサを接続すると，カソード電流 I_K とコンデンサの容量との関係で，発振を起こす領域がありますから注意しなければなりません．おおむね，0.01 μF から 3 μF の間のコンデンサは接続しないようにしてください．

最大印加電圧 V_{KA} は 37 V で，最大カソード電流 I_K は 150 mA です．ただし電力損失 P_D は，

$$P_D=V_{KA}\times I_K$$

となりますから，最大許容損失を越えないように注意しなければなりません．

さらに，カソード電流が極端に少ない状態では，定電圧動作をできなくなってしまいます．常に $I_{O(min)}>1$ mA 以上の電流が流れるようにしておかなければなりません．

この TL431 は，基準電圧のバラツキも ±2 %程度と少なく，温度特性も優れています．さらに，内部誤差増幅器の利得も大きく，大変精度のよい電源を構成することができます．

第3章——もっともよく使うシリーズ・レギュレータIC
3端子レギュレータの応用設計法

●78/79シリーズICの使い方
●低損失型3端子レギュレータの使い方
●電圧可変型3端子レギュレータの使い方

エレクトロニクスの中にICの与えた影響というか，インパクトは今さら述べるまでもありませんが，電源回路技術においては，3端子レギュレータICの影響が最大級ではないでしょうか．

それまでの安定化電源というと，トランジスタやOPアンプICなどを組み合わせて，いわゆる「電源回路を設計する」という工程があったものです．しかし，3端子レギュレータICの登場によって，それまでの細かい設計上の留意点は大幅に削減され，ただICを用意するという工程にまで進化しました．

ここでは，その3端子レギュレータICの応用技術について紹介したいと思います．3端子レギュレータIC自体はかなりの歴史をもつものですが，最近でも，さらに新しい特徴を追加した品種が開発されています．それらもあわせて紹介します．

78/79シリーズICの使い方

● 78/79シリーズ3端子レギュレータとは

78/79（ナナハチ/ナナキュー）シリーズというのは，3端子レギュレータICの代表的なシリーズ名です．このシリーズのICは，とにかく**図3-1**のように，整流電源と組み合わせて入力電力を供給してやれば，希望する電圧が安定に供給されるというわけですから，非常にありがたいICなのです．

このICは，もともとリニアICの名門であるフェアチャイルド社から，μA（ミューエー）78/79シリーズとして登場したものですが，今では作ってない会社が少ないくらい，ポピュラになったICです．そして，このシリーズには出力電流定格，出力電圧定格ごとに多くのファミリがラインアップされています．主なものをあげると，

- 出力電源 100 mA (max)……78L××，79L××
- 出力電流 0.5 A (max)……78M××，79M××
- 出力電流 1 A (max)……78××，79××

という出力電流ごとの分類の上に，上記の××の部分に相当する電圧ランクとして，5/6/7/8/12/15/18/24 Vなどのものが用意されています．

ただし，メーカによってラインアップの状況が多少違うところもありますので，詳細のラインアップはメーカのカタログ上で確認する必要があります．

表3-1が，78/79シリーズの定格概要，**写真3-1**がICの外観です．また，内部構成のブロック図を**図3-2**に示します．

● 入力側，出力側にはコンデンサを入れる

78/79シリーズの最も基本的な使用方法を**図3-3**に示します．大切なことは，入力側，出力側共に，コンデンサを接続しなければならないということです．入力側のコンデンサ C_1 は，ICの動作の安定性を向上させるものですが，**通常は整流回路の平滑用大容量コンデンサがこれに相当します．**

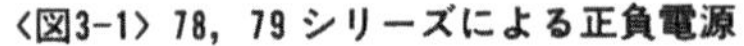
〈図3-1〉78，79シリーズによる正負電源

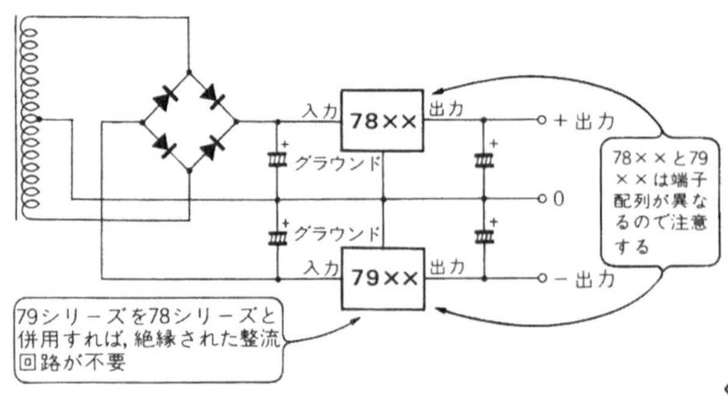

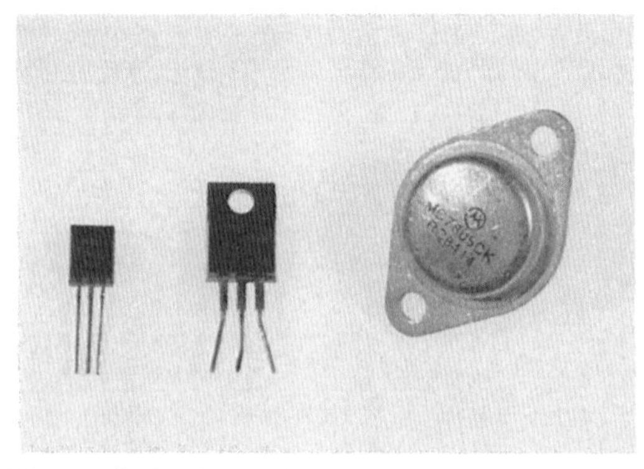
〈写真3-1〉各種3端子レギュレータ TO220(中)，TO3(右)

〈表3-1(a)〉
3端子レギュレータの定格

項目		記号	78L	78M	78	79L	79M	79	単位
入力電圧	5～18V	V_{IN}	35	35	35	−35	−35	−35	V
	24V	V_{IN}	40	40	40	−40	−40	−40	V
出力電流		I_O	0.15	0.5	1	−0.15	−0.5	−1	A
最大損失		P_D	0.5	7.5	15	0.5	7.5	15	W
動作温度		T_{op}	−30～75	−30～75	−30～75	−30～75	−30～75	−30～75	℃

＊一般的な数値で，メーカによって多少差異がある．

〈表3-1(b)〉
主な78シリーズ3端子レギュレータの特性

項目	記号	規格								単位
		7805	7806	7807	7808	7812	7815	7818	7824	
出力電圧	V_{OUT}	4.8～5.2	5.7～6.3	6.7～7.3	7.7～8.3	11.5～12.5	14.4～15.6	17.3～18.7	23～25	V
入力安定度	δ_{IN}	3	5	5.5	6	10	11	15	18	mV
負荷安定度	δ_{LOAD}	15	14	13	12	12	12	12	12	mV
バイアス電流	I_Q	4.2	4.3	4.3	4.3	4.3	4.4	4.6	4.6	mA
リプル圧縮度	R_{REJ}	78	75	73	72	71	70	69	66	dB
最小入出力電圧差	V_D	3	3	3	3	3	3	3	3	V
出力短絡電流	I_{OS}	2.2	2.2	2.2	2.2	2.2	2.1	2.1	2.1	A
出力電圧温度係数	T_{CVO}	−1.1	−0.8	−0.8	−0.8	−1.0	−1.0	−1.0	−1.5	mV/℃

（注）一般的な値で，メーカによって多少差異がある．

出力側のコンデンサC_2は，これを接続しないと，ICが発振してしまいます．

3端子レギュレータの発振は，**写真3-2**のようにサイン波形でかなり高い周波数です．この周波数は配線の長さなどで変化しますが，目的とする安定化された直流電圧を得ようとするのに対して，リプルと同様で有害となります．

ですから，発振を防止するにはこのコンデンサC_1とC_2は，極力3端子レギュレータの入出力端子に近い点に接続するほうがよいでしょう．

● レギュレータの出力側コンデンサの効果

ところで3端子レギュレータの場合に限らず，一般の安定化電源の出力端に入れるコンデンサは，レギュレータの伝達特性を改善する機能ももっています．

安定化電源の出力は，理想的には定電圧電源ですので出力インピーダンスがゼロであるのが望ましいのですが，実際には何らかのインピーダンスをもっています．そして**図3-4**に示すように周波数の増加につれて，そのインピーダンスも増加する傾向を示します．

これは，内部増幅回路の周波数特性が高周波になるにしたがって利得が低下するためです．増幅器はどんな構成のものでも，**図3-5**に示すように高周波になると増幅利得が低下するのです．

図3-6を見てください．これは3端子レギュレータも含む安定化電源の原理について示したものですが，出力電圧の変動は，誤差増幅器で増幅され，電圧の変動値とは反対の方向へ補正されて定電圧化されます．つまり，増幅器の利得が大きいほど，この補正が効いて安定な電圧となります．

したがって，出力電流がまったく変化していないか，

〈図3-2〉[4] 78シリーズの等価回路構成

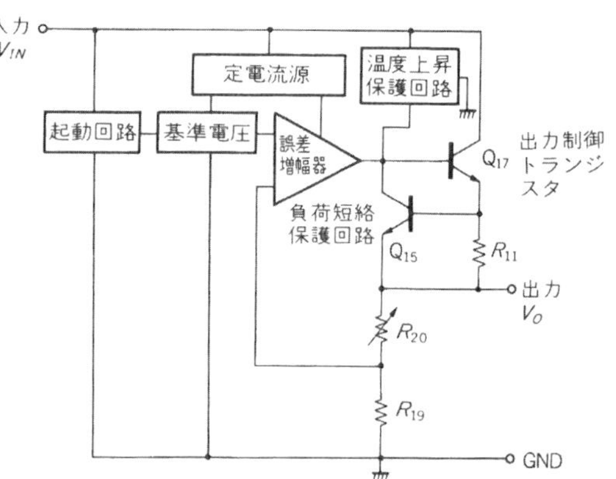

〈図3-3〉78シリーズの基本的な使用例

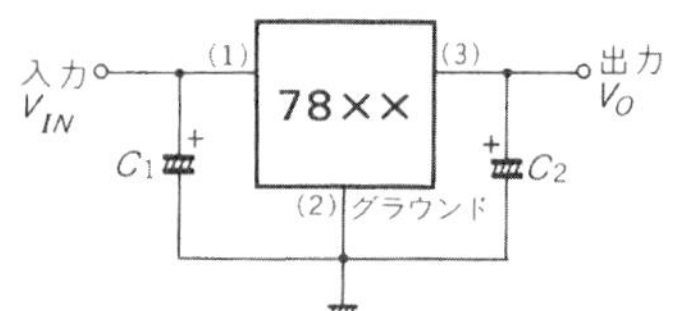

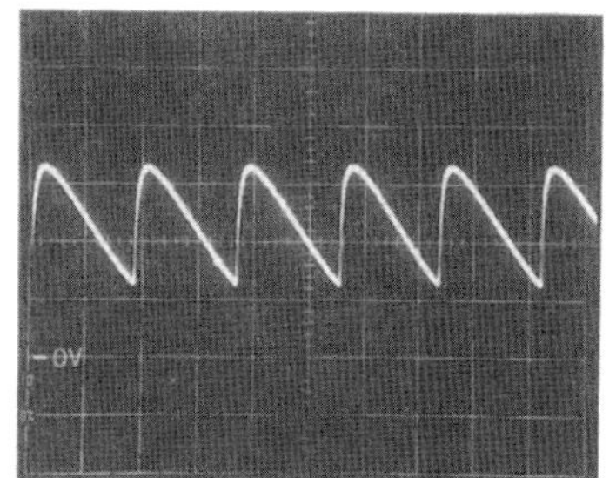

〈写真3-2〉3端子レギュレータの発振波形
(2V/div, 0.5μs/div)

〈図3-4〉(4) 78 シリーズの出力インピーダンス特性

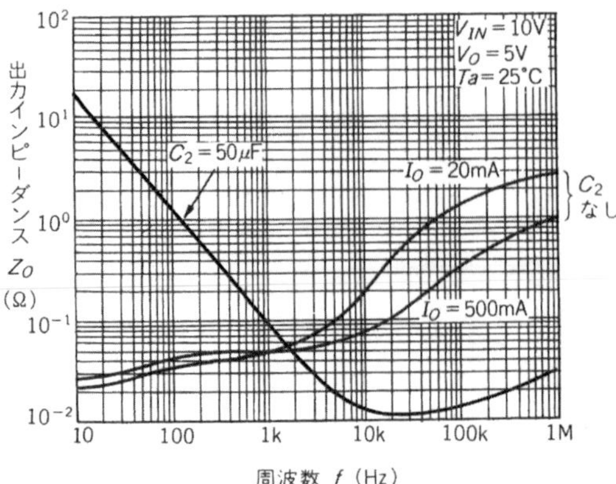

〈図3-5〉 増幅器は高周波で利得が低下する

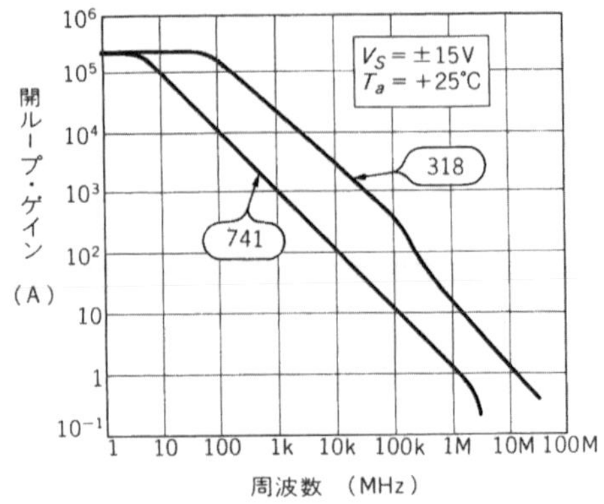

あるいは極めて緩慢な変化であれば，その扱いは直流～低周波領域となって誤差増幅器の利得が十分にありますから，出力電圧の変動はほとんど現われません．

ところが，出力電流がある周期で ΔI_O だけの変化をしたとすると，その周波数での出力インピーダンス Z_O とで，

$$\Delta V_O = \Delta I_O \times Z_O$$

の出力電圧の変動を招いてしまいます．この Z_O は，先の**図3-4** のように周波数が高くなるにつれて増加するため，電圧変動もそれにつれて増加してしまいます．

したがって，**出力側コンデンサ C_2 によって出力の高周波インピーダンスを低下させることが必要**になるわけです．

安定化電源の負荷が TTL などのように，高速でスイッチングするようなものの場合には，この出力コンデンサもアルミ電解コンデンサだけでは内部インピーダンスが上がってしまいます．そこで，セラミック・コンデンサやフィルム・コンデンサのように，**周波数特性の良いものをアルミ電解コンデンサと並列に接続**して用います．すると低周波から高周波までの広い帯域にわたって，電源の出力インピーダンスを低く保つことができます．

● 3 端子レギュレータの許容損失

さて，1 A タイプの 3 端子レギュレータの最大許容損失 P_D は 15 W となっています．3 端子レギュレータの回路構成はシリーズ・レギュレータですから，入力電圧が高く，出力電流の多い時ほど損失が増えます．

入力電圧を V_{IN}，出力電圧を V_O，出力電流を I_O とすると，3 端子レギュレータの電力損失 P_D は，

$$P_D = I_O \cdot (V_{IN} - V_O)$$

で与えられます．ところが，パッケージがモールド・タイプの TO220 型状のものでは，温度上昇の関係から，**現実にはせいぜい 1 W くらいの損失しか許容されません**．これは，例えば V_{IN}=10 V で V_O=5 V の場合では，出力電流 I_O は，

〈図3-6〉 安定化電源の原理

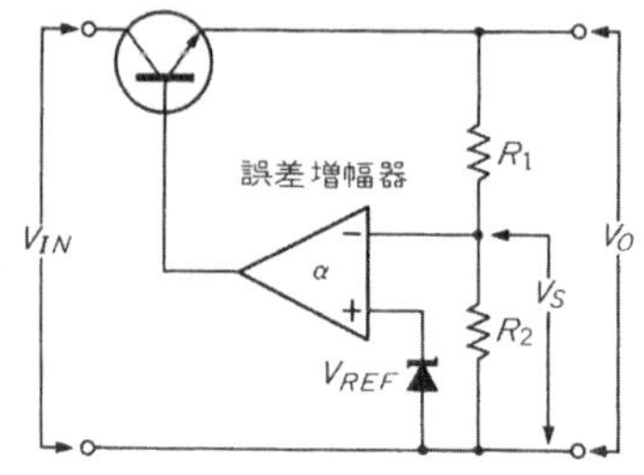

$$I_O = \frac{P_D}{V_{IN} - V_O} = \frac{1}{10-5} = 0.2\,(\mathrm{A})$$

しか連続して取り出せないことになってしまいます．

そこで，損失によって生じる温度上昇を何らかの方法で抑えることが必要になってきます．つまり，3 端子レギュレータを**何らかの放熱器に取り付けなければ**，それ以上の出力電流では使えません．

図3-7 は 3 端子レギュレータの周囲温度と許容損失を示したものですが，**実際の許容損失はほとんど放熱板の大きさ(＝放熱板の熱抵抗)によって左右される**ことがわかると思います．3 端子レギュレータにとっての放熱技術は大変重要です．これについては第 5 章でくわしく取り上げます．

78/79 シリーズの 3 端子レギュレータでは，動作時の周囲温度が IC として 75℃ までしか保証されていません．しかも，**素子のパッケージの表面温度が 75℃ であっても，内蔵のチップ温度ははるかに高い温度**になっています．これは IC チップとケース(パッケージ)表面との間に，必ず温度傾斜があるために生ずるものです．

また，ほとんどのメーカの 3 端子レギュレータに，**IC のチップ温度が約 125℃ に達すると，動作を完全に停止させるチップ接合部温度制限(サーマル・シャット・ダウン)機能**が内蔵されています．これは，熱によって IC を壊さないという立場からは非常に重要な技

〈図3-7〉
78シリーズの周囲温度と許容損失

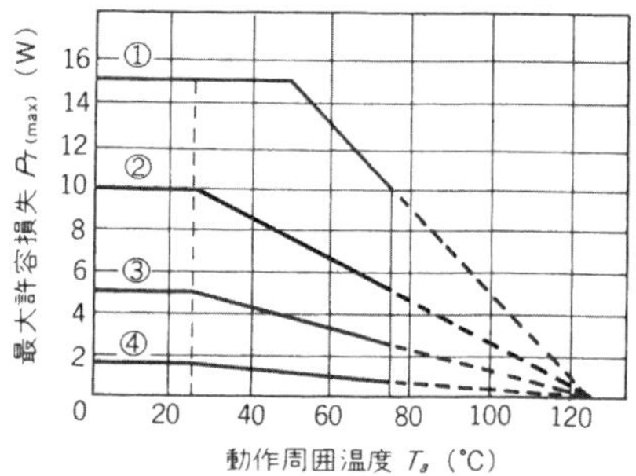

① 無限大放熱板
② 5°C/W 放熱板
③ 15°C/W 放熱板
} 取り付け熱抵抗を含む.
④ 放熱板なし

(a) 1A タイプ

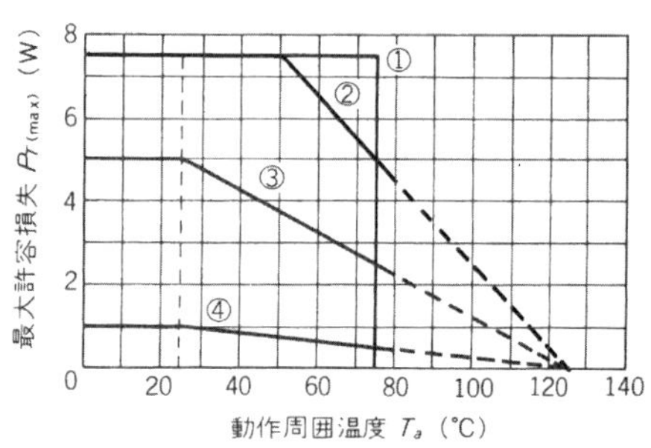

① 無限大放熱板
② 5°C/W 放熱板
③ 15°C/W 放熱板
} 取り付け熱抵抗を含む.
④ 放熱板なし

(b) 0.5A タイプ

〈図3-8〉[4] **7805の出力電流制限特性**

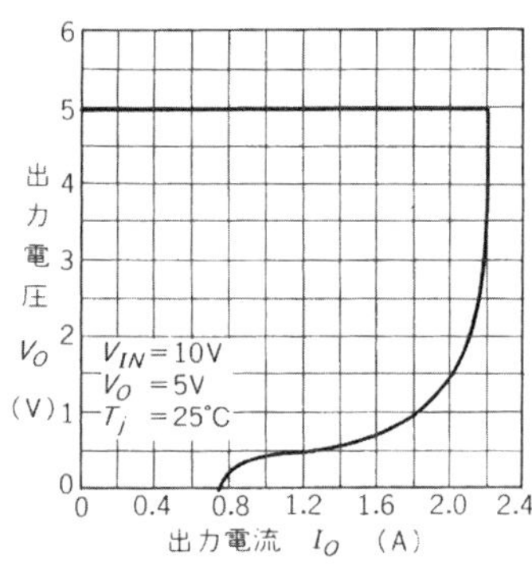

〈図3-9〉 **シリーズ・レギュレータのトランジスタの電力損失**

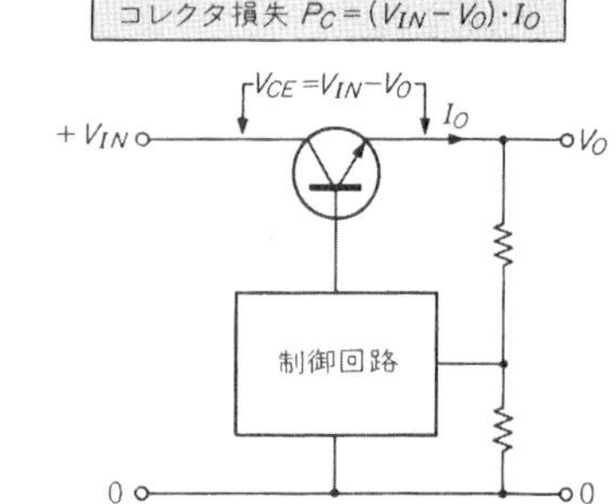

〈図3-10〉 **定電流垂下特性**

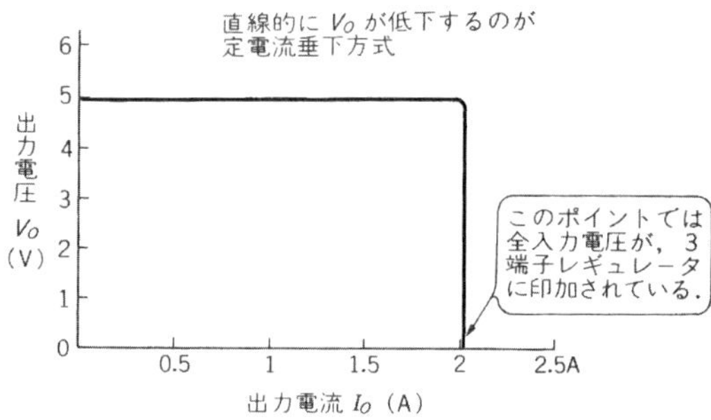

術です．

● 3端子レギュレータの電流制限回路

3端子レギュレータには，出力短絡などの操作上のミスによる破損を防止するための，**電流制限回路(過電流保護)**が内蔵されています．

5V出力の7805タイプ(HA17805P)の，出力電流対出力電圧特性を**図3-8**に示します．この図の場合，**出力電流が2Aを超えた点で出力電圧が低下し**，これ以上の電流が流れないようになっています．

また，**出力を完全に短絡した時は**，約0.8Aの出力**電流となるような保護回路の特性となっています**．この曲線は，「フ」の字型に似ていることから，**フの字垂下特性**といったり，**フォールド・バック特性**と呼んでいます．

● フの字電流制限回路の特徴

わざわざこうしたフの字特性とするのには，次のような意味があるのです．今，**図3-9**において入力電圧 $V_{IN}=10$ V として，$I_O=2$ A だとすると，制御トランジスタの損失 P_C は，

$$P_C=(V_{IN}-V_O)\times I_O=10\ \mathrm{W}$$

です．ところが，**図3-10**のように，過電流制限が I_O= 2Aのまま直線的に電圧が低下する**定電流垂下では**，V_{IN} がすべてトランジスタに印加されるため，このときには $P_C=20$ W もの損失になってしまうのです．

しかし，短絡電流が0.8Aで抑えられるようであれば，$P_C=8$ W で済みますから，ICとしてはそれだけ少ない損失で，放熱に要するスペースも少なくてすむというわけです．

それでは，短絡電流をもっと小さな値にしたほうが良いということになりますが，そうはいきません．過電流保護は，何らかのミスで出力を短絡した時などに

〈図3-11〉[4] 7805の入力電圧対出力電圧特性

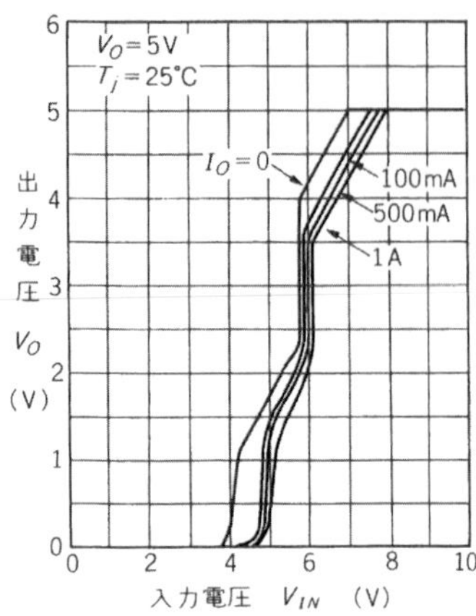

〈表3-2〉3端子レギュレータの使用条件

型名	最低電圧 V(DC)	トランス電圧 V(AC)	トランス電流 A(AC)	平滑コンデンサ μF/WV	最大損失 W
7805	8	8	1.3	6,800/16	4.4
7806	9	8.7	1.3	6,200/16	4.6
7808	11	10.3	1.3	4,700/25	5
7809	12	11.1	1.3	4,700/25	5.2
7810	13	11.9	1.3	4,200/25	5.4
7812	15	13.5	1.3	3,900/25	5.8
7815	18	15.9	1.3	3,300/35	6.4
7818	21	18.3	1.3	2,700/35	7
7820	23	19.9	1.3	2,200/50	7.4
7824	27	23.1	1.3	1,800/50	8.3

※1：出力電流はI_O=0.8A　※2：入力電圧変動は±10%

〈図3-12〉78シリーズによる正負電源

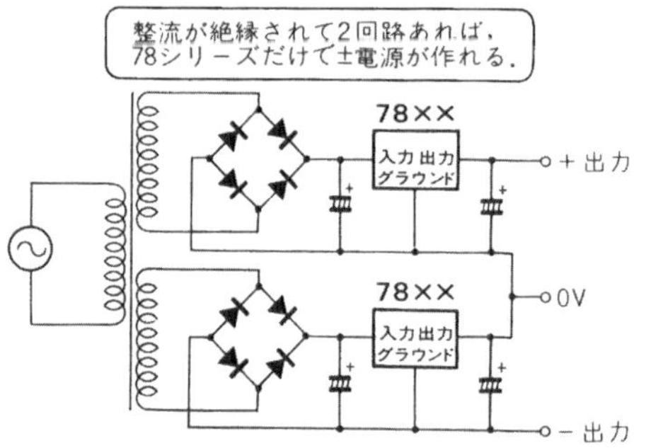

整流が絶縁されて2回路あれば，78シリーズだけで±電源が作れる．

78××　入力 出力 グラウンド　＋出力　0V　－出力

〈図3-13〉78シリーズの出力電圧増大方法

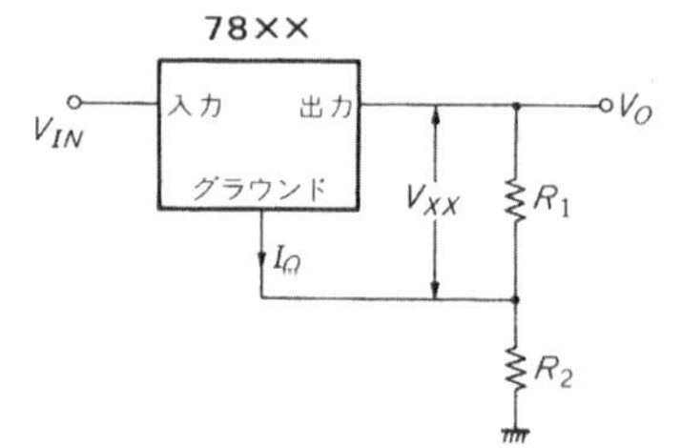

部品を破損させないためのものですから，短絡が解除された時には，正常な動作状態へ復帰しなければなりません．

しかし，短絡電流をあまり小さく設定しておくと，この時に自動復帰しなくなってしまうのです．そのため，短絡電流は最大電流の半分程度にするのが一般的です．

● 78××シリーズの入力電圧対出力電圧特性

さて，78××シリーズの3端子レギュレータは，瞬間的には約2Aまで出力電流をとることができますが，連続的な最大出力電流は1Aです．この時の入力電圧と出力電圧との特性を見ると，**図3-11**のようにV_{IN}≒7Vで初めてV_O=5Vに達します．

これは，3端子レギュレータICの内部に電圧降下があるためで，最低入力電圧時でも余裕をみて，約3Vの入出力間電圧差が必要です．また，この電圧差は整流電圧のリプルの最低値でなければなりません．この入力電圧対出力電圧の関係を**表3-2**に示しておきますので参考にしてください．

この表は第5章で出てくる電源トランスの決定にも影響を与えるものです．

78/79シリーズの応用技術

● 正負安定化電源への応用

電子回路には(＋)電源だけでなく，(−)電源もしばしば必要となります．79シリーズの3端子レギュレータは(−)電源に用いられます．78シリーズと79シリーズを使った正負電源は，すでに**図3-1**で紹介ずみです．

もちろん，**図3-12**のようにして78シリーズの正出力3端子レギュレータで電圧を安定化し，出力の(＋)側をグラウンドとすることによって，(−)出力を作ることもできます．

しかし，一般的には(＋)(−)を同時に必要とすることが多く，安定化回路の入力源となる整流電圧は，0Vを共通とした正負電源となっているのが一般的です．

つまり，どうやっても正出力の3端子レギュレータだけで，正負電源を構成するわけにはいきません．そのような時には，79シリーズのような負出力のものが必要となるわけです．

● 出力電圧可変型電源への応用

固定出力の3端子レギュレータでも，出力電圧を可変することができます．これは**図3-13**に示すように，出力電圧V_Oを抵抗R_1とR_2で分圧し，グラウンド端子に接続することによって行います．

〈図3-14〉 OP アンプを追加した出力電圧の可変方法

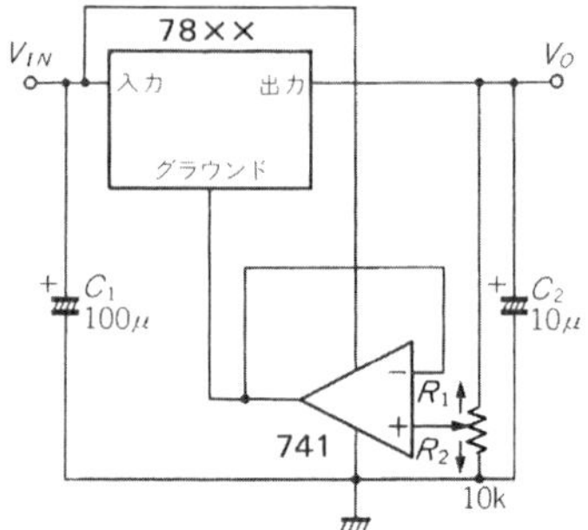

〈図3-15〉 0.5 V〜10 V 出力電圧可変型レギュレータ

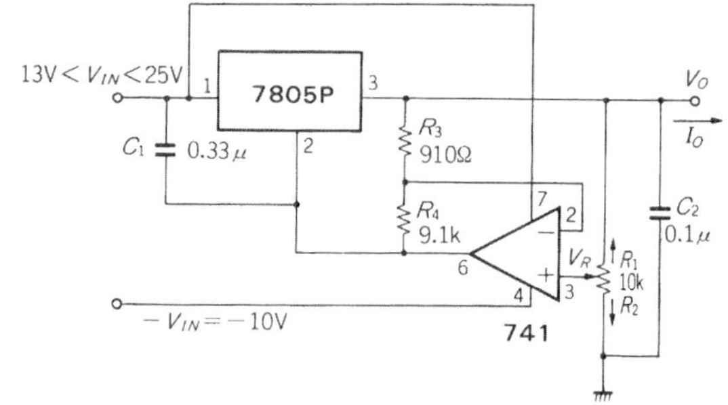

〈図3-16〉 出力電圧可変型レギュレータの調整点電位 V_R特性

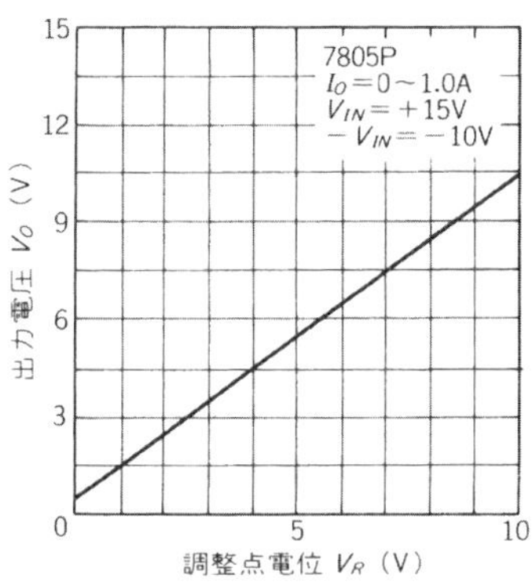

〈図3-17〉 78 シリーズの出力電流増大方法

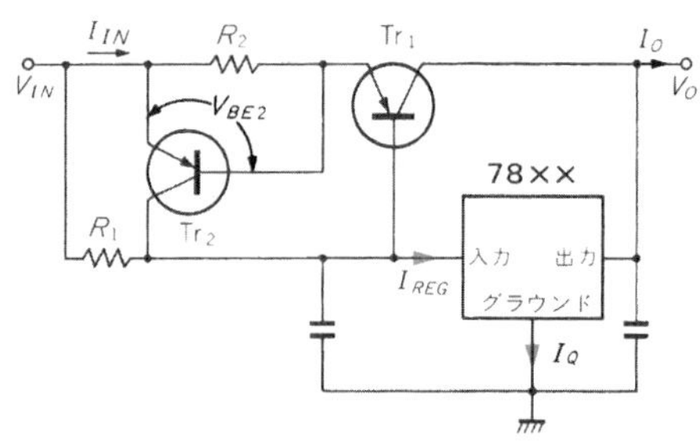

この時の出力電圧 V_Oは，

$$V_O = \frac{R_1 + R_2}{R_1} \cdot V_{××}$$

となります($V_{××}$は3端子レギュレータの出力電圧)．

しかし，実際には3端子レギュレータ内を流れるバイアス電流 I_Q によって，R_2 の両端電圧が上昇する分を考慮しなければなりません．

このバイアス電流 I_Q を考慮すると，出力電圧は，

$$V_O = \frac{R_1 + R_2}{R_1} \cdot V_{××} + I_Q \cdot R_2$$

となります．78××シリーズの場合，I_Q は約 4 mA で一定ですので，R_2/R_1 の比率を一定としておいても，それぞれの抵抗値を小さくしておけば，電圧降下 $I_Q \cdot R_2$ を無視することができます．

ただし，あまり小さな抵抗値では抵抗での電力損失 P_R が，

$$P_R = \frac{V_O^2}{R_1 + R_2}$$

となりますので増大してしまいます．

また，**図3-14** のようにOP アンプを用いると，ある範囲で任意に出力電圧を設定することができます．出力電圧 V_O は，

$$V_O = \left(1 + \frac{R_2}{R_1}\right) V_{××}$$

となります．R_1 か R_2 を可変抵抗にしておけば，連続的に電圧を変化することもできます．

なお，この回路でも固定出力の時と同様に，入出力共にコンデンサを接続しておかなければなりません．

● 0.5 V〜10 V の出力可変型レギュレータ

前述の方法では，出力電圧を3端子レギュレータの固定出力電圧以下にすることができません．いずれも，3端子レギュレータのもっている出力電圧よりも高い値になります．

しかし，**図3-15** のような回路構成にすると，**出力電圧を 0.5 V まで低下させることができます**．ただし，外付けする OP アンプに，−10 V の負のバイアス電源が必要となります．電流はあまり流れませんので，20 mA 程度の電流容量があれば十分です．

出力電圧を 0.5 V〜10 V の間で可変したい場合の定数を図中に示してあります．また，OP アンプの入力電圧と出力電圧の関係を**図3-16** に示します．

● 出力電流の増大方法

3端子レギュレータで出力電流を連続して1A以上取り出したい時には，**外付けにパワー・トランジスタを付加して**，**図3-17** のような**電流ブーストする**方法が用いられています．

パワー・トランジスタ Tr_1 の直流電流増幅率 h_{FE} と

〈図3-18〉 3端子レギュレータの損失

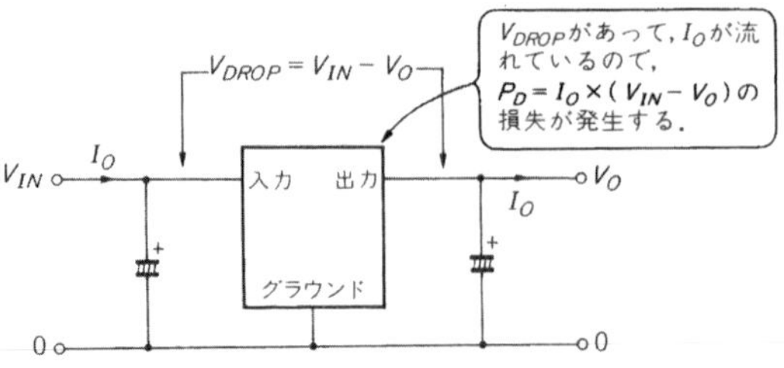

〈図3-19〉[6] 低損失3端子レギュレータの原理

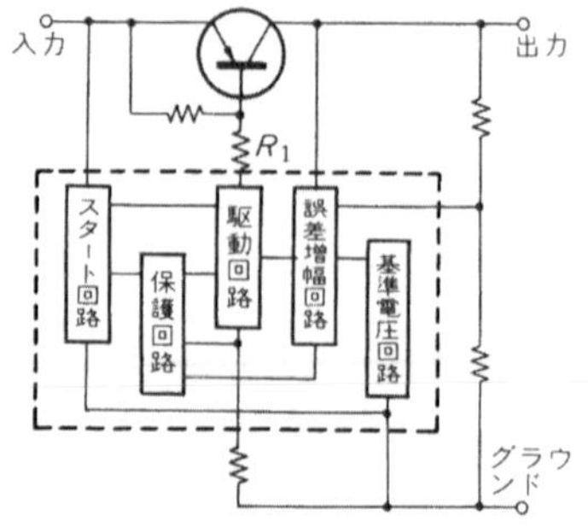

しては，

$$h_{FE} \geqq I_O/I_{REG}$$

が必要で，I_{REG}は3端子レギュレータの連続の最大定格を越えるわけにはいきません．

また，出力電流I_Oの最大値はTr_1の定格で決まりますので，さらに**大きな電流が必要な時は，トランジスタをダーリントン接続する**ような工夫が必要です．

さて，この回路における3端子レギュレータの出力電流I_{REG}は，前述よりほぼトランジスタの$1/h_{FE}$に減少しますので，出力電流による出力電圧の変動，すなわち負荷変動率もそれだけ改善されることになります．

ただし，この時には**3端子レギュレータ内蔵の過電流保護が機能しなくなってしまいますので**，外部に保護回路を付加しなければなりません．それが，**図3-17**のTr_2とR_2です．

電流I_{IN}によるR_2の電圧降下が，Tr_2のベース-エミッタ間電圧V_{BE2}に達するとTr_2が導通してTr_1のベース電流供給をOFFさせる方向とし，出力電流を制限します．したがって，**過電流制限の動作点は，**

$$I_{O(\max)} \fallingdotseq I_{IN(\max)} = V_{BE2}/R_2$$

となります．

ただし，トランジスタのV_{BE2}は，温度に対して-2.4 mV/℃という負の係数をもっていますので，それを考慮してR_2の値を決定しなければなりません．

低損失型3端子レギュレータの使い方

● 3端子レギュレータの電力損失

78/79シリーズなどの3端子レギュレータは，先の**図3-11**にも示したように，入出力間の電圧差を最低3V以上確保しなければなりませんが，**この電圧差はそこに流れる出力電流との間で，図3-18のように，すべて損失となり熱を発生します．**

ですから，この種のレギュレータICでは，可能な限り入出力間の電圧は少ないほうがよいのです．そこで考えられたのが低損失型3端子レギュレータです．

低損失型3端子レギュレータにもいろいろな種類のものが出ていますが，**入出力間の電圧差が0.6～1V程度でも**，十分に出力電圧を定電圧化することができるというのが，この種のICの特徴です．

この入出力間の電圧差が3Vの場合と1Vの場合とでは，入力電圧の変動を考えるともっと大きな差となります．

今，3端子レギュレータへの入力電圧がリプル電圧を8$\%_{P-P}$含む整流電圧で，±10％入力電圧変動があるとします．このとき，5V出力の**3端子レギュレータでの最大の電圧差**を求めてみます．

まず，最高入力電圧時の整流電圧$V_{IN(\max)}$は，

$$V_{IN(\max)} = (1 + v_{ripple}) \times \frac{1}{0.9} \times \frac{1}{0.9} (V_O + V_{DROP})$$

で，それぞれ10.7Vと8Vになり，**その差は2.7V**にもなってしまいます．なお，$(1/0.9) \times (1/0.9)$は最低入力電圧に対して最高入力電圧になった時の換算をしたもので，V_{DROP}は3端子レギュレータの入出力間電圧差を表しています．

このほかに整流ダイオードの電圧降下などを考えると，この差はもっと広がってしまいます．

これにより，入出力間電圧差の少ないものが，いかに損失が少なくなるか理解できるものと思います．

● 低損失化のしくみ

低損失型3端子レギュレータには様々な種類のものがありますが，内部の基本的な構成は**図3-19**のようになっており，特徴なのは**制御トランジスタにはPNP型を用いている**点です．

PNPトランジスタは，**ベース電流をエミッタ→ベースへ流してやればよいので**，ベースに接続されたR_1を流れる電流を制御してやれば，コレクタ電流を変化させることができ，出力電圧を安定化することができます．ですから，入出力電圧差としては**制御トランジスタの$V_{CE(sat)}$（コレクタ-エミッタ間飽和電圧）以上の電圧さえあればよい**わけです．

つまり，出力電圧V_Oに対して，最低の入力電圧$V_{IN(\min)}$は，

$$V_{IN(\min)} = V_O + V_{CE(sat)}$$

でよいことになり，NPNトランジスタを用いた回路よりも入出力間電圧差が少なくてよく，低損失となり

〈図3-20〉 シリーズ・レギュレータでのトランジスタのベース・バイアス

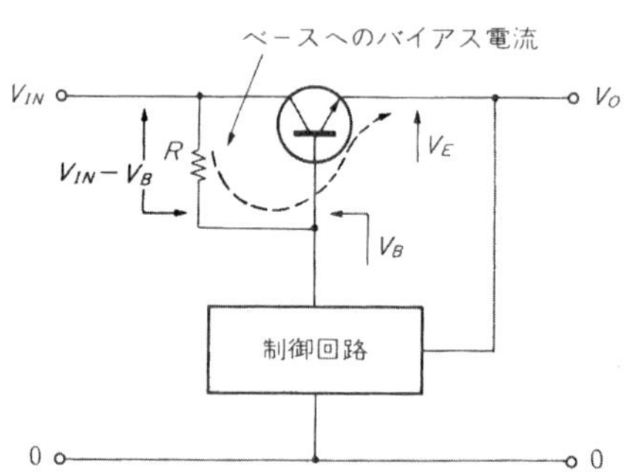

〈図3-21〉 レギュレータでの入力電圧波形

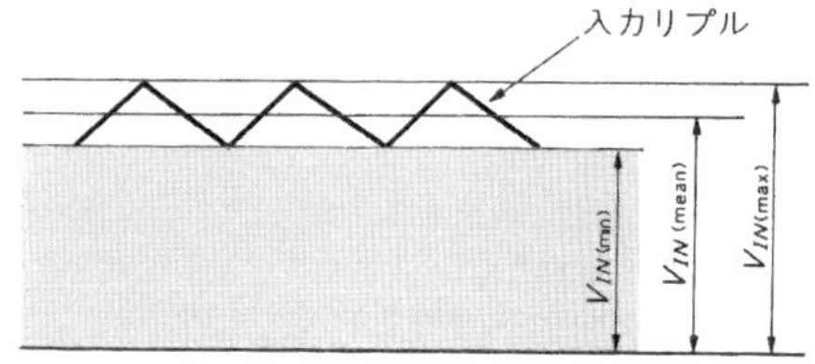

〈図3-22〉[6] 低損失レギュレータ SI3000V の使い方

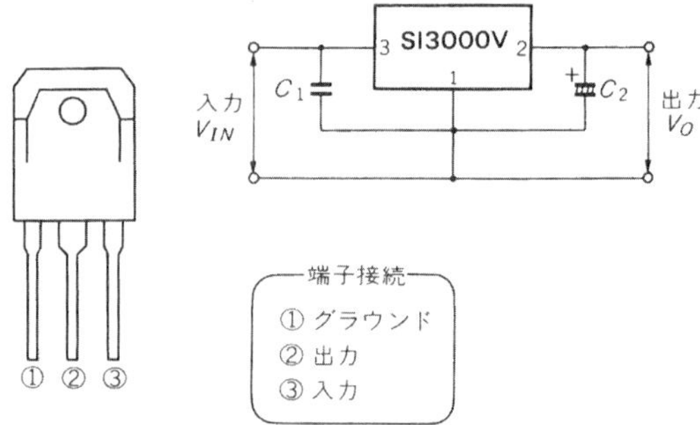

ます．

このときの制御トランジスタの直流電流増幅率を h_{FE} とすると，ベース電流 I_B との間で内部損失 P_B が，

$$P_B = V_{IN} \cdot I_B = V_{IN} \cdot \frac{I_O}{h_{FE}}$$

と発生します．つまり，このように工夫した回路でも，入力電圧が高くなると決して無視できない損失になりますから，極力トランジスタのベース電流を減少できるように，h_{FE} の大きい制御用トランジスタを使用したほうが有利となります．

最近では，MOS FET を用いて，ゲートの駆動電流を流さずに低損失化したものも発表されています．

それに比べて通常の 3 端子レギュレータ（78/79 シリーズ）は，出力段のトランジスタが NPN 型です．したがって，ベース電流を流し込んでやらなければならず，駆動部分の電圧降下も効いてしまい，入出力電圧差を大きくしてやらなければなりません．

これは**図3-20** のように，制御トランジスタのベースへは，入力電圧 V_{IN} から電流を流さねばなりません．定電流駆動としてありますが，そのためにもある程度の電圧が必要ですし，制御トランジスタのベース電位 V_B は，エミッタ電圧 V_E に対して，

$$V_B = V_E + V_{BE}$$

でなければなりません．そのために，PNP トランジスタによる制御よりも，どうしても高い入力電圧が必要となってしまうのです．

表3-3 に，市販の低損失型 3 端子レギュレータの主なものの一覧を示します．

● 使い方は普通の 3 端子レギュレータと同じだが

低損失型 3 端子レギュレータも，通常の 3 端子レギュレータと使用方法は基本的に同じです．しかし，回路構成的に発振しやすいものがありますから，入出力に接続するコンデンサは，より IC の入出力ピンに近いところに挿入できるように配慮しなければなりません．

また，これは大切な点ですが，いくら低損失型の 3 端子レギュレータを使用しても，**必要以上に入力電圧を高くしたのでは，損失は少なくなりません．**

電源トランスを介して整流された，非安定な入力電源には整流リプルが重畳されています．そして，入力電圧の必要最低電圧は，**図3-21** の $V_{IN\,(min)}$ で考えなければなりませんが，損失は平均値 $V_{IN\,(mean)}$ で発生してしまいます．整流リプルの波形は三角波状となるので，平均値は，

$$V_{IN\,(mean)} = V_{IN\,(min)} + \frac{V_{IN\,(max)} - V_{IN\,(min)}}{2}$$

と近似することができます．

ですから，少しでも**損失を低減するためには，リプル電圧のピーク対ピーク値 $V_{IN\,(max)} - V_{IN\,(min)}$ の小さな入力電源となるようにすることが必要です．**つまり，

〈表3-3〉
主な低損失型レギュレータ

型名		TA78DS××	TA78DL××	SI3××2V	STR90××
入出力間電圧差	V_{DROP}(V)	0.2	0.4	1	1
出力電流	I_O(A)	0.03	0.25	2	4
型状		TO92L	TO220	TO3P	TO3PII
メーカ名		東芝	東芝	サンケン	サンケン

〈図3-23〉 SI3000V の入出力間電圧差

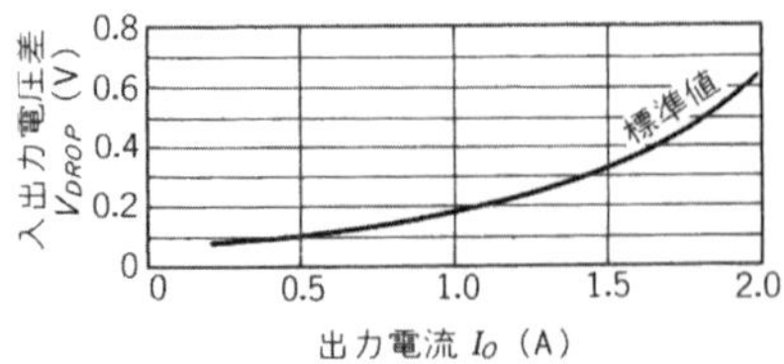

整流平滑回路の設計が重要になります．

● 2 A 出力の SI3000V

低損失型レギュレータの品種は，メーカによってまちまちですが，まず**図3-22** に示すサンケン電気の SI 3000V シリーズを紹介しましょう．

このICは，モノリシックのICと，ディスクリートのパワー・トランジスタ・チップとが，ハイブリッド構造で搭載され，**出力が2Aまでとれるのが特徴です．**

型状は TO3P 型ですが，気をつけなくてはいけないのは，端子の配列が 78 シリーズなどとは異なっている点です．出力電流 I_O は連続して 2A 取ることが可能で，過電流保護は約 2.5 A 程度で動作開始します．

出力電圧としては5V，12V，15V の 3 種類があり，設定電圧の偏差はそれぞれ±0.1 V，±0.2 V，±0.2 V となっています．

入出力間の電圧差は**図3-23** のように，**2A 出力時に標準値として約 0.6 V** となっています．また，1A 出力時では 0.2 V ですから，通常の 3 端子レギュレータに比べていかに低損失化が図られているかがわかります．

動作温度も，通常の 3 端子レギュレータが＋75℃が限界であるのに対し，100℃まで保証されていますので，この点でも使いやすいといえます．

いろいろな放熱条件による，周囲温度 T_a に対する許容損失 P_D の関係を**図3-24** に示しておきます．

● 4 A 出力の STR9000 シリーズ

もっと大きな出力電流を取れるものとしては，**図3-25** に示す STR9000 シリーズがあり，**出力電流が 4 A まで連続して流すことができます．**

〈図3-24〉 SI3000V の放熱特性

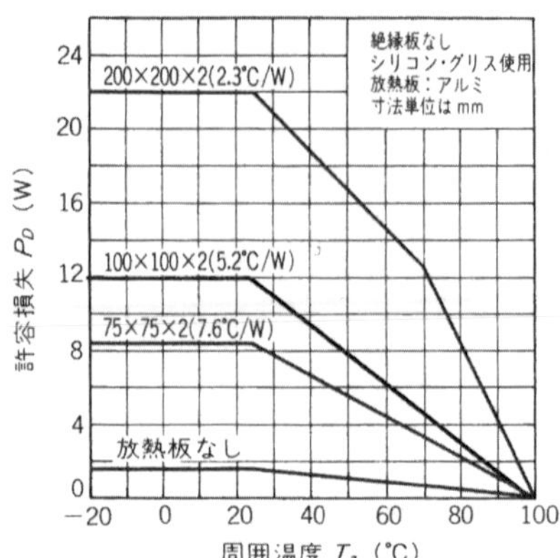

〈図3-26〉 STR9000 の入出力間電圧差

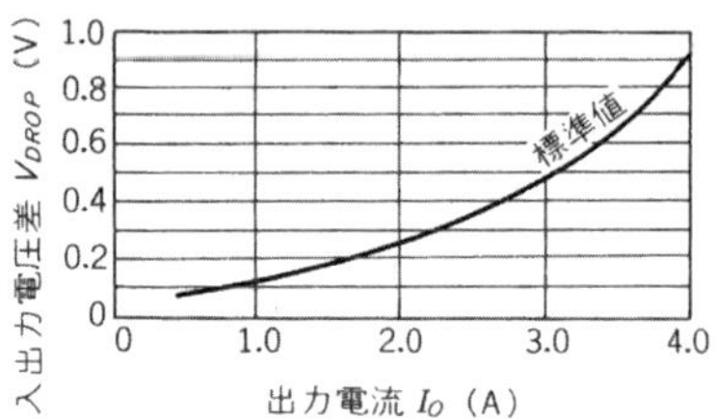

このICは5端子構造ですが，2番，3番ピンをオープンとし，固定の3端子レギュレータとして使うこともできます．

出力電圧は5Vと12Vの2種類です．4Aと高出力電流ですからその分損失も大きく，放熱には特に注意しなければなりません．入出力の電圧差のグラフを**図3-26** に示しますが，12V 出力のもので最大 16 V の入力電圧になるとすると，損失 P_D は，

$$P_D = (V_{IN} - V_O) \cdot I_O = (16 - 12) \cdot 4 = 16 (\mathrm{W})$$

にもなってしまいます．

図3-27 のグラフから，**このICを 16 W の損失で，周囲温度 T_a＝50℃まで使用するには，2 mm 厚のアルミ板で 150×150 mm もの大きな放熱面積を必要として**しまいます．

〈図3-25〉[6] 4 A 出力のレギュレータ STR9000 の使い方

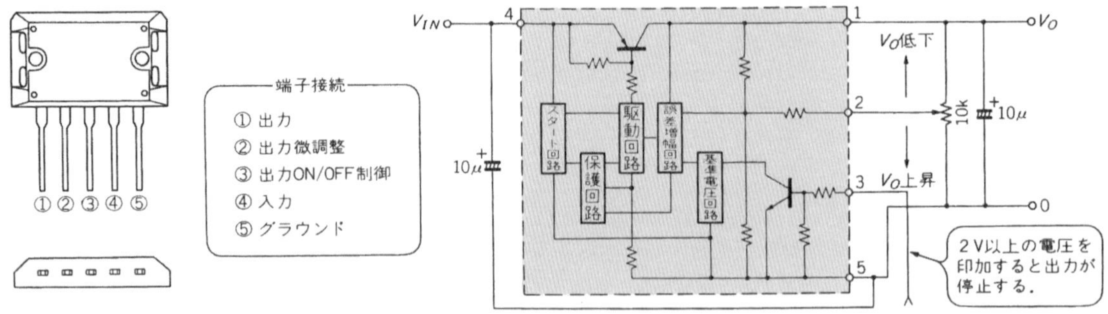

また，2番ピンに外部抵抗を接続すると，出力電圧の微調整ができます．1-2番ピン間に抵抗を接続すれが出力電圧は低下し，2-5番ピン間に接続すれば上昇します．

しかし，動作を安定に行わせるためには，5Vのもので±0.2V，12Vのものでは±0.5V程度の可変が限界です．特に電圧の設定精度を上げる必要のない場合は，この端子は使用しないはうが無難でしょう．

このSTR9000シリーズのICは，**3番ピンに**外部から2V以上の電圧を印加すると，**レギュレータの動作を停止させることができます**．これは複雑な多出力電源装置で，各回路の電源の立ち上がる順番を決める，シーケンス・コントロールが必要な時などに使用します．

〈図3-27〉 STR9000の放熱特性

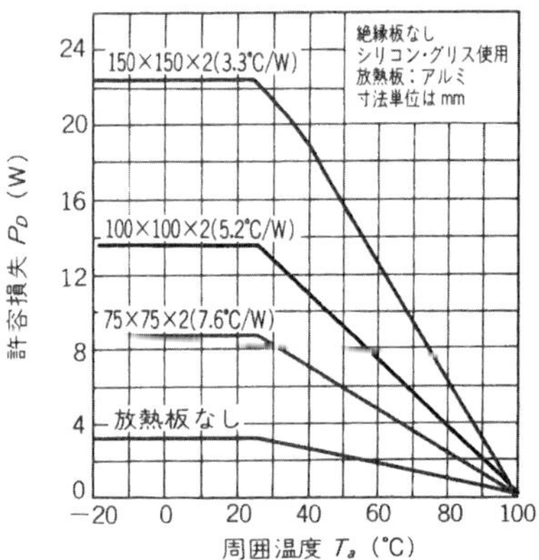

● マイクロ・パワー・レギュレータ

最近は，低損失タイプでスタンバイ電流の特に小さいレギュレータも発売されています．

ナショナルセミコンダクター社のLP2950/2951もその一つで，**図3-28**に示すように，2950は5V出力の固定型で，TO92外囲器の3端子レギュレータ型状のものもあります．また，2951は**外付け抵抗によって出力電圧を可変する**ことができます．

このICの特徴は，**スタンバイ電流が**75μAと非常に小さい点ですが，出力電流は100mA以上取り出せます．また，この時の**入出力間の電圧差は**0.38Vです．出力電圧の設定偏差も小さく，電圧精度も良いので特性の良い安定化電源を作ることができます．

リニア・テクノロジー社からも，**図3-29**に示すよう

〈図3-28〉 マイクロ・パワー・レギュレータLP2950/51の構成

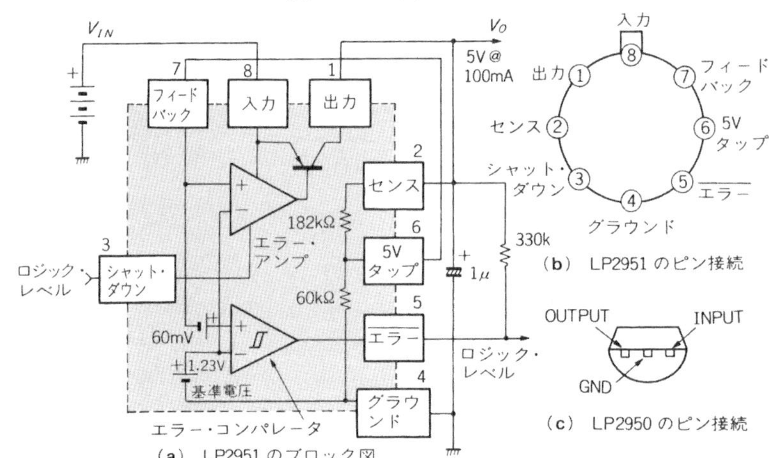

(a) LP2951のブロック図
(b) LP2951のピン接続
(c) LP2950のピン接続

項目	記号	規格 LP2950	規格 LP2951	単位
電源電圧	V_{IN}	30	30	V
出力電圧	V_O	4.975～5.025	−	V
基準電圧	V_{REF}	−	1.22～1.25	V
入力安定度	δ_{IN}	0.1	0.1	%
負荷安定度	δ_{OUT}	0.1	0.1	%
入出力電圧差	V_{DROP}	380	380	mV
出力短絡電流	I_{OS}	200	200	mA
動作温度	T_{op}	−55～150	−55～150	℃

(d) 定格特性

〈図3-29〉 マイクロ・パワー・レギュレータLT1020の構成

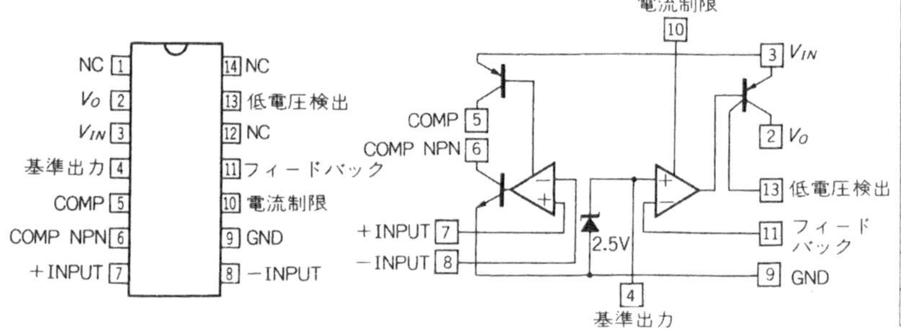

項目	記号	規格	単位
電源電圧	V_{IN}	36	V
基準電圧	V_{REF}	2.46～2.54	V
入力安定度	δ_{IN}	0.01	%
負荷安定度	δ_{OUT}	0.2	%
出力短絡電流	I_{OS}	250	mA
出力電流	I_O	125	mA
入出力電圧差	V_{DROP}	0.2	V
動作温度	T_{op}	0～100	%

にスタンバイ電流が 40 μA と小さい，LT1020 というレギュレータ IC が発売されています．この IC は 14 ピンの DIP 型ですが，完全に独立したコンパレータが別に内蔵されていますので，**図3-30** に示すように 2 回路の安定化電源を構成することができます．

このLT1020は，出力電流 125 mA 時の入出力間電圧差が 0.4 V と低損失です．基準電圧 V_{REF} も 2.5 V±0.04 V と大変精度がよく，ボリュームを使わずに固定抵抗だけで，高精度の電源を作ることができます．

例として，±5 V 出力の応用例を示していますが，せっかく低損失型の IC を用いるのですから，ここでは電流をブーストする +5 V 出力の外付けトランジスタは PNP 型として，低損失を図っています．

電圧可変型 3 端子レギュレータの使い方

● LM317 シリーズが有名

固定出力 3 端子レギュレータでも，先の**図3-14** で紹

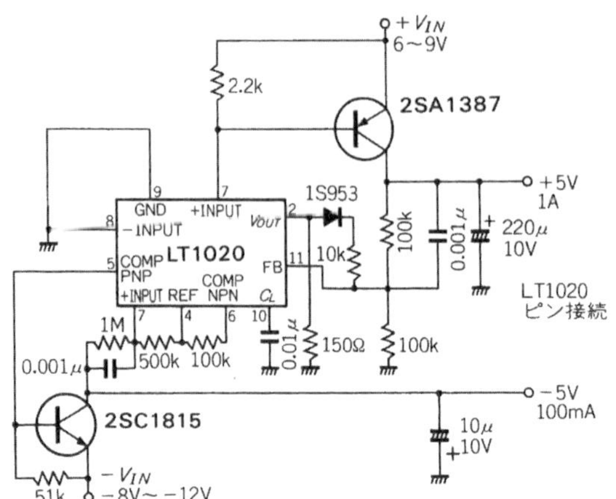

〈図3-30〉 LT1020 による±5 V 安定化電源

〈表3-4〉 LM317 シリーズの定格特性

項　目	記号	規	格		単位
		LM317L	LM317T	LM317K	
電源電圧	V_{IN}	40	40	40	V
出力電流	I_O	0.1	1.5	1.5	A
最大損失	P_D	0.625	15	20	W
動作温度	T_{op}	−40～125	0～125	0～125	℃
入力電圧変動	δ_{IN}	0.01	0.01	0.01	%
負荷変動	δ_{OUT}	0.1	0.1	0.1	%
基準電圧	V_{REF}	1.25	1.25	1.25	V
出力短絡電流	I_{SC}	0.2	2.2	2.2	A
リプル減衰率	$V_{r(REJ)}$	65	65	65	dB
ジャンクション-ケース間熱抵抗	θ_{j-c}	—	4	2.3	℃/W
型状	—	TO92	TO220	TO3	—

〈図3-31〉(13)
LM317 シリーズの端子接続図

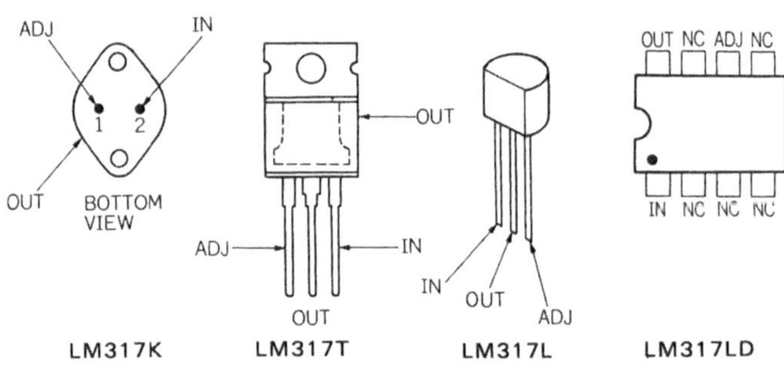

〈写真3-3〉 LT1020 の外観

〈写真3-4〉 出力電圧可変型の 3 端子レギュレータ LM317

〈図3-32〉 LM317 の使い方

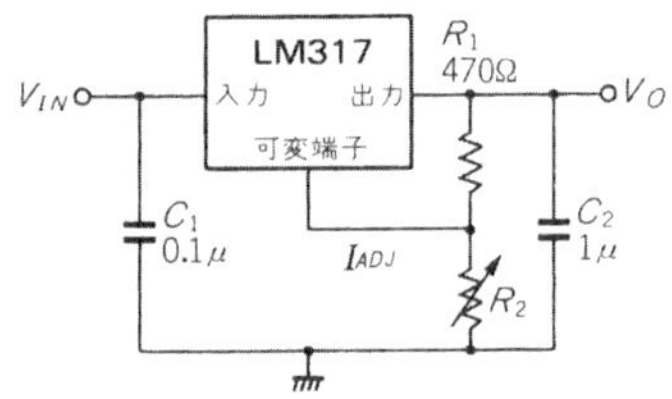

〈図3-33〉 LM317 で出力電圧を 0 V から可変できる回路

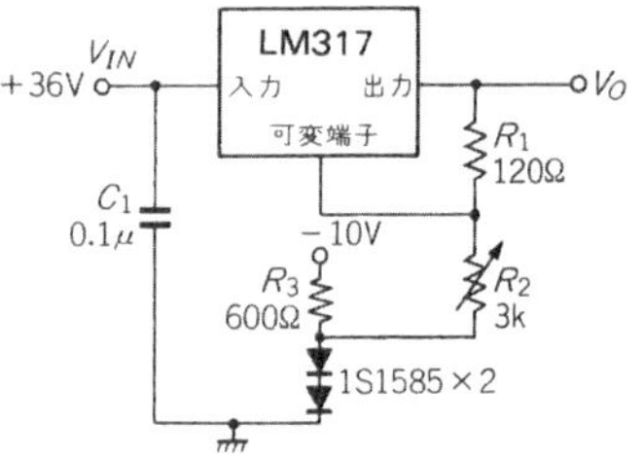

〈図3-34〉 負出力 LM337 の基本的な使い方

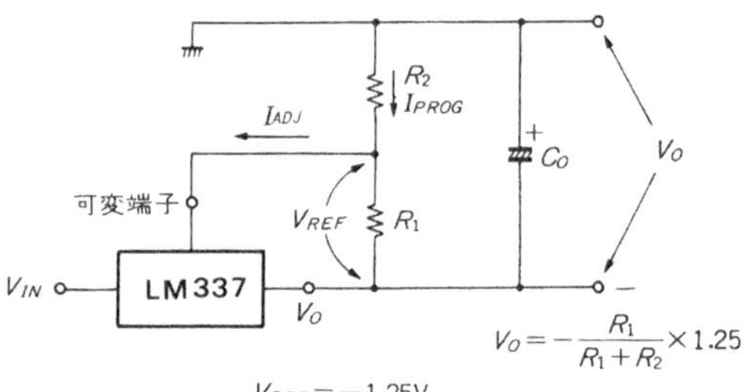

〈図3-35〉 LM317 でのリプルの低減方法

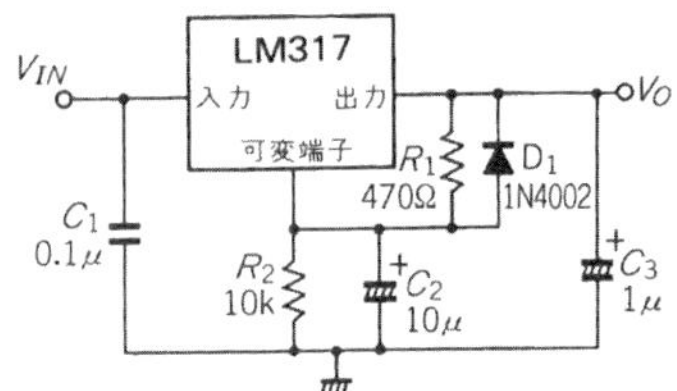

介したように OP アンプを使用すれば，出力電圧可変型の電源が構成できます．しかし，はじめから出力電圧を可変することを目的とした 3 端子レギュレータもあります．

図3-31 に示す LM317 シリーズはその代表的なもので，2 本の外付け抵抗の比率を変えることによって，1.2 V～32 V の範囲で出力電圧を可変することができます．規格の概要を**表3-4** に示します．

この IC はデュアル・インライン・パッケージのものもありますが，3 端子構成なので TO92 タイプのほうが，実装スペースが少なくて済みます．

● LM317 シリーズの基本的な使い方

基本回路は**図3-32** です．R_2 を可変抵抗にしておくと，この値に応じて出力電圧 V_O は，

$$V_O=V_{REF}\left(1+\frac{R_2}{R_1}\right)+I_{ADJ}\cdot R_2$$

と，任意に設定することができます．

I_{ADJ} は平均で 50 μA，最大でも 100 μA ですから，通常の場合は無視してもかまいません．V_{REF} は 1.25 V が標準値ですから，上の式は，

$$V_O=1.25\times\left(1+\frac{R_2}{R_1}\right)$$

と簡略化できます．

なお，このレギュレータ IC は，出力電流を少なくとも 1.5 mA 以上流しておかないと，本来の動作をしませんから，R_1 と R_2 の抵抗の絶対値を大きくしたい時には，出力間に抵抗を接続しなければなりません．これを，ブリーダ抵抗と呼んでいます．

● 0 V からの出力電圧にするには

さて，この 3 端子レギュレータでは $R_2=0$，すなわち出力を短絡しても，出力電圧を V_{REF} 以下にすることはできません．そこで**図3-33** のように負電源を用意し，R_2 を R_3 を介してこれに接続すれば，出力電圧を 0 V まで可変することができます．

LM317 のシリーズは，正出力の電圧可変型レギュレータですが，負出力用としては LM337 シリーズがあります．使用方法や応用例は LM317 と何ら変わりはありません．**図3-34** に基本的な回路を示しておきます．

● リプルを低くする工夫

この LM317 は，それ自体で 60 dB 以上の入力リプル圧縮度をもっていますが，さらにリプルを低減し，きれいな直流電圧を得られるようにしたのが，**図3-35** です．ADJ(可変)端子とグラウンド間に C_2 を接続すると，これによってリプルを低減することができます．

C_2 の容量は 10 μF 前後ですが，これでリプルの圧縮比が 20 dB ほど上昇しますから，約 1/10 にできます．

ADJ(可変)端子と出力間に挿入されたダイオード

〈図3-36〉 LM317 の電流ブースト方法

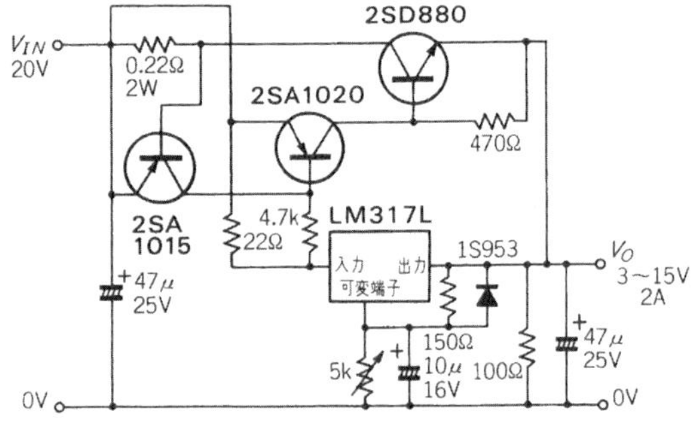

〈図3-37〉LM317による定電流源

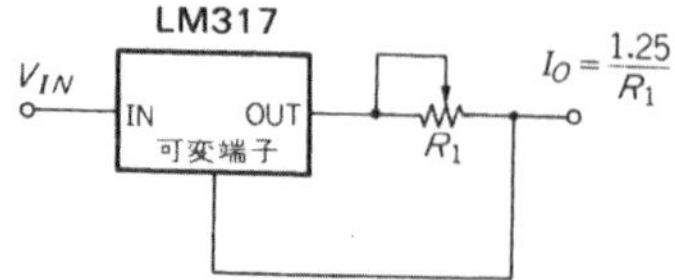

D_1は，出力が短絡した時に，内部の素子に逆バイアスがかかるのを防止するためのものです．C_3は出力短絡のときすぐに放電されますが，C_2はD_1がないとR_1との時定数でしか放電できませんので，OUT端子0Vに対して，ADJ端子に＋電圧が残るのを防ぐわけです．

● 出力電流の増大方法

さて，TO92型のLM317Lの出力電流は最大で200mAで，最大許容損失は800mW程度です．このLM317も，固定出力の3端子レギュレータと同様に，出力電流をブーストすることができます．それが**図3-36**です．この例では，2Aとかなり大きな出力電流ですから，さらにNPN型トランジスタをコンプリメンタリ接続にし，合計での電流増幅率を大きく稼いでいます．この時のLM317の電流I_{REG}は，

$$I_{REG}=\frac{I_O}{h_{FE1}\times h_{FE2}}$$

ですから大変小さな値となり，3端子レギュレータの内部損失は，ほとんど無視することができるようになります．ちなみに最低の出力電圧$V_{O(\min)}=3$Vの時のTr_1の損失は，

$$P_{C1}=(V_{IN}-V_{O(\min)})\times I_O$$
$$=(20-3)\times 2=34\text{ W}$$

で，この電流増幅率$h_{FE1}=80$とすると，Tr_2の損失は，

$$P_{C2}=\{V_{IN}-(V_{O(\min)}+V_{BE1})\}\times\frac{I_O}{h_{FE1}}$$

$$=20-(3+0.7)\times\frac{1.5}{80}=0.4\text{ W}$$

となります．

〈図3-38〉定電圧，定電流の実験用電源（V_O＝0～25V，I_O＝0～1.5A）

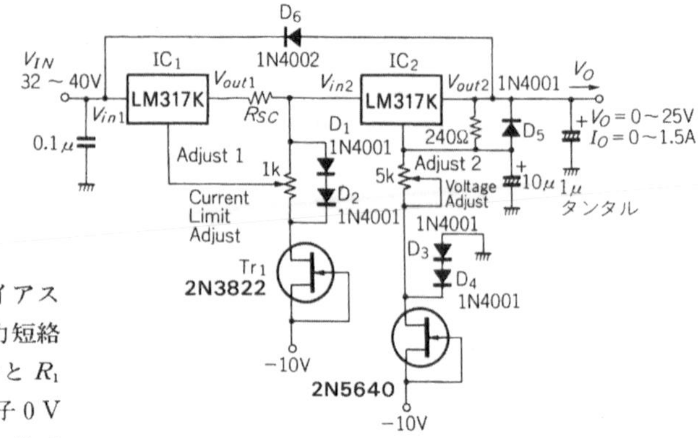

過電流保護回路も，固定出力3端子レギュレータの場合と同様に，入力側に電流検出抵抗R_Cを用意し，PNPトランジスタTr_3によって構成することができます．

● 定電流/定電圧動作への応用

3端子レギュレータは，使い方を少しアレンジすると定電流回路として機能させることができます．

図3-37の回路はLM317を定電流電源へ応用した例です．このICは可変端子の電圧が，基準電圧V_{REF}に等しくなるように動作しますから，抵抗R_1の電圧降下V_{R1}は，$V_{R1}=V_{REF}$となります．そして$V_{REF}=1.25$Vですから，出力電流I_Oは，

$$I_O=\frac{V_{R1}}{R_1}=\frac{V_{REF}}{R_1}=\frac{1.25}{R_1}$$

と定電流になります．R_1を可変抵抗にすれば，この値によってI_Oを任意に設定することができます．

次に**図3-38**のようにこれを2個使用して，0Vから可変できる定電圧/定電流電源を構成することができます．IC_1が定電流動作，IC_2が定電圧動作をしています．各種の電子機器の試験をする時には，こうした電源があると大変便利です．

出力電流の検出はIC_1の出力に接続されたR_{SC}で行い，1kΩの可変抵抗器で出力電流の最大値を任意に設定することができます．

100 V 入力のシリーズ・レギュレータIC　MAX610 の応用

● MAX610 の特徴

アメリカの MAXIM(マキシム)社の MAX610 は大変ユニークな IC です．内蔵された電圧安定化回路は，通常のシリーズ・レギュレータですが，入力電圧として，AC 100 V ラインをそのまま接続することができます．

つまり，入力側には整流ダイオードが内蔵されていて，コンデンサを外付けすれば，整流した直流電圧が得られるようになっています．**図 A-1** に IC の基本構成，**表 A-1** に電気的特性とピン接続，**写真 A-1** に外観を示します．整流回路は，MAX610/612 がブリッジ構成の両波整流，MAX611 は半波整流となっています．

なお，この IC はもちろんトランスを内蔵するわけにはいきませんので，AC 入力ラインと DC 出力ライン間は絶縁されていません．ですから，直流出力側を手で触れる可能性のあるような場合は，感電の危険性がありますから，使用を避けるべきです．

しかし**図 A-2** に示す，トライアックを使用した調光器のように，AC 入力電圧を直接制御しようとする機器のゲート・トリガ回路用などには大変便利です．

〈図A-1〉[12] MAX610 の入力ラインの電圧降下について

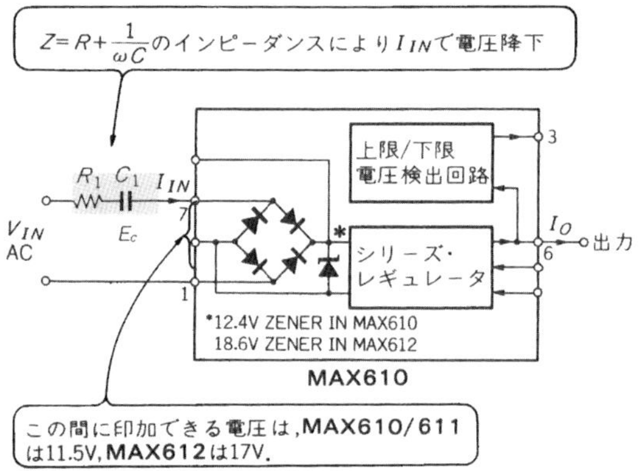

〈写真A-1〉 MAX610/611 の外観

●入力電圧の最大値を設定するには

MAX610 の内部はモノリシック IC 構造で，AC 100 V を印加できるほど耐圧が高くありません．そこで，先の**図 A-1** に示したように入力ラインに電圧降下用の素子を挿入します．これは，たんなる抵抗だけでもよいのですが損失が大きくなってしまいますから，さらにコンデンサを直列にして用います．

つまり入力電流 I_{IN} によって，抵抗 R_1 には，$P_R = I_{IN}{}^2 \cdot R_1$ の電力が消費されますが，コンデンサであれば，そのインピーダンス分によって，

$$E_C = \frac{1}{\omega C_1} \cdot I_{IN}$$

の電圧降下が発生しますが，**図 A-3** のように電圧に対して電流の位相が 90° 進んでいるために，電力損失の発生がありません．

このコンデンサには交流が流れますので，有極性の電解コンデンサは使用できません．また抵抗 R_1 は，電源投入時にコンデンサ C_1 を流れる突入電流を制限す

〈図A-2〉[12] MAX611 の調光器への応用

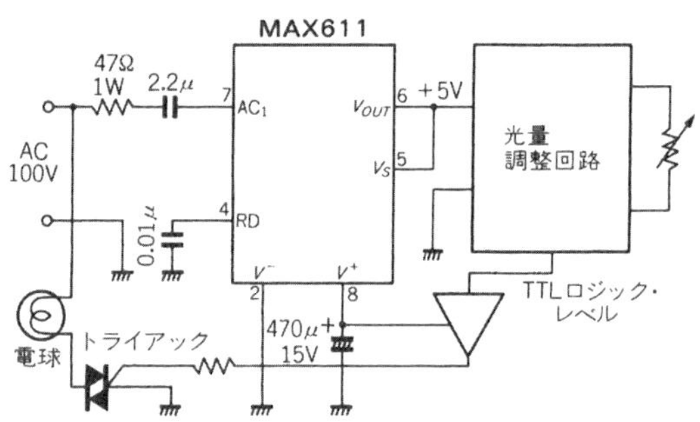

〈表A-1〉[12] MAX610 シリーズの定格特性

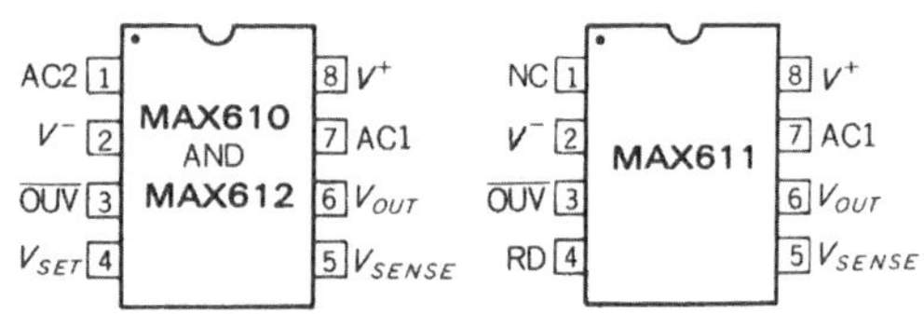

項　目	記 号	規　格			単位
		MAX610	MAX611	MAX612	
交流入力電圧	$V_{IN(AC)}$	11.5	11.5	17	V
整流方式		ブリッジ	半波	ブリッジ	
ツェナ電圧	V_Z	12.4	12.4	18.6	V
出力電圧	V_O	4.8～5.2	4.8～5.2	4.8～5.2	V
出力電流	I_O	150	150	150	mA
最大損失	P_D	0.75	0.75	0.75	W
動作温度	T_{op}	0～50	0～50	0～50	℃

〈図A-3〉 入力コンデンサC_2の電圧と電流

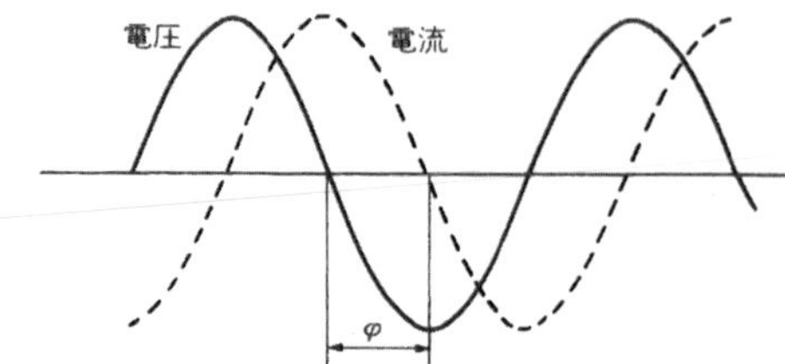

るために必要です．

ICの入力端子に印加できる電圧の**最大値は，MAX610/611で11.5 V**ですから，

$$V_{IN}-I_{IN}\left(R_1+\frac{1}{\omega C_1}\right)\leqq 11.5\ \mathrm{V}$$

でなければなりません．

整流回路は，コンデンサ・インプット型となりますが，**図A-4**のようにこのR_1とC_1のインピーダンスが作用して，電流の導通角はかなり広くなります．また，実際には内部損失の関係から，入力電圧をかなり低目に設定しなければならず，このICでは$R_1=47\ \Omega$，$C_1=2.2\ \mu\mathrm{F}$とします．

さて**図A-5**において出力電流I_Oは，最大で150 mAまで取れますが，これが減少した時は，R_1とC_1による電圧降下も減少し，AC_1，AC_2間の電圧が上昇します．ところが，整流後のV^+，V^-間に定電圧ダイオードが接続されており，今度はこれが導通して，それ以上の電圧に上昇するのを防止することができます．

この定電圧ダイオードの電圧は，MAX610/611は12.4 V，MAX612は18.6 Vですから，平滑用コンデンサC_2は，それ以上の耐圧のものを用いなければなりません．

これは8番ピンのV^+端子となっています．非安定な電圧でよければ，このV^+の出力も約12 Vか18 Vの電源として利用することができます．

●出力電圧を設定するには

出力電圧V_Oを固定の5 Vとする場合には，**図A-5**に示したようにV_{SET}端子をグラウンドとし，V_{SENSE}をV_Oに接続します．

また，出力電圧を1.3 V～15 Vの間で可変できますから，その時には，分割抵抗R_2，R_3をV_{SET}に接続します．内部の基準電圧V_{REF}は1.3 Vですから，この時の出力電圧は，

$$V_O=V_{REF}\left(1+\frac{R_2}{R_3}\right)=1.3\left(1+\frac{R_2}{R_3}\right)$$

となります．

〈図A-4〉 MAX610を使用するときの2次電流波形

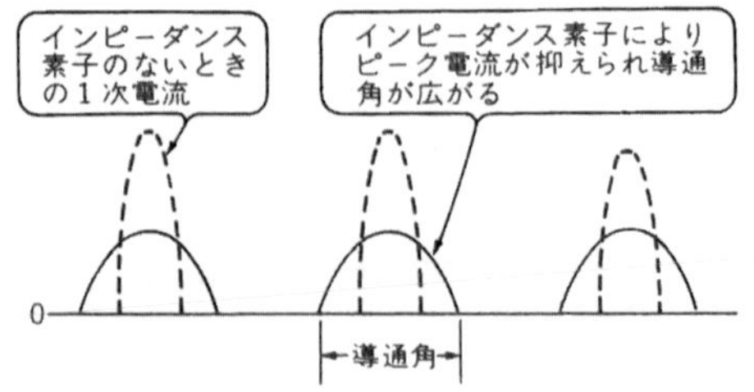

〈図A-5〉 AC 100 V入力，+5 V電源の例

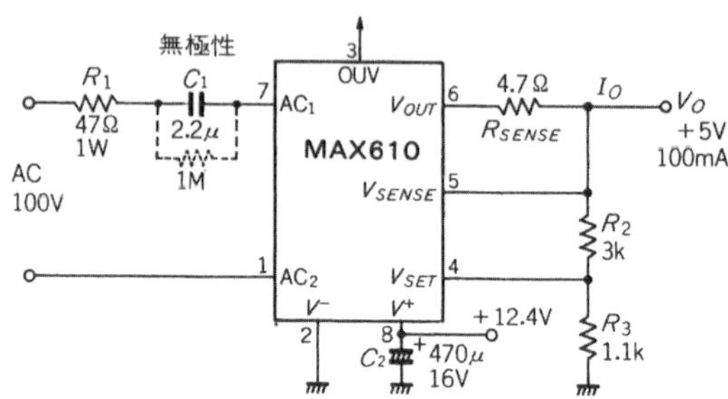

なお，**図A-5**で点線で書いたC_1と並列に接続された1 MΩの抵抗は，入力側スイッチをOFFにした時のC_1の蓄積電荷放電用のものです．

また，R_{SENSE}は電流検出用の抵抗で，過電流保護の動作点を下式によって設定することができます．

$$I_{O(LIMIT)}=\frac{0.6}{R_{SENSE}}$$

このMAX610シリーズのレギュレータICは，AC 100 V入力だけでなく，R_1，C_1の値を変えることによって，AC 200 V系入力でも使用できます．

また，MAX 610シリーズのICは，基本的にはシリーズ・レギュレータですから，入力電圧が高くなると内部損失により発熱して温度が高くなってしまいます．そこで，**図A-6のように8番ピンに低い電圧の定電圧ダイオードを外付けし**，内蔵の制御トランジスタへの印加電圧を抑えることによって，出力電流を増加させることができます．

〈図A-6〉 MAX610の電流増大方法

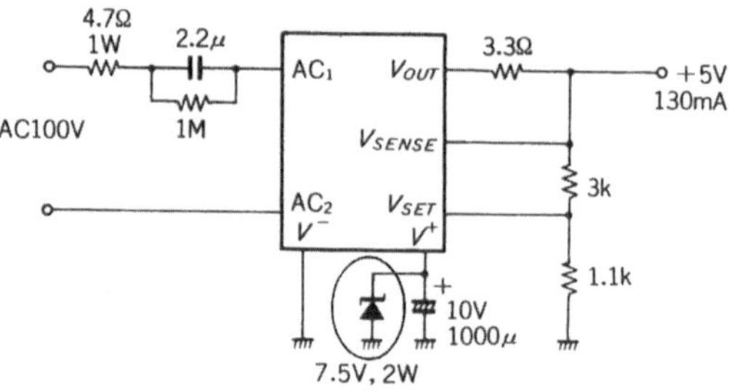

第4章 ── 安定化電源の本質を理解するために シリーズ・レギュレータの本格設計法

●シリーズ・レギュレータの基本構成
●電圧可変レギュレータの設計
●正負トラッキング・レギュレータの設計

スイッチング・レギュレータの登場で，シリーズ・レギュレータは正直いって最近の主流ではなくなってきました．これはアナログ回路にくらべてディジタル回路のほうが主流になってきたことと時期が同じです．

シリーズ・レギュレータが今でも好んで使用されるのは，ローカルにおけるアナログ回路用の小容量レギュレータが大半のようです．そして，これについては第2章，第3章でICを使用したものを主体に紹介してきました．

しかし，それでもあえてシリーズ・レギュレータの本格設計法について紹介したいと思います．というのは，シリーズ・レギュレータの設計過程には一般の電源回路を設計するうえでの基本事項が多く含まれているからです．これらの知識は，後半で紹介するスイッチング・レギュレータの設計の中にも生きてきます．

シリーズ・レギュレータの基本構成

● 基本はOPアンプによる誤差検出

シリーズ・レギュレータの基本的な構成は第2章，第3章でも少し触れていますが，3端子レギュレータが登場する以前にはOPアンプを誤差検出に使い，定電圧ダイオードと組み合わせるという構成が一般的でした．図4-1にこのときの回路構成を示します．

この回路では，OPアンプの反転入力端子に出力電圧の検出信号を，非反転入力端子に基準電圧 V_{REF} を接続します．すると，反転入力の信号電圧 V_S は，

〈図4-1〉OPアンプによる安定化電源の原理

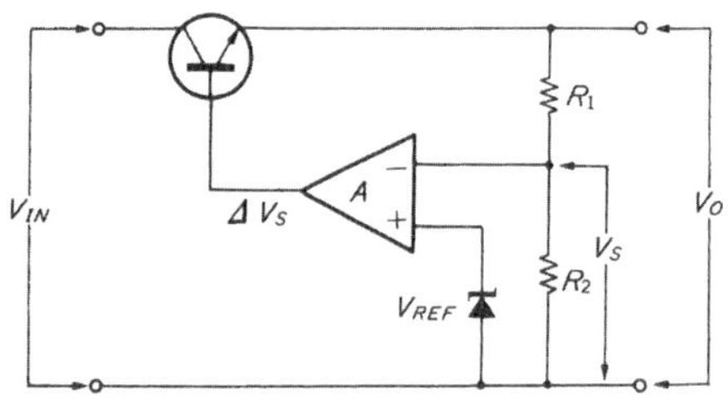

$$V_S = \frac{R_2}{R_1 + R_2} \cdot V_O$$

となります．そして，もし出力電圧 V_O が上昇すると V_S も比例して上昇することになります．

ところが基準電圧 V_{REF} は一定ですから，もし $V_S > V_{REF}$ となると，OPアンプの出力電圧は V_O を元へ戻そうと低下することになります．その変化値 ΔV_S は，

$$\Delta V_S = A \times (V_{REF} - V_S)$$

となります．A はOPアンプの増幅度の絶対値です．

ここで増幅された信号 ΔV_S は負の値なので，制御トランジスタのベース電圧が低下して出力電圧も減少することになります．つまり，定常状態においては，必ず，

$$V_{REF} = V_S = \frac{R_2}{R_1 + R_2} \cdot V_O$$

となるように動作しているわけです．したがって，R_1 と R_2 の比率を変えてやれば，それに応じて出力電圧を必要な値に設定してやることができます．

● 下手をすると発振を起こす

通常のOPアンプは単体の電圧利得が70～90 dBあります．例えば80 dBとすると，増幅度は10,000倍ということです．これは，フィードバックという見方からすると10 Vの電圧変化を1 mVに抑えられることを意味しています．ですから，利得の大きいOPアンプを使用すれば，それだけ出力電圧の安定度をよくすることができます．

ところが，OPアンプは直流だけでなく，数MHzの帯域にわたって大きな利得をもっていますから，発振現象に注意しなければなりません．

第3章の3端子レギュレータの応用のところでも述べましたが，電源装置にとっては発振は絶対に禁物です．直流であるべき出力が発振周波数の成分で大きく振られてしまうからです．また，そればかりか，主制御トランジスタが異常な損失を発生し，それを破損させることもあります．

安定化電源は負帰還制御ですから，アンプの入力と出力の位相とが180°ずれて動作しており，通常では発振は起こり得ないはずです．ところが図4-2のように，

〈図4-2〉 こうして位相遅れが発生する

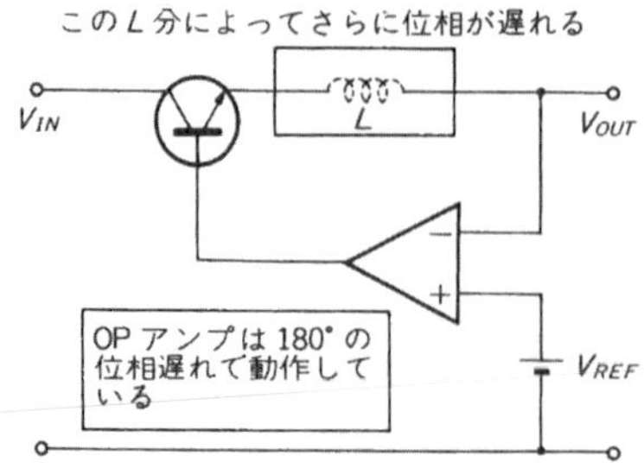

〈図4-4〉 位相遅れの表現

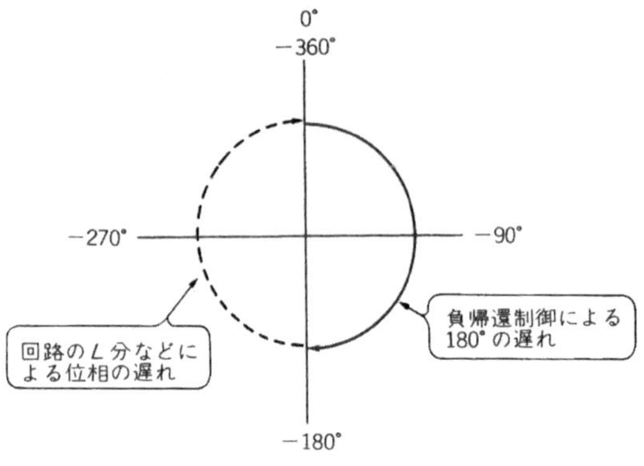

〈図4-3〉 1 μs の遅れのある場合

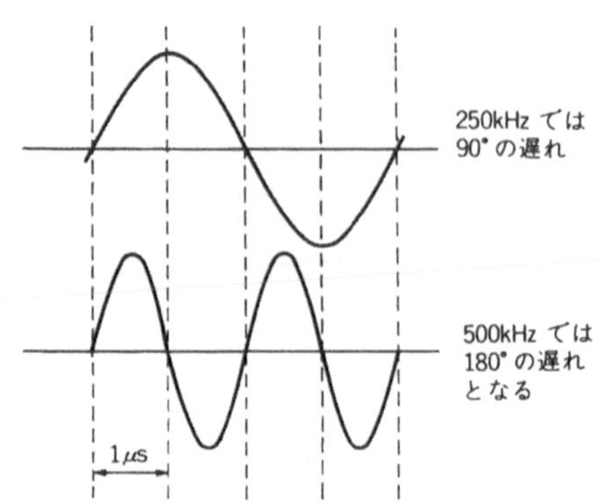

〈図4-5〉 帰還系のボード線図

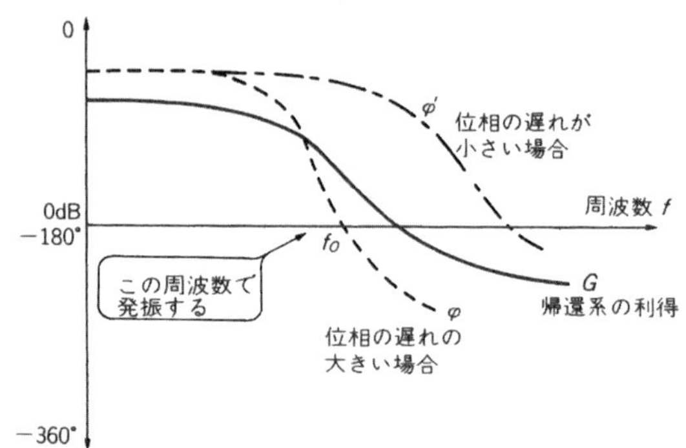

フィードバック・ループ内に配線や部品のリードなどのインダクタンス分 L が存在すると，これによってさらに位相が遅れてしまいます．

そして，この**位相の遅れは時間的な遅れ**が生じたと考えられます．これは固定されたフィードバック系においては，周波数に無関係に一定の遅れ時間となります．ですから**図4-3**のように，例えば 1 μs の遅れ時間であれば，250 kHz の周波数においては 90° の位相差であっても，500 kHz においては 180° の遅れとなってしまうわけです．

すると**図4-4**のように，トータルでは 360° の位相遅れとなり，正帰還となってしまうわけです．このとき**図4-5**に示すように，OP アンプの利得がまだ 1 以上である帯域だと，この周波数で信号が徐々に増幅されて発振現象を起こしてしまいます．

シリーズ・レギュレータでは，フィードバック・ループのインダクタンスが小さいために，**180° 位相のずれる点はかなり高い周波数**となります．

しかし，配線を長くしたり，利得帯域幅の広い OP アンプを使用すると，この発振現象を起こすことがあります．

なお，スイッチング・レギュレータにおいては大きなインダクタンス分が必ず回路に入るために，数 kHz で 180° の位相遅れが生じてしまいます．この場合の発振を特にハンチング(乱調)と呼んでいます．

● 発振を防止するには

OP アンプ回路部の発振を防止するには，**180° 位相の遅れる周波数で，OP アンプの利得を 1 以下にすれば**よいわけです．これを位相補正といい，**図4-6**のように OP アンプ自体に交流の負帰還を施します．すると図(b)のグラフのように，高周波領域の利得が低下して発振を防止することができます．

このときの OP アンプの利得 A は，

$$A=20\log\frac{Z_f}{Z_i}$$

となります．

Z_i は出力電圧検出用の分割抵抗のインピーダンスですが，**Z_f は位相補正用のインピーダンス素子です．** コンデンサ C_1 が接続されているので，周波数の上昇に伴って Z_f が低下し，高い周波数の領域での利得を下げて安定な動作とすることができます．

● 出力電流を大きくするには

出力電流の大きいシリーズ・レギュレータを作るには，それなりの工夫をしなければなりません．

図4-7で，トランジスタの直流電流増幅率を h_{FE} とすると，出力電流 I_O を駆動するにはトランジスタの駆

〈図4-6〉OP アンプ系の位相補正

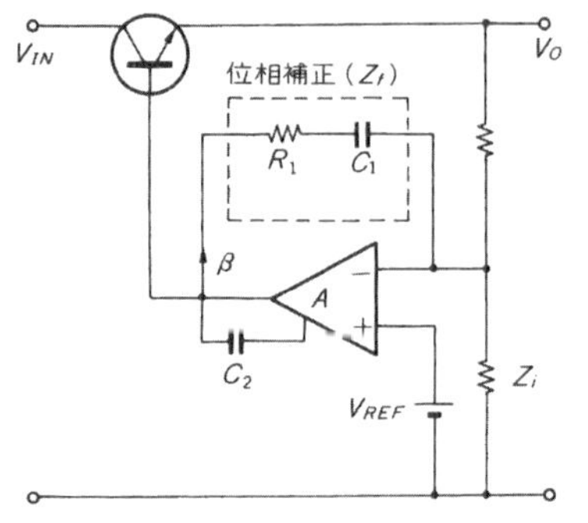

(a) 位相補正の例

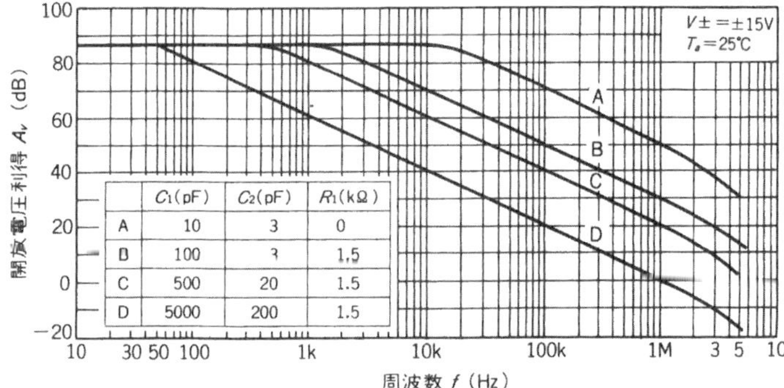

	C_1(pF)	C_2(pF)	R_1(kΩ)
A	10	3	0
B	100	3	1.5
C	500	20	1.5
D	5000	200	1.5

(b) 位相補正後の特性

〈図4-7〉パワー・トランジスタのベース駆動電流

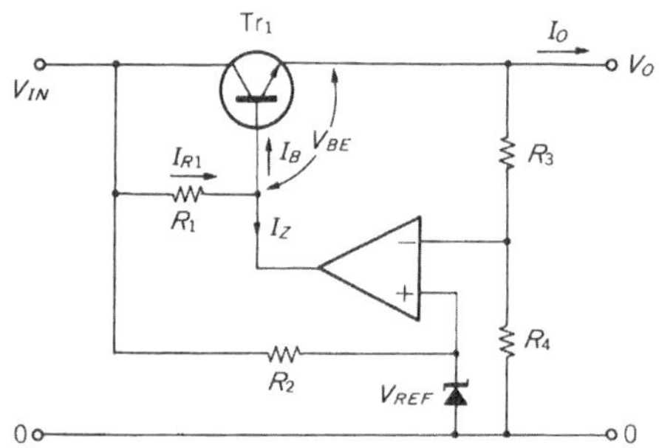

〈図4-8〉ダーリントン接続とは…

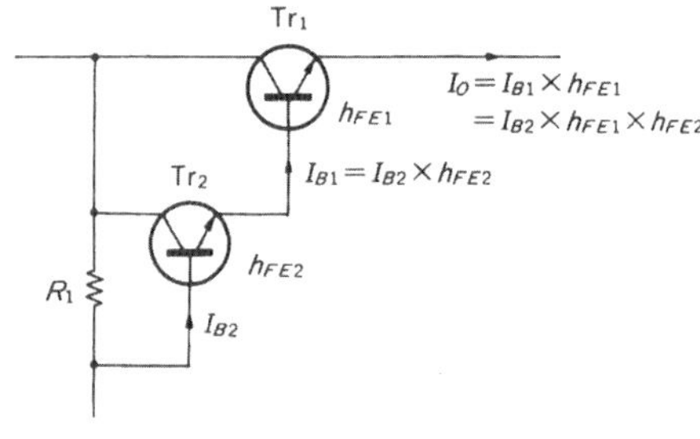

動に必要なベース電流 I_B は，$I_B = I_O / h_{FE}$ となり，これは入力電圧の最低値 $V_{IN(min)}$ でも流せなくてはなりません．

ところが，入力電圧が最大値 $V_{IN(max)}$ で出力電流 I_O が 0 になったときには，$I_B \fallingdotseq 0$ でよいことになります．すると，このとき抵抗 R_1 を流れる駆動電流 I_{R1} の大半は OP アンプが引き込まなければなりません．

しかし，**汎用の OP アンプでは，一般に 10 mA 程度以下の引き込み電流**しか特性の保証をしていません．

いま入力電圧 V_{IN} が 13 V〜18 V まで変化し，出力電圧 V_O=10 V の電源を作るとします．Tr_1 のベース電圧 V_B は，

$$V_B = V_O + V_{BE}$$

ですから，抵抗 R_1 の値は，

$$R_1 = \frac{V_{IN(max)} - (V_O + V_{BE})}{I_Z}$$

$$= \frac{18 - (10+1)}{0.01} = 700\,(\Omega)$$

となります．

すると**最低入力での I_{R1} は，**

$$I_{R1} = \frac{V_{IN(min)} - (V_O + V_{BE})}{R_1}$$

$$= \frac{13 - (10+1)}{700} = 2.8\,(\text{mA})$$

しか流すことができません．これはトランジスタの h_{FE} が 100 としても，**出力電流 I_O は 0.28 A** しか流すことができません．

そこでもっと大きな出力電流を必要とするときには，**図4-8** のようなダーリントン接続による方法が用いられています．

● トランジスタ・ダーリントン回路の得失

トランジスタ Tr_1，Tr_2 の増幅率をそれぞれ h_{FE1}，h_{FE2} とすると，総合的な増幅率はその積となります．ですからこの回路の出力電流 I_O は，

$$I_O = I_{B2} \cdot h_{FE1} \cdot h_{FE2}$$

と大電流化することができます．

最近のトランジスタには元々 1 個のトランジスタ内で，ダーリントン構造になっているものもあります．しかし，ダーリントン構造のトランジスタはいずれの場合でも**図4-9** のグラフのように，**コレクタ電流に対する h_{FE} の直線性が悪い**ので，実際に使用するコレクタ電流における数値に気をつけなければなりません．

さてトランジスタをダーリントン接続にすると，OP アンプの出力電圧は，2 個のトランジスタの V_{BE} を考慮して，

〈図4-9〉 ダーリントン・トランジスタの h_{FE} カーブ (2SD1785)

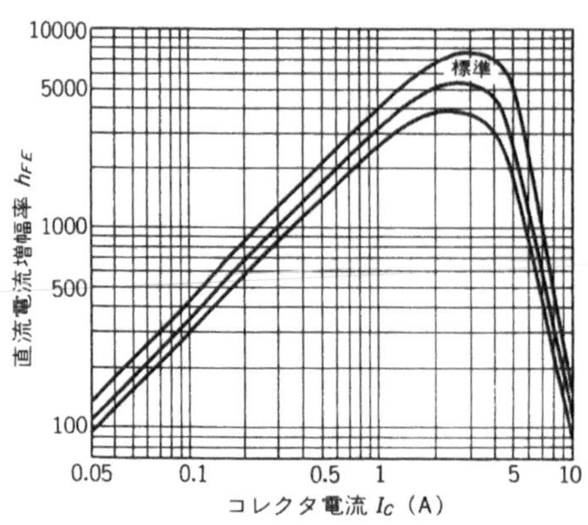

〈図4-10〉 ダーリントン接続時のバイアス方法

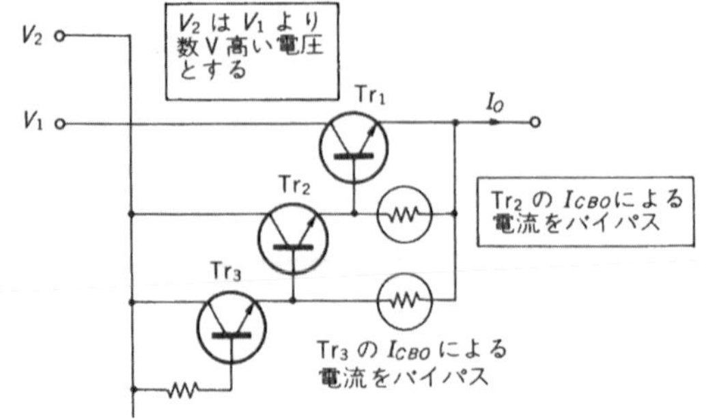

〈図4-11〉 垂下型過電流保護回路の構成

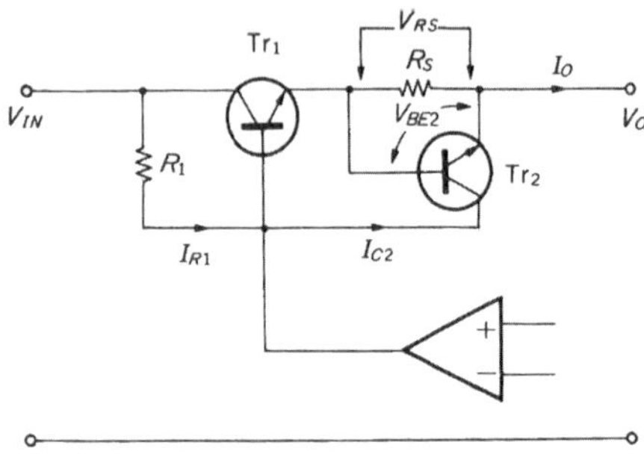

〈図4-12〉 定電流垂下特性

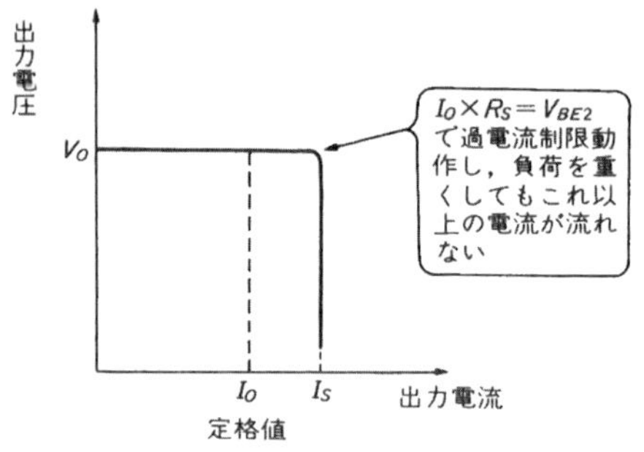

$$V_B = V_O + V_{BE1} + V_{BE2}$$

とより高くしなければなりません．もちろん，入力電圧もそのぶん高くしなければ最低入力電圧時に電圧が不足となってしまいます．そのために，この回路の制御トランジスタの損失が増加して好ましくありません．

そこで，図4-10のように主制御トランジスタの入力電圧 V_1 の最小値は，

$$V_1 = V_O + V_{CE(\mathrm{sat})1}$$

としておき，**電流増幅用のトランジスタの入力電圧 V_2 は，V_1 より数V高い電圧**としておきます．こうすると，Tr_1 の損失を最少限に抑えることができます．

なお，図4-10で Tr_1 と Tr_2 のベースに接続した抵抗は，トランジスタの**漏れ電流 I_{CBO} をバイパスする**ためのものです．このダーリントン回路は総合的な h_{FE} が増加していますので，わずか数十 μA の漏れ電流であっても，最終的には大きな電流となってしまいます．こうなると，負荷電流 I_O の小さな時に定電圧制御ができなくなってしまいます．注意が必要です．

● 過電流に対する保護回路

誤まって電源の出力を短絡してしまったときなどに，過大な電流が流れて部品が破損してしまっては大変です．そこで，電源回路には必ずといっていいほど過電流保護回路が付加されています．

シリーズ・レギュレータにおいては，一般的に図4-11のような過電流保護回路が用いられています．

この回路は出力電流 I_O によって，電流検出抵抗 R_S の両端に，$V_{RS} = I_O \cdot R_S$ の電圧降下が発生します．これがトランジスタ Tr_2 の V_{BE2} と V_{RS} とで

$$V_{RS} \geqq V_{BE2}$$

となると，Tr_2 は導通します．

その結果，R_1 に流れるバイアス電流 I_{R1} は I_{C2} として分流され，Tr_1 のベース電流が減少してしまいます．つまり，図4-12に示すように **$I_S = V_{BE2}/R_S$ の定電流特性**を示し，これ以上の電流が流れるのを保護することができるわけです．

ただし，トランジスタの V_{BE} 特性は，−2.4 mV/℃ で負の温度係数をもっていますから，最高使用温度においても，出力電流の最大値を割り込むことのないように，余裕を見た値に設定しておかなければなりません．

なお，出力短絡時には制御トランジスタ Tr_1 のコレクタ-エミッタ間には，

$$V_{CE1} = V_{IN} - I_S \cdot R_S$$

とほとんど全入力電圧が印加されます．しかも，トランジスタには大きなコレクタ電流が流れていますので，コレクタ損失に十分注意しなければなりません．

〈図4-13〉
＋45 V，2.5 Aのシリーズ・レギュレータ

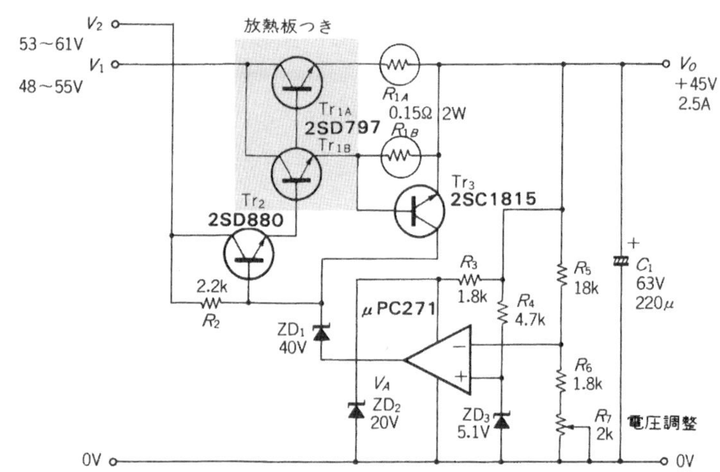

● 45 V，2.5 A シリーズ・レギュレータの設計例

図4-13は，45 V，2.5 A…つまり約110 Wとかなり大きな出力電力の回路例です．主制御トランジスタTr_{1A}，Tr_{1B}は，**コレクタ損失を分散するために2個並列**に接続してあります．

この時，各トランジスタのエミッタ抵抗R_1はそれぞれのトランジスタに別々に接続しないと，V_{BE}のバラツキで低い値のほうにばかりベース電流が流れてしまいます．

Tr_1に使用する2SD797は，TO3型状の最大コレクタ損失$P_{C(max)}$=200 Wのものを用いています．

電流増幅用トランジスタTr_2も，最大で約1 Wくらいの損失になりますから，放熱器が必要となります．

Tr_1の損失P_{C1}は2個のトランジスタの合計で，

$$P_{C1}=\{V_1-(V_O+V_{R1})\}\times I_O$$
$$=\{55-(45+0.6)\}\times 2.5=23.5\ \mathrm{W}$$

にもなります．コレクタ電流がそれぞれ半分づつ流れたとしても，約12 Wずつの損失となってしまいます．

したがって，トランジスタのケースの温度上昇ΔT_Cを50℃程度に抑えようとするには，**放熱器の熱抵抗θは，**

$$\theta=\frac{\Delta T_C}{P_{C1}}=\frac{50}{23.5}=2.1\ ℃/\mathrm{W}$$

でなければなりません．

これに相当するものとしては，30BS098(リョーサン)などがあります．アルミ板などを用いると，3 mmの厚さで，400 cm²のものが必要ですから，かなり大型のものとなります．

次に電流増幅用トランジスタTr_2の損失P_{C2}を求めておきます．Tr_1の電流増幅率h_{FE1}を40とすると，Tr_2のコレクタ電流I_{C2}は，

$$I_{C2}=\frac{I_O}{h_{FE1}}=\frac{2.5}{40}=0.063\ \mathrm{(A)}$$

となります．ですから損失は，

$$P_{C2}=\{V_2-(V_O+V_{BE1}+V_R)\}\times I_{C2}$$
$$=\{61-(45+0.6+0.6)\}\times 0.63=0.93\ \mathrm{W}$$

となります．これもあまり大きな温度上昇としないために，**25℃/Wの熱抵抗の小型放熱器**(OSH1625SPなど)に取り付けます．

出力が短絡などをして**過電流保護**が動作すると，Tr_1は**最大で150 W**もの損失となってしまいます．この状態まで保証するには，大変大きな放熱器が必要となります．ですから，このような回路は**20～30秒以上出力短絡をするようなことがないように**注意してください．

ところで，この**図4-13**のOPアンプ出力に接続された定電圧ダイオードZD_1は，OPアンプへ過大な電圧が印加されないための保護用のものです．40 Vの定電圧ダイオードですから，最大でも印加電圧V_Aは，

$$V_A=V_2-V_{ZD1}=61-40=21\ \mathrm{V}$$

となります．このような目的で使用するものをレベル・シフト・ダイオードと呼んでいます．

電圧可変レギュレータの設計

● 汎用電圧可変レギュレータ μA723

シリーズ・レギュレータ用のICとしては，使い方の簡単な3端子レギュレータが有名ですが，いろいろな用途に応用できるICとしてはμA723も有名です．

このμA723は，古典的なシリーズ・レギュレータ用ICですが，特性がよいため現在でも広く一般に使用されています．このICは特に，**基準電圧V_{REF}が外部に**とり出されていますので，出力電圧を可変するには使いやすくなっています．

また，このICは入力電圧に重畳しているリプル電圧を低減させる**リプル除去率が約80 dB**ありますから，入力リプルを1/10000に低減できます．

さらに基準電圧V_{REF}の温度係数も0.003 %/℃で

〈図4-14〉
μA723 の構成

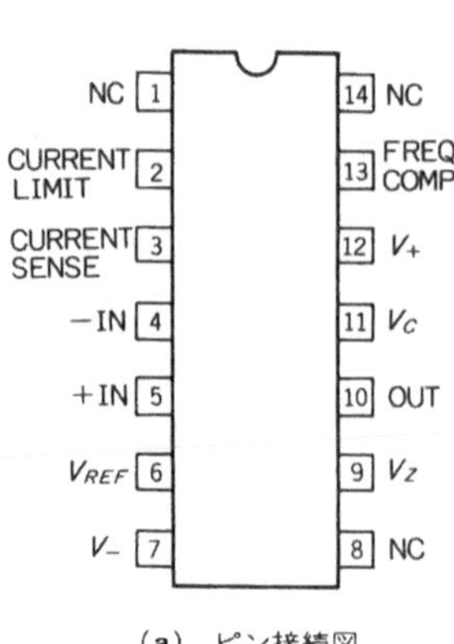

(a) ピン接続図

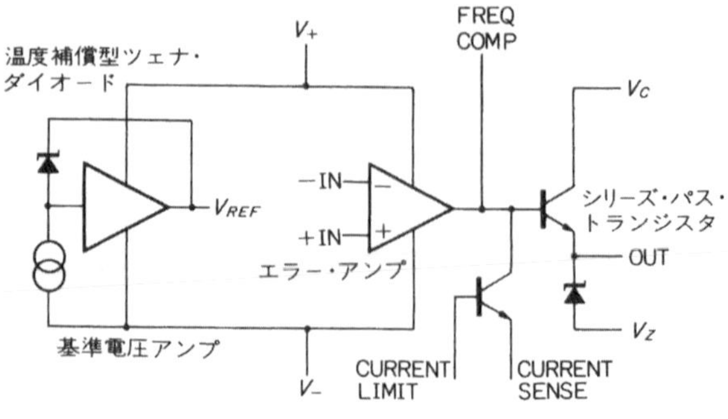

(b) ブロック図

〈図4-15〉 μA723 の基本回路

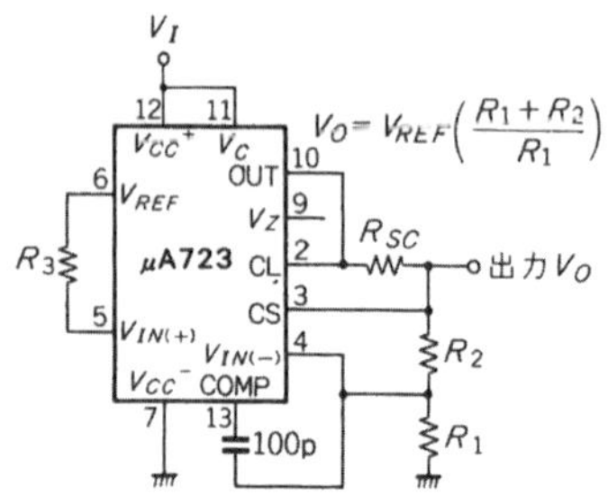

〈表4-1〉[6] μA723 の電気的特性

項　目	記号	定　格	単位
電源電圧	V_{CC}	40	V
最大損失	P_D	1	W
動作温度	T_{op}	0～70	℃
対入力電圧変動	δ_{IN}	0.2	%
対負荷変動	δ_{OUT}	0.15	%
リプル減衰率	$V_{r(REJ)}$	86	dB
出力短絡電流	I_{SHORT}	65	mA
基準電圧	V_{REF}	7.15	V

すから，たとえ 50℃の温度変化があっても，出力電圧は 0.15％しか変化しません．**図4-14** にピン接続図とブロック図，**表4-1** に電気的特性を示します．**写真4-1** が外観です．

● μA723 の基本的な使い方

μA723 を正電圧レギュレータとして使うときの基本回路を**図4-15** に示します．

4番，5番ピンが，誤差増幅器の差動入力端子です．5番の $V_{IN(+)}$ に基準電圧 V_{REF} を与え，4番の $V_{IN(-)}$ に出力電圧を抵抗分割して加えます．

この時，電源の出力電圧 V_O は，

〈写真4-1〉 μA723 の外観

$$V_O = \left(1 + \frac{R_2}{R_1}\right) \cdot V_{REF}$$

となります．

ところが，出力電圧を 2V まで可変しようとして，$R_2 = 0$ すなわち $V_{IN(-)}$ と出力を短絡しても，出力電圧 V_O は 2V とはならず，$V_O = V_{REF}$ となってしまいます．そこで，出力電圧を V_{REF} 以下にしたい場合には，逆に R_1，R_2 はある値に固定しておき，基準電圧 $V_{IN(+)}$ のほうを変化させ，これを 0V にすれば出力電圧 V_O を 2V にすることができます．

誤差増幅器の $V_{IN(+)}$ と，V_{REF} が IC の内部で接続されているようなものでは，こうした使い方はできません．

● 2～24 V，0.5 A 電源の設計

ここでは 2～24 V，0.5 A の電圧可変電源を設計してみることにします．実際の回路構成は**図4-16** です．

設計においては，まず出力電圧を 2～24 V まで変化させるための分割抵抗 R_1 と R_2 を求めます．μA723 タイプの基準電圧 V_{REF} は標準で 7.15 V ですが，$V_{IN(+)}$ 端子へは固定抵抗 $R_3 = 1\,\mathrm{k\Omega}$ と，電圧可変用の 10 kΩ の可変抵抗とで分圧した，

$$V_{IN(+)} = \frac{VR_1}{R_3 + VR_1} \times V_{REF}$$

$$= \frac{10}{1+10} \times 7.15 = 6.5\ \mathrm{V}$$

〈図4-16〉 μA723 による 2～24 V 可変電源

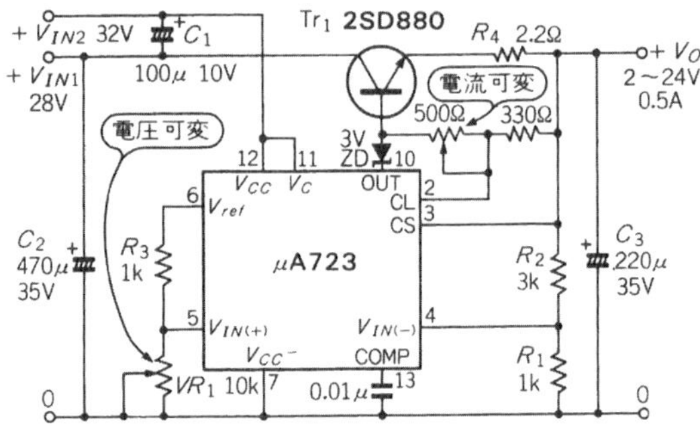

〈図4-17〉[9] 2SD880 の h_{FE} カーブ

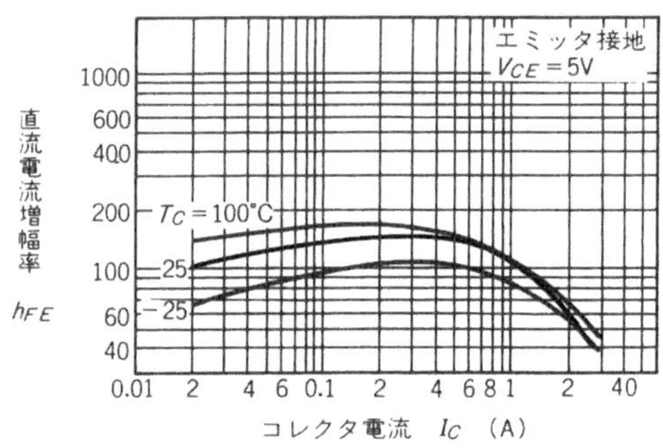

が印加される最大電圧として計算します．

R_2/R_1 の比率は，

$$\frac{R_2}{R_1}=\frac{V_O}{V_{REF}}-1=\frac{24}{6.5}-1=2.7$$

となりますが，IC の V_{REF} のばらつきも考慮して，$R_2/R_1=3$ とし，**$R_1=1$ kΩ，$R_2=3$ kΩ** と決めます．

さて，この μA723 の出力電流は最大で 150 mA ですから，**0.5 A の出力を得るにはトランジスタを外付けして電流増幅します．**

ここでは，**図4-17** に示す NPN 型の2SD880(V_{CEO}=60 V，I_C=3 A，TO220 パッケージ)を使用することにし，I_C=0.5 A での電流増幅率 h_{FE}=100 とすると，IC の出力電流は 5 mA で済むことになります．

〈図4-18〉 μA723 の負荷電流安定度対出力電流特性

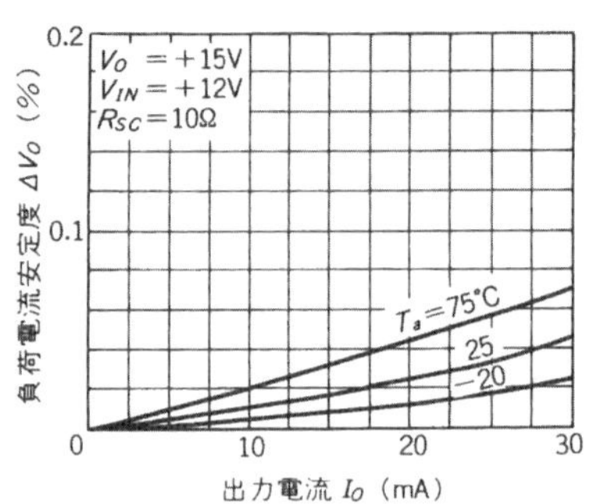

〈図4-19〉 μA723 へのバイアスの与え方

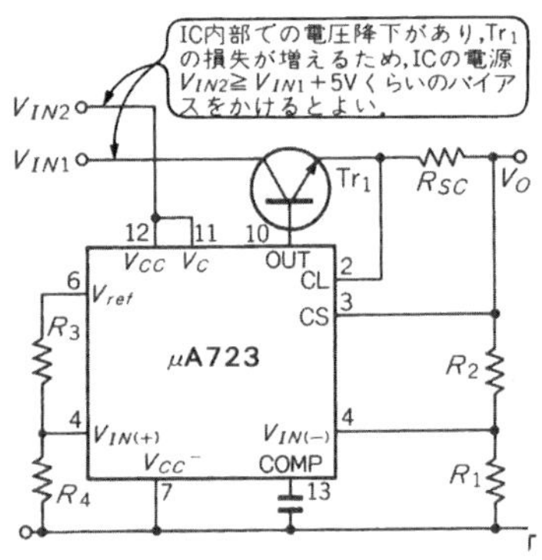

μA723 は**図4-18** に示すように，出力電流 I_O を少なくすればするほど，出力電圧の安定度も向上しますから，この点からも大変好都合といえます．

さて，入力電圧 V_{IN} の設定ですが，**図4-19** に示すように，Tr_1 のコレクタ-エミッタ間の飽和電圧 $V_{CE(sat)}$ を 1 V，電流検出抵抗 R_{SC} の電圧降下を 1 V とすると，それに出力電圧の最大値 24 V を加えて 26 V となります．しかし，実はこれでは電圧が不足してしまいます．

この 723 タイプの IC は，**内部で出力段をダーリントン接続して電流増幅率を稼いでいます．**そのために，入力電圧と出力電圧間には，**約 3 V の電圧降下が必要**なのです．したがって，入力電圧 V_{IN} は最低でも 29 V 以上にしなければなりません．

ところが，いま出力電流 I_O が最大の 0.5 A で，出力電圧 V_O=2 V とすると，このときトランジスタ Tr_1 のコレクタ損失 P_C は最大となり，

$$P_C=(V_{IN}-V_O)\cdot I_O$$
$$=(29-2)\times 0.5=\mathbf{13.5\ W}$$

にもなってしまいます．入力電圧の変動を含めると，この損失はさらに増えてしまいますから，少しでも V_{IN} を低い値としておくほうがよいことになります．

そこで，実際には**図4-19** のように IC に供給する**電圧 V_{IN2} は V_{IN1} より 3 V 以上高くし，V_{IN1} をギリギリ**

〈図4-20〉 過電流に対するフォールド・バック特性

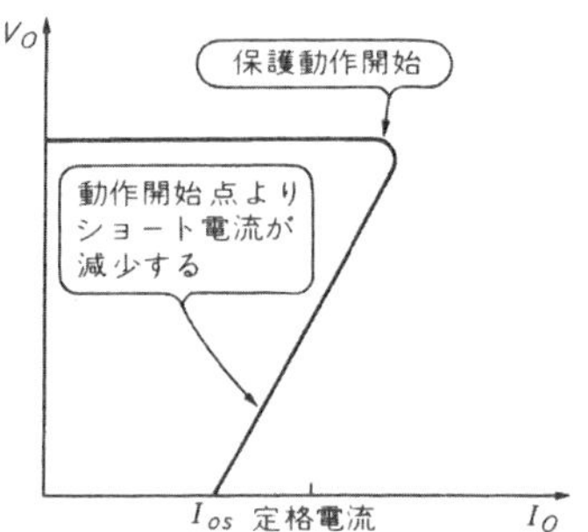

〈図4-21〉 フォールド・バック型過電流保護回路

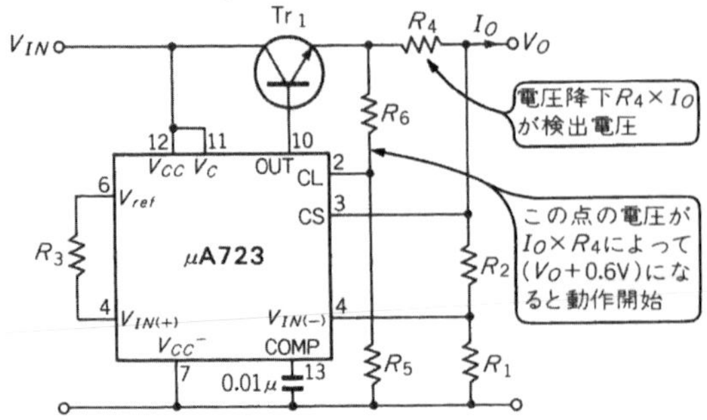

の 26 V とする方法が有利になります．

μA723 の最大印加電圧は 40 V ですから，これを越えない範囲で V_{IN2} に電圧を積み上げて V_{CC} とします．

● 電流制限回路の設計

次に電流制限回路を検討します．出力短絡などの過負荷状態では，**図4-20** に示すような**フォールド・バック特性**にすると，電流制限時のトランジスタの損失が低減できます．そういう意味で，この方法は先に示した**図4-12** のような定電流垂下型よりもメリットがあります．このような電流制限回路は特性の形から**フの字特性**と呼んでいます．

このフの字特性の回路は**図4-21** に示すように，**電流検出抵抗 R_4 に生じた電圧降下を，CL 端子に印加します**．CL と CS 端子は，NPN トランジスタのベースとエミッタですから，この間の電圧 V_{BE} が約 0.6 V 以上になると，出力電流 I_O が，

$$I_O=\frac{1}{R_4}\left\{\left(1+\frac{R_6}{R_5}\right)\cdot(V_O+V_{BE})-V_O\right\}$$

の点で動作を開始します．また，完全な出力短絡時の出力電流 I_{OS} は，上式で $V_O=0$ とおけばよく，

$$I_{OS}=\frac{R_5+R_6}{R_4\cdot R_5}\cdot V_{BE}$$

となります．

ちなみに，出力電流 $I_O=0.6$ A，$V_O=12$ V，$V_{BE}=0.6$ V，$R_4=2.2\ \Omega$ とすると，$R_6/R_5=0.057$ となります．ですから，$R_5=1.8\ \mathrm{k\Omega}$，$R_6=100\ \Omega$ で，**短絡時の電流は $I_{OS}=0.29$ A となります．**

これらの計算式からわかるように，この電流制限回路では，出力電圧 V_O に伴って動作点が変化してしまいます．

なお，実験用などに使用する電源では，定電流電源として使えたほうが都合のよい場合があります．その回路が**図4-22** です．これは**図4-21** と同じように，$R_4\times I_O$ の電圧降下を利用します．検出電圧は，トランジスタ Tr_1 の V_{BE1} も加算した値となりますから，

$$\left(\frac{R_5}{R_5+R_6}\right)\cdot(V_{BE1}+I_O\cdot R_4)=V_{BE}$$

〈図4-22〉 定電流型保護回路

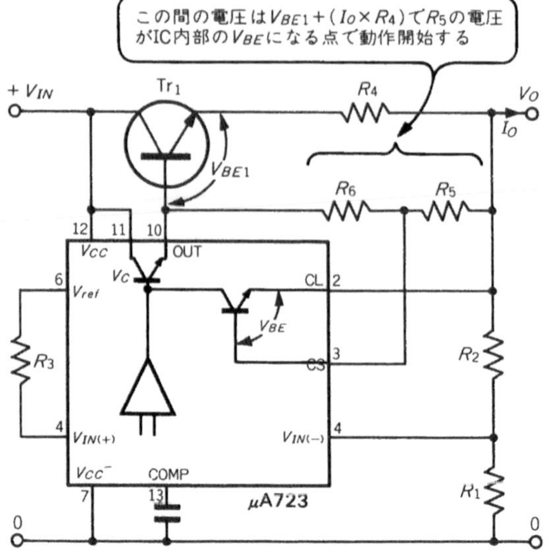

〈表4-2〉[5] TA7179P の電気的特性

項　目	記号	定　格	単位
電源電圧	V_{IN}	±30	V
出力電流	I_O	±100	mA
出力電圧	V_O	±15	V
動作温度	T_{op}	−30〜75	℃
最大損失	P_D	625	mW
入出力間電圧差	V_{DROP}	2	V
入力電圧変動	δ_{IN}	5	mV
負荷変動	δ_{OUT}	5	mV
リプル減衰率	$V_{r(REJ)}$	75	dB

となり，出力電圧 V_O には無関係に出力の最大電流値を設定することができます．

この式を変形すると，

$$I_O=\frac{1}{R_4}\left\{\left(1+\frac{R_6}{R_5}\right)\cdot V_{BE}-V_{BE1}\right\}$$

ですから，$V_{BE}=V_{BE1}$ ならば $R_6=0$ で出力電流 $I_O=0$ A に設定することができます．

ただし，いずれにしてもトランジスタの V_{BE} は，温度に対して**約 2.4 mV/℃の負の係数**をもっていることを考慮して，設定値を決める必要があります．

正負トラッキング・レギュレータの設計

● ±15 V 専用 IC TA7179P

OP アンプを使用した回路の実験用には，正負電源で同時に電圧を設定できるものがあると便利です．それが，トラッキング型電源と呼ばれるものです．出力電流としては，さほど大きな値は必要ありませんが，

〈図4-23〉
±15 V トラッキング・レギュレータ TA7179P

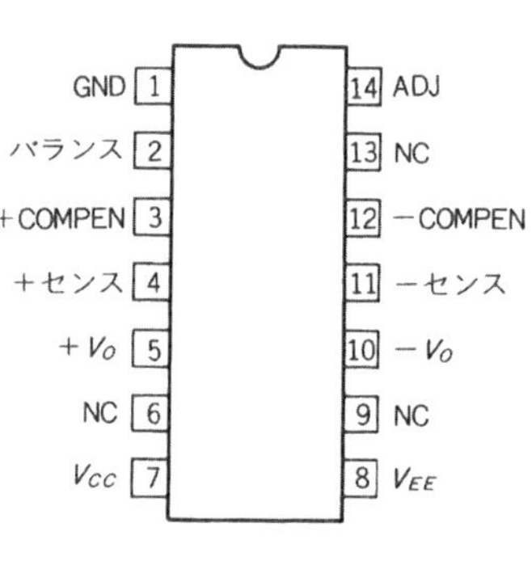

(a) ピン接続

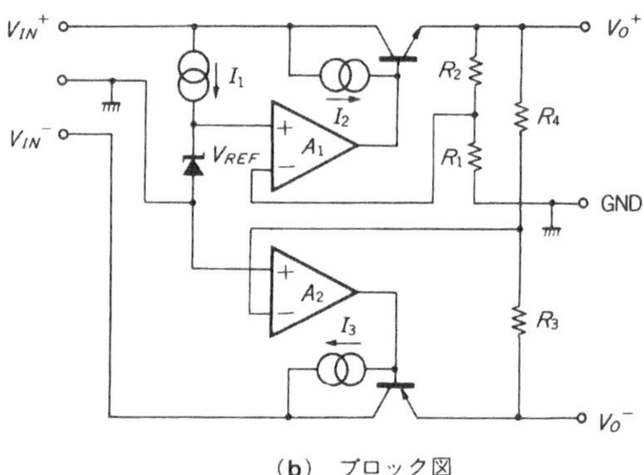

(b) ブロック図

高精度で正負電圧のバランスのとれたものが望ましいといえるでしょう．

±15 V の固定出力電圧用には，トラッキング・レギュレータ専用の IC があります．東芝の TA7179P がその一例で，**図4-23** に IC の構成，**表4-2** に電気的特性，**写真4-2** に外観を示します．

図4-24 にこの TA7179P の具体的な使用例を示します．この IC は基本的には**±100 mA までの出力**をとることができますが，そうすると**放熱が必要**となります．ここでは±50 mA で出力電流が制限されるようにしてあります．

このような IC は，小さな OP アンプを使用するローカル・レギュレータとしては最適です．

● 0～±18 V，0.2 A 電源の設計

さて，実験室用の電源などでは，同じトラッキング・レギュレータでも，**出力電圧を可変できる構成**のものが欲しくなります．それには，OP アンプを 2 個使用してトラッキング電源を構成します．

トラッキング型電源は，正負の電源を別個に組んで，2 連式のボリュームで，同時に設定電圧を変えればよいように思いがちですが，ボリュームの抵抗値のばらつきで，うまく正負の電圧のバランスがとれません．

そこで，一般的には**正か負かのどちらかの出力電圧を可変型**とし，この電圧をもう一方の**基準電圧**としてもう片側はそれに**追従させるような構成**としています．ここでは 0～±18 V，0.2 A のトラッキング・レギュレータについて設計してみることにします．この設計例を**図4-25** に示します．

図4-25 の回路では，＋側出力を可変型としています．この＋側の出力電圧 $V_O{}^+$ は，

$$V_O{}^+ = \left(1 + \frac{R_2}{R_1}\right) \cdot V_{REF}$$

ですから，D_{Z1} で作られた**基準電圧** V_Z **を，** R_4 と VR_1 **で可変して，出力電圧** $V_O{}^+ = 0$ **V まで設定**できるようにします．

次に，負電圧安定化用の回路の部分は，**図4-26** に示すように OP アンプの非反転入力が 0 V に接続されています．OP アンプの反転入力には，R_5 と R_6 を接続します．R_5 の反対側は $V_O{}^-$ に接続し，電圧検出をします．また，R_6 の反対側は $V_O{}^+$ に接続し，基準電圧源として作用します．

安定化電源の電圧制御は，誤差増幅器の非反転入力と反転入力とが，常に等しくなるように出力電圧をコントロールしますので，$R_5 = R_6$ **としておけば**，必然的に $V_O{}^- = V_O{}^+$ となるわけです．これが，トラッキング・レギュレータの動作です．

〈図4-24〉[5] **TA7179P による±15 V 固定型トラッキング電源**

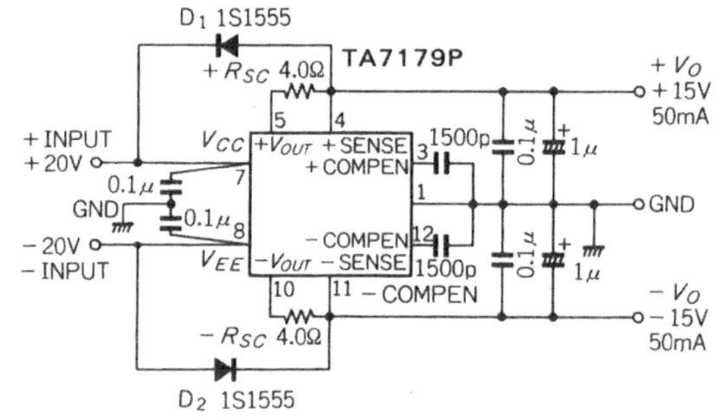

〈写真4-2〉 TA7179P の外観

正負の電圧のバランスは，R_5とR_6の偏差で決定してしまいますので，極力精度の良い1％偏差程度の抵抗を使用するようにします．OPアンプとしては，どのようなタイプのものでもさしつかえありませんが，一つのパッケージに2回路封入された，デュアル・タイプがよいでしょう．

ここではNECのμPC251を用いています．このOPアンプは，最近汎用的に使われている4558型よりも周波数特性がよく，1MHz程度の周波数での電圧変動も抑えることができます．

● トランジスタの逆バイアス防止が必要

ところで**図4-25**の回路で，それぞれのOPアンプの出力に挿入した定電圧ダイオードD_{Z2}，D_{Z5}は，基準電圧用として用いているのではありません．これはレベル・シフト・ダイオードと呼ばれ，出力電圧が何らかの原因で急激に上昇すると，**OPアンプの出力が反転**し，＋側ではV_{EE}まで，－側ではV_{CC}まで振り切れることがあります．

すると，**図4-27**に示すように出力制御用トランジスタのベース電圧が，エミッタに対して逆バイアスされてしまいます．それを，この**定電圧ダイオードD_{Z2}，D_{Z5}でクランプ**し，保護をしています．

OPアンプの電源電圧V_{CC}とV_{EE}は，出力電圧V_O^+とV_O^-をそのまま使いたいところですが，出力電圧を変化させて，±5V以下となると動作できませんので，$+V_{IN}$，$-V_{IN}$から供給しなければなりません．すると印加できる最大定格電圧を越えてしまいますから，定電圧ダイオードD_{Z3}，D_{Z4}で抑えています．

● 出力リプルを小さくするために

Tr_1，Tr_4のベースに接続された**FETは，定電流回路**を構成しています．FETのゲートとソースを接続すると，流れる電流がFETのI_{DSS}で決まる定電流となります．

したがって，これを出力トランジスタのベースに挿入すると，入力電圧$+V_{IN}$，$-V_{IN}$にリプル電圧が多少あっても，Tr_1，Tr_4のベース電流はリプル電流に影響されず，それだけ出力電圧に現れてくるリプル電圧を小さくすることができます．

〈図4-25〉
0～±18Vトラッキング電源

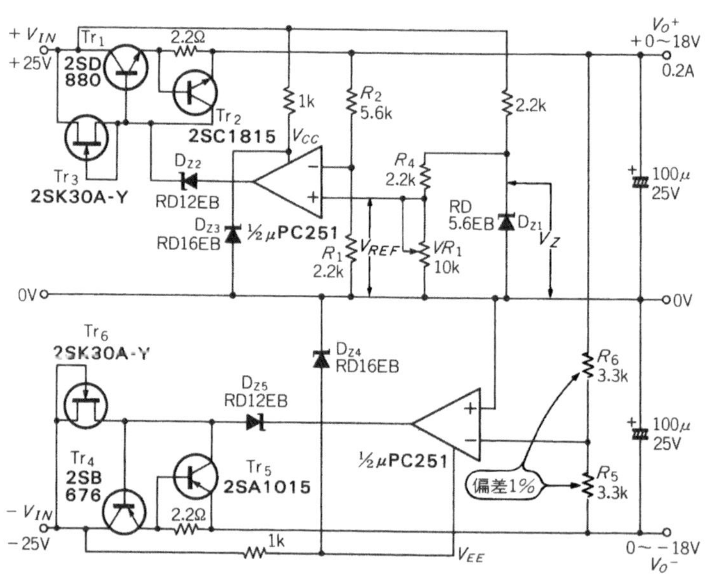

〈図4-26〉負電源安定化回路

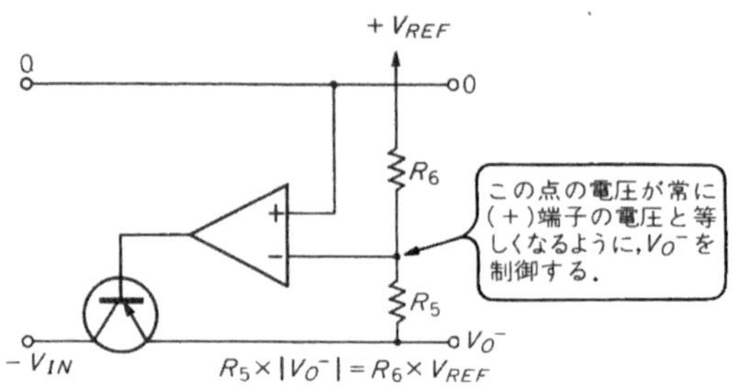

〈図4-27〉トランジスタの逆バイアス

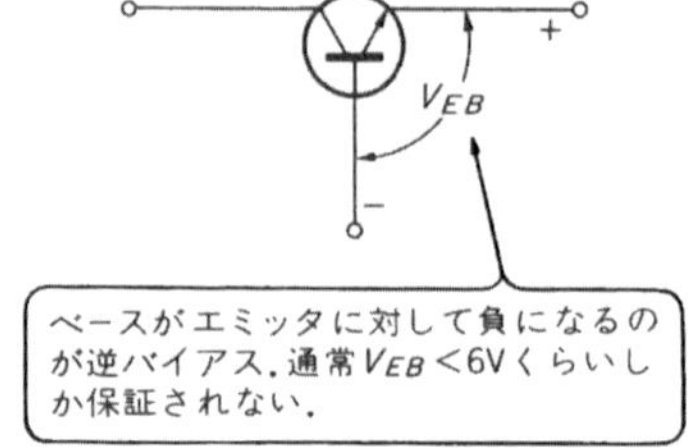

〈図4-28〉 ツェナ・ダイオードの定電流駆動

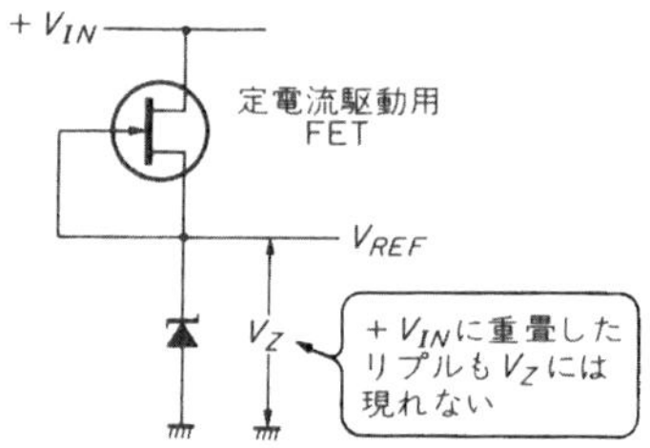

〈図4-29〉 ツェナ・ダイオードのノイズ防止方法

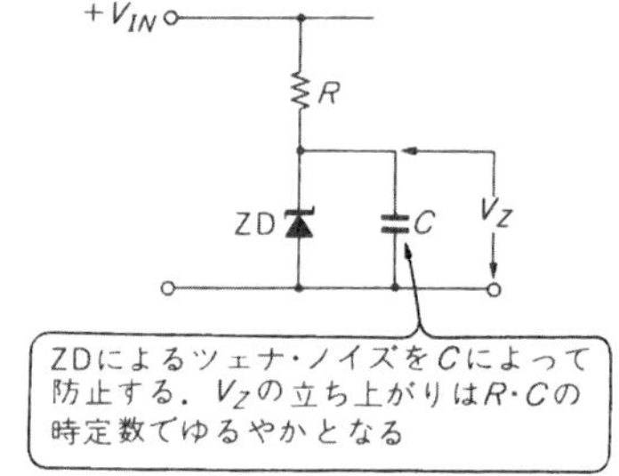

この回路では，出力電流を最大にしても，**出力リプル電圧は1 mV以下にすることができます．**

● 電圧安定度をさらに向上させる方法

トラッキング型の電源では，直流出力の特性は，基準となる側の特性が重要になります．すなわち，基準側の出力電圧がもう一方の基準入力となりますから，ここにリプルやノイズが出てしまうと，もう一方の出力にもこれが現れてしまいます．

もちろん**定電圧精度も，基準電圧によって左右されますので，**十分に注意しなければなりません．

そこで，さらに出力特性をよくする方法として，**図4-28**のように基準電圧 V_Z を作るツェナ・ダイオード**を，FETによる定電流駆動**とすることによって，入力電圧変動やリプルを低減する方法がとられています．

また，ツェナ・ダイオードは，外部からの飛び込みとは別に，自分自身で雑音を発生します．これは，ランダムな周期のもので，**ツェナ・ノイズ**といいます．そんなに大きな電圧レベルではありませんが，出力特性を悪化させる要因には違いありません．

そこで，**図4-29**のようにしてツェナ・ダイオードと**並列にコンデンサ**を接続すると，このノイズを取ることができます．この時，基準電圧 V_Z の立ち上がりが，コンデンサの充電時間だけゆるやかとなりますから，出力電圧もそれにつれてゆっくりと立ち上がることになります．

〈図4-30〉 出力電圧のオーバシュート

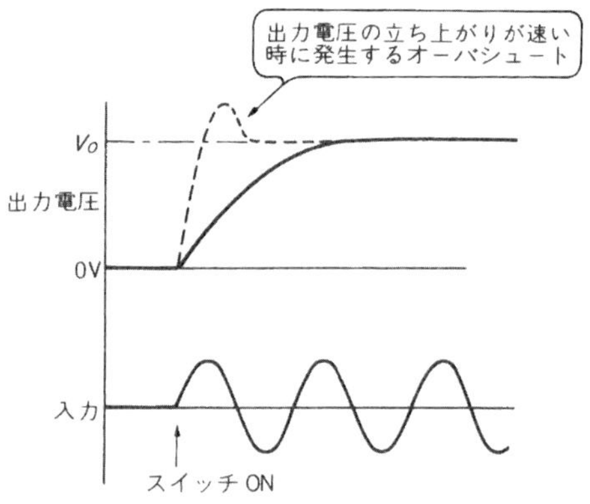

これは，入力スイッチをONした瞬間だけですから，定常動作にいたってしまえばまったく V_Z で安定になります．これによって，**図4-30**のように入力スイッチ投入時の出力電圧に現れるオーバシュートの問題も解決され，大変好都合になります．

ただし，大きな容量で時定数を延ばしすぎると，起動不良などの症状も発生しますので，**少なくとも200 ms以内で立ち上がるような時定数**としてください．

第5章 —— 電源トランスの選定と放熱対策
シリーズ・レギュレータ設計ノウハウ

●電源トランスを決めるには
●半導体は発熱する
●放熱器の決めかた

シリーズ・レギュレータの大きな特徴は『ノイズがほとんどなくて，安定なものが容易に製作できる』という点ですが，設計者にとっては一つだけやっかいな問題があります．それが**放熱**の問題です．

数百 mW 以下のごく小さな容量の電源回路（いわゆる小容量の 3 端子レギュレータなど）では問題ありませんが，1 W 以上の**電源回路**になると，放熱のことを考えておかなければ信頼性のある電源にはなりません．

一般に許される電源回路の発熱とは，その発熱体（例えば制御トランジスタ）が手がさわれる程度が限界です．手でさわれないほど発熱していると，少し危ない状態です．

そこで必要となる技術が，シリーズ・レギュレータの**入力電圧＝整流回路の出力電圧⇨電源トランスの巻線電圧**の決定方法です．そして制御トランジスタに付ける**放熱器**の問題となります．

ここでは，この二つの問題についてまとめて検討することにします．

電源トランスを決めるには

● トランス決定の難しいところ

シリーズ・レギュレータにおいては，トランスの巻線電圧の決定は大変重要な項目です．

制御トランジスタ，あるいは 3 端子レギュレータの発熱を抑えようとして巻線電圧を低めに設定すると，AC 入力電圧が低下した時に入力電圧が不足して，出力電圧の安定化が図れなくなります．といって余裕をみて高い電圧とすると，制御トランジスタあるいは 3 端子レギュレータの電力損失が増加し，それだけ大きな放熱器が必要になってしまいます．

● 巻線電圧を決めるには

トランスの巻線電圧は，1 次巻線に印加された電圧と，1 次対 2 次巻線の巻数比に比例します．そして**最低の入力電圧時**（例えば AC 100 V 入力であれば 10 % の変動をみて 90 V 入力時）にも，必要とする整流電圧が得られなければなりません．さらに，シリーズ・レギュレータの各素子は，**最大の出力電流のときに最も大きな電圧降下**を生じますので，これらの外的条件を前提に計算しなくてはなりません．

図5-1 において，求めるトランスの 2 次端子電圧 $\widetilde{E_S}$ は，下式のようになります．

$$\widetilde{E_S}=\frac{1}{\sqrt{2}}\left(V_C+\frac{1}{2}\Delta V_r+V_F\right)\times A\times B$$

V_C：整流平滑後の直流電圧の平均値

ΔV_r：リプル電圧のピーク対ピーク値

V_F：整流ダイオードの順方向電圧降下（ブリッジ整流の場合は V_F を 2 倍する）

A：トランスの端子電圧の設定偏差（巻数は整数としなければならないため，電圧がピッタリとならず，生じる偏差電圧を 2 %程度見込む必要がある）

B：ライン・ドロップを含めて，3 %程度のマージンを見込む

そして電源トランスの仕様は，入力電圧の定格時で表示するため，入力電圧の変動±α %を考慮すると，

$$\widetilde{E_S}=\frac{[1+(|-\alpha|/100)]}{\sqrt{2}}\cdot\left(V_C+\frac{1}{2}\Delta V_r+V_F\right)\times A\times B$$

となります．

ここで簡易的に $-\alpha=10$ %，リプル電圧 $\Delta V_r=V_C\times 8$ %，ブリッジ整流とすると，

〈図5-1〉 トランスの電圧の決定方法

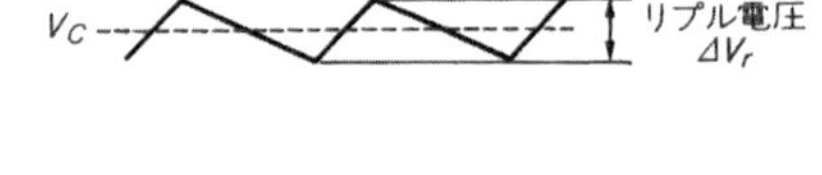

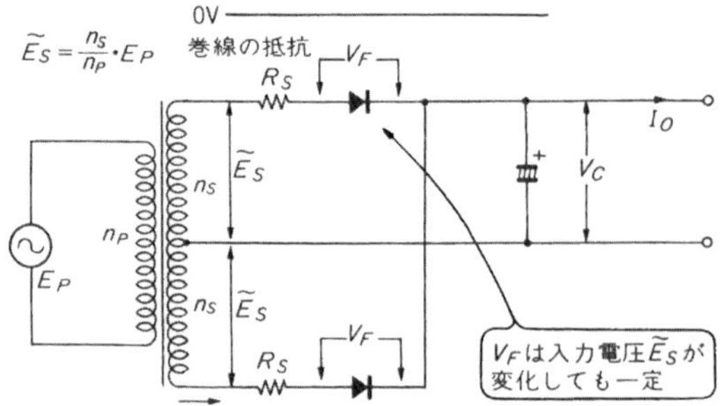

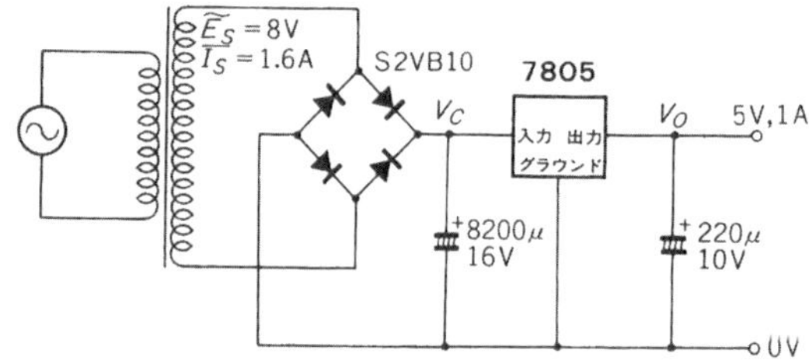

〈図5-2〉 5 V, 1 A 電源の例

$\widetilde{E_S} \fallingdotseq 0.81\ V_C + 1.5$

となります．

次に，トランスを流れる電流を決定します．整流後の直流電流 I_O に対して，トランスに流れる電流 $\widetilde{I_S}$ は交流ですから，これは実効値で取り扱わなければなりません．整流回路で計算した ωCR_L から，第1章図1-11の I_D を求め，次式で $\widetilde{I_S}$ を計算します．

$\widetilde{I_S} = I_D \times \sqrt{2}$

● 5 V, 1 A 3端子レギュレータの場合

では例題として，**図5-2** に示す3端子レギュレータ7805を用いた，5 V，1 Aのシリーズ・レギュレータを例に数値計算を行ってみます．7805の入出力電圧差 $V_{DROP}=3$ V として計算すると，整流回路の出力電圧 V_C は $(5+3)=8$ V ですから，

$\widetilde{E_S} = 0.81 \times 8 + 1.5 \fallingdotseq 8$ V

$\widetilde{I_S} = 1.6$ A

そしてトランスの容量 P_S は，

$\widetilde{P_S} = \widetilde{E_S} \times \widetilde{I_S} = 13$ VA

となります．巻線電圧は整流電圧より低くなりますが，電流の実効値はかなり大きくなる点に注意しなければなりません．

これはコンデンサ・インプット型整流によって，電流のピーク値が大きくなるために発生する問題です．電源トランスの電流容量が不足すると，トランスの巻線インピーダンスによる電圧降下が大きくなり，整流電圧も予定より下がってしまいますので注意が必要です．

● トランスの電圧変動の理由

前述は，出力電流が定格値の場合ですが，第1章の整流回路の項で述べたように，トランスの出力電圧は電流値によって変動をします．これを，**図5-3** に示す最も簡単なT型等価回路で考えてみます．

1次，2次回路共に，直列に r_1，r_2 と l_1，l_2 が接続されます．**r_1 と r_2 は巻線の抵抗分で，l_1 と l_2 はリーケージ・インダクタンス**と呼ばれるものです．これは，1次巻線と2次巻線が100％結合しないことで寄生的に生じるインダクタンス成分を意味しています．

1次電流 i_1，2次電流 i_2 が流れると，それぞれの巻線において，

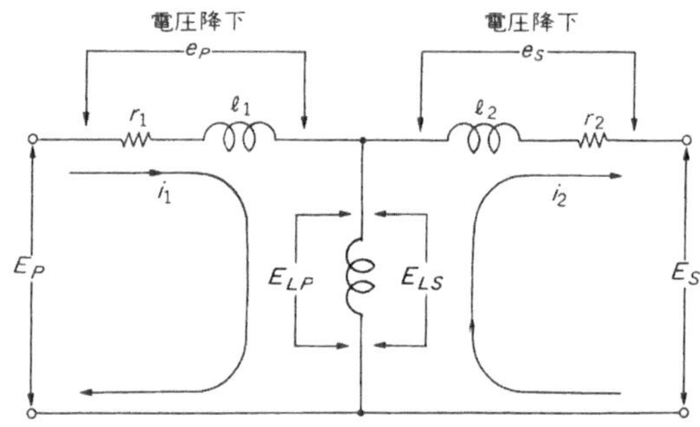

〈図5-3〉 トランスのT型等価回路

$e_P = i_1(r_1 + \omega l_1) = (n_2/n_1)\, i_2 (r_1 + \omega l_1)$

$e_S = i_2(r_2 + \omega l_2)$

の，2次電流に比例した電圧降下を発生します．これが前に述べた電圧変動率 ε になります．**容量の小さなトランスほど細い線を多く巻線しますから，ε は大きな値**となります．さきほどの13 VAのトランスでは，**変動率 ε =30％**くらいになりますから，定格時の巻線電圧 $\widetilde{E_S}$ は8 Vでも，無負荷時の巻線電圧 $\widetilde{E_S}$ は，10.4 Vとなります．

● トランスを飽和させないこと

さて，電源トランスにおいては，入力電圧の条件もきちんと決めておかなければなりません．定格入力電圧に対して，入力電圧が低下すると整流電圧も低下するだけですが，逆に**入力電圧が上昇するとトランスが磁気飽和**を起こしてしまう可能性があります．

元来，トランスに用いる鉄心は，**透磁率 μ** が大きいことを利用しています．つまり，**巻線のインダクタンス値を大きくして**，磁束を発生させるための電流，すなわち**励磁電流を大きくしないですむように**作られています．もちろん，1次巻線から発生した磁束が外部に漏れるのを防ぎ，2次巻線に極力多く鎖交させる意味もあります．

ところが，鉄心の中を通る磁束の量，つまり磁束密度 B は，

$$B = \frac{E}{A \cdot N \cdot S \cdot f} \times 10^8 (\text{ガウス})$$

A：印加電圧の波形率といい，サイン波は4.44，方形波では4の係数となる

N：1次巻線の巻数

S：鉄心の有効断面積

f：周波数

E：印加電圧の実効値

と表せます．そして，**図5-4** のように磁束密度は鉄心の材質によって**B の最大値 B_m(最大磁束密度)が限界をもっています．**

電源トランスに使用する鉄心は，**鉄系の珪素鋼板**でH材やZ材と呼ばれる材質のものが用いられ，最大磁

〈図5-4〉トランスのB-H曲線

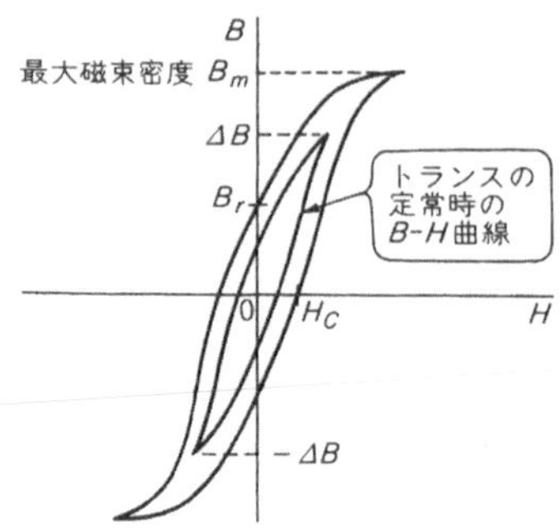

〈図5-5〉トランスの励磁電流

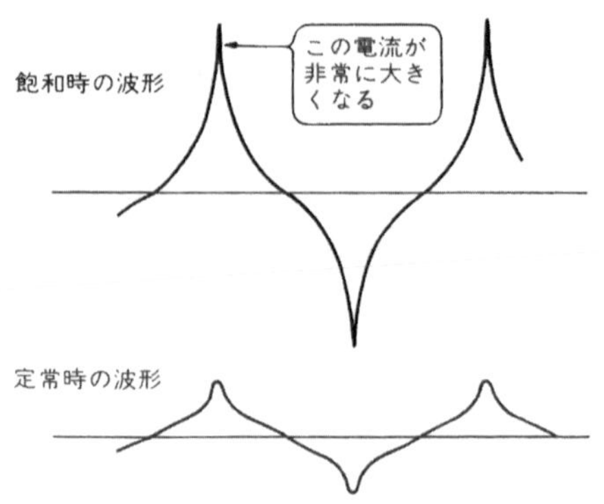

束密度は15,000 G(ガウス)以上あります．

しかし，商用電源のトランスは周波数 f が低いため，巻数が増えて大型化しないように，磁束密度をギリギリまで大きくとって設計しています．その結果，入力電圧が規定の範囲をちょっとでも越えると，**鉄心内部に磁束を通過させられない磁気飽和現象**を起こしてしまいます．

〈図5-6〉トランスの初期状態のB-H曲線

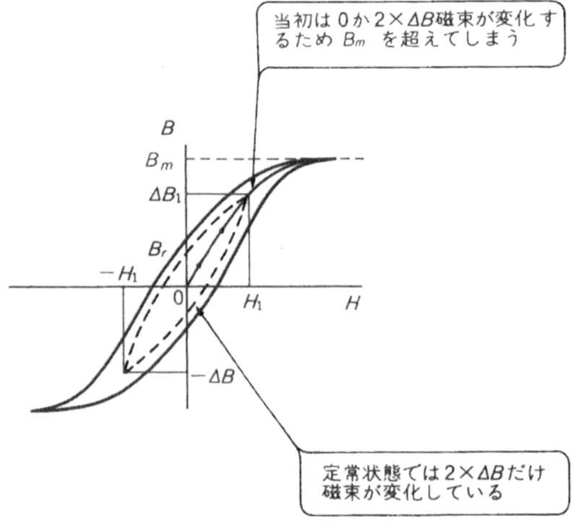

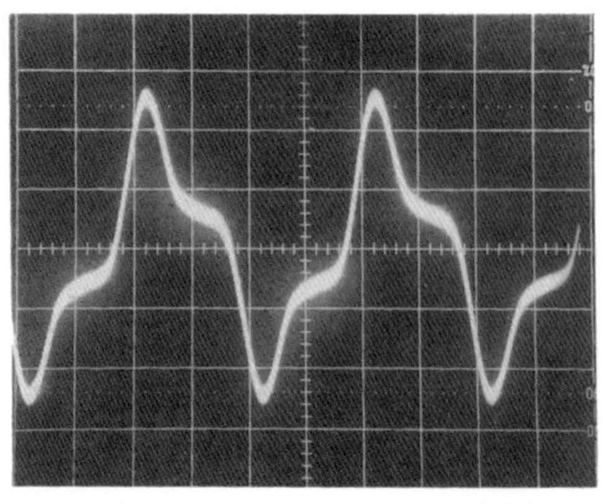

〈写真5-1〉トランス飽和時の入力電流波形

トランスが磁気飽和を起こすと**透磁率** $\mu=1$，つまり**空心の状態**となってしまい，巻線の励磁インダクタンスが極端に低下します．その結果，**図5-5**のように大きな励磁電流が流れてしまいます．この電流によって，トランスの巻線を焼損させたり，ヒューズを溶断したりの重大な事故を引き起こしてしまいますので注意が必要です．

写真5-1にトランスが磁気飽和を起こしているときの入力電流波形を示します．

● 突入電流に注意すること

電源トランスにはもう一つやっかいな現象があります．これは**電源を投入したときに瞬時に大きな電流が流れる**突入電流というものです．そして，この突入電流は2次巻線を開放にしておいても流れます．

トランスは**図5-6**のように，電源スイッチを投入した瞬間は磁束は0点にあります．ところが，当初はこの0点を起点として**磁束密度が** $2\cdot\Delta B$ **だけ上昇**します．ですから最大磁束密度 B_m をオーバして磁気飽和を起こしてしまうのです．そして**図5-7**に示すように徐々に定常状態へと落ちついていきます．

したがって，電源トランスを使用する回路では2次側の整流回路にかかわらず突入電流が流れてしまいます．そして，この電流値はトランス巻線の抵抗分によって制限されることになりますから，大型のトランス

〈図5-7〉トランスの突入電流

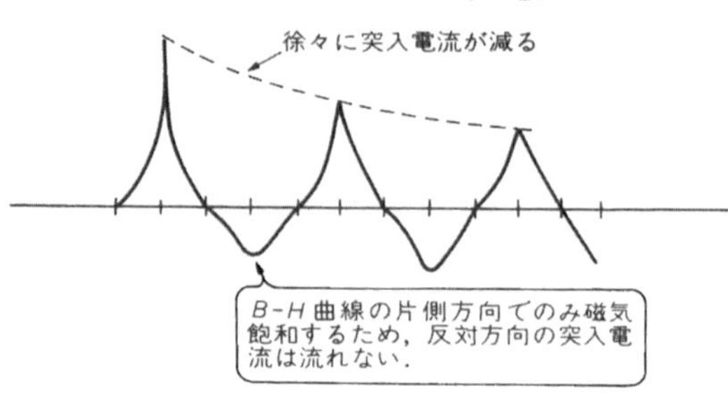

〈図5-8〉 半導体の内部構成

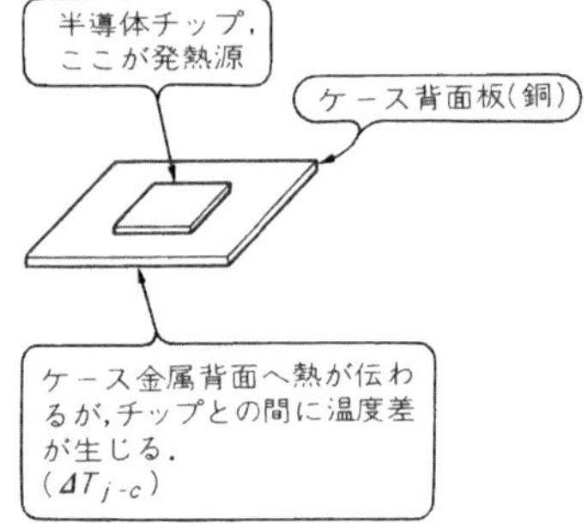

〈図5-9〉 入力電圧，出力電流の変化とトランジスタの損失

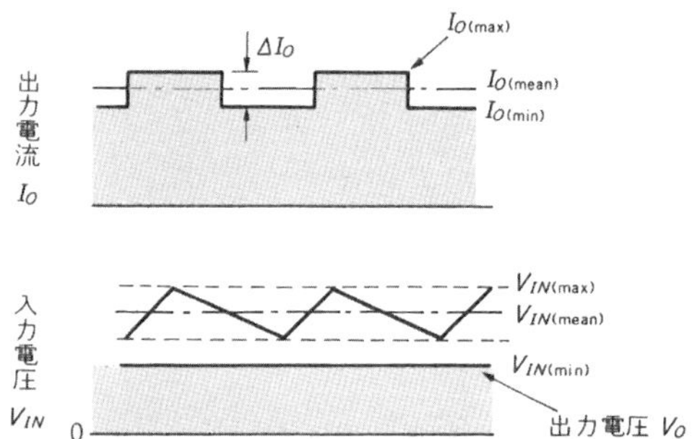

では(巻線抵抗値が低いので)大変大きな電流値となってしまいます．

電源スイッチやヒューズの設計においてはこれらを考慮しておくことが大切です．

半導体は発熱する

● 電力損失は熱となる

電源装置(回路)は電力を扱うものですから，内部の部品でもかなり大きな電力損失を発生します．電源の出力電力が P_O で，電力の変換効率を η とすると，電源回路内部での損失 P_{loss} は，

$$P_{loss}=P_O\left(\frac{1}{\eta}-1\right)$$

となります．

これらの損失 P_{loss} **はすべて熱**となって部品の温度上昇をもたらします．しかも，どのような部品であっても，使用できる最高温度が規定されていて，これを越えるわけにはいきません．

中でも電源回路に使用するトランジスタやダイオード，ICなどは小さな型状なのに比較的大きな電力損失がありますので，何らかの手段で放熱条件を改善してやらなければなりません．

例えば，今トランジスタに何らかのコレクタ電流 I_C が流れると，内部のチップ上に電力が消費され，熱となります．**図5-8** のように，このチップはせいぜい数mm平方の小さなもので，これが金属ベース(一般的には銅)に取り付けられています．

しかも，この金属ベースもさほど大きなものではないので，このままではせいぜい2W程度のコレクタ損失しか許容されません．

● パワー・トランジスタのコレクタ損失

すでに説明してきたように，シリーズ・レギュレータの制御トランジスタの損失 P_C は，入力電圧を V_{IN}，出力電圧を V_O，出力電流を I_O とすると，

$$P_C=(V_{IN}-V_O)\cdot I_O$$

と計算されます．つまり，**出力電流と入出力間電圧差との積**となります．したがって，入力電圧が高いほど，また出力電流が大きいときほど損失が増加します．

ところで，電力用トランジスタは P_C の変化に対する熱的な応答速度はあまり速くありません．いま，**図5-9** のように入力電圧にリプルが重畳されていて，出力電流も ΔI_O の変化をしているとします．すると，このときの最大コレクタ損失 $P_{C(max)}$ は，

$$P_{C(max)}=(V_{IN(max)}-V_O)\cdot I_{O(max)}$$

となります．しかし，V_{IN} や I_O の変化がせいぜい数十ms程度の時間であれば，

$$P_C=(V_{IN(mean)}-V_O)\cdot I_{O(mean)}$$

と，それぞれの平均値で計算してもさしつかえありません．

ただし，入力電圧が静的にAC 90～110Vの間で変動するような場合では，**必ず110V入力時に最大損失**となりますので，この条件でのコレクタ損失を求めておかなければなりません．

● チップのジャンクション温度を推測するには

ダイオードやトランジスタといった半導体類には，必ずジャンクション温度(T_j)という，**許容可能な素子の最高温度**が規定されています．現在用いられているシリコン系半導体は，ほとんどのものが $T_{j(max)}=150$℃と考えてさしつかえありません．ただし，高周波整流用のショットキ・バリヤ・ダイオードは，通常 $T_{j(max)}=125$℃です．

ところで，この $T_{j(max)}$ というのは，部品の外側表面の温度ではありません．内部の素子，すなわちチップ温度を規定したものです．したがって，これは外側から温度計で測定するわけにいかないので，**ケース表面温度から計算で求めて確認**しなくてはなりません．

この内部チップの温度とケースとの温度差を，ΔT_{j-c}(**ジャンクション-ケース間温度上昇**)と呼んでいます．そしてこれは，トランジスタの場合ではコレクタ損失 P_C と，**チップ(ジャンクション)とケース間の熱抵抗** θ_{j-c} によって決定されます．

この熱抵抗というのは，電流の流れにくさを表すのに抵抗があるのと同じように，熱の伝えにくさを表す

〈表5-1〉 半導体のジャンクション-ケース間の熱抵抗 θ_{j-c}(℃/W)

最大損失 $P_{C(max)}$	20W	30W	40W	60W	80W	100W
熱抵抗 θ_{j-c}	6.25	4.17	3.13	2.08	1.56	1.25

〈表5-2〉 半導体の単体での許容損失

型　状	TO220	TO3P	TO3
許容損失 $T_a=60$℃	0.92W	1.4W	1.8W
許容損失 $T_a=40$℃	1.25W	1.9W	2.5W
ケース-外気間 熱抵抗 θ_{c-a}	60℃/W	40℃/W	30℃/W

パラメータです．したがって，**この値が小さければ熱が伝えやすい…放熱しやすい…**ということになります．

トランジスタのコレクタ損失 P_C は，当然 V_{CE} と I_C との積で求まりますので，熱抵抗 θ_{j-c} が定まれば簡単に ΔT_{j-c} が算出できます．

しかし，ジャンクション-ケース間の熱抵抗 θ_{j-c} は，半導体メーカのデータ・シートやカタログにはあまり記載されていません．そこで，実際には素子の最大コレクタ損失 $P_{C(max)}$ から計算で求めます．

元来，トランジスタの $P_{C(max)}$ は，ケース表面温度を 25℃ ($=T_a$) 一定に保ちながら電力を消費させ，T_j が 150℃に達した時の値と定められています．したがって，θ_{j-c} は以下の計算式によって求められます．

$$\theta_{j-c}=\frac{T_{j(max)}-T_{a(25)}}{P_{C(max)}}(℃/W)$$

これは**表5-1**のように，$P_{C(max)}=40$ W のトランジスタの場合では，

$$\theta_{j-c}=\frac{150-25}{40}=3.125℃/W$$

ということになります．

ダイオードに関しては，許容最大損失 $P_{D(max)}$ よりも，ジャンクション-ケース間熱抵抗 θ_{j-c} で表示してあるもののほうが多いようです．例えば，ブリッジ・ダイオード S2VB10 では，$\theta_{j-c}=7$℃/W となっています．

この θ_{j-c} と損失 P_C あるいは P_D とから，ジャンクション-ケース間の温度差 ΔT_{j-c} が次式で求まります．

$$\Delta T_{j-c}=\theta_{j-c}\times P_C$$

〈写真5-2〉 絶縁シート(サーコン・チューブ)TO220

それでは，$T_{j(max)}=150$℃の半導体はどの程度のジャンクション最大温度を見込んで使用すれば合理的なのでしょうか．これは経験的な値ですが，シリーズ・レギュレータの制御トランジスタでは20％くらいのマージンを見て，120℃を目安とします．

● 素子単体での許容損失

さて，では種々の形状の半導体が，いったいどの程度の損失を許容できるかですが，まずその電源装置が何℃の環境温度 T_a で使用されるかを決定しなければなりません．

通常セットの環境温度は，40℃前後の保証のものが多いのですが，電源装置はセット内部に組み込まれるために，さらに 10～20℃の温度上昇を加算しなければなりません．

すると，例えば $T_a=60$℃で使用するシリーズ・レギュレータの制御用トランジスタに許容されるチップのジャンクション温度上昇 ΔT_j としては，

$$\Delta T_j=0.8\times T_{j(max)}-T_a$$
$$=0.8\times 150-60=60℃$$

ということになります．

一方，トランジスタ単体の大気へ熱放散させるための熱抵抗 θ_{c-a} は，パッケージの形状によって異なりますが，TO220 型のもので約 60℃/W，TO3P 型で約 40℃/W です．

また，金属ケース入りの TO3 型では約 30℃/W ですから，それぞれの形状での許容損失の最大値は，ΔT_{j-c} を 5℃一定として計算すると，

$$P_C=\frac{\Delta T_j-\Delta T_{j-c}}{\theta_{c-a}}$$

で求められるので，**表5-2** のようになります．

このように，**素子単体では温度上昇により大きなコレクタ損失が許容されません**ので，もっと大きな電力を扱うためには，放熱器に取り付けて熱放散の効率を上げてやらなければなりません．

放熱器の決めかた

● 放熱系の等価回路の考え方

放熱器を含めた半導体素子の放熱系は，電気回路のオームの法則と同様に取り扱うことができます．素子

〈図5-10〉 放熱系の等価回路

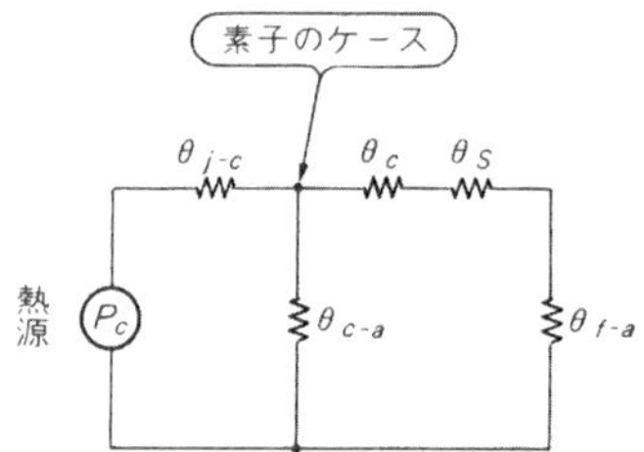

θ_{j-c} ：ジャンクション-ケース間の熱抵抗
θ_c ：絶縁物の熱抵抗
θ_S ：接触熱抵抗
θ_{f-a} ：放熱器の熱抵抗
θ_{c-a} ：ケースと大気間の熱抵抗

〈図5-11〉 絶縁物の厚さと熱抵抗

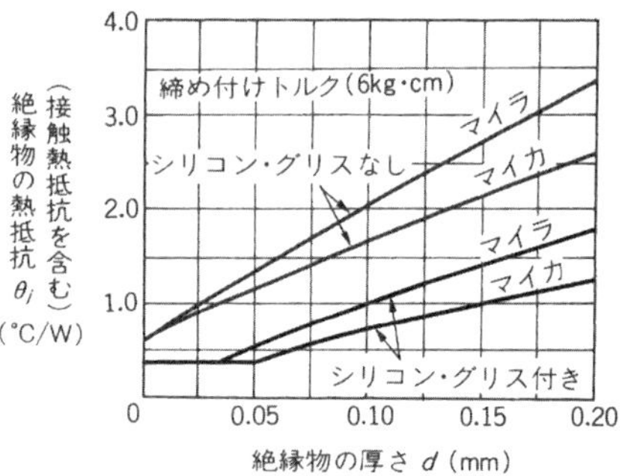

の損失電力を電流，熱抵抗による温度差を電圧，熱抵抗を電気抵抗として考えます．

放熱系の等価回路は，図5-10のように表すことができます．**熱源は素子のチップ**で，θ_c は素子を放熱器に取り付ける時に用いる絶縁物の熱抵抗です．**マイカ板で約0.3℃/W，サーコンと呼ばれるシリコン・ゴムで0.2℃/W**となります．この熱抵抗は当然小さいほうが良いことはあたり前です．最近はこのサーコンを使うケースが多いようです．写真5-2にこの外観を示します．

また θ_s は接触熱抵抗と呼ばれ，接触面が完全に密着しないために生じます．素子の形状により異なり，TO220型で0.5℃/W，TO3PやTO3型で0.3℃/W程度となります．

この接触熱抵抗を下げるには，シリコン・グリスを塗布する方法が用いられています．図5-11に，このシリコン・グリスを塗布した場合としない場合の，熱抵抗のグラフを示します．これは接触熱抵抗と絶縁物の熱抵抗との合算した値となっていますので，絶縁物の厚さ $d=0$ の値が接触熱抵抗を意味しています．

さて，**θ_{f-a} が求める放熱器の熱抵抗**ですが，実際にはさらに素子のケースと大気間に，θ_{c-a} という成分が並列に接続されます．

この θ_{c-a} は，素子の表面から直接大気へ放熱される成分を意味します．素子単体の放熱条件に比較して，一面が放熱器に取り付けられることから，相当大きな数値となり，TO220型で80～90℃/Wです．したがって，**θ_{f-a} がある程度小さな値であれば，無視して**計算しても大した影響はありません．

熱源から見た合成の抵抗値を計算すると，

$$\theta=\frac{\theta_{c-a}\cdot(\theta_c+\theta_s+\theta_{f-a})}{\theta_c+\theta_s+\theta_{f-a}+\theta_{c-a}}+\theta_{j-c}$$

となります．θ_{c-a} を省略すると，

$$\theta=\theta_c+\theta_s+\theta_{f-a}+\theta_{j-c}$$

と簡略化できます．

これから，全体の熱抵抗 θ をいくつにするかが決定されれば，放熱器の熱抵抗 θ_{f-a} を逆算から求めることができます．θ は，先に計算した P_C とジャンクション温度の上昇 ΔT_j とから計算できます．ΔT_j は，

$$\Delta T_j=T_j-T_a$$

● 定電圧ダイオードの実装方法

図5-Aは，0.5Wタイプの定電圧ダイオードをプリント基板に実装した時の許容損失のグラフです．0.3Wの損失で100℃の周囲温度で使用できそうですが，これでは余裕がまったくありませんし，電圧の温度変化も大きくなってしまいます．せいぜい60℃までと考えておかなければなりません．

〈図5-A〉 定電圧ダイオードの許容損失

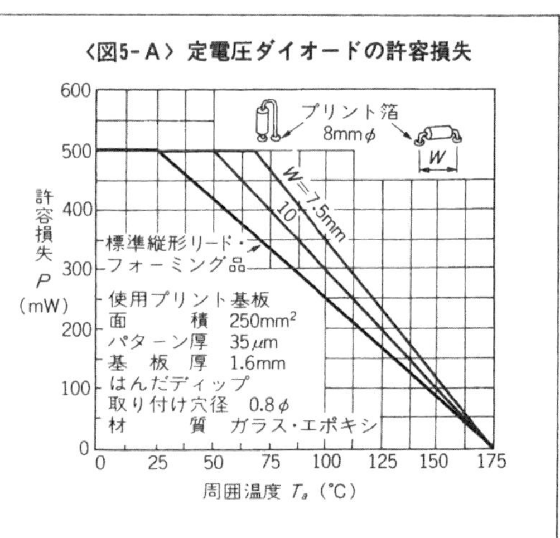

〈図5-12〉 プリント板自立型放熱器の例〔(株)リョーサン〕

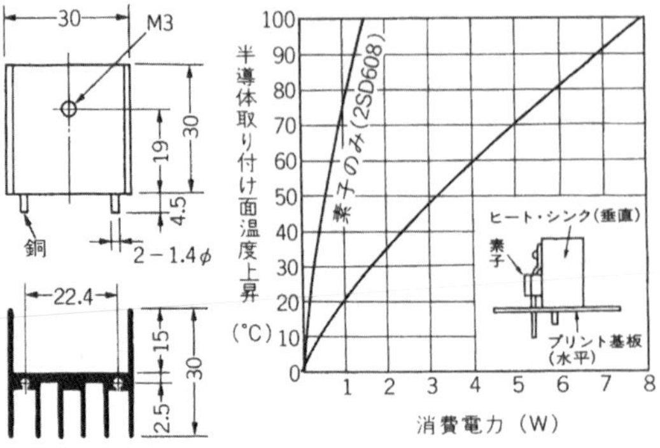

〈図5-13〉 金属板の熱抵抗

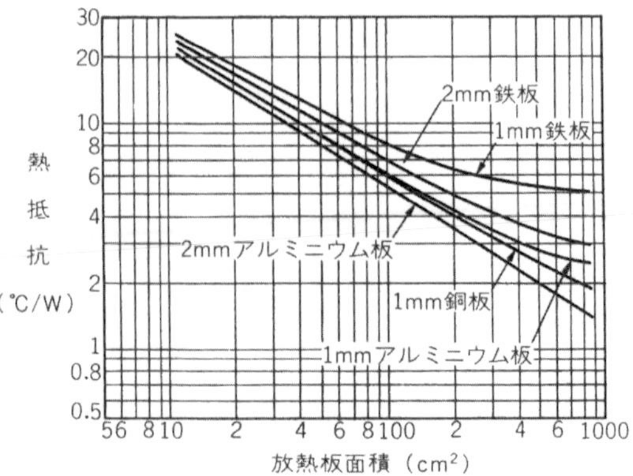

ですから，

$$\theta=\frac{\Delta T_j}{P_C}=\frac{T_j-T_a}{P_C}$$

であればよいわけです．

● 実際の放熱器を選ぶには

それでは，TO220型のトランジスタ2SD880で，コレクタ損失$P_C=3$ Wの時に必要な放熱器を求めてみます．まず，ジャンクション温度の上昇値ΔT_{j-c}は，環境温度$T_a=50$℃まで使用することとして，

$$\Delta T_j=0.8\times T_{j(\max)}-T_a$$
$$=0.8\times150-50=70℃$$

となります．2SD880の$P_{C(\max)}$はカタログ・データより30 Wですから，ジャンクション-ケース間の熱抵抗θ_{j-c}は，

$$\theta_{j-c}=\frac{T_{j(\max)}-T_{a(25)}}{P_{C(\max)}}=\frac{125}{30}=4.17℃/\mathrm{W}$$

です．したがって，全体の熱抵抗θは，

$$\theta=\frac{\Delta T_j}{P_C}=\frac{70}{3}=23.3℃/\mathrm{W}$$

ですから，必要な放熱器の熱抵抗θ_{f-a}は，

$$\theta_{f-a}=\theta-(\theta_c+\theta_{j-c}+2\,\theta_s)$$
$$=23.3-(0.3+4.17+2\times0.5)\fallingdotseq18℃/\mathrm{W}$$

となります．θ_sに2の係数が掛けてあるのは，トランジスタと絶縁板，絶縁板と放熱器の2箇所の接触面があるからです．

後は，ここで計算された熱抵抗θ_{f-a}の放熱器を選択すればよいわけです．このとき，型状や取り付け構造に応じて種々の放熱器から，もっとも適したものを用います．

例えば，$\theta_{f-a}\leqq18$℃/Wの放熱器としては，図5-12に示すプリント基板自立型のOSH3030SP〔㈱リョーサン〕があります．これは，放熱器に銅製のピンが2本取り付けられていて，そのままプリント基板にはんだ付けで固定することができます．

● 放熱器を使うときのポイント

半導体の放熱は市販の放熱器を使わずに，金属の板材を利用して放熱させることもできます．金属としてはアルミ板が一般的に用いられています．

図5-13は1ᵗ，2ᵗのアルミ板と，1ᵗの銅板の面積対熱抵抗のグラフです(1ᵗは厚さ1 mmを表す)．ちなみに，18℃/Wの放熱器を1ᵗのアルミ板で作るのに必要な面積は，このグラフから20 cm²でよいことになります．

なお，1ᵗ，2ᵗの鉄板の熱抵抗も参考のために掲載してあります．当然のことながら，同一材料であれば面積が大きくなるにつれて熱抵抗θ_{f-a}が小さくなっています．

また，同じ材質であれば板厚が厚いほど，さらに同じ板厚であればアルミより銅のほうが，熱抵抗が低くなります．しかも，面積が大きくなるにしたがって，その差が拡大しているのは，板材と大気との熱抵抗に比較して，熱が板全面へ伝わるための伝導の熱抵抗が，面積に比例して無視できなくなるためです．

逆にいえば，数W程度の損失を放熱するための小さな面積のものでは，材質や板厚による差異があまりありません．ですから，素材のコスト面を考慮すると鉄板の応用も利点のあることがあります．

同じ板厚であれば，鉄板のほうがアルミ板よりも機械的強度も強く，プリント基板へはんだ付けで取り付けることもできますので，作業性もよくなります．

なお，実際には放熱器の熱抵抗は，周囲の空気の対流が十分によくなければ，この数値より悪化しますから，取り付け方向には配慮をしなければなりません．当然，空気の流れは下から上へ向かいますから，放熱器の羽がこれを妨げないような向きに配置しなければなりません．

● もっと大きな放熱器

さて，もっと大きな電力を放熱する場合には，くし型の放熱器が必要となります．例えば，TO3型トランジスタ2SC1576で，$P_C=10$ Wの場合を考えてみます．このトランジスタの$P_{C(max)}$はカタログ・データより100 Wですから，ジャンクション-ケース間の熱抵抗θ_{j-c}は，$\theta_{j-c}=125/100=1.25$℃/Wです．したがって，全体の熱抵抗$\theta$は，

$$\theta=\frac{\Delta T_j}{P_C}=\frac{0.8\times150-50}{10}$$
$$=7℃/W$$

となります．これから，放熱器の熱抵抗θ_{f-a}は，

$$\theta_{f-a}=\theta-(\theta_c+\theta_{j-c}+2\cdot\theta_s)$$
$$=7-(0.3+1.25+2\times0.3)=\mathbf{4.85℃/W}$$

が必要となります．

図5-14は㈱リョーサンのくし型放熱器と呼ばれる32CU060の例ですが，長さ$L=70$ mmのものが，$P_C=10$ Wで$\theta_{f-a}=4.2$℃/Wですから，これを用います．

このほか，放熱器にはいろいろな形状のものがありますので，必要に応じて選択するようにします．代表的な放熱器の熱抵抗のグラフを**図5-15**に掲載しておきます．**写真5-3**が放熱器の一例です．

ところで，これまで紹介したようなフィン付きの放**熱器の熱抵抗は**，その包絡体積によって推定することができます．包絡体積とは，外形寸法を直方体とみなした時の体積のことです．放熱器のフィンの数や，フィン同士間の間隔によっても若干の差は生じますが，一定の基準に沿って設計されたものでは，**図5-16**のようなカーブ上に大体のっています．

これから，縦軸の熱抵抗がこのカーブと交わる点の横軸の体積を読み取ればよいわけです．この包絡体積から，どの放熱器をどの長さにして使用すればよいか，一目瞭然で決定することができます．

なお，放熱器のフィンの間隔は，**図5-17**のようにあまり狭くしてフィンの数を多くしても，熱抵抗は低くなりません．これは，**間隙が狭いと空気の対流が悪く**なり，放熱効果が低下するためです．ですから，一般のものは，間隔を少なくとも5 mm以上は確保するよ

〈図5-14〉
大型放熱器の例
32CU060〔(株)リョーサン〕

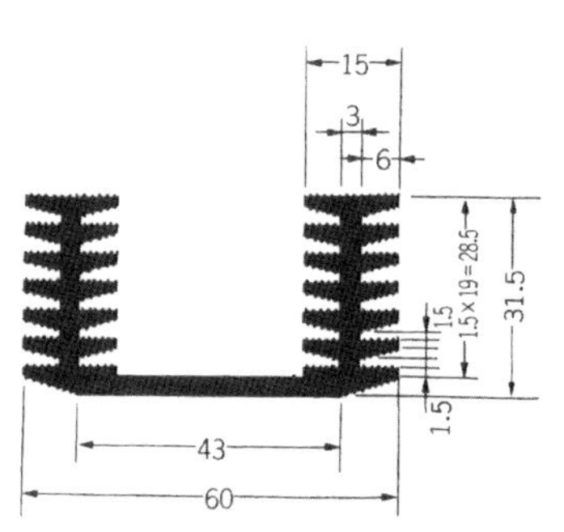

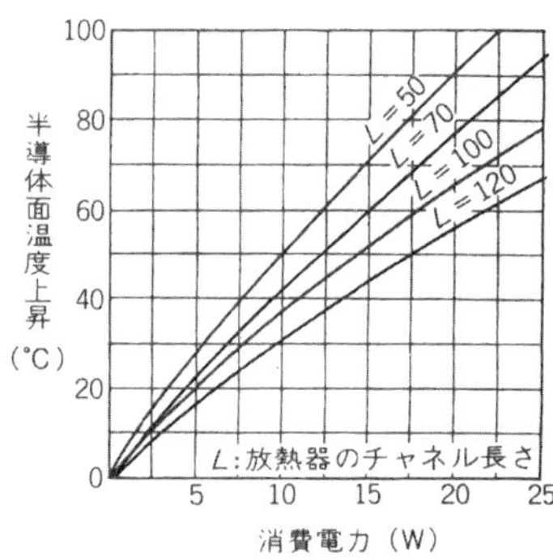

〈図5-15〉
各種放熱器の特性
〔(株)リョーサン〕

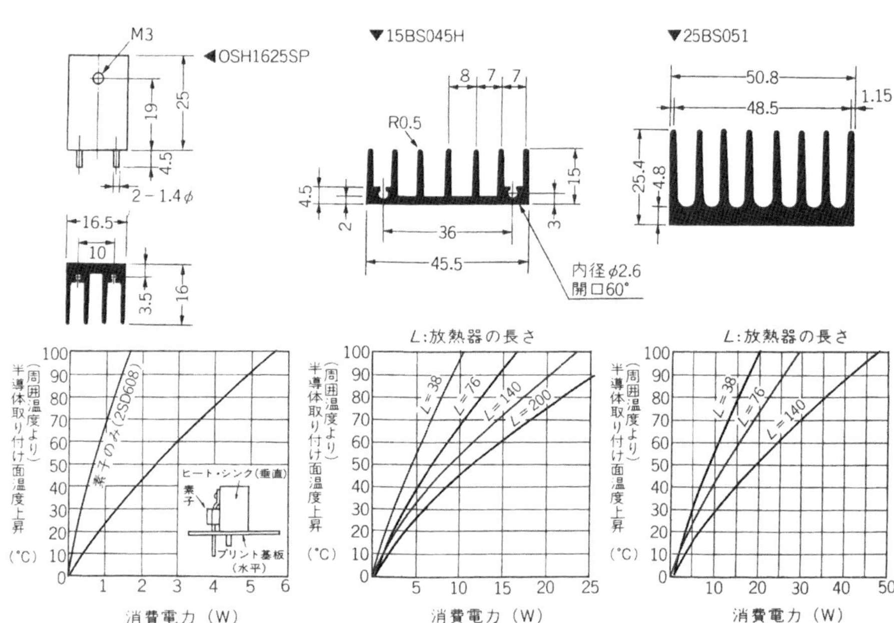

〈図5-16〉 放熱器の包絡体積対熱抵抗

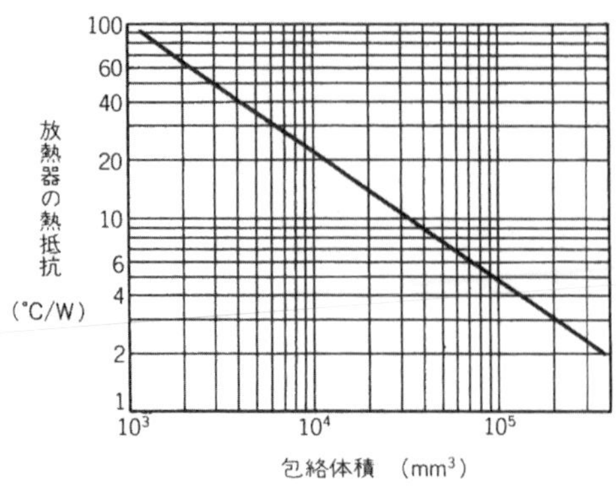

うにしてあります.

● **放熱器の熱抵抗の測定方法**

熱抵抗のデータが明示されていない放熱器の熱抵抗が知りたい場合は，以下に示す方法で測定することができます.

まず**図5-18** に示すようにセットアップします. トランジスタ Tr_1 は熱源で，これを被測定放熱器に密着させる必要があります.

A点はトランジスタの近くの放熱器の温度 T_f を熱電対温度計で測定し, B点は放熱器周辺の環境温度 T_a を熱電対温度計で測定します.

一方，熱源であるトランジスタ Tr の消費電力(熱量) P_C は,

$$P_C = V_{CE} \cdot I_E \text{(W)}$$

で求められます.

以上から，放熱器の熱抵抗 θ_{f-a} は,

$$\theta_{f-a} = (T_f - T_a)/P_C \text{(℃/W)}$$

として求めることができます.

厳密に測定するには，トランジスタのジャンクション温度 T_j を測定し，ジャンクション-ケース間の熱抵抗 θ_{j-c} と接触熱抵抗 θ_s とから,

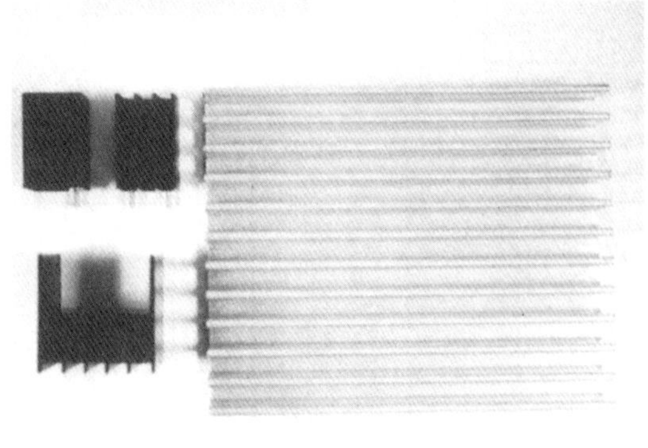

〈写真5-3〉 各種放熱器の外観

〈図5-17〉 放熱器のフィンの間隔

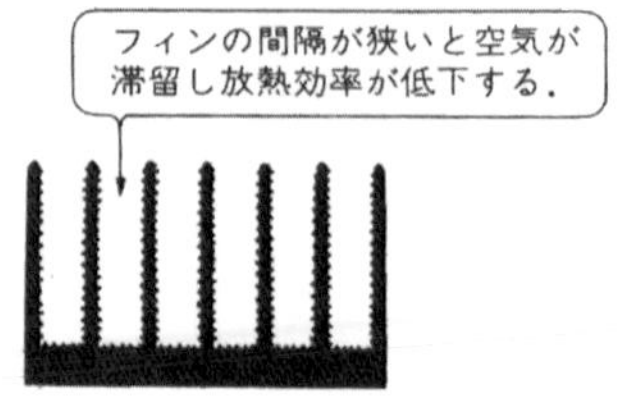

〈図5-18〉 熱抵抗の測定方法

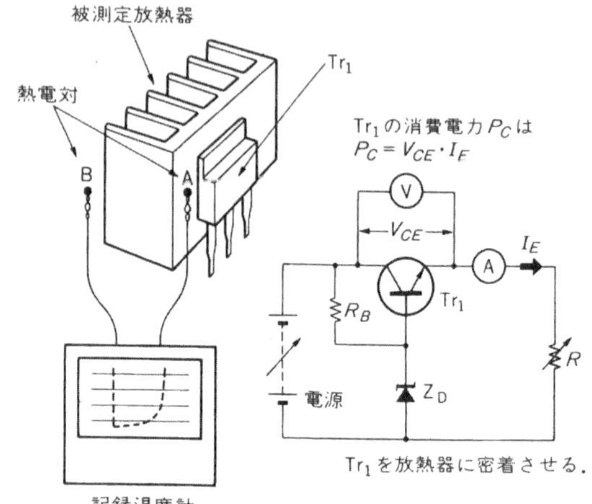

$$\theta_{f-a} = \frac{T_j - T_a}{P_C} - (\theta_{j-c} + \theta_c) \text{(℃/W)}$$

で求めなければなりません．しかも θ_{j-c} は,

$$\theta_{j-c} = \frac{T_{j(max)} - T_{a(25)}}{P_{C(max)}}$$

$$= \frac{125}{P_{C(max)}} \text{(℃/W)}$$

$$\therefore T_{j(max)} = 150℃, \quad T_a = 25℃$$

で求めます.

しかし，ジャンクション温度 T_j の測定は困難なので，実際にはできるだけ許容コレクタ損失 P_C が大きくて，ジャンクション-ケース間の熱抵抗 θ_{j-c} の小さいトランジスタを用いるようにします.

第2部
スイッチング・レギュレータの設計法

第1章 ── 回路方式と使用部品のポイント スイッチング・レギュレータのあらまし

●スイッチング・レギュレータの基本的な方式
●トランスとチョーク・コイルはどうするか
●使用する電子部品など

スイッチング・レギュレータとは

● 方式はいろいろあるが

昨今の電源市場(つまり，各種電子機器に使用される電源回路，電源装置)は，特にアナログ回路的な面で文句がなければスイッチング・レギュレータを使うということがあたり前のようになってきたようです．したがって，それだけにスイッチング・レギュレータの方式は種々の目的にあわせて多枝にわたっていて，正確な区別すら難しいような状態です．

しかし，それでも大ざっぱに分けてみると**表1-1**のような分類ができ，**チョッパ方式と呼ぶものとコンバータ方式と呼ぶものに大別できそうです．**

ただし，チョッパ方式というのは基本的に**入出力間を電気的に絶縁することができませんので**，商用電源を使用するライン・オペレート型電源としては使用できません．したがって，これはスイッチング・レギュレータと呼ぶにはふさわしくないかもしれませんが，直流から別の直流電源を得るという DC-DC コンバータの用途には使用できます．つまり，+5 V 電源から−5 V 電源を作ったりする用途です．

ということで，このチョッパ方式はオンボード・レギュレータなどによく使用されています．これについては第 2 章で数多くの事例を紹介します．

本格的なスイッチング・レギュレータはコンバータ方式と呼ばれるものですが，その中でも主流になっているのが，

・小型(小容量)では RCC 方式
・中容量ではフォワード・コンバータ方式
・大容量では多石式コンバータ方式

と呼ばれるものです．これらについては第 3 章～第 5 章でくわしく紹介することにします．

それから，これはスイッチング・レギュレータとは明らかに異なりますが，似たような技術を使うものに DC-DC コンバータというのがあります．これは**電圧を変換する作用だけで**レギュレータ(電圧安定化)としての機能は特に用意しない限り持ち合わせてないというものです．

しかし，この DC-DC コンバータもスイッチング・トランジスタとトランスを利用するものとして，スイッチング・レギュレータに似た動作と機能をもっていますので，あえて第 2 部の中でとり上げ，第 6 章以降で応用例もふくめて紹介することにします．

● シリーズ・レギュレータとの損失の違い

さて，従来までの主流であったシリーズ・レギュレータは，入力電圧 V_{IN} と出力電圧 V_O との差分を，**図1-1** に示すように制御トランジスタのコレクタ-エミッタ間電圧 V_{CE} として背負わせて，出力電圧を定電圧化させていました．したがって，この状態で出力電流 I_O が流れると，これは制御トランジスタのコレクタ電流として流れるために，トランジスタの損失 P_C が，

$$P_C = I_O \cdot (V_{IN} - V_O)$$

となってしまいました．これは式からも明らかなよう

〈表1-1〉
スイッチング・レギュレータを種類分けしてみると

スイッチング・レギュレータ
- **チョッパ方式** (非絶縁型)…小型オンボード・レギュレータなど……第 2 章
- **コンバータ方式**
  - フライバック・コンバータ方式
    - → RCC方式 (絶縁型)……小容量 50W くらいまで……**第 3 章**
  - フォワード・コンバータ方式 (絶縁型)……中容量 150W くらいまで……**第 4 章**
  - 多石式コンバータ方式 (絶縁型)……大容量 300W くらいまで……**第 5 章**

DC-DC コンバータ
- ロイヤー方式
- ジェンセン方式
  - → (絶縁型)……カーバッテリ用インバータなど……**第 6 章**

〈図1-1〉シリーズ・レギュレータとスイッチング・レギュレータの得失

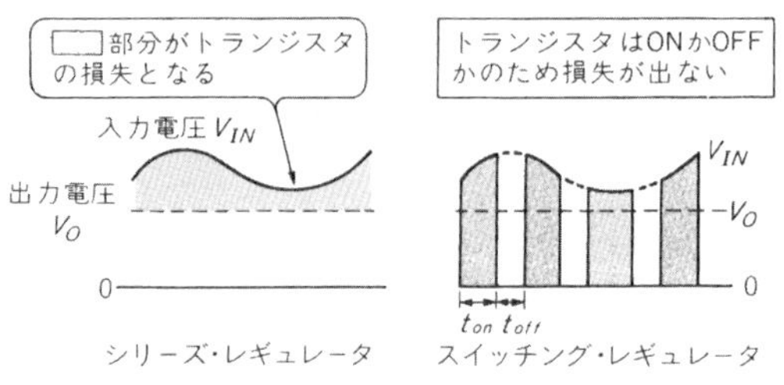

〈図1-2〉スイッチング・レギュレータの定電圧制御

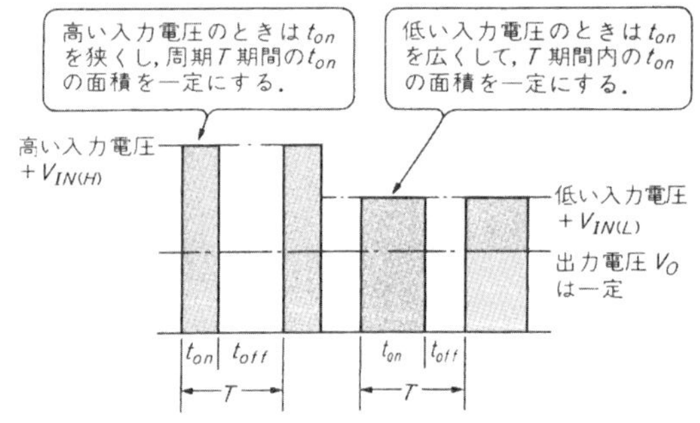

に，出力電流，およびトランジスタに加わる電圧が直接消費電力に効くため，たいへん大きな値となるのが一般的です．

これに対してスイッチング・レギュレータは，**トランジスタが完全にON状態か，OFF状態かの繰り返し**(これをスイッチング動作という)で，出力電圧を安定化します．このときトランジスタのコレクタ-エミッタ間の電圧 V_{CE} は，トランジスタが完全にON状態では $V_{CE(sat)} \leqq 1$ V ですから，この間にコレクタ電流 I_C が流れても，発生する電力損失は大きくなりません．

また，スイッチング・トランジスタがOFF状態ではコレクタ電流が流れませんので，当然，電力損失の発生がありません．これがスイッチング・レギュレータの損失が小さいというポイントです．

ただし，このままでは出力は直流ではなくパルス波形となってしまいますから，スイッチング回路の後には整流，平滑回路を付加して直流に変換しなければなりません．

● スイッチング・レギュレータの整流，平滑回路

スイッチング・レギュレータにおける**整流，平滑回路は，コンデンサ・インプット型とチョーク・インプット型**の2種類がありますが，これはスイッチング・レギュレータの回路方式によって使い分けられています．

例えば降圧型チョッパのスイッチング・レギュレータではチョーク・インプット型を，昇圧型チョッパや極性反転型チョッパではコンデンサ・インプット型整流方式が用いられます．そして，図1-2に示すようにいずれにしても**トランジスタのONとOFFの比率を変化させると，直流の出力電圧を任意の定電圧**にすることができます．

ですから，いくら入力電圧が変動しても，スイッチング・トランジスタはON状態のときに電流を流すだけで，その間の損失が増加することはありません．

● AC入力に対応するために

ところで大半の電子機器は，AC 100 V や 200 V を入力電源として動作するようになっており，商用の周波数での電源トランスを用いて直流電圧を得る方法と

〈図1-3〉AC入力型レギュレータの構成例(商用周波数の電源トランスを使う)

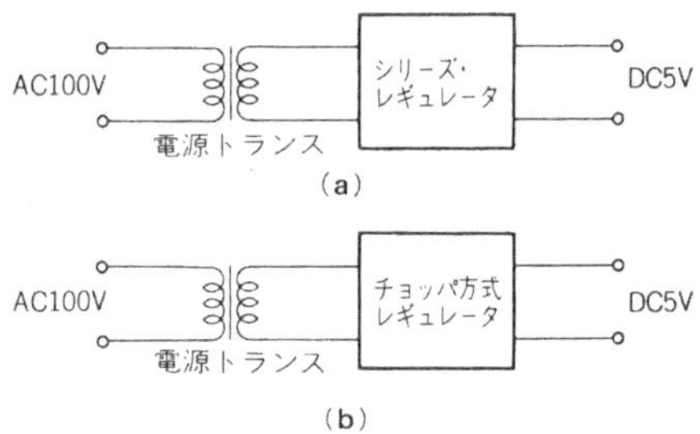

しては，図1-3のようにシリーズ・レギュレータやチョッパ方式レギュレータ(これは非絶縁型)などが利用されています．

しかし，電源トランスは50 Hzや60 Hzの周波数で電力を変換しなければならず，これは大型で重量も大きく，機器の小型化の妨げとなってしまいます．

そこで，最近は**ACを入力源として直接必要な直流電圧を得るスイッチング・レギュレータ方式**が多く使用されるようになっています．

一般に商用電源トランスを使用せずに，ACを直接入力源とするスイッチング・レギュレータのことを，**ライン・オペレート型あるいはオフライン・コンバータ**などと呼んでいます．

ライン・オペレート型スイッチング・レギュレータの基本的なブロック図を1-4に示します．(a)は**自励型**といい，スイッチング・トランジスタと出力トランスとで発振を持続するものです．これは回路構成は簡単ですが，小出力のものにしか利用されていません．

また，(b)は**他励型**といい制御回路内に発振器を必要とし，多少複雑な回路構成ですが，特性もよく大きな電力を扱うことができます．

いずれにしても，ライン・オペレート型スイッチング電源とはいっても，入力のAC電圧を直接スイッチングしたのでは，図1-5のように出力電圧が0になってしまうところが発生してしまいます．AC電圧はい

〈図1-4〉
ライン・オペレート型スイッチング・レギュレータの構成

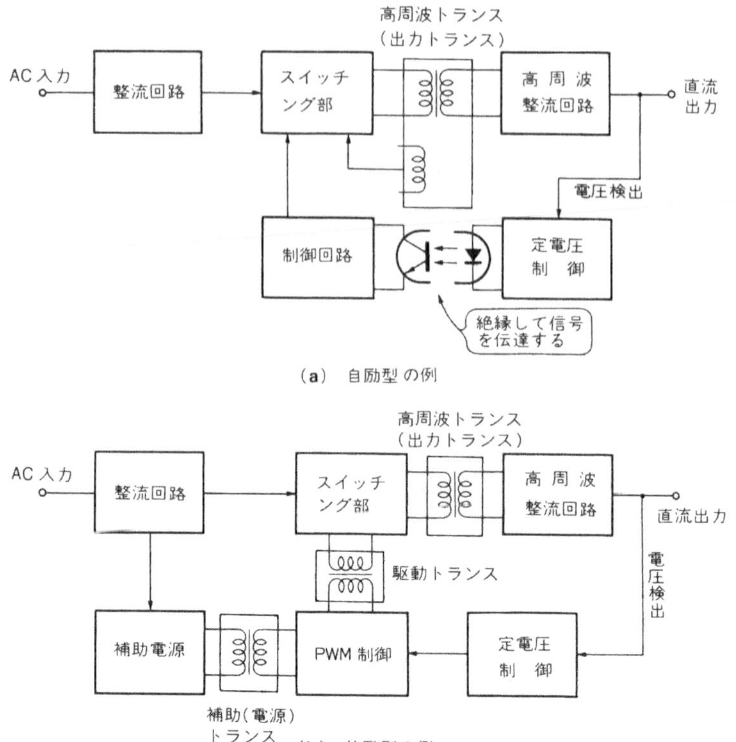

(a) 自励型の例

(b) 他励型の例

ったん**整流してから直流電圧**にしなければなりません．したがってAC 100 V入力だとすると，整流電圧 V_{DC} は，

$$V_{DC}=\sqrt{2}\cdot V_{AC}=141\text{ V}$$

となります．

そして，この直流電圧 V_{DC} をトランジスタなどでスイッチングし，高周波の電力に変換し，さらに必要とする直流電圧へと整流して定電圧動作をさせるものがライン・オペレート型のスイッチング・レギュレータです．

● 出力トランスで絶縁する

ライン・オペレート型スイッチング・レギュレータでは出力トランスを用いて，入力と出力の間を絶縁しなければなりません．これは感電を避けるという安全の面から重要なことです．

しかし，**スイッチング・トランジスタのスイッチング周波数は一般に人間の可聴帯域外**を基本としますので，20 kHz以上としますから，出力トランスは大変小型のもので済むことになります．というのは，出力トランスの1次側の巻数 N_P は一般に，

$$N_P=\frac{V_{IN}}{4\cdot\Delta B\cdot A_e\cdot f}\times10^8$$

で求められますから，**スイッチング周波数 f が高いほど N_P は少なくてすみ，**またトランスの外形から決まる**コアの有効断面積 A_e が小さくてすむ**というわけです．つまり，スイッチング周波数 f が高いほど小型トランスですむことになります．

なお，この式のうち係数4は動作波形が方形波の場合で，サイン波では4.44となります．また ΔB はトランスに使用するコアの磁束密度の変化量です．

ところで，**図1-4**(b)のブロック図の中には**補助電源**という部分があります．これは電圧安定化の**制御回路などを動作させるために必要**なものです．一般的には制御回路用としては15 V前後の電源が必要で，これがないとスイッチング・トランジスタを駆動する信号が作れません．ただ，この電力としては3 W程度ですから，小型の商用電源トランスを用いたり，絶縁型のDC-DCコンバータを用いたりしています．

〈図1-5〉AC入力を直接にはスイッチングできない

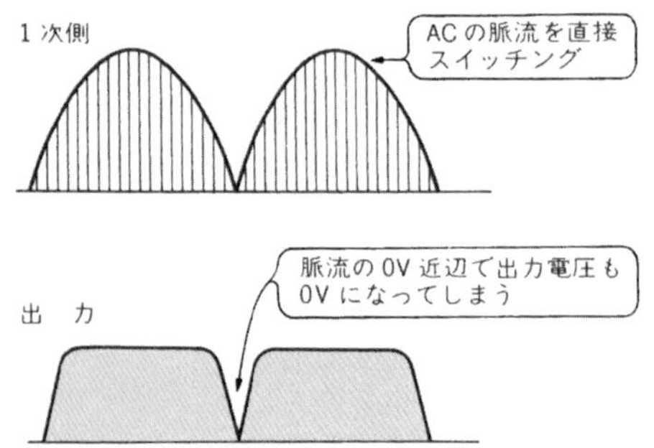

〈図1-6〉ライン・オペレート型スイッチング・レギュレータはノイズがACラインにもどる

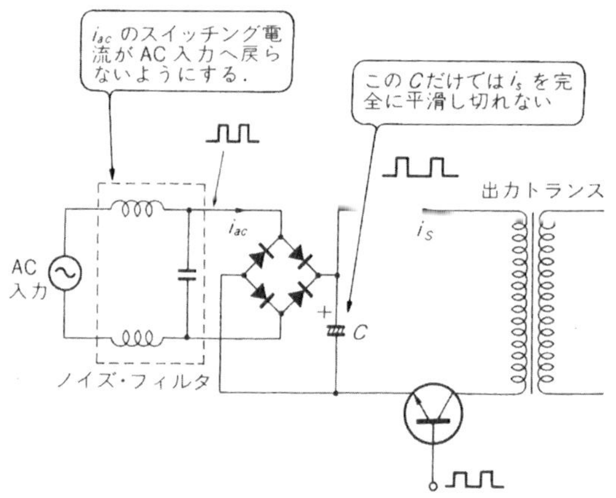

〈図1-7〉チョッパ・レギュレータの特徴

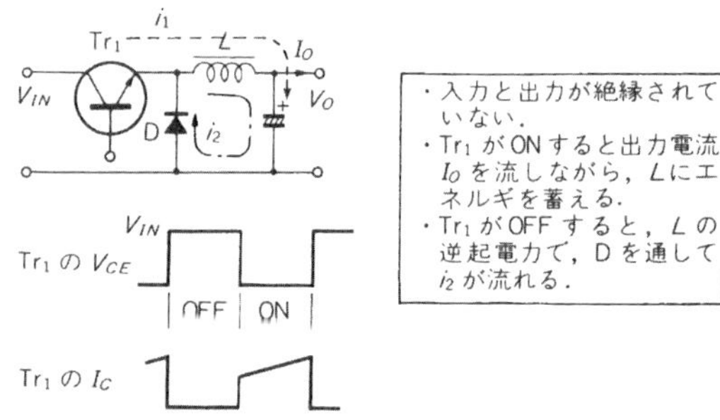

● **ライン・オペレート型電源は問題点も多いが**

ライン・オペレート型の電源では，いったん整流回路で直流にしているとはいえ，ACラインを直接高速にスイッチングすることになります．そのため**図1-6**のように，**スイッチング電流がACラインを流れて，雑音を発生**させてしまいます．また逆に落雷などでACラインに誘導されたサージ電圧が，直接スイッチング電源の内部へ入ってしまうこともあります．

そこで，必ず**AC入力段にノイズ・フィルタ**を挿入して，これらの問題に対処しなければなりません．

さらに，ACの入力側はコンデンサ・インプット型の整流・平滑回路を用いますから，**電源投入時に大変大きな突入電流**が生じてしまいます．ですから，突入電流の防止回路を付加しておかないと，電源スイッチの接点の熔着やヒューズの溶断を起こしてしまいます．

このように，ライン・オペレート型スイッチング電源は高い電圧を直接スイッチングしますから，安全性を確保するために種々の保護回路や，付属回路をつけなければならず，構成が複雑となります．また同時に動作もかなり難しいものとなってしまいます．これらの各技術については，それぞれの章で詳しく紹介しています．

スイッチング・レギュレータの基本的な方式

スイッチング・レギュレータの方式には，先の**表1-1**に示したように多くの種類のものがあります．そして，それぞれの方式には用途によって適・不適があり，主に扱う電力によって使いわけが行われています．

● **ローカル・レギュレータに適したチョッパ方式**

スイッチング・レギュレータのもっとも簡単なものがチョッパ・レギュレータです．**図1-7**にこの特徴を示しますが，このチョッパ・レギュレータは入出力間が**電気的に絶縁されていません**ので，使い方としては先の**図1-3**(b)に示したような応用が多いようです．

つまり，商用の電源トランスでACラインとの絶縁を行い，あとは必要に応じて**プリント板上(つまりローカル)に小さなチョッパ・レギュレータを用意**するというものです．この方式の特徴はトランスを使わないために小型にできるという点と，電圧の降圧だけでなく，昇圧や極性変換も行うことができる点です．

● **50W以下で活躍するRCC方式**

さて，AC100Vを直接入力するライン・オペレート型スイッチング・レギュレータを動作原理のうえから分類すると，**フライバック方式とフォワード方式**とになります．

フライバック方式とは，スイッチング・トランジスタがONしている期間は出力トランスにエネルギを蓄積するだけで，出力への電力の伝達をしませんが，**トランジスタがOFFすると，トランスの逆起電力で出力へ電力を放出**します．ですから出力トランスの極性は**図1-8**のように，1次側と2次側で逆極性に接続されています．また整流方式はコンデンサ・インプット型を採用します．

このフライバック方式の代表的なものが，RCC(Ringing Choke Convertor)と呼ばれる自励式のものです．

RCC方式は50W以下の電力のものに好んで採用されています．というのは，この方式は回路構成が簡単ですので，安価に作ることができるのです．しかし，電力変換効率はあまり高くなく，大電力用には小型化するのが難しくなります．

またフライバック方式は，トランスの2次巻数をあまり多くしなくても高い電圧を発生させることができますので，高圧電源にもよく採用されています．テレビのフライバック・トランスとは，まさにこの用途のために用いられているものです．

● **高周波化に適したフォワード・コンバータ**

フォワード方式の代表的なのが，**図1-9**に示すフォワード・コンバータです．トランスの極性は，1次側と2次側で同極性で接続されるので，**スイッチング・トランジスタがONしている期間に2次側へ電力が**

伝達されます．

そして，この時に流れる電流でチョーク・コイル L にエネルギが同時に蓄えられ，トランジスタがOFFすると逆起電力がダイオード D_2 を通して流れます．ですから，２次側にはいつも電流が流れ続けるので，出力リプル電圧もそれだけ小さな値となります．

このように，フォワード方式では２次側はチョーク・インプット整流方式を採用します．

フォワード・コンバータのトランジスタのコレクタ電流は，RCC方式の約1/2となり，150 W くらいまでの出力の電源に採用されています．また，この方式は高周波スイッチングに最適なので，スイッチング素子にパワーMOS FETを利用した500 kHzの電源も製品化されています．

なお，フォワード・コンバータの中には大容量における効率を改善するためにスイッチング・トランジスタを２石使用したフォワード・コンバータもあります．図1-10にこの特徴を示します．

● 300 W くらいまでに使われるプッシュプル方式

この方式は図1-11のように，スイッチング・トランジスタを２個用いて，180度ずつ位相をずらして，交互にON/OFFを繰り返します．そして，２次側はチョーク・インプット型整流によるフォワード・タイプと同様な動作をしますが，フォワード・コンバータに比較してコレクタ電流が約半分となります．

しかも整流回路はスイッチング周波数の２倍の周波数のパルス波形を平滑しますので，チョーク・コイルもそのぶん小型化することができます．

この方式は高周波化には適していませんが，比較的大電力向きで300 W くらいの電源によく用いられて

〈図1-8〉 RCC方式の特徴

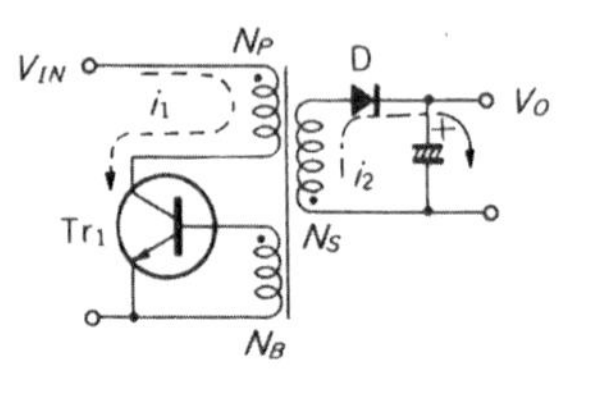

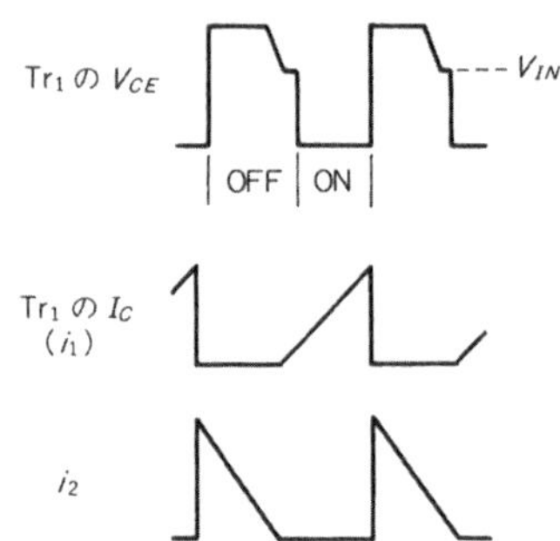

- 入力と出力はトランスで絶縁されている．
- N_P と N_S が逆極性．
- Tr_1 がONの期間は N_P に i_1 が流れ，トランスにエネルギが蓄えられる．
- Tr_1 がOFFすると，トランスの逆起電力で出力側へ i_2 を流す．
- AC100V入力で50Wまでのものに最適．
- 出力側の整流はコンデンサ・インプットなので，チョーク・コイルが不要．
- i_1，i_2 共に最大値が大きい．
- スイッチング周波数は30kHz程度まで．

〈図1-9〉 フォワード・コンバータの特徴

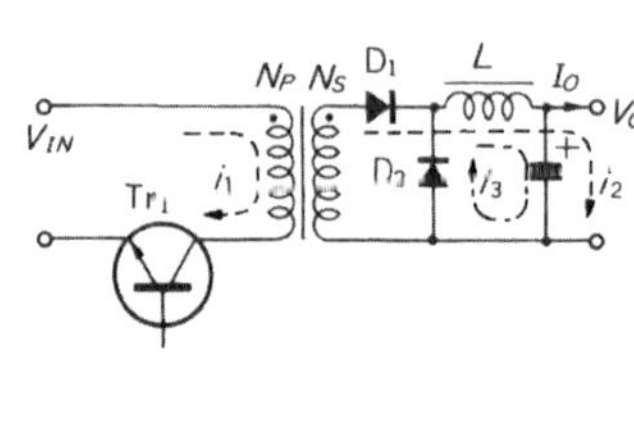

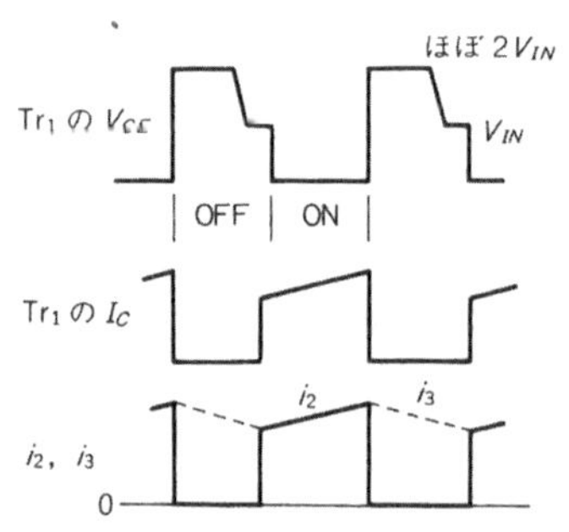

- 入力と出力はトランスで絶縁されている．
- トランスの N_P と N_S は同極性．
- Tr_1 がONすると N_P に i_1 が流れる．同時に出力側に i_2 が流れて出力電流 I_O を流しながら L にエネルギを蓄える．
- Tr_1 がOFFすると L の逆起電力で D_2 を通して i_0 が流れる．
- 出力側は L を用いたチョーク・インプット型．
- AC入力で150Wまでのものに使用される．
- 100kHz以上の高周波動作に適している．

〈図1-10〉 2石式フォワード・コンバータの特徴

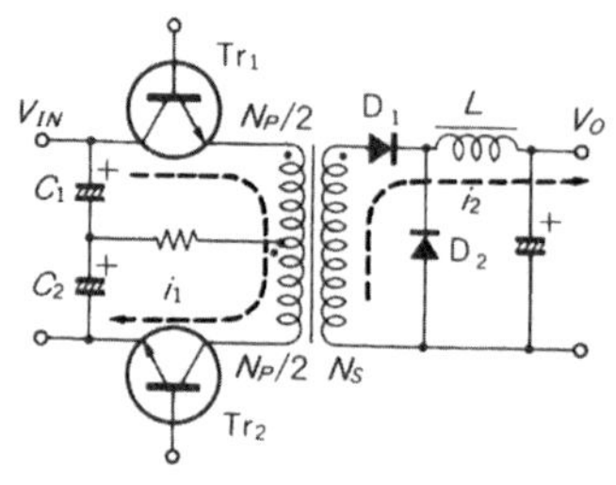

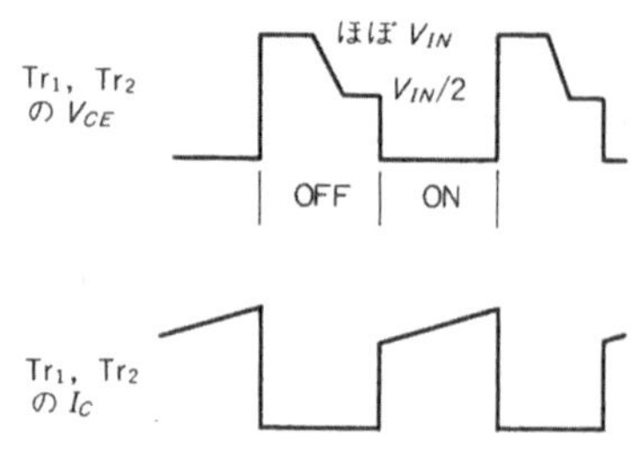

- Tr_1 と Tr_2 が同時にON/OFFする．
- Tr_1，Tr_2 がONすると N_P に i_1 が流れ，出力側に i_2 が流れる．
- Tr_1 と Tr_2 の耐圧はフォワード・コンバータの半分でよい．
- Tr_1 と Tr_2 のコレクタ電流はフォワード・コンバータと同じ．
- 高周波（100kHz以上），大電力用に使われる．
- 出力は300Wくらいまでとれる．
- そのほかの動作はフォワード・コンバータと同じ．

います．

● AC 100 V/AC 200 V 入力に対応できるハーフ・ブリッジ方式

これもプッシュプル方式と同様に2個のトランジスタを用いますが，接続は図1-12のようになります．

ところがこの方式の場合には，**トランスの1次巻線は1巻線でよく，その1端が2個のコンデンサの中点に接続されています．**この点の電圧は，入力電圧 V_{IN} を2分割したものですから，当然**1次巻線の印加電圧も $V_{IN}/2$** となります．

ですから，プッシュプル方式に比較して，スイッチング・トランジスタの V_{CE} は1/2，コレクタ電流は2倍となります．これらの特徴を活かして，**入力電圧が100 V/200 V の共用型**のものに好んで用いられています．

つまり，AC 100 V 入力では倍電圧整流，200 V 入力時には通常のブリッジ整流とします．すると，いずれの場合においても，トランジスタの V_{CEO} は400 V の耐圧のもので十分足りることになります．

このほか，さらに大出力化する方法として4個のスイッチング・トランジスタを使用するフル・ブリッジ方式と呼ぶものがあります．これはかなり複雑な回路構成となりますが，1 kW くらいの大電力電源にはこの方式が適しています．

トランスとチョーク・コイルはどうするか

● 自分で設計することが多い

スイッチング・レギュレータの設計においては，トランスやチョーク・コイルなどの，巻線類の設計・製作が大変重要な部分となります．

例えば，トランスの巻数が理論どおりになっていなければ必要な電圧が得られなかったり，トランスが磁気飽和を起こしてスイッチング・トランジスタを破損させてしまったりします．

しかも，スイッチング・レギュレータでは使用する**回路方式や仕様によって，巻数もインダクタンスもすべて異なってきます．**ですから，その都度トランスの定数計算をして設計・製作しなければなりません．

ただし，平滑用やフィルタ用としてのチョーク・コイルであればメーカの標準品を採用することができます．しかし，複数の巻線を必要とするトランスやコイルは，標準品といえるものがほとんどありません．したがって，個々に巻線の仕様を決定し，専用のものを作らなければなりません．

● チョーク・コイル用コアの選定方法

スイッチング・レギュレータは，動作周波数が数十kHz 以上と高周波ですから，コアには商用周波数の電源トランスに用いられている**ケイ素鋼板を使用するわけにはいきません．**ケイ素鋼板によるものは，鉄損といわれるコアの損失が大きくて，損失による温度上昇が高くなってしまうからです．

また**チョーク・コイルを流れる電流**は，図1-13のように**直流の上に高周波のリプル電流が重畳**されています．ですから**直流電流による磁気飽和**が絶対に生じないようにしておかなければなりません．

この二つの条件を満たすものとしては，モリブデンを主成分としたダスト・コアがあります．ところが，高周波での鉄損の少ない**ダスト・コアは透磁率が低く，**

〈図1-11〉プッシュプル・コンバータの特徴

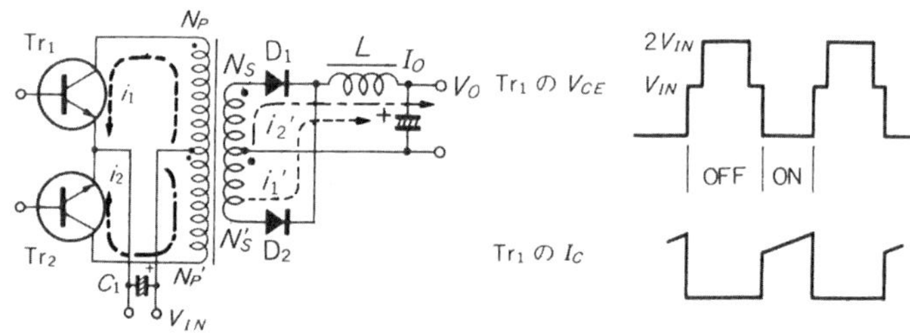

・入力と出力はトランスで絶縁されている．
・Tr_1とTr_2が交互にON/OFFする．
・Tr_1がONするとN_Pにi_1が流れ，出力側にi_1'が流れる．
・Tr_2がONとすると，N_P'にi_2が流れ，出力側にi_2'が流れる．
・フォワード・コンバータに比べてTr_1とTr_2のコレクタ電流は約1/2でよい．
・AC入力で300Wくらいまでの大電力に向いている．
・入力コンデンサC_1は1個でよい．
・周波数は50kHz以下．

〈図1-12〉ハーフ・ブリッジ・コンバータの特徴

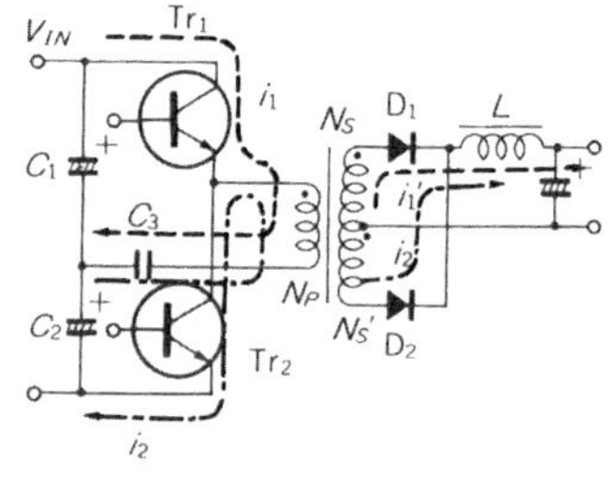

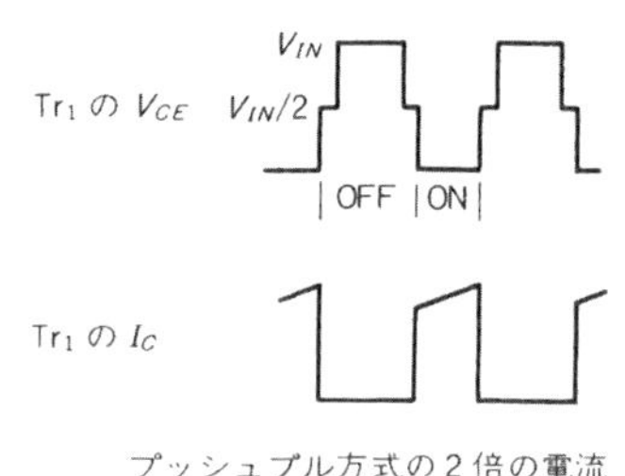

・入力と出力はトランスで絶縁されている．
・Tr_1とTr_2が交互にONする．
・トランスのN_Pは1巻線でよい．
・トランジスタの印加電圧はV_{IN}．
・トランジスタの電流はプッシュプル方式の2倍．
・Tr_1がONするとN_Pにi_1が，出力側にi_1'が流れる．
・Tr_2がONするとN_Pにi_1と反対方向のi_2が流れ，出力側にi_2'が流れる．
・AC100V/200V入力の共用型に向いている．
・出力電力300Wくらいまでによく使われる．

〈表1-2〉
マイクロ・インダクタ
〔太陽誘電(株)〕

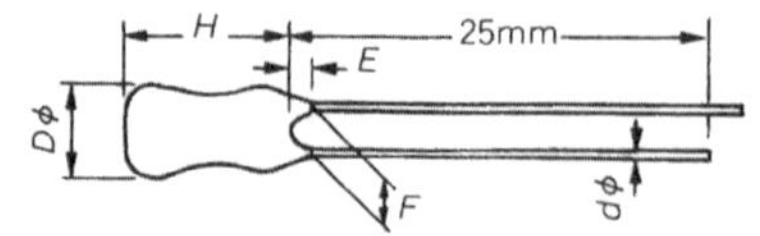

型式	インダクタンス (μH)	直流電流 (mA)	寸法 (mm)				
			H(max)	E(max)	F	Dφ(max)	dφ
FL3H	0.22～10	280～670	7.0	3.0	1.5±0.5	3.5	0.3
FL4H	0.47～12	300～680	7.5	3.0	2.5±0.5	5.5	0.5
FL5H	10～1(mH)	50～320	9.0	3.0	2.5±0.5	6.0	0.5
FL7H	680～8.2(mH)	50～170	11.0	3.0	4.0±1.0	8.5	0.6
FL9H	330～33(mH)	50～500	13.0	3.0	5.0±1.0	10.5	0.6
FL11H	10(mH)～150(mH)	35～110	15.0	4.0	7.0±1.5	13.0	0.6

〈図1-13〉 **チョーク・コイルに流れる電流**

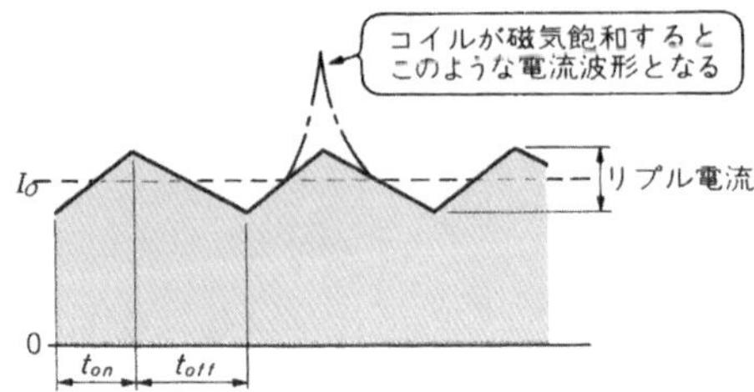

必要なインダクタンスを得るには巻線数を多くしなければなりません.

またフェライト・コアも高周波での鉄損が少ないのですが，これは直流重畳の特性があまり良好でなく，EI型やEE型の形状ではギャップを設けなければなりません．しかも，ギャップを設けると透磁率は低下しますが，ギャップから磁束がもれてノイズの原因となってしまいます．したがって，現在のところでは**アモルファス・コア(非晶質コア)のトロイダル型のもの**がもっとも優れているといえます.

表1-2～**表1-4**に，スイッチング・レギュレータ用としてよく使われているチョーク・コイルの標準品の一例を示します.

表1-2は，**小電力用チョッパ・レギュレータ**に向いているFLシリーズ[太陽誘電㈱]のコイルです．このコイルに用いられているコアは，**ドラム型のフェライト・コア**です．外形や型状によって，FL3～FL11までの七つのシリーズに分けられています．これはドラム・コアの上に直接コイルが巻かれていて，2本のリード線が出ており，自立型でプリント基板に実装することができます.

また，**表1-3**はHPコイル[東北金属工業㈱]の例です．これは**トロイダル型状のダスト・コア**にコイルが巻かれています．標準品としては，流せる電流が20Aまでの大電流用途のものがあります.

〈表1-3〉 **HPコイル**〔東北金属工業(株)〕

型名	定格電流 I_{DC}(A)	インダクタンス(μH)〔20kHz, 5V〕		寸法 直径×高さ (max)	線径 (mmφ)
		$I_{DC}=0$	$I_{DC}=$定格		
HP011	1	200	160	φ20×12	0.5
HP021	2	65	55		0.7
HP031	3	30	23		0.8
HP012	1	600	450	φ22×13	0.5
HP022	2	180	135		0.7
HP032	3	120	80		0.8
HP052	5	45	30		1.0
HP013	1	1000	800	φ26×14	0.5
HP023	2	500	330		0.7
HP033	3	130	100		0.8
HP055	5	90	55		1.0
HP034S	3	400	250	φ36×18	0.8
HP054S	5	350	160		1.0
HP104S	10	50	30		1.6
HP024	2	1500	950	φ36×21	0.7
HP034	3	300	230		0.8
HP054	5	210	140		1.0
HP104	10	45	30		1.6
HP035	3	700	500	φ43×23	0.8
HP055	5	600	330		1.0
HP105	10	180	95		1.6
HP205	20	20	14		1.8×2P

トロイダル型状のコアは，ドラム型やEI型などと比較してリーケージ・フラックスが少なく，周辺の部品へ与える雑音を低減できます．また，放熱の条件もほかの型状に比較して良好で，そのぶん小型にすることもできます.

表1-4はCY**チョーク**[(㈱東芝，金属材料事業部)]

〈表1-4〉CYチョーク・コイル((株)東芝，金属材料事業部)

品名	定格 電流 (A)	定格 インダクタンス (μH)	巻線線径 (mmφ)	最大寸法 外径 (mmφ)	最大寸法 高さ (mm)
CY13×8×4.5P	2	150	0.6	19	14
CY20×14×4.5P	2	400	0.6	27	14
CY13×8×4.5A	3	80	0.8	19	14
CY20×14×4.5A	3	180	0.8	27	14
CY18×12×10A	3	400	0.8	26	20
CY26×16×10A	3	1000	0.8	35	20
CY18×12×10B	5	150	1.0	26	20
CY26×16×10B	5	300	1.0	35	20
CY37×23×10B	5	500	1.0	46	20
CY18×12×10C	8	60	0.9×2	26	20
CY26×16×10C	8	150	0.9×2	35	20
CY37×23×10C	8	250	0.9×2	46	20
CY18×12×10D	10	40	1.0×2	26	20
CY26×16×10D	10	100	1.0×2	35	20
CY37×23×10D	10	160	1.0×2	46	20
CY26×16×10E	15	40	1.0×3	37	22
CY37×23×10E	15	70	1.0×3	48	22
CY26×16×10F	20	25	1.0×4	37	22
CY37×23×10F	20	40	1.0×4	48	22

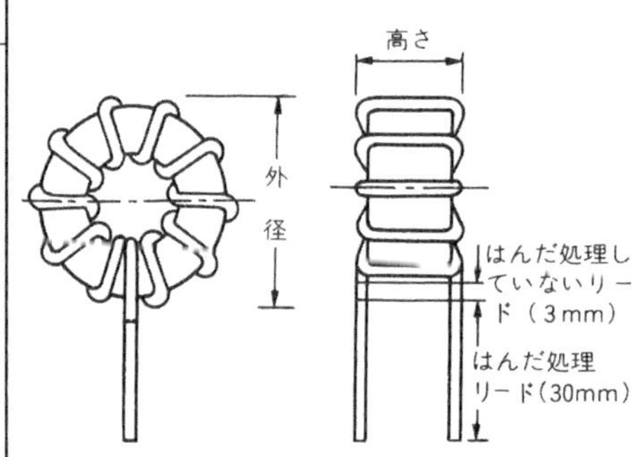

〈表1-5〉[18] アモルファス金属のCYコアの特性

品名	外形寸法 外径 (mmφ)	外形寸法 内径 (mmφ)	外形寸法 高さ (mm)	電気的仕様 A_l値 (μH/N²)	電気的仕様 直流重畳特性 (AT)	外装
CY13×8×4.5	13.8～15	6～7.2	6～8	0.058	＞150	エポキシ粉体塗装
CY20×14×4.5	20.8～22	12～13.2	6～8	0.053	＞220	エポキシ粉体塗装
CY18×12×10	20～21	9～10	12～12.5	0.110	＞220	樹脂ケース
CY26×16×10	28～29	13～14	12～12.5	0.131	＞320	樹脂ケース
CY37×23×10	39～40	20～21	12～12.5	0.129	＞450	樹脂ケース

の例です．このコイルに使用しているコアは，アモルファス金属で，CYコアとしても別に販売されています．

アモルファス・コアは，フェライト・コアに比べると透磁率が高く，大きなインダクタンスを得ることができます．そのうえ，高周波でのコアの損失が少ないので，100 kHz以上の高周波スイッチング・レギュレータの平滑用には最適です．

● **自分でチョーク・コイルを作るとき**

チョーク・コイルには先に示したような標準品が多く用意されていますが，それでも大電流用のものになったりすると自分で設計しなければならないことがあります．そのようなときには**アモルファスによるトロイダル・コア**，あるいは**EI型フェライト・コア(ギャップ付き)**を使用することになります．

アモルファス・コアの代表的な例としては，**表1-5**に示すCYコアのようなトロイダル型のものがあります．このコアは先の**表1-4**に示したCYチョーク・コイルの巻線してないものです．

また，**図1-14**はフェライト・コアによるEI22型の例です．これらの表の中に出てくる*Al Value*とは，インダクタンスを計算するときのもので，コアに1回巻線を巻いたときのインダクタンス値を表しています．また，EIコアではEコアとIコアの間にギャップを入れると，**表1-6**のように*Al Value*が変化します．

〈図1-14〉EIコアの形状例(EI22型)

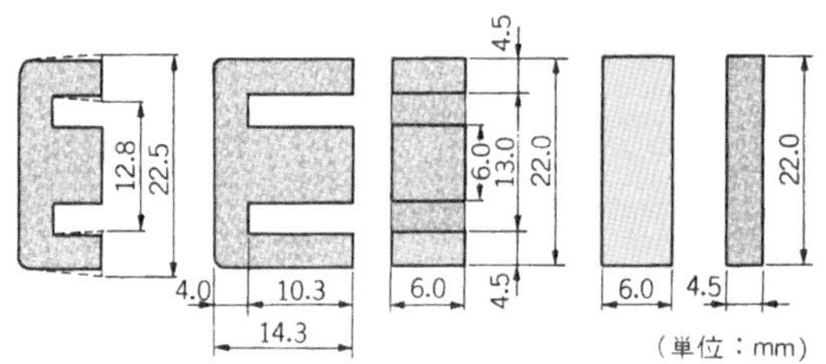

EIコアをチョーク・コイルとして使用するときには，**図1-15**に示すように大きなギャップを付けて*Al Value*を低くしたほうが，直流の重畳特性がよくなります．つまり横軸のATとは，**磁気飽和を起こさずにコアに流せる直流電流とコイルの巻数の積**を表しており，これをアンペア・ターンとよびます．

さて，**図1-15**を見ると直流電流1Aを流すコイルを

〈図1-15〉 *Al value* を低くすると直流重畳特性が良くなる（H_{5A}材 EE22 の場合）

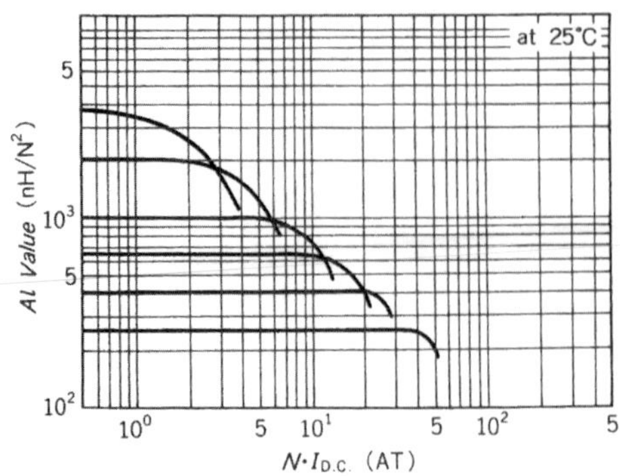

〈図1-16〉 コアの大きさで最大巻線数は制限される

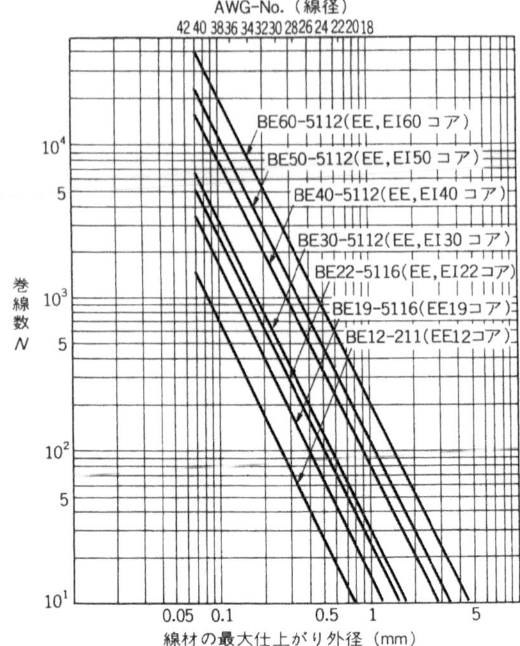

作る場合には，$Al\ Value=10^3\mathrm{nH}/N^2$ のコアでは，5 AT から磁気飽和を始めることがわかります．したがって，この時のインダクタンス L_1 は，

$$L_1=Al\ Value\times N^2=10^3\times 5^2=25(\mu\mathrm{H})$$

となり，1 A の直流を流すコアとしては 25 μH までのインダクタンスしか作れないことになります．

しかし，**図1-15** より $Al\ Value=4\times 10^2\mathrm{nH}/N^2$ のときには 20AT までとれることがわかり，このときのインダクタンス L_2 は，

$$L_2=4\times 10^2\times 20^2=160(\mu\mathrm{H})$$

と，大きな値を得ることができます．

つまり，同じコアを使用しても，**ギャップを大きくして *Al Value* を下げ，巻数を多くしたほうが大きなインダクタンスのコイルを作ることができるわけです．**

しかし，実際に巻線できる最大の巻数は**図1-16** のようにコアに使用するボビンの大きさで決まりますから，巻数を多くするときには細い線径のものを使用しなければ，巻き切れなくなってしまいます．これは損失を増やすことにほかなりませんから，コイルの温度上昇が高くなってしまいます．したがって，大ざっぱな目安としては，**表1-7** のような電流値として使用する線径を決定してください．

ただし電線の径は，公称値に対して実際のものは**表1-8** のように太くなっていますから，多少の余裕を見て決定しなければなりません．

● 出力トランスを作るときのポイント

スイッチング・レギュレータの出力トランスには，ほとんどフェライト・コアが用いられています．これは酸化鉄の微粉を酸化カルシウムで絶縁し，型で成型して高温で焼成したものです．

トランスの損失としては，鉄損と銅損があることはよく知られており，鉄損はさらにヒステリシス損と，渦電流損とに分れています．そして，通常のフェライト・コアにおいては，**100 kHz 以下の周波数ではヒステリシス損が支配的**で，磁束密度の変化幅 ΔB と周波数に比例して損失が増加します．

〈表1-6〉
EI コアはギャップにより *Al value* が変化する（H_{5A}材，EI22 の場合）

品　名	品　番	*Al-value* nH/N²	*Al-value* 公差	実効透磁率 (μe)	ギャップ (mm)
H5A EI 22Z	07090101	3000	±25%	2244	0
H5A EI 22R	07090133	120	± 3 %	90	0.38
H5A EI 22T	07090135	240	± 5 %	180	0.15
H5A EI 22V	07090137	350	± 5 %	262	0.09

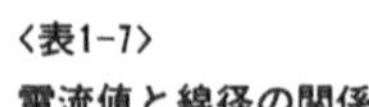
〈表1-7〉
電流値と線径の関係

線径　φ　(mm)	0.2	0.26	0.3	0.32	0.4	0.45	0.5	0.6	0.7	0.8	1.0	1.2
断面積　(mm²)	0.03	0.05	0.07	0.08	0.13	0.16	0.2	0.28	0.38	0.5	0.78	1.13
許容電流　(A)	0.12	0.2	0.28	0.32	0.52	0.64	0.8	1.1	1.5	2.0	3.1	4.5

(注) 許容電流は 4A/mm² としてある．

〈図1-17〉 高周波電流が流れると表皮効果の影響がでる

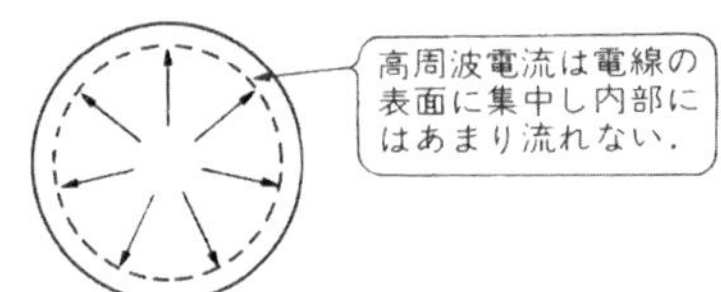

(a) 表皮効果とは

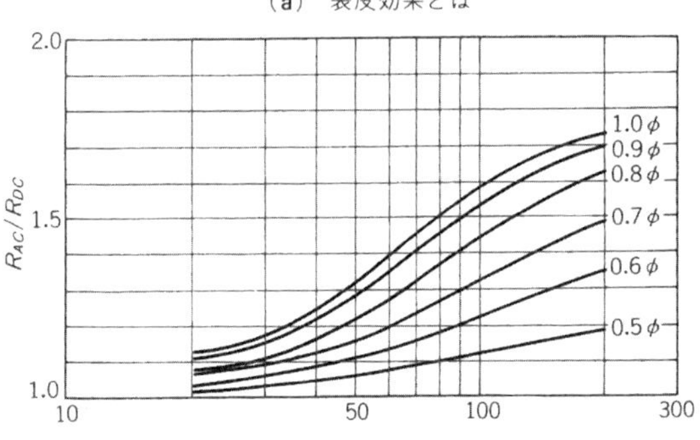

(b) 周波数対実効抵抗

銅損 P_C は，巻線分の純抵抗 R_C と流れる電流の実効値 i_C とで，

$$P_C = i_C^2 \times R_C$$

で発生します．ですから，巻線には極力太い電線を用いたほうが少ない損失となります．先の**表1-8**には電線の直径と抵抗値も一緒に示してあります．

ところがスイッチング・レギュレータのように，巻線に高周波の電流が流れる場合には，**表皮効果**も考慮して電線を決定しなければなりません．これは**図1-17**のように**交流の電流は，電線の表面側にだけ流れるため**に，実効抵抗が上昇する現象です．図(b)には周波数対実効抵抗の関係を示してありますが，線径の細いものほど表皮効果の影響が少なくなりますから，同じ断面積であっても細い線を束にして使用したほうが，損失を少なくすることができます．したがって，**高周波で大電流の電源にはリッツ線**がよく用いられています．

こうした点から考えて，動作周波数や主回路方式によって使用するコアも変わってきます．この後の章で個々の回路方式について詳しく説明しますが，RCC方式においては**最大磁束密度 B_m が大きく，透磁率の低いコア**が好ましく，1次側，2次側共に電流の実効値が大きくなるため，大きな断面積の電線が巻けるものを用います．

〈表1-8〉 電線の線径と実際の仕上がり外径

導体 線径 mm	2種 最大仕上り外径 mm	導体抵抗20℃ (Ω/km) 標準	導体 線径 mm	2種 最大仕上り外径 mm	導体抵抗20℃ (Ω/km) 標準
0.03	0.044	24,055	0.28	0.314	276.4
0.04	0.056	13,531	0.29	0.324	257.9
0.05	0.069	8,660	0.30	0.337	241.3
0.06	0.081	6,014	0.32	0.357	212.0
0.07	0.091	4,418	0.35	0.387	177.3
0.08	0.103	3,359	0.37	0.407	158.6
0.09	0.113	2,654	0.40	0.439	135.7
0.10	0.125	2,150	0.45	0.490	107.2
0.11	0.135	1,777	0.50	0.542	86.86
0.12	0.147	1,483	0.55	0.592	71.78
0.13	0.157	1,272	0.60	0.644	60.39
0.14	0.167	1,097	0.65	0.694	51.40
0.15	0.177	955.6	0.70	0.746	44.32
0.16	0.189	839.8	0.75	0.798	38.60
0.17	0.199	743.9	0.80	0.852	33.93
0.18	0.211	663.6	0.85	0.904	30.05
0.19	0.221	595.6	0.90	0.956	26.80
0.20	0.231	537.5	0.95	1.008	24.06
0.21	0.241	487.5	1.00	1.062	21.72
0.22	0.252	445.2			
0.23	0.264	407.6			
0.24	0.274	374.8			
0.25	0.284	345.7			
0.26	0.294	320.0			
0.27	0.304	297.0			

また，フォワード・コンバータ方式は高周波スイッチングに好適ですから，**損失係数の少ない透磁率 μ の大きいコア**が適しています．

● 出力トランスに使用するコア

実際の巻数の計算方法については，それぞれの章で項目ごとに説明してありますので，ここでは共通的なことを述べることにします．

コアの材料としてはフェライト材を用います．しかし，各材質によって使用できる周波数が異なります．これは，ヒステリシス損がそれぞれ異なるからです．**図1-18**は，代表的な3種類のコアの B-H 曲線と，各特性を示したものです．

100 kHz以上の周波数に適した H_{7C1} 材は，損失がかなり少なく良好な材料です．他社にも同等品がありますので，**表1-9**を参考にしてください．また，型状としてはEI型やEE型が一般的に用いられており，入手も容易です．各型状の例を**表1-10**に掲げておきます．

出力トランスを作る場合には，**各巻線間の結合度を**

〈表1-9〉
フォワード・コンバータ用コア

材料名	記号	H_{7C1}	H_{7C4}	2500B	$2500B_2$
初透磁率	μ_{iac}	2500	2300	2500	2500
キューリ温度	T_C	230℃	215℃	230℃	205℃
コア損失 (2000ガウス)100℃	P_L	155kW/m³ (25kHz)	410kW/m³ (100kHz)	130kW/m³ (25kHz)	70kW/m³ (25kHz)
最大磁束密度	B_m	5100	5100	4900	5000
残留磁束	B_r	1170	950	1000	1300
メーカ		TDK	TDK	東北金属	東北金属

上げるように配慮しておかなければなりません．でないと，リーケージ・インダクタンスが大きくなり，トランジスタがON/OFFするときに，高いサージ電圧を発生させるからです．

少ない巻数で一層では余ってしまう場合には，**写真1-1**のように，ボビンの幅いっぱいに平均して間隔をあける，スペース巻きの構造とします．

また，1次巻線には数百Vもの高い電圧が発生しますから，安全のために巻線間に層間紙を入れたり，ボビンの両端にスペーサ・テープをつけて，巻線間の距離を確保するようにします．**表1-11**にスペーサ，ギャップ紙などの一例を示しておきます．

使用する電子部品

スイッチング・レギュレータが大きく普及したことの理由の一つには，高速スイッチングに適した半導体デバイス，ことに大電力用スイッチング・トランジスタ，スイッチング・ダイオードの開発と普及があげられます．ここでは，使用部品の選択のために，スイッチング・レギュレータに共通する各電子部品の特性と使用上でのポイントについて紹介しておきます．

● トランジスタのスイッチング特性の復習

スイッチング・レギュレータでは，トランジスタのスイッチング(ON/OFF)によってエネルギの変換を行うわけですから，トランジスタがどれだけ理想的なスイッチングを行うかによって，電力変換の効率が異なってきます．したがって，まずはトランジスタのスイッチング特性について復習しておくことにしましょう．

トランジスタは，**図1-19**にも示すように，ベースに順方向のバイアスを加えてやる(I_Bを流す)と導通…ON…(I_Cが流れる)し，バイアスがなければ($I_B=0$)非導通…OFF…となります．そして，これが時間遅れ

〈表1-10〉EI，EEコアの形状

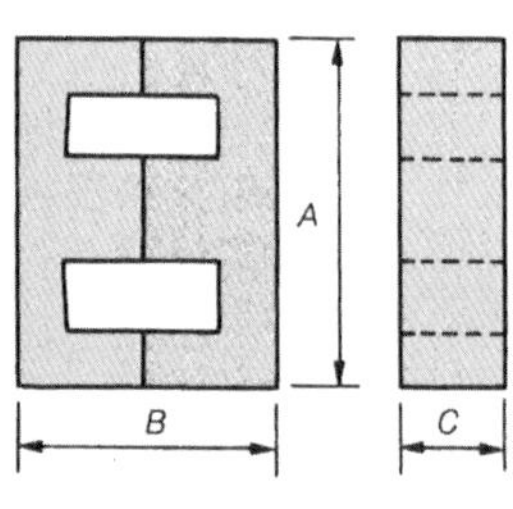

(a) EEコア

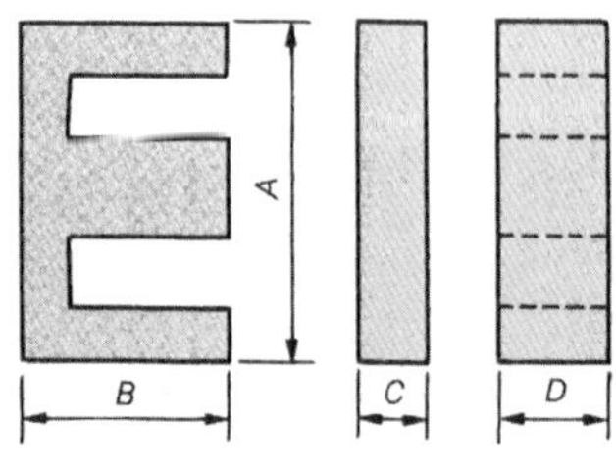

(b) EIコア

形　状	A	B	C	D	ボビン ピンなし	ボビン ピン付き	実効断面積 A_e(cm²)
EE8	8.3	8	3.6	—	—	—	0.07
EE10/11	10.2	11	4.9	—	—	BE10/11-118CPS	0.121
EE12	12	14	4	—	BE12-211	—	0.14
SEE12/12	12	12	6	—	—	—	0.16
EE12.9/11	12.9	11.18	6.4	—	—	—	0.192
EE13	13	12	6.3	—	—	BE13-1110CPS	0.171
SEE13	13	16	6.3	—	—	—	0.171
EE16	16	14	5	—	—	BE16-116CP BE16-1110CPN	0.192
SEE16	16	14	7	—	—	BES16-1110CPS	0.22
EE19	19.1	15.6	5.2	—	BE19-5116	BE19-116CP BE19-118CPH	0.23
EE22	20	18.4	6	—	BE22-5116	BE22-118CP	0.41
EE30	30	26	11		BE30-5112	BE30-1110CP BE30-1112CP	1.09
EE40	40	33.4	11	—	BE40-5112	BE40-1112CP BE40-1110PP	1.27
EE50	50	42	15	—	BE50-5112	BE50-1112CP BE50-1112PP	2.26
EE60	60	44	16	—	BE60-5112	BE60-1112CP BE60-1110PP	2.47
EI12.5	12.9	7.3	5	1.5	—	BE12.5-1110CP	0.144
EI16	16	12	5	2	—	BE16-116CP BE16-1110CPN	0.198
EI19	19.7	13.3	5.2	2.3	BE19-5116	BE19-116CP BE19-118CPH	0.24
EI22	22	14.3	6	4.5	BE22-5116	BE22-118CP	0.42
EI22/19/6	22	14.5	6	4	—	BE22/19/6-118CP	0.37
EI25	25.3	15.3	7	2.9	BE25-5116	BE25-118CP	0.41
EI28	28	16.5	10.8	3.5	—	BE28-1110CPL	0.86
EI30	30	21	11	5.5	BE30-5112	BE30-1110CP BE30-1112CP	1.11
EI33/29/13	33	23.5	13	5	—	BE33/29/13-1112CPL	1.185
EI35	35	24	10	4.6	—	BE35-1112CPL	1.01
EI40	40	27	12	7.5	BE40-5112	BE40-1112CP BE40-1110PP	1.48
EI50	50	33	15	9	BE50-5112	BE50-1112CP BE50-1112PP	2.3
EI60	60	35.5	16	8.5	BE60-5112	BE60-1112CP BE60-1110PP	2.47

〈表1-11〉スペーサなどの例

寺岡製作所	No. 630 (ルミラー t=100 μm)
3M	スコッチ#10　P-245(T)

〈図1-18〉 各種コア材の特性(TDK)

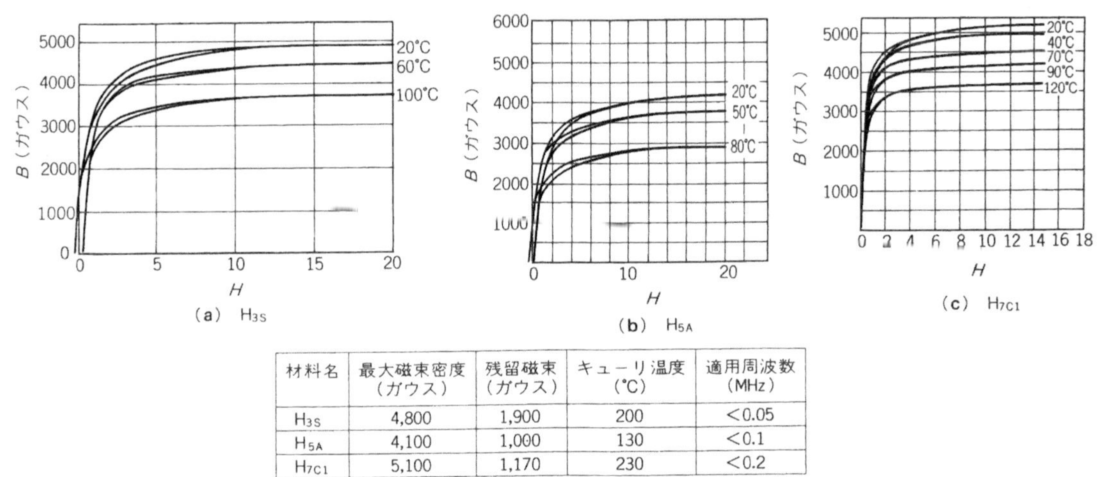

材料名	最大磁束密度(ガウス)	残留磁束(ガウス)	キューリ温度(°C)	適用周波数(MHz)
H_{3S}	4,800	1,900	200	<0.05
H_{5A}	4,100	1,000	130	<0.1
H_{7C1}	5,100	1,170	230	<0.2

〈表1-12〉 スイッチング・トランジスタの代表例

型名		2SA1262	2SA1293	2SA1329	2SA1388	2SC2562	2SC2552	2SC2555	2SC2792
V_{CEO}(V)		−60	−80	−80	−80	50	400	400	800
I_C(A)		−4	−5	−12	−5	5	2	8	2
h_{FE}		>40	>70	>70	>70	>70	>20	>15	>10
スイッチング・タイム(μs)	t_r	0.25	0.2	0.3	0.2	0.1	1	1	1
	t_{stg}	0.75	1	1	1	1	2.5	2.5	4
	t_f	0.25	0.1	0.5	0.1	0.1	1	1	1
P_C(W)		30	30	40	25	25	20	80	80
型状		TO220	TO220	TO220	TO220	TO220	TO220	TO3P	TO3P
メーカ		サンケン	東芝	東芝	東芝	東芝	東芝	東芝	東芝

〈表1-13〉 ソフト・リカバリ高速ダイオードの代表例

型名	EU1	D1R60	S1K40	EG1	EU2	1DL41	S3K40	RG4
耐圧 V_{RM}(V)	400	600	400	400	400	200	400	400
電流 I_O(A)	0.25	0.35	0.8	0.8	1	1	2.2	3
t_{rr}(μs)	0.4	1.5	0.3	0.1	0.4	0.06	0.3	0.1
順電圧 V_F(V)	2.5	1.65	1.2	1.7	1.4	0.98	1.2	1.8
型状	リード	リード	リード	リード	リード	リード	リード	リード
メーカ	サンケン	新電元	新電元	サンケン	サンケン	東芝	新電元	サンケン

型名	CTL12S	5DL2C41	D6K40	CTL22S	10DL2C41	S12KC40	CTL32S	20DL2C41
耐圧 V_{RM}(V)	200	200	400	200	200	400	200	200
電流 I_O(A)	5	5	6	10	10	12	20	20
t_{rr}(μs)	0.05	0.045	0.3	0.05	0.055	0.3	0.05	0.06
順電圧 V_F(V)	0.98	0.98	1.2	0.98	0.98	1.2	0.98	0.98
型状	TO220	TO220	TO220	TO220	TO220	TO3P	TO3P	TO3P
メーカ	サンケン	東芝	新電元	サンケン	東芝	新電元	サンケン	東芝

〈図1-19〉
トランジスタのスイッチング特性

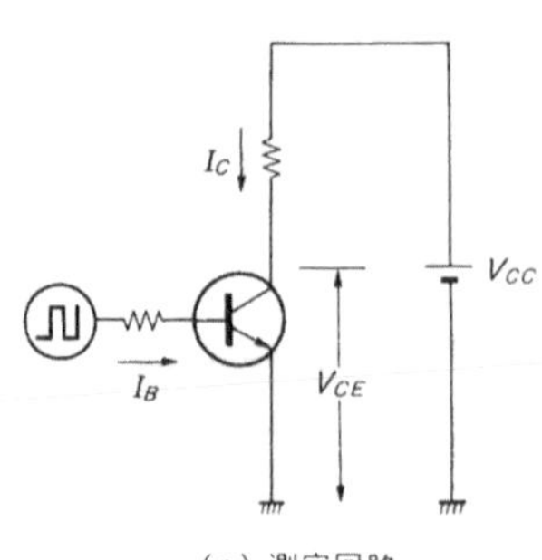

(a) 測定回路

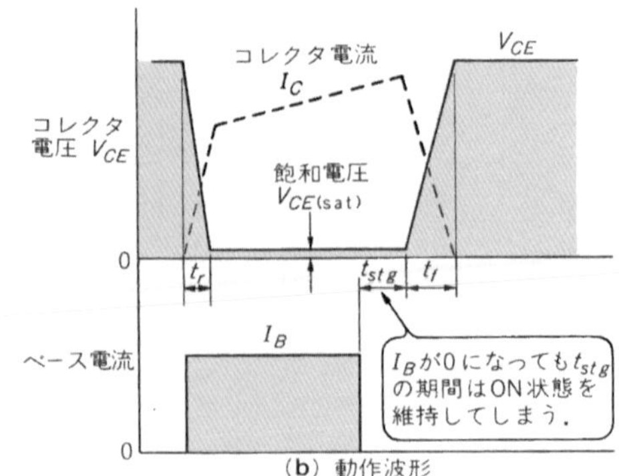

(b) 動作波形

なく行われれば，理想に近いスイッチング動作といえるわけです．

しかし，実際には**図1-19**(b)に示すように，**ターンオンするまでの時間 t_r，**ベース電流が0になってから**OFF状態にもどろうとするまでの蓄積時間 t_{stg}，**そして**ターンオフするまでの時間 t_f が必要です．**しかも，ベース電流が0になってからOFF状態にもどろうとするまでの時間 t_{stg} はON状態を維持していることと同じわけですから，この時間が長いとスイッチング動作は理想からはずれてしまいます．

つまり，スイッチング・レギュレータの制御回路でいくら短いON信号をトランジスタに与えても，t_{stg} の間はトランジスタは導通してしまいます．ですから，あまり**t_{stg} が長いとトランジスタのON/OFFの比率で出力電圧を制御しているつもりであっても，正しい定電圧制御ができなくなってしまいます．**また，スイッチング周波数をさらに上げようとすることもできなくなってしまいます．

トランジスタの蓄積時間 t_{stg} は，直流電流増幅率 h_{FE} と密接な相関関係をもっています．つまり，**h_{FE} の大きいものほど t_{stg} が長く，**温度が上昇するとさらに長引いてしまう傾向があります．また，同じベース電流に対しては，**図1-20**に示すようにコレクタ電流が少ないと長くなるという特性をもっていますから，必要以上にベース電流を流さないことも重要なことです．

● **蓄積時間 t_{stg} を小さくする工夫**

トランジスタにおける蓄積時間 t_{stg} の発生要因は，等価的に，**図1-21**のようにベースとエミッタ間にコンデンサが接続されたものによります．これは今まで流れていたベース電流でこのコンデンサが充電されており，外部から供給される電流が切れても，あたかもまだベース電流が流れ続けているかのような動作となります．つまり，このコンデンサの蓄積電荷が消費される時間が t_{stg} となります．

ですから，外部から供給する電流が多ければ多いほど蓄積電荷量が多くなり，t_{stg} が長引きますから，同じ

〈図1-20〉 I_B対スイッチング・タイム特性

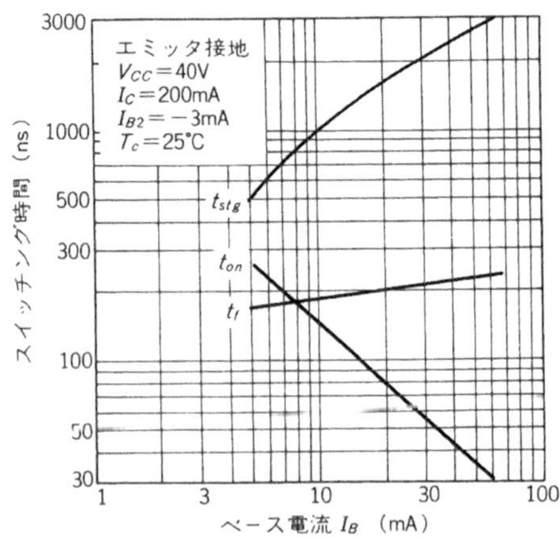

〈写真1-1〉 トランスのスペース巻き

〈図1-21〉 トランジスタの t_{stg} の発生要因

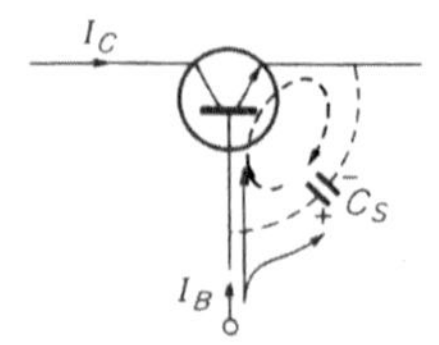

等価的な C_S に I_B の余剰分が充電されていて，I_B が0になってもベース電流を流してしまう．

〈図1-22〉 スイッチング速度を速める方法

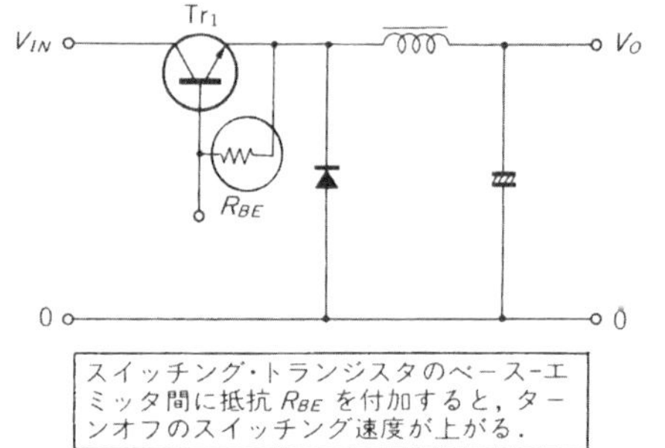

〈図1-24〉 トランジスタのターンオフ時のサージ電圧

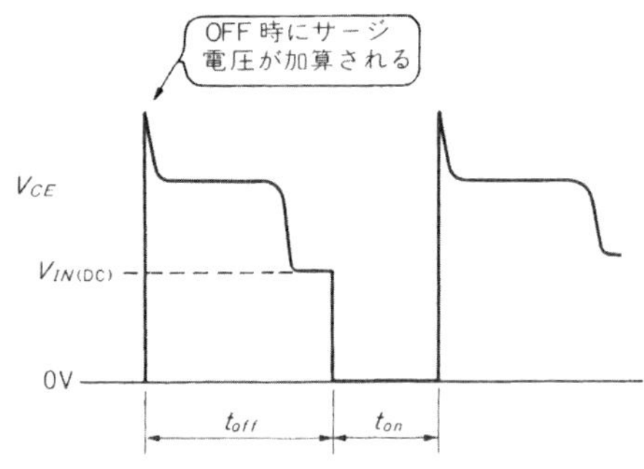

〈図1-23〉 チョッパ方式の逆バイアス方法

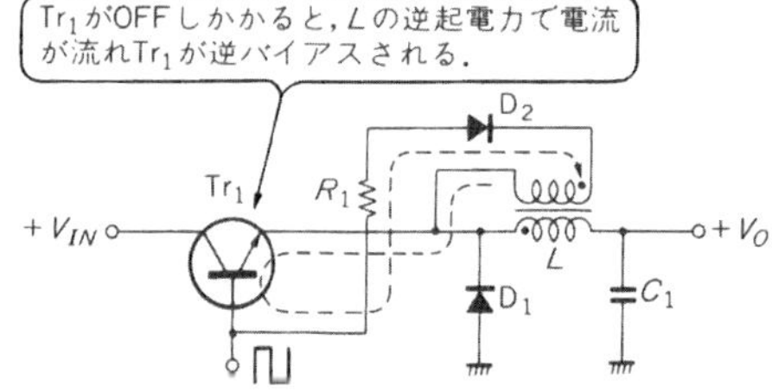

〈図1-25〉 2SC2555 の I_C 対 h_{FE} 特性

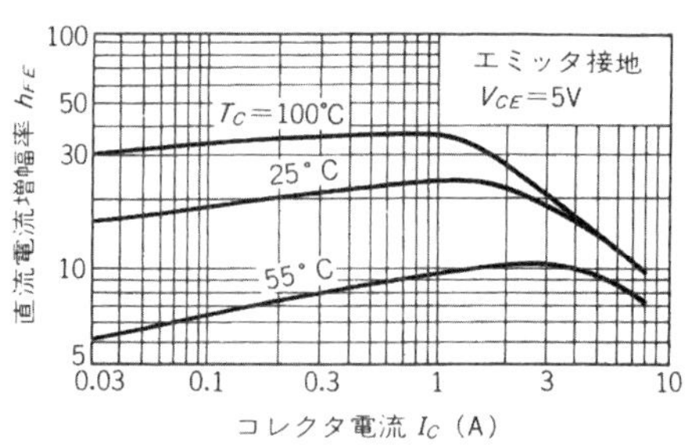

ベース電流に対しても，コレクタ電流が減少すると長引いてしまいます．

そこで，図1-22 に示すように**ベース-エミッタ間に抵抗 R_{BE} を付加**すると，この抵抗 R_{BE} で蓄積電荷が放電されスイッチング特性がよくなります．

スイッチング速度をもっと速くしたい時には，トランジスタが ON から OFF に切り替わる瞬間に，エミッタからベースの方向へ逆バイアスを掛ける方法があります．

この一つの例として，非絶縁型のチョッパ型レギュレータでは，図1-23 に示すように出力整流用チョーク・コイルを利用する方法がとられています．この方法は，トランジスタが OFF する瞬間には逆バイアスはかかりませんが，この回路のあるなしでは，スイッチング損失も t_{stg} もかなり大きく変化しますので，簡単な方法で効率を上昇させるには効果的です．

● トランジスタを選ぶときのポイント

さて，スイッチング・レギュレータに実際に使用するトランジスタですが，低い電圧で使用するケースの多いチョッパ・レギュレータでは，t_{stg} さえ注意して，いわゆる電力用高速スイッチング・トランジスタを選択すれば，さほど難しい問題は出てきません．

しかし，**AC 100 V 入力**のものでは耐圧的には，V_{CEO}=400 V のものが使われ，200 V 入力のものでは 800 V の**耐圧**のものが用いられます．

これはどのような回路方式であっても，1 次側整流電圧の約 2 倍の電圧がトランジスタの V_{CE} として印加され，しかもターンオフ時に図1-24 のようにサージ電圧が重畳されるからです．

また，コレクタ電流としては，**実際にスイッチングする電流の 2 ～ 3 倍の定格のもの**を選択します．これは，高耐圧のトランジスタはスイッチング速度を上げると h_{FE} がかなり小さな値となってしまうからです．

図1-25 は代表的な高電圧用スイッチング・トランジスタ 2SC2555 の I_C 対 h_{FE} 特性ですが，**最大定格 8 A に対して 3 A 以上の領域では h_{FE} が低下**しています．したがって，このような領域で使う場合には大きなベース電流を流してやらなければならなくなってしまいます．

図1-26 はスイッチング・タイムの特性を示したものです．ターンオンの t_r はコレクタ電流の小さな領域で速く，ターンオフの t_f はコレクタ電流の大きな領域で速くなります．したがってこれをも考慮すると，コレクタ電流は最大定格の 1/2～1/3 で使用するのが，もっとも合理的となるわけです．

● 安全動作領域 ASO に対する考慮

もう一つ気をつけなければならないのが ASO です．これは SOA とも呼ばれ，安全動作領域といわれています．

図1-27 は 2SC2555 の特性例です．ASO は時間をパ

〈図1-26〉 2SC2555のスイッチング・タイム特性

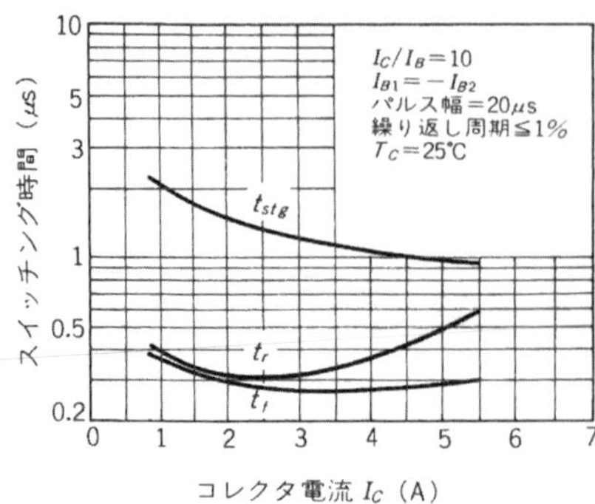

〈図1-27〉 2SC2555のASO

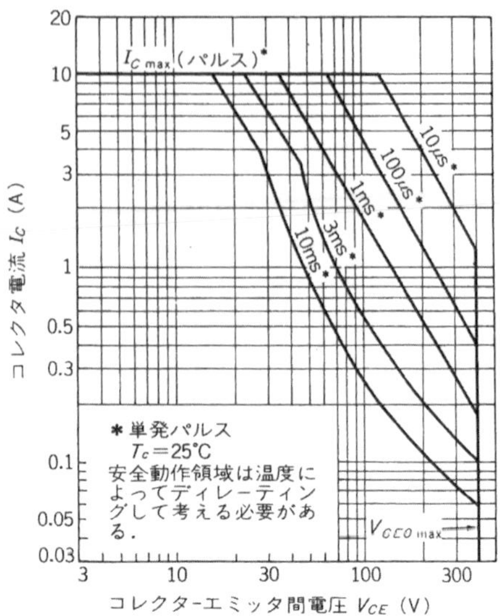

ラメータとして，トランジスタに瞬時に加え得る最大のコレクタ損失を表しています．

連続的に加え得るコレクタ損失が $P_{C\,(max)}$ ですが，いずれにしてもジャンクション温度 T_j に達する温度で規定されています．ですからASOは，時間が短ければ短いほど大きな損失が許容されます．しかし，これは**1パルスのみの保証値**ですし，ケース温度が25℃のときの値ですから，実際にはかなり余裕をもった値としておかなければなりません．

また，AC 100 Vを直接入力するライン・オペレート・タイプのスイッチング・レギュレータでは，一般にターンオフ時にもっともASOのカーブが広がりますから，**時間は1μs**以下となります．

この測定方法はオシロスコープのX軸に V_{CE} を，Y軸に I_C を加えてX・Yモードでグラフを書かせます．スタティックな動作状態よりも，起動時や出力短絡時により広いカーブとなりますので，こうした過渡状態をも考慮して確認しておかなければなりません．

表1-12によく使用する代表的なスイッチング・トランジスタを掲げておきます．

● ダイオードのスイッチング特性について

スイッチング・レギュレータに使用するダイオード，ことに整流部分に使用するダイオードは，トランジスタと同様にスイッチング周波数が高くなるほどスイッチング特性が重要になります．

〈写真1-2〉 各種スイッチング・トランジスタ

ダイオードにはどのようなものであっても，**スイッチングの良し悪しを表現するものとして逆回復特性**というものがあります．

例えば**図1-28**のような昇圧型チョッパ・コンバータで，スイッチング・トランジスタがOFFしている期間は，ダイオードは順方向に電圧が印加され，電圧降下 V_F を発生しながら，電流 I_F が流れています．

そして次にトランジスタがONすると，ダイオードへの印加電圧が**図1-29**のように反転し，逆方向に V_O が印加されます．ところが，実はダイオードは逆回復特性によって**この瞬間にはOFFできず，しばらくの間は導通状態を継続**してしまいます．ですから，**図1-28**のように $+V_O \rightarrow D \rightarrow Tr_1$ の経路で，ダイオードに**逆方向に電流 I_R** が流れてしまいます．

しかもこの経路には電流制限をするものがありませんので，これは**大きな短絡電流**となってしまいます．この期間をダイオードの**逆回復時間 t_{rr}** と呼ぶのですが，これは短絡電流によって電力損失が発生するし，

〈図1-28〉 昇圧型チョッパ・レギュレータの場合

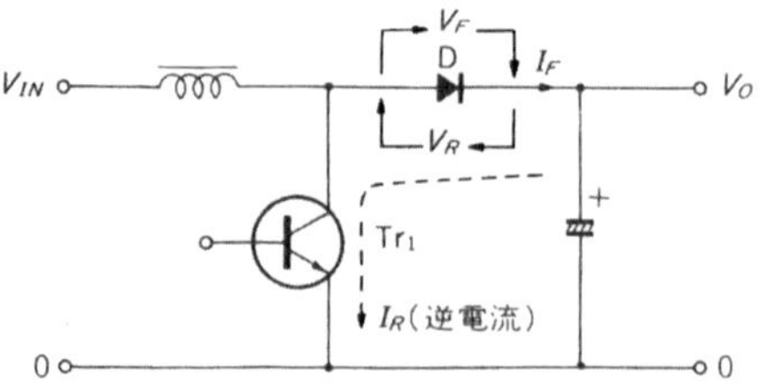

〈図1-29〉 ダイオードの波形

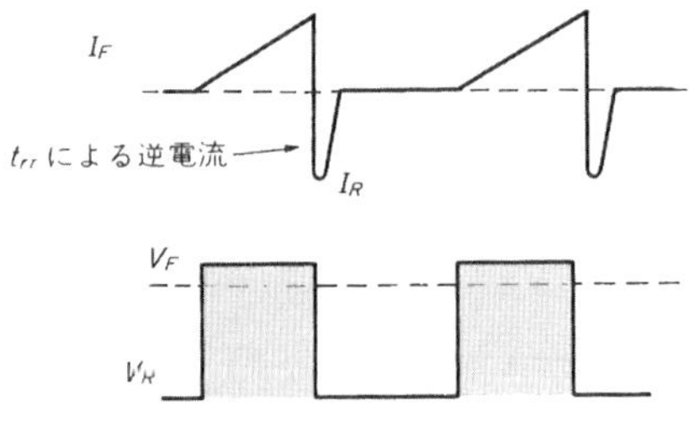

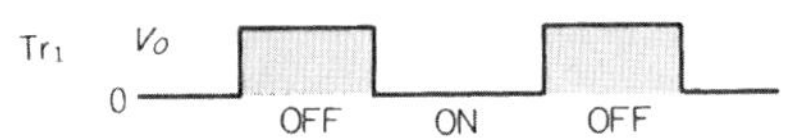

大きなノイズも発生させます．そして，スイッチングの毎周期に出ますから，スイッチング周波数が上がれば上がるほど，電源の特性へ大きな障害を与えることになります．

● **逆回復時間 t_{rr} を改善したダイオード**

一般整流用ダイオードは逆回復時間 t_{rr} が長いため，この短絡状態の電流も大きくなってしまいます．そこで，高速ダイオードが必要になるわけです．これを一般に **FRD(ファスト・リカバリ・ダイオード)** といいますが，このようなものは $t_{rr} \leqq 400$ ns 程度になっています．

ダイオードの逆回復特性の現象は，順方向の電流 I_F が流れたことによって，ダイオードの内部にキャリヤが蓄積されるために生じます．そこで，高速ダイオード FRD は蓄積キャリヤが早く消滅するように，ライフ・タイム・キラーと呼ばれる不純物を拡散してあります．

したがって，この FRD は不純物拡散のために順方向の**電圧降下 V_F が 1 V 以上と大きくなっています．** ですから，5 V 出力などの電圧の低いものにこの FRD を使用するとレギュレータとしての効率が上がりません．そこで，ダイオードへの**逆方向印加電圧が 40 V 以下で済む場合には，SBD(ショットキ・バリヤ・ダイオード)** が用いられています．

SBD は $t_{rr} \leqq 200$ ns と大変高速ですし，順方向電圧 $V_F = 0.55$ V ですので，FRD に比較しても，どちらの特性も良好です．しかし，耐圧 V_{RM} があまり高くできないことと，ジャンクション温度が $T_{j\,(\max)} = 125$℃ とやや低い点が欠点といえます．

● **逆回復時間の di/dt を改善したダイオード**

ところで，スイッチング・レギュレータの整流用に用いるダイオードは，**図1-30** に示すように逆回復時間 t_{rr} は，短ければ短いほどよいのですが，流れた**短絡電流 I_R** がまた 0 へ戻る時の電流波形の di/dt も重要な要素です．

〈図1-30〉 ダイオードのリカバリ特性

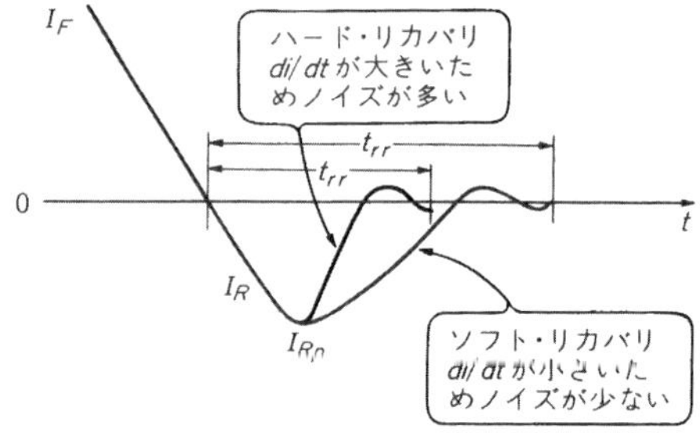

この di/dt が大きいと，電流の流れるループのインダクタンス分とでノイズ電圧 V_N を，

$$V_N = L\frac{di}{dt}$$

と発生してしまうからです．

ダイオードの di/dt は素子固有の特性で決まってしまいます．この di/dt の大きいものを**ハード・リカバリ特性**，小さいものを**ソフト・リカバリ特性**といい，当然ソフト・リカバリのもののほうが，発生雑音量が小さくなります．ショットキ・バリヤ・ダイオード SBD は，基本的にソフト・リカバリ特性を示します．

最近各メーカから発売されている，HED(High Efficiency Diode) や LLD(Low Loss Diode) という名称の超高速ダイオードは，**逆回復時間 $t_{rr} \leqq 100$ ns でソフト・リカバリ特性**です．また順方向電圧降下 V_F も 0.95 V となっており，どれをとっても極めて優れています．

現在のところ，逆耐圧 V_{RM} が 200 V どまりですが，スイッチング周波数が上がるにつれて，t_{rr} の悪影響が大きくなりますから，50 kHz 以上のスイッチング・レギュレータには，これらのものを使用したほうがよいでしょう．

表1-13 にソフト・リカバリの高速ダイオードを，**表1-14** にショットキ・バリヤ・ダイオードの代表例を掲

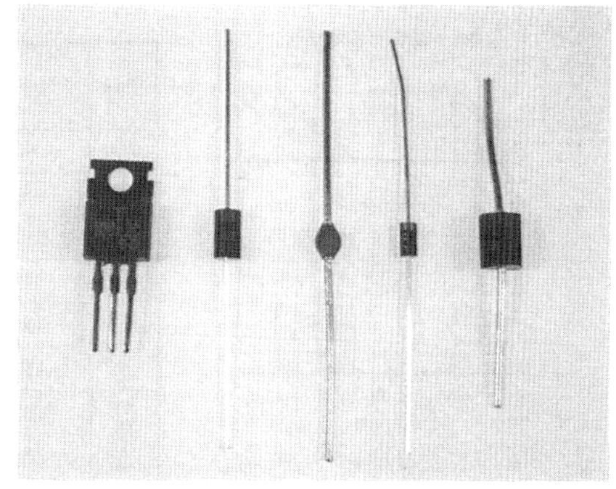

〈写真1-3〉 高速ダイオードの一例

げておきます．また，**図1-31** に各種ダイオードのリカバリ特性をまとめて示しておきます．

● 電解コンデンサの選択について

スイッチング・レギュレータで，トランジスタやダイオードと同等に大切なのが電解コンデンサです．これも，スイッチング周波数が比較的高いということが選択上でのポイントとなります．

電解コンデンサは，1次側，2次側回路共に整流後の平滑用にたくさん使われています．ライン・オペレート型スイッチング・レギュレータ用としては，1次側の整流平滑用に中高圧品が用いられますが，これには**大きなリプル電流が流れることに注意しなければなりません．**

つまり**図1-32** のように，商用周波数とスイッチング周波数との両方のリプル電流が流れるからです．

このリプル電流の大きさはスイッチング部の動作形態によって異なりますが，大別するとRCC方式の三角波状の電流と，フォワード・コンバータの方形波状の電流となります．これを**図1-33** に示します．

RCC方式の場合のリプル電流は，0から1次関数的に増加しますから瞬時値 i は，

$$i=\frac{i_P}{t_{on}}\cdot t$$

となり，周期 T での実効値 $I_{r(H)}$ を求めると，

$$I_{r(H)}=\sqrt{\frac{1}{T}\int_0^{ton} i^2 dt}=i_P\sqrt{\frac{t_{on}}{3T}}$$

〈図1-31〉各種ダイオードのリカバリ特性

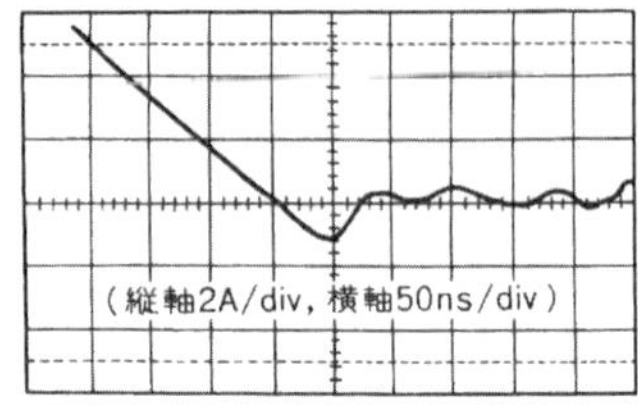

(a) SBDのリカバリ特性

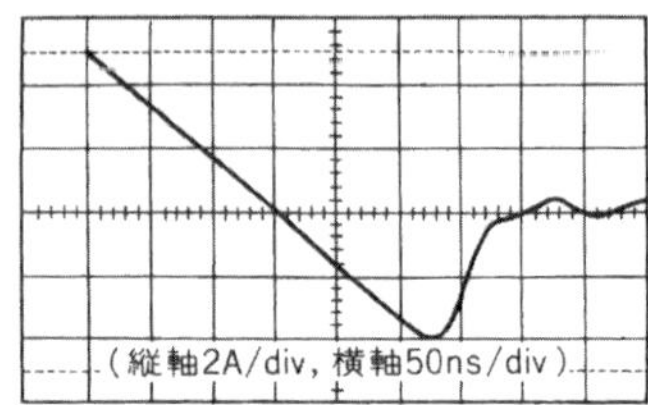

(b) FRDのリカバリ特性

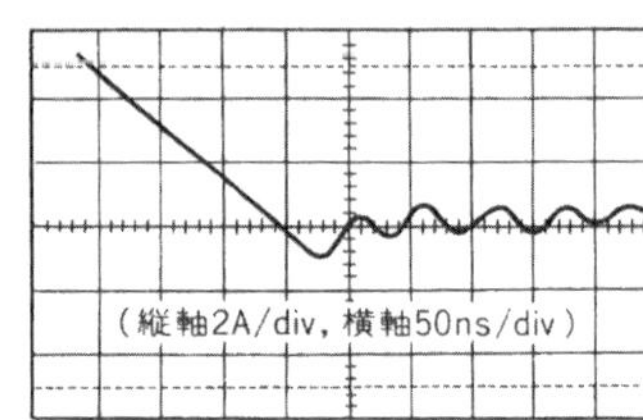

(c) HEDのリカバリ特性

〈図1-32〉電解コンデンサへのリプル電流

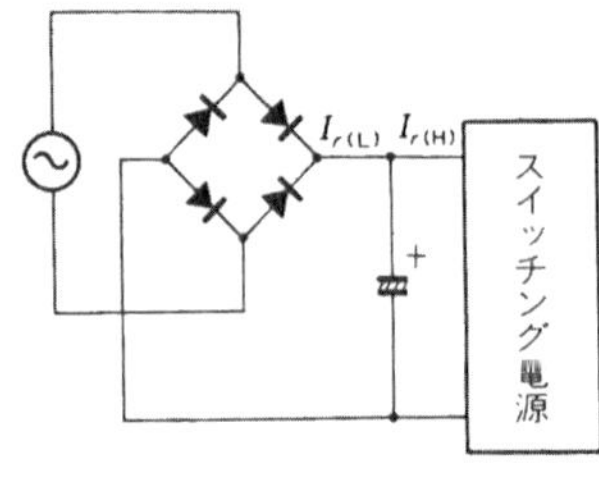

〈表1-14〉ショットキ・バリヤ・ダイオードの代表例

型　名	S1S4M	RK34	S3S6M	S10SC4M	CTB34S	CTB34M	S30SC4M
耐圧 V_{RM}(V)	40	40	60	40	40	40	40
電流 I_O(A)	1	2.5	3	10	12	30	30
t_{rr}(ns)	35	100	——	——	100	100	150
順電圧 V_F(V)	0.55	0.55	0.55	0.55	0.58	0.55	0.55
形　状	リード	リード	リード	TO220	TO3P	TO3P	TO3P
メーカ	新電元	サンケン	新電元	新電元	サンケン	サンケン	新電元

〈図1-33〉スイッチング・レギュレータにおけるリプル電流

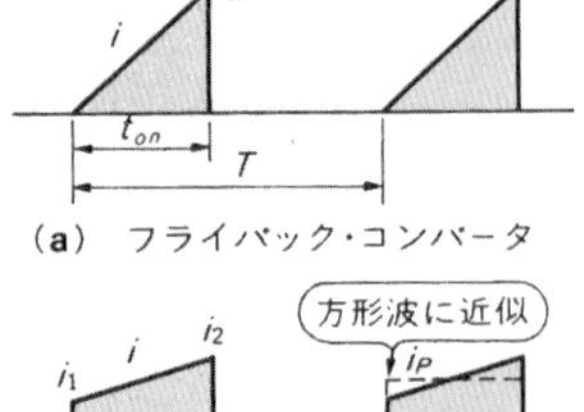

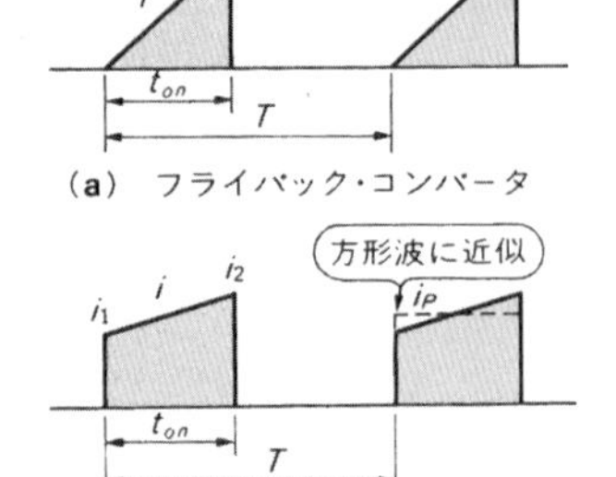

(a) フライバック・コンバータ

(b) フォワード・コンバータ

〈表1-15〉各社の電解コンデンサの代表例

用途	シリーズ名	容量範囲 (μF)	電圧範囲 (V)	ケース・サイズ $\phi\times L$(mm)	メーカ
一般用	SU	0.1～22,000	6.3～100	5×11～18×35.5	松下電子部品
	SSP	0.47～15,000	6.3～50	5×11～18×31.5	信英通信工業
	USM	0.1～10,000	6.3～250	5×11～18×40	マルコン電子
低インピーダンス	HF	22～2,200	10～63	10×12.5～18×31.5	松下電子部品
	GXA	1.5～15,000	6.3～100	4×7～18×40.5	信英通信工業
	AFM	22～6,800	6.3～63	10×12.5～16×31.5	マルコン電子
中高圧用大型	TS-U	33～33,000	16～450	22.5×25～35.5×40	松下電子部品
	SXP	150～33,000	10～250	22×25～35×45	信英通信工業
	TSW	82～47,000	10～450	22.4×30～30×50	マルコン電子

〈表1-17〉[14]
HF シリーズA型コンデンサのインピーダンス特性
(松下電子部品)

定格電圧 (V. DC) (サージ電圧)	静電容量 (μF)	実効許容リプル電流 (A)*	インピーダンス (Ω)**	定格電圧 (V. DC) (サージ電圧)	静電容量 (μF)	実効許容リプル電流 (A)*	インピーダンス (Ω)**
10 (13)	220	0.68	0.22	35 (44)	33	0.50	0.30
	330	0.90	0.18		47	0.68	0.22
	470	1.25	0.14		100	0.90	0.18
	1000	1.75	0.10		220	1.75	0.10
	2200	3.30	0.05		330	2.44	0.07
16 (20)	100	0.50	0.30		470	3.30	0.05
	220	0.68	0.22	50 (63)	22	0.50	0.30
	330	0.90	0.18			0.68	0.22
	470	1.25	0.14		47	0.90	0.18
	1000	2.44	0.07		100	1.75	0.10
	2200	4.00	0.045		220	2.44	0.07
25 (32)	47	0.50	0.30		330	3.30	0.05
	100	0.68	0.22	63 (79)	22	0.68	0.22
	220	1.25	0.14		33	0.68	0.22
	330	1.75	0.10		47	0.90	0.18
	470	2.44	0.07		100	1.75	0.10
	1000	3.30	0.05		220	3.30	0.05

●定格電圧欄(　)内はサージ電圧.
* 85℃ 10kHz～100kHz.
** 20℃ 100kHzまたは*ESR*(Ω),20℃ 10kHz～100kHz.

となります.

フォワード・コンバータの場合は同様に瞬時値 i は,完全な方形波として近似すると,$i=i_P$ですから,実効値 $I_{r(H)}$ は,

$$I_{r(H)}=\sqrt{\frac{1}{T}\int_0^{ton} i_2 dt}=i_P\sqrt{\frac{t_{on}}{T}}$$

となります.

これによって求めた高周波リプル電流 $I_{r(H)}$ と,商用周波数成分のリプル電流 $I_{r(L)}$ とを合成し,

$$I_r=\sqrt{I_{r(L)}{}^2+I_{r(H)}{}^2}$$

が実際のリプル電流となります.

さて,**表1-15** が実際によく使用する電解コンデンサについてまとめたものですが,コンデンサのメーカはこのほかにも数多くありますので,入手性はほとんど問題ないはずです.

ところで,前述したように電解コンデンサには大きなリプル電流が流れます.したがって,電解コンデンサを選択する場合には**容量そのものよりも,リプル電流の許容値から決定される場合が多く**あります.

コンデンサのリプル電流の許容値は,基本的には容量が大きいほど大きいということがいえますが,ケース・サイズとの関連も大きいようです.**表1-16** に主な電解コンデンサの許容リプル電流について示しておきます.

また,**表1-16** のうち高周波低インピーダンス型というのは特にスイッチング周波数の領域において,コンデンサの等価インピーダンス *ESR* が低くなるように考慮されたもので,これはスイッチング・レギュレータの出力リプル電圧を小さくする場合に大切なものです.

表1-17 に低インピーダンス型の代表である HF シリーズ電解コンデンサのインピーダンス特性と許容リプル電流の関係について示しておきます.

〈表1-16〉 電解コンデンサのリプル電流

シリーズ	定　格	ケース・サイズ $\phi\times L$(mm)	許容リプル電流 (A) rms
小型一般品 PSS シリーズ (信英通信工業)	10V 1000μF	10×16	0.33
	10V 2200μF	12.5×20	0.525
	10V 6800μF	16×31.5	0.95
	25V 470μF	10×16	0.265
	25V 1000μF	12.5×20	0.45
	25V 3300μF	16×31.5	0.80
高周波低インピーダンス品 HF シリーズ (松下電子部品)	10V 220μF	10×16	0.68
	10V 470μF	12.5×20	1.25
	10V 2200μF	16×31.5	3.3
	25V 100μF	10×16	0.68
	25V 330μF	12.5×20	1.75
	25V 1000μF	16×31.5	3.3

(注) PSSシリーズは,105℃,120Hzでの数値.
HFシリーズは,85℃,10kHzでの数値.

スイッチング・トランジスタの電力損失

● 理想的には損失ゼロだが

スイッチング・レギュレータでは，制御用スイッチング・トランジスタの動作が**図A-1**のようにONとOFFの状態を交互に繰り返しています．したがって，**トランジスタはDC的なコレクタ損失は発生せず**，シリーズ・レギュレータ方式に比較してかなり損失が軽減されます．

つまりトランジスタのON状態においては，コレクタ-エミッタ間の電圧は飽和電圧 $V_{CE(sat)}$ ≒1V程度ですから，コレクタ電流が流れてもさほど大きな損失とはなりません．

またOFF状態においては，入力電圧がすべてコレクタ-エミッタ間に印加されますが，この間にはコレクタ電流が流れていないので，電力損失の発生はありません．

ところが**図A-2**のように，**トランジスタがOFF→ON，ON→OFFに変化する短時間の過渡状態に**おいては，コレクタ電流 I_C が流れながら，電圧 V_{CE} が印加されています．つまり，この間はコレクタ損失 P_C を発生させているわけです．これが**スイッチング・ロス**と呼ばれるもので，これは毎周期発生しますので，単位時間当たりの電力損失はスイッチングの周波数倍となります．

写真A-1(a)はトランジスタがOFFからONに，(b)はONからOFFになる時の波形です．

● 三つの区間に分けて計算する

それではスイッチング動作における，トランジスタの損失を求めてみます．厳密にはトランジスタがOFFしている期間にも，コレクタからエミッタへ多少の漏れ電流があるために損失が発生しますが，これは極めて小さな値ですので**図A-3**のように3期間に分けて考えます．

〈図A-2〉過渡状態の I_C・V_{CE}

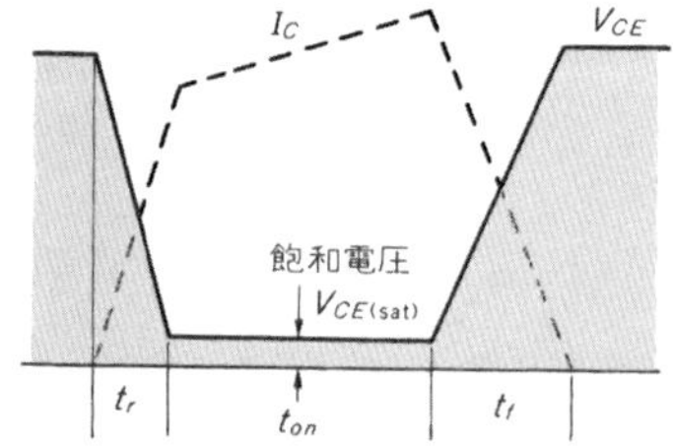

〈図A-1〉スイッチング・レギュレータの動作波形

ONの期間には I_C が流れるが V_{CE} がかかっていない．
OFFの期間には V_{CE} がかかるが I_C が流れない．

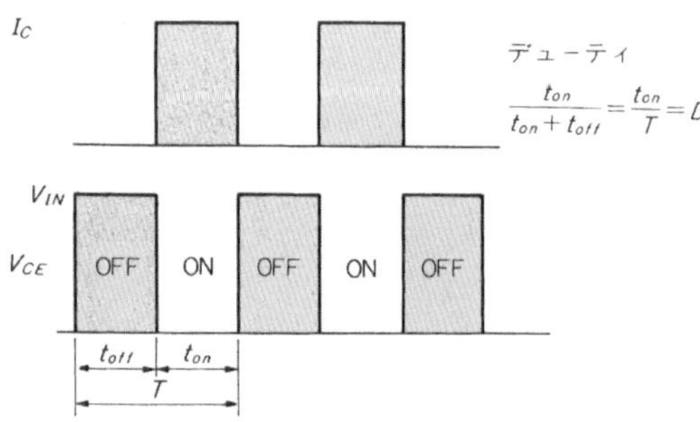

〈図A-3〉スイッチング・トランジスタの発生する損失

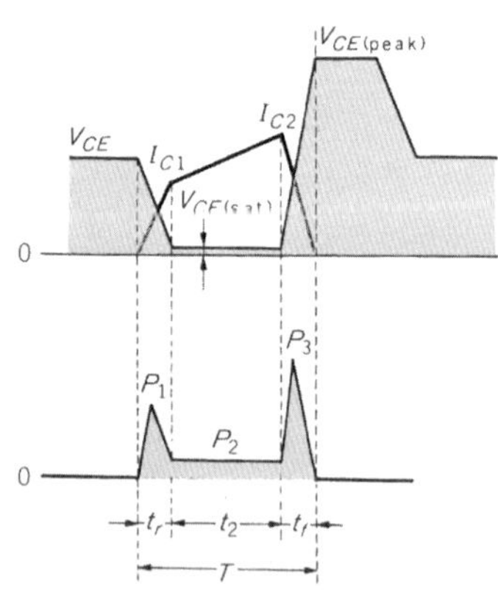

〈写真A-1〉スイッチング・トランジスタの波形

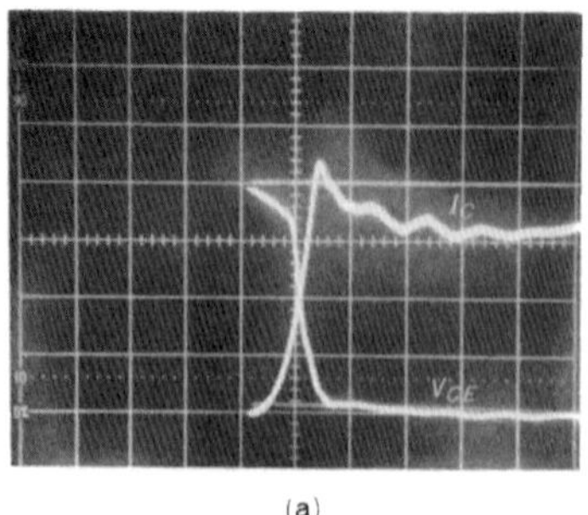

(a)

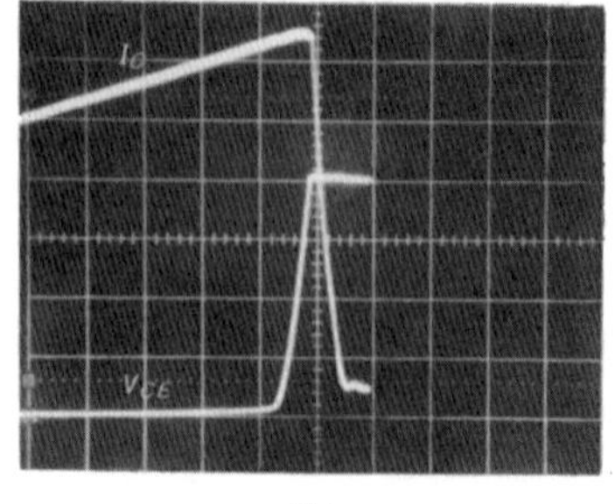

(b)

OFF 状態から ON 状態へ移行する時を上昇時間 **t_r(ライズ・タイム)，ON 期間を t_{on}，** ON から OFF へ移行する時を **t_f(フォール・タイム)** とします．いずれの場合でも，電力は電圧と電流の積となりますので，周波数を f としてそれぞれの期間の損失を求めてみましょう．まず上昇時間 **t_r時の損失 P_1は，**

$$P_1=\int_0^{tr} I_C \cdot V_{CE} \cdot dt \cdot f$$

$$=\frac{1}{6} I_{C1} \cdot V_{CE1} \cdot t_r \cdot f$$

次に **t_{on} 期間の損失 P_2は，**

$$P_2=\int_0^{ton} I_C \cdot V_{CE} \cdot dt \cdot f$$

$$=\frac{I_{C1}+I_{C2}}{2} \cdot V_{CE(\mathrm{sat})} \cdot t_{on} \cdot f$$

$$=\frac{I_{C1}+I_{C2}}{2} \cdot V_{CE(\mathrm{sat})} \cdot D$$

そして**下降時の損失 P_3 は，**

$$P_3=\int_0^{tf} I_C \cdot V_{CE} \cdot dt \cdot f$$

$$=\frac{1}{6} I_{C2} \cdot V_{CE2} \cdot t_f \cdot f \rightarrow 0.4\, I_{C2} \cdot V_{CE2} \cdot t_f \cdot f$$

と表せます．

P_2 の式中の D はデューティ・サイクルといい，**図A-1** のように ON 時間 t_{on} と OFF 時間 t_{off} の比率のことです．これは 1 周期を T とすると，

$$D=\frac{t_{on}}{t_{on}+t_{off}}=\frac{t_{on}}{T}$$

となります．

また P_3 では，係数を 1/6 から 0.4 としてありますが，これは電圧，電流共に直線的には変化せず，しかもそれぞれの 1/2 の点でクロスしないために経験的に割り出した数値です．

以上のことから，**トランジスタのスイッチング・ロスは，スイッチング・タイムに比例して増加**します．とりわけ OFF 時の t_f による損失が支配的で，この時間を短縮することが低損失化へもっとも効果的な方法となります．

● 100 W フォワード・コンバータでの計算例

フォワード・コンバータは第 4 章でくわしく紹介しますが，ここでは一つの例として，100 W 出力のフォワード・コンバータ方式でのトランジスタの電力損失を計算してみます．$V_{CE1}=130$ V，$V_{CE2}=280$ V，$I_{C1}=2.6$ A，$I_{C2}=3.2$ A とします．また，**周波数 $f=50$ kHz で，トランジスタの $t_r=0.1\,\mu$s，$t_{on}=7\,\mu$s，$t_f=0.25\,\mu$s** とします．すると，

$$P_1=\frac{1}{6} I_{C1} \cdot V_{CE1} \cdot t_r \cdot f$$

$$=\frac{1}{6}\times 2.6\times 130\times 0.1\times 10^{-6}\times 50\times 10^{3}$$

$$=0.28\ \mathrm{W}$$

$$\boldsymbol{P_2}=\frac{I_{C2}+I_{C1}}{2} \cdot V_{CE(\mathrm{sat})} \cdot D$$

$$=\frac{3.2+2.6}{2}\times 1\times \frac{6\times 10^{-6}}{20\times 10^{-6}}$$

$$=0.87\ \mathrm{W}$$

$$\boldsymbol{P_3}=0.4\, I_{C2} \cdot V_{CE} \cdot t_f \cdot f$$

$$=0.4\times 3.2\times 280\times 0.25\times 10^{-6}\times 50\times 10^{3}$$

$$=4.48\ \mathrm{W}$$

したがって，トータルの電力損失 P_C は，

$$\boldsymbol{P_C=P_1+P_2+P_3=5.63\,(\mathrm{W})}$$

と求まります．

● 波形から推測する電力損失

〈図A-4〉実測波形からの損失の計算

$$p_r=\frac{\Delta V_{CE1}\cdot\Delta I_{C1}+\Delta V_{CE2}\cdot\Delta I_{C2}\cdots\cdots\Delta V_{CEn}\cdot\Delta I_{Cn}}{t_r}\times n$$

$$P_r=p_r\times f$$

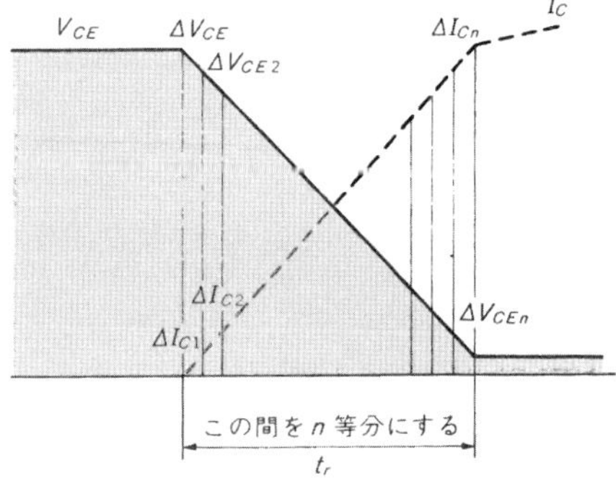

電力損失はスイッチング・トランジスタの測定波形から推測することもできます．例えば**図A-4** のような波形であったとすると，時間を 10～15 に等分します．そして，各 1 区間ごとの電流と電圧の積をすべて合計すると，1 周期当たりの損失となります．

つまり，上昇時間を t_r とすると，この間を均等に時間的に n 等分します．細分化した電圧，電流をそれぞれ ΔV_{CE}，ΔI_C とすると，1 区間の損失は，

$$\Delta p_r=\frac{t_r}{n} \cdot \Delta V_{CE} \cdot \Delta I_C$$

となります．

したがって t_r 期間全部では，

$$p_r=\frac{t_r}{n}(\Delta V_{CE1} \cdot \Delta I_{C1}+\Delta V_{CE2} \cdot I_{C2}\cdots$$

$$\cdots+\Delta V_{CEn} \cdot \Delta I_{Cn})$$

となります．これを周波数 f 倍すれば，単位時間当たりの損失は，

$$P_r=p_r \cdot f$$

と求めることができます．

第2章 —— 非絶縁だが小型オンボード向きの回路
チョッパ方式レギュレータの設計法

- ●自前で発振するチョッパ
- ●MC34063/MAX630/TL1451C の利用
- ●μA78S40/ハイブリッド IC の利用など

チョッパ方式レギュレータとは

チョッパ方式レギュレータは，第1章で説明したように直流電圧を別の直流電圧に変換したい時に利用しますので，DC DC コンバータの一種としてとらえられています．

つまり，入力電源としてはバッテリが用いられたり，商用の電源トランスによって降圧された整流電源などが用いられます．そして，例えば**図2-1**のように，一つの15Vの整流電源から，いろいろな電圧の直流電源を必要とする場合に利用されています．

したがって，一つのプリント回路板の中で別の直流電源を作ったりする**オンボード・レギュレータ**としてもよく使用されています．

● チョーク・コイルを巧く使う

チョッパ・レギュレータは，**図2-2**に示すように**入力電源をトランジスタによって直接スイッチングする**回路構成となっています．直流の入力電圧 V_{IN} をトランジスタによって高周波の電力に変換し，それを平滑用のチョーク・コイル L とコンデンサ C で再度直流に変換するものです．

この回路における電圧変換のしくみは次のようになっています．いま**図2-2**において，トランジスタ Tr が一定のデューティ・サイクルで ON/OFF を繰り返していることにします．

このとき，トランジスタが ON であれば入力電圧 V_{IN} はチョーク・コイル L とコンデンサ C，さらには負荷に対してエネルギを供給します．そして，L には電流が流れることによってエネルギが蓄えられます．このときダイオード D は OFF していますので，ないのと同じです．

次に**トランジスタが OFF** になるとどうでしょう．負荷へのエネルギの供給はなくなるのではないかと思いきや，今度は**チョーク・コイル L に蓄えられていたエネルギがダイオード D を通して供給**されるのです．つまり，ダイオードによって，チョーク・コイルに蓄えられていたエネルギが還流させられるのです．ということで，このダイオードのことを特に**フライホイール・ダイオード**と呼ぶこともあります．

したがって，この回路のトランジスタの ON/OFF のスイッチング間隔，つまりデューティ・サイクル D を制御すれば，出力電圧 V_O の値を可変することができることは予想がつくでしょう．

トランジスタ Tr の ON している期間 t_{on} と，OFF している期間 t_{off} との比率をデューティ・サイクル D といいますが，これが，

〈図2-1〉 チョッパ・レギュレータによる DC-DC コンバータ

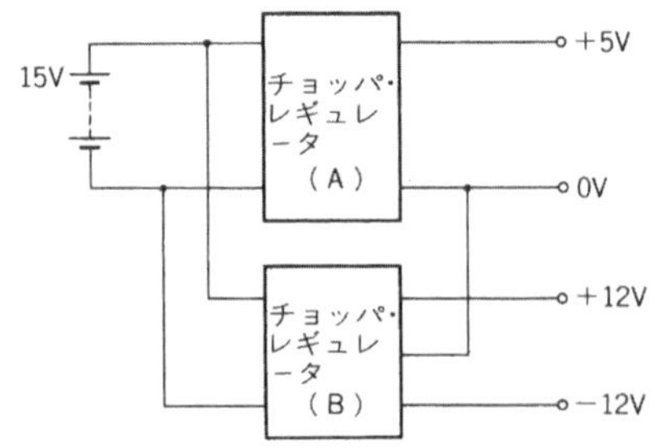

〈図2-2〉 チョッパ・レギュレータ(降圧型チョッパ)

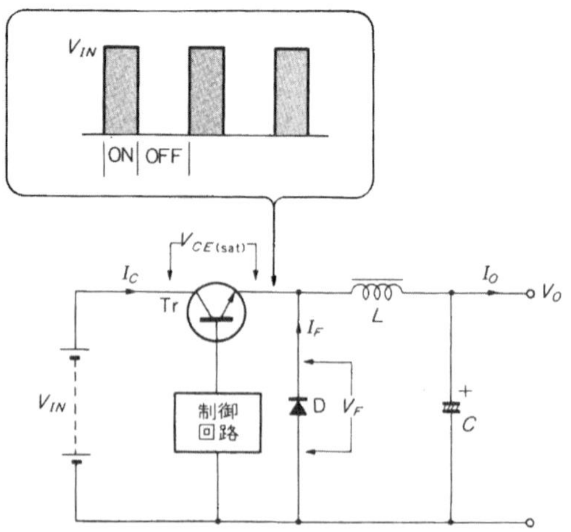

$$D = \frac{t_{on}}{t_{on}+t_{off}}$$

と変化すると，出力電圧 V_Oは，

$$V_O = V_{IN} \cdot D = V_{IN} \cdot \frac{t_{on}}{t_{on}+t_{off}}$$

と変化します．ですから，何かの都合で V_{IN}が徐々に低下したとしても，t_{on}の幅を広げるような制御回路が組み込まれていれば，出力電圧を安定に保つことができます．

このように，トランジスタのON/OFF動作(チョッパ)を繰り返すことによって，入力電源と異なった電圧の出力電圧を得ることからチョッパ方式レギュレータと呼んでいます．ただし，この方式は入力と出力の間がトランスなどで絶縁されていませんので，用途によっては注意が必要です．

● スイッチングのための発振回路はどうするか

さて，チョッパ・レギュレータを構成するにはスイッチング・トランジスタをON/OFFするための発振回路と出力電圧の制御回路が必要で，これには基本的に二つの方法があります．

一つは，チョッパの制御回路内に発振器を内蔵し，固定したスイッチング周波数で動作するもので，**他励型チョッパ**といいます．**通常の専用IC**によるものはすべてこの方式で，外付けの抵抗やコンデンサによって任意に発振周波数を設定することができます．

もう一つは発振器を内蔵せずに，スイッチング・トランジスタの**出力波形を制御回路へ正帰還**して発振させるもので**自励型チョッパ**と呼んでいます．特に，出力電圧に重畳するリプル電圧を誤差増幅器に帰還してスイッチングさせるものを，リプル検出型チョッパと呼んでいます．

ただし自励型チョッパは，入力電圧 V_{IN}や出力電流 I_Oの変化によって，発振周波数が大きく変化します．入出力の条件によっては，10 kHzから100 kHzくらいの変化があります．

ところで，このチョッパ方式レギュレータには，入力電圧と出力電圧の関係から，以下の3種類の方法があります．詳しい原理は後の設計例のところで述べますが，ここでは簡単に分類しておきます．

▶ 入力電圧より低い出力電圧を得る回路

入出力間の電圧を，$V_{IN} > V_O$としたいときに用いられるもので，先に示した図2-2が基本構成です．これは**降圧型チョッパ**，あるいはステップ・ダウン・コンバータと呼ばれています．

▶ 入力電圧より高い出力電圧を得る回路

入出力の電圧が，$V_{IN} < V_O$と，入力電圧より高い出力電圧を得ようとするときに用いられるものです．これは**昇圧型チョッパ**，あるいはステップ・アップ・コンバータと呼ばれ，**図2-3**がその基本構成となります．

〈図2-3〉昇圧型チョッパの基本回路

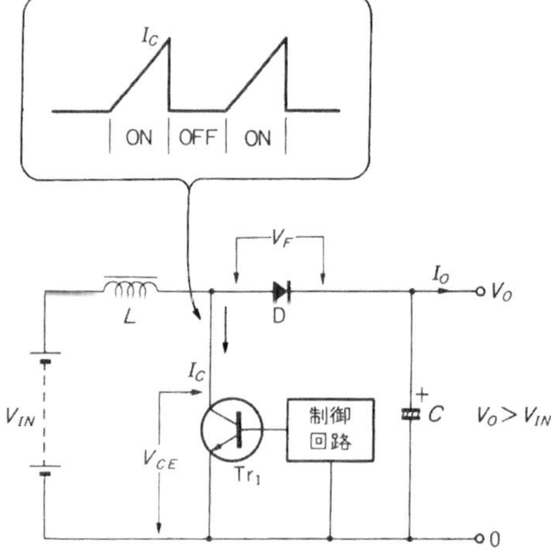

この回路は乾電池などを入力電源として，プリンタやモータなどを駆動する電源を作るときには最適です．

動作としては，トランジスタがONしている期間にコイル L にエネルギを蓄積し，トランジスタがOFFした瞬間から発生する逆起電力で，出力側へ電力を伝達するものです．

なお，トランジスタへの印加電圧 V_{CE}は，

$$V_{CE} = V_O + V_F$$

となりますから，トランジスタの耐圧には注意しなければなりません．

▶ 入出力間の極性を反転する回路

例えば(+)12 Vの入力電源から，(−)12 Vの出力電圧を得ようとするときのように，入力と出力の間で極性を変換するときに用いられます．ですから，**極性反転型チョッパ**あるいはインバーテッド・コンバータと呼ばれています．

(+)電源しかないところで，OPアンプに使用するバイアス用の(−)電源が必要なときには大変便利な方式なので，多く使用されています．

この基本構成は**図2-4**のようになり，チョーク・コイルが(+)と(−)のライン間に挿入されています．動作的には昇圧型コンバータと大変よく似ており，トランジスタの電流波形はやはり三角波状で，コレクタ電流のピーク値は大きな値となってしまいます．

自前で発振するチョッパ・レギュレータ

● 出力リプルで発振するチョッパ回路

最初から少し難しいテーマかもしれませんが，動作の理解を早めるために，まずはディスクリートで構成するチョッパ・レギュレータから先に説明することにします．

ICを使った簡単な方法も多くありますが，これは後

〈図2-4〉 極性反転型チョッパの原理図

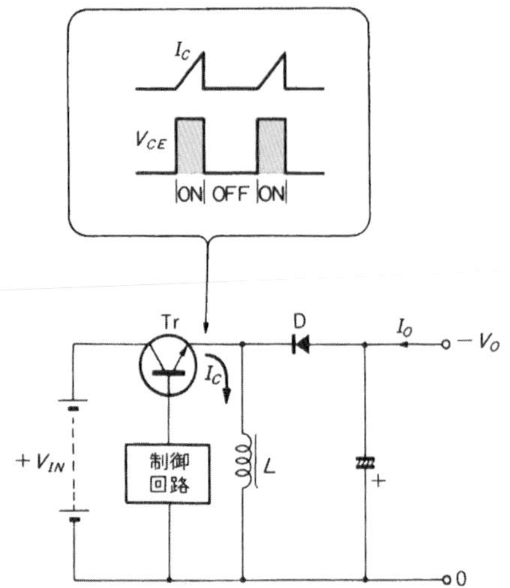

でふんだんに紹介します．

図2-5 は定電圧動作用の誤差増幅器が，同時に**出力リプルに応じて発振器を兼ねる**ようにしたリプル検出型チョッパ・レギュレータの基本的な回路構成です．トランジスタ Tr_2 と Tr_3 で構成した差動増幅器は，定電圧動作のための誤差増幅器と，スイッチングのための発振器の機能をもっています．

いま入力電圧 V_{IN} が印加されると基準電圧 V_{REF} が発生し，トランジスタ Tr_2 のベースには，抵抗 R_3 と R_4 で分圧された電圧 V_{B2}，つまり，

$$V_{B2}=\frac{R_4}{R_3+R_4}\cdot V_{REF}$$

が印加されます．この時，Tr_2 と Tr_3 のエミッタ電圧 V_E は，

$$V_E=V_{B2}-V_{BE2}$$

となりますから，Tr_2 が ON して Tr_1 にベース電流 I_{B1} を流します．

〈図2-6〉 リプル検出型チョッパの各部波形

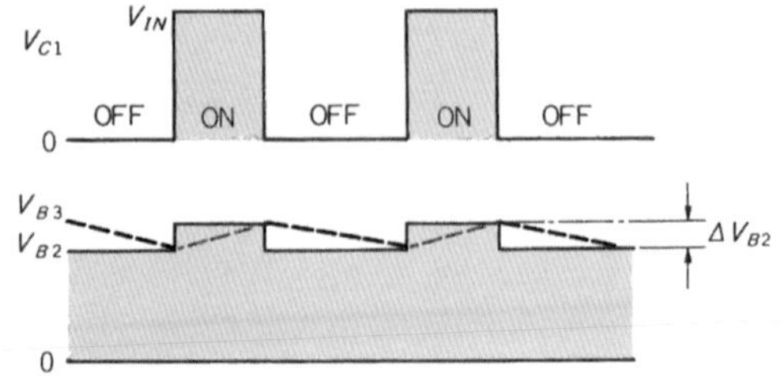

すると Tr_1 が ON して，コレクタ電圧 V_{C1} は，

$$V_{C1}=V_{IN}-V_{CE1(\mathrm{sat})}$$

となり，抵抗 R_5 を通して Tr_2 のベース電圧が，

$$\Delta V_{B2}=\frac{R_4}{R_4+R_5}\cdot V_{C1}$$

だけ上昇します．この電圧は，**図2-6** のように基準電圧 V_{B2} の上に ΔV_{B2} が加算されたものとなります．

一方，Tr_1 のコレクタ電流によって，出力端子に電圧 V_O が発生しますが，これを抵抗 R_7，R_8 で分割した電圧 V_{B3} は，

$$V_{B3}=\frac{R_8}{R_7+R_8}\cdot V_O$$

となり，トランジスタ Tr_3 のベース電圧となります．

そして出力電圧 V_O が上昇して，

$$V_{B3}\geqq V_{B2}+\Delta V_{B2}$$

となると，今度は Tr_3 が ON して Tr_2 が OFF します．と同時に Tr_1 も OFF しますから，今度は R_5 を通して Tr_2 のベースへ印加された ΔV_{B2} がなくなり，V_{B2} だけに低下します．すると出力電圧 V_O も下降を始めて，$V_{B3}\leqq V_{B2}$ になると，最初の状態に戻ります．

このようにして**図2-5** の回路はスイッチングを継続します．したがって出力電圧 V_O は，

$$V_O=\frac{R_7+R_8}{R_8}\cdot\left(V_{B2}+\frac{\Delta V_{B2}}{2}\right)$$

となります．そして，一般的には $V_{B2}\gg\Delta V_{B2}$ とします

〈図2-5〉 リプル検出型チョッパ回路

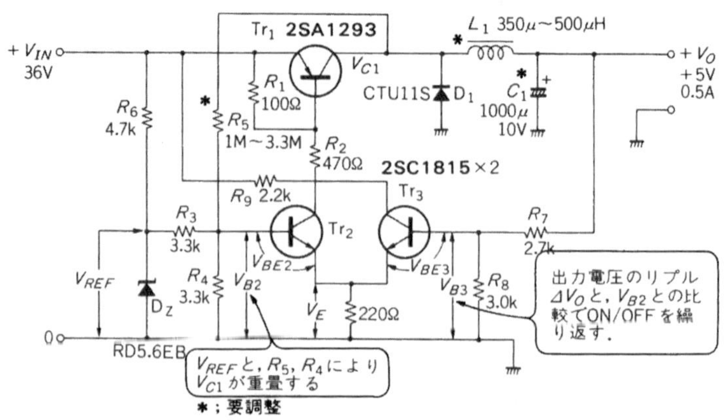

ので,

$$V_O=\frac{R_7+R_8}{R_8}\cdot V_{B2}$$

$$=\frac{R_7+R_8}{R_8}\cdot\frac{R_4}{R_3+R_4}\cdot V_{REF}$$

としてさしつかえありません.

どうです．非常に簡単な回路ながら，おもしろい動作をするでしょう.

● 安定に発振させるのは難しいが

ただし，この方式では出力リプル電圧によって，差動増幅回路のトランジスタが反転(ON/OFF)しますので，出力側平滑回路のチョーク・コイルやコンデンサの値を変えると，**スイッチング周波数も変化**してしまいます．ですから，実際には**図2-5**の中の＊印の部品を調整して，周波数を決定しなければなりません.

出力電流をもう少し増やしたいときには，図2-7のようにスイッチング・トランジスタをダーリントン接続にします．しかし，こうすると2個のトランジスタのスイッチング・タイムを加算したスイッチング特性となりますから，特にターンオフ時間 t_f が長引いてしまいます.

また，主スイッチング・トランジスタの飽和電圧も大きくなり，あまり**変換効率は上がりません**．したがって，このリプル検出型チョッパ方式というのは**小電力用，あるいは実験程度**にするのが妥当だと思われます.

● TL431を使って動作の安定化を図る

しかし，それでも原理の面白さにひかれて実験したのが**図2-8**の回路です．ここでは，第1部でも紹介しているプログラマブル・シャント・レギュレータTL431(33ページ参照)を用いて，リプル検出型チョッパ電源を構成しています.

入力電圧が印加された瞬間は出力電圧が低いために，TL431のカソードKはハイ・レベルの状態です．ですからTr_1，Tr_2共にONして，コイルL_1を通して出力に電流を流します．すると，TL431のアノードAの電圧V_Aには，R_7とR_8で分圧された電圧が，

$$V_A=\frac{R_7}{R_7+R_8}\cdot V_{IN}$$

として重畳されます．つまりTL431内部の基準電圧V_ZにV_Aが加算されたことになります.

そして出力電圧V_Oが，

$$V_{REF}=V_Z+V_A\leqq\frac{R_6}{R_5+R_6}\cdot V_O$$

の関係となると，TL431のカソードKは**"ロー・レベル"**となり，Tr_1，Tr_2共にOFFします．するとコイルL_1には**逆起電力が発生し，今までの蓄積エネルギを，**$L_1\to C_3\to D_1$の経路で放出します．そして，**図2-9**のように，この時の出力リプル電圧は下降波形となるので,

〈図2-7〉 スイッチング・トランジスタのダーリントン接続

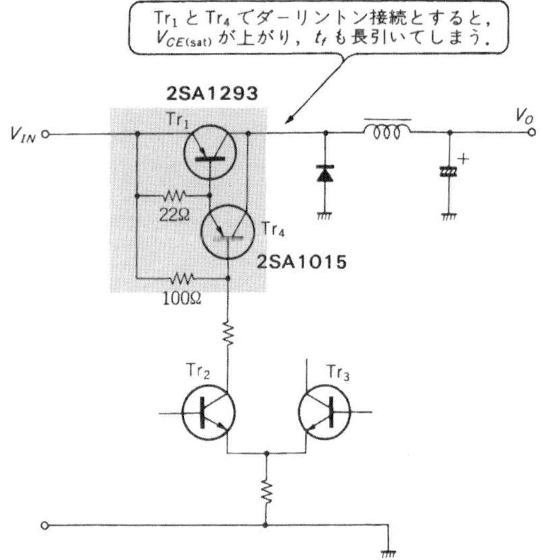

〈図2-8〉 TL431によるリプル検出型チョッパ電源

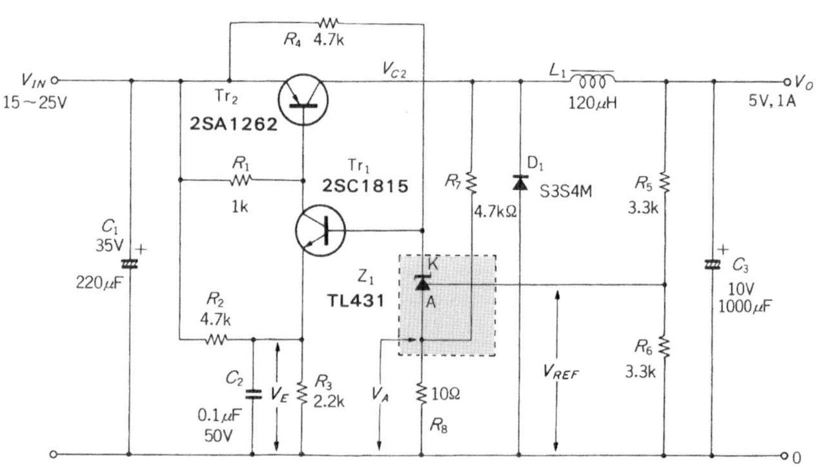

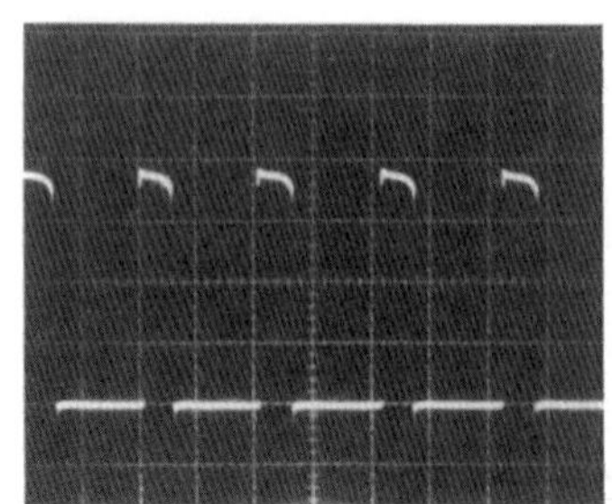

〈写真2-1〉 V_{C1}の電圧波形

〈図2-9〉 TL431 によるチョッパ電源の動作波形

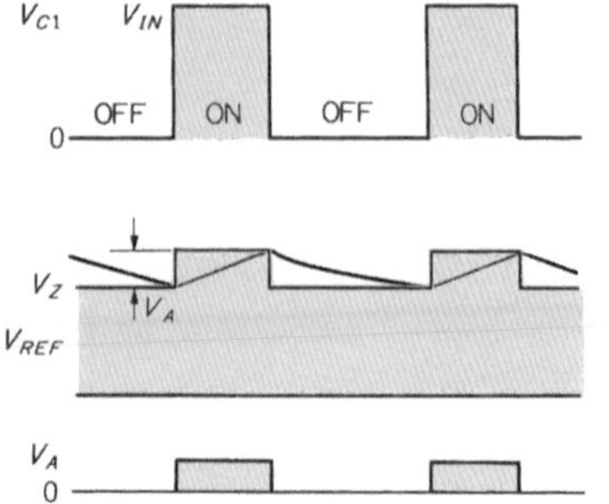

やがて，

$$V_{REF}=V_Z \geqq \frac{R_6}{R_5+R_6} \cdot V_O$$

となり動作が反転します．

この回路においては，TL431 のカソード電圧すなわち Tr_1 のベース電圧波形は，あまり高速のスイッチングをしていません．ところが，Tr_1 のエミッタにはバイアス電圧 V_E がかかっており，Tr_1 のスイッチングは完全な飽和動作ではないため，スイッチング速度が上がり，**写真2-1** のような良好な波形となります．また**写真2-2** に軽負荷時の V_{C2} の波形を示します．

図2-10 が，この回路の出力電圧特性とスイッチング周波数のデータです．また**図2-11** は $I_O=0.5$ A としたときの，入力電圧変化に対する出力電圧の特性です．なかなか十分な特性を引きだすことができました．変換効率も $V_{IN}=15$ V，$I_O=1$ A で 88 % となっています．

● 変換効率のポイントはスイッチング・トランジスタとダイオード

チョッパ方式レギュレータにおける電力損失の最大の原因は，スイッチング・トランジスタの飽和電圧 $V_{CE(sat)}$と，スイッチング(フライホイール)・ダイオード D の順方向電圧降下 V_F にあります．

トランジスタの ON している期間に流れる電流 I_C は，ほぼ出力電流 I_O と等しくなりますから，トランジスタでの損失 P_C は，

$$P_C=V_{CE(sat)} \cdot I_O \cdot \frac{t_{on}}{t_{on}+t_{off}}$$

となります．したがって，この P_C を低減するには，$V_{CE(sat)}$ の小さなトランジスタを用いて，十分なベース電流を流してやらなければなりません．

また，ダイオードを流れる電流 I_F もほぼ I_O と等しく，流れる期間はトランジスタの OFF 期間だけですから，ダイオードの損失 P_D は，

$$P_D=V_F \cdot I_O \cdot \frac{t_{off}}{t_{on}+t_{off}}$$

〈図2-11〉 TL431 によるリプル検出型チョッパの入力電圧特性

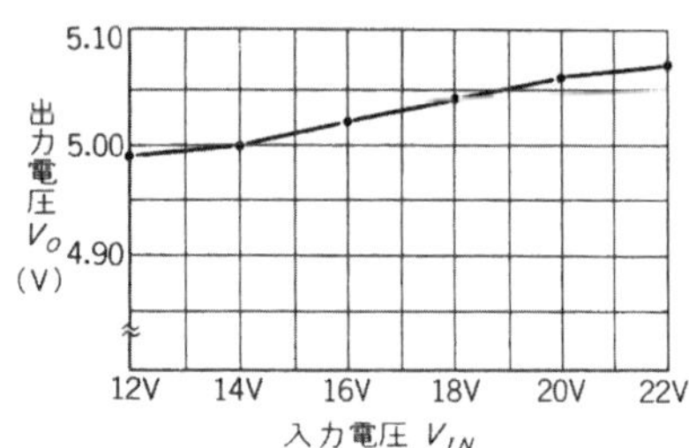

〈図2-10〉 TL431 によるリプル検出型チョッパの負荷電流特性

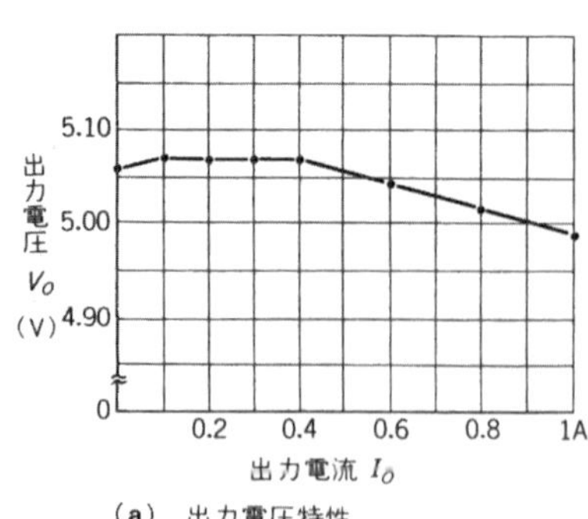

(a) 出力電圧特性

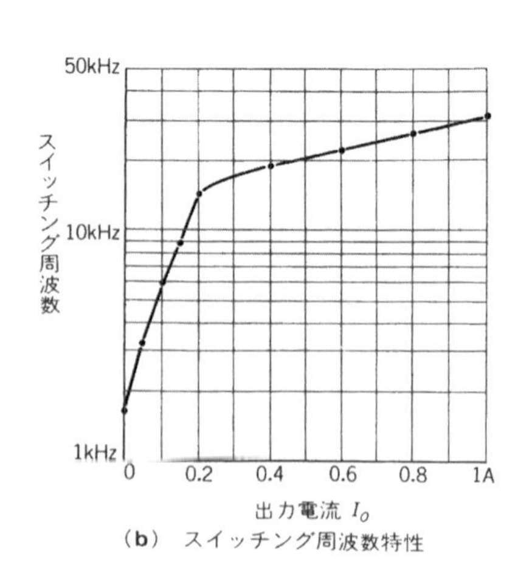

(b) スイッチング周波数特性

〈図2-12〉MC34063の構成(裏から見た図)

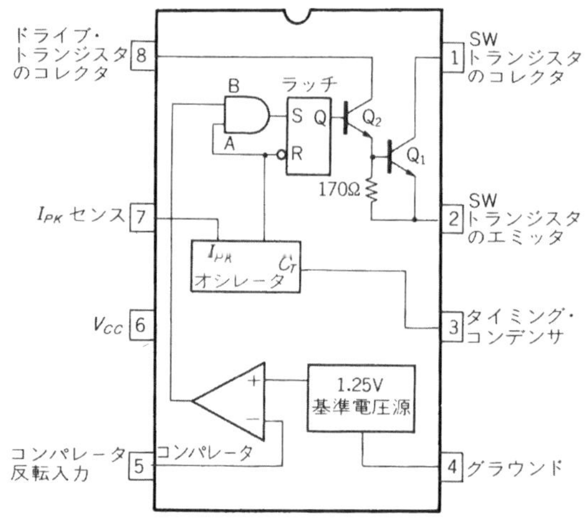

となりますから，一般には順方向電圧降下 V_F の小さなショットキ・バリヤ・ダイオードを利用するようにしています．

ICを使ったチョッパ・レギュレータの設計スタディ

時代の流れでしょうが，スイッチング・レギュレータの制御用にも数多くのICが用意され，チョッパ用途を意識した便利なものもいくつかあります．ここでは，市販のICを使用した各種のチョッパ・レギュレータについての設計例を紹介します．

MC34063による降圧型チョッパの設計

入力電圧　8V～16V
出力電圧　5V，0.6A

● チョッパ専用IC MC34063の特徴

1チップのICで，簡単にチョッパ・レギュレータを構成できるものが，各種発売されています．モトローラのMC34063もその一つで，**降圧/昇圧/極性反転型チョッパのスイッチング・レギュレータ**を，数点の外付け部品だけで作ることができます．

このICには，**最大1.5Aの電流をスイッチング**できるパワー・トランジスタが内蔵されています．**図2-12**にMC34063のブロック図，**表2-1**に電気的特性を示します．また，**写真2-3**に外観を示します．ミニDIPです．

〈表2-1〉[13] MC34063の主な特性

項　目	記号	定格	単位
電源電圧	V_{CC}	40	V
スイッチ電流	I_{SW}	1.5	A
最大損失	P_D	1	W
動作温度範囲	T_{ope}	0～70	℃
過電流保護動作電圧	V_{IPK}	300	mV
出力トランジスタ飽和電圧 $I_{SW}=1$ A	$V_{CE(sat)}$	1	V

スイッチング・レギュレータは，一般にシリーズ・レギュレータと違って，制御素子であるトランジスタの損失が大幅に軽減されますから，8ピンのDIPのICでも，1A以上の電流が取り出せるのです．

ここでは，入力電圧 V_{IN} よりも出力電圧 V_O を低くして定電圧化する，降圧型チョッパについて説明します．

● MC34063の機能と基本的な動作

MC34063には**図2-12**のようにスイッチング・トランジスタ，発振器，誤差増幅器，基準電圧など，必要な機能がすべて内蔵されていますので構成はいたって簡単です．

発振周波数は，3番ピンにコンデンサを外付けすることにより，約200kHzまで設定が可能です．**図2-13**が外付けコンデンサと発振周波数との関係です．

この発振周波数を決めるコンデンサ C_T への充電は

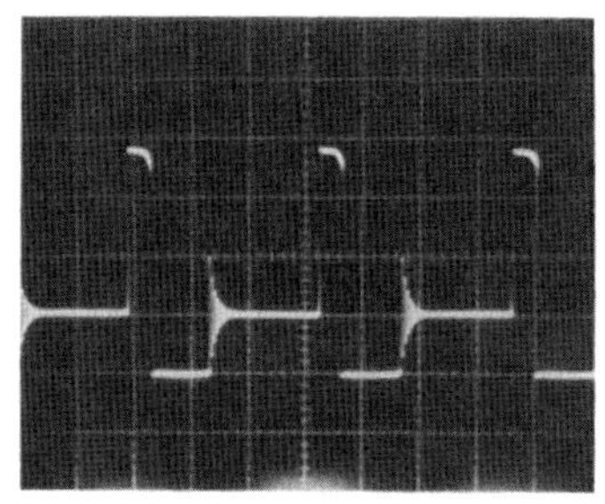

〈写真2-2〉TL431の軽負荷時の電圧波形(V_{C2})

〈写真2-3〉MC34063の外観

〈図2-13〉[13] MC34063の外付けコンデンサ対発振周波数

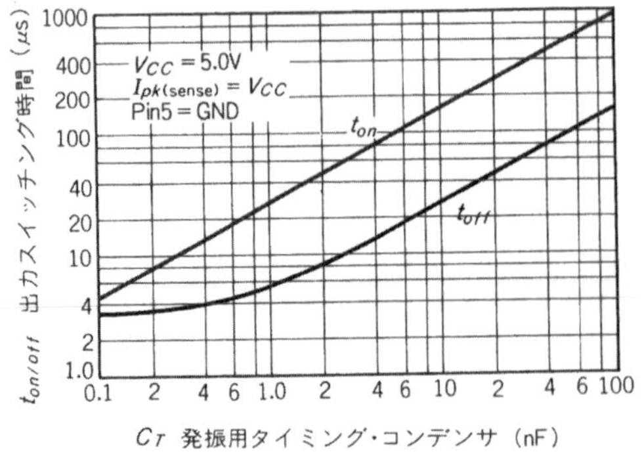

〈図2-14〉 タイミング・コンデンサ C_Tの電圧波形

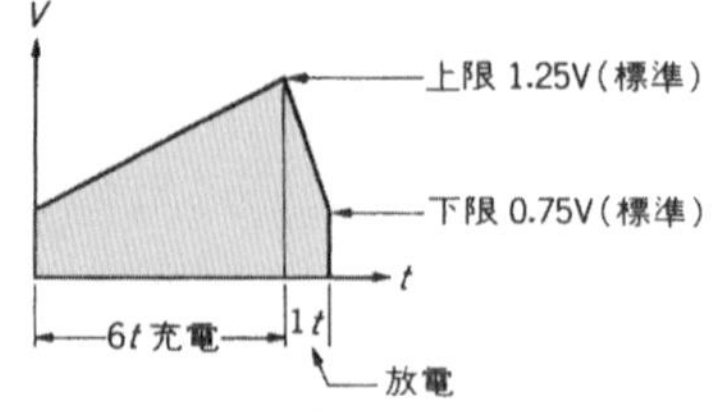

〈図2-15〉 MC34063のタイムチャート

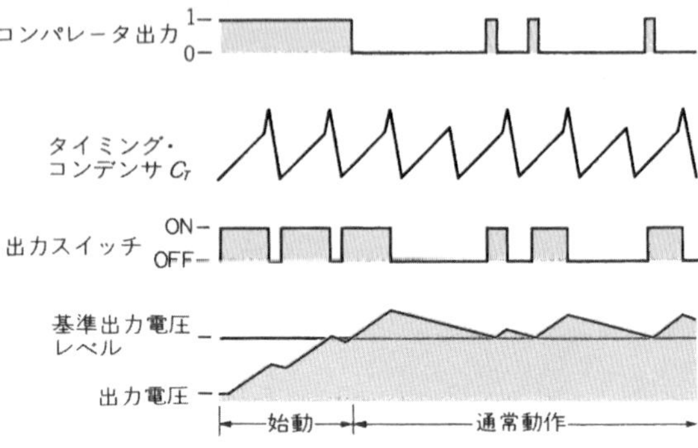

35 μA，放電は200 μAで定電流で行われます．ですから図2-14のように充電期間6 *t* に対して，放電期間は1 *t* の三角波となります．

そして，コンデンサ C_T の充電期間でコンパレータの出力が"H"レベルの時に，出力段のトランジスタ Q_1，Q_2 がONするようになっています．このICの誤差増幅器はコンパレータですから，5番ピンに印加される出力電圧の検出信号が，内部の基準電圧1.25 Vより高くなると，コンパレータの出力が"L"，逆で"H"となります．

通常のOPアンプの誤差増幅器だと出力信号がリニアになりますが，このICでは"H"か"L"かのどちらかの値となります．ですから，スイッチング波形は必ずしも一定ではなく，入力電圧や出力電流によってランダムな周期となってしまいます．写真2-4にその波形の一例を示します．

図2-15が動作のタイムチャートですが，始動時などのように出力電圧の低い時には，ONとOFFの比率が6：1で，設定された周波数でスイッチングを繰り返します．また，出力電流が減少したり入力電圧が上昇したりすると，出力段のスイッチング周波数は低くなることになります．

● デューティ・サイクルからインダクタンスを決める

では，入力電圧 V_{IN}=8 V〜16 Vで，出力電圧 V_O が5 V，0.6 Aの電源を設計してみましょう．図2-16がこのための回路構成です．

まず，発振周波数は高ければ高いほど，外付けチョーク・コイルが小さなインダクタンスですみます．しかし，高い周波数ではスイッチング・トランジスタやフライホイール・ダイオードの損失が増加するので，ここでは約40 kHzとします．すると図2-13のグラフから，外付けコンデンサ C_T は約470 pFとなります．そして，この時の最大デューティ・サイクルは，D=t_{on}/T≒0.8となります．

入力電圧 V_{IN} が8 V〜16 Vまで変化するとして，コイルのインダクタンスを計算します．

コイルを使用する目的は，スイッチング・トランジスタがONしている間のエネルギを蓄える機能と，出

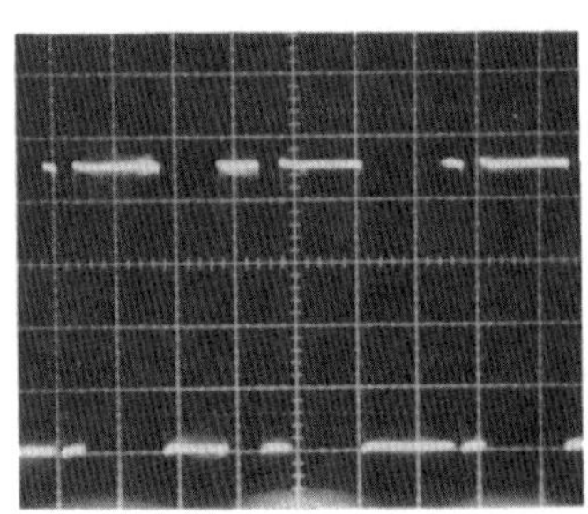

〈写真2-4〉 MC34063の2番ピンのスイッチング電圧波形

〈図2-16〉 5 V，0.6 A降圧型チョッパ

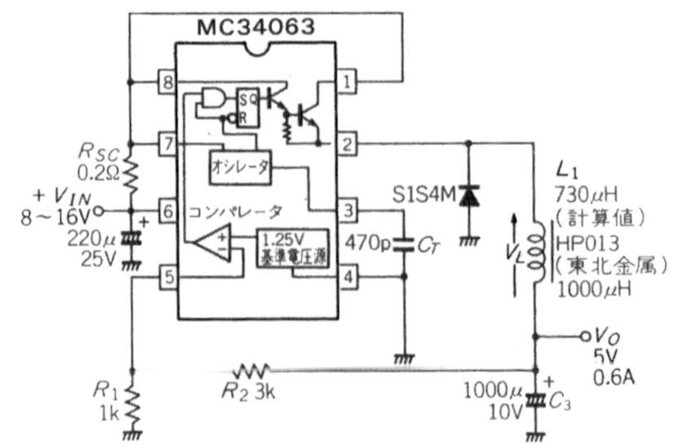

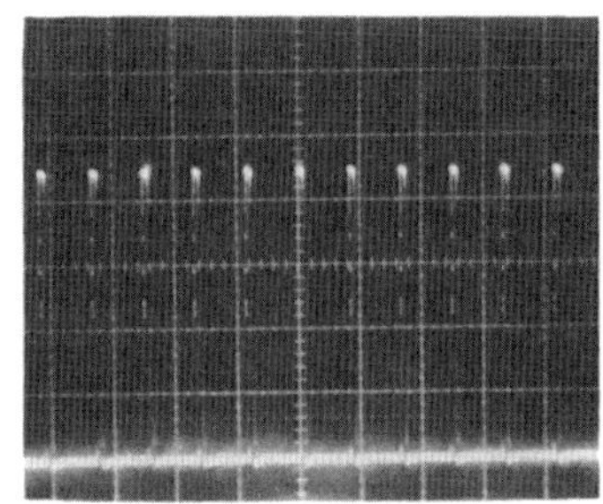

〈写真2-5〉 MC34063による降圧型チョッパの過電流保護動作時のスイッチング波形

〈図2-17〉 5 V，0.6 A電源の出力特性

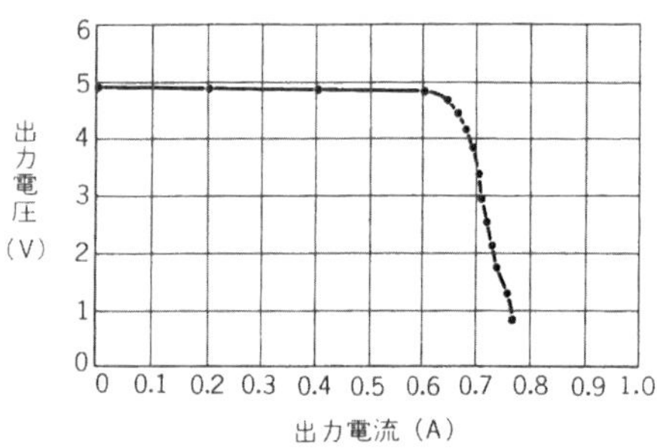

力リプルを抑えるための平滑用としての機能ですから，基本的にはインダクタンスは大きいほうが望ましいのです．しかし，そうすると形ばかり大きくなってしまいます．

したがって，実際にはコイルに流れる電流の大きさと期間とによって，コイルが飽和しない範囲のものを余裕をもって選択するようにします．そこで，コイルを流れるリプル電流 ΔI_O の平均値をまず求めます．これは，一般的に出力電流 I_O の15％程度とします．すると，$\Delta I_{O(P-P)}$ は0.6 Aの30％で0.18 Aとなります．

したがってインダクタンスでの電圧降下を V_L とすると，使用するコイル L のインダクタンスは，

$$L=\frac{V_L}{\Delta I_{O(P-P)}}\cdot t_{on}$$

$$=\frac{8-1.45}{0.18}\cdot 20\times10^{-6}=730\ \mu\text{H}$$

あればよいことになります．

コイルは第1章，表1-3に示したようなトロイダル型HPコイル・シリーズ（東北金属工業製）のHP013を用います．

平滑用コンデンサ C_3 は，コンデンサの等価直列抵抗 ESR の影響でリプル電圧が現れますから，インピーダンス値の低い高周波整流用を用いるのがよいでしょう．例えばこれも第1章，表1-16に示したHFシリーズの10 V，1000 μFのものが適当でしょう．

出力電圧 V_O の設定は，MC34063の内部基準電圧 V_{REF} が1.25 Vですから，

$$V_O=\left(1+\frac{R_2}{R_1}\right)\cdot V_{REF}$$

となります．ここでは $V_O=5$ Vですから $R_2/R_1=3$ となり，$R_1=1$ kΩ，$R_2=3$ kΩとします．

● 過電流保護の動作

ところで，このMC34063には過電流保護回路が内蔵されています．そして，5番ピンと7番ピン間との電圧差が330 mVに達すると，発振回路のコンデンサ C_T の充電電流が増え，短い時間で充電をしますから，トランジスタのON時間が短くなり，出力電圧が垂下して過電流の保護を行います．

そこで，ここでは $I_O=0.6$ Aをリミットとすることにして0.2 Ωの抵抗 R_{SC} を接続します．過電流保護時の発振波形を写真2-5に示します．

なお，入力電源側のコンデンサは極力 R_{SC} に近い位置につけてください．これがないと，入力ラインのインダクタンス分でノイズを発生したり，あるいはトランジスタのスイッチング速度が遅くなったりして，損失が増加してしまいます．

また，IC内蔵のスイッチング・トランジスタのエミッタ側につけるスイッチング・ダイオードは，一般整流用のものでは特性が悪くて使いものになりません．逆回復時間 t_{rr} の短いFRD（ファスト・リカバリ・ダイオード）でなければなりません．

ここでは逆方向の印加電圧が30 V以下なので，SBD（ショットキ・バリヤ・ダイオード）がよいでしょう．これは順方向電圧降下が $V_F=0.55$ Vと低く，損失が少ないのが特徴です．この回路では，新電元のS1S4Mというリード型で，$V_{RM}=40$ V，$I_O=1$ Aのものを用いています．

入力電圧が10 Vのときの，出力電流と電圧の特性を図2-17に示しておきます．変換効率は83％でした．

● 出力電流を増大するには

MC34063を使用して，もっと大きな出力電流の降圧型チョッパを作るには，図2-18のようにPNP型のスイッチング・トランジスタを外付けします．

しかし，大電流高速スイッチングのPNPトランジスタは入手しにくいので，外付けするトランジスタはNPN型とする図2-19のような構成にしてもかまいません．ただ，こうするとIC内部を含めトータルで3段のダーリントン接続となるので，ON状態のコレクタ-エミッタ間電圧が高くなり損失が増えてしまいます．

なお，この場合の過電流の保護は，電流検出を低抵抗の0.05 Ωとし，並列に100 Ωくらいの可変抵抗を接続して任意に設定できるようにしたほうがベターです．

● 出力リプルを小さくするには

シリーズ・レギュレータの出力リプルは，入力の整

〈図2-18〉 MC34063による降圧型チョッパの電流増大の方法(1)

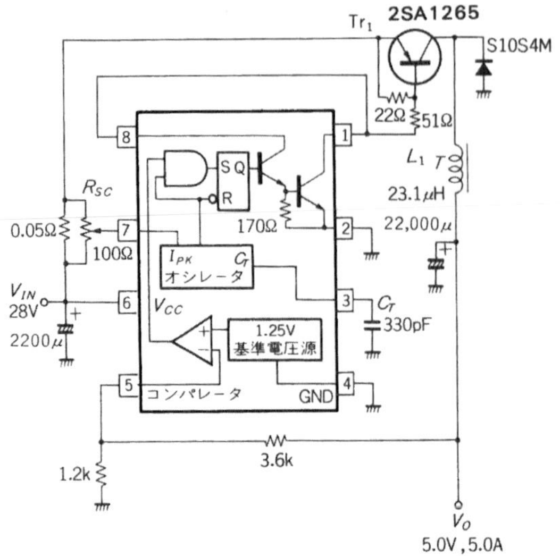

流リプル成分以外のものはありません．ところが，スイッチング・レギュレータではこのほかに，スイッチング周波数成分の基本波と，トランジスタのON/OFFの過渡状態で発生する，スパイク性スイッチング・ノイズが重畳されます．

図2-20に示すように，商用周波数成分は50 Hz～120 Hzと低周波ですから，これはたんなる入力電圧変動と見なすことができ，誤差増幅器の利得を大きくすれば低減することができます．しかし，帰還系の応答周波数はせいぜい数kHz以下ですから，20 kHz以上の成分を低減することはできません．

そこで，リプルの基本波成分は**図2-21**に示す**π**型の2段フィルタ構成で除き，スイッチング・ノイズに対しては，出力線とアース間に周波数特性のよいコンデンサを接続します．

2段フィルタ用のコイルのインダクタンスは，数十

〈図2-21〉 π型2段フィルタ

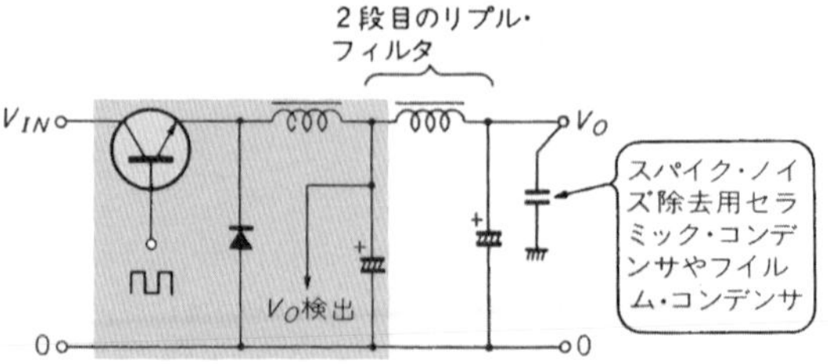

μHで十分な減衰特性を得ることができます．ここに使用するコイルとしては第1章，表1-2に示したFL9H331Kなどが適当です．

ただ，基本波成分抑制用の2段フィルタを付加した時には，出力電圧検出点はコイルの前段にしないと，制御回路系で異常発振を起こしてしまうことがありますので注意が必要です．

これは追加したコイルによって，フィードバック・ループの位相遅れが生じるための，ハンチング現象です．

MC34063による昇降圧型チョッパの設計
入力電圧　7.5～14.5V 出力電圧　10V，220mA

● 昇降圧型チョッパとは

入力電圧 V_{IN} がある範囲で変化し，出力電圧 V_O がその間にあるような場合には，昇圧と降圧の両方を兼ねそなえた動作のできる回路が必要となります．それが昇降圧型チョッパです．

降圧型チョッパでは必ず $V_O \leqq V_{IN}$ となってしまいますし，昇圧型チョッパでは $V_{IN} > V_O$ となると，出力電圧を定電圧化できなくなり，$V_O = V_{IN}$ と上昇してしまいます．

そのようなとき，MC34063を用いて，**図2-22**のよう

〈図2-19〉 NPNトランジスタを使用する電流増大の方法(2)

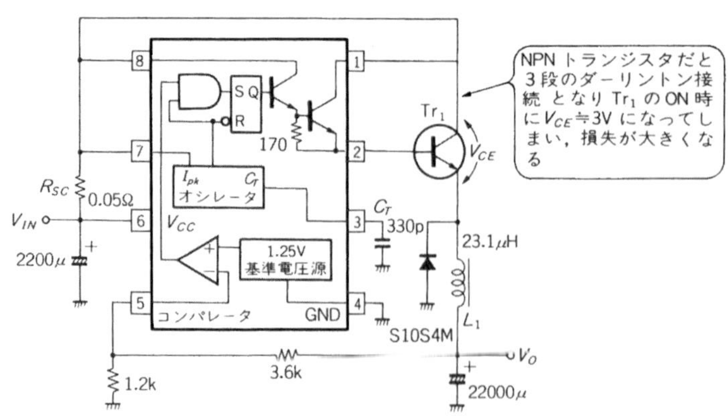

〈図2-20〉 スイッチング・レギュレータのリプル電圧

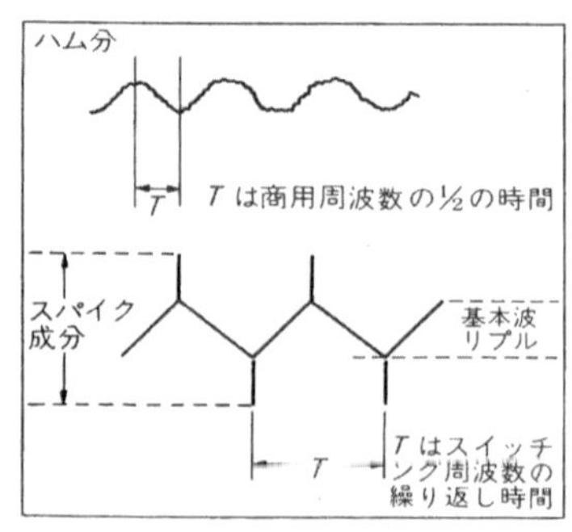

〈図2-22〉 10 V，220 mA 昇降圧型チョッパ

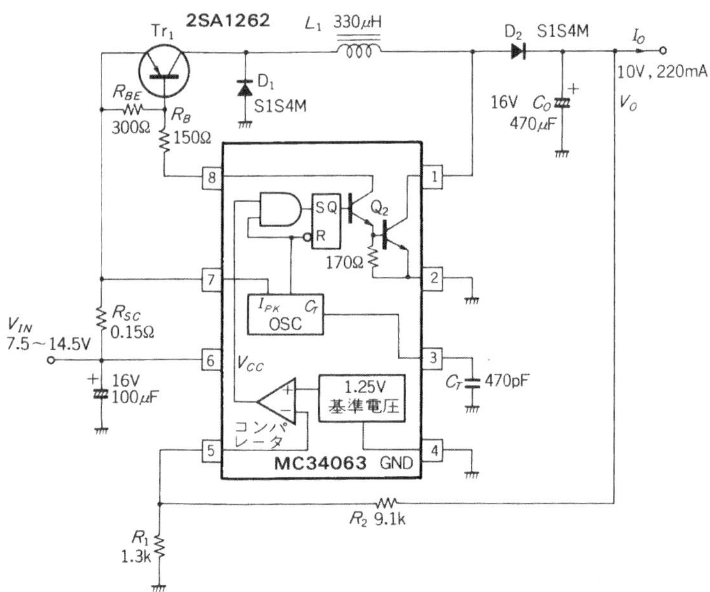

〈図2-23〉 昇降圧チョッパの電流経路

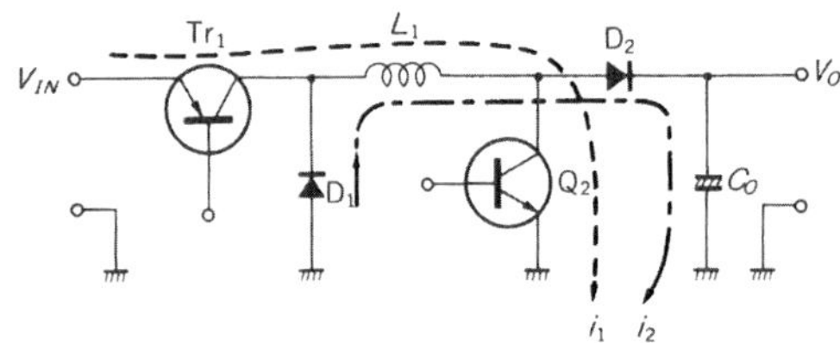

〈図2-24〉 1 次，2 次電流波形

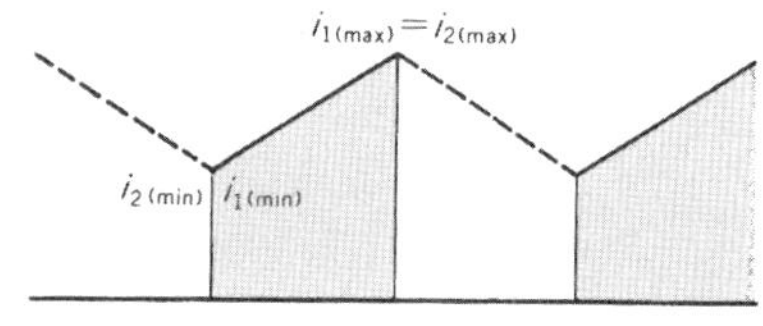

に 2 個のスイッチング・トランジスタで，入力電源 V_{IN} を ON/OFF するようにすれば，昇降圧型チョッパを構成することができます．

Tr_1 と D_1 とチョーク・コイルの部分が降圧型で，IC 内部のトランジスタ Q_2 と D_2 とチョーク・コイルが昇圧型チョッパとして動作します．

外付けの Tr_1 と IC 内部の Q_2 は同期してスイッチングしていますので，ON 期間の電流は**図2-23** の i_1 の経路で流れ，コイルにエネルギを蓄えます．この時 Q_2 も ON していますから，D_2 を通して出力へ電流を供給することはありません．

次に Tr_1 と Q_2 が OFF すると，コイルに逆起電力が発生して i_2 の経路で電流が流れ，負荷側へ電力を供給します．i_2 の平均値が出力電流 I_O となりますから，この値は，

$$I_O=\int_0^{toff} i_2 \cdot dt$$

となります．

インダクタンス L_1 が十分に大きいとすると，i_1 と i_2 は連続した電流波形となりますから，**図2-24** のように $i_{1(min)}=i_{2(min)}$，$i_{1(max)}=i_{2(max)}$ となります．ここで i_2 の下降する傾斜は L_1 のインダクタンスによって決定され，

$$\frac{di_2}{dt}=-\frac{V_O+V_{F1}+V_{F2}}{L_1}$$

となります．ここで V_{F1}，V_{F2} はそれぞれダイオード D_1，D_2 の順方向電圧降下です．

また，i_1 の経路には 2 個のトランジスタが入りますので，

$$\frac{di_1}{dt}=\frac{V_{IN}-(V_{CE1}+V_{CE2})}{L_1}$$

となります．V_{CE1}，V_{CE2} はそれぞれ Tr_1 と Q_2 の ON 時の飽和電圧です．

ですから，1 次電流の最大値 $i_{1(max)}$ は，

$$i_{1(max)}=i_{1(min)}+\frac{V_{IN}-(V_{CE1}+V_{CE2})}{L_1}\cdot t_{on}$$

で与えられます．そして，このチョッパでは入力側と出力側の電力が等しくなるので，

$$\frac{1}{2}L_1\cdot i_{1(max)}{}^2\cdot f=V_O\cdot I_O$$

となり，入力電圧の変動や出力電流の変動に応じて t_{on} を変化すれば，出力電圧 V_O を定電圧化することができます．

〈図2-25〉 10 V, 220 mA 昇降圧型チョッパの出力電圧特性

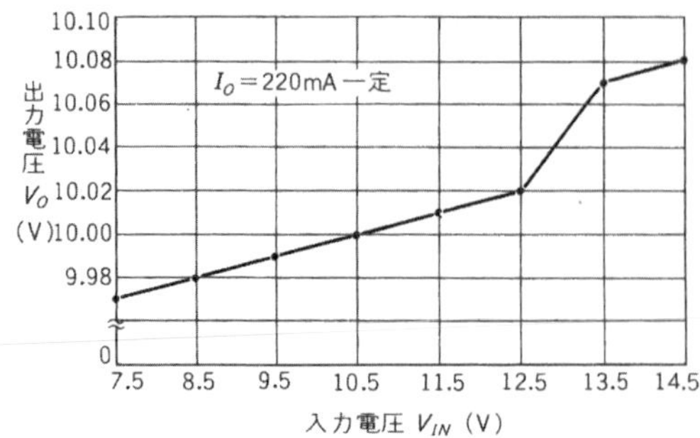

● 回路定数を求めると

チョーク・コイルを流れる電流は，直流でバイアスされた波形となるように動作させます．入力電圧 V_{IN}＝14.5 V の降圧型チョッパ動作時の条件で，コイルのインダクタンスを計算してみます．

スイッチング周波数を 30 kHz とすると，発振周期 T は，

$$T=\frac{1}{f}=\frac{1}{30\times10^3}=33\ \mu\text{s}$$

となります．

トランジスタの ON 時の飽和電圧 $V_{CE(\text{sat})}$ を 0.5 V，ダイオード D_2 の電圧降下 V_F を 0.5 V とすると，トランジスタの ON 時間 t_{on} は，

$$t_{on}=\frac{V_O}{V_{IN}-(V_{CE(\text{sat})}+V_F)}\times T$$

$$=\frac{10}{14.5-(0.5+0.5)}\times33=17\ \mu\text{s}$$

となります．コイルを流れるリプル電流 $\varDelta I_O$ を 0.18 A とすると，インダクタンス L_1 は，

$$L_1=\frac{V_{IN}-(V_O+V_{CE(\text{sat})}+V_F)}{\varDelta I_O}\times t_{on}$$

$$=\frac{14.5-(10+0.5+0.5)}{0.18}\times17\fallingdotseq330(\mu\text{H})$$

となります．したがって，コイルとしては第 1 章，表 1-2 に示した FL9H331K が適当でしょう．

〈図2-26〉 10 V, 220 mA 昇降圧型チョッパの電力変換効率特性

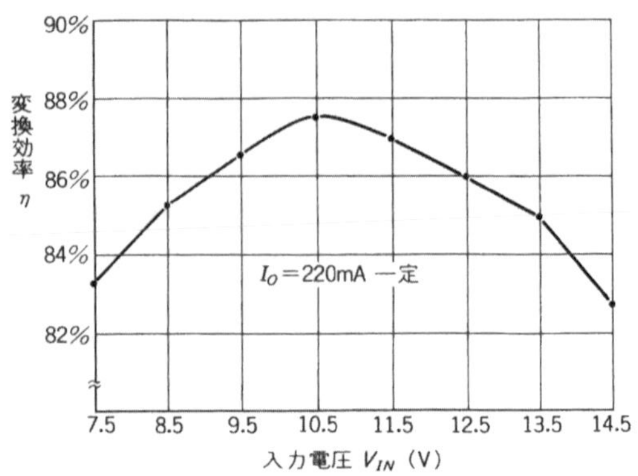

スイッチング・トランジスタ Tr_1 には，V_{CE}＝60 V，I_C＝4 A の 2SA1262 を用います．また，D_1 と D_2 の 2 個のダイオードは，ショットキ・バリヤ・ダイオードの S1S4M を用いています．

写真2-6 は入力電圧 V_{IN}＝7.5 V のときの，Tr_1 のコレクタ電圧とコイルを流れる電流です．MC34063 はたんなる PWM(パルス幅変調) 制御ではないので，ランダムなパルス列として動作しています．**写真2-7** は Tr_1 の V_{CE} と D_2 の電流波形です．

また，**図2-25** は入力電圧対出力電圧の特性で，**図2-26** は入力電圧による電力変換効率の特性です．

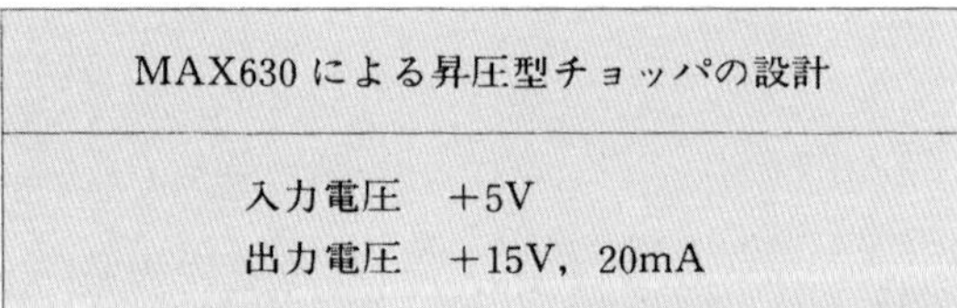

MAX630 による昇圧型チョッパの設計

入力電圧	+5V
出力電圧	+15V，20mA

● MAX630 の特徴

入力電圧より高い出力電圧を得る方法として，昇圧型チョッパがあります．3 V 程度のバッテリを入力として，5 V や 12 V の電源を作る時や，5 V の電源から 12 V を作る時などに適しています．

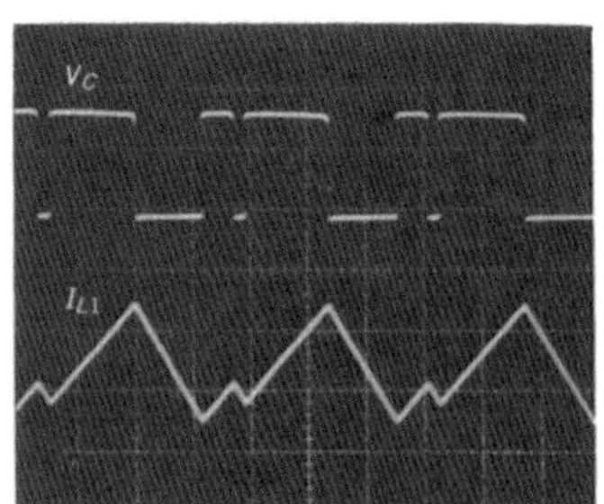

〈写真2-6〉 Tr_1 のコレクタ電圧とコイルの電流

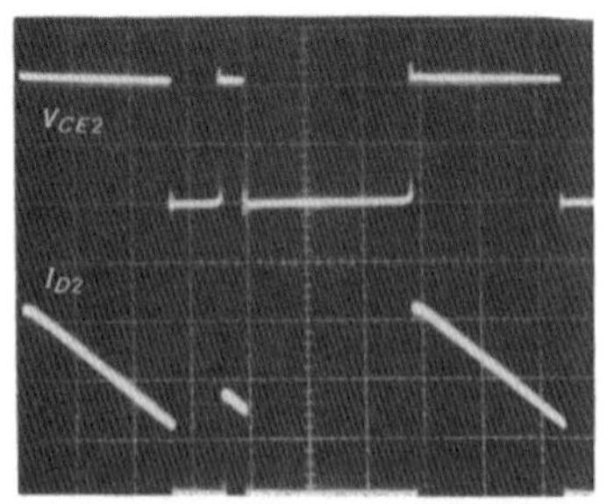

〈写真2-7〉 Tr_2 の V_{CE} と I_{D2}

〈表2-2〉[12] MAX630シリーズの定格特性

項目	記号	規格				単位
		MAX630	MAX631	MAX632	MAX633	
電源電圧	V_{IN}	2.2~16.5	~18	~18	~18	V
最大損失	P_D	468	625	625	625	mW
ピーク出力電流	I_O	375	325	325	325	mA
スイッチ電流	I_{SW}	150	325	325	325	mA
効率	η	85	80	80	80	%
基準電圧	V_{REF}	1.25~1.37	—	—	—	V
入力安定度	δ_{IN}	0.5	0.08	0.08	0.08	%
負荷安定度	δ_{OUT}	0.5	0.2	0.2	0.2	%
動作温度	T_{op}	0~70	0~70	0~70	0~70	℃
出力電圧	V_O	可変型	5	12	15	V

〈図2-27〉MAX630の構成

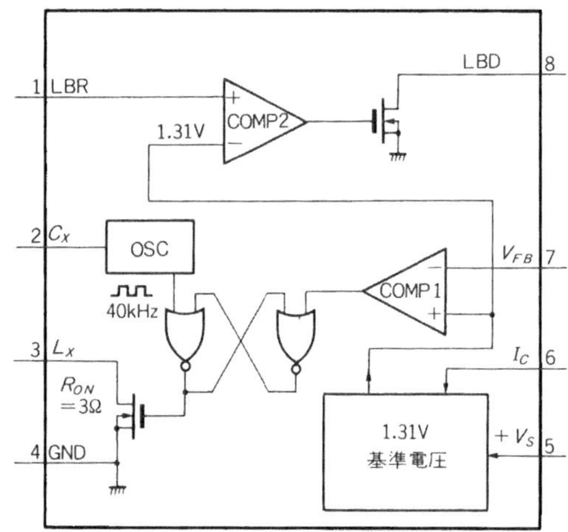

〈図2-28〉昇圧型チョッパの基本回路

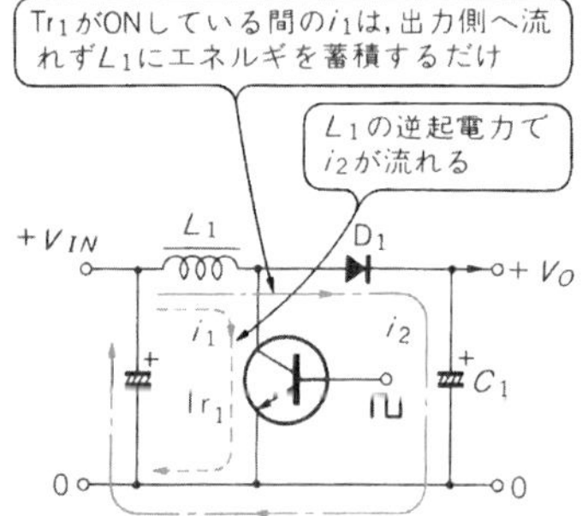

〈図2-29〉昇圧型チョッパの電流波形

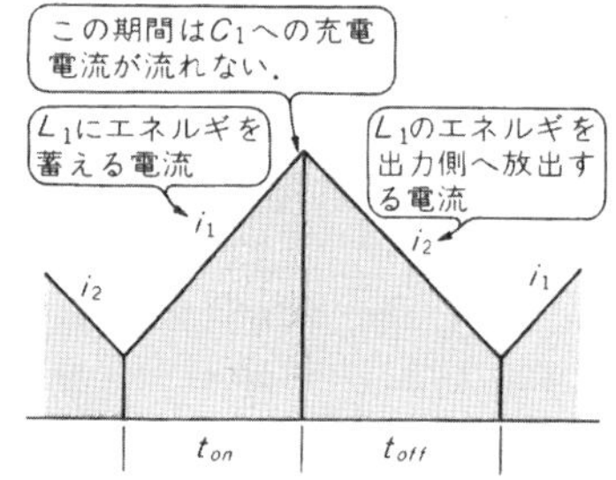

〈写真2-8〉MAX630の外観

ここでは昇圧型チョッパとして専用に作られたIC MAX630(マキシム社)を使用した構成を紹介することにします.

このICは最大出力電流が約300 mAですが，ほとんどの機能が集積されていて，出力段はMOS FETが採用されています.

固定出力電圧用のMAX631/632/633もありますが，MAX630は2本の外付け抵抗で，出力電圧を可変することができます．**図2-27**にMAX630の基本構成を示します.

また，**表2-2**に電気的特性，**写真2-8**に外観を示します.

● 昇圧型チョッパ動作のしくみ

昇圧型チョッパは，**図2-28**のようにスイッチング素子が，コイルとグラウンド間に接続されます.

いまトランジスタTr_1がONすると，入力電源V_{IN}からコイルL_1を通して電流i_1が流れます．コイルL_1を流れる電流i_1は，**図2-29**に示すように時間に比例して単調に増加しますから，

$$i_1=\frac{V_{IN}}{L_1}\cdot t$$

となります．ここでは，トランジスタの電圧降下は省略してあります.

この時，トランジスタTr_1のコレクタ-エミッタ間電圧は飽和電圧$V_{CE(sat)}$ですから，出力電圧V_Oとの関係は，$V_O>V_{CE(sat)}$となります．したがって，ダイオードD_1を通して出力側へは電流が流れません.

その後，トランジスタの導通期間$t=t_{on}$でi_1は最大値i_{1P}となり，この時コイルL_1にエネルギが蓄えられます．このエネルギP_Lは，繰り返し周波数をfとすると，単位時間当たりでは，

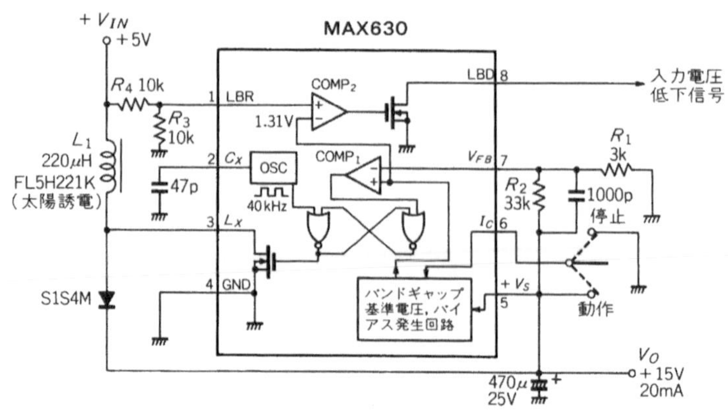

〈図2-30〉
MAX630による＋15 V，20 mAの昇圧型チョッパ

$$P_L = \frac{L_1}{2} \cdot i_{1P}{}^2 \cdot f = \frac{V_{IN}{}^2 \cdot t_{on}{}^2}{2\,L_1} \cdot f$$

となります．

ここでトランジスタがOFFすると L_1 には逆起電力が発生し，ダイオード D_1 を通して整流用コンデンサ C_1 を充電しながら i_2 が流れ出します．この時ダイオード D_1 の順方向電圧降下を無視すると，トランジスタに印加される電圧は，$V_{CE}=V_O$ですから，コイル L_1 の両端電圧 V'_L は，

$$V'_L = V_O - V_{IN}$$

となります．

この種のチョッパでは i_1 と i_2 の最大値は等しくなりますから，i_2 は i_{1P} から1次関数的に減少し，

$$i_2 = i_{1P} - \frac{V'_L}{L_1} \cdot t$$

$$= \frac{V_{IN}}{L_1} \cdot t_{on} - \frac{V_O - V_{IN}}{L_1} \cdot t$$

となります．

また，C_1 の両端電圧が出力電圧 V_O となりますから，出力電流を I_O，負荷抵抗を R_L とすると，出力電力 P_O と L_1 の蓄積電力が等しくなければなりません．したがって，

$$P_O = I_O \cdot V_O = \frac{V_O{}^2}{R_L} = \frac{V_{IN}{}^2 \cdot t_{on}{}^2}{2\,L_1} \cdot f$$

となります．

これから，出力電圧 V_O は，

$$V_O = \frac{V_{IN}{}^2 \cdot t_{on}{}^2}{2 \cdot L_1 \cdot I_O} \cdot f$$

となります．

この式から入力電圧や出力電流が変化した時には，それと反対方向にトランジスタのON時間 t_{on} を変化してやれば，出力電圧が安定に保たれることがわかります．

つまり，入力電圧 V_{IN} が低下したり，出力電流 I_O が増加したら t_{on} を長くし，逆に V_{IN} が上昇したり，I_O が減少したら t_{on} を短くすればよいわけです．

昇圧型チョッパが降圧型チョッパと比較して違うところは，出力平滑用コンデンサへの充電電流は，トランジスタのOFF期間だけとなることです．

すなわち，トランジスタのONしている期間は，平滑用コンデンサから負荷へ電流を供給するだけですから，コンデンサの端子電圧は低下します．

また，OFF期間のコンデンサへの充電電流は，平均値が出力電流 I_O に等しくなければならないため，それだけ大きな値となり，リプル電圧は出力電流に比例して大きくなってしまいます．

なお，ダイオード D_1 にはトランジスタがONしている期間に逆電圧 V_R が印加され，$V_R=V_O$となります．

● インダクタンスを求めるには

では，MAX630を使用して $V_{IN}=5$ V，$V_O=+15$ V，20 mAの昇圧型チョッパを設計してみましょう．図2-30に設計した回路例を示します．

この回路の発振周波数は，2番ピンに接続するコンデンサによって決定されます．ここでは47 pFを外付けし，約40 kHzの周波数とします．この時のデューティを $t_{on}/T=0.5$ として，まずコイル L_1 に必要なインダクタンスを求めます．

スイッチング用MOS FETの電圧降下 $V_{DS(ON)}$ が，ICのデータ・シートに明記されていませんが，ここでは経験的に約0.5 Vとして計算します．すると，

$$L_1 = \frac{(V_{IN}-0.5)^2 \cdot t_{on}}{2 \cdot V_O \cdot I_O} \cdot f$$

$$= \frac{(5-0.5)^2 \cdot (12.5\times10^{-6})^2}{2\times15\times0.02} \times 40\times10^3$$

$$= 210\ \mu\text{H}$$

となります．

この時に流れるコイルの電流 i_1 の最大値 i_{1P} は，

$$i_{1P} = \frac{V_{IN}}{L_1} \cdot t_{on}$$

$$= \frac{4.5}{210\times10^{-6}} \times 12.5\times10^{-6} = 270\ \text{mA}$$

となります．

このICの最大スイッチング電流は375 mAですから，実際の使用条件もこの程度が限界となってしまいます．

ここではL_1に第1章，表1-2で示した太陽誘電㈱のインダクタFL5H221Kを使います．

これはマイクロ・インダクタと呼ばれているもので，**図2-31**のような小型のドラム・コアに巻線されたものです．この型状のコアは開磁路といって，発生した磁束が全部外部に出てしまいます．そのため，**電磁誘導作用によって，すぐ近くの回路へはノイズ障害**を起こす可能性があります．

ですから，ノイズにシビアな回路などは，距離をもたせて部品を配置するなどの配慮をする必要があります．また，このコイルの直下にプリント板のパターンなどがあると，これに誘導することもありますから注意してください．

少し大きくなりますが，トロイダル型のHPコイルの中からHP011などを用いれば漏れ磁束を小さくすることができます．

● その他の回路定数の注意点

この回路の平滑用コンデンサは，出力リプル電圧を低く抑えるために，極力内部インピーダンスの低いものを用います．ここでは，**リプル電圧を$\Delta v_r \leqq 50$ mV** とするために，コンデンサの内部インピーダンスZ_Cは，

$$Z_C \leqq \frac{\Delta v_r}{i_{1P}} = \frac{0.05}{0.27} = 0.18\ \Omega$$

でなければならず，第1章，表1-16に示すような松下電子部品HFシリーズの25V470μFを用いることにします．

整流ダイオードも高速のものが必要ですが，耐圧的にショットキ・バリヤ・ダイオードが使用できますので，S1S4Mを用いています．

出力電圧V_Oの設定は，ICに内蔵の基準電圧が$V_{REF}=1.3$ Vで，

$$V_O = V_{REF} \cdot \left(1 + \frac{R_2}{R_1}\right)$$

〈図2-31〉ドラム・コア(マイクロ・インダクタ)の欠点

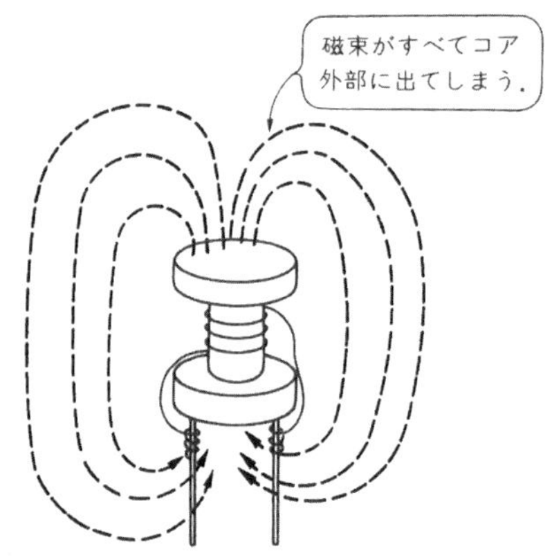

となります．したがって$V_O=15$ Vとするには$R_2/R_1=10.5$となりますので，$R_1=3$ kΩ，$R_2=33$ kΩとします．

写真2-9は実際の動作波形です．(a)はスイッチング・トランジスタの電圧-電流波形で，(b)は平滑コンデンサへの充電電流です．

なお，出力検出点V_{FB}の7番ピンに接続したコンデンサは，異常発振を起こすのを防止するものです．

このほかMAX630には，外部信号で電源回路の動作を停止する機能があります．6番ピンを出力電圧側に接続すると正常に動作し，グラウンドに落とすと動作を停止することができます．

さらに，8番ピンのLBD出力は，入力電圧が低下したことを検出して，その信号を出すためのものです．内部のコンパレータに接続された基準電圧V_{REF}はやはり1.3 Vですから，入力電圧V_{IN}が，

$$V_{IN} \leqq \left(1 + \frac{R_4}{R_3}\right) \cdot V_{REF}$$

になると，LBD出力が"L"となります．

このLBD出力端子の最大流し込み電流は50 mAです．LEDをつないで，バッテリの電圧低下表示などに利用すると便利です．

〈写真2-9〉
昇圧型チョッパの動作波形

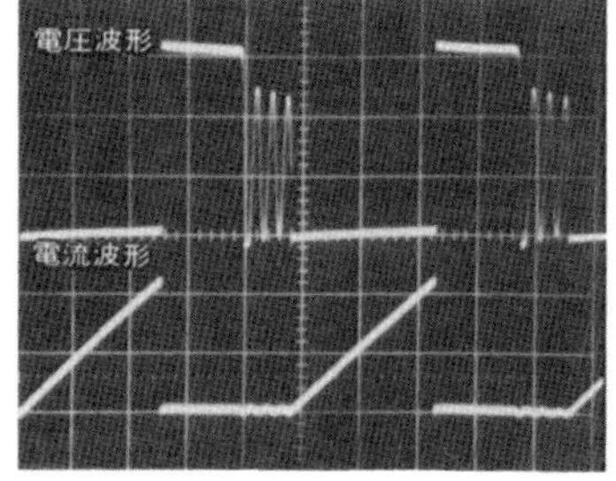

(a) トランジスタの電圧・電流

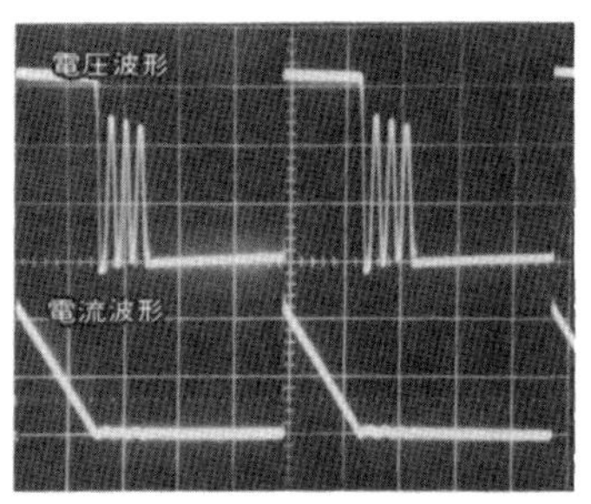

(b) ダイオードの電流(下段)

〈図2-32〉MAX634の構成

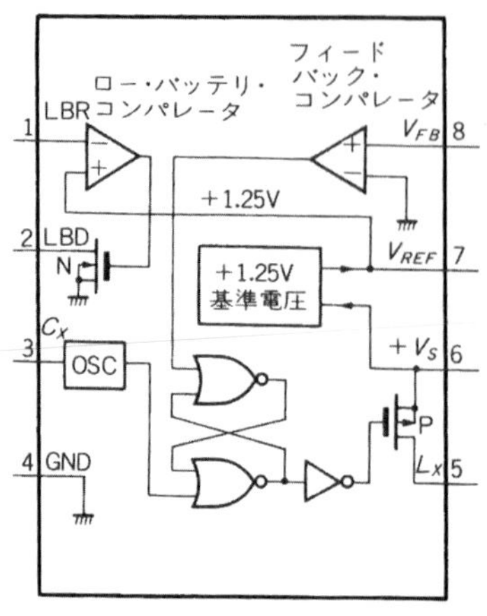

〈表2-3〉[(12)] MAX634シリーズの定格

項目	記号	規格				単位
		MAX634	MAX635	MAX636	MAX637	
電源電圧	V_{IN}	2.2~16.5	2~16	2~16	2~16	V
最大損失	P_D	625	625	625	625	mW
出力電流	I_O	375ピーク	375ピーク	375ピーク	375ピーク	mA
スイッチ電流	I_{SW}	150	—	—	—	mA
効率	η	80	85	85	85	%
基準電圧	V_{REF}	1.18~1.32	—	—	—	V
入力安定度	δ_{IN}	2	0.5	0.5	0.5	%
負荷安定度	δ_{OUT}	0.4	0.2	0.2	0.2	%
動作温度	T_{op}	0~70	0~70	0~70	0~70	℃
出力電圧	V_O	可変型	−5	−12	−15	V

MAX634による極性反転型チョッパの設計

入力電圧　+15V
出力電圧　−5V, 500mA

● MAX634の特徴

(+)電源から(−)電源を，または(−)電源から(+)電源を作りたいときには，極性反転型のチョッパを使用します．MAX634はそのための専用ICです．

図2-32がMAX634の構成です．また**表2-3**に電気的特性，**写真2-10**に外観を示します．

● 極性反転型チョッパ 動作のしくみ

極性反転型チョッパの動作は，昇圧型チョッパに大変よく似ています．**図2-33**に動作原理図を示します．

スイッチSがONすると，入力電源V_{IN}から電流i_1が流れます．この電流は，コイルLを流れてエネルギを蓄積します．スイッチSのONしている期間をt_{on}とすると，i_1の最大値i_{1P}は，

$$i_{1P}=\frac{V_{IN}}{L}\cdot t_{on}$$

〈写真2-10〉MAX634の外観

となります．したがって，コイルの蓄積エネルギP_Lは，スイッチの繰り返し周波数をfとすると，

$$P_L=\frac{1}{2}L\cdot i_{1P}{}^2\cdot f=\frac{V_{IN}{}^2\cdot t_{on}{}^2}{2L}\cdot f$$

となります．

ここで，t_{on}後にスイッチSがOFFすると，コイルLには逆起電力が発生します．この逆起電力によって電流i_2がコンデンサC，ダイオードDを通して流れ出します．そして，このi_2によって，コンデンサの両端には図の極性での直流電圧が発生します．この電圧が，負極性の出力電圧V_Oとなります．

直流出力電流をI_Oとすると，コイルに蓄積されたエネルギP_Lが，直流出力電力に等しくなりますから，

$$V_O\cdot I_O=\frac{V_{IN}{}^2\cdot t_{on}{}^2}{2L}\cdot f$$

となります．

これからわかるように，出力電流I_Oや入力電圧V_{IN}が変化しても，スイッチのON期間t_{on}をそれに応じて変化させてやれば，出力電圧を安定化することができます．

図2-34においてコンデンサCを充電する電流i_2は，コイルの逆起電力によるものですが，コイルを流れる電流は，不連続になろうとする性質をもっています．したがって，スイッチSのON時の最大電流i_{1P}から

〈図2-33〉極性反転型チョッパの動作原理

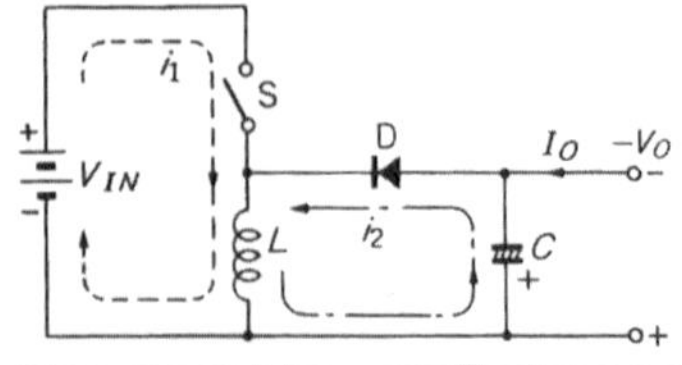

i_1によってLにエネルギが蓄えられ，SがOFFすると，Lの逆起電力でi_2が流れCの両端に負の電圧が発生する．

〈図2-34〉 極性反転型チョッパの電流波形

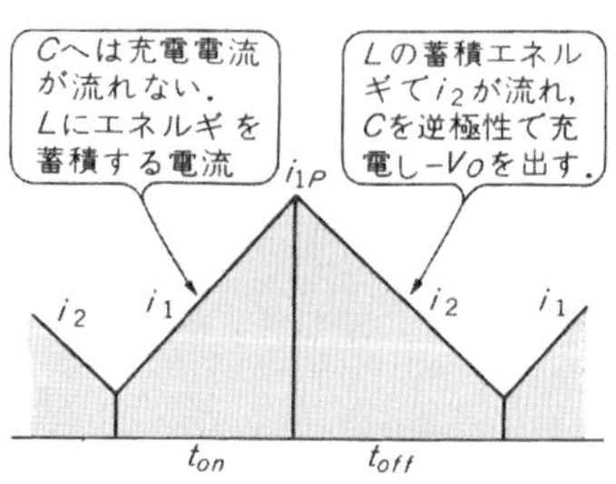

〈図2-35〉 MAX634による+15 V→−5 Vの極性反転型チョッパ

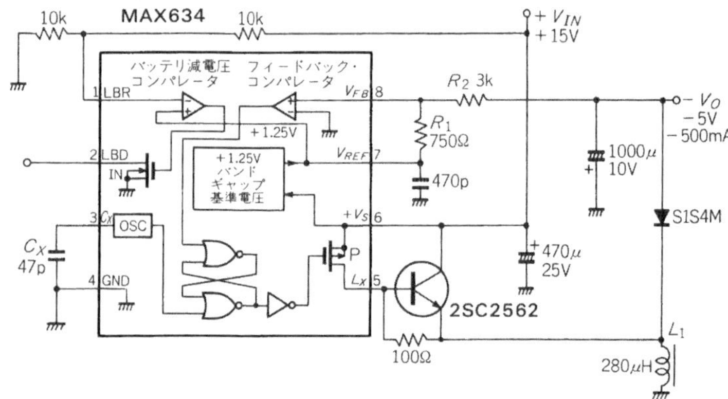

減少する傾向の波形となります．つまり，i_2は次のようになります．

$$i_2 = i_{1P} - \frac{V_O}{L} \cdot t$$

この式で，i_2は$t = t_{off}$で最低値をとります．そして，i_2の電流の変化幅はかなり大きくなりますので，出力のリプル電圧ΔV_Oが大きくなります．したがって平滑コンデンサは，容量も内部インピーダンスも余裕をもった値のものを用いなければなりません．

● インダクタンスを求めるには

では，MAX634を使用して$V_{IN} = +15$ V，$V_O = -5$ V，−500 mAの極性反転型チョッパを設計してみましょう．

図2-35に示す回路例で数値計算を行ってみます．MAX634の最大入力電圧は18 Vですので，V_{IN}の変動があっても，これを越えないようにしなければなりません．ここでは$V_{IN} = 15$ Vとして計算します．

発振周波数は，MAX634の3番ピンの外付けのコンデンサで決定でき，**C_X=47pFで40 kHz**とします．周期$T = 25\,\mu$sで，デューティ・サイクル$D = 0.5$とすると，トランジスタのON期間$t_{on} = 12.5\,\mu$sとなります．

まずコイルに必要なインダクタンスL_1は，

$$L_1 = \frac{V_{IN}{}^2 \cdot t_{on}{}^2}{2 \cdot V_O \cdot I_O} \cdot f$$

$$= \frac{15^2 \cdot (12.5 \times 10^{-6})^2}{2 \times 5 \times 0.5} \cdot 40 \times 10^3$$

$$= 281\,\mu\mathrm{H}$$

となります．ですから第1章，表1-2に示すものからFL9H331Kを選択します．

● 外付けトランジスタで電流を増大させる

次に，スイッチング電流の最大値i_{1P}を計算すると，

$$i_{1P} = \frac{V_{IN}}{L_1} \cdot t_{on}$$

$$= \frac{15}{281 \times 10^{-6}} \times 12.5 \times 10^{-6} = 0.667\ \mathrm{A}$$

となります．しかし，**MAX634の最大スイッチング電流は375 mA**ですから，最大定格をオーバしてしまいます．そこで，電流ブーストするために，**外部にトランジスタを追加**します．

外付けトランジスタとしては，汎用大電流スイッチング・トランジスタである2SC2562を使います．このトランジスタは，$V_{CE} = 50$ V，$I_C = 5$ Aのものです．耐圧の低いこの程度の定格のものは，一般にスイッチング特性のよいものが多いので，それほど気にせずに素子の選択ができます．

ところで，**このトランジスタのベース-エミッタ間に接続した抵抗は**，この間のインピーダンスを下げ，**少しでもスイッチング速度を速めようというためのもの**です．抵抗値は低いほうが速度が上がりますが，これを通してベースへの駆動電流が分流してしまいますので，むやみには小さくはできません．

● その他の回路定数のポイントは

MAX634の内部コンパレータの(−)端子は，グラウンドに接続されています．したがって，(+)端子へは負の出力電圧と内蔵の1.25 Vの基準電圧とから，それぞれに抵抗を接続します．つまり，**抵抗値の比率と$-V_O$，V_{REF}とで合成した電圧が0 Vになるように定電圧制御**をします．ですから，出力電圧とR_1，R_2との関係は，

$$V_O \cdot R_1 - V_{REF} \cdot R_2 = 0$$

となり，出力を−15 Vにするには$R_2/R_1 = 4$となります．ここでは，$R_1 = 750\ \Omega$，$R_2 = 3\ \mathrm{k}\Omega$とします．

なお，7番ピンのV_{REF}とグラウンドに接続されたコンデンサは，スイッチング動作によって発生する雑音の影響を避けるためのものです．

最後に出力整流の平滑コンデンサを決定しますが，出力リプル電圧を$\Delta V_O \leqq 20$ mVにするには，コンデン

サの内部インピーダンス Z_C は，

$$Z_C \leq \frac{\Delta V_O}{i_{2P}} = \frac{0.02}{0.667} = 30\ \mathrm{m\Omega}$$

となります．昇圧型チョッパと同様に，松下電子部品の HF シリーズ，10 V 1000 μF のものを用います．

そのほかの LBD 出力などは，MAX630 とまったく同様に使用することができます．

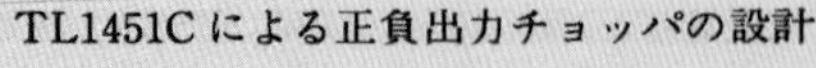

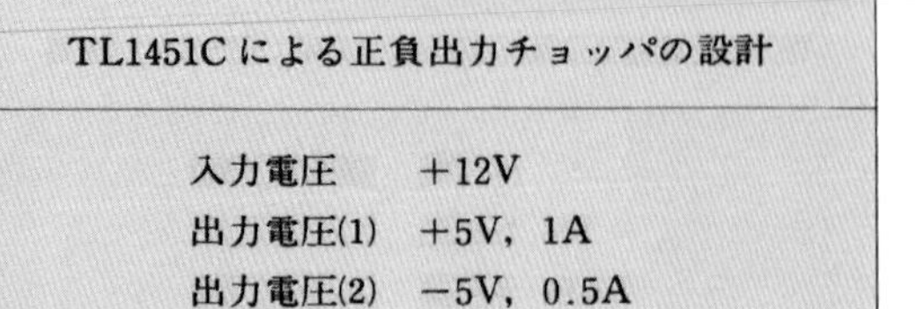

TL1451C による正負出力チョッパの設計

入力電圧	＋12V
出力電圧(1)	＋5V，1A
出力電圧(2)	－5V，0.5A

〈写真2-11〉 TL1451C の外観

● TL1451C の特徴

前述までのチョッパ・レギュレータでは一つの極性の電源を紹介しましたが，ここでは正負出力電源について紹介します．

ここで使用するテキサスインスツルメンツの TL 1451C は，基本的には汎用型のスイッチング・レギュレータ用コントロール IC です．TL1451C の構成を**図2-36** に示します．また電気的特性を**表2-4**，外観を**写真2-11** に示します．

この IC は 16 ピン DIP のパッケージに，まったく単独に機能できる二つの制御回路が内蔵されています．もちろん，基準電圧や発振回路は 2 回路共用できるようになっています．

したがって，1 個の IC で二つの出力を定電圧制御できますから，複数の出力を必要とする電源には，大変都合のよい IC です．また電源電圧が，3.6～40 V と広い範囲で動作できますし，スイッチング周波数も 500 kHz まで対応できます．

〈図2-36〉 TL1451C の構成

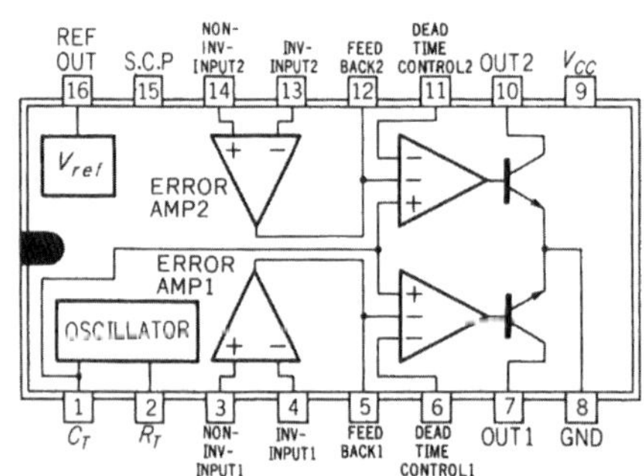

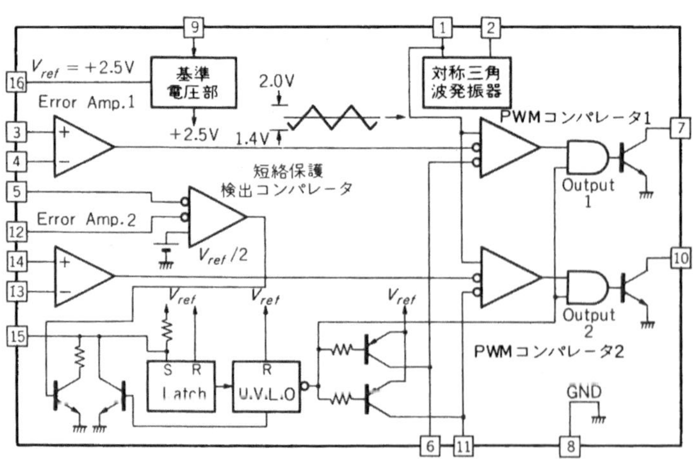

〈表2-4〉[8] TL1451 の特性

項　目		記号	min	max	単位
電源電圧		V_{CC}	3.6	40	V
誤差増幅器入力電圧		V_I	1.05	1.45	V
コレクタ出力電圧	TL1451	V_O		40	V
コレクタ出力電流	TL1451	I_O		20	mA
フィードバック端子電流		I_{FT}		45	μA
フィードバック抵抗		R_{NF}	100		kΩ
タイミング容量		C_T	150	15000	pF
タイミング抵抗		R_T	5.1	100	kΩ
発振器周波数		f_{OSC}	1	500	kHz
動作温度範囲		T_{ope}	－20	85	℃
基準電圧		V_{REF}	2.40	2.60	V

〈図2-37〉 PWM 制御回路のしくみ

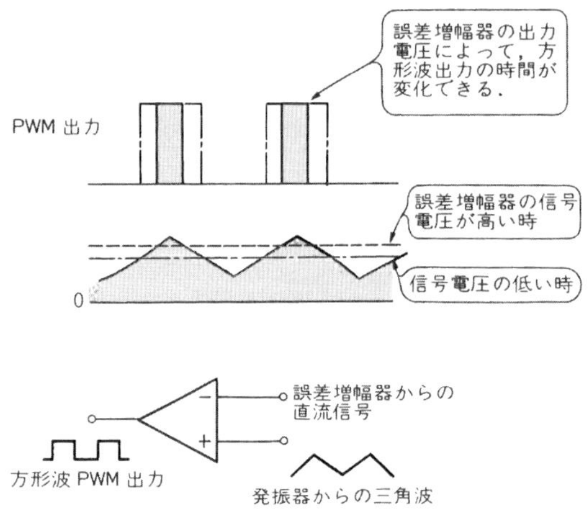

〈図2-38〉 デッド・タイム・コントロール

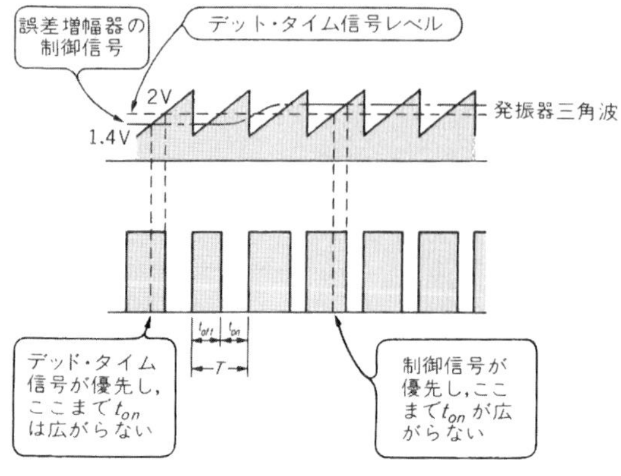

〈図2-39〉 ソフト・スタート回路

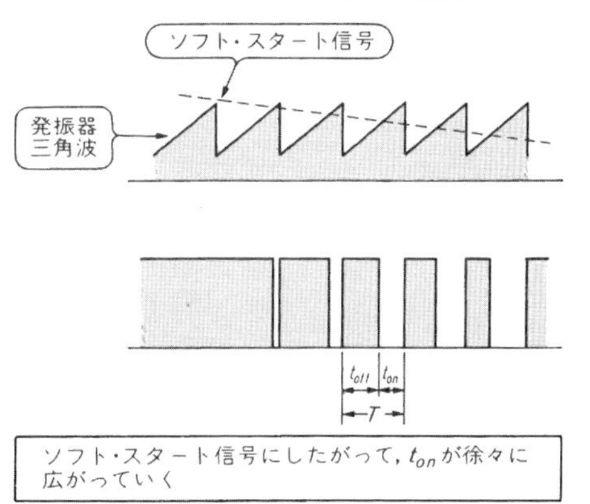

以上の特徴から，バッテリを使用したハンディ・タイプのポータブル機器用の電源などには，大変好都合の IC です．

● 電圧制御のしくみ…PWM

TL1451 の電圧制御方法は，発振周波数を固定した PWM 制御方式です．

この PWM 制御は 1 個のコンパレータで構成することができます．これは**図2-37** のように，無安定マルチバイブレータなどの発振器からの三角波を非反転入力に印加します．さらに，誤差増幅器からの出力信号を反転入力に印加します．

誤差増幅器からの直流電圧が，図に示すように三角波電圧の中間にあるとき，コンパレータの出力は方形波のパルスとなります．つまり，三角波の電圧が高くなると出力は“H”レベルになり，逆に低くなると“L”レベルになるわけです．

ここで“H”レベルの信号をスイッチング・トランジスタの ON，“L”レベルの信号を OFF としておけば，発振器の周波数に同期してトランジスタの ON/OFF を繰り返すことができます．ですから，何らかの原因によって電源の直流出力電圧が上昇すると，それに比例して誤差増幅器からの出力信号電圧を上げてやれば，ON のパルス幅の時間を短くすることができます．

以上のような動作をすることから，このコンパレータのことを PWM コンパレータと呼んでいます．

PWM コンパレータは，三角波の入力信号を方形波に変換しますので，波形整形の機能を同時にもっています．ですから，少しでも応答速度の速いものを用いたほうが，良好なスイッチング動作を行わせることができます．その意味で，さらに NAND ゲートなどを付加することもあります．

● トランスの磁気飽和を防ぐデッド・タイム・コントロール

PWM 制御によるレギュレータでは，入力電圧が低下して出力電圧を定電圧化できなくなると，誤差増幅器の制御信号は完全に“L”レベルとなってしまうことがあります．すると，PWM コンパレータはパルス波形を出力できず，完全に“H”レベルの直流出力となります．したがって，スイッチング・トランジスタも ON/OFF をせず，ON 状態になったままとなります．

この TL1451C という IC は，出力トランスを用いた絶縁型スイッチング・レギュレータにも利用されますが，このようなときにスイッチング・トランジスタが ON になりっぱなしになると，出力トランスが磁気飽和を起こしてしまいます．そのためにスイッチング・トランジスタの制御回路は，最大 ON 時間を制限できる機能をもっていなければなりません．

このために用意されているのがデット・タイム・コントロールで，**図2-38** のようにパルス幅の最大値をある時間以上にならないようにするためのものです．

TL1451は11番端子がデット・タイムのコントロール端子で，この電圧が約2V以上で**出力が全期間OFF**し，1.4V以下で**全期間ON**します．ここでは最大60%までONできるようにするために，デット・タイム制御電圧 V_{DEAD} を，

$$V_{DEAD}=1.2+(2-1.4)\times 0.6=1.56\ \mathrm{V}$$

となるようにします．設定が微妙になりますのでこれは可変抵抗とします．

● ソフト・スタートと保護回路も付いている

後述の**図2-41**においてTL1451の16番ピンと11番ピンとの間に接続されたコンデンサ C_5 は，入力電源投入時に11番端子(コンパレータの入力)の電圧を，基準電圧 V_{REF} から C_5 の充電時定数にそって低下させます．これは**図2-39**のように**ON幅を狭いところから徐々に広げていく，ソフト・スタート用のものです．**

このソフト・スタート回路を付加すると，**出力電圧** V_O **の立ち上がりがなめらかになり**，オーバシュートの発生を防止することができます．

TL1451Cの過電流保護は，**図2-40**に示すように**タイマ・ラッチ式短絡保護**と呼ばれるもので，次のように動作します．

直流出力が短絡すると，当然出力電圧 V_O は瞬間0Vになります．すると，内蔵の誤差増幅器の出力が"L"となります．これによって，保護回路用コンパレータの出力も"L"となり，内部で15番ピンに接続されたトランジスタがOFFします．

そして15番ピンには，外部にコンデンサ C_{10} が接続されていますので，R_{13} を通して充電が行われます．この端子電圧，すなわち15番ピンの電圧が0.6V以上になると，ラッチ回路が動作してスイッチング動作を停止させるというものです．

なお，直流出力に接続された負荷の変動で，短期間でもコンパレータは動作しますが，これでいちいち電源の動作が停止してはたまりません．ですから，C_{10} と

〈図2-40〉タイマ・ラッチ回路の動作

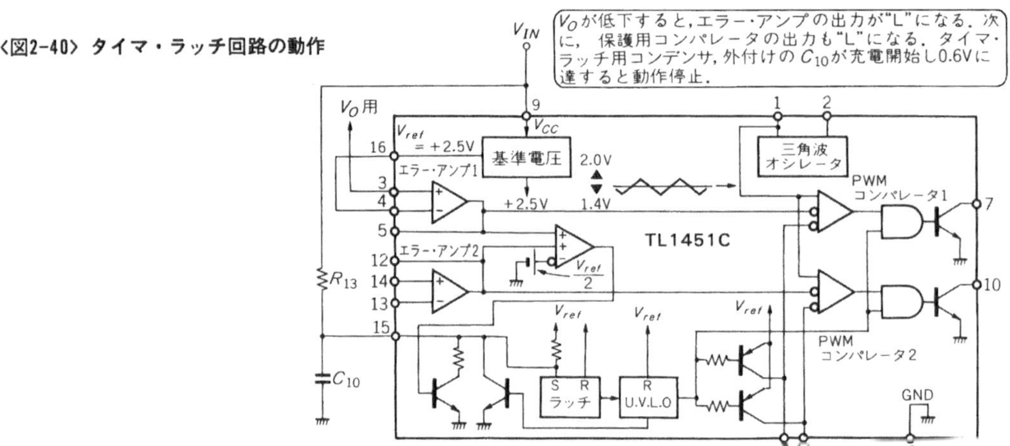

〈図2-41〉正負出力の安定化電源

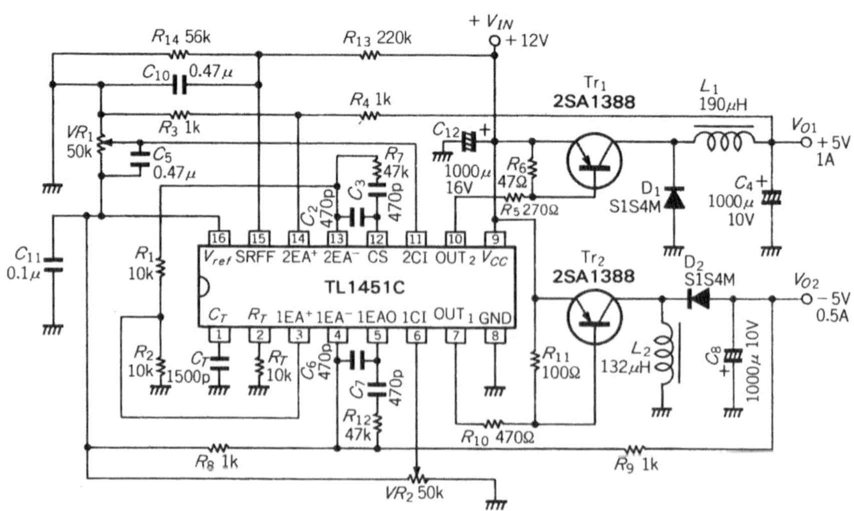

〈図2-42〉[8] タイミング抵抗対発振周波数

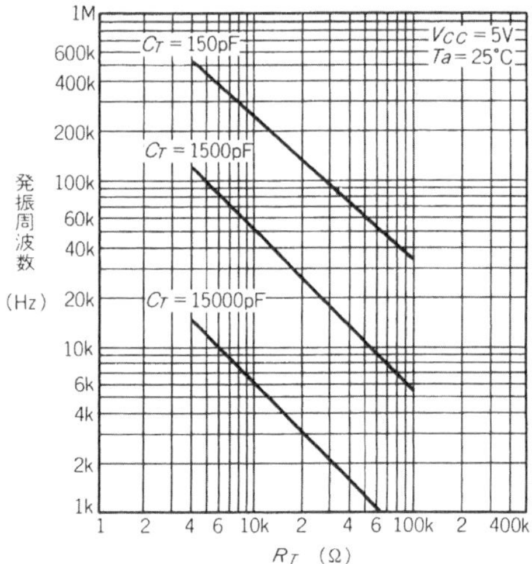

〈図2-43〉 μA78S40 の構成(裏から見た図)

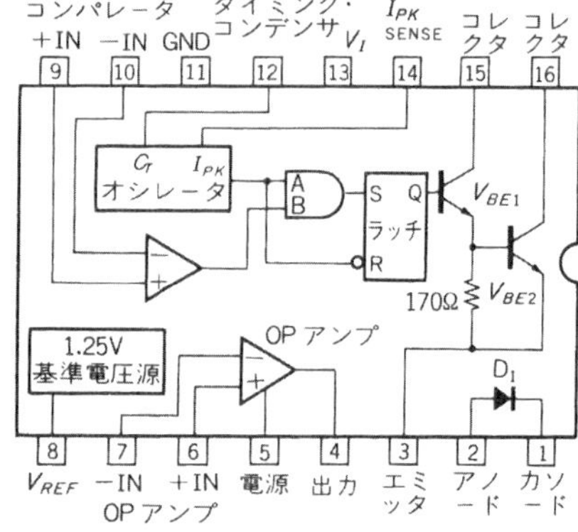

R_{13} の時定数は数十 ms 以上にしておかなければなりません.

● 回路定数を計算すると

では，実際に TL1451C を使用した正負出力型チョッパ・レギュレータの回路を計算によって求めてみましょう．仕様は入力電圧が+12 V で，出力電圧を+5 V，1 A および−5 V，0.5 A とします．**図2-41** が設計した回路です．

回路構成的には，+5 V は降圧型コンバータ，−5 V は極性反転型コンバータとしてあります．出力電流は+1 A と−0.5 A ですが，この IC の出力電流は 20 mA しか保証されていませんので，それぞれに電流ブースト用の外付けトランジスタが必要となります．

ここでは両出力共，PNP 型の 2SA1388 を使用します．このトランジスタの定格は $V_{CEO}=80$ V，$I_C=5$ A のものですが，スイッチング速度も速く，外形が完全に樹脂で覆われていて，放熱器への取り付けが容易にできるという利点があります．

発振周波数は TL1451 の 1 番ピンの C_T と 2 番ピンの R_T によって決まり，ここでは 50 kHz とします．したがって，**図2-42** のグラフより $C_T=1500$ pF，$R_T=10$ kΩ とします．

まず，+5 V 回路のデューティ・サイクル D を求めると，

$$D=\frac{V_O}{V_{IN}-V_{CE(\mathrm{sat})1}}=\frac{5}{12-0.5}$$

$$=0.44$$

となります．チョーク・コイル L_1 のリプル電流 ΔI_{O1} は，P-P 値で出力電流 I_{O1} の 30 %とすると 0.3 A ですから，L_1 の値は，

$$L_1=\frac{V_{L1}}{\Delta I_{O1}}\cdot t_{on}$$

$$=\frac{V_{IN}-(V_{O1}+V_{CE(\mathrm{sat})1})}{\Delta I_{O1}}\cdot T\cdot D$$

$$=\frac{12-(5+0.5)}{0.3}\times 20\times 10^{-6}\times 0.44$$

$$=190\,\mu\mathrm{H}$$

と決まります．したがって，第 1 章，表1-3 よりトロイダル型の HP コイルから HP011 を使用することにします．

次に−5 V 回路のチョーク・コイル L_2 を求めます．デューティ・サイクル D を 0.5 とすると，トランジスタの ON 期間 $t_{on}=10\,\mu$s なので，L_2 のインダクタンスは，

$$L_2=\frac{(V_{IN}-V_{CE(\mathrm{sat})2})^2\cdot t_{on}^2}{2\cdot V_O\cdot I_O}\cdot f$$

$$=\frac{(12-0.5)^2\times(10\times 10^{-6})^2}{2\times 5\times 0.5}\times 50\times 10^3$$

$$=132\,\mu\mathrm{H}$$

となります．

したがって，ここで使用するチョーク・コイルもやはり HP コイルの HP011 となります．

+5 V 回路側のスイッチング・ダイオード D_1 の平均電流 I_{F1} は，

$$I_{F1}=(1-D)\cdot I_O$$

$$=(1-0.44)\times 1=0.56\ \mathrm{A}$$

です．SBD を用いるとすると順方向電圧降下は $V_F=0.5$ V ですから損失 P_{D1} は，

$$P_{D1}=I_F\times V_F=0.56\times 0.5$$

$$=0.28\ \mathrm{W}$$

ですから，ここに使用する SBD は 1 A のリード・タイプで十分です．おなじみの S1S4M を使うことにします．

D_2 は当然これより少なくなりますので，同じ S1S4M を用います．

出力電圧は+5 V 出力電圧検出用抵抗 R_3 と R_4 で決まります．基準電圧 V_{REF} が 2.5 V ですから，単純に

〈表2-5〉[10] μA 70S40 の定電気的特性

項　目	記号	定格	単位
電源電圧	V_{CC}	40	V
スイッチ電圧	V_{SW}	40	V
ダイオード耐圧	V_D	40	V
スイッチ電流	I_{SW}	1.5	A
ダイオード電流	I_D	1.5	A
最大損失	P_D	1.5	W
動作温度	T_{op}	0～70	℃
基準電圧	V_{REF}	1.245	V
過電流保護動作電圧	V_{OSC}	350	mV
スイッチ飽和電圧	$V_{CE(sat)}$	1.3	V
ダイオード電圧降下	V_F	1.5	V

〈図2-44〉μA78S40 による多出力電源

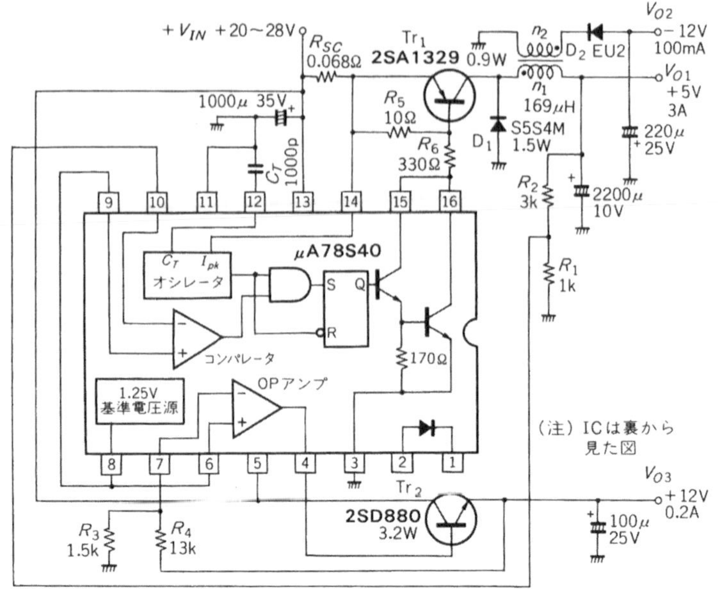

$V_{O1}/2$ となればよく，$R_3=R_4=1\,\text{k}\Omega$ とします．

-5 V 側の出力電圧 V_{O2} は，差動入力端子 $V_{IN(-)}$ を 1.25 V とすると，$V_{IN(+)}$ を同電圧とするための抵抗 R_8，R_9 は，

$$R_9\times(|V_{O2}|-1.25)=R_8\times(V_{REF}+1.25)$$

から，$R_8=R_9$ となりこれも 1 kΩ とします．

μA78S40 による 3 出力チョッパの設計	
入力電圧	+24V
出力電圧(1)	+5V，3A
出力電圧(2)	+12V，0.2A
出力電圧(3)	−12V，0.1A

チョッパ・レギュレータは工夫次第でもっと多出力へと発展させることができます．ここでは，汎用のスイッチング・レギュレータ・コントロールICとしてよく知られている，μA78S40 を使用した 3 出力レギュレータを設計してみることにしましょう．

〈写真2-12〉μA 78S40 の外観

● μA78S40 の特徴

μA78S40 は 16 ピン・タイプの IC で，主スイッチング・トランジスタは，バイポーラ型で最大 1.5 A までの電流が流せます．また，1.5 A の整流用高速ダイオードも内蔵されており，印加できる最高電圧は 40 V と強力です．**図2-43** に μA78S40 の構成，**表2-5** に電気的特性，**写真2-12** に外観を示します．

この IC のスイッチング・レギュレータの制御回路部分は，先に紹介した MC34063 とほとんど同じ回路構成となっています．また，そのほかに独立した OP ア

〈図2-45〉NPN トランジスタによる電流ブースト

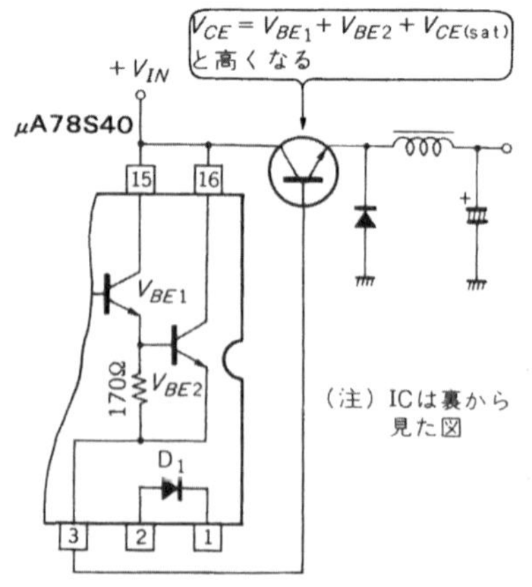

〈図2-46〉複巻線コイル

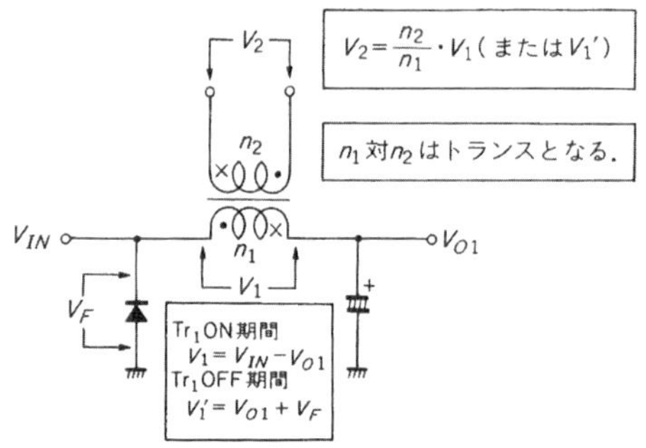

〈図2-47〉漏れインダクタンスによる電圧降下

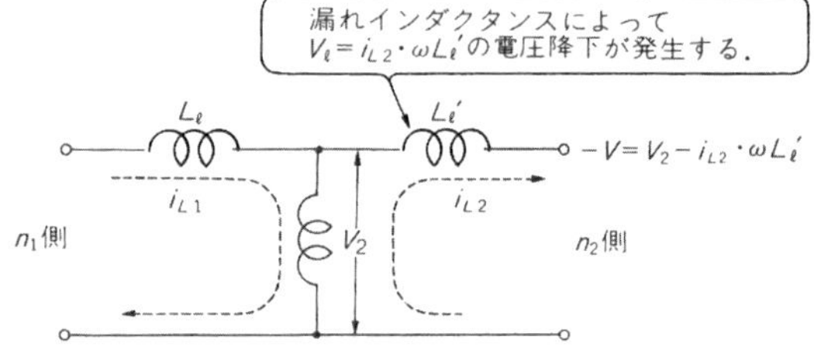

ンプが1個内蔵されており，基準電圧も外部に出力されていますので，種々の応用方法が考えられます.

ここでは，このICを用いて，入力電圧 V_{IN} が20～28Vで，非絶縁型の3出力電源を設計してみます.

● 主スイッチング回路の設計

設計した回路を**図2-44**に示します．主回路の動作は降圧型チョッパで，+5V，3Aですから，IC内蔵のトランジスタでは電流容量が不足します．ここでは，PNP型トランジスタを外付けします.

外付けトランジスタとしては，**図2-45**のようにNPN型でも動作的には問題ありませんが，IC内部の出力段の等価回路から，全体で2段のダーリントン接続となってしまいます．すると最終段の外付けトランジスタのON時のコレクタ-エミッタ間の電圧 V_{CE} が,

$$V_{CE}=V_{CE(sat)}+V_{BE1}+V_{BE2}$$

と高くなってしまいます．その結果，損失電力が大きくなってしまいますから，**図2-44**のようなPNPトランジスタによる，ベース電流引き込み型の構成とします.

こうすると，ダーリントン接続の時よりもスイッチング速度も上がり，低損失化が図れます.

● チョーク・コイルの設計

ここでは出力フィルタ用コイルが2巻線の構成になっていますが，これは+5Vから−12Vの電源を作るためのものです．動作的には，コイルとトランスとの両方を兼ねそなえたものとなっています.

図2-46にこのための複巻線コイルの構成を示します．n_1巻線だけを見ると，まったく単巻線のコイルとして扱えますが，同一鉄心に n_2 巻線が巻かれていますので，この両巻線間にはトランスとして,

$$\frac{n_2}{n_1}=\frac{V_2}{V_1}$$

の関係が成立します．ここでは，n_1 巻線へ V_{IN} から電力が供給されますのでこれが1次巻線，n_2 が2次巻線となります.

スイッチング・トランジスタがONすると，その飽和電圧が $V_{CE(sat)}$，出力電圧が V_{O1} であれば，n_1 巻線に印加される電圧 V_1 は,

$$V_1=V_{IN}-(V_{O1}+V_{CE(sat)})$$

ですから，V_{IN} が変動するにつれて n_2巻線の電圧 V_2 も変動してしまいます.

そこで，トランジスタがOFFしている期間に n_1 に印加される電圧 V'_1 は,

$$V'_1=V_{O1}+V_F$$

となります．ここで V_{O1} は定電圧制御されていますので，この V'_1 も安定になります．V'_1，V'_2はTr_1がOFFしている時の×印側を＋極性とする，n_1，n_2 の電圧を表しています．ですから，この極性で発生した電圧を n_2 巻線側へ出力するようにすれば,

$$V'_2=\frac{n_2}{n_1}\cdot V'_1$$

と安定な電圧を取り出すことができます.

ここでは，出力が+5Vと−12Vですから，巻線の極性とダイオードの極性を**図2-44**のようにすると，巻線の巻数比は,

$$\frac{n_2}{n_1}=\frac{(V_{O2}+V_{F2})}{(V_{O1}+V_{F1})}$$

となります.

V_{O1}，V_{O2} が1次側，2次側のそれぞれの出力電圧，V_{F1}，V_{F2} がダイオード D_1，D_2 の順方向電圧降下分です.

ただし，1次側の出力電圧 V_{O1}(+5V)の出力電流 I_{O1} が変化すると，ダイオードの V_{F1} もそれに伴って変化してしまいます．また，2次側に流れる自分自身の電流 I_{O2} の変化によっても，ダイオードの V_{F2} が変化しますから，V_{O2} の出力は(−12V)必ずしも完全な定電圧出力とはなりません.

また，この複巻線コイルの二つの巻線間の結合も100％ではありませんので，**図2-47**に示すように漏れインダクタンスによって，電圧降下が発生します．したがって，V_{O2} の出力−12Vの出力電流 I_{O2} によって，V_{O2} 自身も変動してしまいます．つまり，この V_{O2} は定電圧化する機能はありませんので，あまり大きな I_{O2} を出力することはできません.

特に，この複巻線コイルを**図2-48**のようなフェライト・コアのEI型やEE型のものにすると，直流重畳特

〈図2-48〉 EIコアによる漏れインダクタンス

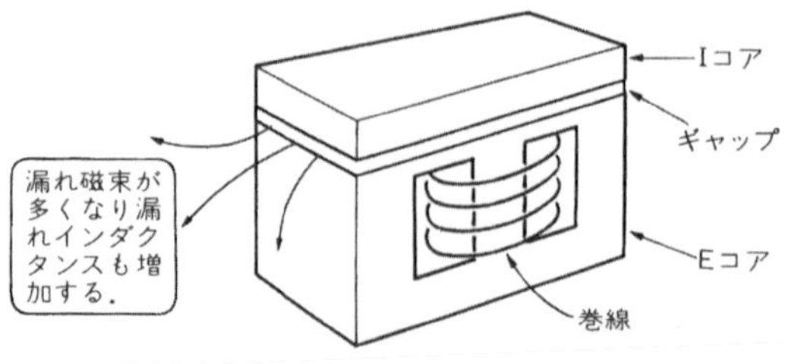

性を確保するためにコアの突き合わせ部分にギャップを設けなければなりません．すると漏れインダクタンスが大きくなり，V_{O2} の電圧変動をさらに大きくしてしまいます．

ですから，この複巻線コイルには実際には結合度がよく漏れインダクタンスの少ない**トロイダル型のコア**を使用することになります．

＋12 V 出力は，μA78S40 に内蔵された単独の OP アンプでシリーズ・レギュレータ回路を構成していますので，非常に安定です．

● 回路定数を決定するには

では実際の回路定数を計算してみます．スイッチング周波数は，μA78S40 の 12 番ピンへ接続するコンデンサによって，任意の値に設定することができます．**図2-49** にそのグラフを示します．ここでは $f=25$ kHz で動作させますので，周期 $T=40\ \mu$s ですから，コンデンサの容量 $C_T=1000$ pF となります．

ここで，メインのトランジスタ Tr_1 のスイッチング電流 I_{C1} を求めますが，その前に V_{O2} の－12 V 回路の分を，電力比率で V_{O1} の＋5 V へ換算すると，

$$I_{C1}=I_{O1}+\frac{V_{O2}}{V_{O1}}\cdot I_{O2}$$

$$=3+\frac{12}{5}\times 0.1=3.24\ \mathrm{A}$$

となります．

そしてコイル L_1 を流れるリプル電流が，この I_{C1} の 15％になるようにすると，その P-P 値 $\varDelta I_{C(P\text{-}P)}$ は，

$$\varDelta I_{C(P\text{-}P)}=2\times 0.15\times I_{C1}$$

$$\fallingdotseq 0.97\ \mathrm{A}$$

となります．

このリプル電流は，入力電圧 $V_{IN}=28$ V のときに最大となりますので，この時のスイッチング・トランジスタのデューティ・サイクル D をまず計算します．

トランジスタ Tr_1 の飽和電圧を $V_{CE(sat)1}=0.5$ V とすると，

〈図2-49〉 C_T対発振周波数

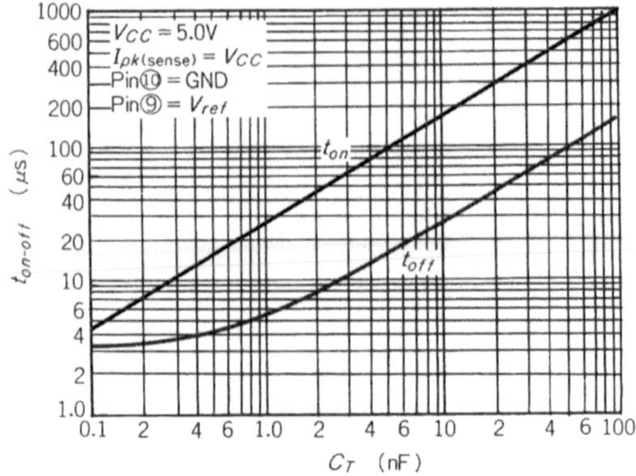

$$V_{O1}=(V_{IN}-V_{CE(sat)1})\cdot D$$

から，

$$D=\frac{t_{on}}{t_{on}+t_{off}}=\frac{V_{O1}}{V_{IN}-V_{CE(sat)1}}$$

$$=\frac{5}{28-0.5}=0.18$$

となります．

$f=1/(t_{on}+t_{off})=25$ kHz ですから，このデューティ・サイクルから t_{on} を求めると，$t_{on}=7.3\ \mu$s となります．これからコイル L_1 に必要なインダクタンスは，

$$L_1=\frac{V_{L1}}{\varDelta I_{C(P\text{-}P)}}\cdot t_{on}$$

$$=\frac{28-(0.5+5)}{0.97}\cdot 7.3\times 10^{-6}=169\ \mu\mathrm{H}$$

と求められます．

複数の巻線のコイルは，メーカの標準品がありませんので，個別に設計しなければなりません．ここでは，第 1 章，表1-5 で示した㈱東芝の**アモルファス金属コア**のなかから CY26×16×10 を用いることとします．このコアはトロイダル型で，損失も磁気飽和特性も大変優れています．

CY26×16×10 の巻数当たりのインダクタンスを表す *Al Value* は 0.131 μH/N² ですから，必要な巻数 n_1 は，

$$n_1=\sqrt{\frac{L_1}{Al\ \ Value}}=\sqrt{\frac{169\times 10^{-6}}{0.131\times 10^{-6}}}$$

$$=36\ \mathrm{T}$$

となります．また n_2 の巻数は比例計算から，

$$n_2=\frac{V_{O2}+V_{F2}}{V_{O1}+V_{F1}}\cdot n_1$$

〈表2-6〉
電線の断面積と許容電流

線径 φ (mm)	0.2	0.26	0.3	0.32	0.4	0.45	0.5	0.6	0.7	0.8	1.0	1.2
断面積 (mm²)	0.03	0.05	0.07	0.08	0.13	0.16	0.2	0.28	0.38	0.5	0.78	1.13
許容電流 (A)	0.12	0.2	0.28	0.32	0.52	0.64	0.8	1.1	1.5	2.0	3.1	4.5

(注) 許容電流は 4A/mm² としてある．

〈図2-50〉 ダイオードの平均電流

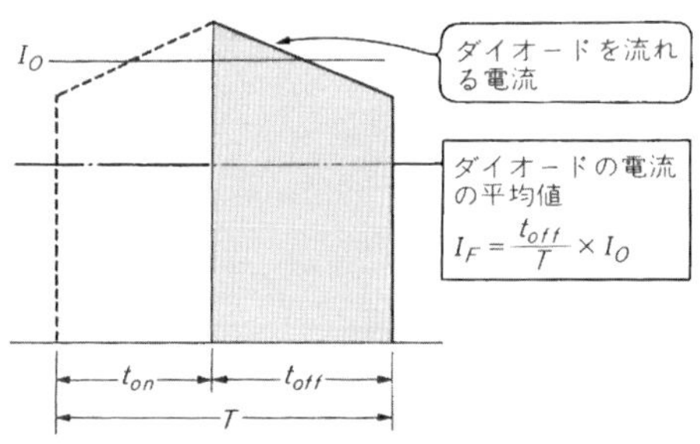

〈図2-51〉 TO220 型ダイオードとその放熱器への取り付け

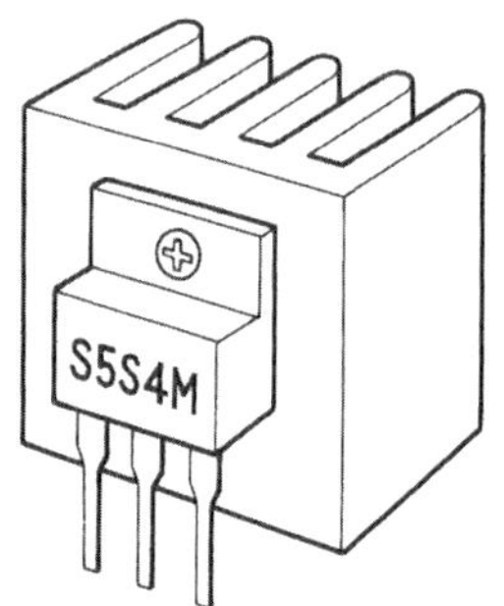

$$=\frac{12+1}{5+0.5}\times 36=80\ \mathrm{T}$$

と決定されます．

トロイダル型のコイルは，損失に対する放熱条件は良好です．しかし，コイルの巻線には出力電流が全期間流れますので，巻線の抵抗分による損失(銅損)があまり大きくならないように注意します．

そこで，n_1 巻線は 1 ϕ，n_2 巻線には 0.26 ϕ の銅線を使用します．使用する電線の径は，外形形状や巻数によっても異なりますが，コイル内を流れる電流を直流に換算して，4 A/mm² を目安とします．

表2-6 に電線の断面積と許容電流との一覧表を示します．この中で mm² は電線の断面積です．

出力電圧設定用の抵抗は，μA78S40 の内蔵基準電圧 V_{REF} が 1.25 V ですから，

$$V_{O1}=V_{REF}\cdot\left(1+\frac{R_2}{R_1}\right)$$

$$V_{O3}=V_{REF}\cdot\left(1+\frac{R_4}{R_3}\right)$$

から，$R_2/R_1=3$，$R_4/R_3=8.6$ となります．したがって，$R_1=1\ \mathrm{k\Omega}$，$R_2=3\ \mathrm{k\Omega}$，$R_3=1.5\ \mathrm{k\Omega}$，$R_4=13\ \mathrm{k\Omega}$ とします．

μA78S40 の 14 番ピンは，過電流保護の検出端子で，ここと V_{IN} との電圧差が 0.3 V になったときに保護動作をします．したがって，定格出力電流の 20 %増でこれを動作させるようにします．ただし，出力電流 I_O は 3.24 A ですが，そのピーク値 I_{OP} はリプル電流を考慮すると，

$$I_{OP}=I_O\cdot\left(1+\frac{\Delta I_C}{2}\right)$$

$$=3.24\times\left(1+\frac{0.3}{2}\right)=3.7\ \mathrm{A}$$

となります．したがって，電流検出抵抗 R_{SC} の値は，

$$R_{SC}=\frac{0.3}{1.2\times I_{OP}}=\frac{0.3}{1.2\times 3.7}$$

$$=0.068\ \Omega$$

となります．

なお，Tr_1 のベースに接続された R_5 は，Tr_1 のスイッチング速度を速めるためのもので，R_6 は Tr_1 のベース電流制限用のものです．

● 整流回路の設計

次に整流回路です．−12 V 用の整流ダイオードは，IC 内蔵のものがせっかく余っているのですからそれを使用したいところですが，耐圧の関係でそうはいきません．トランジスタ Tr_1 の ON 期間に，D_2 のアノード-カソード間電圧 V_{AK} の逆電圧が印加されるのです．この逆電圧 V_{AK} は，コイルの巻数比と入力電圧とで決まり，

$$V_{AK}=\frac{n_2}{n_1}\cdot\{V_{IN}-(V_{CE(\mathrm{sat})}+V_{O1})+V_{O2}\}$$

$$=\frac{13}{5.5}\cdot\{28-(0.5+5)\}+12=65\ \mathrm{V}$$

となってしまうからです．

−12 V 整流用のダイオード D_2 は，電流が少ないのでリード型のサンケン電気の EU2 を使用します．これは，$V_{RM}=400\ \mathrm{V}$，$I_F=1\ \mathrm{A}$ の高速ダイオードです．

次にダイオードの損失電力を計算しておかなければなりません．

ダイオード D_1 に流れる電流の最大値は，先に計算した出力電流 I_{O1} のピーク値 $I_{OP}=3.7\ \mathrm{A}$ と同じです．

また，**図2-50** のようにダイオード D_1 に電流の流れている期間はトランジスタの OFF 期間ですから，D_1 に発生する損失はデューティ・サイクル D から，

$$P_{D1}=I_{OP}\times V_{F1}\times(1-D)$$

$$=3.7\times 0.55\times(1-0.18)$$

$$=1.67\ \mathrm{W}$$

となります．これはリード型のダイオードでは，ちょっと温度上昇が厳しくなります．したがって，**図2-51** のように TO220 型の S5S4M に，放熱器を取り付けて用います．

● スイッチング・トランジスタの損失

次にメインのスイッチング・トランジスタの損失 P_{C1}

〈図2-52〉 STR2000 シリーズの内部構成

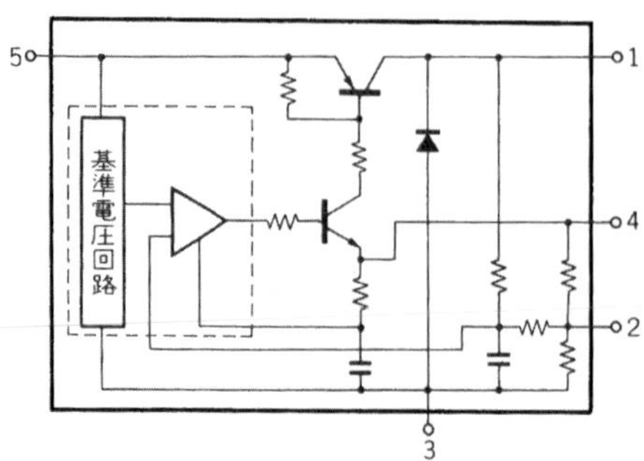

を計算しておきます.

まず，入力電圧 V_{IN}=24 V のときの損失を計算します．ターンオン時のスイッチング損失 P_1 は，

$$P_1=\frac{1}{6}\times24\times\left(3.24-\frac{0.97}{2}\right)\times0.2\times10^{-6}\times25\times10^3=0.055\ \mathrm{W}$$

となります.

次に t_{on} の期間中の損失 P_2 は,

$$P_2=0.5\times3.24\times0.18=0.29\ \mathrm{W}$$

となります．さらにターンオフ時のスイッチング損失 P_3 は,

$$P_3=\frac{1}{2.5}\times24\times\left(3.24+\frac{0.97}{2}\right)\times0.5\times10^{-6}\times25\times10^3=0.55\ \mathrm{W}$$

とそれぞれが求まります．ですから合計の損失は,

$$P_{C1}=P_1+P_2+P_3\fallingdotseq0.9\ \mathrm{W}$$

となります.

したがって，ここには大電流スイッチング用トランジスタ 2SA1329(V_{CEO}=−80 V，I_C=−12 A，P_C=40 W，t_{stg}=1 μs，TO220AB パッケージ)を使用します．なお，安全をみて 30℃/W(例えば OSH1625SP) くらいの放熱板を用意したほうがよいでしょう.

+12 V 回路はシリーズ・レギュレータですから，制御トランジスタの損失 P_{C2} は大きくなります．つまり,

$$P_{C2}=(V_{IN\,(\max)}-V_{O3})\times I_{O3}=(28-12)\times0.2=3.2\ \mathrm{W}$$

となります．したがって，ここには汎用電力増幅用トランジスタ 2SD880(V_{CEO}=60 V，I_C=3 A，P_C=30 W，TO220AB パッケージ)を 15℃/W(OSH3030SP) くらいの放熱板付きで使用します.

> ハイブリッド IC による降圧型チョッパの設計
>
> (1) 入力電圧　15V
> 　　出力電圧　+5V，2A
> (2) 入力電圧　36V
> 　　出力電圧　+24V，6A

● なぜハイブリッド IC か

ある程度大きな電力を扱おうとすると，たとえ高効率のスイッチング・レギュレータであっても，1チップのモノリシック IC にするのは容易ではありません．これは特に IC 内部の**電力損失による素子の温度上昇**の問題があるからです.

その点でハイブリッド IC 構造では，トランジスタなどのディスクリート部品のチップを任意に選択して搭載できるので有利であり，外囲器の形状も放熱効果が上がるように設計されています.

● STR2000 シリーズの特徴

サンケン電気の STR2000 シリーズは，ハイブリット IC 構造の，チョッパ型スイッチング・レギュレータです.

この IC の特性を**表2-7** に示します．また，内部構成を**図2-52** に示します．外付け部品としては，2個のコンデンサと1個のコイルだけで，チョッパ型スイッチング・レギュレータを構成することができます．ですから，3端子レギュレータを使うように簡単に，高効率な電源が作れます.

なお，外形は**図2-53** のように5端子構造ですが，ケース背面の金属部分は，1番ピンのスイッチング出力と接続されています．**放熱器への取り付けには注意しなければなりません**．**写真2-13** が外観です.

〈図2-53〉[17] STR2000 シリーズの外形と端子配列

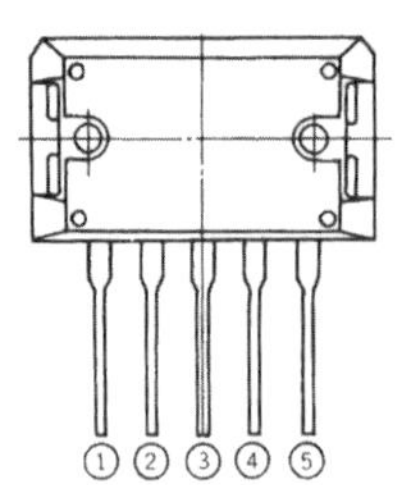

〈表2-7〉[17] チョッパ型パワー・ハイブリッド IC(サンケン電気(株))

品名	最大定格 (T_a=25℃)				電気的特性 (T_a=25℃)					
	入力電圧 V_{IN} (V)	出力電流 I_{OUT} (A)	許容損失 P_D (W)	動作温度 T_{op} (℃)	出力電圧 V_{OUT}(V)	入力電圧 V_{IN} (V)	温度係数 (mV/℃)	対入力電圧変動 (mV)	対出力電流変動 (mV)	リプル減衰率 (dB)
STR2005	45	2.0	75	−20~+100	5.1±0.1	11~40	—	50	100	45
STR2012					12±0.2	18~45		60		
STR2013					13±0.2	19~45				
STR2015					15±0.2	21~45				
STR2024	50				24±0.3	30~50		80		

〈図2-54〉STR2005による5V，2Aスイッチング・レギュレータ

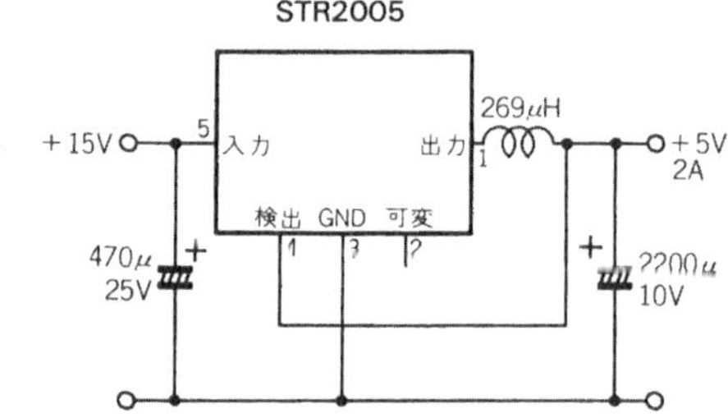

● 5V，2A電源STR2005を使う

STR2000シリーズのそれぞれの出力電圧は，5/12/13/15/24Vとなっていますが，ここでは5V，2Aの電源を設計してみましょう．回路構成を**図2-54**に示します．

外付け部品はたったの3点ですから，設計もいたって簡単です．**コイルに必要なインダクタンスは**，データ・シートに指定されていますが，**入力電圧と出力電流の条件によって変化**しますので，一応計算しておきます．

このICは動作的には自励発振ですから，出力の大きさによって周波数が変化してしまいますが，データ・シートによると$V_{IN}=20$V，$I_O=1$A，$V_O=5$Vで$f=25$kHzとなっています．ここでは$V_{IN}=15$V，$I_O=2$Aで$f=20$kHzと推定し計算します．

デューティ・サイクルDは，内部トランジスタの電圧降下$V_{CE(sat)}=0.5$Vとすると，

$$D=\frac{V_O}{V_{IN}-V_{CE(sat)}}=\frac{5}{15-0.5}=0.345$$

となり，ON時間t_{on}は，

$$t_{on}=\frac{1}{f}\cdot D=\frac{1}{20\times10^3}\times0.345=17\,\mu\text{s}$$

となります．

コイルのリプル電流ΔI_OのP-P値を，出力電流I_Oの30%とすると，

$$\Delta I_{O(P\text{-}P)}=0.3\times I_O=0.6\text{ A}$$

ですから，必要なインダクタンスLは，

$$L=\frac{V_{IN}-(V_O+V_{CE(sat)})}{\Delta I_O}\cdot t_{on}$$

$$=\frac{15-(0.5+5)}{0.6}\times17\times10^{-6}$$

$$=269\,\mu\text{H}$$

となります．この値はデータ・シートより若干多目になりますが，そのぶん出力のリプル電圧が少なくなりますから，よい出力特性となります．

したがって，実際には第1章，表1-3に示すHPシリーズのコイルから，HP034を選択して使用することになります．

〈表2-8〉STR2000シリーズの損失計算式

品　名	V_{IN}(V)	α
STR2005	20	0.7
STR2012	24	0.7
STR2013	24	0.7
STR2015	27	0.7
STR2024	35	0.7

$$P_D=\left(\frac{100}{\eta'}-1\right)P_O$$

ここで，

$\eta'=\eta+\alpha(V_{IN}-V_{IN}')$

η'　：効率$\left(100\times\frac{P_O}{P_{IN}}\right)$

P_O　：出力（$V_O\times I_O$）

η　：電気的特性に示す効率

V_{IN}'：実際使用時の最大直流入力電圧

V_{IN}，α：上表を参照．

なお，リプル電流はコイルLのインダクタンスに反比例して減少しますから，**リプル電圧を小さくしたい時には，大きなインダクタンスのコイル**を用います．しかし，形状的にはそのぶん大型化せざるを得ませんので，一般的にはP-P値で出力電流I_Oの30%くらいがもっとも適当な値とされています．

入出力のそれぞれに挿入した**コンデンサは，入力端子やコイルに極力近い点に接続**します．これは，異常発振現象が生じないようにしたり，スイッチング電流と配線のインダクタンスによって，ノイズが発生するのを抑制するためです．

● STR2005の損失の計算

この回路は5V，2Aと比較的大電流，大電力を扱いますので，内部損失電力も計算しておかなければなりません．

STR2000シリーズの損失P_Dは**表2-8**より次の計算します．

$$P_D=\left(\frac{100}{\eta'}-1\right)P_O$$

〈写真2-13〉STR2005の外観

〈図2-55〉 STR2000 シリーズの P_D-T_a特性

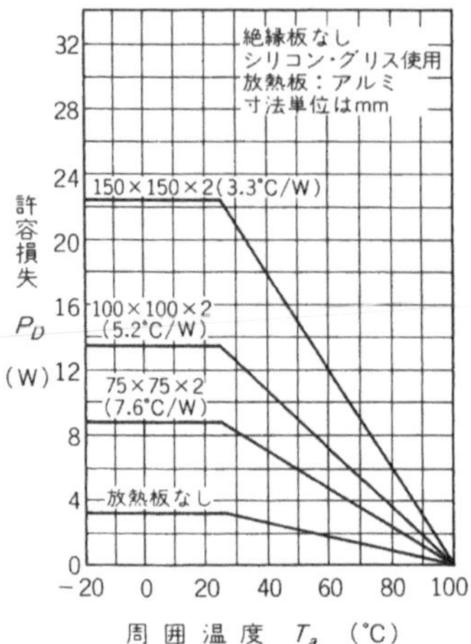

ここで，

$$\eta' = \eta + \alpha(V_{IN} - V_{IN}')$$

ですが，P_O は出力電力 $V_O \cdot I_O$，η は**表2-8** のようなデータ・シートの電力変換効率です．また，V_{IN}' は実際に使用する電圧です．これによって数値計算すると，

$$\eta' = 72 + 0.7(20 - 15) = 75.5\,\%$$

この式は，**入力電圧が高くなるにしたがって，変換効率が低下し損失が増える**ことを意味しています．ですから，

$$P_D = \left(\frac{100}{75.5} - 1\right) \times 5 \times 2 = 3.2\ \mathrm{W}$$

となります．

さて，この P_D=3.2 W という電力損失は**図2-55** の P_D-T_a 特性から，環境温度 T_a が 25℃までは，放熱器なしの単体でも使用することができることがわかります．しかし，これはあまり現実的ではありませんので，実際には**放熱器が必要**です．**図2-56** に示すようにリョーサンの 14CU04 で長さ l=38 mm のものを使用して取りつけるとよいでしょう．

〈写真2-14〉 SI82406Z の外観

〈図2-56〉 STR2000 シリーズの放熱法

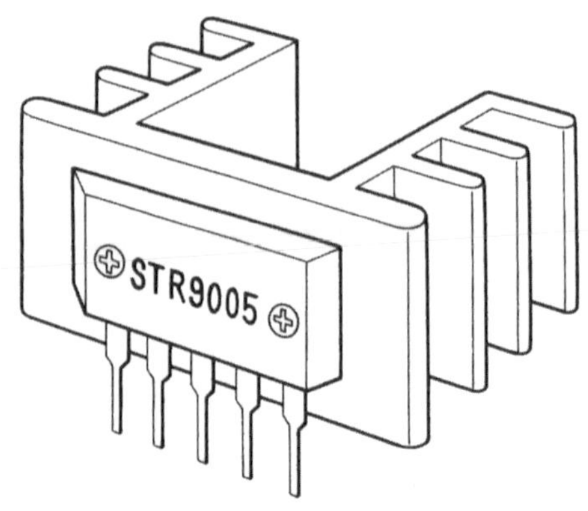

〈図2-57〉 SI80000Z シリーズの構成

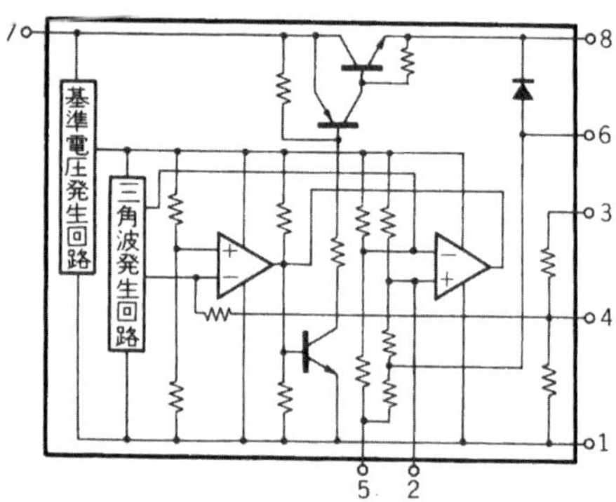

なお，この STR2000 シリーズには**過電流保護回路が内蔵されていません**．外部に付加することもできませんので，くれぐれも出力を短絡しないようにしてください．

● 24 V，6 A 電源 SI82406Z

SI80000Z シリーズも，サンケン電気のハイブリッド IC です．このシリーズには，出力電流が 6 A のものと 12 A のものとがあり，どちらにしてもかなり大きな電力を出力することができます．**表2-9** にこのシリーズの電気的特性を示します．また，**図2-57** がこの IC の内部構成です．

ケースは金属製ですが，**内部の回路とは完全に絶縁**されていますので，絶縁物なしで放熱器に取り付ける

〈図2-58〉[17] 6 A タイプの端子配列

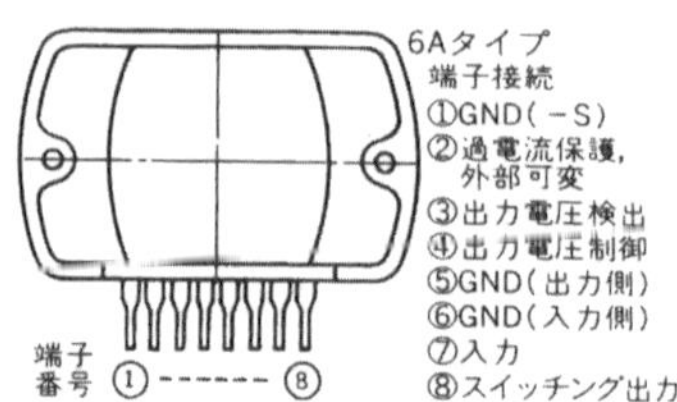

ことができます．**図2-58** が外形図，**写真2-14** がその外観です．

ここではSI82406Zを使った24 V，6 A出力のチョッパ型電源を設計してみましょう．

回路構成を**図2-59** に示します．発振周波数は固定で，標準は約22 kHzとなっています．このICは，スイッチング・トランジスタのON期間を，デューティ・サイクル D が1/2以上に広がるようにして，入力電圧が32 Vから定電圧動作することができます．

この例では入力電圧 $V_{IN}=32\ \mathrm{V}\sim40\ \mathrm{V}$ で，**定格が36 Vの条件で外付けコイルのインダクタンス L を決定**します．

$V_{IN}=36$ V時のトランジスタのON時間 t_{on} は，デューティ・サイクル D との関連で，

$$t_{on}=\frac{1}{f}\cdot D=\frac{1}{f}\cdot\frac{V_O}{V_{IN}-V_{CE(\mathrm{sat})}}$$

$$=\frac{1}{22\times10^3}\cdot\frac{24}{36-1}=31\ \mu\mathrm{s}$$

となります．

これから，必要なインダクタンス L を求めます．コイルに流れるリプル電流 $\varDelta I_O$ を出力電流 I_O の40％にするとして，

$$L=\frac{V_{IN}-(V_{CE(\mathrm{sat})}+V_O)}{\varDelta I_O}\cdot t_{on}$$

$$=\frac{36-(1+24)}{0.4\times6}\times31\times10^{-6}=142\ \mu\mathrm{H}$$

となります．

したがって，L には第1章，表1-4で示すCY26×16×10Cを使います．

〈図2-59〉 SI82406Zによる24 V，6 Aスイッチング・レギュレータ

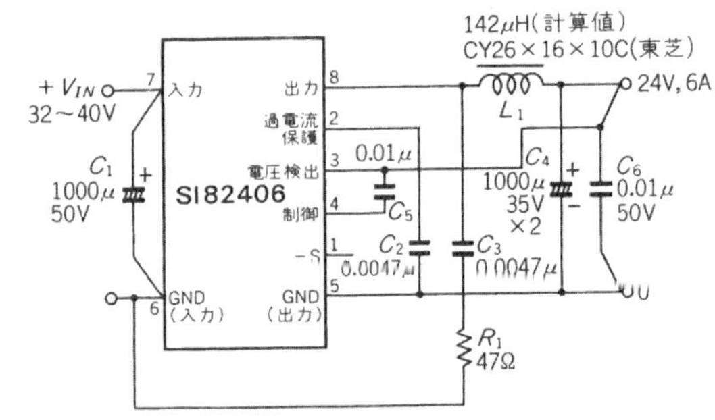

● **放熱の設計**

では，次に放熱について考えておきましょう．この回路はスイッチング電流が6 Aと大きいので，トランジスタの飽和電圧 $V_{CE(\mathrm{sat})}=1$ Vとしてあります．

ICの内部損失 P_D は，STR2000シリーズと同様にして求められます．つまり，

$$\eta'=\eta+\alpha(V_{IN}-V_{IN}')$$

$$=90+0.25(45-40)=91.25\ \%$$

$$P_D=\left(\frac{100}{\eta'}-1\right)P_O$$

$$=\left(\frac{100}{91.25}-1\right)\times24\times6=13.8\ \mathrm{W}$$

となります．出力電圧 V_O は，高いものほど変換効率が上昇します．

さて，このICを $T_a=50$℃まで安全に動作させるには，**図2-60** から2.8℃/Wの熱抵抗の放熱器が必要で

〈表2-9〉(17) チョッパ型パワー・ハイブリッドIC(サンケン電気(株))

品名	最大定格（$T_a=25$℃）				電気的特性（$T_a=25$℃）					
	入力電圧 V_{IN} (V)	出力電流 I_{OUT} (A)	許容損失 P_D (W)	動作温度 T_{op} (V)	出力電圧 V_{OUT} (V)	入力電圧 V_{IN} (V)	温度係数 (mV/℃)	対入力電圧変動 (mV)	対出力電流変動 (mV)	リプル減衰率 (dB)
SI8053B	55	3.0	28	−20～+80	5.05±0.1	15～55	±1.0	30	15	43
SI8093B					9.05±0.2	18～55	±2.0	80		35
SI8123B					12.05±0.2	20～55		90		
SI8153B					15.05±0.2	22～55		100		
SI8243B					24.05±0.2	30～55	±3.0	100		
SI80506Z	33	6.0	40	−20～+90	5.05±0.1	12～33	±0.5	60	10	50
SI81206Z	45				12±0.2	19～45	±1	150	15	45
SI81506Z	45				15±0.2	22～45	±1	150	15	
SI82406Z	60				24±0.2	32～60	±2.5	200	25	
SI80512Z	33	12.0	90	−20～+90	5.05±0.1	12～33	±0.5	60	20	50
SI81212Z	45				12±0.2	19～45	±1	150	30	45
SI81512Z	45				15±0.2	22～45	±1	150	30	
SI82412Z	60				24±0.2	32～60	±2.5	200	50	
SI8011	35	0.3	—	−10～+65	5.0±0.1	10～25	±1.5	60	60	—

〈図2-60〉(17) SI80000Zの許容損失

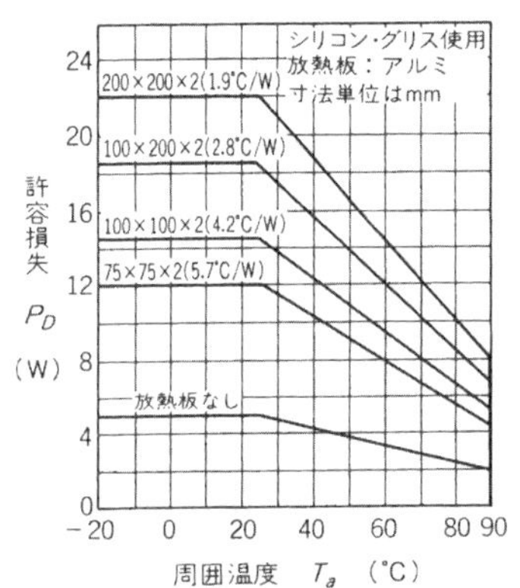

〈図2-61〉 同一入力電源による複数接続時の問題

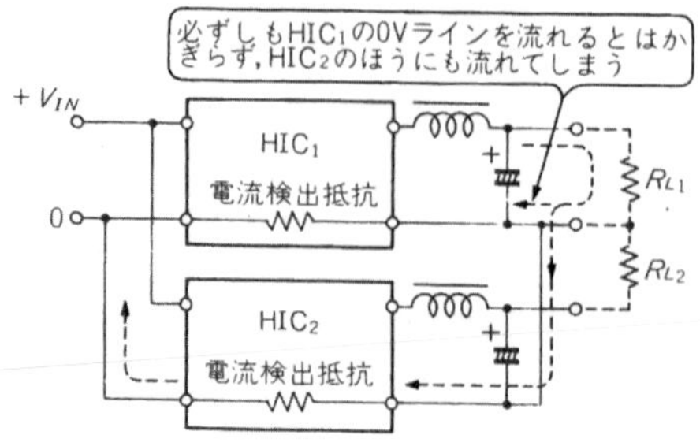

〈図2-62〉 多出力化する時の方法

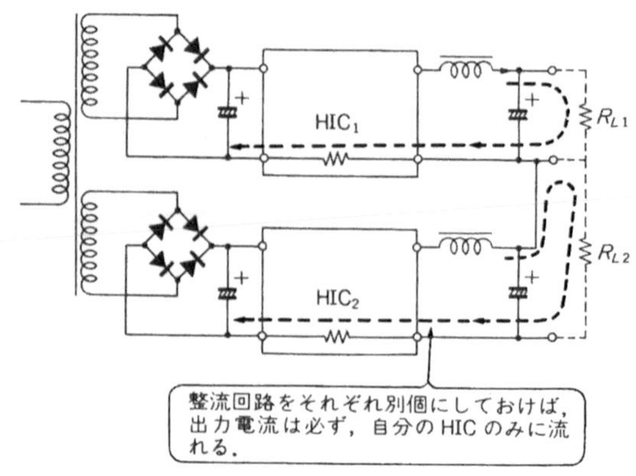

す．これにはアルミ板では 100×1100×2ᵗ のものが必要となります(2ᵗ は厚さ 2 mm を表す)．これは現実的ではありませんが，2.8℃/W の熱抵抗の市販の放熱器としては，リョーサンの 25BS051 で長さ l=140 mm のものが適当でしょう．

● **保護回路と使用上の注意**

SI80000 シリーズには，過電流保護回路も内蔵されていますが，**過電流の検出点はマイナス・ライン**ですので，同一入力電源を併用して，多出力型電源を構成するには不都合があります．

つまり，IC の 5 番，6 番ピン間の電圧降下が検出電圧となりますから，**図2-61** のように二つの電源が接続されると，マイナス・ラインの電流がどちらの IC の内部を流れるかわかりません．

したがって，このようなときには定格電流が取れないうちに保護回路が動作してしまったり，定格電流をはるかにオーバしても，動作しなかったりという症状が発生してしまいます．

したがって，**出力のグラウンドが共通接続**になるような場合には，**必ず入力電源も別個**に設けなければなりません．

これには例えば，**図2-62** のように，電源トランスの 2 次巻線を独立して 2 回路設けて，それぞれに整流回路を付けるようにしなければなりません．

なお，IC の 2 番，5 番ピン間に接続したコンデンサ C_2 は，ノイズによって**過電流保護が誤動作**するのを防止するためのものです．1000 pF～0.047 μF の間の容量のフィルム・コンデンサを用います．

R_1，C_3 は，内部のスイッチング・ダイオードから発生する雑音を抑制するためのもので，R_1=47 Ω～220 Ω，C_3=1000 pF～4700 pF 程度とします．

C_5，C_6 は，異常発振防止用のもので，0.01 μF のフィルム・コンデンサを使用します．

この IC を使用する電源は，かなり大きな電流と電力を扱いますから，**入出力の配線は太く短く**することに徹してください．

第3章 —— 小型で経済効果の高い方式
RCC方式レギュレータの設計法

●フライバック・コンバータの基礎
●簡易型 RCC レギュレータ
●本格的な RCC レギュレータ

● RCC 方式の大きな特徴

AC100V を入力電源とするスイッチング・レギュレータの方式には種々ありますが，出力が50 W以下の小型のものには RCC 方式が現在もっとも多く使用されています．

RCC とは，Ringing Choke Convertor を略称しているもので，基本動作原理から付けられた名称です．日本語では自励式フライバック・コンバータと呼ばれています．

この RCC 方式スイッチング・レギュレータは，外部クロックなどを必要とせずに，トランスとスイッチング・トランジスタとで発振動作を行わせることができるため，回路構成が大変簡単で，低価格の電源を作ることができます．したがって，市販のスイッチング・レギュレータ・モジュールの小型のものには，ほとんどこの方式が採用されています．写真3-1 がその一例で，構成の簡単さがわかると思います．以下，その特徴を列記すると，

(1) 回路構成が簡単であるため，安価にできる．
(2) 自励発振動作であるため，制御回路用の補助電源が不要となる．
(3) 外的条件(入力電圧や出力電流)の変化に伴って，動作周波数が大きく変化する．
(4) 電力変換効率があまり高くできず，大電力向きではない．
(5) 発生雑音は低域に集中する．

などとなります．

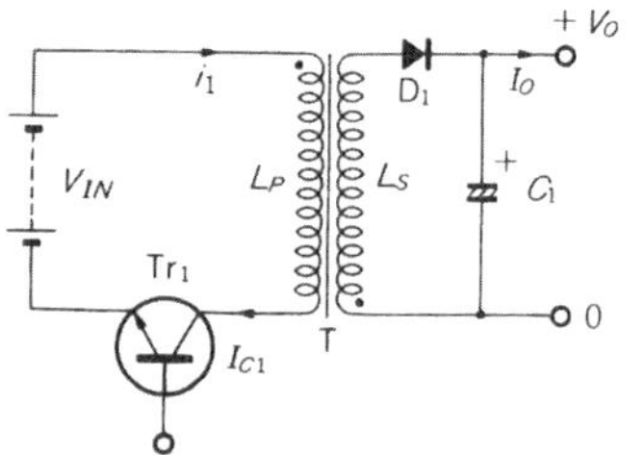

〈図3-1〉 フライバック・コンバータの基本構成

フライバック・コンバータの基礎

RCC 方式の基本はフライバック・コンバータと呼ばれるものですから，まずこの動作原理を先に説明することにしましょう．

● まずエネルギをトランスに蓄える

図3-1 がフライバック・コンバータの基本型です．何らかの正バイアスがスイッチング・トランジスタ Tr_1 のベースに印加されると Tr_1 は ON します．そしてコレクタ-エミッタ間の電圧は，飽和電圧 $V_{CE(sat)}$ となり，入力電圧がトランスの1次巻線に印加されます．この時，トランスの2次巻線は逆極性となっていますので，2次側のダイオード D_1 には電流が流れず，2次巻線は開放状態と等しくなります．

つまり，この状態ではトランス内での電力の伝達は行われておらず，1次巻線へ供給されたエネルギは，すべてトランス内に蓄積されたことになります．

今，トランスの1次巻線のインダクタンスを L_P，トランジスタの ON 期間を t_{on} とすると，1次電流は時間 $t=t_{on}$ で最大値となる1次関数的に増加する波形となります．ですから，1次電流の最大値 i_{1P} は，

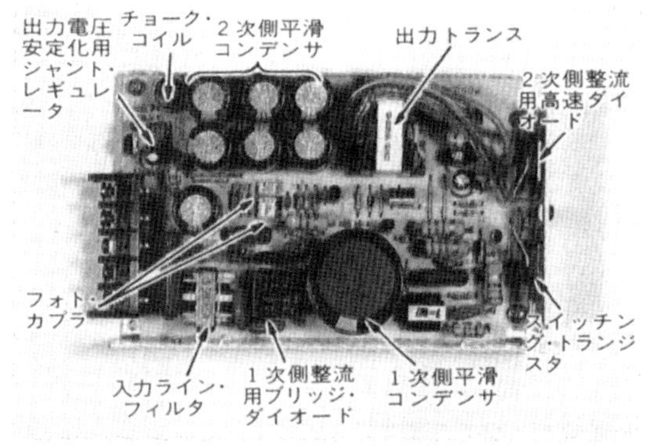

〈写真3-1〉 簡単な回路構成が RCC 方式の特徴

〈図3-2〉 1次，2次の電流波形

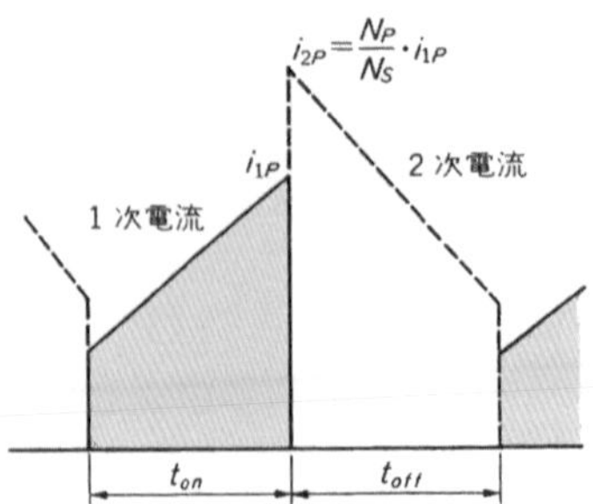

$$i_{1P}=\frac{V_{IN}}{L_P}\cdot t_{on}$$

となります．

したがってトランスには，

$$p=\frac{1}{2}L_P\cdot i_{1P}{}^2=\frac{V_{IN}{}^2\cdot t_{on}{}^2}{2L_P}\text{(J)}$$

のエネルギが蓄積されます．これは1パルス当たりのエネルギ量ですから，単位時間当たりでは周波数を f とすると，

$$P=\frac{1}{2}\cdot L_P\cdot i_{1P}{}^2\cdot f=\frac{V_{IN}{}^2\cdot t_{on}{}^2}{2L_P}\cdot f\text{(W)}$$

となります．

● **蓄えたエネルギをフライバックする**

さて Tr_1 がOFFした瞬間から，1次巻線への電力の供給は停止します．そして同時に**トランスの巻線には逆起電力が発生**します．ですから，今度は2次側回路のダイオード D_1 が導通し，トランス内の蓄積エネルギを出力側へ放出します．

ところで，コイルを流れる電流は連続になろうとしますので，トランスを理想的に考えると，1次対2次**巻線の巻数に反比例した比率で電流は流れ出します**．この波形は，**図3-2**のように徐々に蓄積エネルギを放出しながら減少していきます．

トランスの1次側の巻数を N_P，2次側の巻数を N_S とすると，2次電流の最大値 i_{2P} は，

$$i_{2P}=\frac{N_P}{N_S}\cdot i_{1P}$$

となります．

すると，トランスの2次端子電圧を V_2，2次巻線のインダクタンスを L_S とすると，2次電流 i_2 は i_{2P} から V_2/L_S の率で減少しますから，

$$i_2=i_{2P}-\frac{V_2}{L_S}\cdot t$$
$$=\frac{N_P}{N_S}\cdot i_{1P}-\frac{V_2}{L_S}\cdot t$$

と表すことができます．

このように1次回路と2次回路の電流値と巻数との

〈図3-3〉 2次側整流回路

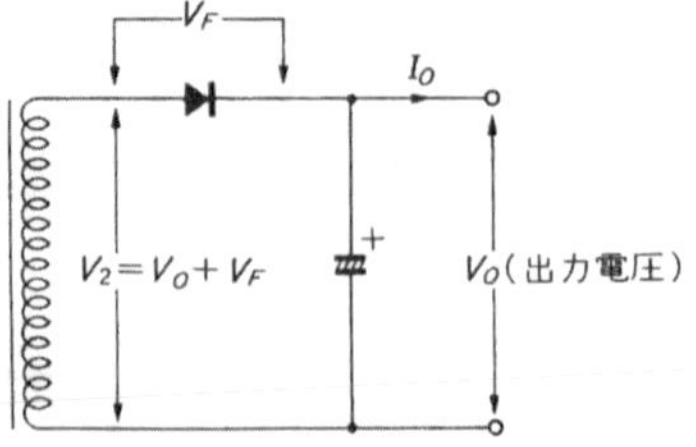

積が等しい関係，すなわち，

$$i_{1P}\cdot N_P=i_{2P}\cdot N_S$$

を等アンペア・ターンの法則といいます．

● **出力の大きさを決めるには**

ここで，直流出力電流を I_O とすると，その値は2次巻線を流れる電流 i_2 の平均値となります．つまり，トランジスタのOFF期間を t_{off} とすると，

$$I_O=\frac{1}{t_{on}+t_{off}}\int_0^{toff}i_2\cdot dt$$
$$=\frac{1}{T}\int_0^{toff}\left(i_{2P}-\frac{V_2}{L_S}\cdot t\right)dt$$
$$=\frac{1}{T}\left(i_{2P}\cdot t_{off}-\frac{V_2\cdot t_{off}{}^2}{2L_S}\right)$$
$$=\frac{i_{2P}\cdot t_{off}}{2T}$$

となります．

ここで**2次側はコンデンサ・インプット型整流**となっていますから，ダイオード D_1 の順方向電圧を V_F とすると，トランスの2次端子電圧は**図3-3**のように，

$$V_2=V_O+V_F$$

と表せます．

そして，**Tr_1 のON期間中にトランスに蓄えられた電力と，2次側で消費される電力とは等しくなければ**なりません．つまり，

$$\frac{1}{2}L_P\cdot i_{1P}{}^2\cdot f=\frac{V_{IN}{}^2\cdot t_{on}{}^2}{2L_P}\cdot f$$
$$=I_O\cdot(V_O+V_F)$$

の関係が成立します．

この式からわかるように，入力電圧や出力電流が変化すると，ON時間 t_{on} や周波数 f の時間のパラメータを変えてやれば，出力電圧 V_O を一定に保つことができます．

なお，$I_O\times V_F$ の成分は出力電力とはならず，内部の電力損失となってしまいます．

● **蓄えたエネルギを放出するモード**

では，次にトランジスタのON時間や周波数 f の時間のパラメータを変化させた時の動作モードがどう変化するのかを考えてみます．これは，トランスに蓄えたエネルギを2次側でどのような時間のパラメータで

〈図3-4〉
フライバック方式のいろいろな動作モード

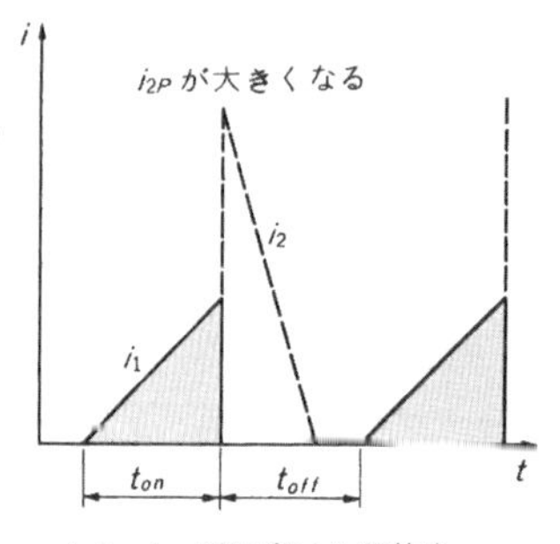

(a) t_{off} 期間内に全部放出

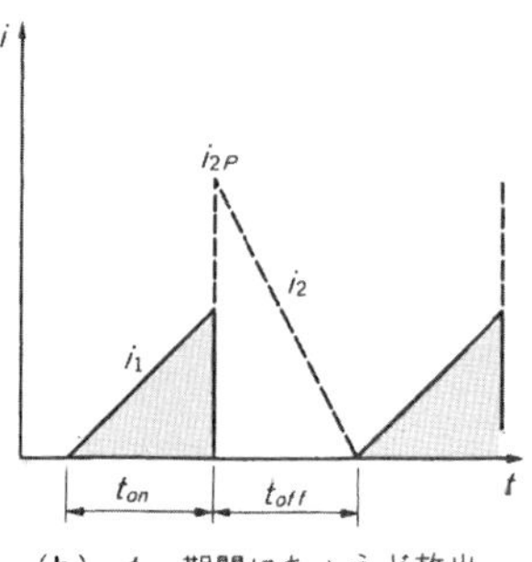

(b) t_{off} 期間にちょうど放出してしまう

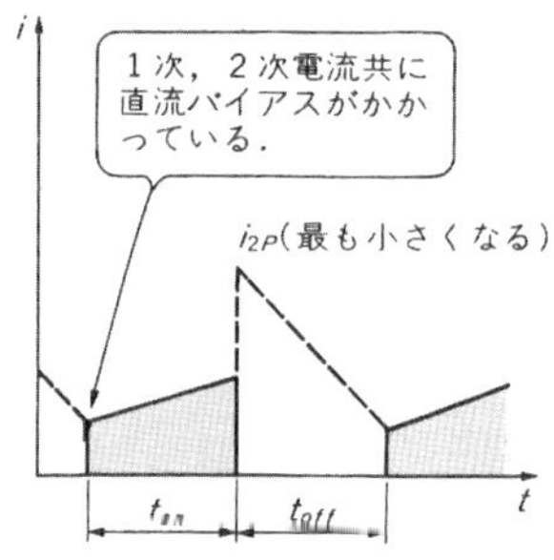

(c) t_{off} 期間内に放出できない

放出するかということです．

いま論じているのは直流安定化電源ですから，出力電圧 V_O が一定という条件で，2次電流 i_2 を図3-4のように三つに分けて考えてみます．2次電流の流れる期間，つまりスイッチング・トランジスタがOFFしている期間を t_{off} とすると，

(a) t_{off} 期間内にトランスの蓄積エネルギの放出が完了し，i_2 の流れていない期間が存在する動作状態．

(b) $t=t_{off}$ でちょうど $i_2=0$ となる動作状態．

(c) t_{off} 期間内にトランスの蓄積エネルギの放出が完了せず，$i_2=0$ とならない動作状態．

があることになります．

● t_{off}期間内に全部放出する

まず，(a)の動作状態では2次電流の流れている時間が短いので，同じ出力電流 I_O を流すには2次電流の最大値 i_{2P} をその分大きくしなければなりません．これは i_2 の減少する傾斜をきつくするわけですから，トランスの2次巻線インダクタンス L_S が小さくてよいことを示しています．

i_2 はすべて整流用コンデンサを流れます．コンデンサのリプル電流は i_2 の実効値ですから，三つの動作モードの中ではもっとも大きなリプル電流となってしまいます．つまり，同じ平均電流であれば，流通時間が短ければピーク値を大きくしなければなりません．そのため実効値も大きくなってしまいます．

しかし，電解コンデンサはリプル電流によって発熱し寿命を短くしますので，この方法はあまり好ましい動作状態であるとはいえません．さらに，直流安定化電源の重要な特性である出力リプル電圧も大きくなり，悪い結果となってしまいます．

● t_{off}期間にちょうど放出が終わる

次に(b)の動作モードを考えてみます．これは(a)と(c)との臨界点ということができます．実はRCC方式は常にこの状態で動作をしています．

つまり，この方式は2次電流が0になった時点で，トランジスタ Tr_1 がターンONします．それから次のサイクルに移行するため，トランスの1次か2次巻線には必ず電流が流れています．

〈図3-5〉 コアの *B-H* 曲線

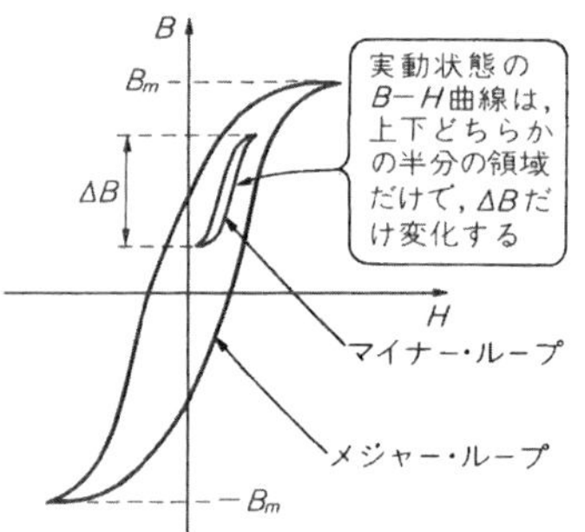

● t_{off}期間に全部放出できないようにする

最後に(c)の動作モードです．これは，トランジスタの導通期間中に蓄積されたエネルギが，OFF期間中にすべて2次側へ放出し切れず，残留エネルギがある動作状態です．電流波形としては，図のように直流が重畳されて変化しています．

ですから，1次，2次の電流波形のピーク値はそれだけ小さくてよいことになりますので，回路部品の損失も出力リプル電圧も小さくなり，大変都合のよい動作状態といえます．ところが，自励型のRCC方式ではこの動作状態を作ることができません．これは発振周波数を固定したPWM制御の他励型でのみ取り得る動作モードです．

● トランス(コア)の *B-H* 曲線を理解しておくこと

エネルギの変換にトランスを利用するスイッチング・レギュレータにおいては，出力トランスに使用するコアの *B-H* 曲線を常に考えておかなければなりません．これは，鉄心の磁気飽和を起こすことが絶対に許されないからです．

フライバック・コンバータの出力トランスにおいては，スイッチング・トランジスタが1個ですから図3-5のように，*B-H* 曲線の上下どちらか一方での磁束変化しかありません．コアでは最大磁束密度 B_m まで振れる *B-H* 曲線をメジャー・ループ，その中での実動状

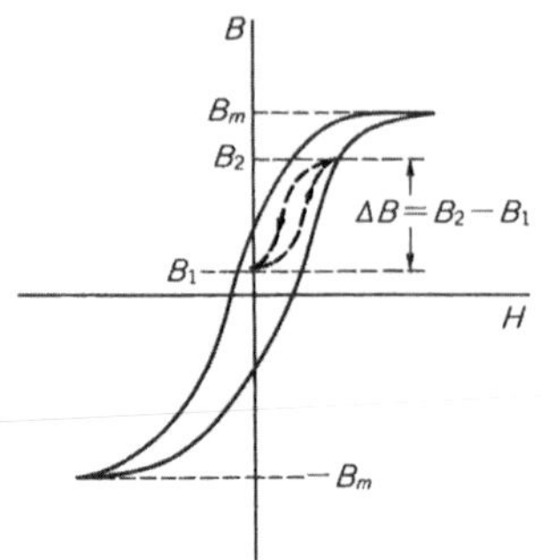

〈図3-6〉 磁束の変化の様子

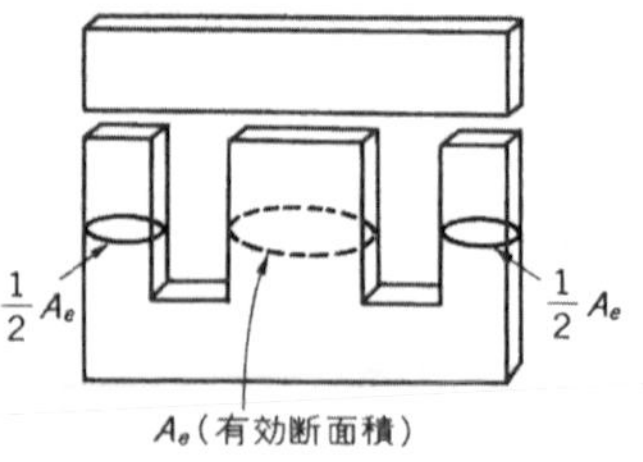

〈図3-7〉 コアの有効断面積

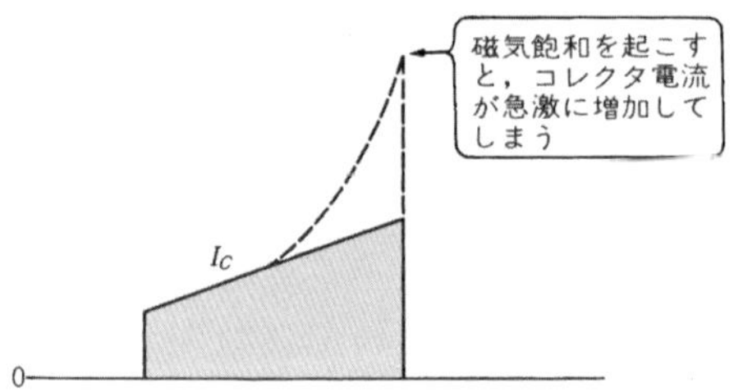

〈図3-8〉 磁気飽和した時のコレクタ電流

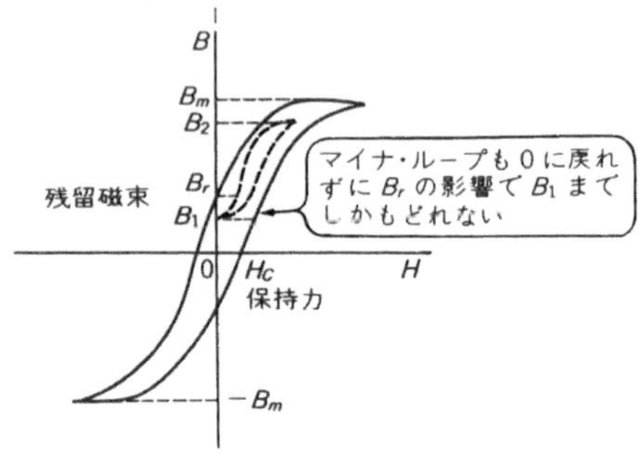

〈図3-9〉 残留磁束

態の曲線を**マイナ・ループ**と呼んでいます．

さて，トランスの巻線に電圧が印加されると励磁電流が流れ，**図3-6**のように磁束密度がΔBだけ上昇してB_2に達します．そして，フライバック・コンバータにおいては，スイッチング・トランジスタのON時間をt_{on}，印加電圧をV_{IN}，1次側巻線の数をN_Pとすると，磁束密度の変化ΔBは，

$$\Delta B = \frac{V_{IN} \cdot t_{on}}{N_P \cdot A_e} \times 10^8$$

となります．A_eは**図3-7**のように，コアの有効断面積です．

次にトランジスタがOFFすると，蓄積エネルギを放出しながらB_1の点まで戻ります．このように**マイナ・ループの変化する幅が磁束密度の変化量**で，

$$\Delta B = B_2 - B_1$$

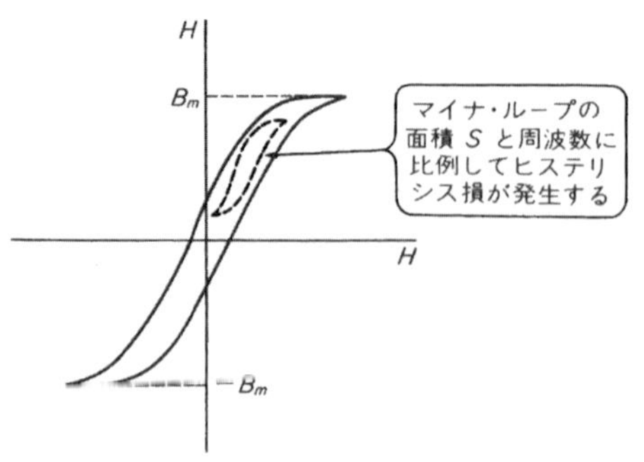

〈図3-10〉 トランスのヒステリシス損

となります．

$B_2 > B_m$となると磁気飽和になります．これはコアの透磁率がなくなる状態をいいます．つまり，この状態は空心のコイルと同じですから，巻線のインダクタンスが小さく，**図3-8**のようにスイッチング・トランジスタに過大な電流が流れてしまいます．

● コアのヒステリシス特性，損失にも注意する

ところで，トランスのコアには**ヒステリシス特性**と呼ぶものがあります．これは**図3-9**に示すように**磁化力Hが0になっても，磁束が0にならずB_rまでにしか戻らない特性**のことです．このB_rを**残留磁束**と呼んでいますが，実際のΔBの最大許容値としては，これも考慮して，

$$\Delta B \leqq B_m - B_r$$

としなければなりません．

また，トランスのコアは**ヒステリシス損**という電力損失を発生させます．これは，**図3-10**のように，**マイナ・ループで囲まれた面積Sと，スイッチング周波数に比例関係**をもっていますので，トランスでの損失を低減するにはΔBを小さくすればよいのですが，そのぶん巻線の回数を増やしてやらなければなりません．RCC方式においては，

$$\Delta B = 0.65 \cdot B_m$$

くらいを目標にすればよいでしょう．

● 出力に現れるリプル電圧の考え方

フライバック・コンバータにおいては，出力リプル電圧を決定する要素として，出力側平滑用コンデンサ

〈図3-11〉リプル電圧の発生原因

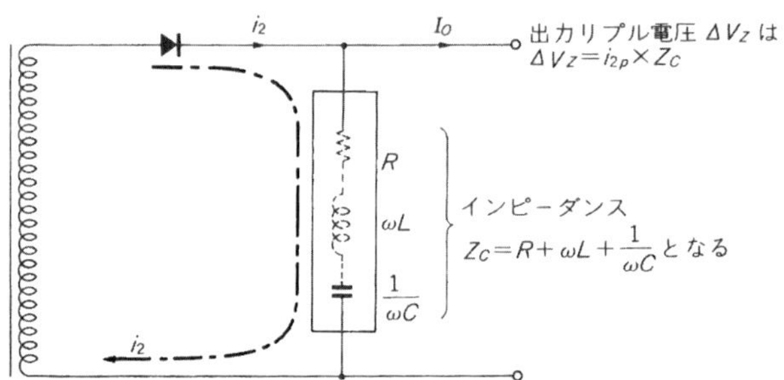

〈図3-12〉リプル電圧の波形

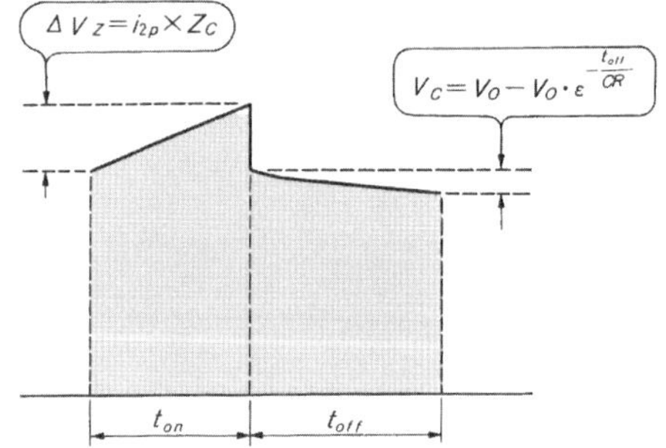

〈図3-13〉ダイオード，トランジスタの電圧

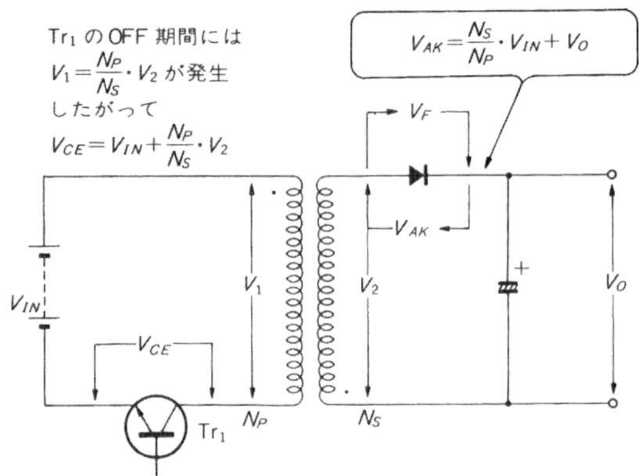

〈図3-14〉トランジスタへのサージ電圧

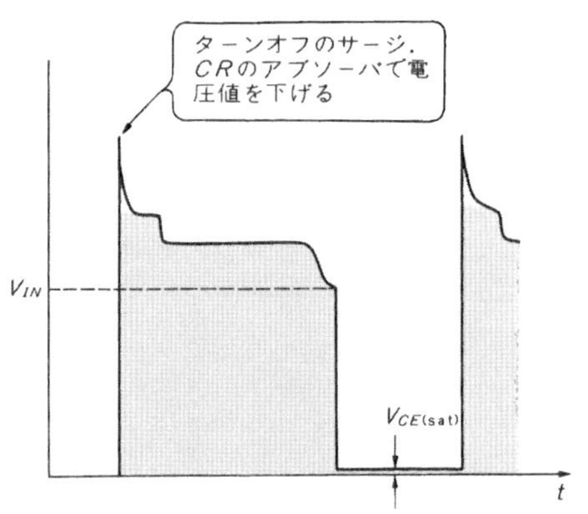

の内部インピーダンスと，静電容量との両方が考えられます．

図3-11 のように，2次電流 i_2 はすべて平滑コンデンサを流れると考えられます．すると，コンデンサの内部インピーダンス Z_C によって，電圧変動 Δv_Z が発生します．これは，2次電流の最大値 i_{2P} とで，

$$\Delta v_Z = i_{2P} \times Z_C$$

と，**図3-12** のように時間と共に上昇するリプル電圧となります．

次に i_2 が0になると，コンデンサは負荷へ蓄積電荷を放出し，下降する電圧となります．電源の出力側から見た負荷抵抗 R_L は，$R_L = (V_O/I_O)$ となりますので OFF 期間 t_{off} の電圧変動 Δv_C は，

$$\Delta v_C = V_O - V_O \cdot \varepsilon^{-\frac{t_{off}}{CR_L}}$$

となります．ですから，一周期での出力リプル電圧 ΔV_O は，

$$\Delta V_O = \Delta v_Z + \Delta v_C$$
$$= Z_C \cdot i_{2P} + V_O(1 - \varepsilon^{-\frac{t_{off}}{CR_L}})$$

となります．**Δv_Z も Δv_C も共に，出力電流 I_O の増加に伴って大きくなりますから，最大出力電流時にもっともリプル電圧が大きくなります．**

● スイッチング・トランジスタ，ダイオードの耐圧の考え方

最後にフライバック・コンバータにおけるトランジスタとダイオードに印加される電圧について考えてみます．いずれの場合も OFF 状態での印加電圧が問題となります．

まず，**2次側整流用ダイオードは，トランジスタの ON 期間に逆電圧 V_{AK} が印加されます．**これは**図3-13** からわかるように，

$$V_{AK} = V_2 + V_O = \frac{N_S}{N_P} \cdot V_{IN} + V_O$$

となります．

つまり，入力電圧や出力電圧の高い時ほど，またトランスの2次巻数が多いときほど，ダイオードへの印加電圧が高くなり，高耐圧のダイオードを用いなければなりません．

次にスイッチング・トランジスタは，OFF 期間のコレクタ-エミッタ間に電圧 V_{CE} が印加されます．この時のトランスの2次端子電圧 V_2 は，

$$V_2 = V_O + V_F$$

となります．ですから，トランジスタに加わる V_{CE} は，

〈図3-15〉 RCC 回路の基本構成

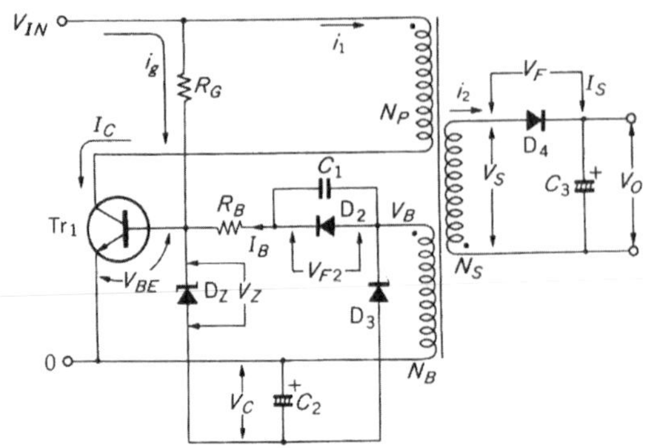

$$V_{CE}=V_{IN}+\frac{N_P}{N_S}\cdot V_2$$

$$=V_{IN}+\frac{N_P}{N_S}\cdot(V_O+V_F)$$

となります．つまり，2次巻線の少ない時ほど高い電圧が印加されることがわかります．

実際には**図3-14**のように，さらに**ターンオフ時にスパイク状のサージ電圧が重畳**されてしまいます．ですから，一般的には AC 100 V 入力のものでは，$V_{CEO}\geqq$ 400 V のトランジスタを使用しなければなりません．

RCC 方式の基礎

● 回路が起動するまで

では，実際に使われている RCC 回路について動作を説明することにしましょう．**図3-15** は，実際に多く使われている RCC 方式の基本回路例です．この例でははせいぜい 10 W くらいの電力しか扱えませんし，出力の定電圧精度もあまりよくありませんが，少ない部品点数で簡単に構成できます．まず，これで，動作の解説を行います．

今，入力電源 V_{IN} が印加されると，**抵抗 R_G** を通してスイッチング・トランジスタ Tr_1 にベース電流 i_g が流れ，Tr_1 はターンオンします．この i_g を**起動電流**といいますが，RCC 方式においてはトランジスタ Tr_1 のコレクタ電流 I_C は，**図3-16** のように必ず 0 からスタートするため，i_g は小さな値でよいことになります．

〈図3-17〉 RCC 回路のスイッチング動作

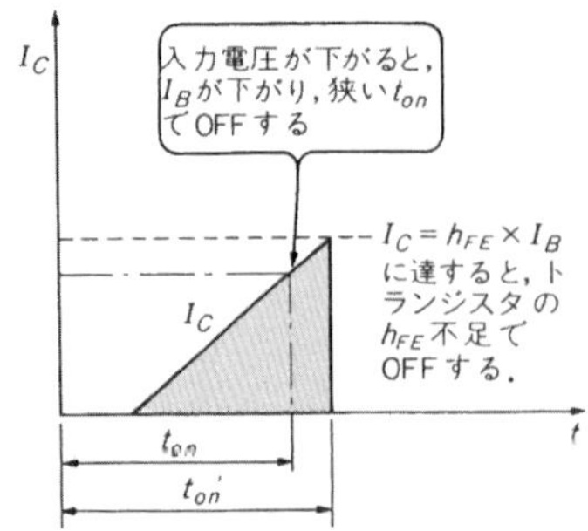

〈図3-16〉 トランジスタの電流波形

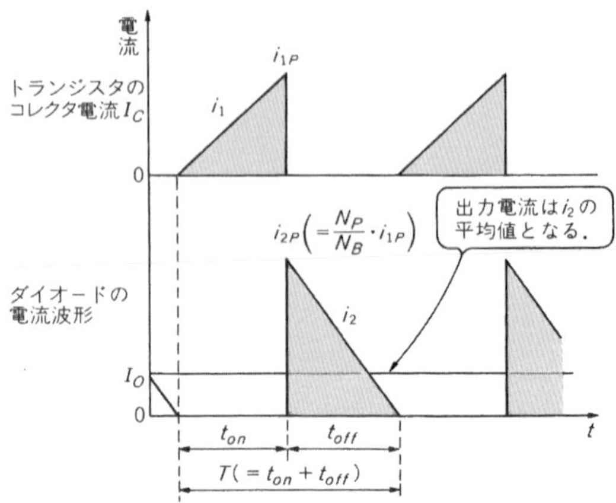

つまり，トランスの2次巻線 N_S は開放状態ですから，入力側から見ると，N_P だけのたんなるコイルに電流が流れることになるからです．この R_G のことを起動抵抗と呼んでいます．

● スイッチング・トランジスタが ON 状態に入ると

さて Tr_1 がいったん ON 状態に入ると，トランスの1次巻線 N_P には入力電圧 V_{IN} が印加されます．ですから，ベース巻線 N_B にはそれぞれの巻数比に応じた電圧，

$$V_B=(N_B/N_P)\,V_{IN}$$

の電圧が発生します．この電圧は，さらに Tr_1 が ON する極性で接続されていますので，Tr_1 は ON 状態を維持し続けます．この時の**ベース電流 I_B は**，トランジスタ Tr_1 のベース-エミッタ間電圧を V_{BE1}，ダイオード D_2 の順方向電圧を V_{F2} とすると，

$$I_B=\frac{(N_B/N_P)\,V_{IN}-(V_{F2}+V_{BE1})}{R_B}$$

と**定電流**で流れ続けます．

しかし，**図3-17** のように Tr_1 のコレクタ電流 I_C は1次関数的に増加しますので，**ある期間 t_{on} 後に I_C に達すると，直流電流増幅率 h_{FE}** との間に，

$$h_{FE}\leqq(I_C/I_B)$$

となり，Tr_1 はこれ以上 ON 状態が維持できなくなってしまいます．これはベース電流不足の領域で，これによってコレクタ電圧は飽和領域から不飽和領域に移行します．すると N_P 巻線の電圧が低下するので，N_B 巻線の誘起電圧 V_B も低下し，ベース電流 I_B が減少します．

ですから，Tr_1 のベース電流不足の状態がさらに助長され，**Tr_1 は急激に OFF 状態へ移行します．**

Tr_1 がOFFするとトランスの各巻線には逆起電力が発生し，2次側の N_S 巻線から D_4 を通して負荷電流 i_2 が流れ出します．この i_2 は，ある期間 t_{off} 経過後にエネルギを放出し終わり，0になります．しかし，N_S **巻線にはごく小さくても残留エネルギがあり，これが今度はバックスウィング**して，ベース巻線 N_B に電圧を発生させ，再度 Tr_1 を導通させ，先ほどと同じ繰り返しでスイッチング動作を継続します．

各部の動作波形を，**図3-18** に示しておきます．

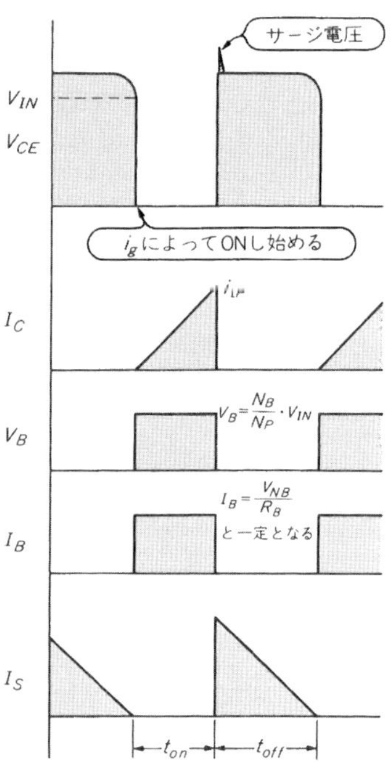

〈図3-18〉 RCC方式の動作波形

● トランジスタのベース抵抗 R_B の選び方

以上の動作の説明は，出力電圧が安定化動作に入るまでの初期状態のものですが，この回路ではスイッチ**ング・トランジスタのベースの駆動条件が極めて重要**であることに気づかれたと思います．

例えば，入力電圧 V_{IN} が上昇すると I_B も増加し，大きな I_C にいたるまで Tr_1 は導通していることになります．したがって，トランジスタのON時間 t_{on} が長引くし，逆に入力電圧が低下すると必要な I_C を流せないことになります．

そこで，トランジスタの電流増幅率 h_{FE} のばらつきをも考慮し，**最低入力電圧でも十分な I_B が流せるようなベース抵抗 R_B** を決定します．

この時，ベース巻線 N_B の巻数をどう決定するかが問題となります．

つまり，トランジスタ Tr_1 がOFFすると，**図3-19** のように，エミッタ→ベースへ逆電圧が印加されるので，使用する**トランジスタの V_{EB} 定格を越えないような条件**としなければならず，2次側の出力電圧を V_O とすると，

$$\frac{N_B}{N_S} < \frac{V_{EB(\max)}}{V_O + V_F}$$

となります．

このような条件で求めた R_B に対して，入力電圧が動作範囲の上限にきた時を考えると，先ほどの式の I_B は V_{IN} に比例しないことがわかります．つまり，回路上にダイオードの順方向電圧 V_F や，トランジスタの V_{BE} が介在するため，ベース電流の最大値 $I_{B(\max)}$ は V_{IN} の変化率よりもはるかに大きな値となり，この時の R_B の電力損失が問題となります．

R_B を流れる電流は抵抗負荷なので，**図3-18** のように方形波となり，**R_B の損失の実効値 P_{RB}** を求めると，

$$P_{RB} = \frac{I_B{}^2{}_{(\max)} \cdot t_{on}}{T} \cdot R_B$$

となります．ここで，T はスイッチングの1周期，t_{on} はトランジスタのON時間を示しています．

実際の設計では，**この P_{RB} が相当大きくなり無視できず**，全体の変換効率の低下の大きな要因となっています．

〈図3-19〉 スイッチング・トランジスタのベース-エミッタ間電圧波形

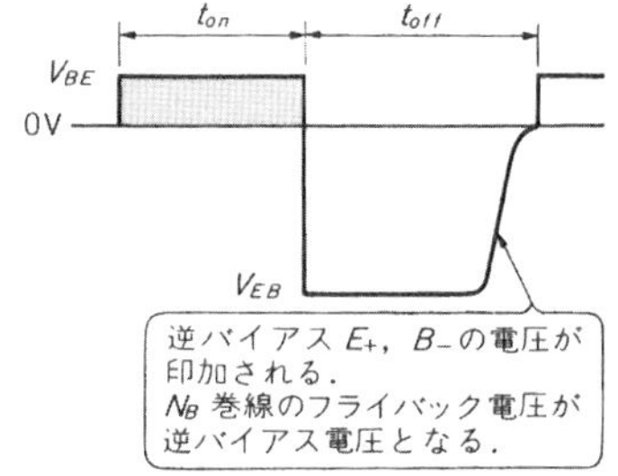

● 出力電圧 V_O を安定化するには

さて，このRCC方式レギュレータでは逆起電力によって2次側のダイオードが導通し，負荷へ電力を供給します．したがって，単位時間当たりに**トランスに蓄えられるエネルギ量と出力電力とが等しくなります**ので，トランスの1次インダクタンスを L_P とすると，

$$\frac{1}{2} \cdot L_P \cdot \left(\frac{V_{IN}}{L_1} \cdot t_{on} \right)^2 \cdot f = V_O \cdot I_O$$

となります．

したがって，出力電圧 V_O を定電圧化するには，周波数 f かトランジスタのON時間 t_{on} を変えてやればよいことがわかります．

図3-20 においてトランジスタをOFFするには，コレクタ電流に対してベース電流を不足にすればよいので，トランスの V_B からの駆動電流を Tr_1 のベースへ

〈図3-20〉 定電圧動作

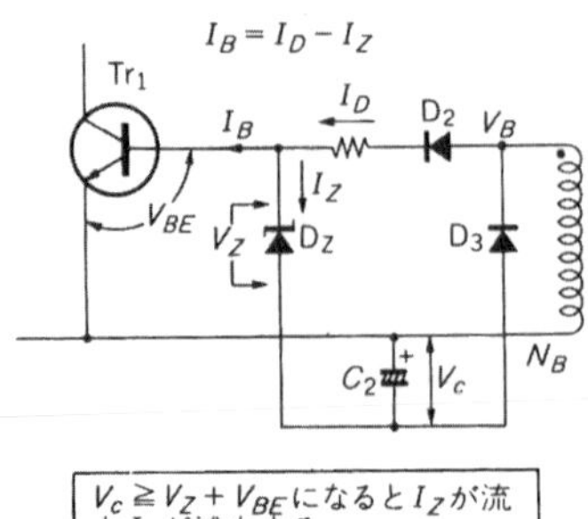

〈図3-21〉 トランスのリーケージ・インダクタンス

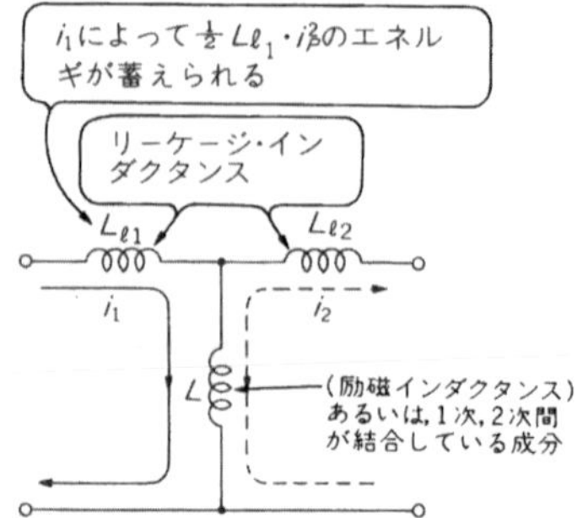

流さず，ほかへバイパスしてしまえばよいわけです．それが定電圧ダイオードD_Zの役目です．

D_Zのアノード側は，コンデンサC_2の(−)に接続されています．C_2の電圧は，N_B巻線からTr_1のOFF期間にD_3を通して充電された，負の電圧となっています．ですから，C_2の電圧V_Cが，

$$V_C = V_Z + V_{BE}$$

となると，ツェナ・ダイオードD_Zが導通し，駆動電流をこちらへパスしてしまい，Tr_1をOFFさせることになります．

さて，ある期間を経過すると出力電圧が上昇していきますが，このとき先の**図3-15**のC_2の端子電圧V_Cも出力電圧V_Oに比例して上昇します．つまり，Tr_1がOFFの間，蓄積エネルギが負荷へ放出されますが，D_3→C_2への充電電流は負電源ではあっても2次側電流I_Sと同時に流れます．したがって，この間のN_B巻線とN_S巻線の電圧は，それぞれの巻数比に比例した値で，

$$V_C = \frac{N_B}{N_S}(V_O + V_{F4}) - V_{F3}$$

となります．V_{F3}，V_{F4}はそれぞれD_3，D_4の順方向電圧降下を表しています．ですから逆に，V_Cを変化させればV_Oをそれに応じて変化させられるということにもなります．

今，V_Cの端子電圧が上昇すると，その(−)側に接続されたツェナ・ダイオードD_Zが導通します．そして，Tr_1のI_BをD_Zへバイパスし，ベースには電流を流さないような作用をします．したがって，この時点でTr_1はOFFすることになるわけです．これを電圧の関係で見てみると，D_Zのツェナ電圧V_Zは，

$$V_C = V_Z + V_{BE}$$

なので，V_ZとN_S/N_Bの比で出力電圧V_Oが決定されることになります．

つまり出力電圧は，

$$V_O = \frac{N_S}{N_B}\cdot(V_Z + V_B) - V_{F4}$$

となります．V_{BE}とV_{F4}を省いて考えれば，これはV_Zに比例しますし，V_Zの電圧精度で出力電圧の精度も決まります．

● 出力電圧安定化の障害となるもの

しかし，実際にはRCC方式の出力トランスには，1次巻線のインダクタンス値を調整するために，ギャップを挿入しなくてはなりません．ところが，ギャップを設けると，その部分から磁束が漏れて，巻線間の結合度が低下してしまいます．これは**図3-21**に示すようにリーケージ・インダクタンスが増えることを意味しており，出力電流の変化に対する出力電圧の安定度を悪化させてしまいます．

また，ツェナ・ダイオードD_Zの電圧精度が直接出力電圧の精度に影響を与えます．したがって，ここには温度係数の良好な5〜6Vのものを使用します．ただし，トランスの各巻線の抵抗分による電圧降下や，ツェナ・ダイオードの動作抵抗，D_3の順方向電圧V_{F3}の変化などの要素が効いて，このままではさほど高精度を得られないのが実状です．

また，先ほどTr_1の逆バイアス電圧V_{EB}についてふれましたが，実はこれもD_Zのツェナ電圧V_Zによって決定されるのを合わせて理解しておいてください．

● 起動時のコレクタ過大電流を防ぐ工夫

さて，正常な動作状態では，定電圧動作によりトランジスタのベース電流は常にある値となるように制御されています．しかし，入力側電源V_{IN}が印加された直後では，すぐに定電圧動作とはならず，駆動電流すべてがTr_1のベース電流となります．

さらに入力電圧が上昇すると，ベース巻線の電圧V_Bが上がりますから，駆動電流が増加します．つまり，動作開始の起動時には，スイッチング・トランジスタには大きなコレクタ電流が流れ，最大定格を越えてついには破壊してしまうことがあります．

そこで，起動時においても過大なコレクタ電流が流れないような保護対策を施さなければなりません．この最も簡単な方法は，**図3-22**のようにTr_1のエミッタに抵抗を挿入するものです．

これは，Tr_1のコレクタ電流が流れたことによって，

〈図3-22〉 起動時の過大コレクタ電流対策

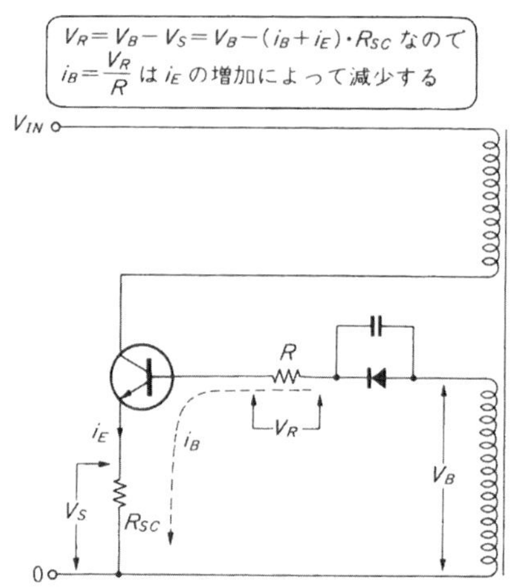

〈図3-23〉 起動時の保護対策

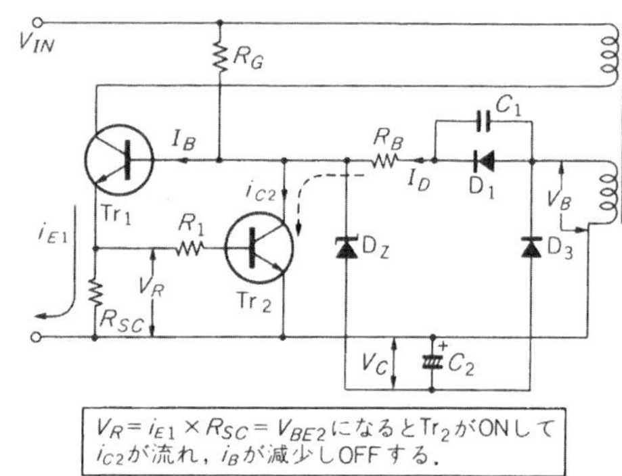

抵抗 R_{SC} に電圧降下 V_S が発生しますが，すると，Tr_1 のベース電圧もその分上昇しますから，駆動電流 I_B は，

$$I_B = \frac{V_B - (V_F + V_{BE} + V_S)}{R_B}$$

と減少しますので，ベース電流が制限されて，あるコレクタ電流でバランスがとれることになります．

しかし，トランジスタの h_{FE} のばらつきなども効いてしまいますから，コレクタ電流の最大定格には，かなり余裕を見ておかなければなりません．また大きな電力を扱う場合では，この抵抗による損失も無視できなくなってしまいますので，数Wの出力電力のものにしか適用できません．

そこで，実際には**図3-23**のようにNPNトランジスタ Tr_2 を接続します．スイッチング・トランジスタ Tr_1 のコレクタ電流による，R_{SC} の電圧降下 V_S が Tr_2 の V_{BE} を越えると Tr_2 はONし，Tr_1 のベース電流を分岐して，それ以上のコレクタ電流が流れないような定電流動作となります．

● 発振のデューティ・サイクルの計算

少し煩雑ですが，RCC方式の動作をもう少し詳しく理解できるように，発振のデューティ・サイクル D を求める計算式を誘導してみます．

図3-24(a)で，1次巻線 N_P を流れる電流 i_1 は，トランスのインダクタンスを L_P とすると，

$$i_1 = \frac{V_1}{L_P} \cdot t$$

です．そして，$t = t_{on}$ で最大値 i_{1P} を得ますので，

$$i_{1P} = \frac{V_1}{L_P} \cdot t_{on}$$

となります．また，2次回路の電流の最大値 i_{2P} は，トランスの基本原理から，

$$i_{2P} = \frac{N_P}{N_S} \cdot i_{1P} = \frac{N_P}{N_S} \cdot \frac{V_1}{L_P} \cdot t_{on}$$

となり，2次電流は i_{2P} から V_2/L_S の率で減少します．したがって，その瞬時値は，

$$i_2 = i_{2P} - \frac{V_2}{L_S} \cdot t$$

$$= \frac{N_P}{N_S} \cdot \frac{V_1}{L_P} \cdot t_{on} - \frac{V_2}{L_S} \cdot t$$

と求められます．

ここで，RCC方式の初期条件として，$t = t_{off}$ において $i_2 = 0$ となりますから，

$$\frac{N_P}{N_S} \cdot \frac{V_1}{L_P} \cdot t_{on} - \frac{V_2}{L_S} \cdot t_{off} = 0$$

となります．これに i_{1P} の式の t_{on} を代入して t_{off} を求めると，

〈図3-24〉
RCC回路の電流波形

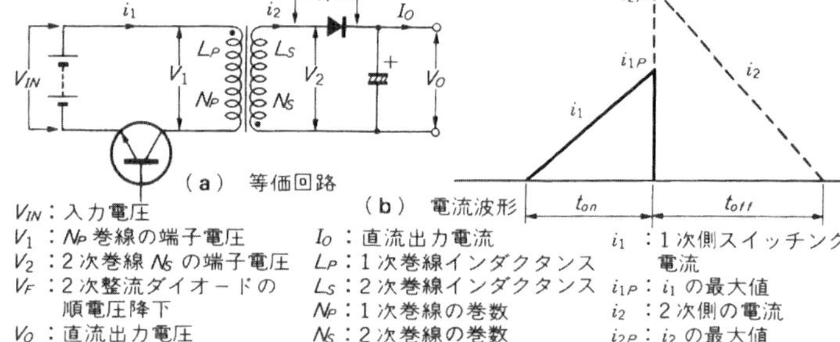

$$t_{off}=\frac{N_P}{N_S}\cdot\frac{V_1}{L_P}\cdot\frac{L_S}{V_2}\cdot\frac{L_P}{V_1}\cdot i_{1P}$$

$$=\frac{N_P}{N_S}\cdot\frac{L_S}{V_2}\cdot i_{1P}$$

となり，デューティ・サイクル D を求めると，

$$D=\frac{t_{on}}{t_{on}+t_{off}}$$

$$=\frac{(L_P/V_1)\cdot i_{1P}}{(L_P/V_1)\cdot i_{1P}+(N_P/N_S)\cdot(L_S/V_2)\cdot i_{1P}}$$

$$=\frac{V_2\cdot\sqrt{L_P}}{(V_2\cdot\sqrt{L_P}+V_1\sqrt{L_S})}$$

を得ます．ここで，

$V_1=V_{IN}-V_{CE(\mathrm{sat})}$

$V_2=V_O+V_F$

を代入して，

$$D=\frac{(V_O+V_F)\cdot\sqrt{L_P}}{(V_O+V_F)\sqrt{L_P}+(V_{IN}-V_{CE(\mathrm{sat})})\sqrt{L_S}}$$

がより実用的な式となります．

● **発振周波数の計算**

次に発振周波数を求めます．トランスの1次側と2次側の電力量が等しいという条件から，

$(1/2)L_P\cdot i_{1P}{}^2\cdot f=I_O\cdot V_2$

となり，これから i_{1P} を求めると，

$$i_{1P}=\sqrt{\frac{2I_O\cdot V_2}{L_P\cdot f}}$$

を得るので，これを変形して発振周波数 f を求めると，

$$f=\frac{1}{t_{on}+t_{off}}$$

$$=\frac{1}{(L_P/V_1)\cdot i_{1P}+(L_S/V_2)\cdot i_{2P}}$$

$$=\frac{1}{(L_P/V_1)i_{1P}+(L_S/V_2)(N_P/N_S)i_{1P}}$$

となります．これに i_{1P} を代入して整理すると，次の式を得ます．

$$f=\frac{V_1{}^2\cdot V_2{}^2}{2I_O(L_P V_2{}^2+2V_2V_1\sqrt{L_P\cdot L_S}+L_S V_1{}^2)}$$

$$=\frac{1}{2I_O}\left(\frac{V_1\cdot V_2}{V_2\cdot\sqrt{L_P}+V_1\sqrt{L_S}}\right)^2$$

● **発振の動作状態を整理すると**

さて，以上のデューティ・サイクルと発振周波数の結論式から，RCC方式の基本動作が明らかとなります．

(1) デューティ・サイクル D は，入力電圧に逆比例して小さくなる．すなわち，入力電圧に伴って t_{on} が短くなり，t_{off} は変化しない．

(2) デューティ・サイクル D は，負荷電流の影響を受けない．

(3) デューティ・サイクル D は，トランスの1次側インダクタンス L_P を大きくすると増加し，2次側インダクタンス L_S を増加すると小さくなる．

(4) 発振周波数 f は，入力電圧に伴って上昇し，負荷電流 I_O に逆比例して低下する．

(5) 発振周波数 f は，$L_P\cdot L_S$ に伴って低下する．

この計算結果は，実際に設計されたものに大変よく一致しますので，試してみてください．

〈図3-25〉B-H 曲線の温度特性(H_{7C1})

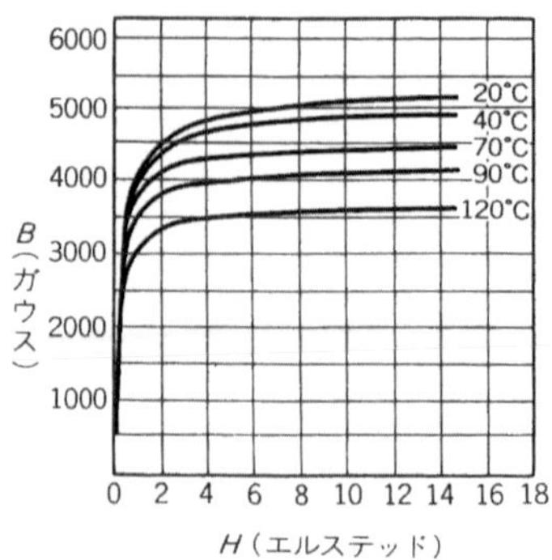

トランスの設計方法

スイッチング・レギュレータにおいて，トランスの設計はもっとも重要な点です．極端にいえば，ほとんどの動作や特性が，トランスの設計によって決まってしまうほどです．とりわけRCC方式においては，発振周波数までもトランスで決定されてしまいます．

● **1次巻線 N_P の求め方**

まず1次巻線の巻数を求めます．RCC方式では，先の**図3-3**に示したように，コアの B-H 曲線の上下のどちらか片方での磁束変化ですから，巻数は次式のようになります．

$$N_P=\frac{V_{IN}\times10^8}{2\Delta B\cdot A_e\cdot f}$$

$$=\frac{V_{IN}\cdot t_{on}}{\Delta B\cdot A_e}\times10^8$$

ここで，V_{IN} は N_P 巻線への印加電圧，ΔB はコアの磁束密度，A_e はコアの有効断面積です．

これは有名な計算式ですから，よく見かけることがあると思います．t_{on} は通常 $T/2$ を最大とするので，前述のような式を得ています．

コアの材質は一般にはフェライト材を使用します．しかし，これは**図3-25**のように温度によって**最大磁束密度 B_m が変化**します．したがって，実際の動作条件での B_m を特性表から求めます．

一般的には100℃での B_m は3500～4000ガウス程度ですから，20～30％のマージンを見込んで使用します．というのは，過負荷状態ではより t_{on} が広がるし，

〈図3-26〉トランスのN_P巻線の電流i_1の波形

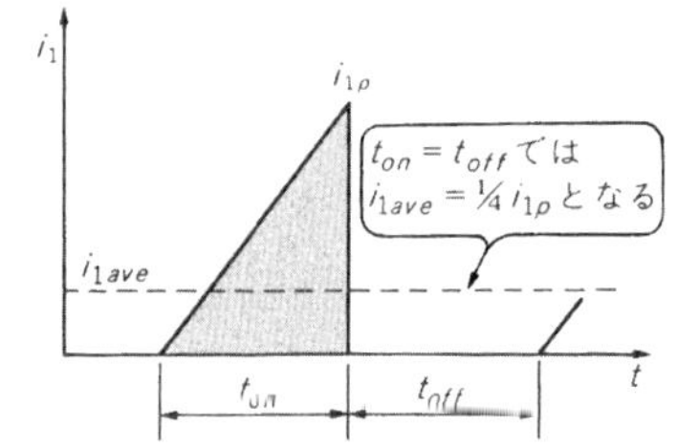

コアのばらつきもあり，過渡状態でも磁気飽和を起こさないようにする必要があるからです．

さて，インダクタンス値を計算しますが，最低入力電圧時のデューティ・サイクルDが1/2となるように設計します．すると，i_1は図3-26のようにのこぎり波ですから，電力変換効率をη，出力電力をP_O，入力電圧の最小値を$V_{IN(\min)}$，1次電流の平均値を$i_{1(\mathrm{ave})}$とすると最大値i_{1P}は，

$$i_{1P}=4\times i_{1(\mathrm{ave})}=4\times\frac{P_O}{\eta\cdot V_{IN(\min)}}$$

となり，1次巻線N_Pに必要なインダクタンスL_Pは，

$$L_P=\frac{V_{IN(\min)}}{i_{1P}}\cdot t_{on}$$

$$=\frac{\eta\cdot V_{IN}{}^2{}_{(\min)}}{4\,P_O}\cdot t_{on}$$

と求まります．

● ほかの巻線の求め方

次に2次巻線について求めることにしましょう．

2次電流のピークi_{2P}は前式と同様に，出力電流I_Oに対して，

$$i_{2P}=4\times I_O$$

となります．したがって2次巻線のインダクタンスL_Sは，

$$L_S=\frac{V_S}{i_{2P}}\cdot t_{off}=\frac{V_S}{4\times I_O}\cdot t_{off}$$

となります．ここで，$t_{on}=t_{off}=T/2$の条件を考慮して2次巻線の巻数N_Sを求めると，

$$N_S=\sqrt{\frac{L_S}{L_P}}\cdot N_P$$

$$=\sqrt{\frac{P_O(V_O+V_F)}{\eta\cdot V_{IN}{}^2{}_{(\min)}\cdot I_O}}\cdot N_P$$

となります．V_Fは2次整流ダイオードの順方向電圧降下です．

次にベース巻線の巻数N_Bを求めますが，Tr_1のV_{EB}の条件から，

$$N_B\leqq\frac{V_{EB(\max)}}{V_O+V_F}\cdot N_S$$

以上で各巻数が決定しますが，出力側はライン・ドロップが発生するので，実際にはその分巻数を多めにする必要があります．

〈図3-27〉コアのギャップ

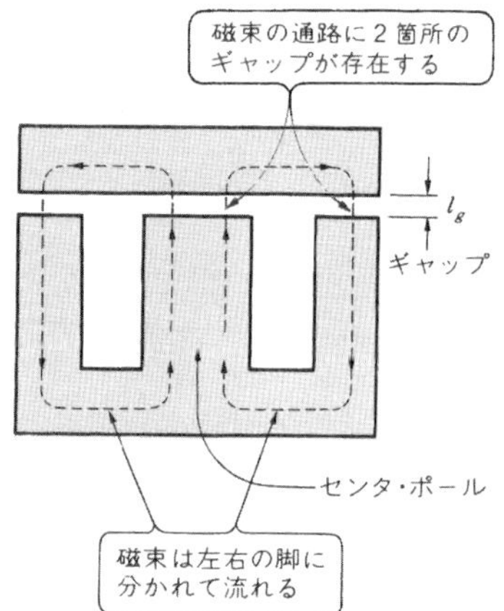

● 挿入するギャップの計算

さて，RCC方式のトランスにおいては，磁束密度を必要条件として1次巻数を決定しなければなりません．したがって，以上の計算で求めたインダクタンス値に対して，通常は値が大き過ぎてしまいます．これでは，規定の出力電力を得ようとすると，発振周波数が低すぎて結局は磁気飽和を起こしてしまいます．

そこで，コアの実効透磁率を下げて，必要な値までインダクタンスを減らしてやらなければなりません．実用的にはEE型やEI型のコアを用いるので，図3-27のようにギャップを挿入することになります．

ギャップl_gを求める計算式は次のようになります．

$$l_g=4\,\pi\cdot\frac{A_e\cdot N_P{}^2}{L_P}\times10^{-8}(\mathrm{mm})$$

この式もトランスの定数を述べるときに必ず見かけるものですから，誘導計算は省略します．

ここで求められたl_gは，磁路内の合計のギャップの厚みですから，センタ・ポールと外部の2箇所に，同時にスペーサを挿入するのが現実です．つまり，ギャップ紙の厚みは，$l_g/2$のものとなる点に注意をしてください．

ギャップ紙としては，絶縁物なら何でもかまいませんが，ボール紙のようなものは湿度によって，厚みが変わったりしてしまいます．通常はマイラ紙やベーク板などを使います．

● 結合度を高くする巻線の工夫

トランスは，巻線構造によって特性にも大きな差がでてしまいます．特に1次巻線N_Pと2次巻線N_Sとの間の結合度には注意しなければなりません．結合度とは，1次巻線で発生した磁束が，2次巻線へ誘導される割合のことで，誘導されない成分を漏れ磁束(リーケージ・フラックス)といいます．

結合度を上げるには，巻線構造的には二つの点に注

〈図3-28〉 トランスの巻線構造

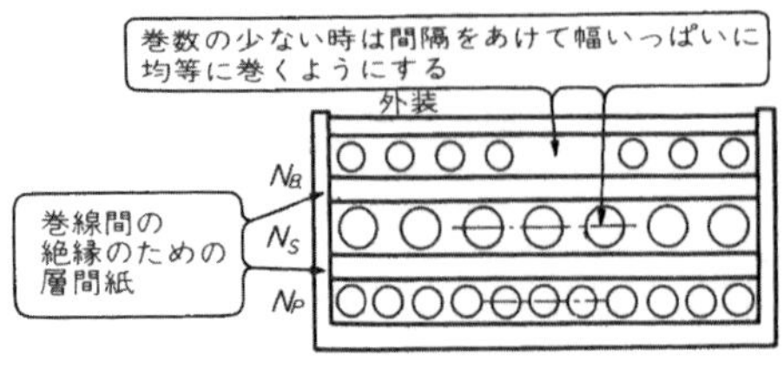

〈図3-29〉 トランスのサンドイッチ構造

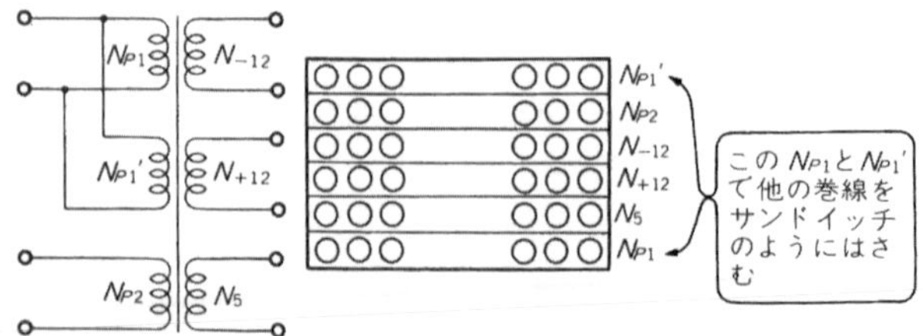

〈図3-30〉 トランスのストレ・キャパシティ

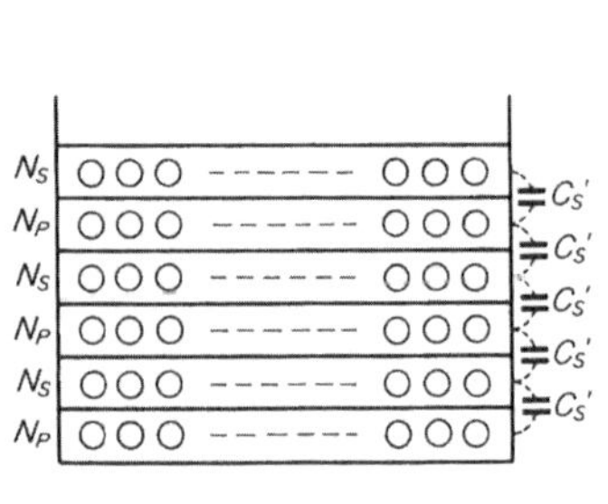

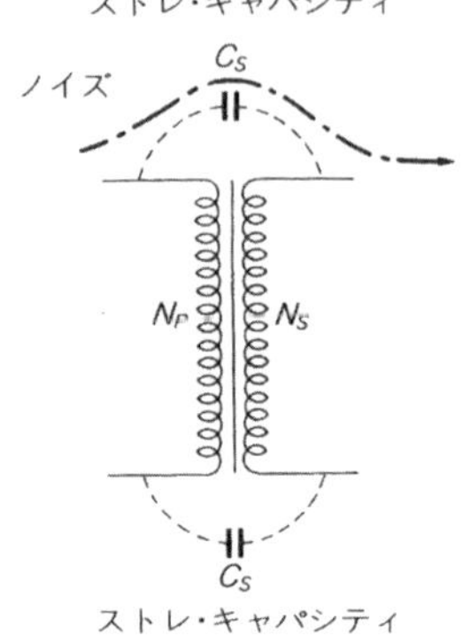

〈図3-31〉 トランスのT型等価回路

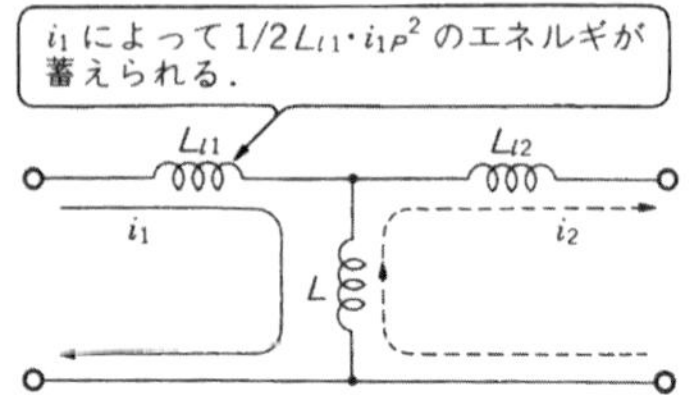

意する必要があります.

まず第1に,「**各巻線は巻幅いっぱいに巻く**」ということです.巻数が少なくて,巻幅の半分程度で巻き終わってしまうような時は,**図3-28**のように1回ごとに間隔をあける**スペース巻き**とすることです.あるいは,使用する電線の線径を下げて,2～3本を並列にして巻く並列巻きとする方法も有効です.

もう一つは,**図3-29**のような**サンドイッチ巻き**といわれる**多層分割方法**です.巻線順序としては,最初に1次巻線N_Pを巻き,続いて2次巻線N_S,最後にベース巻線N_Bとするのが普通です.これにさらに1次巻線N_P'をもう1回巻き重ねて,下のN_Pと並列に接続します.

ほかの巻線を,N_PとN_P'ではさむようにするため,このような名称が付けられていますが,こうすると1次巻線とほかの巻線間の結合度が上昇します.

このような,何回も繰り返して巻き上げていく方法を多層分割巻きといいます.分割数を増やせば増やすほど,1次対2次間の結合度はよくなります.しかし,それだけ逆に**巻線間のストレ・キャパシティ**が**図3-30**のように増加してしまいます.

このストレ・キャパシティC_Sは,1次巻線と2次巻線との間に接続されたのと等しくなり,1次側の高周波ノイズが2次側へ,2次側のノイズが1次側へ移行されます.これは好ましいことではありませんので,通常の場合は**3分割**までとしておいたほうがよいでしょう.

● リーケージ・インダクタンスによるサージ発生

トランスは完全に100%の結合をすることはありません.とりわけRCC方式の場合は,大きなギャップを

〈図3-32〉
スナバ回路と電圧波形

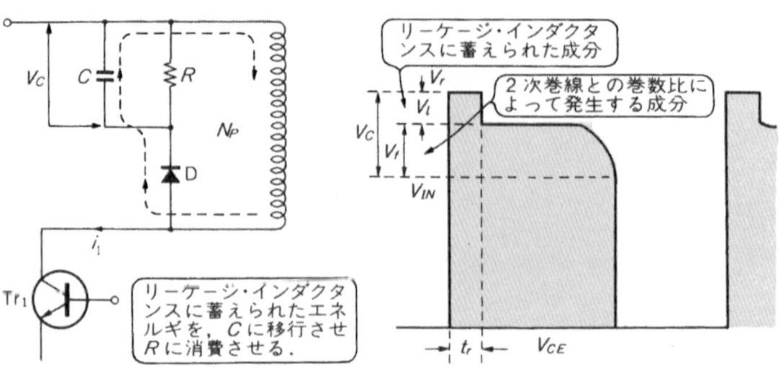

設けるため，漏れ磁束が増加してしまいます．すると，図3-31 に示すT型等価回路の L_{l1} と L_{l2} の漏れインダクタンスが生じてしまいます．

ところがこの成分にも1次，2次の電流が流れ，エネルギが蓄積されます．しかし，ほかの巻線と結合していない成分のため，1次側から2次側へ電力の移行がされません．ですから，トランジスタがOFFした瞬間に大きな逆起電圧 V_l が発生し，Tr_1 のコレクタ電圧に重畳されてしまいます．

そこで，図3-32 のように N_P 巻線の両端にダイオードとコンデンサ，抵抗で構成されるスナバ回路を付加しなければなりません．

リーケージ・インダクタンス L_{l1} に蓄えられる電力量 P_l は，スイッチング周波数を f とすると，

$$P_l=(1/2)L_{l1}\cdot i_{1P}{}^2\cdot f$$
$$=V_l{}^2/R$$

となります．Tr_1 がOFFの時に発生する逆起電力 V_l はパルスですから，コンデンサ C でいったん直流に整流し，R に消費させるわけです．

P_l は上式で決定されますので，抵抗値を高くすると発生電圧が上昇し，抵抗値を下げると発生電圧が低下します．ただし，V_C には2次巻線 N_S と出力電圧 V_O とから，フライバック電圧 V_f が，

$$V_f=(N_P/N_S)\cdot(V_O+V_F)$$

の割合で加算されますので，あまり低い抵抗値にすると損失が増えてしまいます．

トランスの漏れインダクタンスや，出力電力によって蓄積エネルギ量が変化しますが，この抵抗値としては10 kΩ～50 kΩの間で最適値を捜すことになります．

写真3-2 は，抵抗値を47 kΩと10 kΩとした時のスイッチング・トランジスタ Tr_1 の V_{CE} 波形です．V_l の値は実測値で，100 Vと45 Vですから，

$$100\times\sqrt{\frac{10\times10^3}{47\times10^3}}=46\ \mathrm{V}$$

と，計算値によく一致していることがわかります．

● 巻線によるスナバ回路

抵抗によるスナバは，抵抗 R に消費する電力がすべて無効電力となってしまいます．これは，スイッチング周波数に比例しますから，周波数を上げれば上げるほど電力変換効率を低下させてしまいます．

〈図3-33〉巻線によるスナバ回路

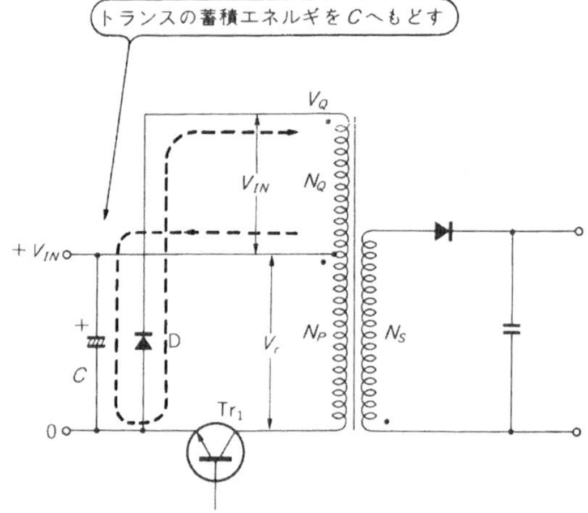

そこで，リーケージ・インダクタンスに蓄えられたエネルギを無効電力とせずに，有効に利用する方法が考えられています．

これは図3-33 に示すように，トランスの1次巻線 N_P にさらに N_Q の巻線を設けます．この一端にダイオードDのカソードを接続し，アノードを1次側平滑コンデンサの(−)側に接続します．こうすると，トランジスタがOFFしたときリーケージ・インダクタンスに蓄えられたエネルギで逆起電力が発生します．

そしてダイオードDが導通し，矢印の経路で電流が流れ出します．この電流は，1次側平滑コンデンサを充電しながら流れますから，蓄積エネルギが入力側へもどり，無効電力とならずにすむことになります．

この時，N_Q 巻線の端子電圧 V_Q は入力電圧 V_{IN} でクランプされることになるので，

$$V_Q=V_{IN}-V_F$$

となります．したがって，1次巻線に発生する電圧 V_r は，

$$V_r=\frac{N_P}{N_Q}(V_{IN}-V_F)$$

となります．

つまり，N_Q を少ない巻数とすれば V_r が上昇し，t_r

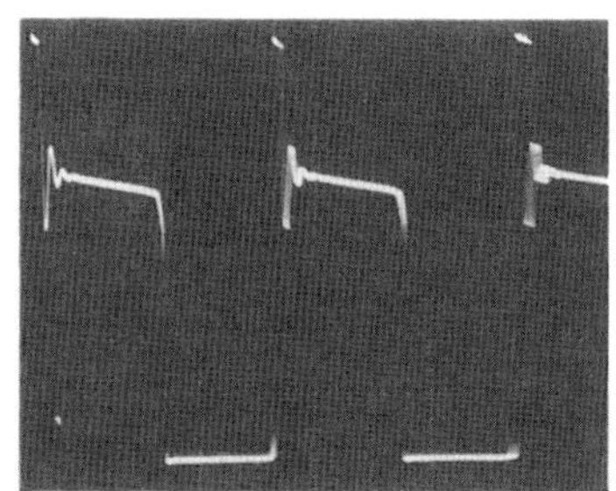

〈写真3-2(a)〉スナバ抵抗47 kΩの時の V_{CE}

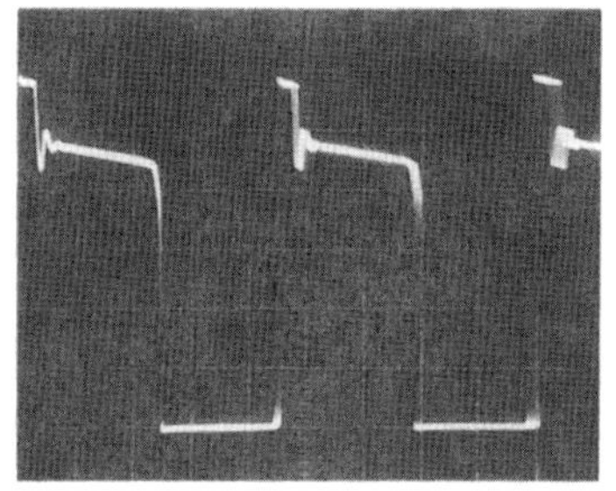

〈写真3-2(b)〉スナバ抵抗10 kΩの時の V_{CE}

〈図3-34〉出力回路のリプル電流

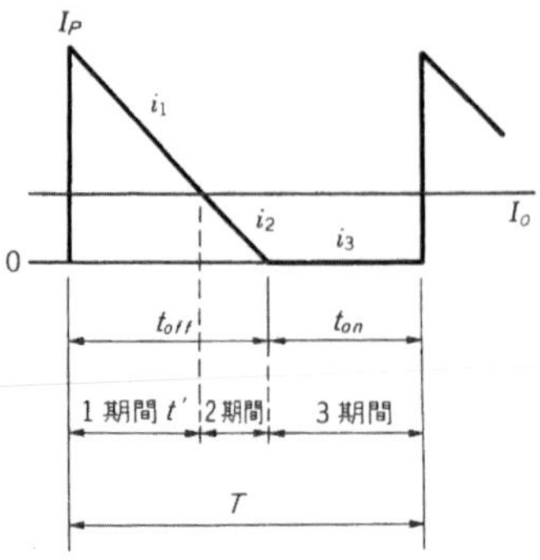

〈表3-1〉コンデンサへのリプル電流

出力電流 I_O(A)	0.5	1	2	3	5	7	10
リプル電流 I_r(A)	0.65	1.3	2.6	3.9	7.6	9.2	13

$f=25\text{kHz}$

が短縮することになります．一般的には $N_P=N_Q$ とし，$V_r=V_{IN}$ とします．

さて，この方式においても，N_P と N_Q が完全に100%の結合をすることがありません．そのために，トランジスタがOFFした瞬間に，先の図3-14のように高いサージ電圧が発生してしまいます．これを抑えるためには，どうしてもダイオードと C・R によるスナバ回路を併用する必要が生じます．

それでも，かなりの比率で蓄積エネルギを入力側へ帰還させることができますので，効率の改善には大いに役立ちます．

平滑用コンデンサの求め方

● 電解コンデンサの寿命

RCC方式においては，設計時点で出力側の整流コンデンサへ流れるリプル電流を正確に計算しておかなければなりません．というのは，この方式では2次電流はトランジスタのOFF期間だけしか流れませんし，電流波形は三角波ですから，リプル電流の実効値は大変大きな値を示すからです．

電解コンデンサにリプル電流が流れると，コンデンサの内部抵抗によって電力損失が発生します．そのため内部に温度上昇が起こり，コンデンサの寿命を縮める原因となります．

電解コンデンサは，最高使用温度でせいぜい2000時間くらいの寿命しか保証されておらず，温度が10℃上がるごとに寿命が半減してしまいます．

ですから，周囲の発熱物からの熱の影響と同時に，リプル電流による自己発熱も低く抑えなければなりません．そこで，流し得る最大値としての許容リプル電流が規定されています．

この許容リプル電流の値は，コンデンサのケース・サイズの大きいものほど大きく，高周波用コンデンサほど内部抵抗が低いため，大きくなっています．

コンデンサの定格については第1章表1-16でも紹介していますので，リプル電流の大きさとケース・サイズとを比較してください．

● リプル電流の計算法

さて，RCC方式では出力トランスの2次電流の平均値が直流出力電流 I_O となりますから，出力電力よりも出力電流に比例してリプル電流が増加することになります．

リプル電流の波形は，図3-34のように直流電流 I_O でバイアスがかかった波形です．したがって，リプル電流の大きさを知るには1周期を三つの期間に分けて実効値を求め，最後に合成しなければなりません．

▶第1期間

電流の瞬時値 i_1 は，

$$i_1=(I_P-I_O)-\frac{I_P}{t_{off}}\cdot t$$

となり，$t=t'$ で $i_1=0$ となりますから，

$$t'=\frac{(I_P-I_O)}{I_P}\cdot t_{off}$$

となります．これらの条件から第1期間のリプル電流 I_{r1} を次の計算によって求めます．

$$I_{r1}=\sqrt{\frac{1}{T}\int_0^{t'}\cdot i_1{}^2dt}$$
$$=\sqrt{\frac{1}{T}\int_0^{t'}\left\{(I_P-I_O)-\frac{I_P}{t_{off}}\cdot t\right\}^2dt}$$
$$=\sqrt{\frac{1}{T}\cdot\frac{(I_P-I_O)^3}{3I_P}\cdot t_{off}}$$

▶第2期間

第1期間と同様に計算すると，

$$I_{r2}=\sqrt{\frac{1}{T}\int_{t'}^{t_{off}}i_2{}^2dt}$$
$$=\sqrt{\frac{1}{T}\cdot\frac{I_O{}^3}{3I_P}\cdot t_{off}}$$

となります．

▶第3期間

$$I_{r3}=\sqrt{\frac{1}{T}\int_{t_{off}}^{T}i_3{}^2dt}$$
$$=\sqrt{\frac{1}{T}I_O{}^2(T-t_{off})}$$

これらの値の合成値を計算すると，

$$I_r=\sqrt{I_{r1}{}^2+I_{r2}{}^2+I_{r3}{}^2}$$

$$=\sqrt{\frac{(I_P{}^2-3\,I_O\cdot I_P)}{3\,T}\cdot t_{off}+I_O{}^2}$$

となります．途中の計算は少し煩雑ですが，さほど難しいものではありませんし，最後の式さえ覚えておけば実際の設計には十分です．

表3-1 に，この状態のリプル電流の計算値を掲げておきますが，$t_{on}=t_{off}$ のいわゆるデューティ・サイクル $D=0.5$ の条件では，$I_P=4\,I_O$ ですから，$I_r=1.3\,I_O$ となることを覚えておけば，簡単にコンデンサへのリプル電流を求めることができます．

実際の設計においては，この値以上の許容リプル電流のコンデンサを選択します．1本のコンデンサだけで不足の時は，何本かを並列に接続します．

なおコンデンサを並列接続で使用する場合に，部品の実装条件から**図3-35** のように，必ずしもすべてのコンデンサに，均等に電流が流れるとは限りません．たとえば，整流ダイオードに近い物ほど大きな電流が流れてしまいます．ですから，実際には 20～30 %の余裕をもったコンデンサを使用するようにします．

簡易型 RCC レギュレータの設計	
入力電圧	AC90～110V
出力電圧	+12V，0.4A
発振周波数	25kHz

では実際の回路を設計しましょう．ここでは，前述までに紹介した基本原理に近い形のものを設計してみます．しかし，あまり出力の大きなものは適用できませんので，出力電圧 12 V，出力電流 0.4 A のものを設計します．

動作周波数は入力電圧が低いほど，出力電流が多いほど低くなりますので，この条件で 25 kHz とします．またこの時に，トランジスタの ON/OFF の比率，デューティ・サイクル $D=0.5$ になるようにします．

図3-36 が実際に設計してみた回路です．以下，主なポイントを述べましょう．

〈図3-35〉コンデンサへのリプル電流

リプル電流は
$i_a>i_b>i_c>i_d$ と平均しない．

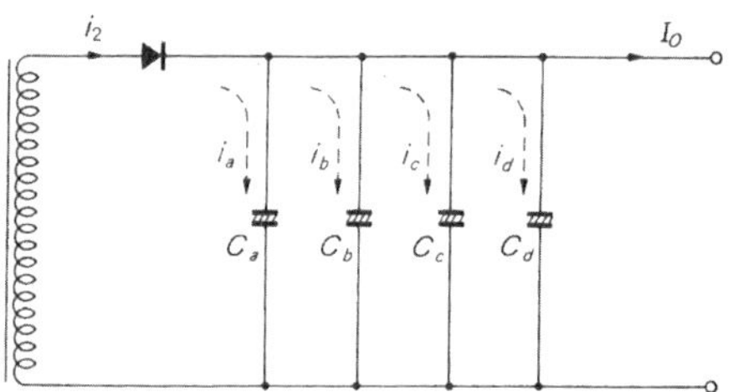

● トランスの巻線設計

トランスの1次巻線 N_P の電流は，先の**図3-26** に示したようにのこぎり歯状になりますから，この電流 i_1 のピーク値 i_{1P} は入力電流の平均値の 4 倍となり，電力変換効率を η とすると，

$$i_{1P}=4\times\frac{1}{V_{IN}}\cdot\frac{P_O}{\eta}$$

$$=4\times\frac{1}{90\times\sqrt{2}\times0.91}\cdot\frac{12\times0.4}{0.6}$$

$$=0.28\,\mathrm{A}$$

となります．したがって，N_P 巻線のインダクタンス L_P は，

$$L_P=\frac{V_{IN}}{i_{1P}}\times t_{on}$$

$$=\frac{90\times\sqrt{2}\times0.91}{0.28}\times20\times10^{-6}$$

$$=8.3\,\mathrm{mH}$$

となります．

さて RCC 方式のトランスの巻数は，磁束の変化が B-H 曲線の片側だけですから，

$$N_P=\frac{V_{IN\,(DC)}\cdot t_{on}}{\Delta B\cdot A_e}\times10^8$$

で求めることができます．ここでは使用するコアは表

〈図3-36〉RCC 方式の設計例

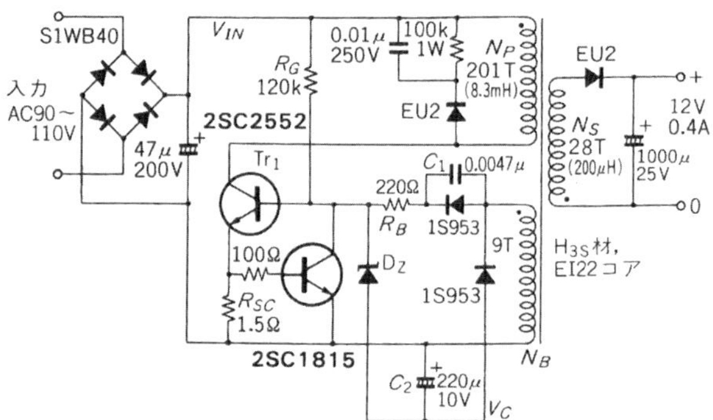

〈表3-2〉コア・サイズの概略

出力	コア・サイズ
10W 以下	EI22
25W 以下	EI28
40W 以下	EI35
50W 以下	EI40
70W 以下	EI44

周波数は約 25kHz

3-2 から，動作周波数が低いので，TDK の H_{3s} 材 EI22 としてあります．

ですから求める N_P は，

$$N_P=\frac{90\times\sqrt{2}\times0.91\times20\times10^{-6}}{2800\times0.41}\times10^8$$

$$=201 \text{ ターン}$$

となります．

次に2次巻線 N_S ですが，RCC 方式では2次電流 i_2 は t_{off} 期間で0になるので N_S のインダクタンス L_S は，出力電圧を V_O，整流ダイオードの電圧降下を $V_F=1$ V とすると，

$$L_S=\frac{V_O+V_F}{i_{2P}}\cdot t_{off}$$

$$=\frac{V_O+V_F}{4\times I_O}\cdot t_{off}$$

$$=\frac{12+1}{4\times0.4}\cdot20\times10^{-6}=163\,\mu\text{H}$$

となります．インダクタンスは巻数の2乗に比例しますから，逆算すると N_S は，

$$N_S=\sqrt{\frac{L_S}{L_P}}\cdot N_P=\sqrt{\frac{163\times10^{-6}}{8.3\times10^{-3}}}\times201$$

$$=28 \text{ ターン}$$

と求まります．

さらにベース巻線 N_B は，最低入力時に $V_B=5$ V とすると，

$$N_B=\frac{V_B}{V_{IN\,(DC)}}\cdot N_P$$

$$=\frac{5}{90\times\sqrt{2}\times0.91}\times201$$

$$=8.7 \text{ ターン}$$

なので9ターンと決定します．

● トランスのギャップ計算

次に挿入するトランスのギャップを計算しておきます．磁路中のトータル・ギャップ l_g は，使用するコアが H_{3s} 材，EI22 なので，

$$l_g=4\pi\cdot\frac{A_e\cdot N_P{}^2}{L_P}\times10^{-8}$$

$$=4\pi\cdot\frac{0.41\times201^2}{8.3\times10^{-3}}\times10^{-8}$$

$$=0.25\text{ mm}$$

となります．ですから，実際に挿入するギャップ紙は，半分の 0.125 mm の厚みのものとなります．

ただし，回路を動作させると，計算値より若干低い周波数となることがよくあります．この時は，このギャップ紙をより厚手のものに変更し，希望する周波数に調整します．

● 電圧制御回路の設計

電圧制御用のツェナ・ダイオード D_Z としては，まず N_B 巻線の Tr_1OFF 時の電圧 V_B' が，

〈図3-37〉パワー・アップの方法

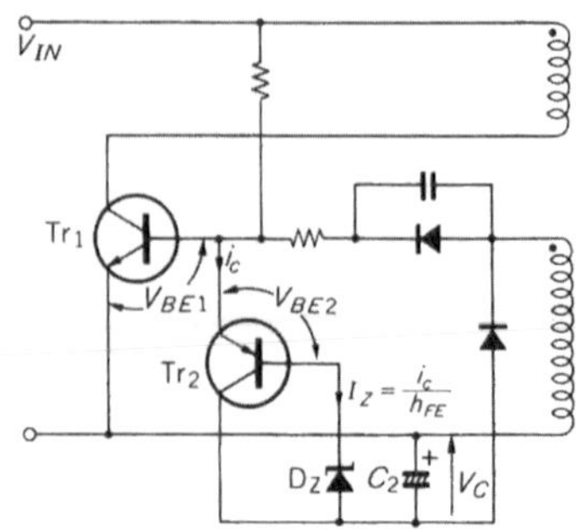

$$V_B'=\frac{N_B}{N_S}\cdot V_S=\frac{9}{28}\times13=4.2\text{V}$$

ですから，ツェナ・ダイオードの電圧 V_Z は，

$$V_Z=V_B'-(V_{BE}+V_F)$$

$$=4.2-(0.6+1)=2.6\text{V}$$

となります．トランスなどでの電圧降下も発生しますので，実際には若干高めのものを使用します．

スイッチング・トランジスタには高速高電圧スイッチング用で，$V_{CEO}=400$ V，$I_{C(max)}=2$ A の 2SC2552 を使用します．$I_C\fallingdotseq0.3$ A 時の h_{FE} を余裕をみて 20 とすると，ベース電流 I_B は約 15 mA 必要ですから，ベース抵抗 R_B としては，

$$R_B=\frac{V_B-(V_{BE}+V_F)}{I_B}$$

$$=\frac{5-(0.6+1)}{0.015}\fallingdotseq220\,\Omega$$

となります．また，起動電流 i_g は最低で 1 mA も流せば十分ですから，起動抵抗 R_G は，

$$R_G=\frac{V_{IN\,(DC)}}{i_g}=\frac{90\times\sqrt{2}\times0.91}{0.001}$$

$$=116\text{ k}\Omega$$

ですから，120 kΩ とします．

なお，ベース抵抗 R_B とトランス N_B 巻線間に接続されたコンデンサ C_1 は，Tr_1 のベース電流のスピード・アップと起動特性改善用ですが，この回路では 0.0047 μF のフィルム・コンデンサでよいでしょう．

広い入力電圧範囲に対応するには

● 簡易型 RCC の限界

簡易型の RCC 方式では，出力電圧を安定化させるのは，スイッチング・トランジスタのベースに接続された定電圧ダイオードですから，電圧を微細に可変することができません．

しかも出力電力を大きくしようとすると，そのぶん駆動電流を多く流さなければならず，出力電流が減少した時の定電圧ダイオードへ分岐する電流が増加して

〈図3-38〉電圧の可変方法

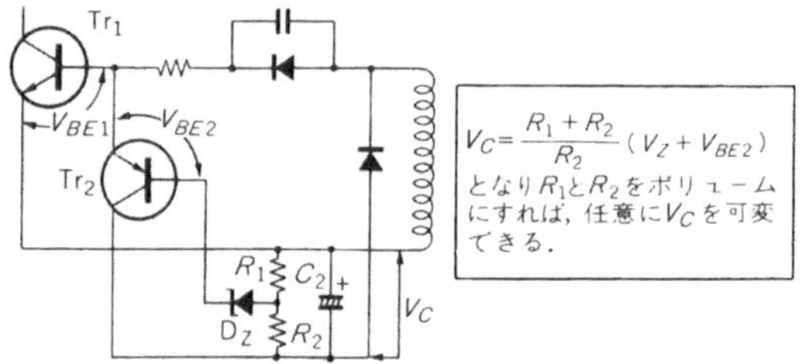

しまいます．それによって，定電圧化のための電圧 V_Z が変化したり，ダイオードの損失が許容量を越えたりしてしまいます．

● **出力電力を増大するには**

そこで，出力電力を増大する方法として，**図3-37** のようにトランジスタを追加して，**電流ブーストする**方法が考えられています．

この回路は，第1部でも紹介したシャント・レギュレータそのものですから，トランジスタはPNPでもNPNでもかまいません．ツェナ・ダイオード D_Z に流せる電流 I_Z は，

$$I_Z=\frac{i_C}{h_{FE}}$$

と大幅に減少しますので，ツェナ・ダイオードにおける電圧変動も損失も同時に解決します．ただし，損失についてはその分追加したトランジスタが肩代わりしているわけですから，こちらの温度上昇には気を付けなければなりません．

この時，**コンデンサ C_2 の電圧 V_C は，**

$$V_C=V_Z+V_{BE1}+V_{BE2}$$

となります．V_{BE1} と V_{BE2} はそれぞれ Tr_1，Tr_2 のトランジスタのベース-エミッタ間の電圧降下で，温度に対して負の係数をもっている点に注意しなければなりません．

● **出力電圧を可変するには**

さて，RCC方式では，出力電圧 V_O と負のバイアス電圧 V_C とが比例しますので，**出力電圧を可変するには V_C を変化**させればよいことになります．そこで**図3-38** のような接続とします．

図3-38 ではトランジスタ Tr_2 のコレクタは，C_2 の(−)側に接続されています．したがって，V_C が上昇すると定電圧ダイオード D_Z を通る Tr_2 のベース電流が増加し，Tr_2 をONさせるように働きます．すると，Tr_1 の駆動電流を Tr_2 の I_{C2} としてバイパスするために，スイッチング・トランジスタ Tr_1 はベース電流不足となり，今までより短いON時間でOFFし，出力電圧 V_O を低下させます．

逆に V_C が低下すると，Tr_2 はOFFする方向ですから，Tr_1 のベース電流が増加してON時間が長びき，

〈図3-39〉間欠発振動作

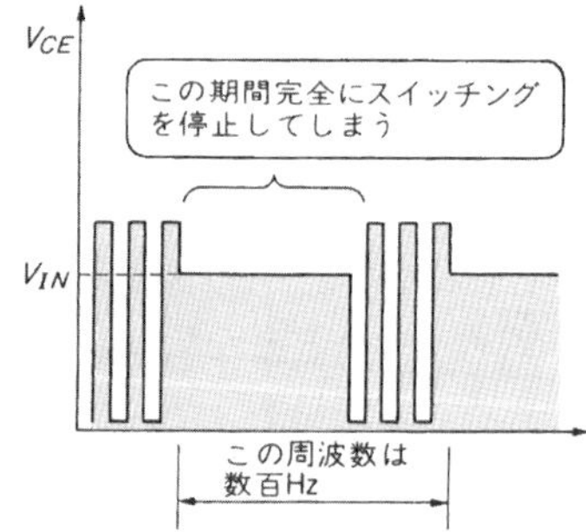

出力電圧 V_O を上昇させます．つまり，V_C は，

$$V_C=\frac{R_1+R_2}{R_2}\cdot(V_Z+V_{BE2})$$

となるような定電圧動作ですから，R_1 と R_2 の比率を変えてやれば，任意に出力電圧を可変することができます．

● **簡易型のベース駆動の欠点**

ところでRCC方式では，スイッチング・トランジスタのベース電流を供給する**駆動回路の損失がかなり大きく**なります．

駆動電流 I_B は，最低入力電圧時でも，十分にスイッチング・トランジスタ Tr_1 をONさせられる電流でなければなりません．また，トランスの N_B 巻線の電圧 V_B は，入力電圧 V_{IN} に比例して上昇します．ですから，V_{IN} が上昇すると I_B も増加して，ベース抵抗 R_B の損失は I_B の増加した比率の2乗で増えてしまいます．

しかも，後で紹介するように，**入力電圧が85 V〜276 Vまで変化**したのでは，最高入力電圧時の R_B の損失が5 Wにもなってしまい，これだけで電力変換効率を10 %以上も低下させてしまいます．

さらには，I_B が増えると定電圧回路へ分岐する電流も多くなり，**図3-39** のような**間欠発振**を起こしてしまうことがあります．

間欠発振とは，ある期間はスイッチング動作をし，次のある期間は完全にスイッチング動作を停止するという動作の繰り返しのことです．この周期は大変遅く，

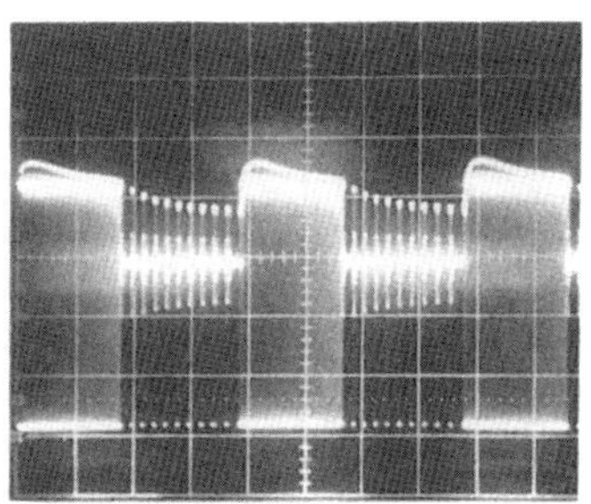

〈写真3-3〉間欠発振の波形例(V_{CE})

〈図3-40〉 定電流ドライブ

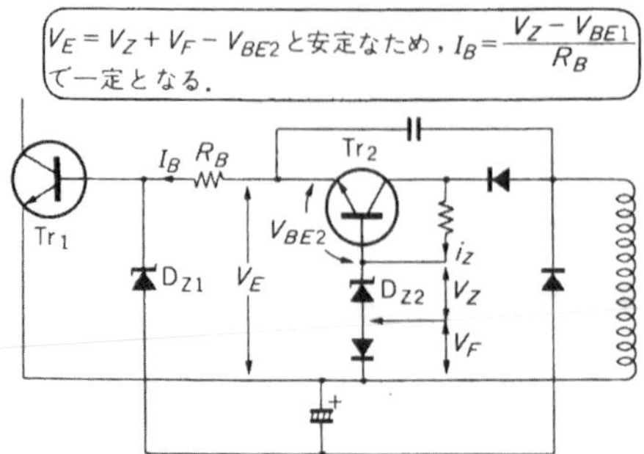

〈図3-41〉 ブリーダ抵抗の効果

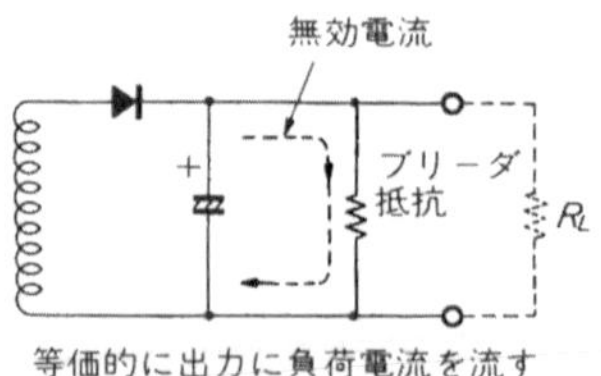

数百 Hz から数 kHz ですから，トランスなどからこの周波数での異常音を発生します.

写真3-3 は，間欠発振動作状態の V_{CE} の波形です.

● スイッチング・トランジスタを定電流駆動する

そこで，入力電圧 V_{IN} が変化しても駆動電流が変化しない定電流駆動方式とすると，これらの問題を一挙に解決することができます．しかも，定電流特性としては，それほど精度を要求されるものではありませんので，**図3-40** のようなもので十分です.

V_{IN} が変化しても R_B を流れる電流 I_B は一定ですから抵抗 R_B の損失を大幅に軽減でき，間欠発振も防止することができます.

このような方法によれば，入力電圧が AC 100 V から 200 V まで連続的に変化しても，回路を安定に動作させることが可能となります.

ただし，実際にはこれでも出力が無負荷に近い状態では間欠発振を起こしてしまいます．その時は**図3-41** のように，直流出力間にブリーダ抵抗を接続します．ただし，これはすべて無効電力となってしまいますから，間欠発振を起こさないギリギリの電流値となるようにします.

● スナバ回路の補強

先にも述べましたが，トランスのリーケージ・インダクタンスの蓄積エネルギはスナバ回路で電圧を抑えます．ところが，スイッチング電流の流れる経路の配線のインダクタンス分にも，同様にエネルギが蓄積され，トランジスタがOFFした瞬間にサージ電圧を発生させます.

このサージ電圧値 V_{SG} は，コレクタ電流 i_C の切れる速度に比例し，配線のインダクタンスを L_l とすると，

$$V_{SG} = -L_l \frac{di_C}{dt}$$

となります.

これは**図3-42** のように V_{CE} に重畳され，OFF 時のスイッチング速度に比例します．そして，V_{SG} が大きいとトランジスタの V_{CEO} をオーバするだけでなく，ノイズの発生原因にもなってしまいます.

そこで，**図3-43** のように，コンデンサと抵抗とをスイッチング・トランジスタのコレクタとエミッタ間に接続し，V_{SG} を抑えるようにしなければなりません.

図3-43 ではトランジスタがOFFしている間に，コンデンサは V_{CE} まで充電されます．次にトランジスタがONすると，コンデンサに充電されていた電荷はコレクタ電流として流れ，放電することになります．ですから，本来は $i_C=0$ でスタートするコレクタ電流に，若干パルス性の電流が**図3-44** のように流れます.

この電流によって，ターンオン時にはトランジスタのスイッチング損失を発生させます．これは出力電力に関係なく毎周期発生しますから，軽負荷時にスイッチング周波数が上がると，それだけ損失を増加してし

〈図3-42〉 V_{CE}のサージ電圧

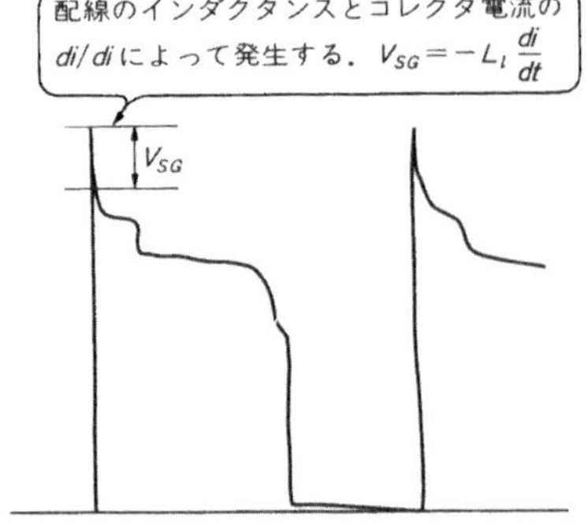

〈図3-43〉 サージ・アブソーバ

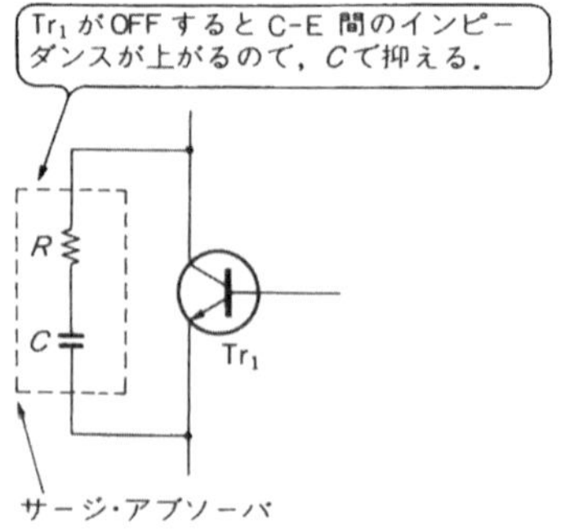

〈図3-44〉実際のコレクタ電流

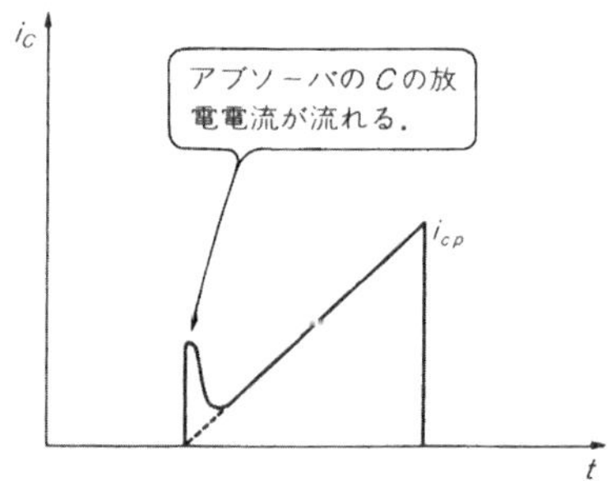

〈図3-45〉V_{CE}の振動波形

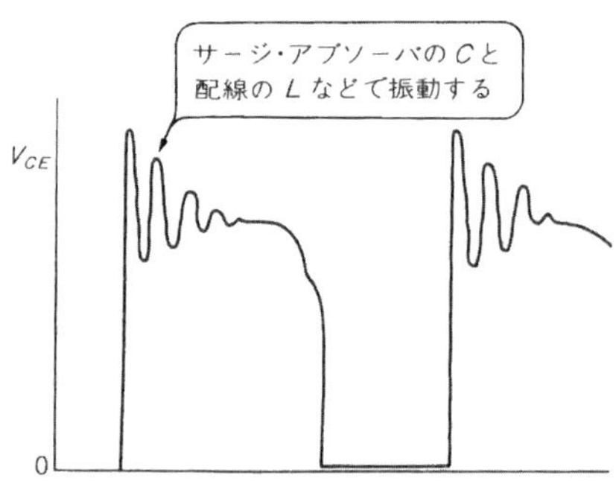

まいます.

ですから，あまり**大きな容量のコンデンサ**とすると，**無負荷時に大きなコレクタ損失**(＝スイッチング損失)を発生させるということにもなってしまいます.

また，当然のことながら抵抗も損失を発生します．といって抵抗を使用せずにコンデンサだけにすると，配線とのインダクタンス分とで，**図3-45**のように振動波形を発生させてしまいます．ですからコンデンサには必ず抵抗を直列に接続しなければなりません.

一般的には，AC 100 V 入力のものでは **C＝470 pF～2200 pF，R＝15 Ω～100 Ω の範囲**となります．AC 200 V 入力では，損失を抑えるためにコンデンサの容量を少なくしなければならず，C≦1000 pF が目安となります.

● スナバ回路が最適でないと

サージ・アブソーバが最適でないとターンオフ時の振動波形が原因で，異常発振を起こすことがあります．これは本来なら数十 kHz でスイッチングしているのが，**数百 kHz と 10 倍もの周波数**となってしまう症状のことです.

異常発振となると，当然のことながらトランジスタのスイッチング損失が増加し，温度上昇が大きくなり遂には破損してしまいます.

この異常発振は**図3-46**のように，振動波形がベース駆動回路のスピード・アップ・コンデンサを通して，

〈図3-46〉異常発振の原理

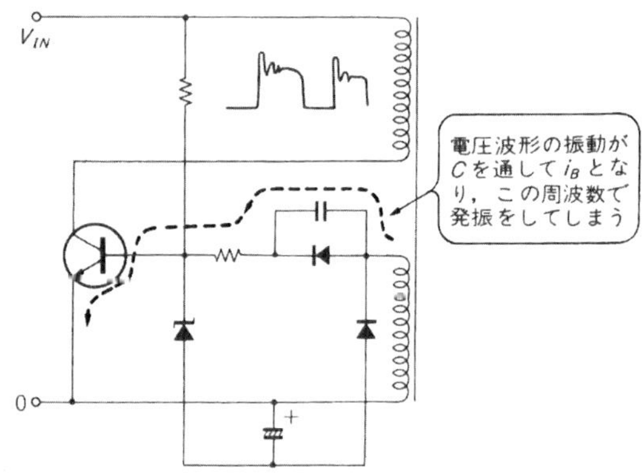

正帰還してしまうために起こるものです．ですから，コレクタ電流の流れる経路は極力短くし，配線のインダクタンス分を少なくして振動波形が少なくなるように注意しなければなりません．それと同時に，**スピード・アップ・コンデンサに，むやみに大きな容量を用いない**ようにします．スピード・アップ・コンデンサは大きければ大きいほど起動特性がよくなりますが，せいぜい 0.047 μF 以下となるようにします.

電圧可変型 RCC レギュレータの設計

入力電圧	**AC85～276V**
出力電圧	**＋18V，2A**
発振周波数	**20kHz(AC85V)**

それでは，これまで紹介した技術を駆使して，入力電圧を AC 85 V～276 V としたときの RCC 方式レギュレータの設計を行ってみます.

図3-47 が実際の設計回路例で，これを使って各部品の数値計算を行ってみます．入力電圧が AC 85 V～276 V で，出力電圧 V_O＝18 V，出力電流 I_O＝2 A です．AC 85 V 入力時に周波数 f＝20 kHz，デューティ・サイクル D＝0.5 とします.

● 1次側の設計

まず電力変換効率 η＝75 %として，1次電流のピーク値 i_{1P} を求めます.

$$i_{1P}=4\cdot\frac{P_O}{\eta}\cdot\frac{1}{V_{IN\,(DC)}}$$

$$=4\times\frac{18\times2}{0.75}\times\frac{1}{85\times\sqrt{2}\times0.90}$$

$$=1.7\ \mathrm{A}$$

ですから，トランスの1次巻線 N_P のインダクタンス L_P は，

$$L_P=\frac{V_{IN\,(DC)}}{i_{1P}}\cdot t_{on}$$

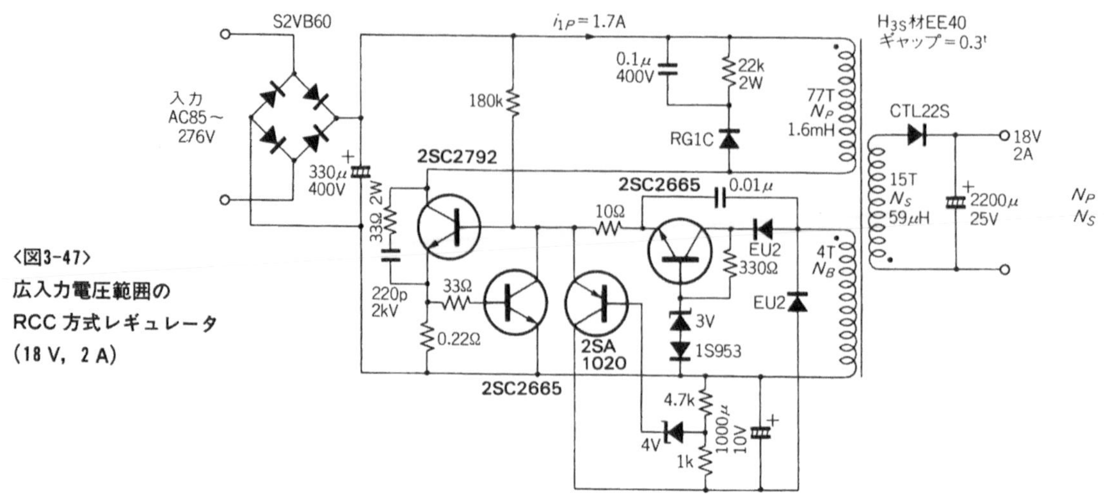

〈図3-47〉
広入力電圧範囲のRCC方式レギュレータ(18V, 2A)

$$=\frac{85\times\sqrt{2}\times0.90}{1.7}\times25\times10^{-6}$$

$$=1.6\,\mathrm{mH}$$

となります．

使用するコアは，TDK製H_{3s}材のEE40を用いると，第1章，表1-10に示すように有効断面積$A_e=1.27$ cm^2ですから，1次巻線の巻数N_Pは，

$$N_P=\frac{V_{IN\,(DC)}\cdot t_{on}}{\varDelta B\cdot A_e}\times10^8$$

$$=\frac{85\times\sqrt{2}\times0.9\times25\times10^{-6}}{2800\times1.27}\times10^8$$

$$=77\ \text{ターン}$$

となります．これから，必要なギャップl_gは，

$$l_g=4\pi\cdot\frac{A_e\cdot N_P{}^2}{L_P}\times10^{-8}$$

$$=4\pi\times\frac{1.27\times77^2}{1.6\times10^{-3}}\times10^{-8}$$

$$=0.6\,\mathrm{mm}$$

となります．ただし，EEコアでは磁路内に2箇所のギャップが入るため，0.3tのスペーサを挿入します．

● 2次側の設計

2次巻線のインダクタンスL_Sは，t_{off}期間中に2次電流i_2が0になりますから，出力電圧をV_Oとすると，

〈表3-3〉RCC方式のトランス巻線

出力	使用コア	1次巻線 N_P(T)	ギャップ t(mm)	5V出力 N_S(T)	12V出力 N_S(T)	24V出力 N_S(T)
5W	EI22	200	0.13	12	28	56
15W	EI28	92	0.18	6	14	28
25W	EI33	67	0.2	6	14	28
40W	EI40	62	0.3	5	12	23
50W	EI44	41	0.25	4	10	19

f=25kHz，V_{IN}=AC85～115V，T：ターン

$$L_S=\frac{V_O+V_F}{i_{2P}}\cdot t_{off}$$

$$=\frac{V_O+V_F}{4\cdot I_O}\,t_{off}$$

$$=\frac{18+1}{4\times2}\times25\times10^{-6}=59\,\mu\mathrm{H}$$

となります．これから巻数N_Sは，

$$N_S=\sqrt{\frac{L_S}{L_P}}\cdot N_P=\sqrt{\frac{59\times10^{-6}}{1.6\times10^{-3}}}\times77$$

$$=15\ \text{ターン}$$

と決まります．

ベース巻線N_Bは，最低入力電圧時に$V_B=6$ Vとなるようにすると，

$$N_B=\frac{V_B}{V_{IN\,(DC)}}\cdot N_P$$

$$=\frac{6}{85\times\sqrt{2}\times0.9}\times77=4.2\ \text{ターン}$$

ですから4ターンとします．したがって，276 Vの最高入力電圧時には，

$$V_{B\,(\max)}=\frac{N_B}{N_P}\cdot V_{IN\,(DC)}=\frac{4}{77}\times276\times\sqrt{2}$$

$$=20\ \mathrm{V}$$

ですから，定電流回路のトランジスタのV_{CE}は，これを基準に選択します．このトランスの巻線構造は先に示した**図3-29**と同じです．

トランスの設計はなかなか煩雑ですが，出力電圧，電力に応じた巻数を**表3-3**に示しておきますので参考にしてください．

本格的なRCCレギュレータの設計

世の中の多くの電子機器は，単一の電源電圧だけで動作するよりは，何種類かの電圧を必要とすることが

〈図3-48〉フォト・カプラによるフィードバック制御

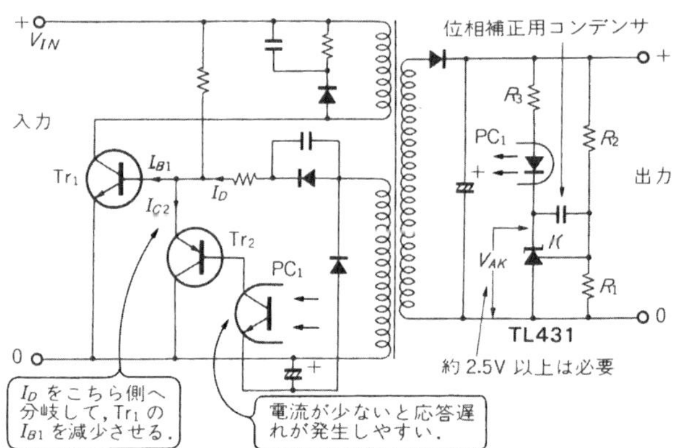

〈図3-49〉フォト・カプラの伝達特性

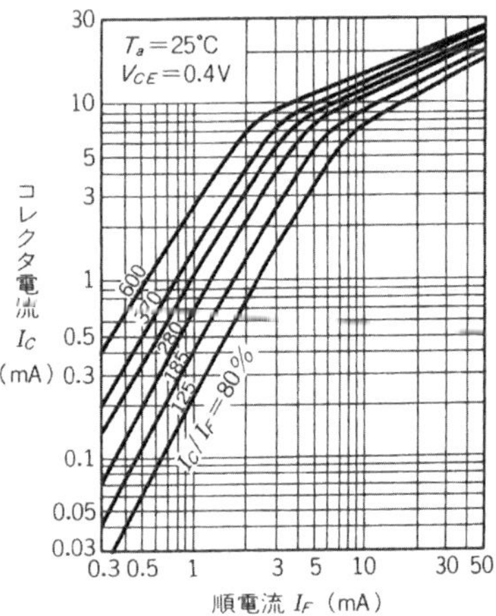

多いようです．一つのスイッチング回路で何種類もの出力の電源を作るものを，**マルチ出力型電源**とよんでいます．

● **フィードバックによる定電圧制御を実現するには**

実は，広く用いられているRCC方式のスイッチング・レギュレータは，前述までのようにベース駆動回路にツェナ・ダイオードを使って電圧を安定化するというようなものではありません．

実際には**出力電圧を直接監視し，何らかの手段でスイッチング・トランジスタの発振周波数や，ON時間を制御して定電圧化**を図っています．そうしないと，基本回路だけでは電圧精度が悪く，多くの電子回路を動作させるわけにいかないからです．

さて，このような出力電圧からのフィードバックを得る制御回路は，プログラマブル・シャント・レギュレータとフォト・カプラによって構成すると簡単に実現できます．

例えば，TL431**は3端子構造のプログラマブル・シャント・レギュレータ**で，等価回路は先の第1部，第2章，図2-15で紹介したように基準電圧を内蔵したOPアンプになっています．

このTL431の基準電圧はV_{REF}≒2.7Vですから，REF端子の電圧が常にV_{REF}となるように定電圧動作をします．そこで，これを使って**図3-48**のような構成にすると出力電圧V_Oは，

$$V_O=\frac{R_1+R_2}{R_2}\cdot V_{REF}$$

となります．実際には部品のばらつきなどを考慮して，可変抵抗を挿入して，微細に電圧設定できるようにしてあります．

● **フォト・カプラによるフィードバック**

図3-48において，仮に出力電圧V_Oが規定値以上に上昇したとすると，TL431のカソード電極(K)の電圧が低下し，フォト・カプラPC_1の発光ダイオードを流れる電流が増加します．

するとフォト・カプラのトランジスタ側のベース電流も増加し，それに応じてコレクタ電流を多く流そうとします．これが制御トランジスタTr_2のベース電流ですから，さらに導通して，スイッチング・トランジスタTr_1のベース電流を分岐してしまいます．つまり，I_{B1}が減少します．

前述したように，Tr_1はベース電流が減少すると，小さなコレクタ電流しか流せませんので，短いON時間でOFFしてしまいます．その結果，トランスへの流入電力が減少して，出力電圧V_Oを低下させるように動作します．

ところでフォト・カプラは，**定電圧化のための信号をリニアに伝達しますから，経時変化などには十分注意する必要があります**．したがって，フォト・カプラの電流伝達特性が劣化してもいいように，発光ダイオードに直列に接続する抵抗は十分に低い値としておかなければなりません．

図3-49にフォト・カプラの伝達特性を示しますが，**フォト・カプラの順電流I_Fとコレクタ電流I_Cとの直線性のよいところを使用するのがコツ**です．

● **フィードバック系を安定させる工夫**

定電圧制御のための帰還系には，フォト・カプラの応答遅れも含めた位相遅れが発生します．すると定電圧制御自体が負帰還制御という，180°の位相差をもっていますから，さらにフォト・カプラによる位相遅れなどが重なると，**360°の位相回転**となり，発振を起こしてしまうことがあります．

スイッチング・レギュレータではこれを**ハンチング**といい，**絶対に抑えなければならない症状**です．

ハンチング現象は，一般的に数kHzの周波数で発生しますから，トランスなどから異状音を発したり，出力に大きなリプル電圧を発生させてしまいます．

ハンチングは，位相が180°遅れる周波数で制御系が

〈図3-50〉LCフィルタ挿入時の位相特性

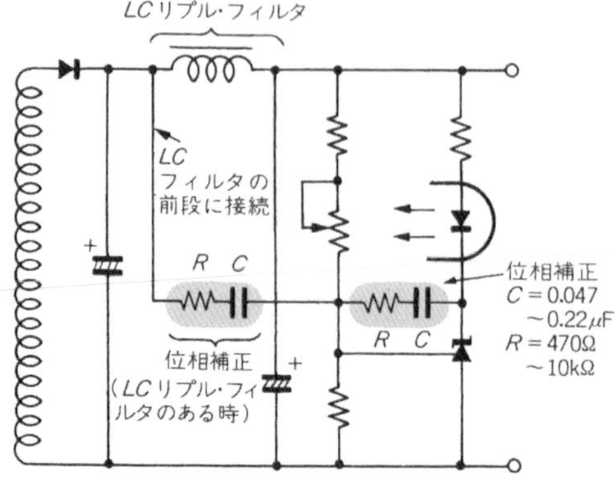

利得をもっている時に発生します．ですから，対策としては，**図3-50**に示すように，誤差増幅器であるTL431に位相補正を施して，数kHz以上の利得を殺してしまう方法が取られています．

これは，OPアンプの交流負帰還動作ですから，TL431の等価回路を頭にえがいて**カソードとREF端子間にCRの直列接続**したものを挿入します．Cとしては0.047 μ～0.22 μFで，Rは470 Ω～10 kΩの**範囲**が目安となります．

また，2次側平滑回路には出力リプル電圧を低減するために，LCによるπ型フィルタを付加しますが，このときコイルのインダクタンス分によって，大きく位相が遅れてしまいます．位相補正は，必ずLの前段からC，Rによって施すようにしておかなければなりません．

図3-51に，π型フィルタの減衰特性を示しておきます．

● 過電流保護回路の構成

本格的な電源では，出力の短絡や過負荷の異常事態から電源内の部品が破損するのを防止する目的で，過電流保護回路を設けなければなりません．

〈図3-52〉過電流保護特性

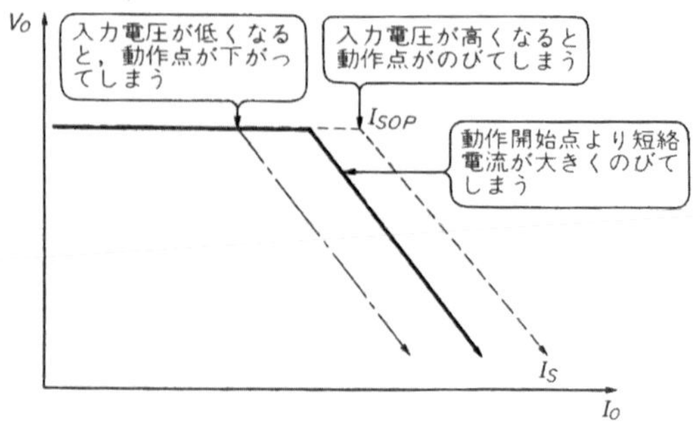

RCC方式においては，すでに**図3-24**などでも示しているように起動時に大きな電流が流れるのを防止する目的で，**1次回路に電流制限回路**を設けなければなりませんが，これを利用して**過電流保護**を行うのが一般的です．

ところが，出力電流と1次回路のスイッチング電流とは，完全な比例関係にはなりません．基本回路の電流制限特性では，瞬間的な短絡の保護はできますが，短絡電流が非常に大きくなってしまいます．そのうえ，**入力電圧が変化すると図3-52のように動作点も変化**してしまいます．

これは，入力電圧が上昇するとスイッチング周波数が高くなり，同じ出力電力に対しては小さな1次電流のピーク値で済むため，電流制限の動作点が高いほうへシフトしてしまうからです．**図3-53**に過電流保護のための回路構成を示します．

この回路では**R_{SC}による電圧降下でTr_2が導通し**，過電流保護動作に入る出力電流I_{SOP}に対して，出力短絡時の電流I_Sとを比較すると，**図3-52**に示したようにI_Sがはるかに大きくなってしまいます．もちろんスイッチング・トランジスタのコレクタ電流のピーク値

〈図3-51〉π型フィルタの減衰特性

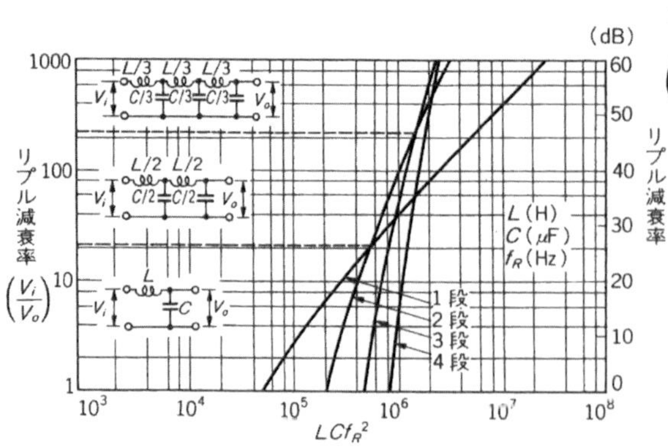

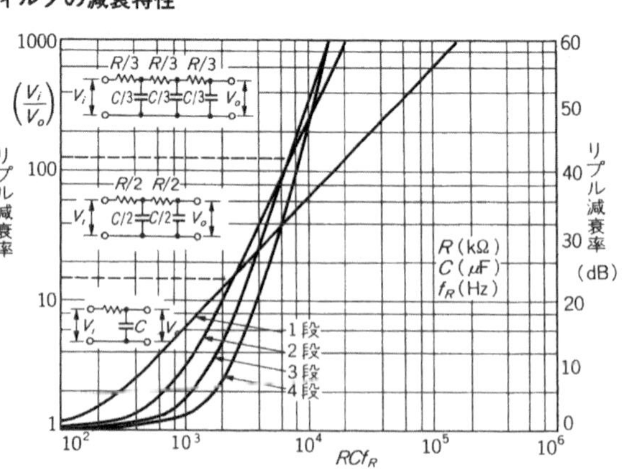

〈図3-53〉これまでの過電流保護回路

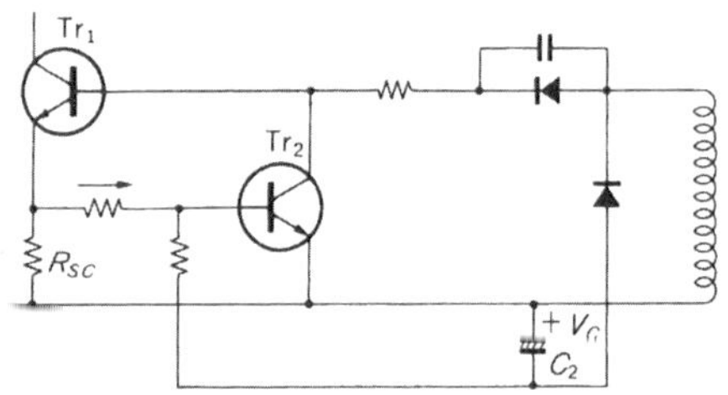

は一定となっていますが，2次側整流ダイオードには短絡電流 I_S が流れてしまいます．しかし，それだけ大きな定格のダイオードを用いるのは不経済ですから，実際には I_S があまり増加しないような工夫が必要となります．

● 強化した過電流保護回路

そこで考えられている方法が**図3-54**に示すような回路です．この中で示す R_a と R_b がポイントです．まず，C_3 の電圧は入力電圧に比例した正の直流電圧ですから，入力電圧 V_{IN} が上昇すると R_a の電流が増加し，Tr_2 を導通させようと働き，早く電流制限が効くことになります．

また**電流制限が効き出すと，出力電圧** V_O **も** C_2 **の電圧** V_C **も低下**しますから，R_b を流れる負の電流が減少し，Tr_2 のベース電圧は上昇してさらに Tr_2 が導通しようとします．ですから，**出力電流** I_O **を減少**させるように作用します．**図3-55**が，この改善された特性を示しています．

また，負のバイアス電源を作らずに同様な特性を得ようとするのが**図3-56**です．この回路は，過電流の検出にスイッチング・トランジスタのエミッタ抵抗の電圧降下を利用します．ここの波形は三角波ですから，過電流検出用トランジスタのベースにはコンデンサで結合します．

ベース巻線からツェナ・ダイオード D_Z と R，さらに C と R' を通して，入力電圧に比例した電流を過電流検出用トランジスタ Tr_2 のベースに流します．入力電圧が上昇すると，この電流が増加して Tr_2 のベースが正方向にバイアスされて小さなスイッチング電流で，Tr_2 が導通します．すると，駆動電流をこちらへ分岐し，短い ON 時間でトランジスタを OFF させることになります．**写真3-4**にこの時の様子を示します．

また，いったん過電流動作に入ると，出力電圧と同時にベース巻線の逆電圧も低下しますから，制御トランジスタ Tr_2 のベースの逆バイアスが浅くなり，さらに Tr_2 が導通する方向で動作します．これによって，出力短絡電流が過大に流れるのが防止できます．

この回路定数を計算で求めるのは非常に煩雑ですから，図の定数を参考にしてください．

〈図3-54〉特性を改善した過電流保護回路

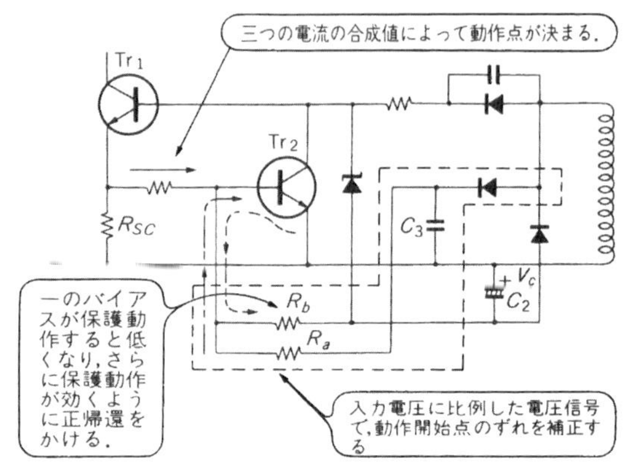

〈図3-55〉過電流保護特性

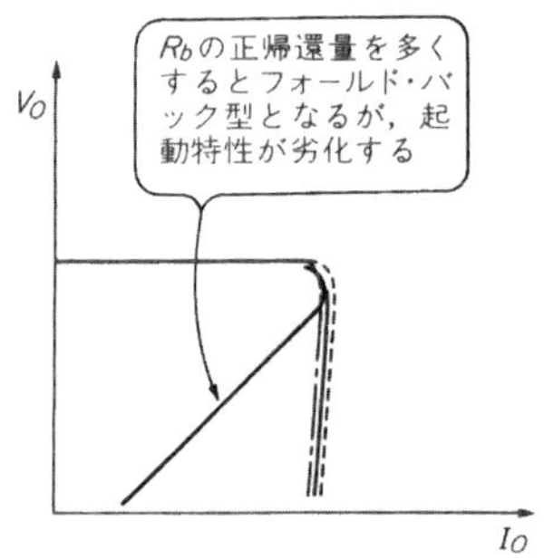

〈図3-56〉過電流保護回路

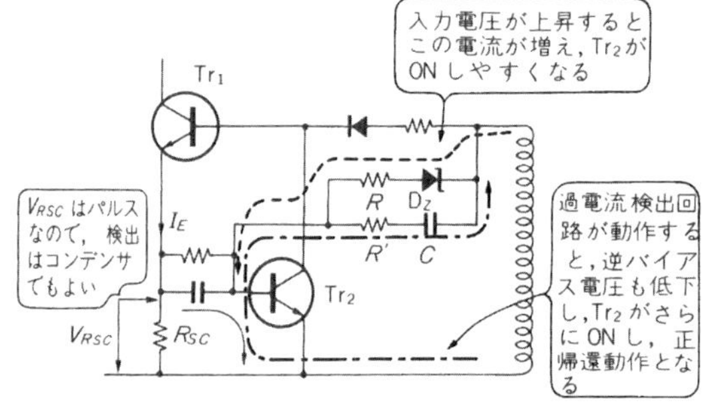

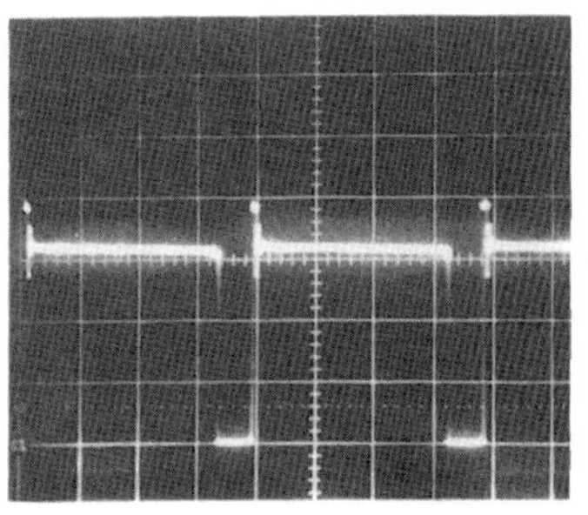

〈写真3-4〉過電流保護動作時の V_{CE} 波形

マルチ出力型 RCC レギュレータの設計	
入力電圧	85～115V
出力電圧(1)	+5V，5A
〃 (2)	+12V，1A
〃 (3)	−12V，0.3A

それでは，次の入出力仕様で実際の数値計算を行い，回路の設計を行ってみます．

入力電圧　AC 85～115 V
出力電圧(1)　+5 V，5 A
出力電圧(2)　+12 V，1 A
出力電圧(3)　−12 V，0.3 A

● 基本回路のパラメータの計算

回路は図3-57のもので，入力側の整流電圧の最小値は，

$$V_{IN(DC)}=V_{IN(min)}\times\sqrt{2}\times0.9$$
$$=85\times\sqrt{2}\times0.9=108.2(\mathrm{V})$$

ですが，マージンを見て $V_{IN(DC)}=100$ V とします．この時に動作周波数 $f=20$ kHz で，デューティ・サイクル $D=0.5$ となるように設計します．

また，出力電力の合計 P_O は，

$$P_O=5\,\mathrm{V}\times5\,\mathrm{A}+12\,\mathrm{V}\times1\,\mathrm{A}+12\,\mathrm{V}\times0.3\,\mathrm{A}$$
$$=40.6(\mathrm{W})$$

ですので，電力変換効率 $\eta=70$ %として，1次側へ換算した電力 P_{IN} を求めます．

$$P_{IN}=\frac{P_O}{\eta}=\frac{40.6}{0.7}=58(\mathrm{W})$$

すると，1次回路を流れる電流の平均値 I_1 は，

$$I_1=\frac{P_{IN}}{V_{IN(DC)}}=\frac{58}{100}=0.58(\mathrm{A})$$

となります．

また，デューティ・サイクル $D=0.5$ におけるスイッチング電流の最大値 I_{1P} は，I_1 の4倍ですから，

$$I_{1P}=4\times I_1=4\times0.58=2.32(\mathrm{A})$$

となります．

● トランスの1次側の計算

前述の条件から，トランスの1次巻数 N_P と，インダクタンス L_P を計算します．

ここで使用するトランスのコアは，TDKの H_{3S} 材EI40とします．最大磁束密度 $B_m=4800$ ガウスですから，マージンを十分に見て磁束密度の変化幅 $\Delta B=2700$ ガウスとします．また，このコアの実効断面積は，第1章，表1-10より $A_e=1.48\,\mathrm{cm}^2$ ですから，

$$N_P=\frac{V_{IN(DC)}\cdot t_{on}}{\Delta B\cdot A_e}\times10^8$$
$$=\frac{100\times25\times10^{-6}}{2700\times1.48}\times10^8=62(\mathrm{T})$$

となります．

次に N_P のインダクタンス L_P を求めておくと，

$$L_P=\frac{V_{IN(DC)}}{I_{1P}}\cdot t_{on}$$
$$=\frac{100}{2.32}\times25\times10^{-6}=1077(\mu\mathrm{H})$$

〈図3-57〉マルチ出力電源の実用回路例

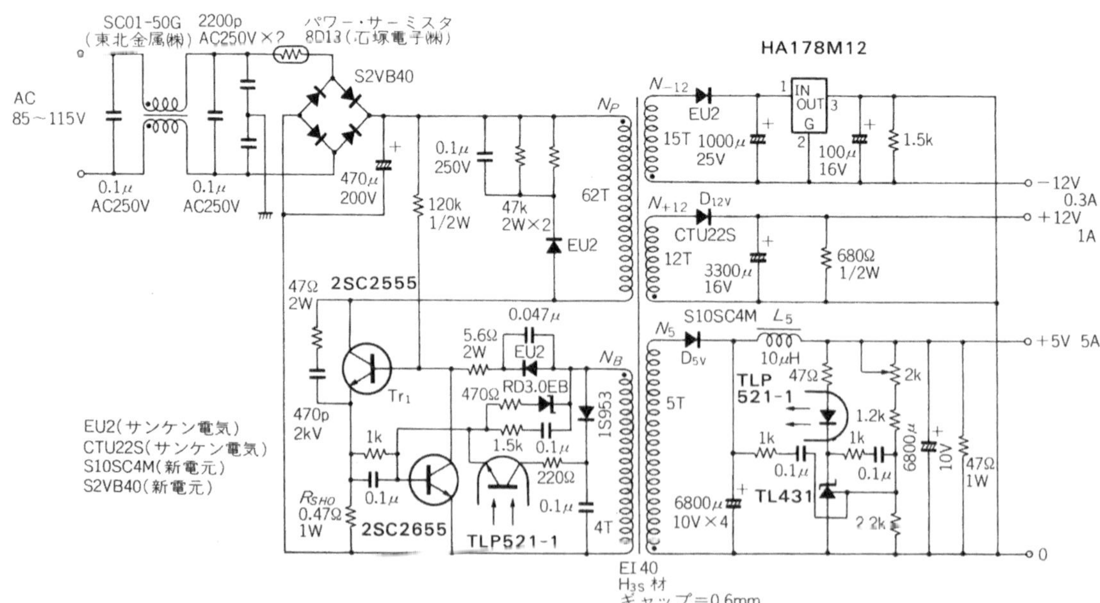

〈図3-58〉トランスの各定数

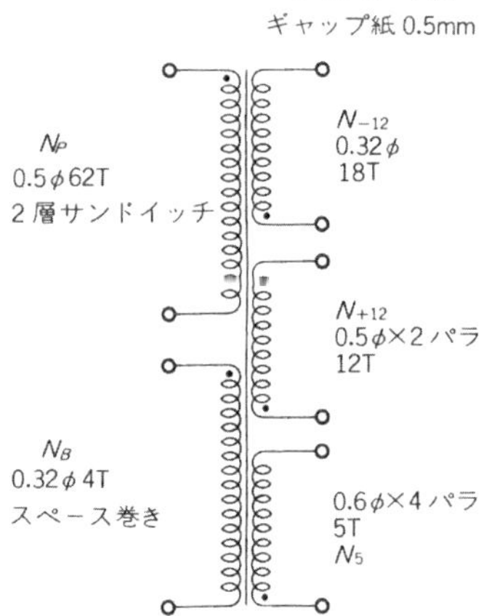

となりますから，挿入するギャップ l_g は，

$$l_g=4\pi\frac{A_e\cdot N_P{}^2}{L_P}\times10^{-8}$$

$$=4\pi\times\frac{1.48\times62^2}{1077\times10^{-6}}\times10^{-8}=0.66(\mathrm{mm})$$

となります．したがって，0.33 mm のスペーサを用いますが，実際にインダクタンスを測定してみると 1.2 mH ありましたので，0.5 mm のスペーサで $l_g=1$ mm としてあります．

● トランスの2次側の計算

次に2次巻線を計算しますが，5 V 用の N_5 巻線の電流は t_{off} 期間中に電流が0になるので，I_{5P} は，

$$I_{5P}=4\times I_O=4\times5=20(\mathrm{A})$$

となります．ですから必要なインダクタンス L_5 は，

$$L_5=\frac{V_5}{I_{5P}}\cdot t_{off}=\frac{V_{O5}+V_F}{I_{5P}}\cdot t_{off}$$

$$=\frac{5+0.5}{20}\times25\times10^{-6}=6.9(\mu\mathrm{H})$$

となります．すると，巻数 N_5 は，

$$N_5=\sqrt{\frac{L_5}{L_P}}\cdot N_P$$

$$=\sqrt{\frac{6.9}{1077}}\times62=5(\mathrm{T})$$

となります．

+12 V 巻線は+5 V との電圧比例で求めます．

$$N_{+12}=\frac{V_{+12}}{V_5}\cdot N_5=\frac{V_{O+12}+V_{F2}}{V_{O5}+V_{F1}}\cdot N_5$$

$$=\frac{12+1.2}{5+0.5}\times5=12(\mathrm{T})$$

となります．ただし，**出力電圧を実測してみると 13 V 以上ありました．これは5 V 回路に比較して 12 V 回路の巻数が多いので，1次巻線との結合度がよかったためです．**ですから $N_{+12}=11$ T くらいでちょうど 12 V の出力が得られると思います．

〈図3-59〉製作した回路の電圧特性

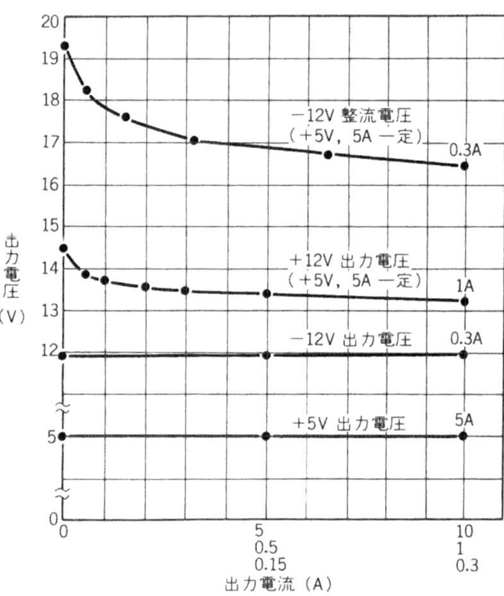

−12 V 回路は3端子レギュレータを付加しますので，整流電圧は−18 V とします．したがって，

$$N_{-12}=\frac{V_{O-12}+V_{F3}}{V_{O5}+V_{F1}}\cdot N_5$$

$$=\frac{18+1.2}{5+0.5}\times5=17(\mathrm{T})$$

ですが，余裕をみて 18 T としてあります．

最後にベース巻線 N_B は，最低入力時に約 6 V の順方向電圧が出るようにすると，

$$N_B=\frac{V_B}{V_{IN(DC)}}\cdot N_P$$

$$=\frac{6}{100}\times62=4(\mathrm{T})$$

となります．

図3-58 にトランスの定数を示します．

● 回路定数の計算

トランスの計算が終わりましたので，ベース抵抗 R_B を求めます．最低入力電圧時でも余裕のあるベース電流が供給できるように，$I_{B(min)}=0.5$ A となるようにすると，

$$R_B=\frac{(N_B/N_P)\cdot V_{IN(DC)}-(V_F+V_{BE}+V_{RS})}{I_B}$$

$$=\frac{(4/62)\times100-(1+1+1.1)}{0.5}=6.7(\Omega)$$

ですから，6.8 Ω にします．V_{RS} は電流検出抵抗 0.47 Ω の電圧降下です．

出力側整流平滑コンデンサのリプル電流は，簡易的に出力電流の 1.3 倍として求めると，

$I_{r5}=1.3\times I_O=6.5\text{ A}$

$I_{r+12}=1.3\times I_O=1.3\text{ A}$

$I_{r-12}=1.3\times I_O=0.39\text{ A}$

となります．

+5 V 回路は，6.5 A と大きな電流値になりますので，10 V 6800 μF のものを 4 個並列にして使用します．

● **実用回路の特性測定**

以上の設計に基づいたものを，**図3-57** の回路で作成し測定したものが，**写真3-5** の波形と，**図3-59** の特性です．

出力を複数の回路にすると，なかなか理想的な波形とならず，写真(d)のように+5 V の電流波形がつぶれてしまいます．また，トランジスタのスイッチング特性は $t_f=0.3\ \mu s$ 程度で，コレクタ損失は約 2.5 W です．

全体の電力変換効率 η は，入力電力 P_{IN} が 57.5 W でしたから，

$$\eta=\frac{P_O}{P_{IN}}=\frac{P_{O5}+P_{O+12}+P_{O-12}}{P_{IN}}$$

$$=\frac{5\times5\times13.4\times1+11.95\times0.3}{57.5}=73\ \%$$

となりました．この仕様における数値としては，かなり良いものだと思います．

出力電圧の定電圧精度は，5 V 回路はまったく変動を示しません．+12 V は帰還制御がかかっていませんので，出力電流の小さな領域で若干悪化してしまいます．

出力リプルも 15 mV 程度ですから，実用上支障はないでしょう．写真(g)でスパイク・ノイズが観測されますが，これも金属ケースなどへコモン・モード・ノイズ除去用のコンデンサを接続すれば，半分以下になる

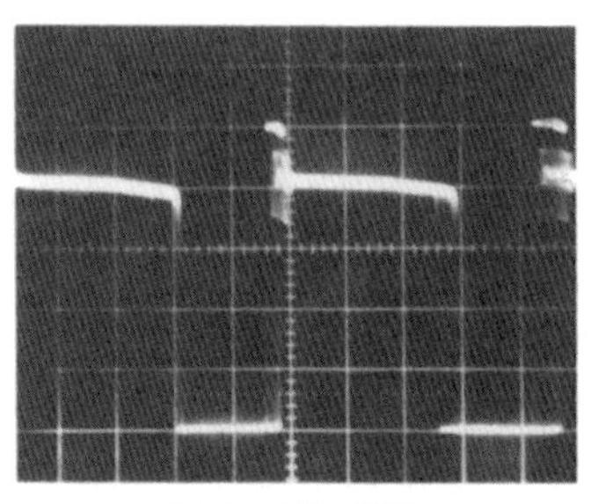

(a) Tr1 の V_{CE} 波形

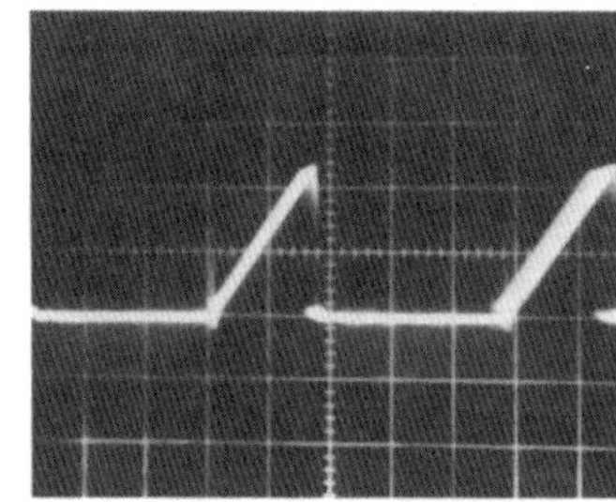

(b) Tr1 のコレクタ電流波形
(1 A/div，10 μs/div)

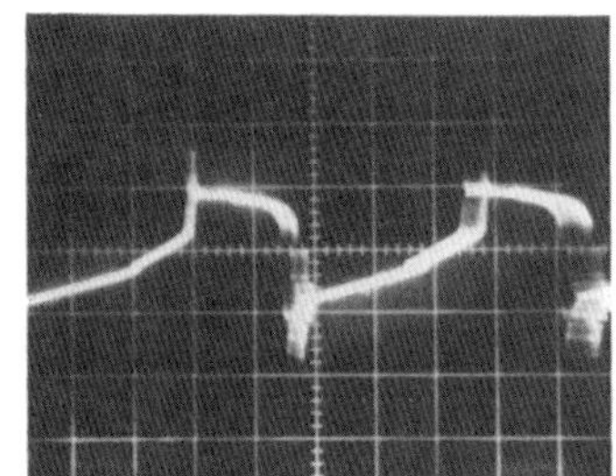

(c) Tr1 の V_{BE} 波形
(1 V/div，10 μs/div)

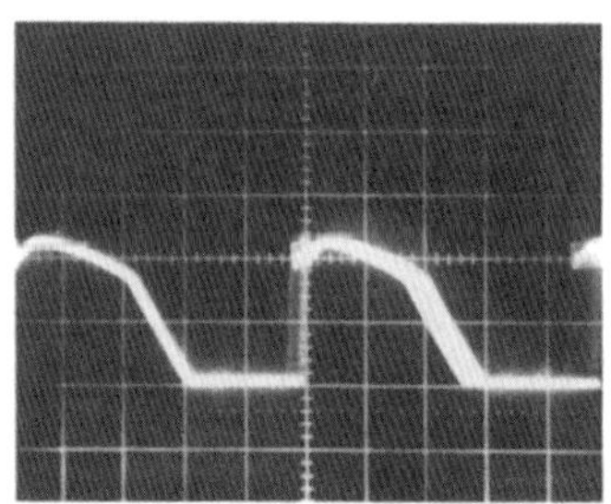

(d) ダイオード D_{5V} の電流波形
(5A/div，10 μs/div)

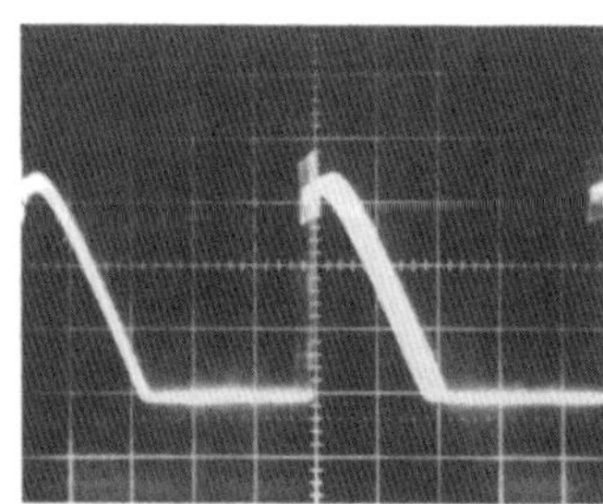

(e) ダイオード D_{12V} の電流波形
(1 A/div，10 μs/div)

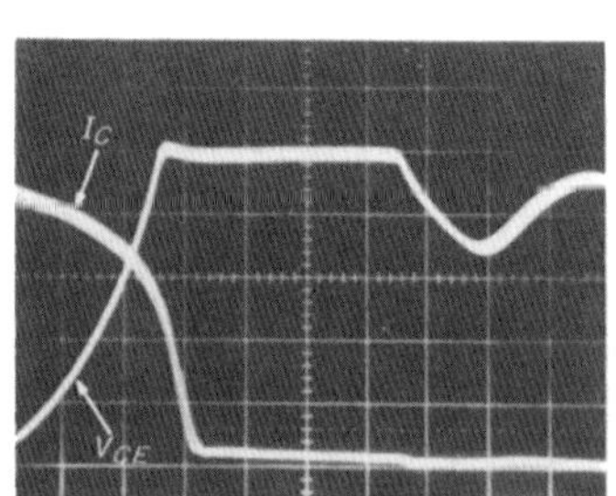

(f) Tr1 のターンオフ時スイッチング特性
(I_C；0.5A/div，V_{CE}；50V/div，0.2 μs/div)

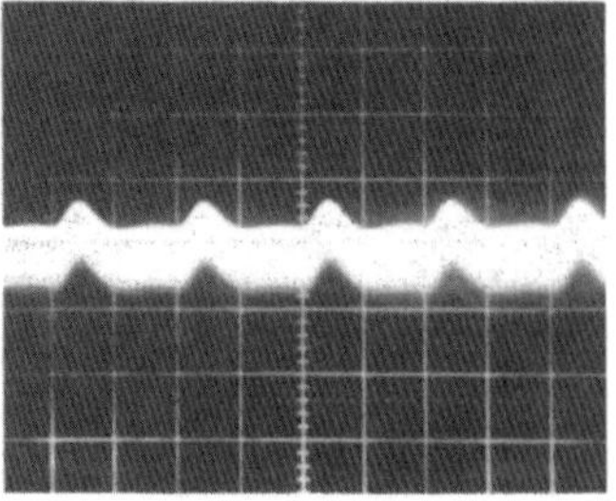

(g) 低周波出力リプル波形(+5V)
(10mV/div，5 ms/div)

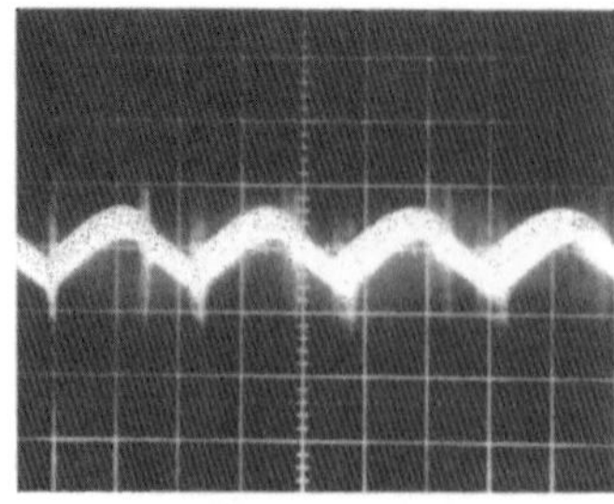

(h) 高周波出力リプル波形(+5V)
(10mV/div，20 μs/div)

〈写真3-5〉 図 3-56 の回路の動作波形

〈図3-60〉 マルチ出力の帰還制御

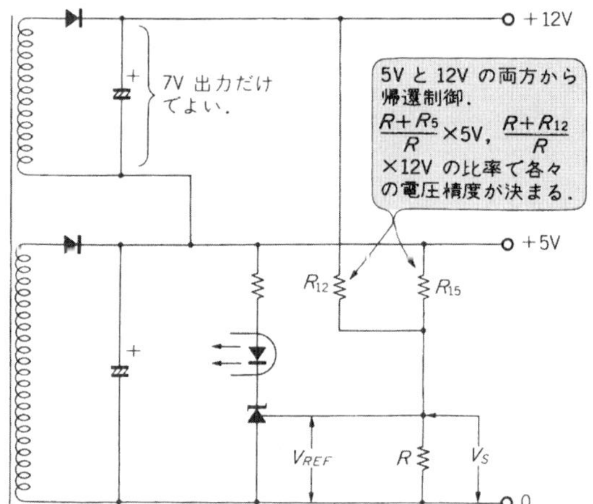

〈図3-61〉 2回路同時帰還型の出力特性

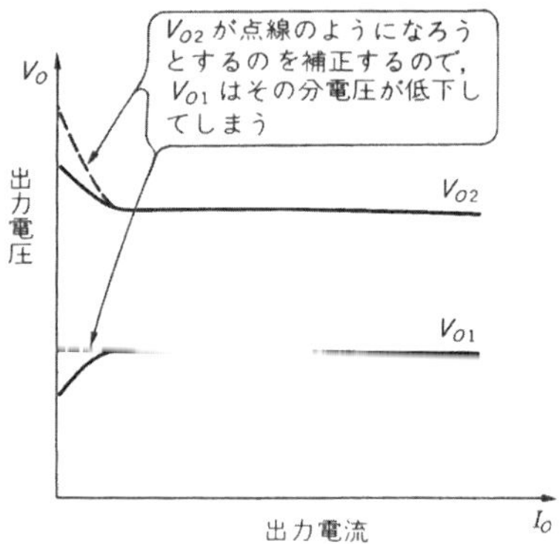

はずです.

● 出力特性の改善方法

マルチ出力の電源では, 帰還制御をかけていない回路は, 定電圧特性がどうしても悪くなってしまいます. 入力電圧の変化に対しては良いのですが, **負荷電流の変化による出力電圧変動を補正できないからです.**

そこで出力側を**図3-60**のように接続して, 特性の改善をすることができます. まず+12V用整流回路は, 7Vだけの出力として定電圧制御されている+5Vの上に加算します. すると電圧の変動は7Vに対してのみ発生するので, 12Vの整流回路よりは電圧精度が上がります.

また, +5Vと+12Vとの両方から帰還用の電圧検出をします. 定電圧動作状態では,

$$V_{REF} = V_S$$

であることは前にも述べました.

ここで V_S は,

$$V_S = \left(\frac{V_5}{R_5+R} + \frac{V_{12}}{R_{12}+R} \right) R$$

となります. つまり, $V_5/(R_5+R)$ と $V_{12}/(R_{12}+R)$ の比率で, 2回路から電圧検出したことになります.

帰還量もこの比率で決まりますから, より定電圧精度の必要な回路の検出抵抗値を低くすればよいわけです.

ただし, 出力電圧特性は2回路の合成電圧値で決まってしまいますから, 一方の電圧が上昇すると, **図3-61**のようにほかの一方が低下する特性となります.

第4章 ── 中容量で高速化に適した方式 フォワード・コンバータの設計法

●フォワード・コンバータの基礎
●TL494による設計例
●2石式フォワード・コンバータの例など

AC 100 V で動作させるスイッチング・レギュレータのうち，小容量(小型)のものは第3章で紹介したRCC方式が主流でした．しかし,50～60 W以上の出力のものには，フォワード・コンバータ方式が用いられます．特に，高周波スイッチングによって小型化したい時には，好んでこの方式が用いられています．

ここでは，スイッチング素子にMOS FETを用いることを前提に，比較的出力電力の大きい高周波スイッチング・レギュレータの設計法について紹介します．

フォワード・コンバータの基礎

● RCC方式と比較すると

フォワード・コンバータは，第3章で紹介したRCC方式のもとといえるフライバック・コンバータと対称的な動作となります．

フライバック・コンバータは出力トランスの1次側と2次側の巻線極性が逆で，スイッチング・トランジスタがOFFしている時に，トランスに蓄えられたエネルギを放出するという方式でした．しかし，フォワード・コンバータ方式は，出力トランスが1次側と2次側で同じ極性で接続されていますから，スイッチング・トランジスタがONしている期間に，出力側へ電力を伝達します．

また，2次側の整流回路はチョーク・インプット型の平均値整流方式を採用しています．

フォワード・コンバータは，小さな電力のものにはまれに自励式も用いられますが，効率の関係から大半は他励式の動作が用いられています．

● スイッチング・トランジスタがONしているとき

動作を理解しやすくするために，まず2次回路の動作から考えてみます．図4-1が基本型の回路です．

今トランジスタ Tr_1 がONすると，入力電圧 V_{IN} がトランスの1次巻線 N_P に印加されます．すると，2次巻線 N_S には，

$$V_S=\frac{N_S}{N_P}\cdot V_{IN}$$

の電圧が誘起されます．

この電圧の極性は，ダイオード D_1 を正方向にバイアスしますので，電流 i_2 が流れ出す方向です．そして，この電流 i_2 は，$D_1 \to L_1 \to C_1$ と平滑コンデンサを充電する経路で，Tr_1 のON期間中流れ続けます．この時，整流回路の出力電圧を V_O とすると，チョーク・コイル L_1 の両端の電圧 V_L は，

$$V_L=V_S-V_O=\frac{N_S}{N_P}\cdot V_{IN}-V_O$$

となります．ですから，トランジスタ Tr_1 のON期間を t_{on} とすると，2次側の電流 i_2 は，

$$\Delta i_2=\frac{V_L}{L_1}\cdot t_{on}=\frac{V_S-V_O}{L_1}\cdot t_{on}$$

となり，図4-2のように上昇します．そして，一般には平滑コンデンサ C_1 へ流れるリプル電流が少なくなるように L_1 は大きなインダクタンス値としますから，i_2 は直流バイアスのかかった波形となっています．この

〈図4-1〉フォーワード・コンバータの原理図

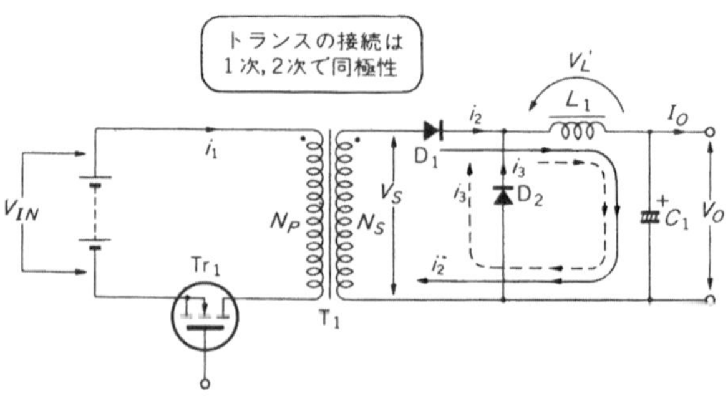

〈図4-2〉 フォーワード・コンバータの2次側電圧，電流波形

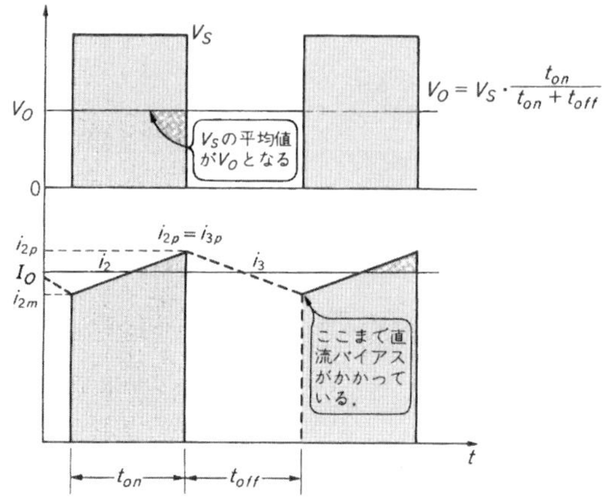

時，i_2 の最大値 i_{2P} によってインダクタンス L_1 にエネルギ P_{L1} が，

$$P_{L1}=\frac{1}{2}L_1 \cdot i_{2P}{}^2$$

と蓄えられます．

● **スイッチング・トランジスタが OFF すると**

次に Tr_1 が OFF すると，1次側からの電力の伝達がなくなり，チョーク・コイル L_1 に逆起電力が発生します．

チョーク・コイル L_1 を流れる電流は不連続になろうとする性格がありますから，先ほどの i_{2P} から**図4-2**のように i_3 として流れ出します．この i_3 の経路は，$L_1 \rightarrow C_1 \rightarrow D_2$ と，Tr_1 の OFF 期間中流れ続けます．

この時のチョーク・コイル L_1 の端子電圧 V_L' は，先ほどとは極性が反転し，

$$V_L'=V_O$$

となります．したがって i_3 は，$i_{3P}=i_{2P}$ から V_L'/L_1 の率で減少します．そして，t_{off} 後の i_3 の変化率 Δi_3 は，

$$\Delta i_3=\frac{V_O}{L_1}\cdot t_{off}$$

となります．

ただし，本来は D_2 の順方向電圧 V_{F2} を考慮して，

$$V_L'=V_O+V_F$$

でなければなりませんが，ここでは原理を考えるためだけなので $V_F=0$ としてあります．

● **出力電圧を制御するしくみ**

さてここで，チョーク・コイル L_1 を流れる電流は連続であるということから，

$$\Delta i_2=\Delta i_3$$

となりますので，

$$\frac{V_2-V_O}{L_1}\cdot t_{on}=\frac{V_O}{L_1}\cdot t_{off}$$

が成立します．これを整理すると，出力電圧 V_O は，

$$V_O=\frac{t_{on}}{t_{on}+t_{off}}\cdot V_S=t_{on}\cdot f\cdot\frac{N_S}{N_P}\cdot V_{IN}$$

と表せます．ここで f は $1/(t_{on}+t_{off})$ で，スイッチング周波数となります．

この計算式は，フォワード・コンバータの動作原理を的確に表現しています．つまり，**トランスの2次側端子電圧 V_S の平均値が出力電圧 V_O であること**を表しています．ですから，**図4-2**のように周波数 f を固定しておけば，入力電圧 V_{IN} の低い時は t_{on} を広く，逆に V_{IN} が高い時は t_{off} を狭くすれば，いつでも V_O が一定に保てることを意味しています．

つまり，ある1周期 $T=t_{on}+t_{off}$ に対して，トランジスタの ON 時間 t_{on} の比率であるデューティ・サイクル D を，

$$D=\frac{t_{on}}{T}=\frac{t_{on}}{t_{on}+t_{off}}$$

というように変化させてやれば，出力電圧を定電圧に制御できることになります．これを PWM (Pulse Width Modulation)…パルス幅変調…制御と呼んでいます．

〈図4-3〉 電圧の周波数制御方式

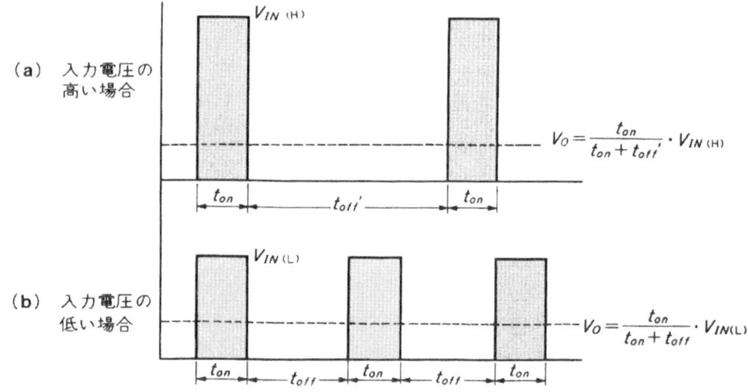

〈図4-4〉ライン・インピーダンスによる電圧降下

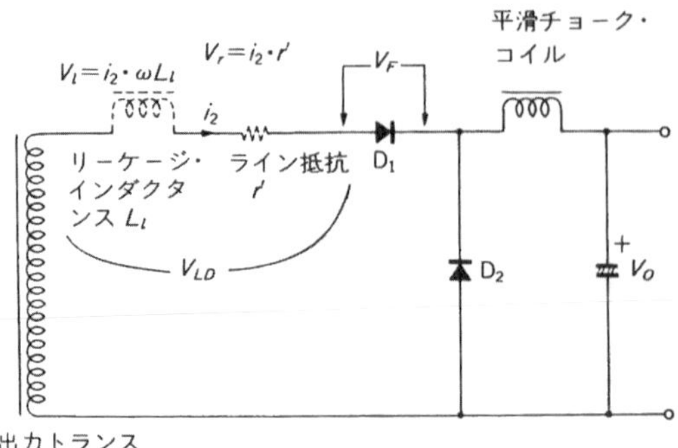

〈図4-5〉コイルの臨界値

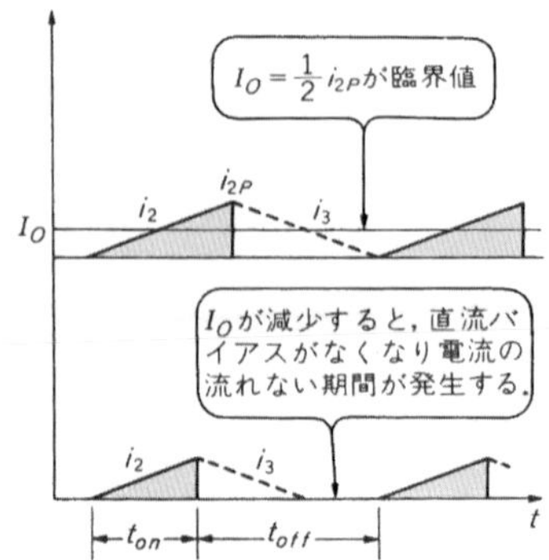

また，t_{on} を一定にしておいて，周期すなわち周波数を変化しても**図4-3**のようにデューティ・サイクル・コントロールが行えますが，この方法はPFM(Pulse Frequency Modulation)…周波数変調…制御といいます．

● **出力電圧に与える出力電流の影響**

さて出力電流 I_O は，先の**図4-2**のようにチョーク・コイル L_1 を流れる電流の平均値となります．

L_1 のインダクタンス値が十分に大きいとすると，L_1 を流れる電流 i_L は，直流の上に Δi_2 と Δi_3 が重畳された波形となりますので，出力電流 I_O との関係は，

$$i_{2P} = i_{3P} = I_O + \frac{1}{2}\Delta i_2 = I_O + \frac{1}{2}\Delta i_3$$

となります．また，i_2，i_3 の最小値 i_{2m}，i_{3m} は，

$$i_{2m} = i_{3m} = I_O - \frac{1}{2}\Delta i_2 = I_O - \frac{1}{2}\Delta i_3$$

と表すことができます．

ところで，先ほどの出力電圧 V_O を決定する式の中には出力電流 I_O に関係するものは一切含まれていませんでした．チョーク・インプット型整流方式のものでは，原理的には確かに I_O とは無関係に出力電圧 V_O が決定されます．

しかし現実には，**図4-4**のように i_2，i_3 の経路中に，ダイオード D_1，D_2 やライン・インピーダンスが存在しますので，これらによって電圧降下が V_F や V_{LD} として発生します．ですから現実的な出力電圧 V_O は，

$$V_O = t_{on} \cdot f\ \{V_S - (V_F + i_2 \times r)\}$$

となり，出力電流の変化によって電圧変動を発生させることになります．これは，もちろんそんなに大きな値であっては内部損失が増えてしまって仕方がありません．

● **出力電流が小さいときの対応**

さて今までは，チョーク・コイルを流れる電流が常に連続であるという条件で動作を考えてきましたが，ここでは出力電流 I_O が**図4-5**のように，極端に低下した状態を考えてみます．

チョーク・コイルを流れる i_L の平均値が I_O ですから，I_O の低下に伴って i_L も低下しなければなりません．ところが i_L の変化する傾斜は I_O に関係なく一定ですから，出力電流 I_O が，

$$I_O < \frac{1}{2}\Delta i_L$$

となると，コイル内の電流は連続ではなくなってしまいます．

つまり，この状態は電流の不連続なモードとなり，

$$I_O = \frac{1}{2}\Delta i_L$$

がその境目となります．このことをコイルの臨界値と呼んでいます．

さて，この電流の不連続モードでも出力電圧を一定に保つには，i_2 の流れている期間すなわち，スイッチング・トランジスタ Tr_1 のON時間 t_{on} を狭くしてやらなければなりません．ですから，この状態においては先ほどの V_O の式が成立しなくなってしまいます．

電流が不連続な状態でのチョーク・コイルへの電流 i_L の最大値 i_P は，**図4-6**において，

$$i_P = \frac{V_L}{L_1} \cdot t_{on} = \frac{V_O}{L_1} \cdot t_2$$

となります．出力電流はスイッチングの周期 T に対する i_L の平均値ですから，

$$I_O = \frac{1}{T} \cdot \frac{1}{2} \cdot i_P \cdot (t_{on} + t_2)$$

〈図4-6〉不連続モードの電流波形

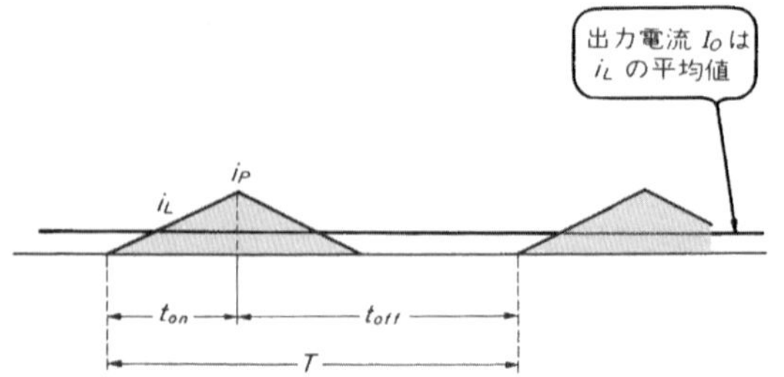

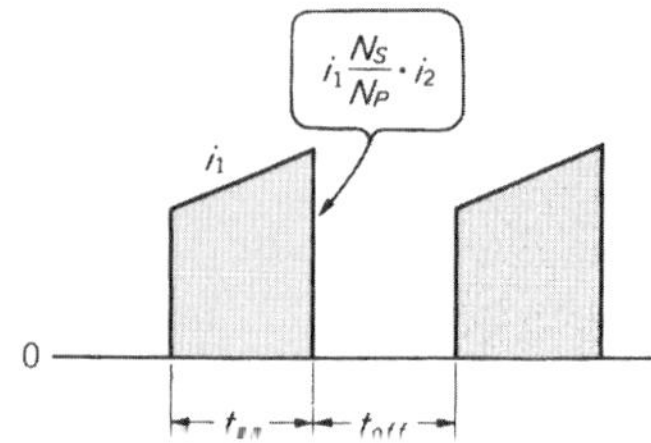

〈図4-7〉 1次側の電流

$$=\frac{i_P}{2\,T}\left\{ t_{on}+\frac{V_S}{V_O}\cdot t_{on}\right\}$$

$$=\frac{V_S\cdot t_{on}^2}{2\,T\cdot L_1}\left\{ 1+\frac{V_S}{V_O}\right\}$$

となります．これを V_O について整理すると，

$$V_O=\frac{V_S\cdot t_{on}^2}{2\,T\cdot L_1\cdot I_O-V_S\cdot t_{on}^2}$$

となります．つまり，I_O が小さくなれば t_{on} を短くするように変化させれば V_O が一定となることがわかります．

● 出力トランスには励磁電流が必要

出力トランスは1次側と2次側で同極性で接続されていますので，1次回路の電流 i_1 は，2次回路の電流 i_2 に比例します．i_3 はスイッチング・トランジスタ Tr_1 の OFF 期間の電流ですから，i_1 へはまったく関係しないことは当然です．

さて，1次側電流は図4-7のように，

$$i_1=\frac{N_S}{N_P}\cdot i_2$$

$$=\frac{N_S}{N_P}\cdot\left\{ I_O-\frac{V_2-V_O}{L_1}\left(\frac{t_{on}}{2}-t\right)\right\}$$

と表せます．

ところがこのほかに，さらに出力トランスへの励磁電流が流れます．励磁電流とはトランスに磁束を発生させるための電流です．

第3章で紹介したフライバック・コンバータでは，1次電流がすべてトランスへの励磁電流でしたが，フォワード・コンバータでは，この成分は出力電力へ何らの関与もしません．これは図4-8に示すように，2次電流成分 i_2 に励磁電流 i_e が加算されることになりますが，この成分はトランスにエネルギを蓄積し，最終的に無効電力となってしまいます．

ここで出力トランスの1次巻線のインダクタンスを L_P とすると，入力電圧 V_{IN} に対して励磁電流 i_e は，

$$i_e=\frac{V_{IN}}{L_P}\cdot t$$

と0から1次関数的に増加します．ですから i_e の最大値 i_{eP}，

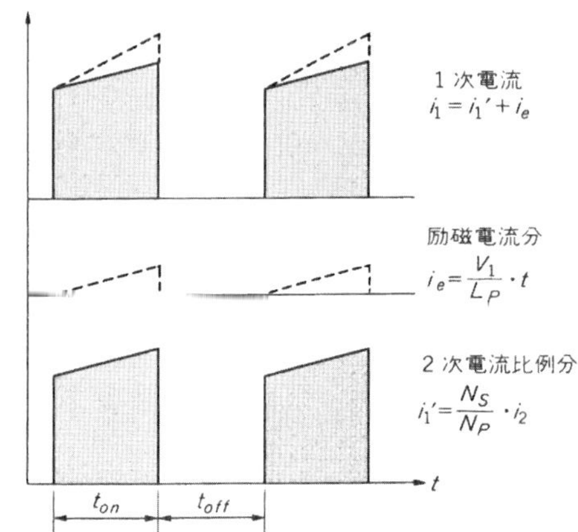

〈図4-8〉 出力トランスの励磁電流

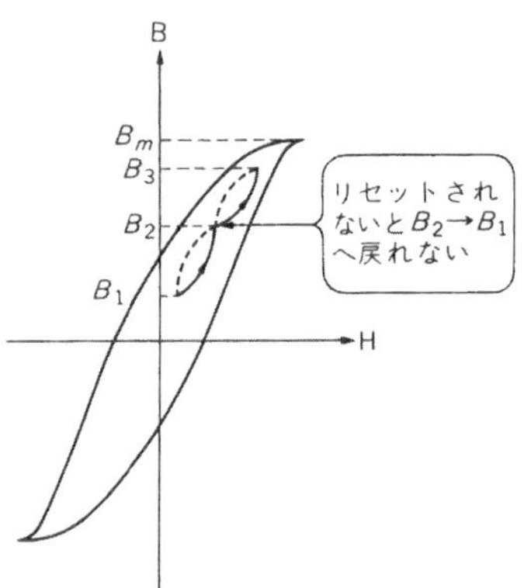

〈図4-9〉 出力トランスの B-H カーブ

$$i_{eP}=\frac{V_{IN}}{L_P}\cdot t_{on}$$

によって出力トランスにエネルギが蓄積されます．この蓄積エネルギ p_e は，

$$p_e=\frac{1}{2}\,L_P\cdot i_{eP}=\frac{V_{IN}^2}{2\,L_P}\cdot t_{on}^2$$

となります．

● 出力トランスの磁気飽和に注意すること

さて，次にトランスの B-H 曲線を考えてみます．このフォワード・コンバータの場合もトランジスタは1個ですので，フライバック・コンバータと同様に，上下どちらか片方でしか磁束が変化しません．つまり，出力トランスへの励磁電流 i_e によって磁束が ΔB だけ上昇します．この磁束密度の変化幅 ΔB は，

$$\Delta B=\frac{V_{IN}}{N_P\cdot A_e}\cdot t_{on}\times 10^8$$

となります．A_e はコアの実効断面積です．

ところが，このままでは図4-9のように B_2 の点で止まったままとなってしまいます．

次にスイッチング・トランジスタ Tr_1 が ON する

と，さらにΔBだけ磁束が増加します．つまり，合計$2\Delta B$の磁束密度の上昇となるわけです．これが何回か繰り返されると，**遂には最大磁束密度B_mを越えて，トランスが磁気飽和**を起こしてしまいます．

こうなると出力トランスのL_Pは空心のコイルと等しくなりますから小さなインダクタンスとなり，トランスに大きな励磁電流が流れてトランジスタを破損させてしまいます．

そこで，トランジスタがOFFしている期間にトランスの磁束を$-\Delta B$だけ変化させ，元の位置へ戻してやらなければなりません．これをトランスのリセットと呼んでいます．

出力トランスをリセットするには

● トランス・リセットの考え方

図4-10が一般的なトランスのリセット回路例です．トランスのリセットは，**図4-8の励磁電流i_eによる蓄積エネルギを外部に放出する**動作を意味しています．

図4-10においてスイッチング・トランジスタ$\mathrm{Tr_1}$がOFFすると，トランスのN_P巻線に逆起電力が発生し，ダイオード$\mathrm{D_r}$が導通してコンデンサC_rを充電します．このとき抵抗R_rがC_rと並列に接続されていますから，C_rの電荷をR_rで消費させることになります．

R_rの消費電力が，トランスの蓄積エネルギと等しくなるのがリセットの条件となります．コンデンサC_rの端子電圧をV_rとすると，これがリセット電圧ですから，

$$\frac{V_{IN}^2 \cdot}{2L_P} t_{on}^2 \cdot f = \frac{V_r^2}{R_r}$$

となります．するとV_rは，

$$V_r = \sqrt{\frac{R_r \cdot f}{2L_P}} \cdot V_{IN} \cdot t_{on}$$

となります．つまり，抵抗R_rの平方根に比例してV_rが変化します．

ところで，トランスの磁束密度は印加電圧と時間の積(S_1，S_2)に比例しますので，**図4-11**のようにN_P巻線にV_rの発生している時間をリセット時間t_rとすると，

$$V_{IN} \cdot t_{on} = V_r \cdot t_r$$

がトランスのリセット条件となります．

また，このリセット動作はトランジスタ$\mathrm{Tr_1}$のOFF期間に必ず完了しなければなりませんので，

$$t_r \leqq t_{off}$$

が，絶対的な条件となります．

そこで，リセット用抵抗R_rを大きくしてやれば，リセット電圧V_rが上昇して短いリセット時間で済むことになりますが，V_rはトランジスタのV_{CE}として印加されるので，むやみに高い電圧にはできません．一般的には，**$V_r = V_{IN}$が最も合理的**とされています．

このことから，フォワード・コンバータ方式では，スイッチング・トランジスタ$\mathrm{Tr_1}$のON/OFFデューティ・サイクルは0.5が上限となってしまいます．

● 残留磁束の影響も考慮しておくこと

ところで，先の**図4-9**に示したトランスのB-H曲線についてもう一度考えてみます．

当初は，$B=0$の点からΔBだけ磁束が上昇しますが，リセットによって元の位置へもどります．しかし，

〈図4-10〉出力トランスのリセット回路動作

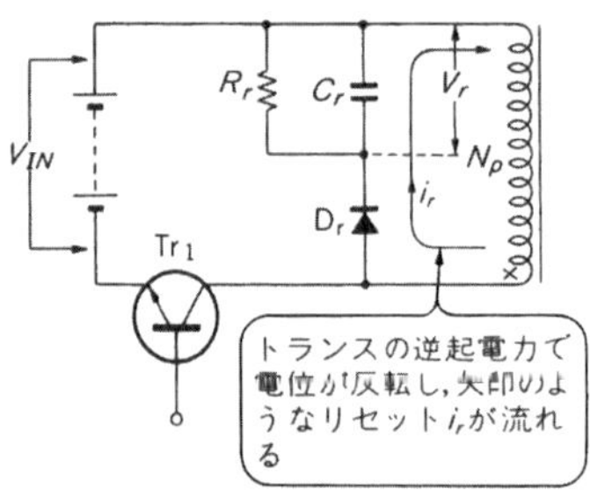

〈図4-11〉出力トランスのリセット電圧波形

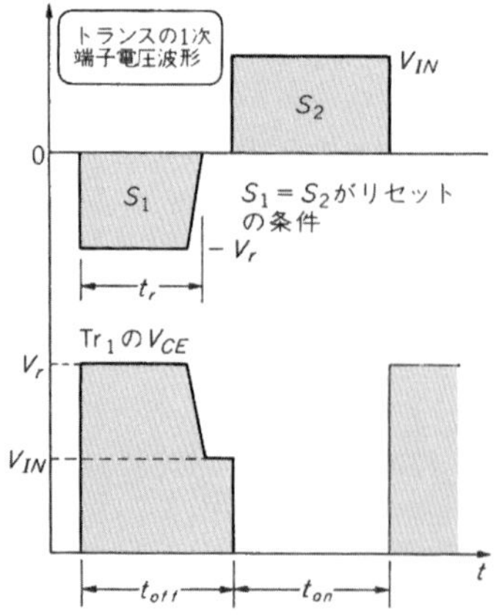

〈図4-12〉出力トランスの起動時からのB-H曲線

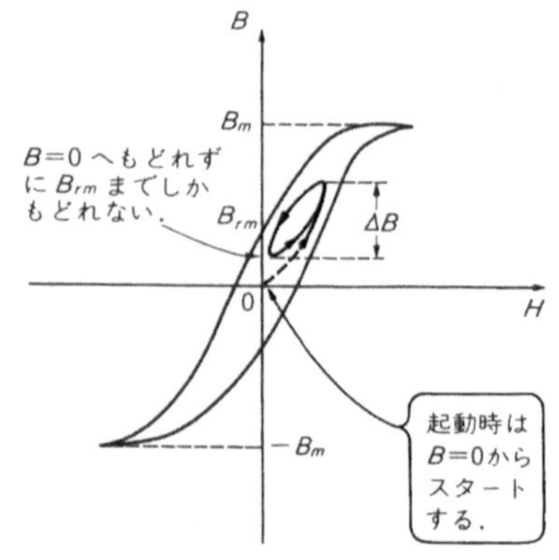

〈図4-13〉 リセット回路の電圧波形

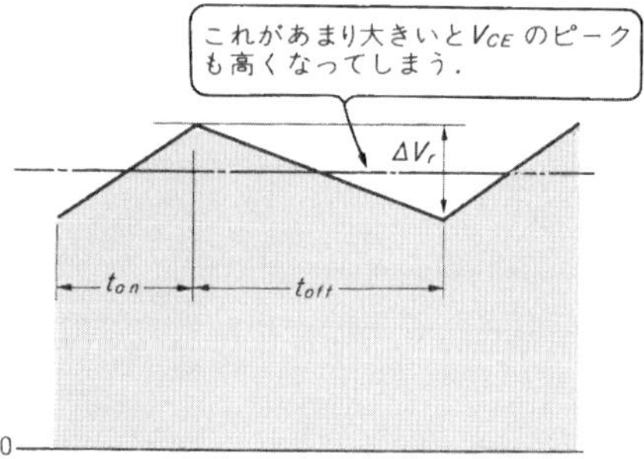

B-H 曲線にはヒステリシスがあるために，今度は0の点へもどることができず，図4-12のようにB_rの点で止まってしまいます.

このB_rを**残留磁束**といいますが，定常状態ではこれを起点として$\varDelta B$の磁束変化をします．ですから，実際に変化できる磁束密度の限界としては，

$$\varDelta B \leqq B_m - B_r$$

ということになります．これはメジャー・ループの残留磁束B_{rm}よりは低い値ですが，およそ，

$$B_r = \frac{\varDelta B}{B_m} \cdot B_{rm}$$

として計算すればよいでしょう.

● **リセット回路のコンデンサ C_r の決め方**

次にリセット回路に使用するコンデンサC_rについて考えてみることにしましょう.

このリセット回路のコンデンサC_rは，スイッチングの毎周期に発生するパルス状のリセット電流の平滑用に用いられています．ですから，あまり小さな容量では，リセット電圧V_rに大きなリプルが発生してしまいます.

そこで，図4-13からリセット電圧V_rのリプル電圧を$\varDelta V_r$とすると，リセット・エネルギの一周期間の増加量P_rは，

$$P_r = \frac{1}{2} C_r \left(V_r + \frac{1}{2} \varDelta V_r \right)^2 - \frac{1}{2} C_r \left(V_r - \frac{1}{2} \varDelta V_r \right)^2$$

となります．これを$\varDelta V_r$について整理すると，

$$\varDelta V_r = \frac{P_r}{C_r \cdot V_r}$$

となります．したがってC_rには$\varDelta V_r \leqq 0.1\ V_r$となるような，静電容量のものを用いるようにします.

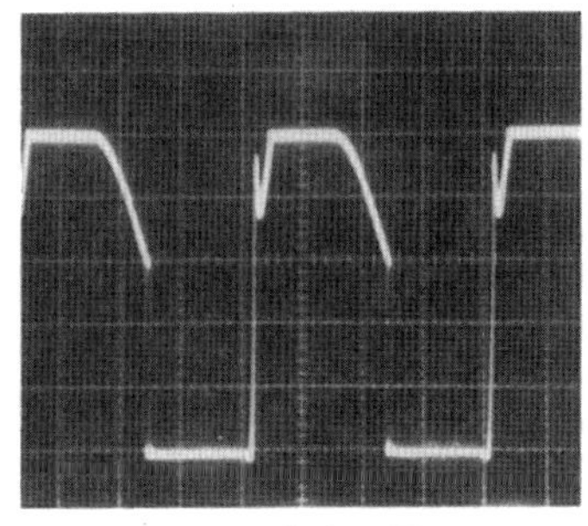
(a) 軽負荷時の V_{CE}

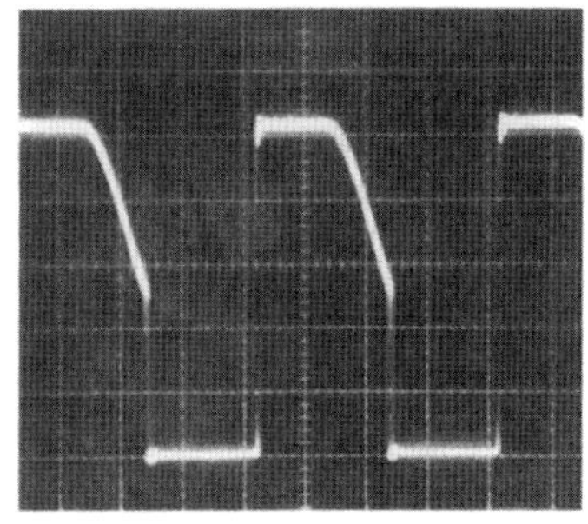
(b) 全負荷時の V_{CE}

〈写真4-1〉 出力電流I_Oの大きさでリセット電圧が変化する(50 V/div, 5 μs/div)

● **実際に発生するリセット電圧**

先ほど述べたように，リセット電圧V_rは，

$$V_r = \sqrt{\frac{R_r \cdot f}{2 L_P}} \cdot V_{IN} \cdot t_{on}$$

ですから，これは直流出力電流I_Oの影響をまったく受けません．ただし，2次側整流回路がチョーク・インプット整流領域の臨界値を割り込んでしまえば，定電圧動作からt_{on}が狭くなってリセット電圧V_rは変化します.

ところが，トランジスタのON時間t_{on}の変化がほとんどない状態であっても，実際に動作させてみると，**写真4-1のように出力電流I_Oの大きさによって，リセット電圧V_rが変化**してしまいます.

これは，**トランスのリーケージ・インダクタンスが影響**しているからです．図4-14のように，出力トランスの1次巻線N_PのもつインダクタンスL_Pへの蓄積

〈図4-14〉 リーケージ・インダクタンスの影響

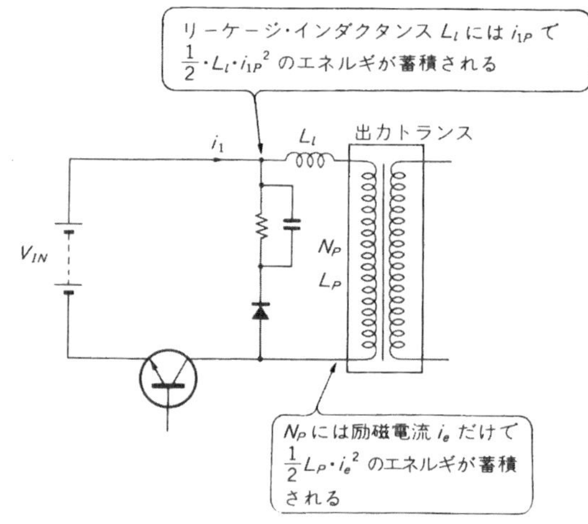

〈図4-15〉 トランスの巻線によるリセット

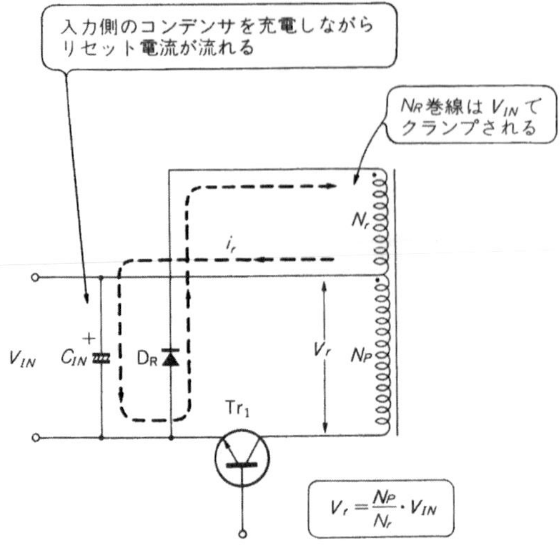

エネルギは，励磁電流 i_e によって決定されます．ところが，L_P のもつリーケージ・インダクタンス L_e への蓄積エネルギは，１次巻線 N_P を流れる全電流の最大値 i_P によって決定されます．

つまり１次電流の最大値 i_{1P} は，

$$i_{1P}=i_{eP}+\frac{N_S}{N_P}\cdot i_{2P}$$

ですから，２次電流 i_{2P} によって変化し，リーケージ・インダクタンスに蓄えられるエネルギ量 P_l は，

$$P_l=\frac{1}{2}L_e\cdot i_{eP}{}^2=\frac{1}{2}L_e\left(i_{eP}+\frac{N_S}{N_P}\cdot i_{2P}\right)^2$$

となります．

したがって，実際のリセット電圧 V_r は，出力電流 I_O が大きくなると高くなる傾向を示すわけです．この P_l は，第３章のフライバック・コンバータで紹介したスナバでの消費電力とまったく同じものです．

● トランス巻線を利用したリセット回路

さて，**図4-10** に示した抵抗によるトランス・リセット回路では，トランスの蓄積エネルギをすべて抵抗 R_r に消費させてしまいますので，これは無効電力となってしまいます．

そこで，このエネルギを入力電力へ回生させて，有効に利用する方法も考えられています．**図4-15** がそれで，１次巻線 N_P にさらにリセット巻線 N_r を巻き上げます．

スイッチング・トランジスタ Tr_1 が OFF すると，この１次巻線には逆起電力が発生しますが，図の矢印の経路でリセット電流 i_r が流れます．この電流 i_r は，入力側コンデンサ C_{IN} を充電する方向で流れますから，電力の回生がなされたことになり，有効電力となって再利用されることになります．

この時，C_{IN} の端子電圧 V_{IN} が上昇することになりますが，もともと C_{IN} のもっている電荷量 p_C，

$$p_C=\frac{1}{2}C_{IN}\cdot V_{IN}{}^2$$

に比較して，わずかなエネルギ量でしかありません．したがって，**実際には若干の V_{IN} の上昇にとどまります．**

ところで，リセット用の N_r 巻線の端子電圧は，入力電圧 V_{IN} でクランプされていますから，１次巻線 N_P に発生するリセット電圧 V_r は，

$$V_r=\frac{N_P}{N_r}\cdot V_{IN}$$

となります．つまり，**リセット巻線の巻数を少なくすれば，図4-16 のように V_r が上昇して短いリセット時間 t_r でトランスのリセットが完了することになります．**

一般的には，使用するスイッチング・トランジスタや２次側整流ダイオードの耐圧の制約条件から，$V_r=V_{IN}$ とします．ですから $N_r=N_P$ としています．

〈図4-16〉 N_r を少なくした時の波形

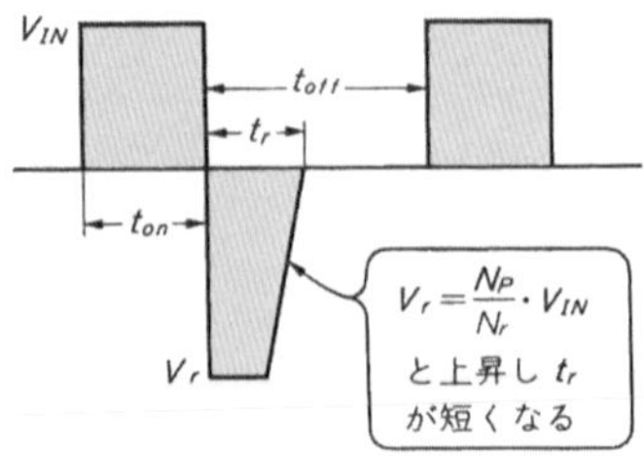

〈図4-17〉 トランス２次巻線の電圧波形

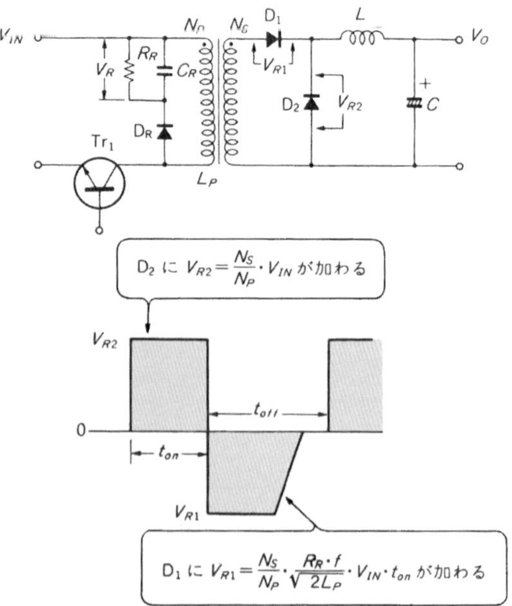

● **トランジスタやダイオードへの印加電圧**

それでは，スイッチング・トランジスタ Tr_1 と2次側整流用ダイオード D_1，D_2 への印加電圧を計算しておきましょう．

まず Tr_1 の ON 期間には，**図4-17** のように D_2 に逆電圧が印加されます．この印加電圧 V_{R2} は，トランスの2次端子電圧となりますから，

$$V_{R2}=V_S=\frac{N_S}{N_P}\cdot V_{IN}$$

となります．

次に Tr_1 が OFF すると，1次巻線には今までとは逆極性のリセット電圧 V_r が発生します．したがって，**トランスの2次巻線にも V_r に比例した電圧 V_S' が発生し**，ダイオード D_1 に印加されます．この電圧 V_{R1} は，

$$V_{R1}=\frac{N_S}{N_P}\cdot V_r=\frac{N_S}{N_P}\cdot\sqrt{\frac{R_r\cdot f}{2L_P}}\cdot V_{IN}\cdot t_{on}$$

となります．

また Tr_1 の V_{CE} は，入力電圧 V_{IN} にリセット電圧 V_r が加算されますから，

$$V_{CE}=V_{IN}+V_r=V_{IN}+\sqrt{\frac{R_r\cdot f}{2L_P}}\cdot V_{IN}\cdot t_{on}$$

となります．

実際には，これらの電圧にさらに過渡状態でサージ電圧が重畳されますから，十分に余裕をもった素子の耐圧を決定しなければなりません．

出力トランスの設計

フライバック・コンバータなどと同じく，フォワード・コンバータにおいても出力トランスの設計はもっとも重要な項目です．ただ，各巻線のインダクタンスは RCC 方式に比較して，あまり気にする必要がありませんので，その分だけ計算は簡単になります．

● **1次巻線 N_P を決定するには**

出力トランスの1次巻線の巻数は，RCC 方式と同様に**コアが磁気飽和を起こさないための条件で決定します**．したがって，1次巻線数 N_P は，

$$N_P=\frac{V_{IN}\cdot t_{on}}{\Delta B\cdot A_e}\times 10^8$$

となります．A_e はコアの実効断面積，t_{on} はスイッチング・トランジスタの ON 時間です．

ここで注意しなければならないのが ΔB です．前に述べたように，コアには B-H 曲線にヒステリシスがあるために，残留磁束が発生してしまいます．そのために，実際に振れる**磁束密度の変化量 ΔB としては，**

$$\Delta B<B_m-B_r$$

でなければなりません．

また，入力電圧 V_{IN} とトランジスタの ON 時間 t_{on}

〈図4-18〉急激に負荷を変化した時の波形

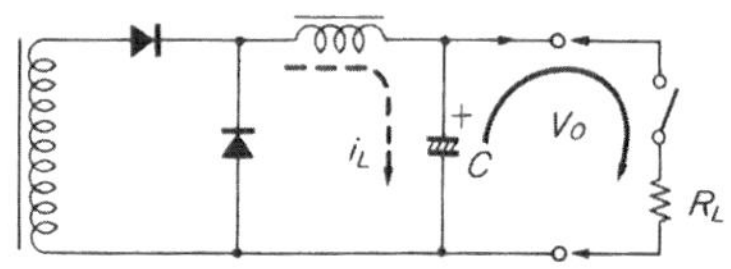

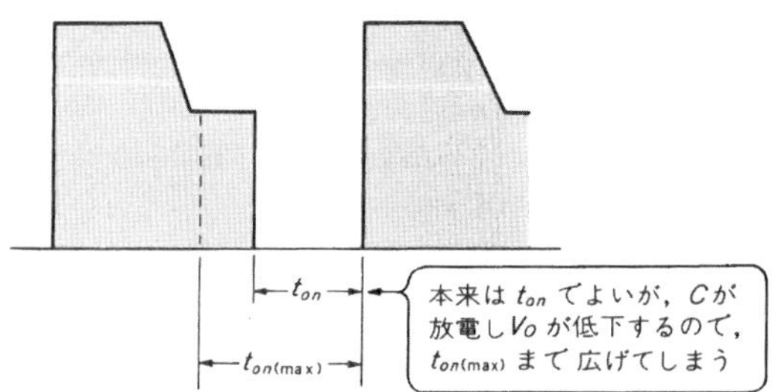

についても注意しなければなりません．定電圧制御の状態では，V_{IN} が上昇すれば t_{on} が狭くなりますが，これは静的な動作状態の時にいえることであって，過渡状態を考えるとこうはいきません．

例えば，出力電流が軽負荷から全負荷へ急激に変化したとします．ところが**図4-18** のように，電圧の制御回路はそれほど早く応答できないために，出力平滑用コンデンサの電荷が放電されつづけ，出力電圧 V_O が低下してしまいます．

すると，規定の電圧へもどそうとして，電圧制御回路はトランジスタ Tr_1 に対して最大 ON 時間となるような制御信号を出します．これは，入力電圧 V_{IN} に無関係に出るはずですので，最高入力電圧 $V_{IN(max)}$ で最大 ON 時間 $t_{on(max)}$ となる状態も発生します．そして，この時でも，**出力トランスは磁気飽和を起こさないようにしなくてはなりません**ので，1次巻線の巻数 N_P は

$$N_P=\frac{V_{IN(max)}}{(B_m-B_r)\cdot A_e}\cdot t_{on(max)}\times 10^8$$

〈図4-19〉トランス2次側回路の電圧

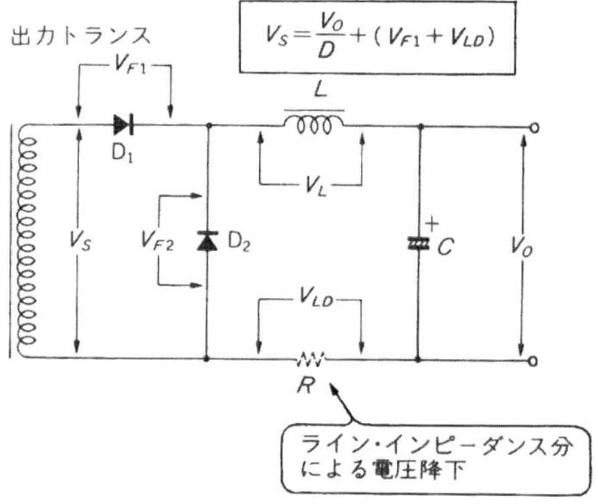

として決定しなければなりません．

なお，**コアの最大磁束密度 B_m は温度によっても変化**しますしバラツキもありますので，公称値の 70％くらいの値で計算しなければなりません．

● 2 次巻線 N_S の決定方法

出力トランスの 2 次巻線の巻数 N_S は出力電圧 V_O から決定されます．基本的に 2 次巻線電圧 V_S は，**図4-19** から，

$$V_S \geqq \{V_O + (V_{F1} + V_R)\}/D_m$$

となります．ここで D_m は $t_{on}/(t_{on}+t_{off})$ のデューティ・サイクル D の最大値です．

V_S は入力電圧 V_{IN} に比例しますから，最低入力電圧でもこの関係が成立するようにしておかなければなりません．したがって 2 次巻線数 N_S は，

$$N_S = \frac{V_S}{V_{IN(\min)}} \cdot N_P = \frac{V_O + V_{F1} + V_R}{V_{IN(\min)}} \cdot N_P$$

として求めます．

N_S は多ければ多いほど，低い入力電圧でも出力を定電圧化することができます．しかし，その分ダイオードの逆電圧が高くなりますし，1 次側のスイッチング電流 i_1 が，

$$i_1 = \frac{N_S}{N_P} \cdot i_2$$

と増加します．したがって，それだけ大きなコレクタ電流定格のトランジスタ Tr_1 が必要となり，不経済となります．

一般的には若干のマージンを見込んで，デューティ・サイクル $D \fallingdotseq 0.45$ とします．

● 出力トランスに適したコアは

フォワード・コンバータの出力トランスは，RCC 方式と異なって**ギャップを入れる必要はありません**．むしろ，少しでも 1 次巻線 N_P の励磁インダクタンスを大きくして，励磁電流を少なくしたいくらいです．

そこで，使用するコアの特性としては，**実効透磁率 μ_e の大きいもの**ほど適しています．また，各巻線の巻数を少なくするためには，最大磁束密度 B_m が大きくて，残留磁束 B_r の小さなものがよいことになります．

さらに，鉄損を少なくするために，損失係数の小さなものが好ましいのも当然です．そこでスイッチング周波数によって，コアを使い分けているのが現状です．これについては第 1 章，表1-9 を参照してください．

型状としては，トロイダル型のものがリーケージ・フラックスも少なく，1 次対 2 次の結合度も良く，もっとも良好な特性が得られます．しかし，巻線の容易さの点から，一般的には EE 型か EI 型コアが用いられています．また PQ 型コアは**図4-20** のような型状のもので，外型寸法の割合にすると，有効断面積が大きく小型化に適したコアです．

〈図4-20〉 PQ 型コア（PQ2016）の形状

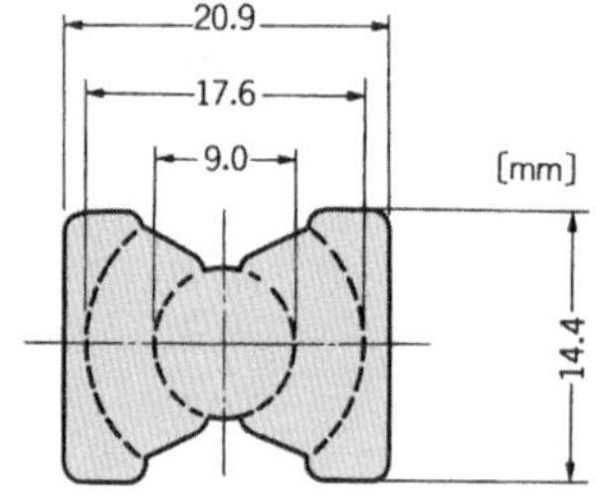

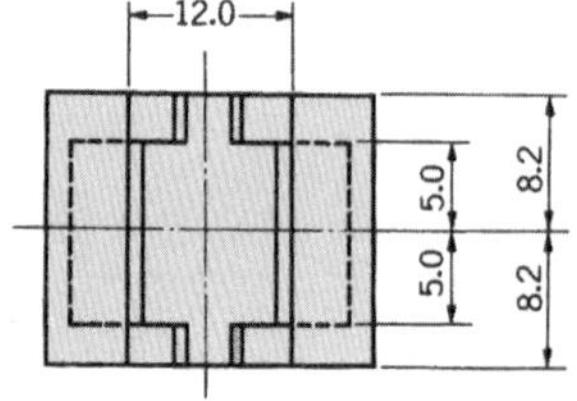

〈図4-21〉 2 次側整流回路の構成

整流ダイオードをトランジスタ Tr_1 にすると，チョッパ・コンバータ（降圧型チョッパ）と同じ回路動作となる

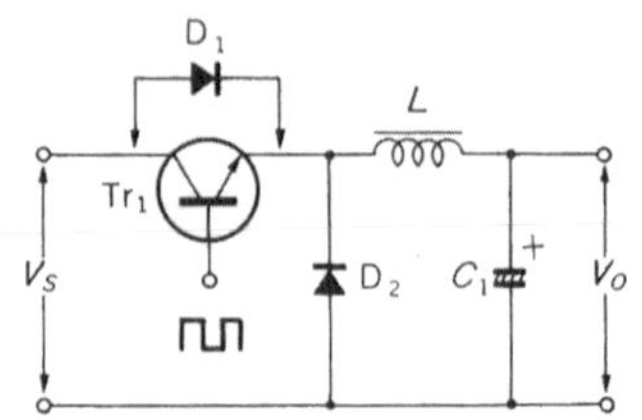

2 次側整流回路の設計

フォワード・コンバータの 2 次側整流回路は，非絶縁型の降圧型チョッパ・コンバータとまったく同様の動作となります．つまり，**図4-21** のように，ダイオード D_1 をスイッチング・トランジスタに置き換えて考えれば，入力電圧 V_S の降圧型チョッパ・コンバータと同じになるわけです．

● チョーク・コイルの決定方法

はじめの動作原理のところで述べたように，チョーク・コイル L_1 を流れる電流 i_L は，

$$\varDelta i_L = \frac{V_S - V_O}{L_1} \cdot t_{on} = \frac{V_O}{L_1} \cdot t_{off}$$

の変化をしています．この $\varDelta i_L$ はすべて，平滑コンデンサ C_1 を流れるリプル電流となります．そして，$i_{2(\min)} = i_{3(\min)}$ は直流電流の成分ですから，C_1 へ流れることはありません．

したがって，**$\varDelta i_L$ によって C_1 の両端に電圧変動 $\varDelta V_O$ が発生し，これが，出力リプル電圧と**なります．

〈図4-22〉出力リプル電圧の発生

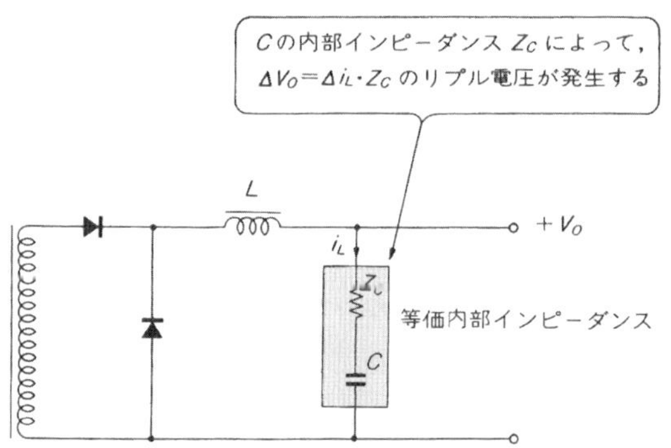

今，**図4-22**のように，平滑コンデンサ C_1 の等価内部抵抗を Z_C とすると，この両端に発生するリプル電圧は，

$$\Delta V_O=\Delta i_L \cdot Z_C$$

となります．

つまり，ある定まったコンデンサに対しては，Δi_L に比例して出力リプル電圧が増加してしまいます．ここでは Δi_L がチョーク・コイルのインダクタンス L_1 に反比例しますから，**出力リプル電圧を低減するには，大きなインダクタンス**にすればよいことがわかります．

また，1次側スイッチング・トランジスタ Tr_1 のコレクタ電流 i_1 も，L_1 を流れる i_2 に比例しますので，L_1 を大きくすればするほど，最大値 i_{1P} が少なくてよいことになります．

しかし，むやみに大きなインダクタンスにすると，チョーク・コイルの大型化につながってしまい不経済です．一般的には直流出力電流 I_O に対して，**チョーク・コイルを流れる電流 Δi_L が，**

$$\Delta i_L \fallingdotseq 0.3\, I_O$$

くらいが**もっとも合理的**とされています．ですから，チョーク・コイルのインダクタンス値 L_1 は，

$$L_1=\frac{V_S-V_O}{0.3 \cdot I_O} \cdot t_{on}=\frac{V_O}{0.3 \cdot I_O} \cdot t_{off}$$

を目安として決定します．

なお，Δi_L は入力電圧 V_{IN} の変動によっても変化します．つまり，出力電圧 V_O を定電圧化するためには入力電圧の変動に対してスイッチングのデューティ・サイクルを制御します．例えば，出力トランスの2次端子電圧 V_S が上昇すれば t_{on} を狭く t_{off} を広くしますから，Δi_L が大きくなってしまいます．

したがって，このことも考慮して，最高入力電圧時でも必要なリプル電流 Δi_L となるようなチョーク・コイルのインダクタンスを決定しなければなりません．

● チョーク・コイル用とコアの選び方

さて，リプル電流から計算されたインダクタンスを得るためのコアの選定をしなければなりません．

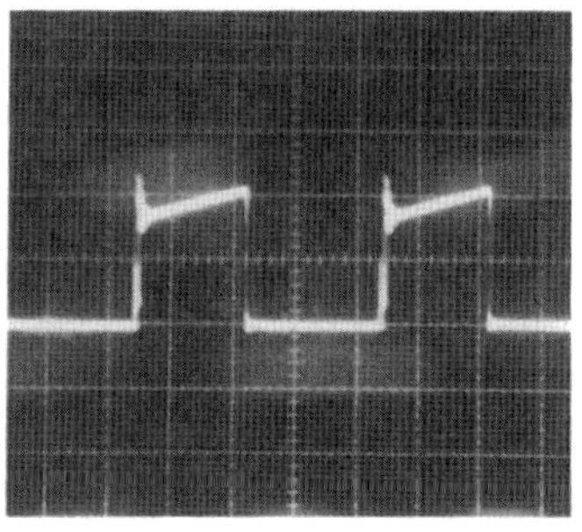

(a) 正常なコイルの時のコレクタ電流

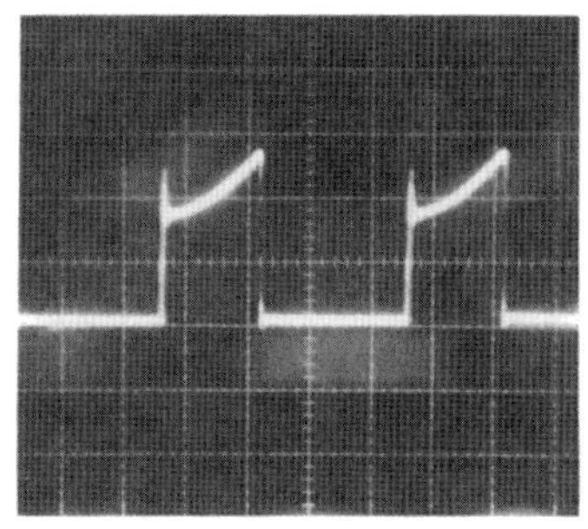

(b) 磁気飽和を起こした時のコレクタ電流

〈写真4-2〉チョーク・コイルが磁気飽和を起こすと
(1A/div, 5μs/div)

もちろん，出力トランス同様にいかなる条件下においても，コアが磁気飽和を起こさないようにしなければなりません．**写真4-2**は，正常なコアと磁気飽和を起こした時のコアで，スイッチング・トランジスタのコレクタ電流波形を比較したものです．明らかに，(b)のほうの電流値が大きくなっていることがわかります．

チョーク・コイル用のコアとしては，**コアの損失が少ないことから，一般にモリブデンを主成分としたダスト・コアや，EI型のフェライト・コア**が用いられます．

チョーク・コイルのインダクタンス値は，巻数1ターン当たりのインダクタンスを表す $Al\ Value$ に対して，巻数 N_L の2乗で決定され，

$$L=Al\ Value \cdot N_L^2$$

となります．

ところが，いずれのコアに対しても磁気飽和を起こさない最大値が定められており，これは，巻数 N_L と流れる電流 I_L との積で決まります．そして，これは一般に $A \cdot T$ 積として表し，アンペア・ターンとよんでいます．

図4-23は，EI型フェライト・コアの，挿入ギャップをパラメータとした時の最大 $A \cdot T$ 積と $Al\ Value$ の関係を示したものです．**ギャップが厚くなるほど，$A \cdot T$ 積が大きくとれますが，**その分 $Al\ Value$ が低下しますので，巻数 N_L を多くしなければなりません．

通常の場合では，チョーク・コイルの損失は，鉄損

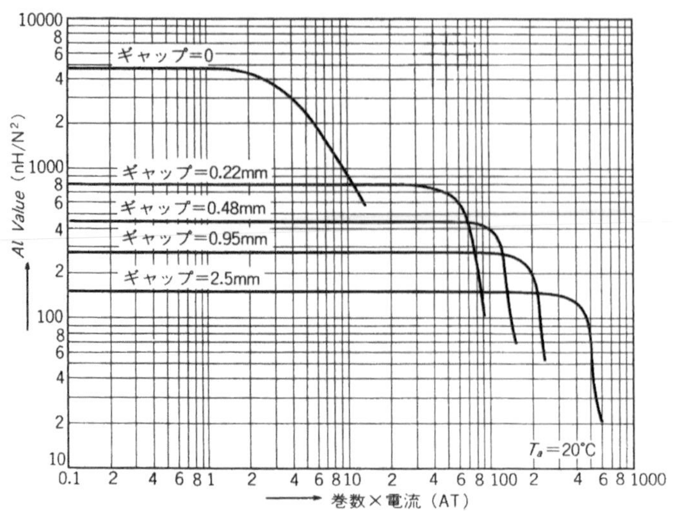

〈図4-23〉 コアのAT対Al Value(2500B材，東北金属工業(株))

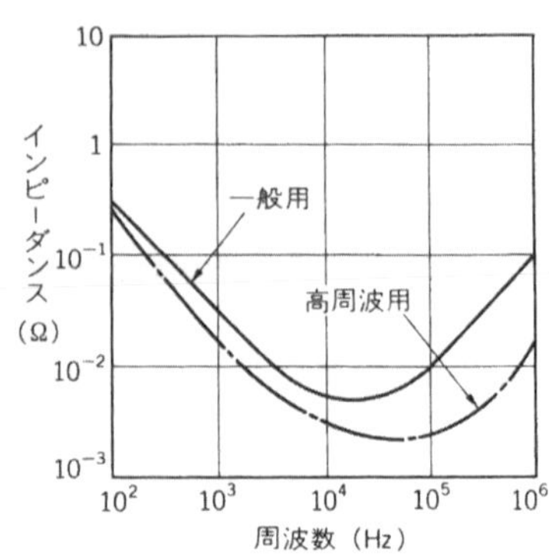

〈図4-24〉 電解コンデンサの一般品と高周波用のインピーダンス特性

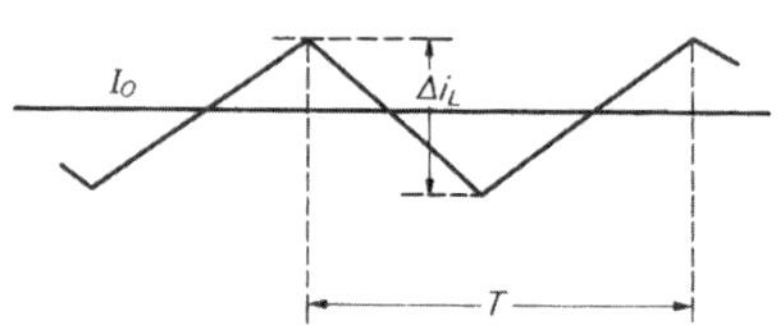

〈図4-25〉 コンデンサへのリプル電流波形

に比較して銅損のほうがずっと大きくなります．ですから，巻線数 N_L を大きくすればするほど損失が増加して温度上昇も大きくなります．そして，温度が高くなると，さらに磁気飽和を起こしやすくなるという傾向をもっています．したがって，このような場合には，より大きな型状のコアを用いるようにする必要があります．

● 平滑コンデンサの選び方

平滑コンデンサとしては，他のものと同じで電解コンデンサが用いられます．このコンデンサは等価内部抵抗の小さなものほど出力リプル電圧を小さくすることができます．一般用のコンデンサでは，インピーダンス値そのものも大きく，スイッチング周波数である数十kHz以上では，さらに大きなインピーダンスとなってしまいます．

そこで，一般的にいわれている**高周波用低インピーダンス品**を使用したほうがよい特性を得ることができます．**図4-24**に，同定格の電解コンデンサの2種類のインピーダンス特性を示しておきます．

また，コンデンサへ流れるリプル電流 i_r も計算しておかなければなりません．リプル電流は当然のことながら，実効値で規定されています．コンデンサへのリプル電流波形を**図4-25**のような三角波として近似すると，リプル電流 i_r は

$$i_r=\sqrt{\frac{1}{T}\int_0^T i_C{}^2 dt}=\frac{1}{\sqrt{3}}\cdot\Delta i_L$$

となります．

RCC方式に比較すると同じ出力電流に対しては，はるかに小さなリプル電流であることがわかります．

● 整流ダイオードの選定方法

フォワード・コンバータの2次整流回路では，その

〈図4-26〉 ダイオードの t_{rr} による短絡電流

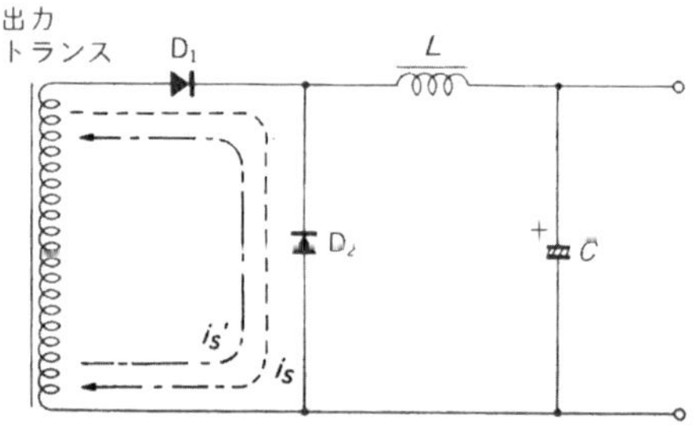

動作から**図4-26**においてD$_1$を整流ダイオード，**D$_2$をフライホイール・ダイオード**と呼んでいます．

いずれも，高速ダイオードを使用しなければなりません．今，**図4-26**のように，トランジスタ Tr$_1$ がONすると，**D$_2$の逆回復時間 t_{rr} の間だけ，D$_1$→D$_2$の経路で短絡電流 i_S が流れてしまいます．**逆に，Tr$_1$ がOFFした瞬間には，i_S' の短絡電流も流れてしまいます．

これらの電流は，発生雑音の大きな原因となりますし，損失の原因ともなってしまいます．例えば，ダイオード自身の損失のほかに，i_S に比例した電流は Tr$_1$ のコレクタ電流として流れます．すると，ターンオン時の Tr$_1$ の V_{CE} 波形を見てみると，**図4-27**に示すような電圧のひっかかりが発生します．

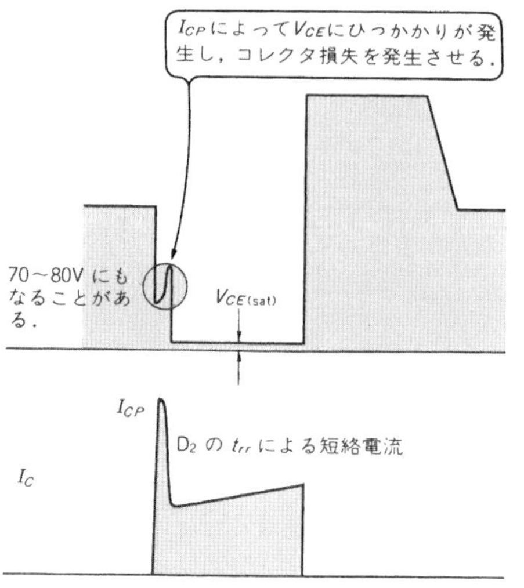

〈図4-27〉スイッチング・トランジスタのV_{CE}波形のひっかかり

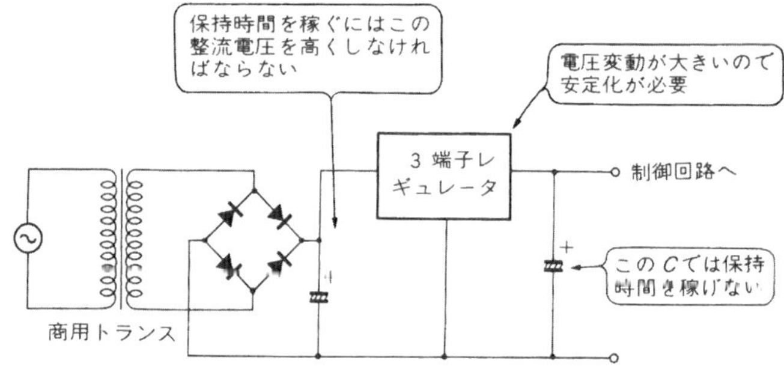

〈図4-28〉商用トランスによる補助電源

これは，大きな短絡電流 i_S によって Tr_1 がベース電流不足となり，$V_{CE(sat)}$ の領域を維持できなくなるために発生します．i_S は，トランスの2次端子電圧が高ければ高いほど大きくなり，時には V_{CE} のひっかかりの電圧が70～80Vにまで達することがあります．そして，この間にはトランジスタに大きなコレクタ電流が流れていますから，**t_{rr} がたとえ短くてもかなり大きな損失**となってしまいます．ですから，D_1，D_2 共に逆回復特性の優れたものを使用するようにします．

なお，ダイオードの損失の大半は，順電流と順電圧 V_F によって発生します．D_1，D_2 のそれぞれの損失 P_2 は，出力電流を I_O とすると，

$$P_{D1}=I_O\cdot V_{F1}\cdot\frac{t_{on}}{T}$$

$$P_{D2}=I_O\cdot V_{F2}\cdot\frac{t_{off}}{T}$$

と近似できます．

フォワード・コンバータにおいては，$t_{off}>t_{on}$ ですし，特に過電流保護動作状態では，**写真4-3** のように，

$$t_{off}\fallingdotseq T$$

となります．ですから，**フライホイール・ダイオード D_2 のほうが，常に損失が大きくなる**点に注意しておかなければなりません．

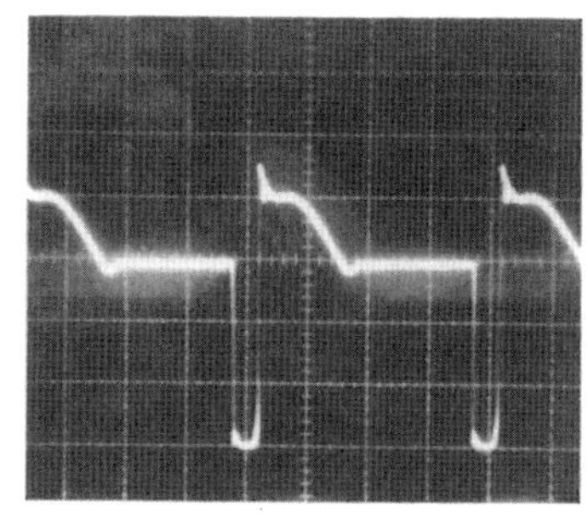

トランジスタのベース電流(0.5 A/div，5 μs/div)

〈写真4-3〉過電流保護動作時

補助電源回路の設計

フォワード・コンバータでは，スイッチング・トランジスタを安全に効率よく働かせるために，多くの機能をもりこんだ**制御回路(実際には専用IC)を必要**とします．そのため，スイッチング・レギュレータの**制御回路を動かすための電源回路**が必要で，これを一般には補助電源と呼んでいます．

● 小型シリーズ・レギュレータが簡単だが

もっとも簡単なのが，**図4-28** のように，小型の商用電源トランスを用いる方法です．ただし，整流しただけでは電源電圧 V_{CC} の変動が大きくなるため，簡単な定電圧回路を付加しなければなりません．

しかし，補助電源としてはスイッチング・トランジスタ Tr_1 のベース駆動電力も供給しなければならず，定電圧回路の損失が2～3Wにもなると，大型化してしまいます．したがって，この方法はあまり用いられていません．

● 簡易型RCC方式を使う

もっとも一般的に採用されているのが，**図4-29** のように，簡易型RCCレギュレータによる補助電源を用意する方法です．これは損失がかなり低減できますの

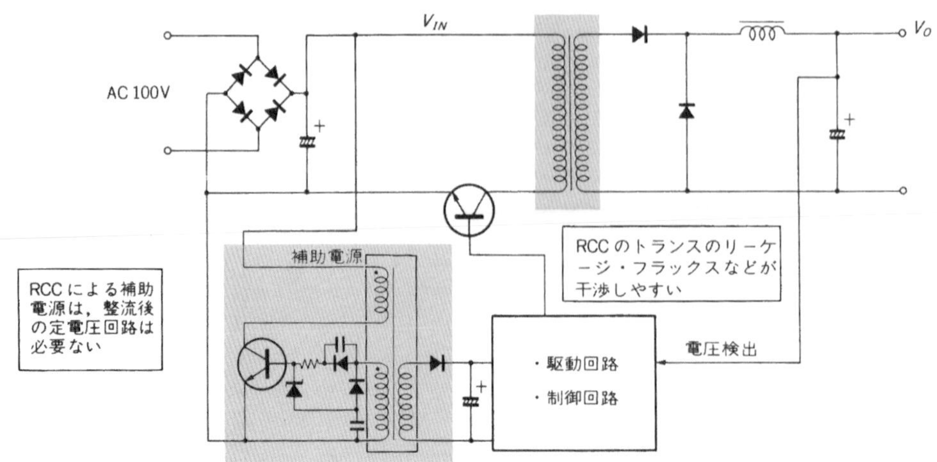

〈図4-29〉RCCによる補助電源

で，小型化が可能となります．

ただし，この方式の問題点は，RCC用トランスから**発生するリーケージ・フラックスが，フォワード・コンバータの制御回路へ干渉**することです．

この制御回路は小さな信号レベルを高い利得で増幅していますから，RCC回路のノイズ成分が誘導されると，相互干渉というハンチングに似た症状を起こすことがあります．その結果，出力にランダムな周期での大きなリプル電圧を発生させてしまいます．

ですから，この方式ではRCC用トランスと制御回路とを近接させないなどの，**部品配置上の配慮**が必要となります．

● 自分の出力トランスに補助電源巻線を用意する

図4-30の回路構成は，プライマリ・コントロール方式と呼ばれているものです．制御回路やスイッチング・トランジスタの駆動回路を1次回路側に配置し，定電圧制御用の誤差増幅器だけを2次回路側に置きます．**定電圧のための制御信号は，フォト・カプラによって伝達しています．**

しかし，この方式には一つの注意が必要です．というのは，メインのスイッチング回路が動作しないと補助電源が作れないわけですから，スイッチング回路を働かす前に**補助電源への補助**が必要です．これが**起動回路**と呼ばれるものです．

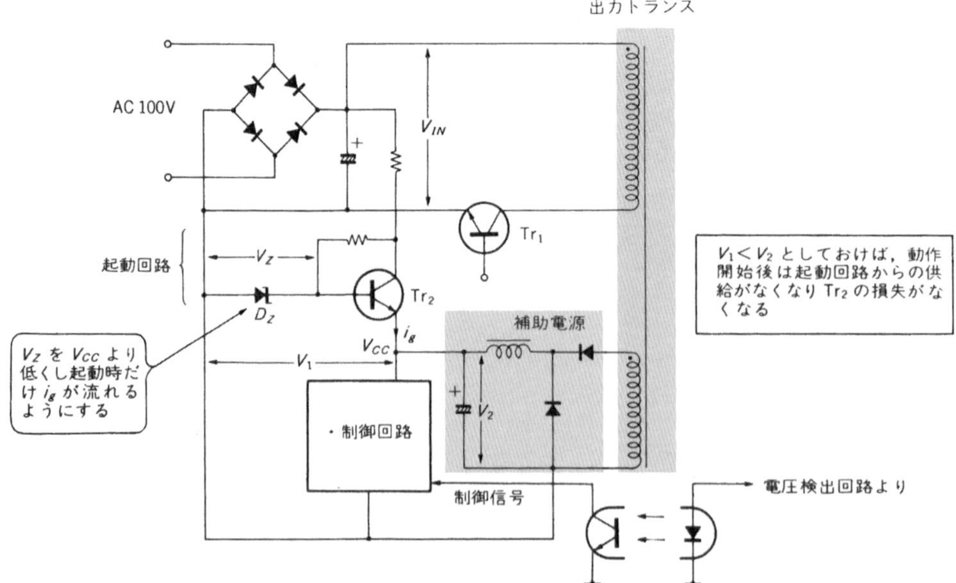

〈図4-30〉出力トランス利用のプライマリ・コントロール方式の制御電源

〈図4-31〉 コンデンサによる起動回路

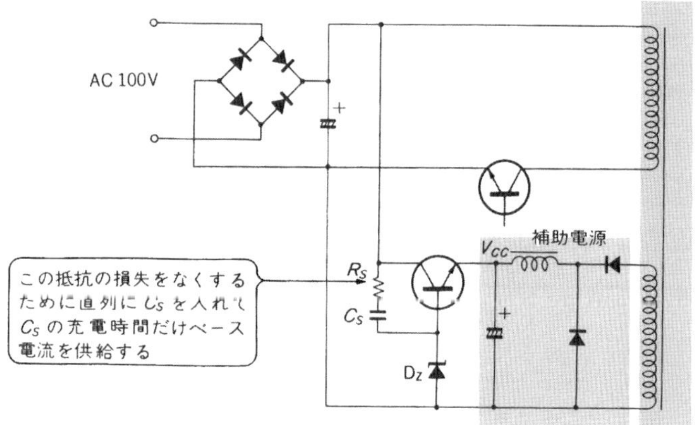

入力電源 V_{IN} が加わると，まず簡易型シリーズ・レギュレータで15V前後に電圧を降下させて制御回路を動作させます．その後は，出力トランスの補助巻線に発生した電圧を制御回路用電源として用います．

この時，起動回路用の電圧 V_1 と，補助巻線からの電圧 V_2 とを，

$$V_1=V_Z-V_{BE}<V_2=\frac{N_B}{N_P}\cdot V_{IN}\cdot\frac{t_{on}}{t_{on}+t_{off}}$$

となるようにしておけば，常時は起動回路の損失を軽減することができます．ただし，ツェナ・ダイオード D_Z への電流は常に無効電流として流れていますので，**図4-31**のように，コンデンサ結合による電流供給を用いる方法も考えられています．

つまり，起動用コンデンサ C_S の充電完了するまでの間だけ，ツェナ・ダイオード D_Z へのバイアス電流を供給しようとするものです．ただし，この方法では短いインターバルで入力電源をON/OFFした時に，C_S が充放電を完全に繰り返してくれないと起動できなくなることがありますので注意しなければなりません．

〈表4-1〉[8] TL494の電気的特性

項目	記号	TL494C		単位
		min	max	
電源電圧	V_{CC}	7	40	V
誤差増幅器入力電圧	V_I	−0.3	$V_{CC}-2$	V
出力電圧	V_{CER}		40	V
出力電流（1回路当たり）	I_C		200	mA
誤差増幅器シンク電流	I_{OAMP}		0.3	mA
タイミング容量範囲	C_T	0.47	10,000	nF
タイミング抵抗範囲	R_T	1.8	500	kΩ
発振器周波数	f_{OSC}	1	330	kHz
動作温度範囲	T_{ope}	−20	85	℃
基準電圧	V_{REF}	4.75	5.25	V

TL494による制御回路の設計

● 制御用IC TL494

フォワード・コンバータ方式における定電圧制御は，はじめにも述べたようにPWM制御がよく利用され，

〈図4-32〉 TL494の等価回路

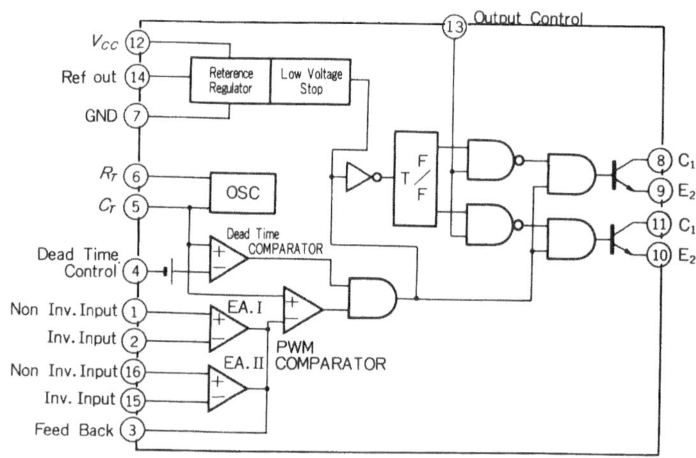

〈写真4-4〉 TL494 の外観

〈図4-33〉 起動時のトランジスタのコレクタ電流

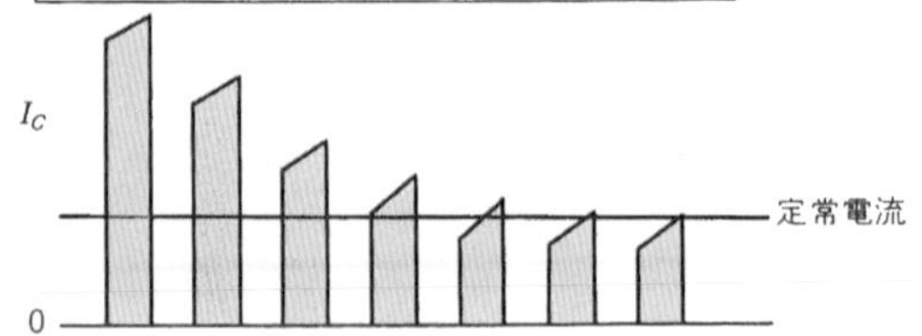

〈図4-34〉 出力電圧のオーバシュート

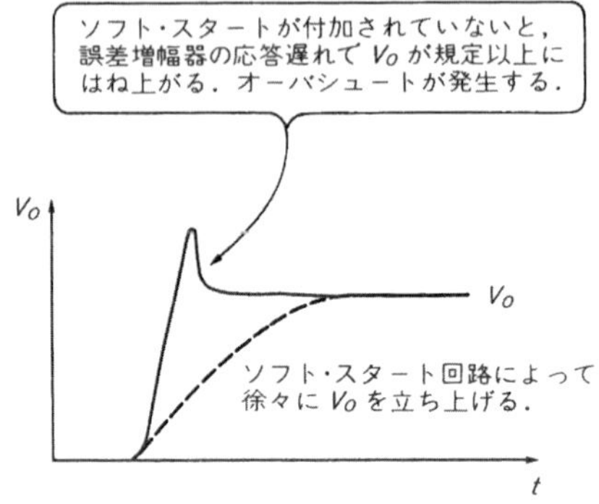

それには専用の IC を使うのが一般的です．

そこで，ここでは市販の PWM 制御用 IC のうち，もっともオーソドックスなコントロール IC である TI 社の TL494 を使用することを前提にして，各種制御回路の設計法を述べることにします．

図4-32 が TL494 の構成，**表4-1** が電気的特性，**写真4-4** が外観です．

この IC には，PWM 制御を行う部分だけでなく，フォワード・コンバータの制御に必要な機能が一つのチップ内にほとんど収められています．

● ソフト・スタート回路の必要性

フォワード・コンバータ方式においては，入力電源投入時に出力電圧を徐々に立ち上げるソフト・スタート回路と呼ぶものを付加する必要があります．

というのは，電源は起動状態では出力電圧が 0 V ですから，ソフト・スタート回路がなければスイッチング・トランジスタの制御信号は最大 ON 幅で動作を開始します．しかも，出力側の平滑用コンデンサの端子電圧も 0 V ですから，大きな充電電流が流れてしまいます．その結果，**図4-33** に示すように，スイッチング・トランジスタのコレクタ電流がオーバし，破損してしまうことがあります．

さらに，このソフト・スタートがないと出力電圧特性としても**図4-34** のように，起動時に規定電圧よりも一瞬はね上がってしまう，オーバシュートが発生してしまいます．

そこで，動作開始の時点では制御信号の ON 時間が狭いところから，ゆっくりと広がっていく動作としておかなければなりません．このために**図4-35** のように，コントロール IC 内部の PWM コンパレータの直流制御信号を，コンデンサの充電時間に合わせてゆっくりと変化させます．こうすると発振器からの三角波のスライス・レベルが徐々に変化しますから，ソフト・スタート動作とさせることができます．

● デッド・タイム・コントロールのしくみ

フォワード・コンバータにおいては，最大のデューティ・サイクル D_{max} を，トランスのリセットの関係か

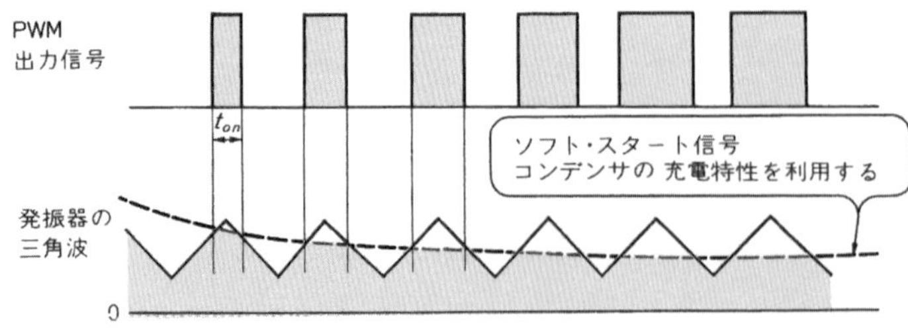

〈図4-35〉 ソフト・スタート回路の動作

ら $D_{\max}=0.5$ に抑えるということを説明しましたが，PWM コンパレータの構成によっては，デューティ・サイクルが $D=1$ まで広がってしまうことがあります．

そこで，PWM 制御の最大 ON 時間を外部で設定するための，デッド・タイム・コントロール機能が必要となります．

ここで使用する TL494 では 4 番ピンがデッド・タイム・アジャスト端子です．IC 内部の発振器の三角波は，0.2 V～1.3 V の間の波形ですが，4 番ピンの電圧に対して三角波電圧の高い期間が制御信号の t_{on} となりますので，この電圧の設定によって PWM 出力の最大 ON 時間を決めることができます．

● 過電流保護の考え方

電源では誤まって出力を短絡した時などのために，過電流保護機能を付加しなければなりません．過電流保護は，定格出力電流の 120 ％くらいの点で動作させるのが一般的です．

過電流保護動作は，結果的に出力電流をある値以上に流さないようにしますが，実際には出力電圧を低下させる動作なのです．つまり，**図4-36** のように，負荷抵抗 R_L に対して短絡電流 I_{SC} で，

$$V_O=I_{SC}\cdot R_L$$

となるように出力電圧を減少させれば，短絡電流 I_{SC} を制限することができます．

ですから，PWM 制御回路では過電流検出時にトランジスタの ON 時間を狭くしてやれば，出力電圧が低下して過電流保護をすることができます．

〈図4-36〉過電流保護回路の動作

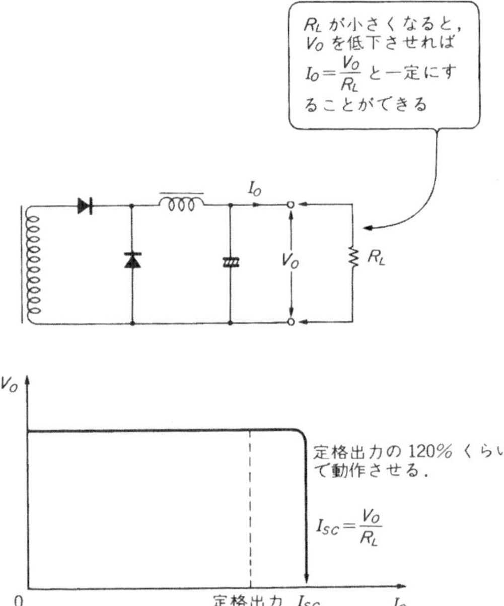

● 抵抗による過電流検出の方法

もっとも一般的な過電流の検出方法は，直流出力の(－)側ラインに低抵抗 R_{SC} を挿入する方法です．これは**図4-37** のように，平滑コンデンサの前に抵抗をおけば，起動時などにコンデンサへ流れる突入電流も検出し，これも保護することができます．

そこで TL494 を使った回路では，**図4-38** のように，過電流検出の負の電圧と正の基準電圧とを 15 番ピンに加えます．そして，差動入力のもう一方の 16 番ピンは，グラウンドに接続します．

負荷電流が増加すると検出抵抗 R_{SC} の電圧降下が大きくなり，15 番ピンの電圧が 0 V になります．すると，誤差増幅器の出力が"H"レベルとなり，PWM 出力の ON 時間を狭くして出力電圧を低下させ，定電流動作となって過電流の保護をします．

写真4-3 に実際の過電流保護動作時のトランジスタの V_{CE} 波形を示します．

● カレント・トランスによる過電流検出

過電流検出のもう一つの方法は，**図4-39** のように，1 次側でトランジスタのコレクタ電流を検出する方法

〈図4-37〉出力トランスの 2 次側での電流検出

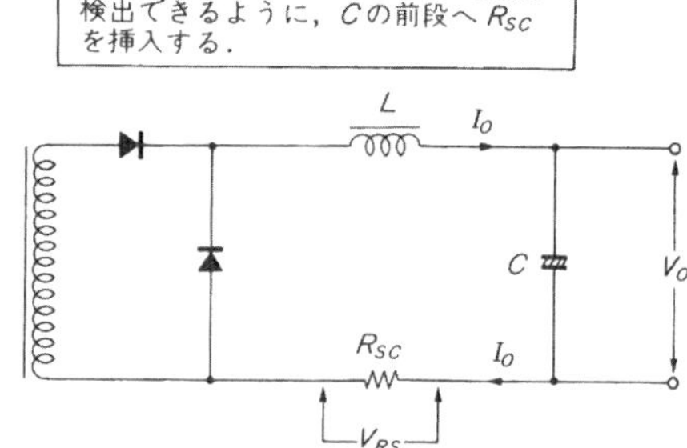

〈図4-38〉TL494 による過電流保護

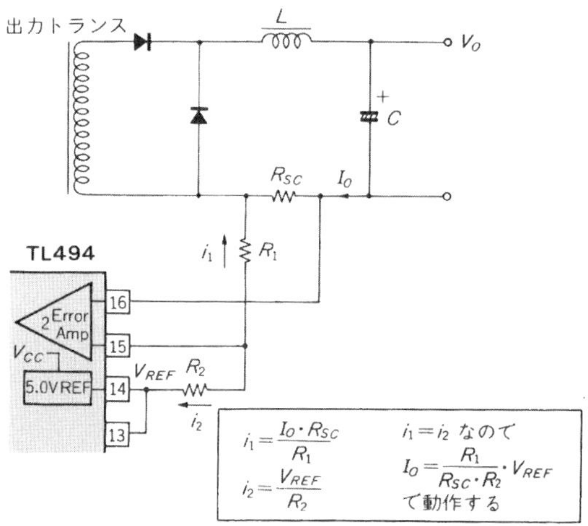

〈図4-39〉出力トランス１次側での電流検出

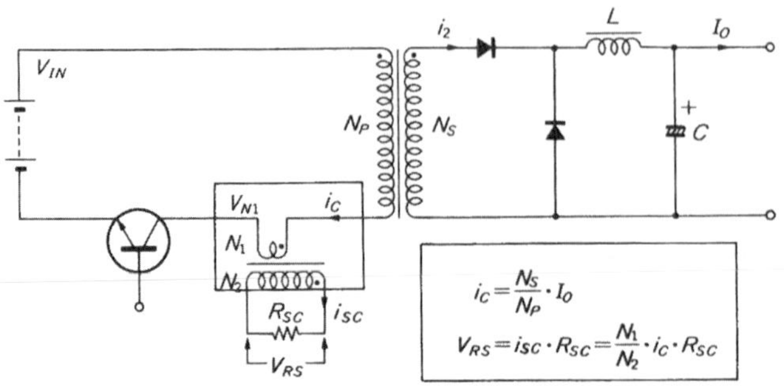

です．これには１次，２次間の絶縁のためにカレント・トランス CT を用いています．

カレント・トランスとは，１次巻線に流れた電流 i_C に比例して，２次巻線に電流 i_S を得られるようにしたものです．つまり２次電流 i_S は，

$$i_S=\frac{N_1}{N_2}\cdot i_C$$

となります．したがって，**２次巻線の巻数 N_2 を大きくすれば i_S が小さくでき，電力損失を小さくすることができます．**

この時，検出電流を電圧に変換するために，N_2 巻線に抵抗を接続しますが，抵抗の両端には，

$$V_{RS}=i_{SC}\cdot R_{SC}=\frac{N_1}{N_2}\cdot i_C\cdot R_{SC}$$

という i_C に比例した電圧を得ることができます．これで，過電流検出を行わせればよいわけです．

この時，CT の１次巻線側には，

$$V_{N1}=\frac{N_1}{N_2}\cdot V_{RS}=\left(\frac{N_1}{N_2}\right)^2\cdot i_C\cdot R_{SC}$$

と，巻数比の２乗に比例した電圧降下が発生します．ですからこの電圧によって，

〈図4-41〉入力電圧低下に対するヒステリシス特性

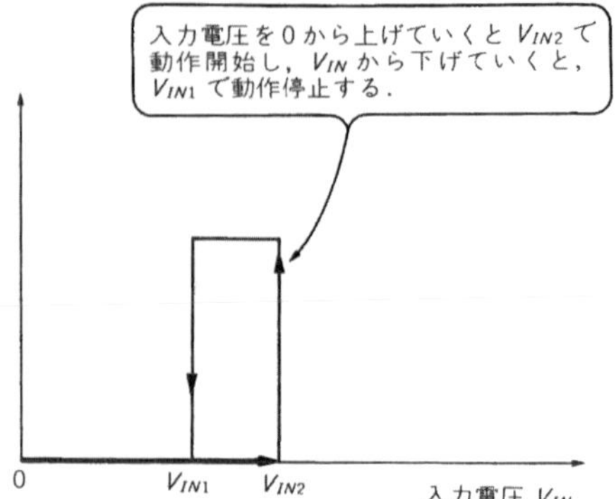

$$\varDelta B=\frac{V_{N1}\cdot t_{on}}{N_1\cdot A_e}\times 10^8$$

と磁束密度が増加します．したがって，**巻数比を小さくしてあまり高い検出電圧 V_{RS} を得ようとすると，コアが磁気飽和**する可能性がありますので，注意しなければなりません．

一般的には N_1 は１ターンとして，巻数比を 200 以上とします．

● **低入力電圧時の保護**

AC 入力電圧が低下して，補助電源電圧 V_{CC} の電圧が低下してしまうと，スイッチング・トランジスタへの駆動電流が減少してしまいます．そのため，スイッチング・トランジスタのベース**電流が不足して十分な**飽和電圧 $V_{CE(sat)}$ となれずに，**トランジスタの損失が増大**してしまうことがあります．

そこで，入力電圧がある値以下になると，**スイッチング動作を停止させる**ための低入力時保護機構を付加しなければなりません．

図4-40 がそのための回路です．まず補助電源トランスの２次側で，入力電圧に比例した負の電圧 V_E を作

〈図4-40〉低入力電圧時の保護回路

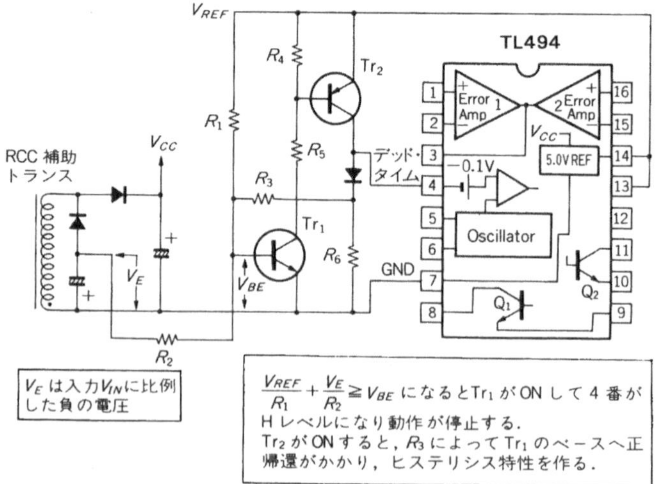

ります．これと，正の基準電圧 V_{REF} とを合成してトランジスタ Tr_1 のベースに印加します．

入力電圧が低下すると V_E も減少して，Tr_1 のベースが"H"レベルとなりONします．すると Tr_2 もONしてICの4番ピンが"H"レベルとなり，9，10番ピンの出力を停止します．

この時，**入力電圧 V_{IN} が Tr_1 のベース電圧のスレッショルド電圧付近で停止していると，1次整流リプルでON/OFFを繰り返すポンピング**と呼ぶ症状を起こしてしまいます．

そこで，実際には抵抗 R_3 を接続して**図4-41**のように，低入力保護動作にヒステリシス特性をもたせます．つまり，入力電圧が上昇していく時よりも，低下していく時のスレッショルド電圧を低くし，ポンピングを起こさないようにしてあります．

● TL494を使うときの注意事項

TL494の発振周波数は，5番ピンの C_T と6番ピンの R_T によって設定します．このICは**最大300 kHz**まで動作可能です．また出力は，Qと$\overline{Q}$の180°位相のずれた二つになっています．

フォワード・コンバータの場合は，Qか$\overline{Q}$のどちらか一方の出力を用いるか，二つをワイヤードORにして使用することもできます．このICは**元々内部で5%のデッド・タイム**がつけられていますので，片方の出力を用いる時には最大デューティ・サイクルが $D_{max}=0.45$ となってしまいます．なお，ワイヤードOR接続した場合には，スイッチング周波数は発振周波数の2倍となることに注意してください．

TL494には誤差増幅器が2個内蔵されており，そのうち1個は定電圧制御用，ほかの1個は過電流保護用に使用します．同相入力電圧は，−0.3 Vから使用可能ですから，低い検出電圧で動作させることができます．

スイッチング・トランジスタの駆動回路設計

フォワード・コンバータにおいては，スイッチング・トランジスタの駆動回路が極めて重要な部分です．というのは，この設計によって，スイッチング・トランジスタの損失が決定されてしまうからです．特に**100 kHz以上の高速スイッチングをねらうレギュレータ**では，トランジスタのスイッチング損失を低減するために，**ターンオフ時の逆バイアス**をうまくかけてやらなければなりません．

● MOS FETドライブの考え方

MOS FETは，バイポーラ・トランジスタに比較して，一般に高速のスイッチング動作を容易に実現できます．そのうえ，MOS FETは電圧制御素子ですから，ゲートへの駆動電流がほとんど必要なく，低電力でスイッチングを行わせることができます．

〈図4-42〉MOS FETのゲート回路

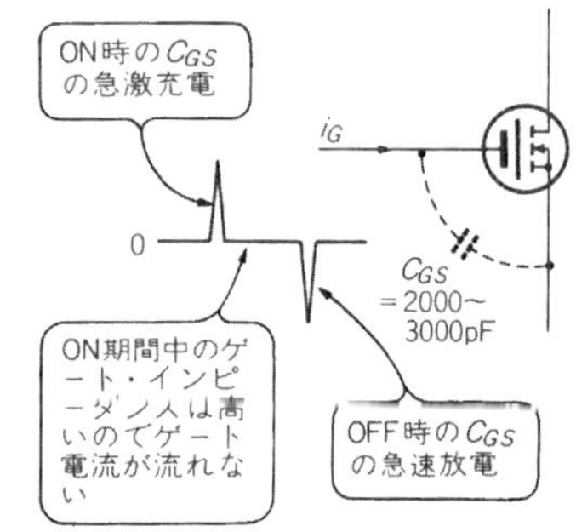

〈図4-43〉

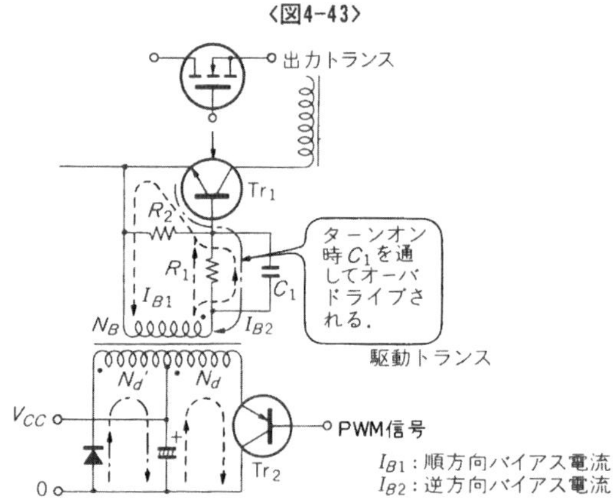

しかし，**MOS FETのゲート-ソース間**には，**図4-42**に示すように**等価的に2000～3000 pFの静電容量**がありますので，ON/OFFの過渡状態では，この容量を急激に充放電してやらないと，思ったほどスイッチング速度が上がりません．

しかも，MOS FETがON状態へいたるゲート-ソース間の電圧 V_{TH}（しきい値＝スレッショルド電圧）は3 V以上ありますから，スイッチング駆動回路はこれも考慮して設計しなくてはなりません．

● トランス駆動によるONドライブ方式

図4-43は，MOS FETを駆動する場合の最も一般的なトランスによる駆動回路です．まず駆動トランジスタ Tr_2 がONすると，**MOS FETのゲートを正にバイアスしてON**させます．したがって，このような動作なので，ONドライブ方式とも呼ばれています．

さて，この回路で C_1 は，Tr_1 のゲート容量を急激に充電するための**スピード・アップ・コンデンサ**です．あるON時間 t_{on} だけ Tr_2 が導通している間に，N_d 巻線に励磁電流が流れて駆動トランス内に励磁エネルギが蓄えられます．

次に，Tr_2 がOFFすると駆動トランスの励磁エネルギによって逆起電力が発生し，駆動トランスの各巻線の電圧は反転します．すると，MOS FETのゲート-ソース間にも負の逆バイアスが印加されます．そし

〈図4-44〉 キャッチ・ダイオードによるバイポーラ・トランジスタの非飽和駆動

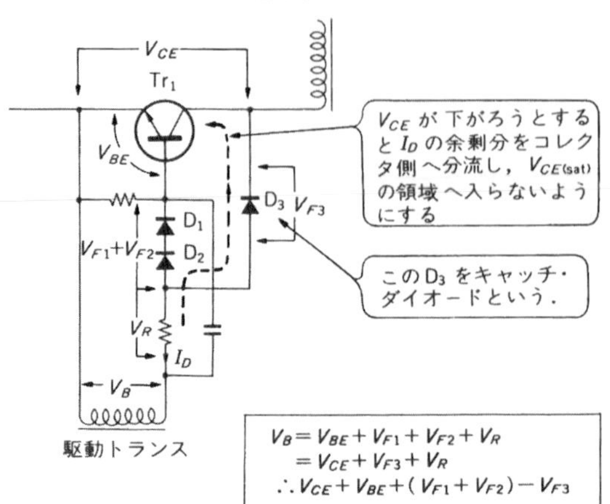

て，この逆バイアスで，ゲート容量に蓄えられていた電荷が急激に放電し，Tr_1 は高速で OFF 状態に移行します．

こうした動作によって，MOS FET のスイッチング速度は $t_r = t_f = 30$ ns 程度の高速化が可能で，損失の発生が少なくなりますので，高周波動作が実現できるわけです．

● バイポーラ・トランジスタを駆動するとき

ON ドライブ方式は，バイポーラ・トランジスタの駆動にもよく用いられています．トランジスタのターンオフ時の逆バイアス電流 I_{B2} は，駆動トランスの励磁電流によって決まります．

つまり，N_d 巻線の励磁インダクタンスを L_{N1} とすると，t_{on} 期間に励磁電流の最大値 i_{eP} は，

$$i_{eP} = \frac{V_{CC}}{L_{N1}} \cdot t_{on}$$

となります．ですから，駆動トランジスタ Tr_2 が OFF すると，スイッチング・トランジスタ Tr_1 のベースの逆バイアス電流 I_{B2} は，

$$I_{B2} = \frac{N_d}{N_B} \cdot i_{eP} = \frac{N_d}{N_B} \cdot \frac{V_{CC}}{L_1} \cdot t_{on}$$

と流れ出します．

これは，スイッチング・トランジスタ Tr_1 の蓄積時間 t_{stg} の期間中は流れますが，それ以後は流れません．すると各巻線の逆起電圧が上昇してしまいます．そこで，N_d' 巻線とダイオードを用いて，N_d 巻線の電圧を V_{CC} にクランプします．同時に，余分な駆動トランスの蓄積エネルギを V_{CC} に回生させています．この動作は，主回路のトランスのリセットとまったく同様となります(**写真4-5**)．

● キャッチ・ダイオードによる非飽和駆動

MOS FET ではなくバイポーラ・トランジスタの場合は，トランジスタの飽和領域の $V_{CE(sat)}$ で動作させるよりも，V_{CE} を何 V か印加させた非飽和動作のほうが，スイッチング速度が速くなります．

そこで，**図4-44** のようにベースに直列ダイオード D_1，D_2 を接続し，もう 1 本の D_3 はコレクタへ接続します．そして，このときのトランジスタのエミッタを基準にして各電圧を考えてみます．駆動トランスは，前の ON ドライブ方式のものと同じものです．

まず駆動トランスの巻線の端子電圧 V_B は，

$$V_B = V_{BE} + (V_{F1} + V_{F2}) + V_R$$
$$= V_{CE} + V_{F3} + V_R$$

となります．したがって，このときのトランジスタ Tr_1 の V_{CE} は，

$$V_{CE} = V_{BE} + (V_{F1} + V_{F2}) - V_{F3}$$

と求まります．そして，各ダイオードの順方向電圧 V_F がすべて等しいとすれば，

$$V_{CE} = V_{BE} + V_F$$

となります．これは，トランジスタ Tr_1 が非飽和状態にあることを示しています．

また，**図4-45** のように駆動トランスを工夫して，非飽和駆動とすることもできます．先ほどと同じようにこの時のトランジスタの V_{CE} を求めると，

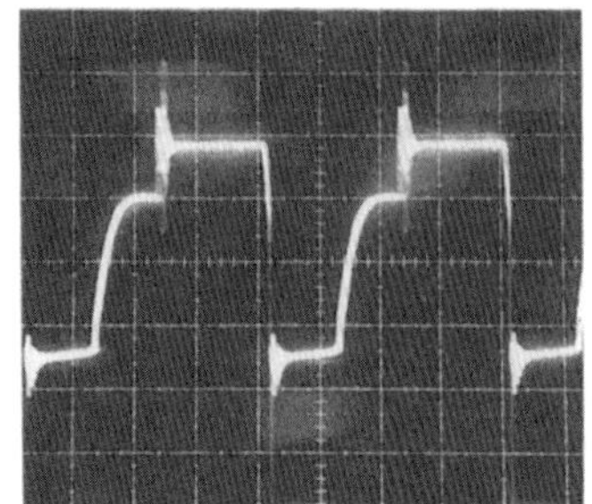

(a) トランジスタのベース電圧
(1V/div, 5μs/div)

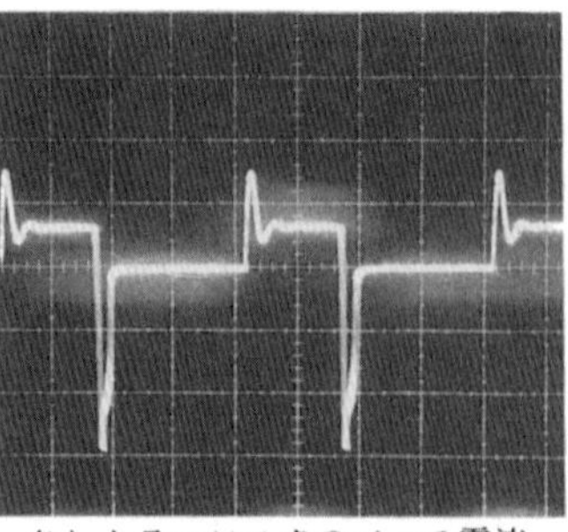

(b) トランジスタのベース電流
(0.5A/div, 5μs/div)

〈写真4-5〉 ON ドライブ方式での駆動波形

〈図4-45〉 駆動トランスを大きくして非飽和駆動にする

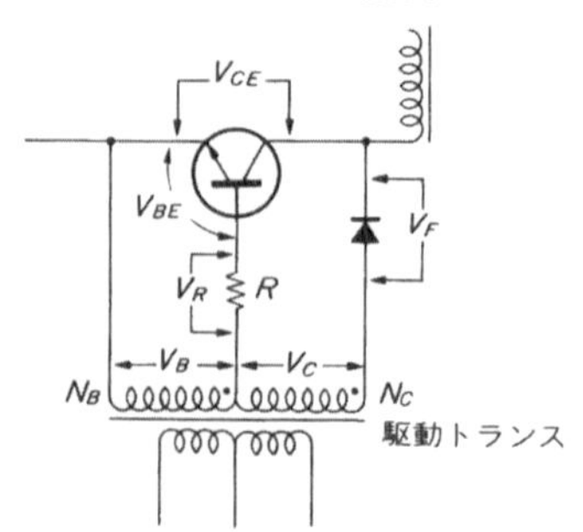

〈図4-46〉励磁電流と逆バイアス電流

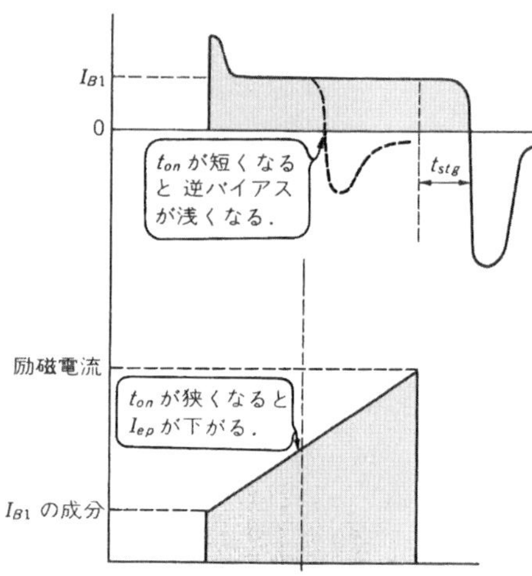

$$V_{CE}=V_B+V_C-V_F=V_B\left(1+\frac{N_C}{N_B}\right)-V_F$$

となります．つまり，N_BとN_Cの巻数比によって，任意にトランジスタのV_{CE}を設定することができます．

● トランス駆動によるOFFドライブ方式

ONドライブ方式は，簡単な回路で良好な駆動波形を作ることができます．しかし，図4-46のように，入力電圧V_{IN}が上昇してトランジスタのON時間t_{on}が短くなると，駆動トランスへの励磁電流が減少して逆バイアス電流I_{B2}も減少するという欠点をもっています．

これを改善したのがOFFドライブ方式です．図4-47の回路で，PWM制御の信号がTr_2のベースに印加されるとTr_2がONし，駆動トランスのN_d巻線に電流I_dが流れます．同時にN_B巻線に逆バイアス電流I_{B2}が流れます．このときN_B巻線側にはこの電流を制限するものがありませんが，N_d巻線は抵抗Rを通して

〈図4-47〉トランス駆動によるOFFドライブ

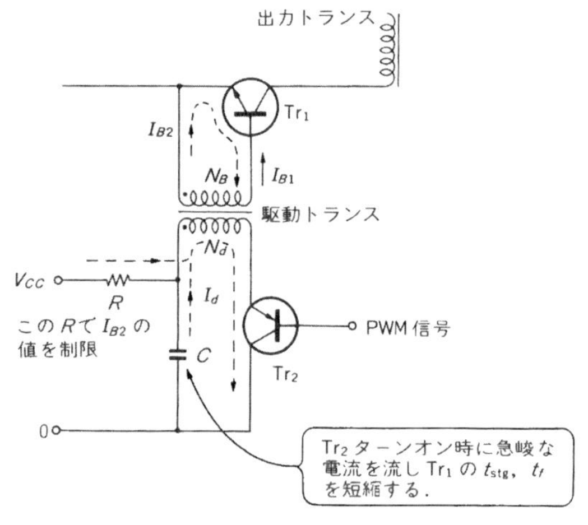

〈図4-48〉OFFドライブの波形

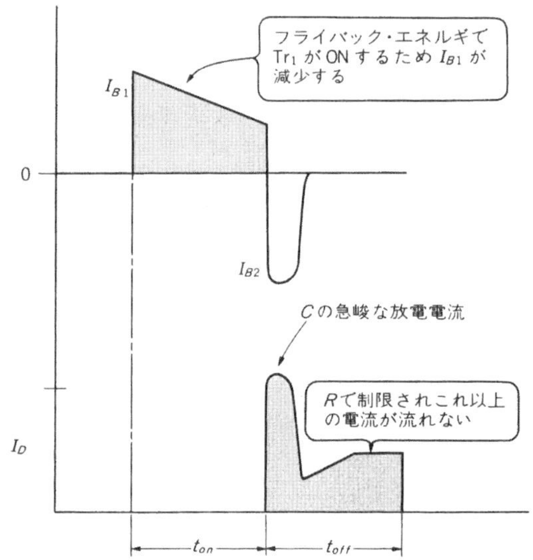

V_{CC}に接続されていますので，こちらで電流制限されることになります．

また，Tr_2がONした瞬間にN_d側のインピーダンスが高く，Tr_1への大きなI_{B2}が流せないと困りますから，コンデンサCを挿入してあります．

このCの容量は，Tr_1の蓄積時間t_{stg}間だけ大きなI_{B2}が流せればよく，小さなものでよいことになります．ですから，$C\cdot R$の時定数も短く，Tr_1のON期間中に必ず充電を完了させます．こうして，ON時間t_{on}に無関係に安定な逆バイアス電流を流し，トランジスタのt_{stg}，t_fを共に短縮することができます．

Tr_1のt_{stg}が過ぎると，N_B巻線側には電流が流れず，N_d巻線には励磁電流だけが流れ続けます．しかし，これも抵抗Rによって制限されて，t_{off}期間がどんなに長引いても，ある値以上の励磁電流となることはありません．

次に，Tr_2が反転してOFFすると，駆動トランスには逆起電力が発生し，Tr_1のベースを正方向にバイアスしてONさせます．この時，等アンペア・ターンの法則による，I_dに比例したベース電流I_{B1}が流れます．

この電流は，Tr_1のターンオン時に大きな値で流れ出し，オーバドライブしますから，Tr_1の上昇時間t_rを速めることができます．その後，電流I_dは徐々に減少していくために，むやみにt_{stg}やt_fを長引かせずにすみます．各部の電流波形を図4-48に示します．

OFFドライブ方式は，トランジスタのt_{on}が短いほど補助電源の消費電力が増加します．しかし，I_{B1}の流れている期間のN_B巻線の電圧V_2は，Tr_2のV_{BE}だけですから，消費電力を軽減できるという大きな特長を兼ね備えています．

〈図4-49〉CTドライブ方式の構成

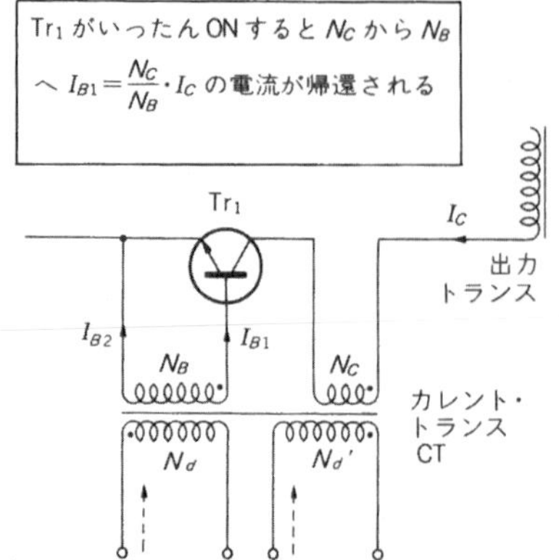

〈写真4-6〉CTドライブの各部波形

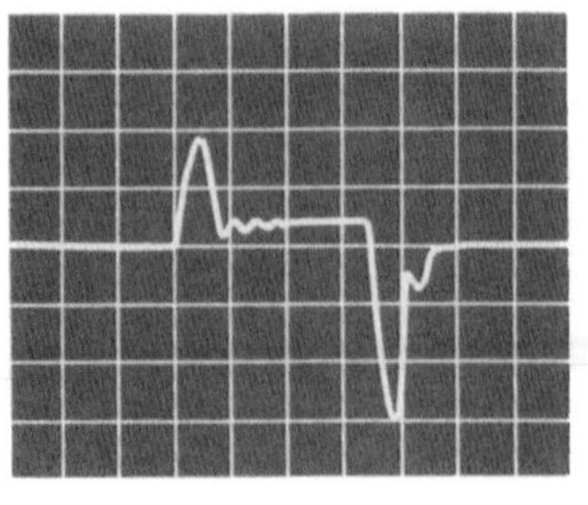

(a) I_B波形(1A/div, 0.5μs/div)

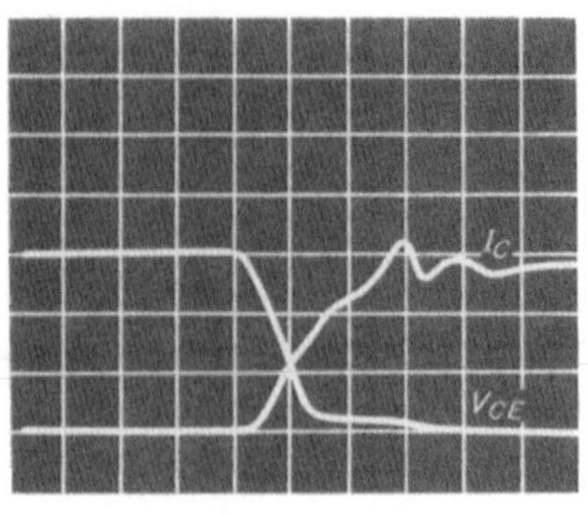

(b) 本回路方式のV_{CE}, I_B波形
(100V/div, 2A/div, 100ns/div)

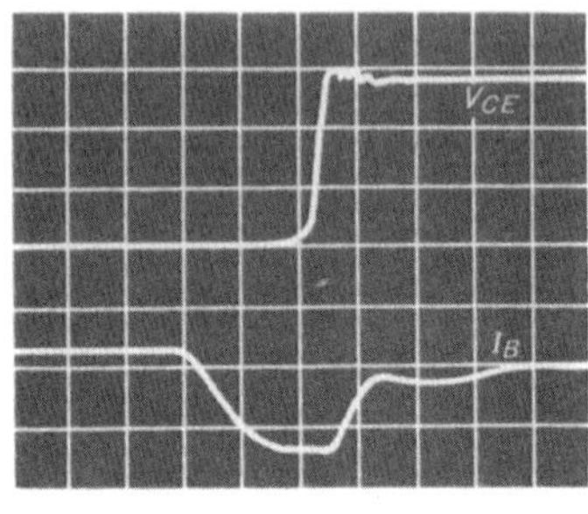

(c) ターンオン・トランジェント
(1A/div, 50V/div, 50ns/div)

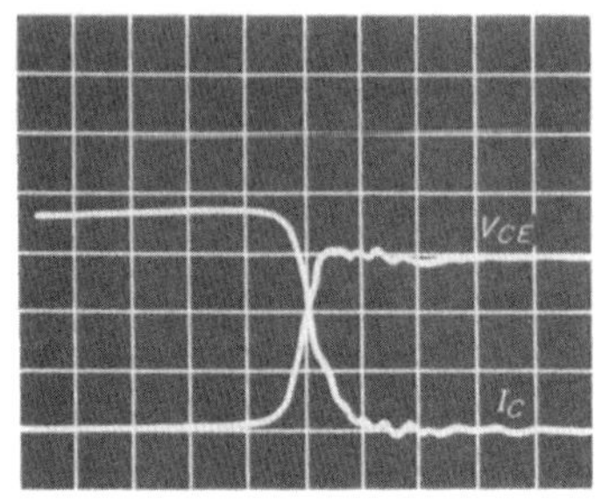

(b) ターンオフ・トランジェント
(1A/div, 100V/div, 50ns/div)

● もっとも理想的なCTドライブ方式

バイポーラ・トランジスタの駆動方法として極めつけといえるのが図4-49のCTドライブ方式です．CTとはカレント・トランスのことです．

トランジスタTr_1のベース電流は，コレクタ電流I_CからCTを通して帰還させるため，かなり高効率な動作をさせることができます．

今，N_d巻線に矢印の向きでONパルスが加えられると，N_B巻線に電圧が発生してトランジスタがONします．するとコレクタ電流I_CがN_C巻線を通って流れ出します．これによって，N_B巻線にはトランジスタをさらにONさせる方向の電流I_{B1}が，

$$I_{B1}=\frac{N_C}{N_B}\cdot I_C$$

と流れます．

その後，t_{on}が経過するとN_d'巻線には先ほどとは逆方向の電流を流します．すると，トランジスタのベースは逆バイアスされてOFFします．

ONパルスもOFFパルスも短いパルス幅であればよく，**t_{on}やt_{off}期間中の駆動電流を流す必要がなく，これはたんなるトリガ・パルスということがいえます．**

つまりトランジスタへのONパルスは，図4-50のように，トランジスタのターンオン時間t_r以上の幅であればよく，OFFパルスは$t_{stg}+t_r$以上の幅であればよいわけです．

それぞれのパルス電流のピーク値を大きくし，立ち上がりのdi/dtを大きくしておけば，スイッチング速度を速めることができます．また，N_C巻線からN_B巻線へ帰還される電流I_{B1}は，コレクタ電流に比例して変化します．そこで，トランジスタの最適なh_{FE}をβ

〈図4-50〉CTドライブの波形

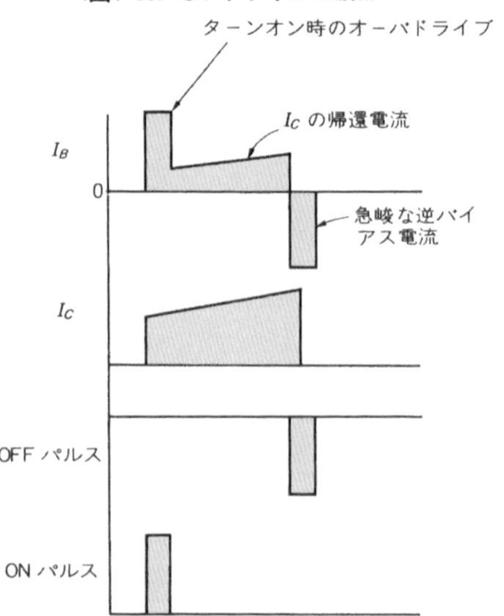

〈図4-51〉CTドライブのトリガ・パルス作成回路

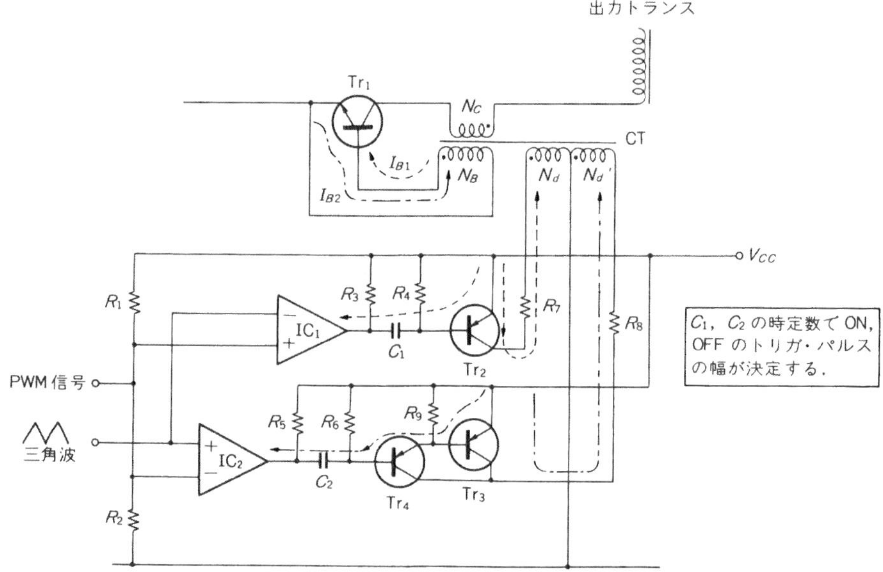

とすると,

$$\frac{N_C}{N_B}=\frac{I_C}{\beta}$$

となるように, CTの巻数比を決めておけば, 常に過不足なくベース電流を供給することができます.

● CTドライブ回路の詳細設計

それでは, **図4-51**でドライブ・パルス作成回路について説明します. **IC_1とIC_2は汎用のコンパレータ**を使用しますが, トリガ・パルスを大きなdi/dtで作りたいことと, 高周波電源に適用したいため, 極力周波数特性のよいものを使用します.

発振器から三角波が加えられ, このレベルがほかの差動入力の直流電圧のスレッショルド・レベルを越えるとIC_1の出力は反転し, Tr_2のエミッタ→Tr_2のベース→C_1の経路で電流が流れてTr_2がONします.

この**Tr_2がONしている期間は, C_1の充電時定数**で定まり, この間N_d巻線へ電流が流れてスイッチング・トランジスタのONトリガ・パルスとなります.

次にt_{on}後, 三角波がスレッショルド・レベル以下になると, 今度はIC_2の出力が反転してTr_3がONします. そしてN_d'巻線を励磁し, 先ほどとは逆にTr_1を逆バイアスする**OFFのトリガ・パルス**を発生します. もちろん, この時のパルス幅は**C_2の充電時定数**で決まります.

ONパルスに対して OFFパルスの電流値を大きくしt_fを速くしたいため, 電流制限用の抵抗R_8はR_7より小さな値に選びます.

IC_1またはIC_2の出力が"H"になっている期間に, R_3とR_4, またはR_5とR_6を通してC_1またはC_2を放電し, 次のサイクルへの待機状態を作ります.

R_1とR_2の分圧比を変えてスレッショルド・レベルを変化させると, IC_1とIC_2のONしている時間を変化できますから, ここを誤差増幅器の出力と接続すれば, PWM制御を行うことができます.

写真4-6の波形は200 kHzで144 W出力のものですが, **ターンオフ時のt_{stg}が**0.2 μs, **t_fが40 ns で動作**し, 86 %の変換効率を得ています.

なお, CTとしてはEI19型のコアに$N_d=N_d'$：N_B：$N_C=30_T$：10_T：1_Tの極めて小型のトランスで十分なドライブ波形を作っています.

この実際の応用例は, 後述の2石式コンバータで紹介します.

フォワード・コンバータの設計例	
入　力	AC100V
出　力	24V, 6A
周波数	100kHz

● 制御回路の設計から

では, いままで述べた設計方法のまとめとして, 実際のスイッチング・レギュレータを設計してみることにします.

図4-52が実際に設計した回路例で, ここでは**図4-32**でも紹介しているPWM方式スイッチング・レギュレータ・コントロールIC TL494を使い, **ONドライブ方式によるトランス駆動**とします.

この回路の発振周波数はTL494の外付けのC_TとR_Tによって決定されます. ここでは, **f=50 kHz**ですから, **図4-53**からC_T=1000 pF, R_T=22 kΩとしま

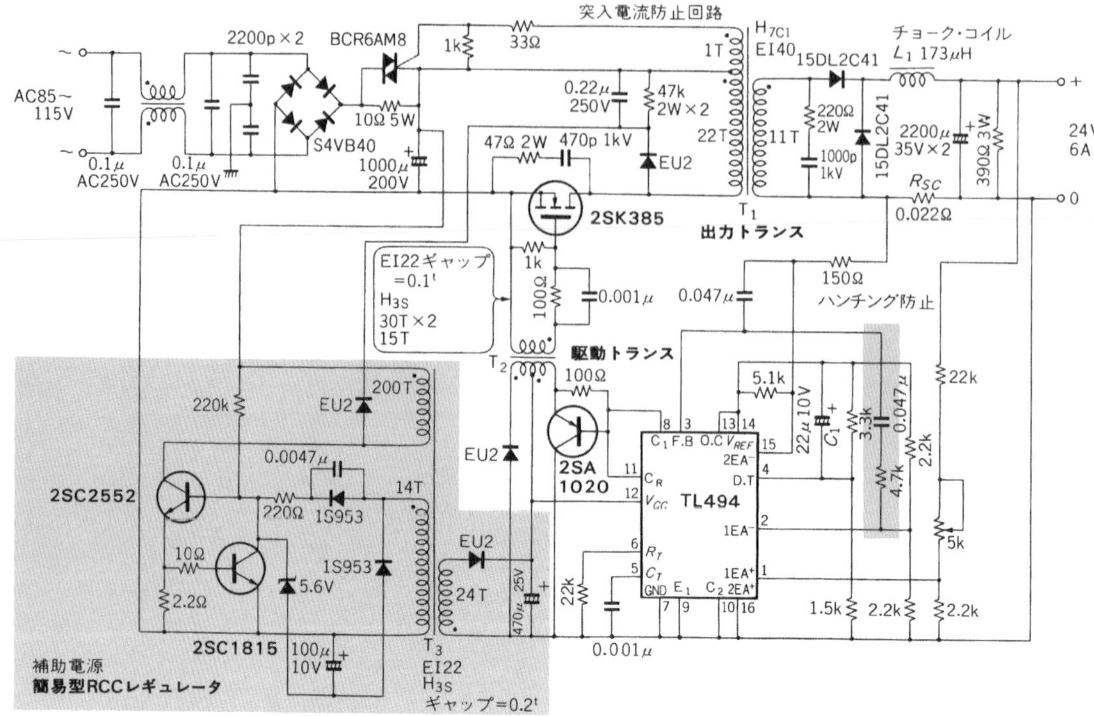

〈図4-52〉 フォワード・コンバータの設計例

す．ただし，IC の出力 Q, $\overline{Q}$ を 180° ずつ位相のずれたワイヤード OR 接続としてありますので，実際のスイッチング周波数は 100 kHz となります．

TL494 の 4 番ピンは，デッド・タイム ADJ 端子で，スイッチング・トランジスタの最大 ON 時間が，デューティ・サイクル $D=0.5$ となるように，V_{REF} からの電圧を抵抗分割して約 1.6 V として加えます．

なお，この端子の電圧を高くすると，PWM 出力の ON 時間の最大 t_{on} が狭くなります．したがって，電源の起動時には，V_{REF} との間に接続されたコンデンサ C_1 によって徐々に t_{on} が広がるという，ソフト・スタート機能ももたせています．

〈図4-53〉[8] TL494 の発振周波数

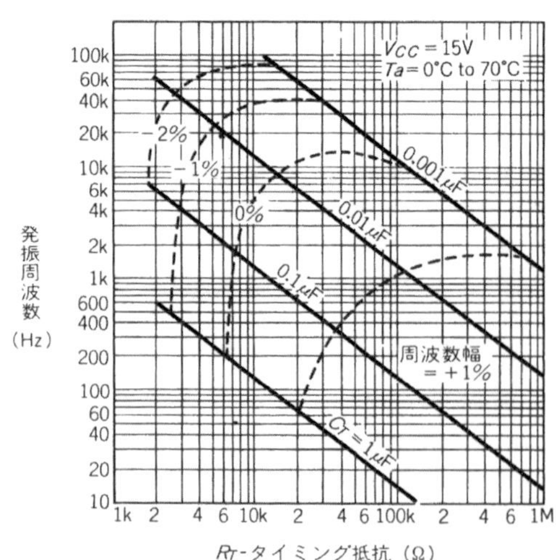

定電圧制御用の誤差増幅器には，基準電圧として 2.5 V を与えますので，13 番ピンと 14 番ピンから 2.2 kΩ の抵抗 2 本で分圧し，これを 2 番ピンに接続します．また，2 番ピンと 3 番ピンに接続された 4.7 kΩ の抵抗と 0.047 μF のコンデンサはハンチング防止用の位相補正のためのものです．

過電流の保護は，0.022 Ω の抵抗 R_{SC} で検出した電圧 V_{RSC},

$$V_{RSC}=1.2\times I_O\times 0.022\fallingdotseq 158\text{ mV}$$

で動作するようにしてあります．実際には V_{REF} から 5.1 kΩ の抵抗が接続されているので，

$$V_{RSC}=\frac{150\ \Omega}{5.1\ \text{k}\Omega}\times V_{REF}=147\text{ mV}$$

で動作開始します．ですから過電流制限のかかる電流値 I_{SC} は，

$$I_{SC}=\frac{V_{RSC}}{0.022}=6.7\text{(A)}$$

となります．

● 出力トランスを求める

まず，出力トランスのコアには第 1 章，表1-9 で示している高周波用の H_{7C1} 材の EI40 を用います．そして，磁気飽和に対する安全性を確保するために，最大入力電圧，最大 ON 時間で 1 次巻線 N_P を求めます．

$$N_P=\frac{V_{IN(DC)}\cdot t_{on}}{(B-B_r)\cdot A_e}\times 10^8$$

$$=\frac{115\times\sqrt{2}\times 0.9\times 5\times 10^{-6}}{(3200-600)\times 1.27}\times 10^8$$

$=22$ ターン

となります．ここで，B_r は**残留磁束**といい，先の図4-12で説明したように B-H カーブが0点へ戻れないために発生するものです．ギャップを挿入しないトランスでは，必ず考慮しなければなりません．

次に2次巻線 N_S は，最低入力時で求めます．

$$N_S=2\times\frac{V_O+V_F+V_{LD}}{V_{IN(DC)}}\cdot N_P$$

$$=2\times\frac{24+1+1}{85\times\sqrt{2}\times 0.9}\cdot 22$$

$=10.6$ ターン

ですから11ターンとします．V_{LD} はライン・ドロップ分です．

● **整流用チョーク・コイルを求める**

2次整流用チョーク・コイルのインダクタンス L_1 は，最大入力電圧時にリプル電流 $\Delta I_L=I_O\times 30\ \%_{P-P}$ として求めます．この時のデューティ・サイクル D は，

$$D=\frac{V_O}{(N_S/N_P)\cdot V_{IN}-(V_F+V_{LD})}$$

$$=\frac{24}{(11/22)\cdot 115\times\sqrt{2}\times 0.9-(1+1)}$$

$=0.34$

ですから，

$$L_1=\frac{(N_S/N_P)\cdot V_{IN}-(V_O+V_F+V_{LD})}{\Delta I_L}\cdot t_{off}$$

$=[(11/22)\times 115\times\sqrt{2}\times 0.9-(24+1+1)\times 6.6\times 10^{-6}]\div 1.8=173\ \mu H$

となります．そして，1次電流 i_1 のピーク値を求めると，

$$i_{1P}=\frac{N_S}{N_P}\cdot i_{2P}=\frac{N_S}{N_P}\cdot\left(I_O+\frac{1}{2}\Delta I_L\right)$$

$$=\frac{11}{22}\times\left(6+\frac{1.8}{2}\right)=3.45\ A$$

となります．

出力平滑用コンデンサへのリプル電流は，RCC方式と比べてはるかに小さくなりますが，高周波領域のインピーダンスの低いコンデンサを使用し，出力リプル電圧を小さく抑えます．

なお，制御回路用補助電源は $V_{CC}=15$ V で，これは簡易型RCCによるスイッチング・レギュレータとなっています．

なお入力側交流回路に接続された**トライアック BCR6AM8は，平滑用コンデンサへの突入電流を防止**するためのものです．

入力電源が印加されるときにはまず**トライアックはOFF** しています．そして，**10 Ω の抵抗を通して平滑コンデンサ(1000 μF)へ充電電流**を流します．その後コンデンサの端子電圧が上昇し，スイッチング動作を開始すると，出力トランスの1Tの巻線にも電圧が発生し，トライアックのゲートを駆動してONさせます．

すると10 Ωの抵抗をトライアックが短絡しますので，**10 Ωの抵抗にはあまり損失を発生させずにすむ**わけです．

なお，トライアックのゲート信号は直流である必要がありませんので，ここではスイッチング波形の交流のままとしてあります．

2石式フォワード・コンバータの設計例	
入力電圧	AC100V
出力電圧	+5V，60A
周波数	100kHz

大出力電力用には，次の章で述べるプッシュプル方式やハーフ・ブリッジ方式が採用されます．ところが，これらの方式ではクロス・カレント・コンダクションや，偏励磁現象というトランスの磁気飽和が発生しま

〈図4-54〉 2石式フォワード・コンバータの基本回路

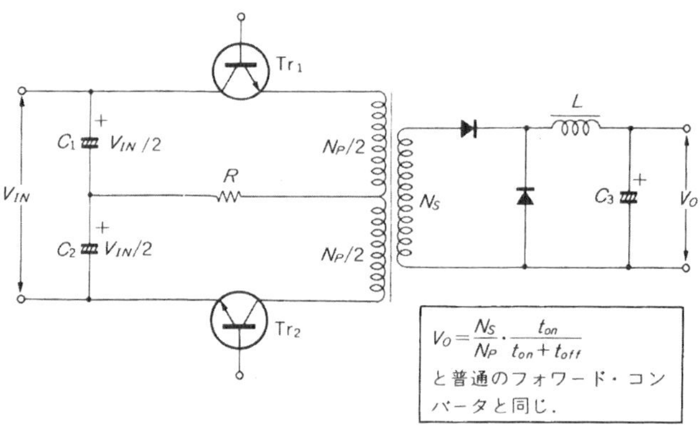

す．これらの問題は，スイッチング周波数を上げれば上げるほど発生しやすくなります．

そこで，高周波での大電力化を図る方法の一つとして，2石式のフォワード・コンバータが使われています．ここでは，この2石式フォワード・コンバータについて述べるとともに，+5 V，60 A という**大容量レギュレータ**について紹介します．

● 2石式フォワード・コンバータの基本

図4-54 に2石式フォワード・コンバータの基本回路を示します．この方式は**入力電圧 V_{IN} を二つのコンデンサ C_1 と C_2 で $V_{IN}/2$ ずつに分圧**します．そして，この中点とトランスの中点を，抵抗 R で接続します．

2個のトランジスタ Tr_1 と Tr_2 は，同じベース電流によって，同時に ON/OFF を繰り返します．ですから，**OFF 期間のトランジスタの V_{CE} は，1石式フォワード・コンバータの半分の電圧**ですみます．

さて，トランスの中点に接続された抵抗 R は，2個のトランジスタのスイッチング時の蓄積時間 t_{stg} のバラツキによって，片方に2倍の電圧が印加されるのを防止するためのものです．

例えば Tr_1 の t_{stg} が Tr_2 より短かったとします．すると二つのトランジスタに同じベース信号が印加されていても，Tr_2 はまだ ON したままですから，このときには**図4-55** のように Tr_1 に全電圧 V_{IN} が印加されてしまいます．

そこで，この間だけは抵抗 R を通してコンデンサの中点へ接続し，半分の電圧しか印加されないようにしています．

● 出力トランスのリセットは

2石式フォワード・コンバータにおける出力トランスのリセットは，**図4-56** のように，**2個のダイオード D_1 と D_2 をたすき掛けにします．**

トランジスタ Tr_1 と Tr_2 が OFF すると，1次巻線に発生したリセット・エネルギは，矢印の経路で i_r として流れます．これは，**入力側コンデンサ C_1 と C_2 を充電しながら流れ，蓄積エネルギを入力側へ電力回生**をします．

この方法だとリセット・エネルギを抵抗に消費させる必要もなく，特別にリセット巻線も必要としません．実に好都合にリセットをかけることができます．

● 出力トランスの巻線設計

では，この2石式フォワード・コンバータの原理を使って 5 V，60 A という大出力の電源を設計してみましょう．**図4-57** がその設計例です．

1次側整流回路は倍電圧整流方式としてありますから，スイッチング・トランジスタには $V_{CEO}=400$ V のものを用います．

まず出力トランスの1次巻線 N_P を求めます．周波数は 100 kHz とし，トランスのコアには第1章，表1-9で示している **H_{7C1} 材の EI60** を用います．

$$N_P=\frac{2\cdot V_{IN}}{\Delta B\cdot A_e}\cdot t_{on}\times 10^8$$

$$=\frac{2\times 115\times\sqrt{2}\times 0.9}{2800\times 2.47}\times 5\times 10^{-6}\times 10^8$$

$$=21(\mathrm{T})$$

となりますので，$N_P=22$ T とします．そして中間の 11 T のところに，センタ・タップを設けます．

次に2次巻線 N_S を求めますが，これは最低入力時のデューティ・サイクル $D=0.45$ として，必要な端子電圧 V_S を求めます．

$$V_S=\{V_O+(V_F+V_{LD})\}\cdot\frac{1}{D}$$

$$=\{5+(0.55+0.8)\}\times\frac{1}{0.45}$$

$$=14.1(\mathrm{V})$$

となります．大電流のために，ライン・ドロップを 0.8 V としてあります．これから2次巻線 N_S は，

$$N_S=\frac{V_2}{2\times V_{IN}}\cdot N_P=\frac{14.1}{2\times 85\times 1.4\times 0.9}\times 22$$

〈図4-55〉 スイッチング・トランジスタの V_{CE} 波形

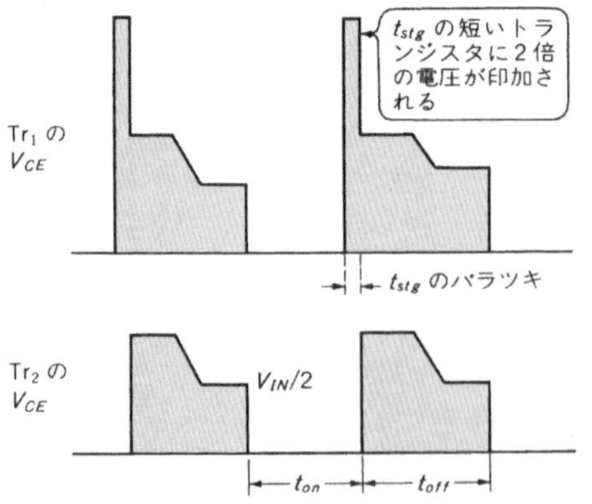

〈図4-56〉 2石式フォワード・コンバータにおけるリセット回路

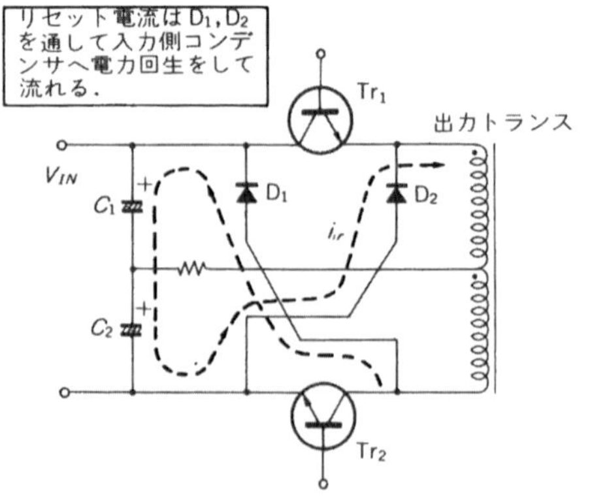

〈図4-57〉5V，60Aの2石式フォワード・コンバータ回路

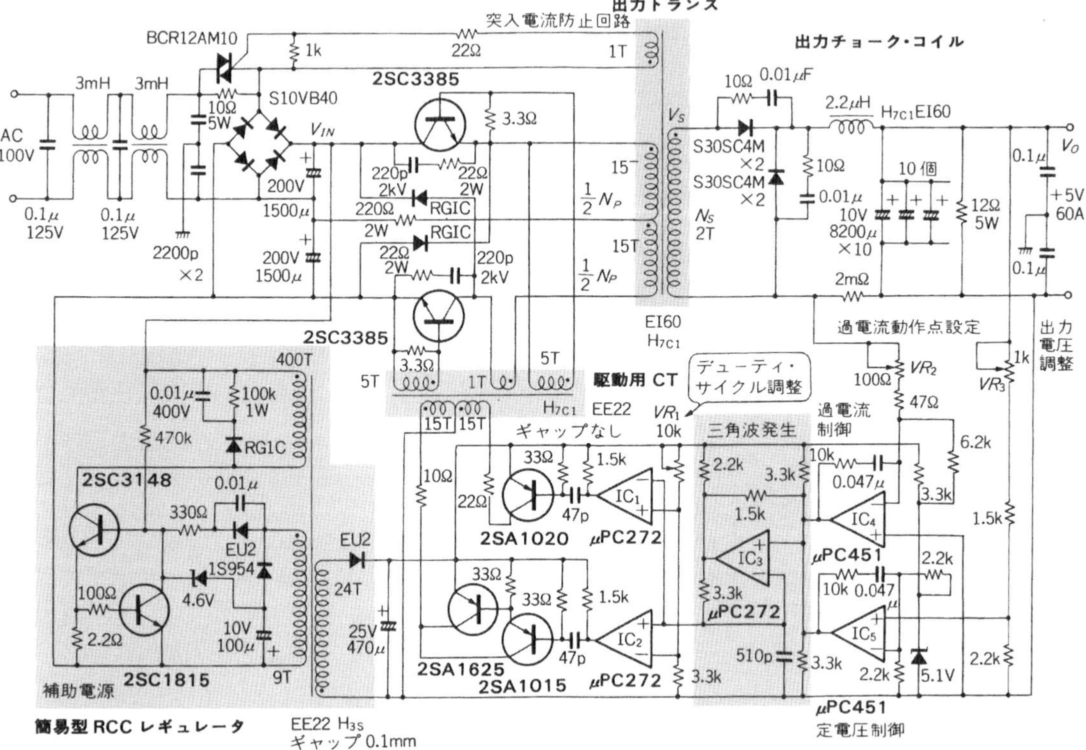

$=1.45(\mathrm{T})$

となります．ですから $N_S=2\,\mathrm{T}$ として，逆算して1次巻線の変更をします．つまり，

$$N_P=\frac{2}{1.45}\times 22=30(\mathrm{T})$$

ですから，11Tではなく15Tの2巻線とします．

60Aの電流を流しますので，2次巻線は0.2mm厚みの銅板を巻きます．巻線構造は，1次巻線 N_P と2次巻線 N_S 共に，3層に分割して最後に並列接続します．

● チョーク・コイルの設計

次に2次側平滑チョーク・コイルのインダクタンスを求めます．最大入力電圧時のデューティ・サイクルは，

$$D_{\min}=\frac{V_O}{V_{S\max}-(V_F+V_{LD})}$$

$$=\frac{V_O}{\dfrac{N_S}{N_P}\cdot 2\cdot V_{IN(\max)}-(V_F+V_{LD})}$$

$$=\frac{5}{\dfrac{2}{30}\times 2\times 115\times 1.4\times 0.9-(0.55+0.8)}$$

$$=0.28$$

となりますので，この時のトランジスタのOFF時間 $t_{off(\max)}$ は，発振周波数が100kHzなので，$T=10\,\mu\mathrm{s}$ とすると，

$$t_{off(\max)}=(1-D_{\min})\cdot T=(1-0.28)\times 10\times 10^{-6}$$

$$=7.2(\mu\mathrm{s})$$

となります．

チョーク・コイルを流れるリプル電流 Δi_L は，

$$\Delta i_L=0.3\cdot I_O=0.3\times 60=18(\mathrm{A})$$

として，インダクタンス L_1 を求めると，

$$L_1=\frac{V_L'}{\Delta i_L}\cdot t_{off}=\frac{5+0.55}{18}\times 7.2\times 10^{-6}$$

$$=2.2(\mu\mathrm{H})$$

となります．

コアは第1章，表1-9に示すものの中から H_{7C1} 材を使い，型状はEI60型のコアに，やはり銅板を4Tずつ6層に巻いて並列接続します．なお，このチョーク・コイルでは60Aの直流電流重畳特性を確保するために，ギャップを入れなければなりません．挿入するギャップの厚み l_g は，

$$l_g=4\pi\cdot\frac{A_e\cdot N^2}{L_1}\times 10^{-8}$$

$$=4\pi\times\frac{2.47\times 4^2}{2.2\times 10^{-6}}\times 10^{-8}$$

$$=2.2\,\mathrm{mm}$$

となりますので，1.1mmのスペーサを用います．

〈図4-58〉CT のベース電流

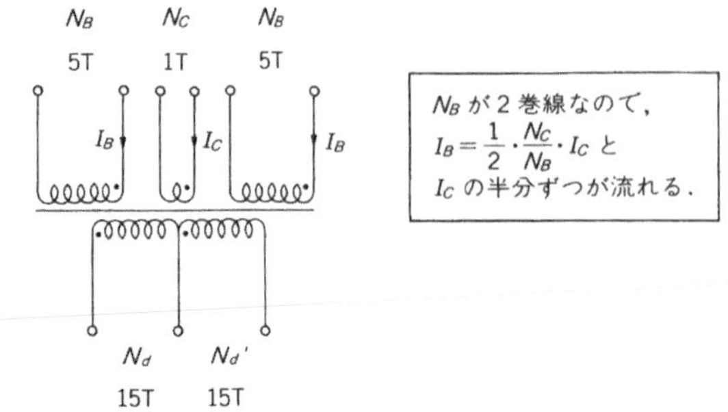

〈図4-59〉CT 駆動の再点弧現象

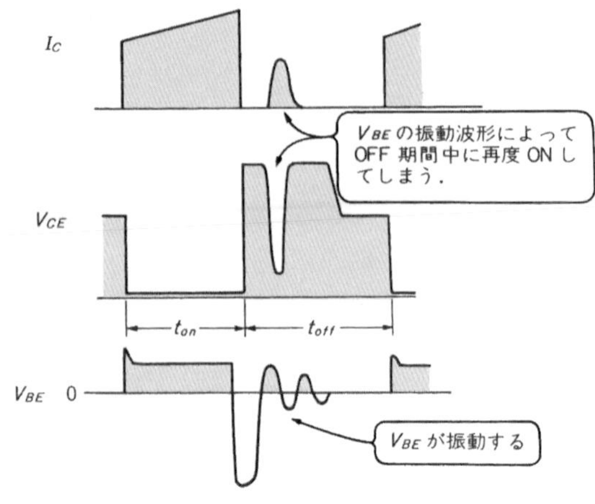

● その他の定数の計算

まず，トランジスタのコレクタ電流を求めます．出力トランスの2次電流の最大値 i_{2P} は，出力電流 I_O が 60 A ですから，

$$i_{2P}=I_O+\frac{\varDelta i_L}{2}=60+\frac{18}{2}=69\,(\mathrm{A})$$

となります．したがって，トランジスタのコレクタ電流の最大値 I_{CP} は，

$$I_{CP}=\frac{N_S}{N_P}\cdot i_{2P}=\frac{2}{30}\times69=4.6\,(\mathrm{A})$$

となります．したがって，ここでは $V_{CEO}=400$ V，$I_C=15$ A の高速・高電圧スイッチング・トランジスタ 2SC 3385 を用います．

最後に駆動トランスを設計します．ここでは効率を考えて CT ドライブ方式としますので，トランジスタの $h_{FE}=10$ として巻線を決定します．ベース巻線は2巻線必要ですから，図4-58 のように，コレクタ巻線から帰還電流は半分ずつに分かれます．したがって，$N_C=1$ T とすると，N_B は，

$$N_B=\frac{I_C}{2\,I_B}\cdot N_C=\frac{10}{2}\times1=5\ \mathrm{T}$$

ずつとなります．使用するコアは，H_{7C1} 材の EE22 を用いています．

補助電源電圧 $V_{CC}=15$ V としてありますので，V_{EB} の逆バイアス電圧を 5 V にすると，駆動巻線 N_d は，

$$N_d=\frac{V_{CC}}{V_{EB}}\cdot N_B=\frac{15}{5}\times5=15\,(\mathrm{T})$$

とします．

なお，CT ドライブにおいては，図4-59 のように，逆バイアス電圧が振動して，OFF 期間に再度 ON してしまう再点弧現象が起きやすくなります．これは，トランジスタの損失を非常に大きくしますので，絶対に防止しなければなりません．そのために，トランジスタのベース-エミッタ間に，3.3 Ω の低抵抗を接続してあります．

いずれにしても，大電流・大電力ですから，損失が極力少なくなるように注意しなければなりません．

● 制御回路の構成について

制御回路の構成は，図4-57 のように5個の IC を用いています．これは，専用 IC というのがないためですが，コンパレータ，OP アンプの利用により，それほど複雑なものではありません．IC_1～IC_3 は高速のコンパレータで，NEC の μPC272 を用いています．

この回路の駆動は CT 駆動としていますが，IC_1 と IC_2 は，ON と OFF のパルスを作るためのものです．

IC_3 が発振回路で，無安定マルチバイブレータになっています．発振周波数は IC_3 周辺の抵抗と，反転入力に接続された 510 pF のコンデンサで，100 kHz となるように設定します．510 pF のコンデンサの両端に三角波が発生しますので，これを IC_1 と IC_2 の入力へ接続してあります．

デューティ・サイクルは，IC_1 と IC_2 の入力に接続された VR_1 によって決まります．スイッチング・トランジスタを動作させない状態で，VR_1 によって最大デューティ・サイクルが 0.5 となるように，はじめに設定しておきます．

IC_5 は定電圧制御用の OP アンプで，IC_4 は過電流保護用の OP アンプです．これは，クワッド型 OP アンプの μPC451 のうちの2回路を使用しています．

出力電圧の制御は，周波数変調方式を採用していますから，IC_4 と IC_5 の出力を発振器 IC_3 の非反転入力に接続してあります．

出力電圧は VR_3 によって設定し，過電流保護の動作点は VR_2 によって設定します．

この回路は大電流・大電力の電源ですから，いきなりスイッチング回路を動作させずに，制御回路の動作を始めに確認してから，火入れをするようにしてください．

第5章 ── 大容量コンバータを実現するために
多石式コンバータの設計法

●プッシュプル・コンバータのしくみ
●ハーフ・ブリッジ・コンバータのしくみ
●ハーフ・ブリッジ方式レギュレータの設計例

RCC 方式やフォワード・コンバータ方式のスイッチング・レギュレータは，基本的にはスイッチング・トランジスタが1個で回路構成されています．これに対して，2個以上のトランジスタを用いるものを，多石式コンバータと呼んでいます．

代表的なものとしてはプッシュプル・コンバータやハーフ・ブリッジ方式と呼ぶものがそうで，これらは，200 W 以上の比較的大電力用の電源に用いられています．

プッシュプル・コンバータのしくみ

● 1次側のスイッチング動作

図5-1 がプッシュプル・コンバータの基本回路です．Tr_1 と Tr_2 は，180° ずつ位相のずれた信号で，交互にベースが駆動されています．

図5-1 において Tr_1 のベースが先に正方向にバイアスされると Tr_1 は ON し，Tr_2 は OFF しています．すると，1次回路に電流 i_1 が流れ出して，出力トランスの1次巻線 N_{P1} に入力電圧 V_{IN} が印加されます．同時に，2次巻線 N_{S1} に電圧 V_{S1} が，

$$V_{S1}=\frac{N_{S1}}{N_{P1}}\cdot V_{IN}$$

として発生し，2次電流 i_1' が流れ出します．

次に，駆動信号が反転すると，Tr_1 が OFF して Tr_2 が ON します．すると，N_{P2} 巻線に電流 i_2 が流れ出し，入力電圧 V_{IN} が印加されますから，N_{S2} 巻線には電圧 V_{S2} が，

$$V_{S2}=\frac{N_{S2}}{N_{P2}}\cdot V_{IN}$$

として発生し，2次電流 i_2' が流れます．

プッシュプル・コンバータにおいては，

$$N_{P1}=N_{P2}$$

$$N_{S1}=N_{S2}$$

としてありますから，

$$V_{S1}=V_{S2}$$

$$i_1'=i_2'$$

となります．

ここで，2次側整流回路はチョーク・インプット型としてありますので，**図5-2** のようにトランジスタの ON 時間 t_{on} に対して，出力電圧 V_O は，

$$V_O=\frac{N_{S1}}{N_{P1}}\cdot V_{IN}\cdot\frac{t_{on}}{(T/2)}$$

と表すことができます．

すなわち，2次側整流回路は1次側の1周期に対して，2倍の周波数で整流動作が行われていることにな

〈図5-1〉プッシュプル・コンバータの基本回路

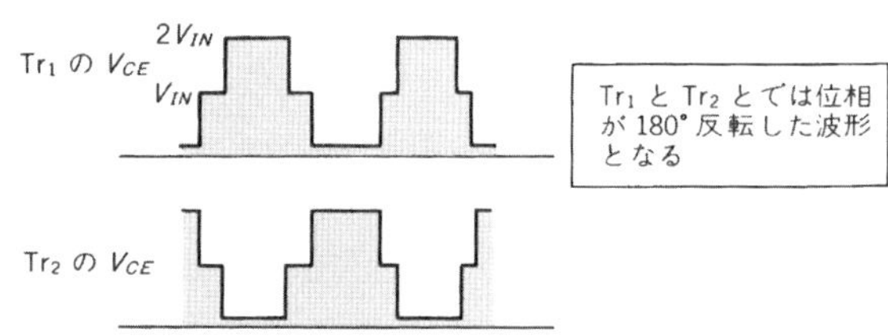

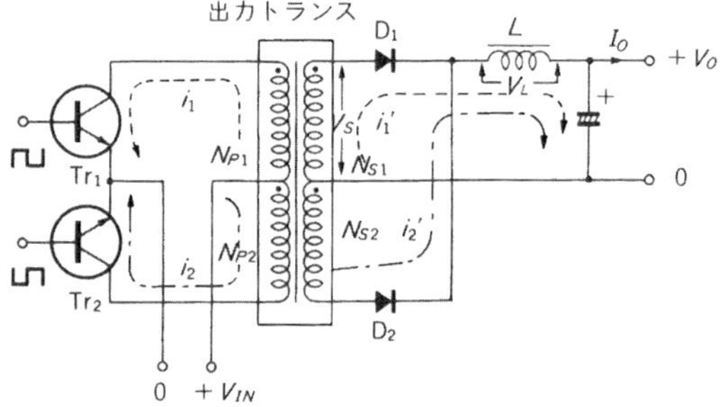

〈図5-2〉2次整流電圧波形

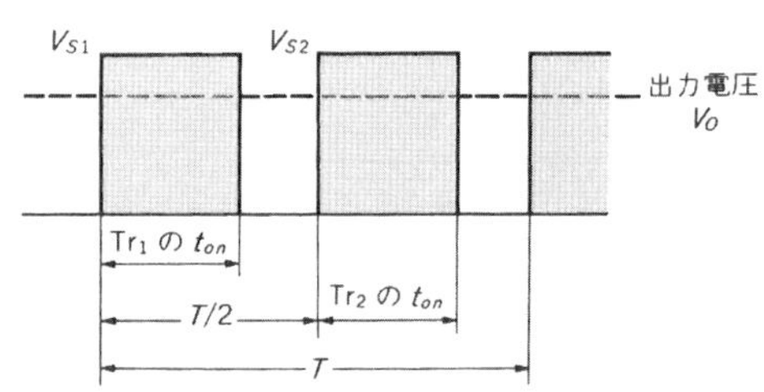

ります．

● **スイッチング時の各部の電流**

このプッシュプル・コンバータの2次側整流回路を見ると，基本的には第4章で紹介したフォワード・コンバータと同じ動作となっていることがわかります．つまり，2次電流 i_1' と i_2' は，Tr_1 と Tr_2 の ON 期間 t_{on1} と t_{on2} に，チョーク・コイル L によって決まる傾斜で上昇する波形となります．そして**図5-3**のように出力電流 I_O の傾斜分は，

$$\varDelta i_1' = \frac{V_L}{L} \cdot t_{on1} = \frac{\frac{N_{S1}}{N_{P1}} \cdot V_{IN} - V_O}{L} \cdot t_{on1}$$

$$\varDelta i_2' = \frac{V_L}{L} \cdot t_{on2} = \frac{\frac{N_{S2}}{N_{P2}} \cdot V_{IN} - V_O}{L} \cdot t_{on2}$$

となります．V_L は，コイル L の両端に印加される電圧です．そして，$t_{on1} = t_{on2}$ として動作させますので，やはり $\varDelta i_1' = \varDelta i_2'$ となります．

この $\varDelta i_1'$ と $\varDelta i_2'$ の計算式から，逆にコイルのインダクタンスを計算します．つまり，出力リプル電圧 $\varDelta V_O$ は，平滑コンデンサの内部インピーダンス Z_C から，

$$\varDelta V_O = \varDelta i_{LP} \cdot Z_C$$

となります．これから，コイルを流れる電流の変化分 $\varDelta i_{LP}$ を決定します．すると，必要なコイルのインダクタンス L は，

$$L = \frac{V_L}{\varDelta i_{LP}} \cdot t_{on1}$$

として求めることができるわけです．

〈図5-3〉 コイルを流れる電流波形

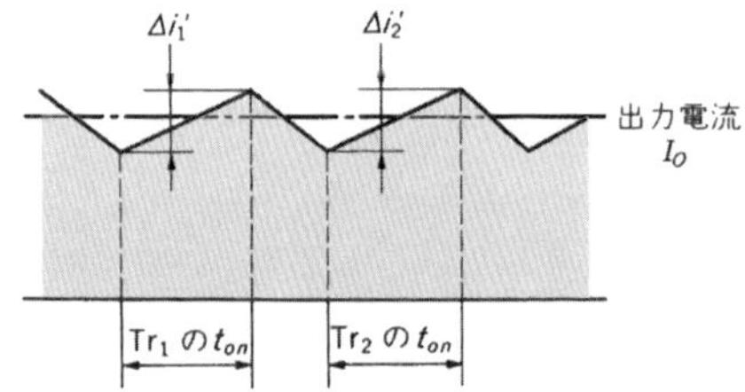

〈図5-4〉 2次電流の波形（OFF 期間）

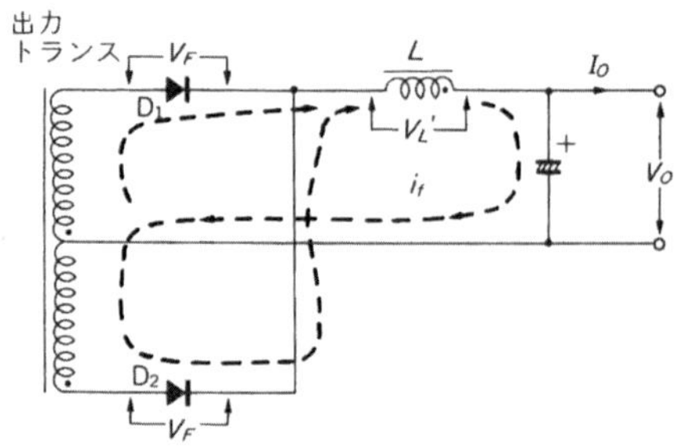

さて，Tr_1 と Tr_2 共に OFF している t_{off} 期間には，L の逆起電力によって，**図5-4**のような経路で D_1 と D_2 を通して電流が流れ続けます．もちろん，この電流波形は下降する傾斜となります．そして，このときの L の両端の電圧 V_L' は，

$$V_L' = V_O + V_F$$

ですから，L を流れる電流の変化分 $\varDelta i_L$ は，

$$\varDelta i_L = -\frac{V_L'}{L} \cdot t_{off} = -\frac{V_O + V_F}{L} \cdot t_{off}$$

となります．そして，コイルを流れる電流は連続となりますから，

$$\varDelta i_1' = \varDelta i_2' = \varDelta i_L$$

となります．

また，2次電流の平均値が出力電流 I_O となりますから，

$$i_1' = i_2' = \left(I_O - \frac{\varDelta i_1'}{2}\right) + \frac{V_L}{L} \cdot t$$

となることはいうまでもありません．したがって，1次回路の電流は，

$$i_1 = i_2 = \frac{N_S}{N_P}\, i_1' = \frac{N_S}{N_P} \left\{ (I_O - \varDelta i_1') + \frac{V_L}{L} \cdot t \right\}$$

と表すことができます．

● **スイッチング時の各部の電圧**

次に電圧波形を考えてみます．Tr_1 が ON している期間には，N_{P1} 巻線に入力電圧 V_{IN} が印加されています．したがって，N_{P2} 巻線には逆極性の V_{IN} が発生し，Tr_2 に印加されます．ですから，この間のトランジスタの V_{CE} は $2V_{IN}$ となります．

また，Tr_1 と Tr_2 が共に OFF している t_{off} 期間は，N_{P1} と N_{P2} 巻線には電圧を発生していませんので，両方のトランジスタに入力電圧 V_{IN} が印加されています．

2次側整流ダイオードに印加される電圧も同様に，Tr_1 が ON している期間に D_2 に逆電圧 V_{AK2} が，

〈図5-5〉 1次側の電流，電圧波形

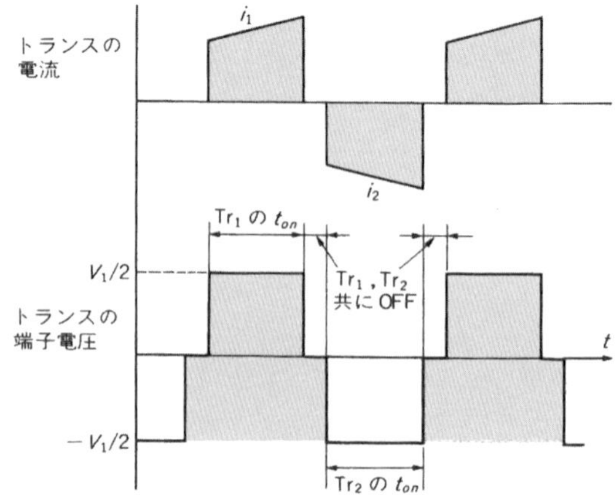

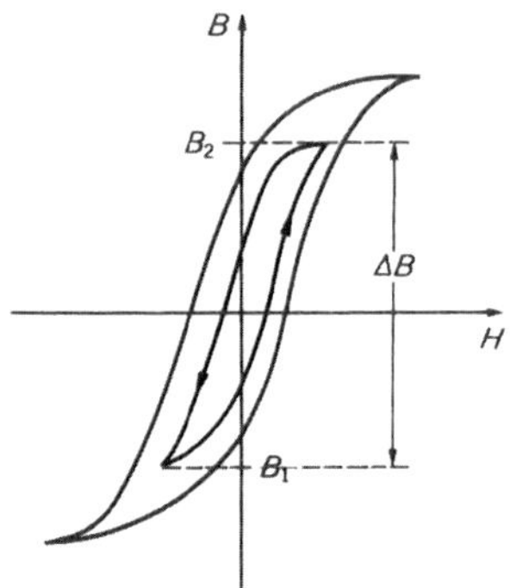

〈図5-6〉 定常動作時の B-H 曲線

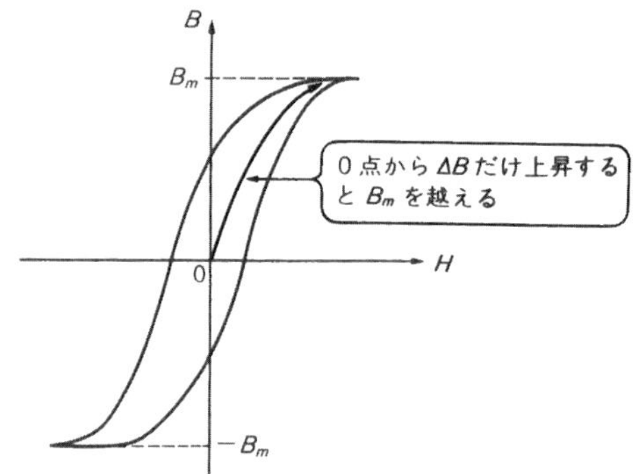

〈図5-7〉 起動時の B-H 曲線

$$V_{AK2}=2\cdot V_S=2\cdot\frac{N_S}{N_P}\cdot V_{IN}$$

と印加されることになります．V_Sはトランスの2次巻線端子電圧です．

各素子の電圧，電流波形を図5-5に示しておきます．

● 出力トランスの B-H 曲線はどうなるか

次に出力トランスのB-H曲線を考えてみます．

プッシュプル・コンバータにおいては，1次巻線の印加電圧波形は半周期ずつ正負に極性が反転します．つまり，これはフォワード・コンバータのようなリセット回路を設ける必要のないことを意味しています．

定常動作状態においては，例えばTr_1がONしたことによって，図5-6のように磁束密度が負の領域から正の領域までΔBだけ上昇して，$B_1\to B_2$へと移動します．次に，両トランジスタがOFFしている期間には磁束の変化が現れずにB_2の点に止まったままとなっています．そして，次にTr_2がONすると逆極性の磁束が発生し，$B_2\to B_1$へとやはり$-\Delta B$の磁束変化をし，元の位置へもどります．

つまり，1石式の回路に比較すると2倍の磁束密度の変化をすることができるわけです．ですから，最大磁束密度は$2B_m$とすることができ，トランスの1次巻線の巻数N_Pは，

$$N_P=\frac{V_{IN}\cdot t_{on}}{2\cdot\Delta B\cdot A_e}\times10^{-8}$$

$$=\frac{V_{IN}}{4\cdot\Delta B\cdot A_e\cdot f}\times10^{8}$$

となります．この式は$t_{on}=T/2$と，全期間ON状態となった時です．

この式から，基本的にはN_Pはフォワード・コンバータ方式にくらべて半分の巻数でよいことがわかります．ところが，実際にはこうはいきません．

今，回路が起動する時のB-H曲線を考えてみます．当然$B=0$から磁束の変化が開始しますから，この点からΔBだけ磁束が上昇すると，図5-7のようにB_mを越えて磁気飽和を起こしてしまいます．そのために，

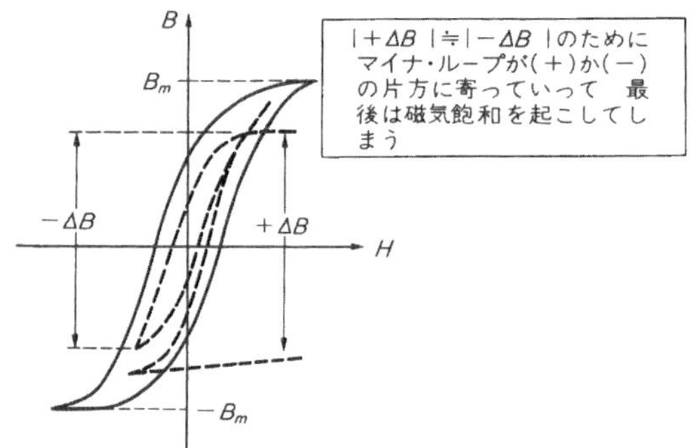

〈図5-8〉 トランスの偏励磁現象

t_{on}を徐々に広げていくソフト・スタートを必要としますが，実際には磁束密度の変化分の余裕を見ると，

$$\Delta B=B_m$$

くらいが限界となってしまいます．

しかもフォワード・コンバータ同様に，出力電流が急激に増加した時などには，入力電圧にかかわらずトランジスタは最大ON時間となることがありますから，

$$N_P=\frac{V_{IN(\max)}\cdot t_{on(\max)}}{B_m\cdot A_e}\times10^{8}$$

を目安に設計しなければなりません．

● 出力トランスの偏励磁現象

多石式コンバータには，大変やっかいな現象が発生することがあります．その一つがトランスの偏励磁といわれるものです．

B-H曲線の磁束密度の変化は，上昇する変化分と下降する変化分とが等しくならなければなりません．ところが，二つのスイッチング・トランジスタの蓄積時間t_{stg}にバラツキがあると，必ずしもこうはならずに磁束密度が上下どちらかに片寄ってしまいます．

ベースの駆動信号はTr_1とTr_2共に同じ時間幅となっていますから，例えばTr_1のt_{stg}がTr_2に比較して長かったとすると，図5-8のように上昇分ΔBが，下

降分$-\Delta B$より大きな値になってしまいます．そのために，磁束密度はスイッチングの1周期ごとに(+)側へ片寄ってしまい，ついにはB_mを超えて磁気飽和を起こしてしまいます．これを偏励磁現象といいます．

● 偏励磁を防ぐには

実際にはトランジスタの特性から，コレクタ電流が増大するとt_{stg}が短くなり，完全な磁気飽和へいたるまえに，あるところで平衡状態が保たれます．しかし，大きなコレクタ電流が流れ，トランジスタの発熱が大きくなってしまいます．

そこで，2個のトランジスタは極力t_{stg}のバラツキの少ないものを用いなければなりません．しかし，スイッチング・タイムそのものでペアを作るのは困難ですから，一般的にはh_{FE}のそろった2個を1ペアとして用いています．というのは，トランジスタのスイッチング・タイムは，h_{FE}の相関性をもっているからです．

つまり，h_{FE}の大きいものは上昇時間t_rは早くなりますが，下降時間t_fや蓄積時間t_{stg}は遅くなる傾向となるのです．

この点から考えると，バイポーラ・トランジスタよりも，MOS FETのほうがt_{stg}の発生がほとんどありませんので，プッシュプル型スイッチング・レギュレータのスイッチング素子としては好適といえます．

● 二つのトランジスタの同時ONを防ぐ工夫

多石式コンバータで偏励磁現象と同じく気をつけなければならないのが，**両点孤現象**です．これはCCC (Cross Current Conduction)とも呼ばれるもので，2個のスイッチング・トランジスタが同時にONしてしまう時間のことをいっています．

トランジスタのベース駆動信号は，デューティ・サイクルDが図5-9のように0.5以上になることはありません．

〈図5-9〉トランジスタのストレージ・タイムと両点孤現象

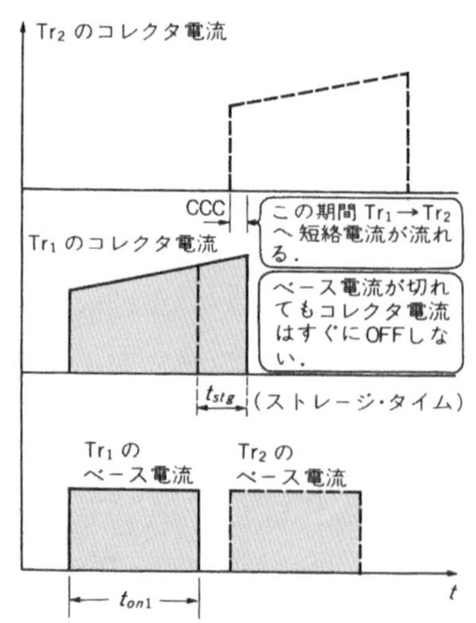

〈図5-10〉両点孤時のトランスの電流

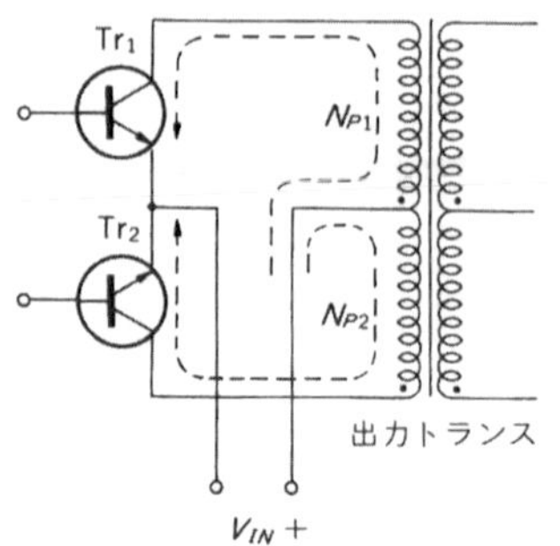

ところが，入力電圧が低下するとPWM制御によってデューティ・サイクルDが0.5に近い状態になり，制御信号のON時間を広げます．その結果，トランジスタのスイッチング時の蓄積時間t_{stg}によって，実際のスイッチング時間はデューティが0.5以上にまで広がった形になり，2個のトランジスタが同時にONしている期間が発生してしまうことがあるのです．

すると，図5-10のように出力トランスのN_{P1}とN_{P2}との巻線で，相互に逆極性の磁束を発生させてしまいます．すなわち，磁束が打ち消し合って磁気飽和を起こしてしまうのです．

● デッド・タイムが必要になる

そこで，多石式のコンバータではPWM制御による最大のON信号の時間t_{on}を，

$$t_{on} \leqq \frac{T}{2} - t_{stg}$$

とする，デッド・タイムを設けるようにしなければなりません．

デッド・タイムt_dは，トランジスタのt_{stg}のバラツキや，その温度による変化をも考慮して，かなりマージンを見込んでおく必要があります．

また，発振周波数を高くすると周期Tが短くなりますが，トランジスタが同一ならt_{stg}は何ら変化しませんので，最大のデューティ・サイクルがそのぶん狭くなってしまいます．

これは出力電圧を定電圧化する，いわゆる制御範囲が狭くなってしまったことになりますので，多石式コンバータでは，せいぜい50 kHzが上限の周波数であって，高周波化には不向きな回路方式といわれています．

ただし，スイッチング・トランジスタのコレクタ電流が，フォワード・コンバータの約半分しか流れませんので，同じ定格のトランジスタで2倍の電力をスイッチングできます．また，2次側はスイッチング周波

数の2倍の周波数で整流動作をしますから，平滑用チョーク・コイルは小さなインダクタンスですみます．

これらのことから，プッシュプル・コンバータは大電力向きの回路方式として利用されています．

ハーフ・ブリッジ・コンバータのしくみ

ハーフ・ブリッジ方式は，プッシュプル方式と同様に比較的大電力用として用いられていますが，大きな特徴は100Vと200V系入力電圧の共用ができるという点です．

● 基本的な回路動作について

図5-11がハーフ・ブリッジ方式の基本的な回路構成です．図のように，入力電圧 V_{IN} は2個のコンデンサ C_1，C_2 によって分圧され，それぞれ $V_{IN}/2$ ずつが印加されています．そして C_1 と C_2 の中点が，出力トランスの1次巻線 N_P の1端に接続されています．2個のトランジスタ Tr_1 と Tr_2 は，交互にON/OFFを繰り返します．

例えば，今 Tr_1 のベースに駆動信号が印加されると Tr_1 はONし，1次電流 i_{P1} がトランスの N_P を通して流れます．この時，N_P 巻線に印加される電圧は $V_{IN}/2$ だけですから，2次巻線 N_{S1} に発生する電圧 V_{S1} は，

$$V_{S1}=\frac{N_{S1}}{N_P}\cdot\frac{V_{IN}}{2}$$

となります．同時に N_{S2} にも電圧 V_{S2} が発生しますが，これは N_{S1} と逆極性となっています．

V_{S1} によって2次側ダイオード D_1 が導通し，2次電流 i_{S1} が平滑コイル L を通して流れ，コンデンサ C_3 を充電します．

次に Tr_1 がOFFして Tr_2 がONすると，トランスの各巻線の極性は反転し，今度はダイオード D_2 が導通します．そして i_{S2} が流れ，C_3 を充電します．

つまり，この2次側整流回路は両波整流となりますから，1周期に2回同様な電流が流れます．これは，プッシュプル方式と同じ動作ですから，整流した出力電圧 V_O は，

$$V_O=\frac{t_{on}}{(T/2)}\cdot\frac{N_S}{N_P}\cdot\frac{V_{IN}}{2}$$

$$=\frac{t_{on}}{T}\cdot\frac{N_S}{N_P}\cdot V_{IN}$$

と表すことができます．

● 100V/200V入力が共用できる

さて，コンデンサ C_1，C_2 の働きにより出力トランスの1次巻線 N_P には，トランジスタのON期間に $(V_{IN}/2)$ の電圧しか印加されません．そして，反対側のOFFしているトランジスタには，

$$V_{CE}=V_{IN}$$

が印加されることになります．

つまり，この回路はプッシュプル方式に比較して，半分の耐圧のトランジスタでよいことになります．また，入力側に2個のコンデンサを用いなければなりませんから，**図5-12**のように100V入力の時には，倍電圧整流となるようにしておけば，トランジスタには，

$$V_{CE}=2\ V_{IN}$$

が印加されます．また，200V入力の時にはブリッジ整流になるようにしておくと，やはり同じ印加電圧でよいことになります．ですから，$V_{CEO}\geqq 400$ Vのトランジスタを用いておけば，100V入力でも200V入力でもこの回路は同じように使えることになります．

さらに，トランジスタのコレクタ電流を考えてみま

〈図5-12〉ハーフ・ブリッジ方式の入力側整流回路

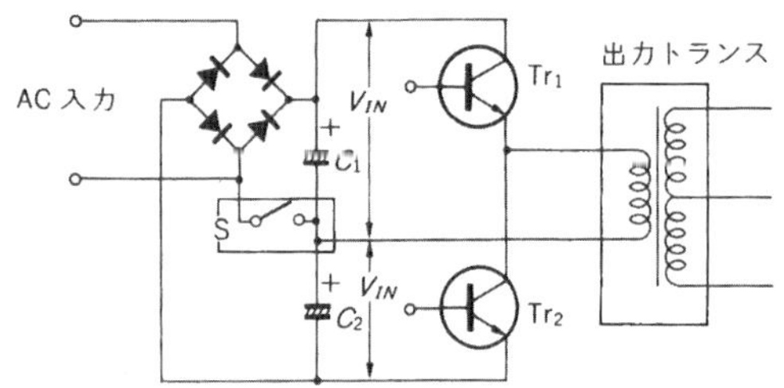

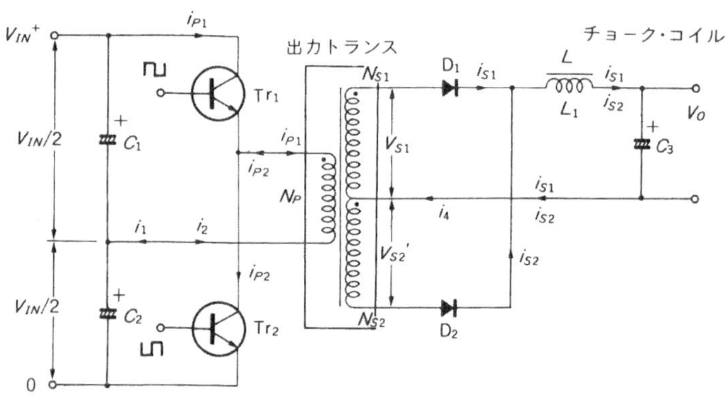

〈図5-11〉ハーフ・ブリッジ方式の原理

〈図5-13〉片励磁の防止方法

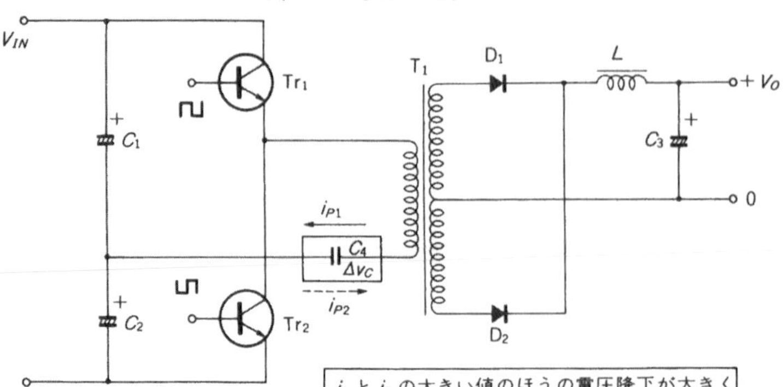

〈写真5-1〉コンデンサ C_4 の電圧波形
(20 V/div, 10 μs/div)

す．N_P 巻線の電圧は倍電圧整流時でも V_{IN} ですから，これはプッシュプル方式と同じ値となります．しかも，1次巻線が2巻線必要ないということで，この方式はトランスの巻線構造上からも大変有利な方式であるといえます．

● コンデンサ結合でトランスの偏励磁を防ぐ

さて，ハーフ・ブリッジ方式においても，2個のスイッチング・トランジスタの t_{stg} のバラツキによって，出力トランスが**偏励磁現象**を発生します．そこで，これは**図5-13** のように，コンデンサ C_4 を挿入することによって対応しています．

この C_4 には，Tr_1 と Tr_2 のコレクタ電流 i_{P1} と i_{P2} がそれぞれ逆方向に交互に流れます．したがって，それぞれの電流によってコンデンサに Δv_C と $\Delta v_C'$ の電圧が発生し，

$$\Delta v_C = \frac{1}{C_4}\int_0^{t_{on1}} i_{P1}\,dt$$

$$\Delta v_C' = \frac{1}{C_4}\int_0^{t_{on2}} i_{P2}\,dt$$

となります．

そして，トランジスタの t_{stg} のバラツキは，結果的に t_{on1} と t_{on2} のバラツキとなりますから，ON時間の長いほうの電圧が Δv_C は大きな値となります．例えば $t_{on1} > t_{on2}$ とすると，$\Delta v_C > \Delta v_C'$ となり，トランスの1次巻線に印加される電圧は，

$$V_{IN} - \Delta v_C < V_{IN} - \Delta v_C'$$

となります．

つまり，t_{on1} が長いと Tr_1 がONしている期間の N_P への印加電圧が低くなり，磁束密度の変化としては，

$$\Delta B = \frac{V_{IN} - \Delta v_C}{2 \cdot N_P \cdot A_e} \cdot t_{on1} \times 10^8$$

が低くなります．その結果，ΔB と $-\Delta B$ がバランスされ，偏励磁を防止することができます．

写真5-1 がコンデンサ C_4 の端子電圧波形を示したものです．電圧の変化していない平坦部は，両方のトランジスタがOFFしている電流の流れていない期間です．

〈図5-14〉1トランスによる駆動回路

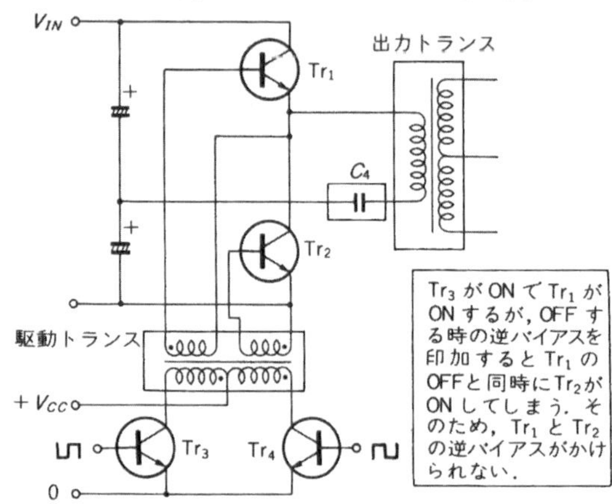

このコンデンサ C_4 には，両方向の電流が流れますので，有極性の電解コンデンサは使用できません．また，電流値はかなり大きな値となりますから，フィルム・コンデンサを用いるのが一般的です．

● ハーフ・ブリッジ方式のための駆動回路

スイッチング・レギュレータにおけるスイッチング・トランジスタの駆動回路は大変重要です．このいろいろな方式については，すでに第4章のフォワード・コンバータのところで紹介していますが，ハーフ・ブリッジ方式におけるスイッチング・トランジスタの駆動回路も基本的にはどのような回路方式でもかまいません．

ただし，2個のトランジスタを交互にON/OFFさせますので，この点に注意する必要があります．**一般的には駆動トランスを使う**ことになります．

ハーフ・ブリッジ方式では**図5-14** のように，1個の駆動トランスに2巻線を設けるのがもっとも簡単な方法です．ところが，例えば Tr_1 をONからOFFさせる時に，エミッタからベースへ逆バイアスをかけようとすると，各巻線に逆電圧を発生させなければなりませ

ん．

すると反対側のトランジスタ Tr_2 のベースが正方向にバイアスされて ON してしまいます．つまり，両トランジスタの休止期間がなくなってしまいますから，デューティ・サイクルの制御ができません．したがってベースに逆バイアスがかけられず，自然にトランジスタを OFF させなければなりません．そのためスイッチング時間が長引いてしまいます．

そこで，通常は**図5-15** のように，2個の駆動トランスを用いなければなりません．

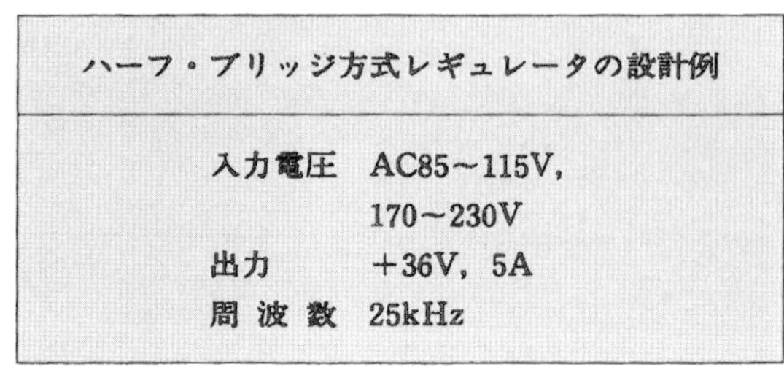

ハーフ・ブリッジ方式レギュレータの設計例

入力電圧	AC85～115V，170～230V
出力	+36V，5A
周 波 数	25kHz

では，前述までにしたがって，+36 V，5 A という大容量のレギュレータを設計してみましょう．もちろん入力電圧は AC 100 V 用と AC 200 V 用とを切り替えられるようにします．

回路は**図5-16** のようになります．ここでは制御用 IC に TL494 を用いることにします．TL494 は第 4 章，図4-32 でも示しているように，PWM 制御によるスイッチング・レギュレータ制御用 IC で，デッド・タイム制御や基準電圧回路が内蔵されています．

〈図5-15〉 2トランスによる駆動回路

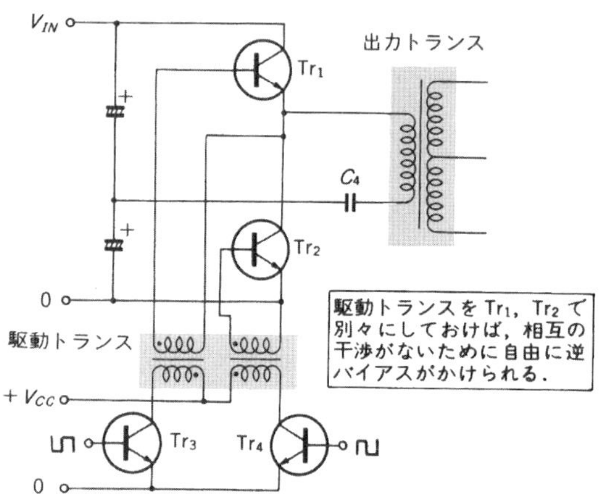

● 出力トランスの設計

入力電圧が 100 V の時には倍電圧整流とし，1次整流電圧の最大値 $V_{IN(max)}$ で，トランスの1次巻線数 N_P を求めます．トランスのコアには，第1章，表1-9，表1-10 で示す H_{7C1} 材の EI60 を用います．すると，

〈図5-16〉 ハーフ・ブリッジ回路の設計例

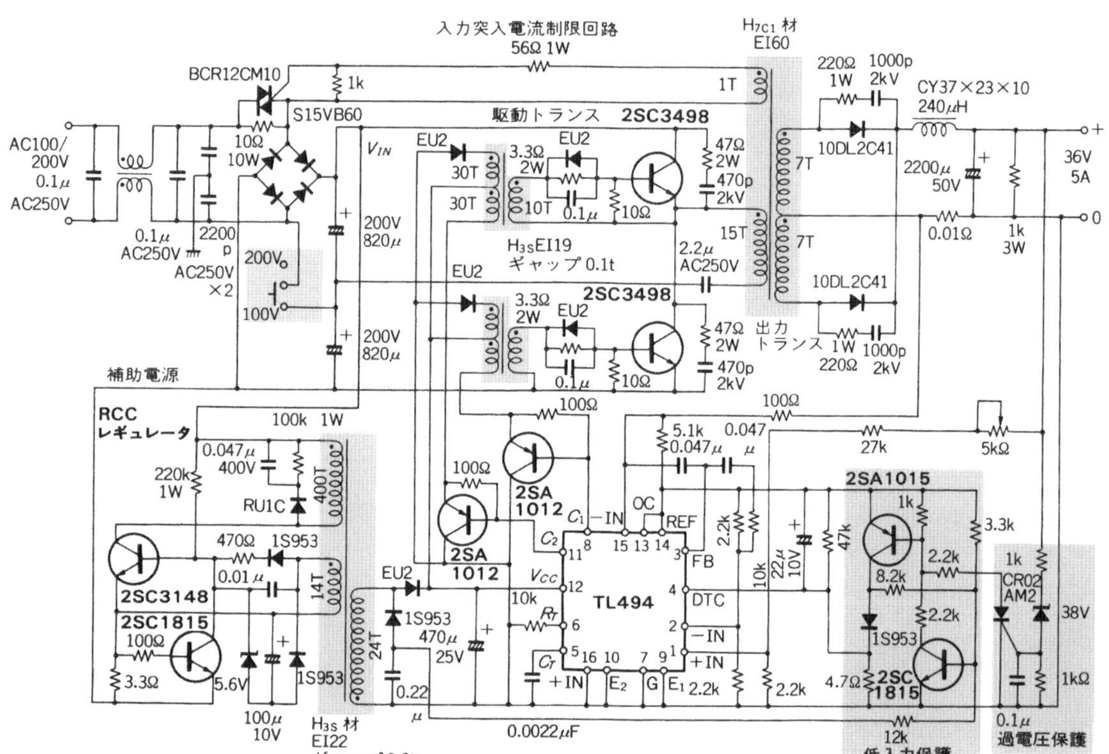

〈図5-17〉ハーフ・ブリッジの電圧波形

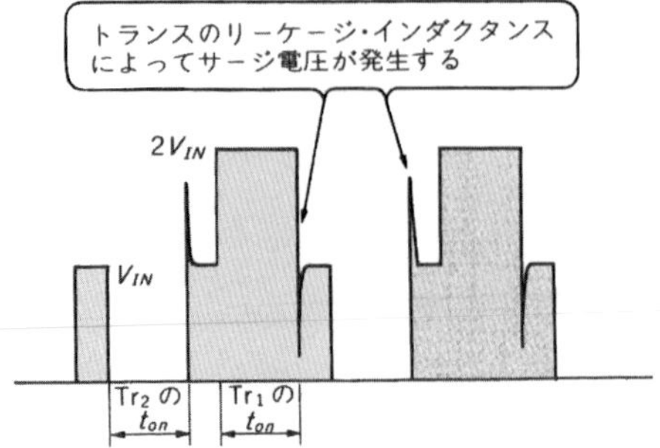

$$N_P=\frac{V_{IN\,(\mathrm{max})}\times 10^8}{4\cdot \varDelta B\cdot A_e\cdot f}$$

$$=\frac{2\times 115\times\sqrt{2}\times 0.9\times\frac{1}{2}\times 10^8}{4\times 4000\times 2.47\times 25\times 10^3}$$

$$=14.8(\mathrm{T})$$

となりますから，15Tとします．

次に2次巻線数を求めます．スイッチング・トランジスタの同時ONを避けるための**デッド・タイムは余裕を見て3μs**とします．つまり，2次側整流回路から見たデューティ・サイクルの最大値$D_{\max}$は，

$$D_{\max}=\frac{(T/2)-3}{(T/2)}$$

$$=\frac{20-3}{20}=0.85$$

となります．したがって，最低入力電圧時に必要な2次巻線の端子電圧V_Sは，ダイオードの電圧降下V_F，ライン・ドロップをV_{LD}とすると，

$$V_S=\frac{V_O+(V_F+V_{LD})}{D_{\max}}=\frac{36+(1+0.5)}{0.85}$$

$$=44.1(\mathrm{V})$$

となります．

これより2次巻線数N_Sは，

$$N_S=\frac{V_S}{V_{IN\,(\mathrm{min})}}\cdot N_P$$

〈図5-18〉ダイオードによるV_{CE}のクランプ

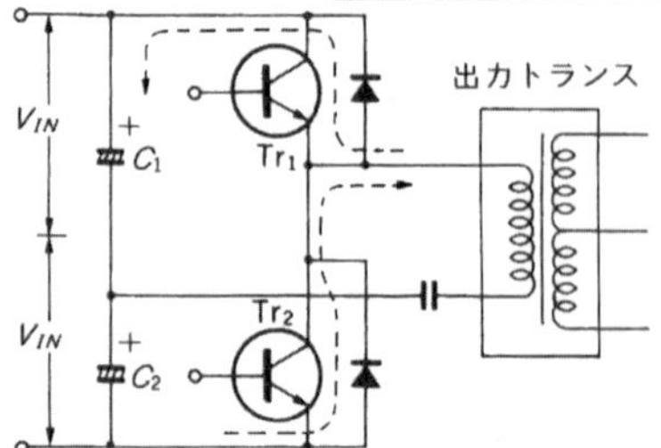

〈図5-19〉サンドイッチ巻きにして結合度を上げる

ボビンの下から，N_PとN_Sを交互に3回ずつ巻き重ねて，最後に3本のN_Pと3本のN_Sをそれぞれ並列に接続する

巻線順序

N_S=7T×2巻線
N_P=15T
N_S=7T×2巻線
N_P=15T
N_S=7T×2巻線
N_P=15T
ボビン

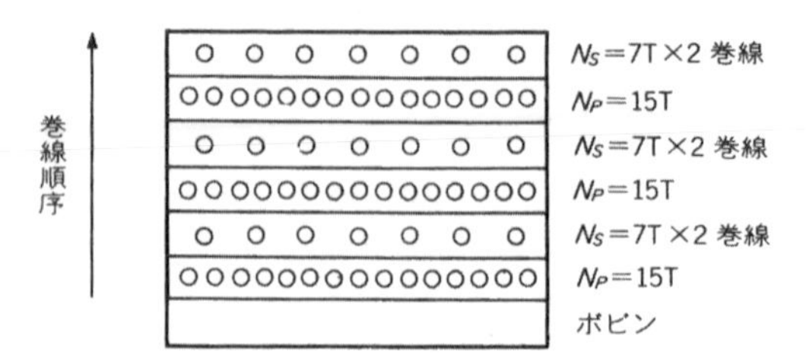

$$=\frac{44.1}{2\times 85\times\sqrt{2}\times 0.9\times\frac{1}{2}}\times 15$$

$$=6.1(\mathrm{T})$$

となりますので，7Tとします．2次側では偏励磁防止用コンデンサの電圧降下もあるので，このくらいの余裕をみる必要があります．

多石式コンバータにおいては，2次側を1巻線としてブリッジ整流とすることもできます．しかし，ダイオードの損失が増加するので，7Tの2巻線による両波整流とします．

ところで，トランスの1次側と2次側間の結合が悪く，リーケージ・インダクタンスが多いと，図5-17のようにトランジスタがOFFした瞬間に，**大きなサージ電圧が発生**してしまいます．このサージ電圧は，時にはトランジスタのV_{CE}を越えてしまうこともあります．

そこで**図5-18**のように，トランジスタのコレクタ-エミッタと逆並列にダイオードを接続する方法が取られています．ですから，トランスは結合をよくするために，**図5-19**に示すような**3分割のサンドイッチ巻き**としてあります．

● 平滑用チョーク・コイルの設計

次に，2次側平滑回路のチョーク・コイルを計算します．2次側整流回路は，**スイッチング周波数の2倍となり，OFF時間も短いので**，フォワード・コンバータに比較すると**小さなインダクタンスですみます．**

最大入力電圧$V_{IN\,(\mathrm{max})}$での2次端子電圧$V_{S(\mathrm{max})}$は，

$$V_{S(\mathrm{max})}=\frac{N_S}{N_P}\cdot V_{IN\,(\mathrm{max})}$$

$$=\frac{7}{14}\times 2\times 115\times\sqrt{2}\times 0.9\times\frac{1}{2}$$

$$=73.2(\mathrm{V})$$

となりますが，この時のデューティ・サイクル$D_{(\min)}$は，

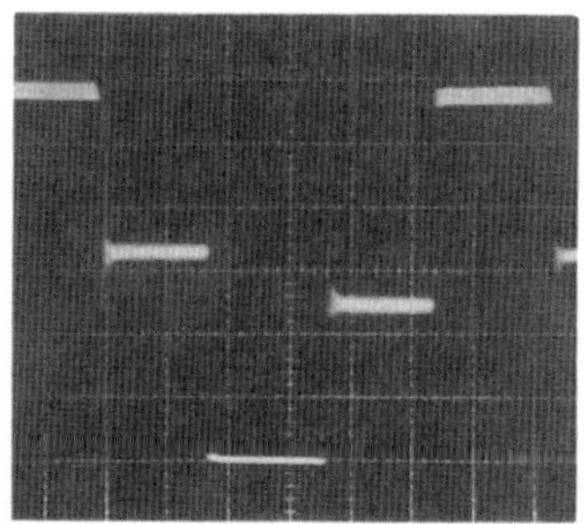

(a) V_{CE}波形(50 V/div，5 μs/div)

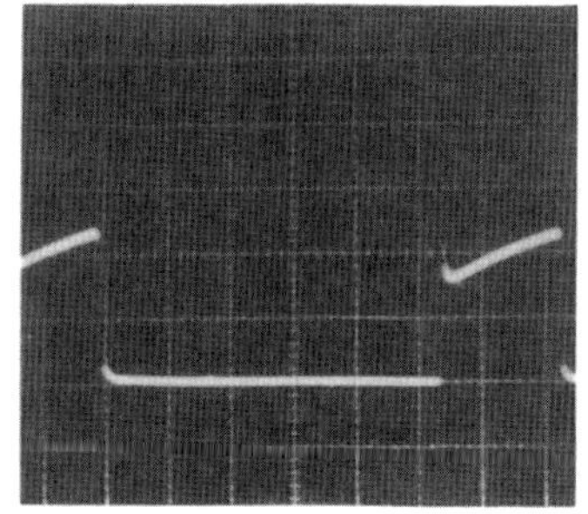

(b) コレクタ電流(2 A/div，5 μs/div)

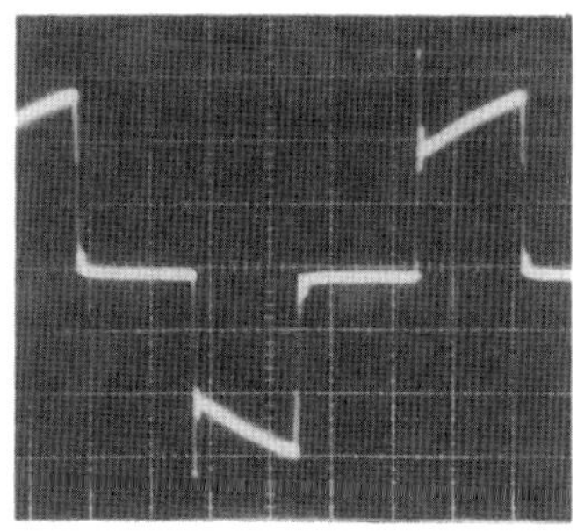

(c) トランス1次巻線電流波形 (1 A/div，5 μs/div)

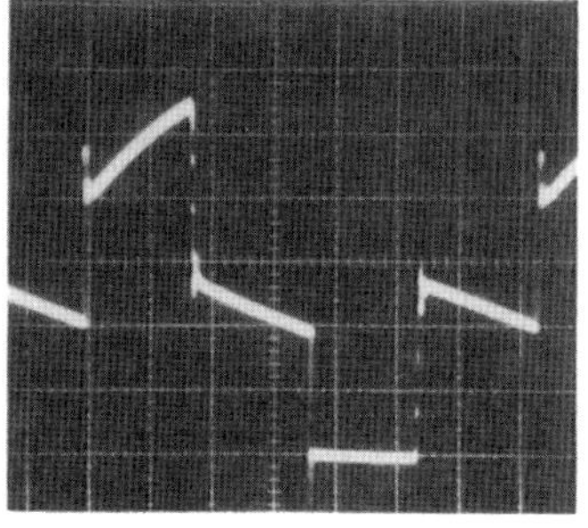

(d) 2次整流ダイオードの電流波形 (1 A/div，5 μs/div)

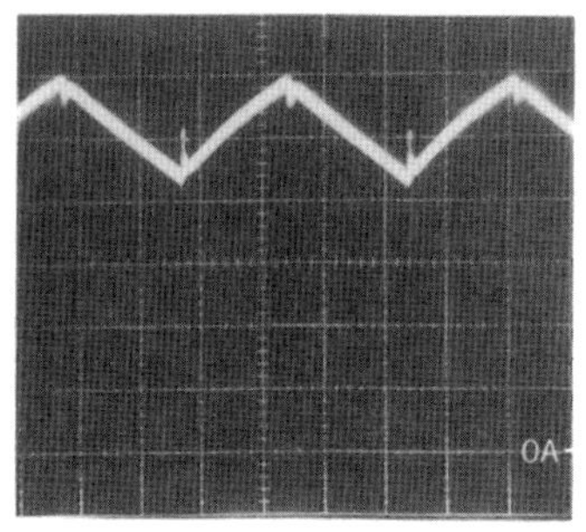

(e) チョーク・コイルの電流波形 (1 A/div，5 μs/div)

〈写真5-2〉 各部の波形

$$D_{(\min)}=\frac{V_O}{V_S-(V_F+V_R)}=\frac{36}{73.2-(1+0.5)}$$
$$=0.5$$

となりますから，この時のON時間 $t_{on}=10\ \mu$s となります．

チョーク・コイルを流れるリプル電流 i_L を，出力電流の30 $\%_{P-P}$ とすることで考えると，

$$\Delta i_L=0.3\times I_O=1.5(\mathrm{A})$$

となります．これからチョーク・コイルのインダクタンス L を求めると，

$$L=\frac{V_L}{\Delta i_L}\cdot t_{on}=\frac{V_S-(V_O+V_F+V_{LD})}{\Delta i_L}\cdot t_{on}$$
$$=\frac{73.2-(36+1+0.5)}{1.5}\times 10\times 10^{-6}$$
$$=238(\mu\mathrm{H})$$

となります．したがって，第1章，表1-5にも示したものの中からアモルファス・チョーク・コイルCY 37×23×10を選択します．

● **スイッチング素子の選択**

2次側の整流ダイオードを流れる電流の最大値 i_{SP} は，20％の過負荷状態を考慮すると，

$$i_{SP}=1.2\times\left(I_O+\frac{\Delta i_L}{2}\right)=1.2\times\left(5+\frac{1.5}{2}\right)$$
$$=6.9(\mathrm{A})$$

となります．多石式コンバータにおいては，過電流保護動作状態でも2個のダイオードには平均して1/2の周期で電流が流れますので，ここでは $V_{RM}=200$ V，$I_O=10$ Aの超高速ダイオード10DL2C41(東芝)を使用します．

また，1次電流の最大値 i_{1P} は，

$$i_{1P}=\frac{N_S}{N_P}\cdot i_{SP}=\frac{7}{14}\times 6.9=3.45(\mathrm{A})$$

ですから，スイッチング・トランジスタには $V_{CEO}=400$ V，$I_C=8$ Aの2SC2555を用いています．

写真5-2 に各部の波形を示しておきますが，写真(c)に示すように1次巻線には，半周期ずつ正負の対称的な電流が流れています．また2次側整流ダイオードの電流は，2個のトランジスタが同時にOFFしている期間に，コイルを流れる電流の半分の値で流れているのがわかります．

補助電源には，第4章のフォワード・コンバータのものと同じ回路方式の簡易型RCCレギュレータを用います．ただし，入力電圧が2倍になりますので，回路定数が一部異なっています．RCC用トランスのコアは，H_{3S} 材のEI22を用いています．

またスイッチング・トランジスタの駆動トランスには，H_{3S} 材のEI19型のコアを使用しています．巻数は30Tの2巻線と，10Tの1巻線です．これはスイッチング・トランジスタの逆バイアスをかけるために，0.1 mmのギャップを挿入し，励磁電流がたくさん流れるようにしてあります．

第6章 —— 絶縁して異なる電圧を得るために DC-DCコンバータの設計法

●ロイヤーのDC-DCコンバータ
●ジェンセンのDC-DCコンバータ
●DC-DCコンバータの設計例

DC-DCコンバータは，DC 5 Vから±12 Vなどの別のDC電源を作ったり，あるいは12 Vのカー・バッテリから AC 100 V(この場合はインバータと呼ぶが)を作ったりするときの基本技術として重要なものです．この後の章ではDC-DCコンバータを応用した無停電電源装置や高圧電源装置の設計例がでてきますが，まず基本になる部分について細かく解説していくことにします．

DC-DCコンバータではロイヤーの回路，あるいはジェンセンの回路と呼ばれるトランスの磁気特性を活用したものが有名です．なお，最近ではトランスを使わず，コンデンサ・チャージ・ポンプを利用した小容量DC-DCコンバータのICが製品化されていますが，これについてはAppendixで紹介することにします．

ロイヤーのDC-DCコンバータ

非常に少ない部品点数で，簡単に直流入力から任意の電圧を得る方法として，ロイヤーの回路があります．

● トランスを利用した自励発振で動く

図6-1が基本的な回路構成です．このように2個のトランジスタと出力トランスとで自励発振をし，方形波を発生します．各部の波形を図6-2に示します．また，使用するコアのB-H曲線を図6-3に示します．

まず，電源V_{IN}が加わると，**起動抵抗**R_Gを通して**起動電流**i_Gが流れます．このi_Gは，Tr_1，Tr_2両方のトランジスタのベース電流となりますが，Tr_2側はR_fを通して流れるため電流値が少なく，まずTr_1が先にONします．

すると，V_{IN}から出力トランスT_1のN_{P1}巻線を通してTr_1のコレクタ電流I_{C1}が流れ，N_{P1}巻線にはV_{IN}の電圧が印加されます．これで，N_f巻線にも電圧V_fを発生しますので，Tr_1のベースへは，

$$I_{B1}=\frac{(N_f/N_{P1})\cdot V_{IN}-V_{CE(sat)}}{R_f}$$

のベース電流が流れます．このベース電流によって，Tr_1はさらにON状態を維持しつづけますので，トランスの磁束密度が上昇します．トランスへの印加電圧は方形波ですから，磁束密度Bは，巻数をN，有効断

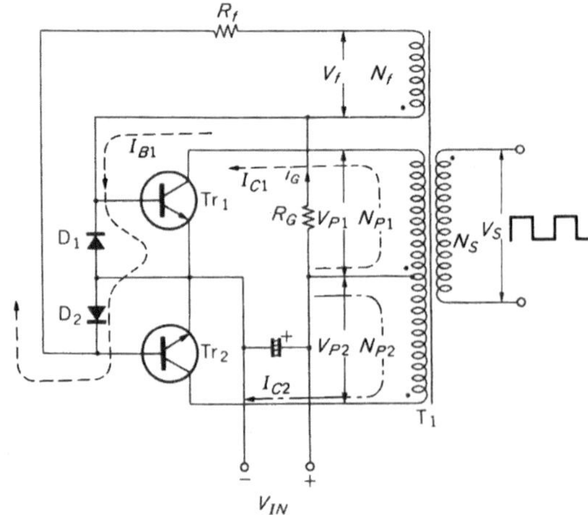

〈図6-1〉ロイヤー方式の基本回路

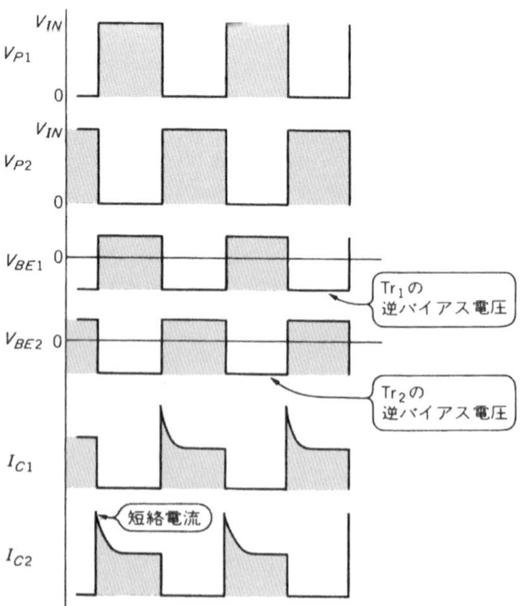

〈図6-2〉ロイヤー方式の各部の波形

面積を A_e とすると，

$$B=\frac{V_{IN}}{4\cdot N\cdot A_e\cdot f}\times 10^8$$

$$=\frac{V_{IN}\cdot t_{on}}{2N\cdot A_e}\times 10^8$$

で，$B=B_m$ に達する時間 t_{on} で磁気飽和を起こします．

トランスが磁気飽和を起こすと一瞬大きなコレクタ電流が流れ，トランジスタ Tr_1 のベース電流に対して h_{FE} が不足します．さらに，N_f 巻線への誘起電圧も低下しますから，急激にトランジスタ Tr_1 は OFF します．同時に N_f 巻線に，今までとは反対の極性の逆起電圧が発生し，今度は Tr_2 のベースを正方向にバイアスし，ON させます．そして，先ほどと同じように反対の極性で磁気飽和を起こし，交流電圧を発生します．

トランジスタのコレクタ電流 I_C は，電力変換効率を η とすると，

$$I_C=\frac{P_O}{\eta}\cdot\frac{1}{V_{IN}}$$

となりますから，入力電圧が高いほうが小さな値ですみます．

〈図6-3〉ロイヤー方式のトランスの B-H 曲線

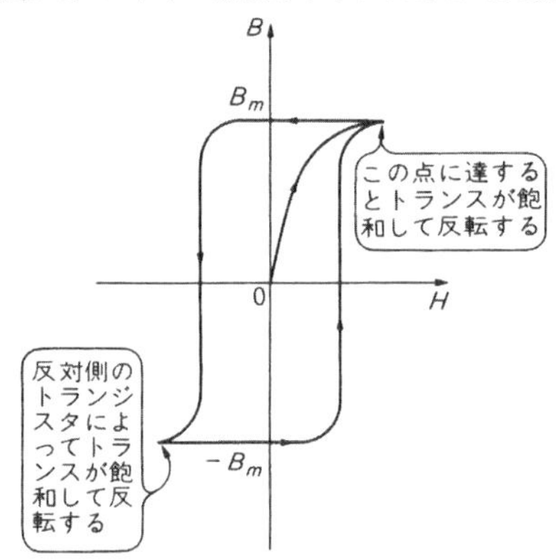

〈図6-4〉ベースを2巻線にしたロイヤー回路

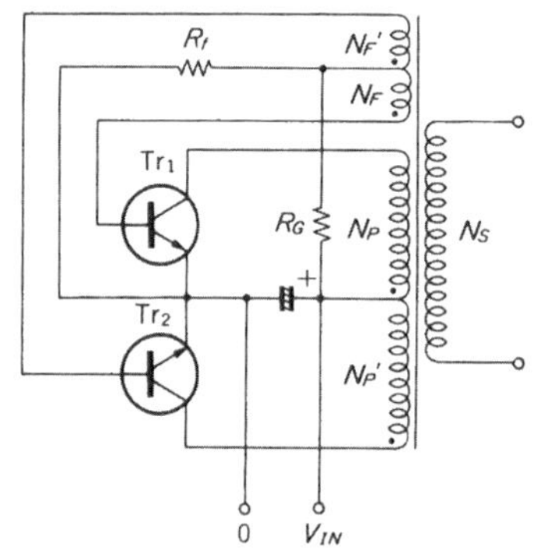

また，図6-4 のようにベース巻線 N_f を2巻線とする方法もあります．この場合は，トランジスタのベースに接続するダイオードはなくても，ベース電流を供給できます．

起動抵抗 R_G はベース巻線の中点に接続されていますので，2個のトランジスタには均等にベース電流が流れます．ですから，トランジスタの h_{FE} のバラツキで，h_{FE} の大きいほうが先に ON して発振動作を開始します．

● 2次側整流回路の構成

ロイヤーの回路の2次側整流回路は，一般にはコンデンサ・インプット方式とします．発生する方形波電圧は，正負対称波形です．したがって，トランスの2次側は2巻線による両波整流か，1巻線によるブリッジ整流を用います．

図6-5 の両波整流方式とすると，トランスの2次巻線の巻数は，出力電圧を V_O，ダイオードの順電圧降下を V_F として，

$$N_S=\frac{V_O+V_F}{V_{IN}-V_{CE(\text{sat})}}\cdot N_P$$

として求めます．$V_{CE(\text{sat})}$ はトランジスタの飽和電圧です．$V_{CE(\text{sat})}$ を考慮したのは，V_{IN} が 12 V や 24 V と低いと無視できないからです．

ところで，ロイヤーの回路の発生する電圧波形には，休止期間がありません．ですから，整流後の出力直流電圧には，図6-6 のように非常に狭い期間のみの電圧低下による，わずかなリプル電圧しか発生しないことになります．これは，トランジスタのスイッチング時間や，整流ダイオードの t_{rr} によって発生するもので，数 μs 以下の極めて短い時間です．

ですから，平滑用のコンデンサは容量の小さなものでも十分に小さなリプル電圧とすることができるという特徴があります．

〈図6-5〉2次側を両波整流とした回路

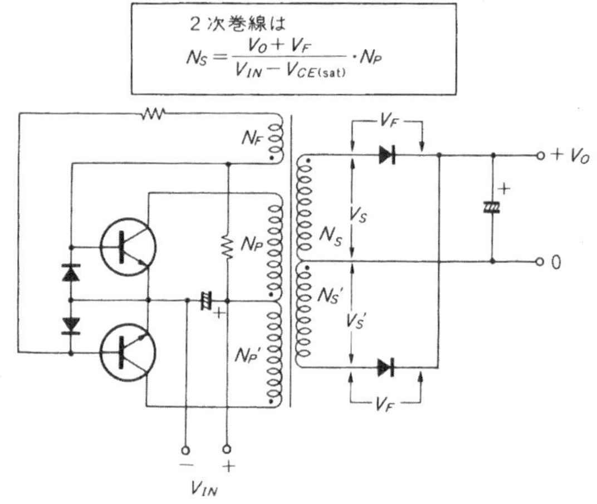

〈図6-6〉ロイヤーの回路の出力電圧

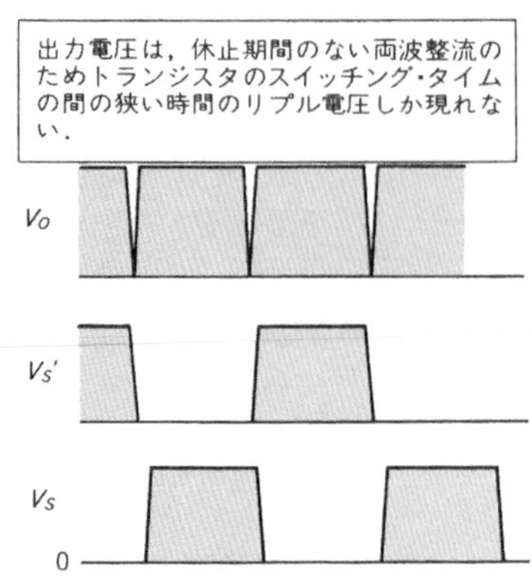

〈図6-8〉ロイヤーの回路設計例

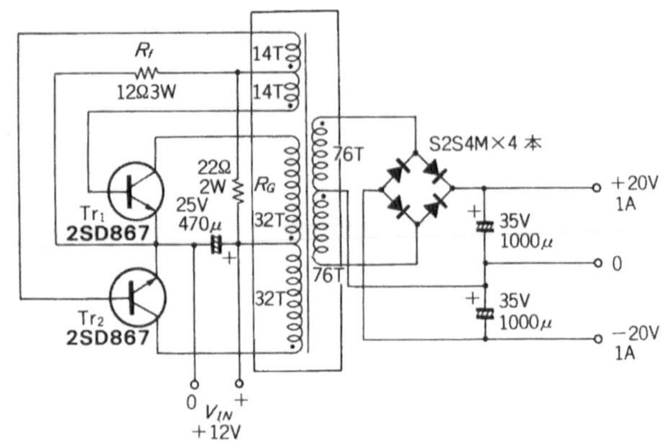

● トランジスタの短絡電流

トランジスタには，スイッチング時に蓄積時間 t_{stg} があることは前に説明しました．これは，ベース電流がなくなっても，まだON状態を維持してしまう現象です．これが原因で，ロイヤーの回路では**短絡電流がコレクタ電流として流れて**しまいます．

つまり，ある時間ONし続けると，トランスは磁束密度が増加して磁気飽和を起こしますので，ベース巻線への誘起電圧がなくなり，ベース電流も流れなくなります．ところが，**t_{stg} があるためにトランジスタはすぐにOFFできずON状態を継続**します．この時，1次巻線のインダクタンスは非常に小さいために，短絡電流が発生してしまうのです．

この短絡電流によって，トランジスタは大きなスイッチング損失を発生させます．

トランジスタのスイッチング損失 P_S は，スイッチング時間を t_S とすると，

$$P_S=\int_0^{t_S} I_C \cdot V_{CE} \cdot dt=\frac{1}{6} I_C \cdot V_{CE} \cdot t_s$$

で表されます．**短絡電流は** I_C として流れ，通常の**コレクタ電流の10倍にも達する**ことがあります．そのため，スイッチング損失がやはり10倍にもなってしまいます．しかも，この損失は毎周期発生するので，スイッチング周波数に比例して増加してしまいます．

ですから，ロイヤーの回路ではあまり高い発振周波数にすることができません．**通常では2～3 kHzが限界**となってしまいます．

● 起動時の注意事項

このロイヤーの回路では，**入力電源ライン間にコンデンサを接続**しないと，起動不良を起こすことがあります．

例えば，**図6-7**の B-H 曲線で，磁束が B_1 点に達した時に入力スイッチが突然に切れたとします．ところがトランスのコアは保持力が大きいために，すぐには0点へもどることができません．そこで，さらに入力スイッチが投入されると，トランスは磁束変化ができず，ベース巻線へ電圧を誘起することができなくなってしまうのです．

したがって，**入力電源ライン間には必ず数百 μF の**コンデンサを付加し，スイッチが切れてからも，徐々に B-H 曲線の0点にもどりながら発振を停止するようにしておかなければなりません．

〈図6-7〉入力コンデンサのない時のB-H曲線

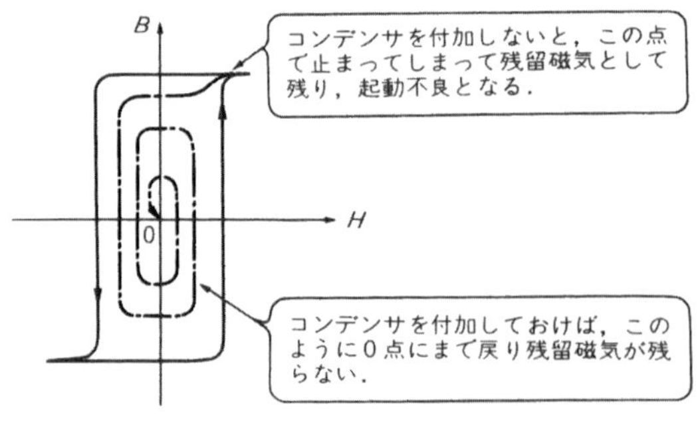

DC-DCコンバータの設計
入力　DC 10～15 V 出力　±20 V，1 A

では次の入出力仕様で，回路定数の計算を行ってみます．

入力電圧　DC 10～15 V

出力　±20 V　1 A

ロイヤーの回路の発振周波数 f は，入力電圧 V_{IN} に比例して変化します．そこで，最高入力電圧 $V_{IN(max)}$ = 15 V の時に f = 1 kHz とします．

トランスは毎周期磁気飽和を起こすためヒステリシス損が大きくなります．ですから低損失となるように第1章，図1-18に示したフェライト・コアの，H_{3s} 材

EI60を用いることとします．コアの特性については第1章でまとめて紹介してありますので，それを参照してください．

トランジスタの飽和電圧 $V_{CE(sat)}=0.8$ V として1次巻線 N_P を求めます．

$$N_P=\frac{V_{IN(max)}-V_{CE(sat)}}{\Delta B_m\cdot A_e\cdot f}\times 10^8$$

$$=\frac{15-0.8}{4\times4500\times2.47\times1\times10^3}\times10^8$$

$$=32(T)$$

となります．

2次側は図6-8のようにブリッジ整流とします．ダイオードの順方向電圧降下 $V_F=1$ V とし，2次巻線の巻数 N_S には，最低入力時にでも20 V得られるようにすると，

$$N_S=\frac{V_O+2\cdot V_F}{V_{IN(min)}-V_{CE(sat)}}\cdot N_P$$

$$=\frac{20+2}{10-0.8}\times32=76(T)$$

となります．

これよりスイッチング・トランジスタのコレクタ電流 I_C は，出力電流が正負両回路に流れることを考慮して求めると，

$$I_C=2\cdot I_O\cdot\frac{N_S}{N_P}$$

$$=2\times1\times\frac{76}{32}=4.75(A)$$

となります．

DC-DCコンバータにおけるトランジスタの V_{CEO} は，入力電圧の2倍となりますから50 Vのものを用いれば十分で，ここでは大電力スイッチング用としてポピュラな2SD867($V_{CEO}=110$ V，$I_C=10$ A，$t_{stg}=4$ μs，外形TO3型)を用います．

ベース巻線電圧 V_B は，最低入力電圧の時でも4 V出るように考えると，

$$N_f=\frac{V_B}{V_{IN(min)}-V_{CE(sat)}}\cdot N_P$$

$$=\frac{4}{10-0.8}\times32=14(T)$$

となります．

$I_C=4.75$ Aの時のトランジスタ(2SD867)の h_{FE} は40以上ありますから，ベース電流 I_B は余裕を見て0.2 A流すことにします．このことから，ベース抵抗 R_f は，

$$R_f=\frac{V_B-(V_{BE}+V_F)}{I_B}$$

$$=\frac{4-(0.6+1)}{0.2}=12(\Omega)$$

となります．さらに最大入力電圧時の抵抗の損失を求めておきます．まず V_B の最大値は，

〈図6-9〉ジェンセンの回路

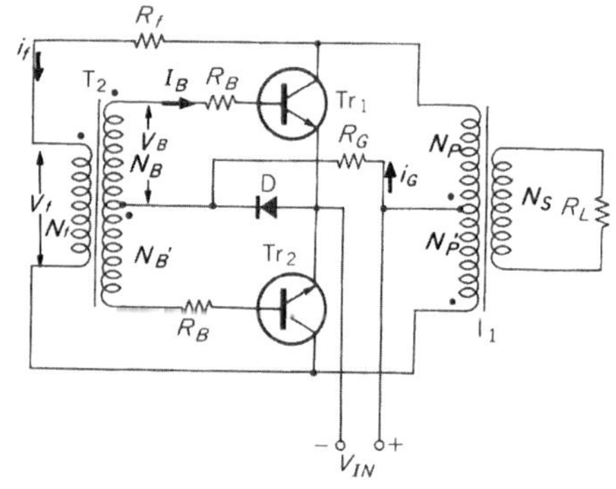

$$V_{B(max)}=\frac{N_f}{N_P}\cdot(V_{IN(max)}-V_{CE(sat)})$$

$$=\frac{14}{32}(15-0.8)=6.2(V)$$

となります．したがって抵抗 R_f の損失 P_R は，

$$P_R=\frac{\{V_{B(max)}-(V_{BE}+V_F)\}^2}{R_f}$$

$$=\frac{\{6.2-(0.6+1)\}^2}{12}=1.8(W)$$

と比較的大きな値となります．

ジェンセンのDC-DCコンバータ

● ロイヤーの回路との違い

ロイヤーの回路は，出力トランスの磁気飽和を利用して自励発振を繰り返すためにトランジスタの損失が多く，高周波化するのは無理です．

さて，図6-9に示すジェンセンの回路は，ロイヤーの回路と同様にコアの角形ヒステリシスを利用した磁気マルチバイブレータですが，出力トランスは非飽和で用います．そしてトランジスタのベース回路へはもう一つの小型トランスを設け，こちらを磁気飽和させるものです．

そのため，トランジスタの損失が軽減でき，動作を高周波化できますので，トランスの小型化を図ることができます．

● 二つのトランスを使用する

このジェンセンの回路は，2個のトランスを用いていることから，2トランス式ロイヤーなどとも呼ばれています．

各部の波形を図6-10に示します．動作は，まず起動抵抗 R_G を通して，トランス T_2 の N_B 巻線に電流 i_G が流れ，トランジスタ Tr_1, Tr_2 のベース電流となります．すると，どちらか V_{BE} の低いほうのトランジスタがまずONします．

〈図6-10〉ジェンセンの回路の各部波形

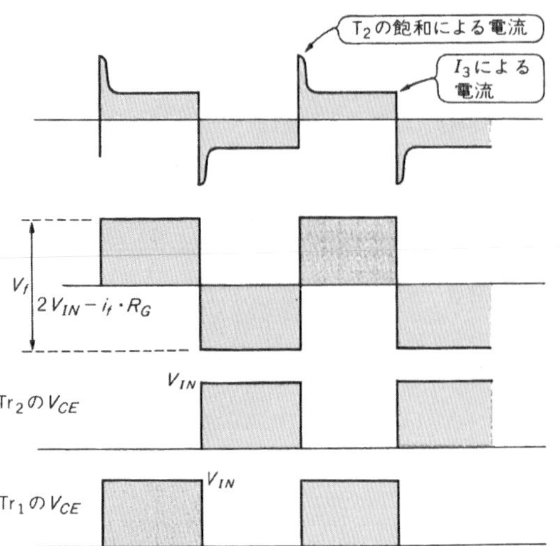

いまTr_1が先にONしたとすると，入力電源V_{IN}からトランスのN_P巻線に電流が流れ，N_PとN_P'の両端には2 V_{IN}の電圧が発生します．

この時，発振トランスT_2のN_f巻線にもこの電圧が加わりますから，N_B巻線へTr_1がさらにONする方向の電圧を発生します．この時のT_2のN_B巻線の電圧をV_B，ベース抵抗をR_Bとすると，トランジスタへのベース電流I_Bは，

$$I_B=\frac{V_B-(V_{BE}+V_F)}{R_B}$$

で流れ続け，Tr_1はON状態を持続します．

この時N_f巻線の電流i_fは，励磁電流を考えないと，

$$i_f=\frac{N_B}{N_f}\cdot I_B$$

ですから，N_f巻線の両端に印加される電圧V_fは，

$$V_f=2\cdot V_{IN}-i_f\cdot R_f$$
$$=2\cdot V_{IN}-\frac{N_B}{N_f}\cdot\frac{V_B-(V_{BE}+V_F)}{R_B}$$

となります．

すると，発振トランスT_1のコアの磁束密度が増加し，ある点で急に磁気飽和を起こします．そのためN_B巻線への電圧が誘起されなくなり，Tr_1は急激にOFFします．と同時に，出力トランスT_1には逆起電力が発生し，今までとは反対の極性の電圧が発生し，今度はTr_2をONさせます．

この動作の繰り返しで自励発振を持続し，出力トランスT_1の2次側へ電力を供給します．

出力トランスは，通常の高周波トランスで非飽和動作ですから，2個のトランジスタには飽和電流が流れず，高周波化が可能となるわけです．

DC-DCコンバータの設計
入力　DC12V 出力　±24V，1A

V_{IN}=DC 12 Vから，±24 V，1 Aを得る直流電源を設計してみます．回路を**図6-11**に示します．

ここでは発振周波数を20 kHzとしますので，スイッチング・トランジスタには，極力高速スイッチング用のものを選択します．コレクタ-エミッタ間の電圧V_{CEO}は，2× V_{IN}以上であればよく，30 Vもあればよいのですが，余裕を見て50 V前後のものとします．

コレクタ電流I_Cは，1次対2次間の巻数比が約2倍ですから，4 Aとなり，10 A程度のものとします．2SC3345はV_{CEO}=50 V，I_C=12 Aで，スイッチング速度も速く，h_{FE}も60程度とることができますし，低い飽和電圧$V_{CE(sat)}$のトランジスタです．

● 出力トランスの設計

それでは，出力トランスから計算しますが，使用コアは第1章，図1-18で紹介しているTDKのH_{3S}材EI30とすると，有効断面積A_e=1.09ですから，1次巻線$N_P=N_P'$は，

$$N_P=\frac{V_{IN}-V_{CE(sat)}}{4\cdot\Delta B\cdot A_e\cdot f}\times10^8$$
$$=\frac{12-0.3}{4\times3000\times1.09\times20\times10^3}\times10^8$$
$$=4.5(\mathrm{T})$$

となり，5ターンずつとします．

〈図6-11〉ジェンセンの回路による±24 V DC-DCコンバータ

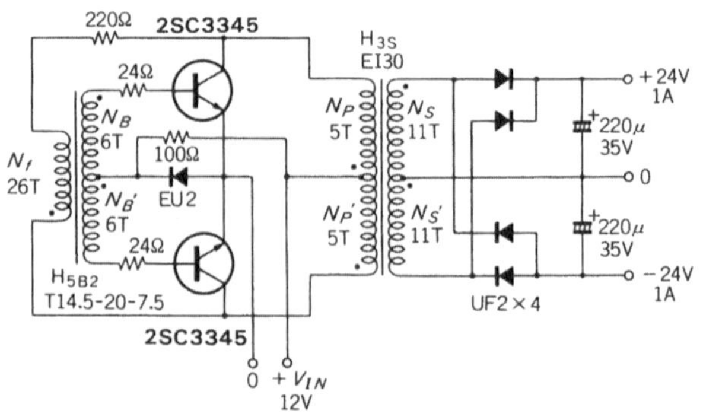

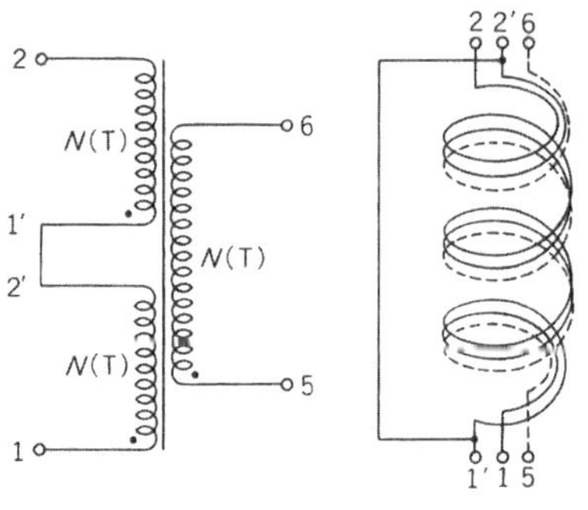

〈図6-12〉バイファイラ巻きとは

2次巻線 N_S は，

$$N_S = \frac{V_O + V_F}{V_{IN} + V_{CE(sat)}} \cdot N_P$$

$$= \frac{24+1}{12-0.3} \times 5 = 10.7\text{(T)}$$

ですから11ターンの2巻線とします．

1次，2次ともに巻数が少ないので，巻線間の結合をよくすることとバランスがとれるようにすることが大切です．これには，**図6-12** に示すように N_P と N_P'，N_S と N_S' をそれぞれ並列に巻くバイファイラ巻きとします．

トランジスタのコレクタ電流 I_C は巻線比と出力電流から求まります．つまり，

$$I_C = \frac{N_S}{N_P} \cdot I_O = \frac{11}{5} \times 2 \times 1 = 4.4\text{ A}$$

ベース電流 I_B は，

$$I_B = \frac{I_C}{h_{FE}} = \frac{4.4}{60} = 0.07\text{ A}$$

ですが余裕を見て0.1Aとします．

発振トランス T_2 のベース巻線の電圧 $V_B = 4$ V とすると，ベース抵抗 R_B は，

$$R_B = \frac{V_B - (V_{BE} + V_R)}{I_B}$$

$$= \frac{4-(0.6+1)}{0.1} = 24\ \Omega$$

となります．

電流制限抵抗 R_f による電圧降下 V_R を6Vとすると，N_f 巻線には，

$$V_f = 2(V_{IN} - V_{CE(sat)}) - V_R$$

$$= 2 \times (12-0.3) - 6 = 17.4\text{ V}$$

が必要となります．

● 発振トランスの設計

発振トランス用コアの B-H 曲線は，**図6-13** のようにできるだけ角型のもののほうが飽和特性がよくなりますので，ここではTDKの H_{5B2} 材のトロイダル型状，T14.5-20-7.5とします．

このコアの有効断面積は $A_e = 0.2\text{ cm}^2$ で，飽和磁束密度 $B_m = 4200$ ガウスのものです．

〈図6-13〉B-H 曲線

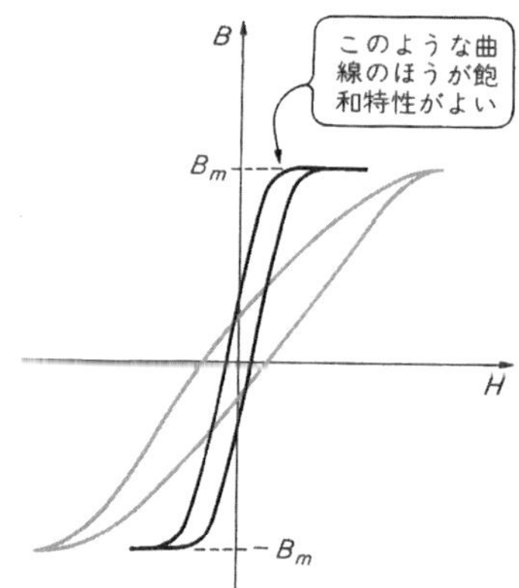

〈図6-14〉整流コンデンサの電圧波形

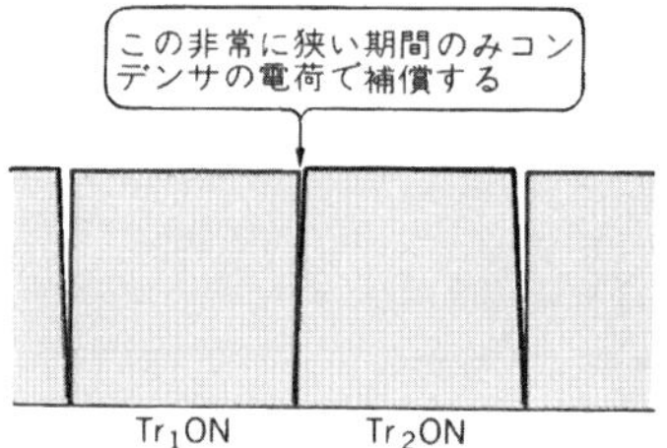

これから，T_2 の N_f 巻線の巻数は，

$$N_f = \frac{V_f}{4 \cdot B_m \cdot A_e \cdot f} \times 10^8$$

$$= \frac{17.4}{4 \times 4200 \times 0.2 \times 20 \times 10^3} \times 10^8 \fallingdotseq 2.6\text{(T)}$$

となります．ベース巻線 N_B は，

$$N_B = \frac{V_B}{V_f} \cdot N_f = \frac{4}{17.4} \times 26 = 6\text{ ターン}$$

と求まります．

したがって，R_f を流れる電流 i_f は，

$$i_f = \frac{N_B}{N_f} \cdot I_B = \frac{6}{26} \times 0.1 = 0.023\text{ A}$$

ですから，R_f は，

$$R_f = \frac{V_R}{i_f} = \frac{6}{0.023} = 260\ \Omega$$

となります．

実際には，N_f 巻線への励磁電流も流れ，電流制限抵抗 R_f の電圧降下 V_R が大きくなるために発振周波数が低下してしまいます．したがって，これを考慮すると $R_f \fallingdotseq 220\ \Omega$ が適当な値となります．

2次整流用ダイオードは発振周波数が20kHzですので，損失を抑えるには高速用のものが必要です．ただし，整流用コンデンサは方形波の両波整流ですから，**図6-14** のようにほとんどリプル電圧が現れず，大きな容量のものを使う必要はありません．

チャージ・ポンプ型DC-DCコンバータIC ICL7660の応用

トランスやコイルなどの巻線類を一切使用せずにDC-DCコンバータを実現する方法があります．これはチャージ・ポンプ，あるいはスイッチト・キャパシタと呼ばれる方式で，インターシル社のICL7660はその専用ICです．**表A-1**に電気的特性とピン接続図，**写真A-1**に外観図を示します．

このICはあまり大きな電力は扱えませんが，簡単なアナログ回路などで－5Vの電源を，ボード単位でローカルに作る時などには最適なICです．

● チャージ・ポンプの動作原理

図A-1がチャージ・ポンプ回路の動作原理を示す図です．発振器からの信号に同期して，まずS_1とS_3が同時にONします．この時S_2とS_4はOFFしていますので，コンデンサC_1の両端は図に示す極性で，電源電圧V^+まで充電されます．

ある期間t_1経過後にS_1とS_3がOFFし，代わりにS_2とS_4がONします．すると今までC_1にたまっていた電荷が，図の極性でC_2に移行されます．そして，この両端の電圧もVとなります．V_Oは負の出力ですから，GNDとの間には$-V_{IN}$の負電圧が発生し，V_{IN}との間には$2V_{IN}$の電圧が発生したことになります．

● ICL7660の使い方

このICL 7660の使い方としては，**図A-2**に示す正入力電源から負出力電源を作る，極性反転型コンバータが標準的ですから，まずこれを設計してみます．

このICの発振周波数は，7番ピンにコンデンサを外付けして設定できます．このコンデンサを付加しない時には約10kHzで動作しますが，10kHzだと内部損失が増加し電力変換効率が低下しますので，**図A-3**から47pFのコンデンサを外付けして約2kHzで動作させることにします．

チャージ・ポンプにおける電力の受け渡しをする外付けコンデンサC_1とC_2は，動作周波数が低いためにかなり大きなリプル電圧を発生します．これはV_{IN}の入力側からエネルギが供給されるのは半周期だけで，残りの半周期は負荷へ電荷を放出するからです．

また，コンデンサには必ず内部インピーダンスがあり，それによる電圧降下が発生するために，C_1へ充電された電荷がC_2へは100％移行されません．

それぞれのコンデンサの端子電圧をV_1，V_2とすると電荷移動の過程で，

$$P_C=\frac{1}{2}C_1\cdot V_1^2-\frac{1}{2}C_2\cdot V_2^2$$

のエネルギ損失が発生しています．ですから，ここに用いるコンデンサは動作周波数が低いからとはいえ，

〈表A-1〉[22] ICL7660の電気的特性

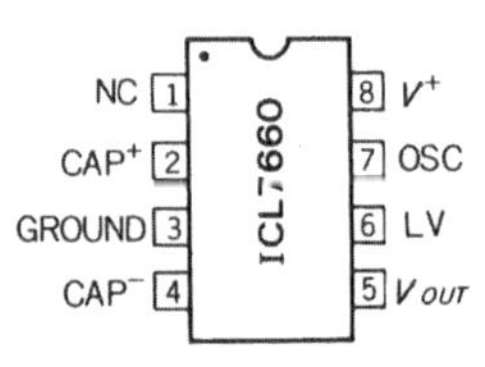

項目	記号	定格	単位
電源電圧	V_{CC}	10.5	V
最大損失	P_D	0.5	W
動作温度	T_{ope}	0～70	℃
出力インピーダンス I_O=20mA, T_a=25℃	R_{OUT}	最大100	Ω
周波数	f_{OSC}	10	kHz

〈図A-2〉ICL7660の基本回路

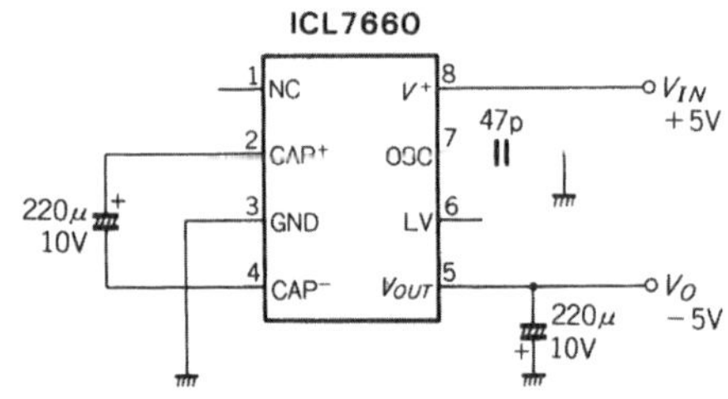

〈図A-1〉チャージ・ポンプの原理図

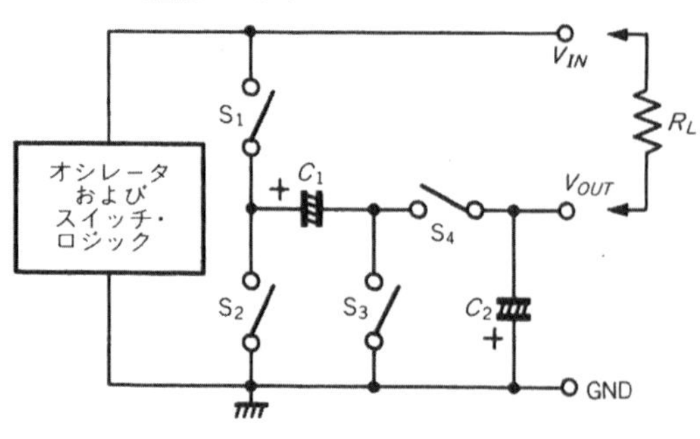

〈写真A-1〉ICL7660の外観

〈図A-3〉[22] ICL7660の発振周波数

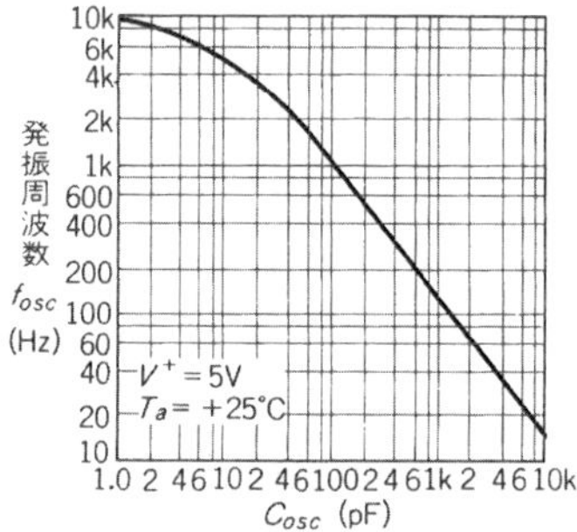

高周波用の低インピーダンス品を用いるようにしなければなりません．

もちろん，出力リプル電圧の面からは容量が大きければ大きいほどよい特性となります．ここでは，SWレギュレータでも用いた，松下電子部品製の低インピーダンス品HFシリーズの10 V 220 μFを使用します．

● **出力電圧を安定化するには**

さて，このICL 7660の出力インピーダンスは約70 Ωあります．これは入力電圧$+V_{IN}$が一定であっても，出力電流I_OによってIC内部で電圧降下を発生し，出力電圧V_Oが変化してしまうことを意味しています．

つまり，ICの出力インピーダンスをZ_Oとすると，コンデンサC_1，C_2の電圧降下を無視しても，出力電圧V_Oは，

$$V_O = V_{IN} - I_O \cdot Z_O$$

となります．

入力電圧$V_{IN}=5$ Vですから，20 mAの出力電流を取ると，$V_O=3.6$ Vにまで変動してしまいます．このIC自体はもともと電圧を変換するだけの機能のもので，出力電圧を安定化する作用はもっていません．

したがって，この電圧変動が問題となる場合には，図A-4のように同様の回路を**複数個並列接続**して用います．各ICごとの発振周波数はばらばらで，同期がとれていなくても実用上はさしつかえありません．この時の出力側のコンデンサは，共通に1個でもさしつかえありません．

〈図A-4〉ICL7660の並列接続

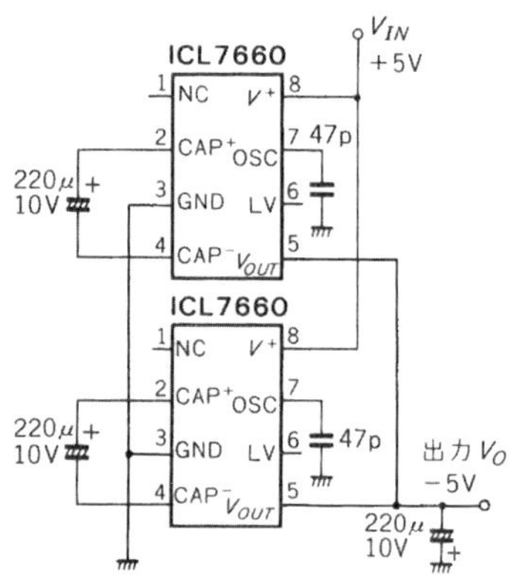

通常の電源だと，出力電力を増大する目的で同一のユニット電源を並列接続すると，それぞれのユニットの出力電流の分担が平均化されません．それは，どれか出力電圧の高いユニットが，まずすべての電流を流そうとするからです．

しかし，このICの場合には出力インピーダンスが高いために，電流が流れようとすると出力電圧が低下し，自然にあるところで各ICの出力電流のバランスがとれるわけです．したがって，図A-4のように2個のICを並列に接続すると，出力で20 mA取ろうとしても1個当たりの分担は10 mAですから，電圧降下は約0.7 Vで済み，出力電圧も4.7 Vとなります．さらに並列個数を増やしてやれば，当然そのぶん電圧変動も少なくなります．

〈図A-5〉出力電圧の安定化方法

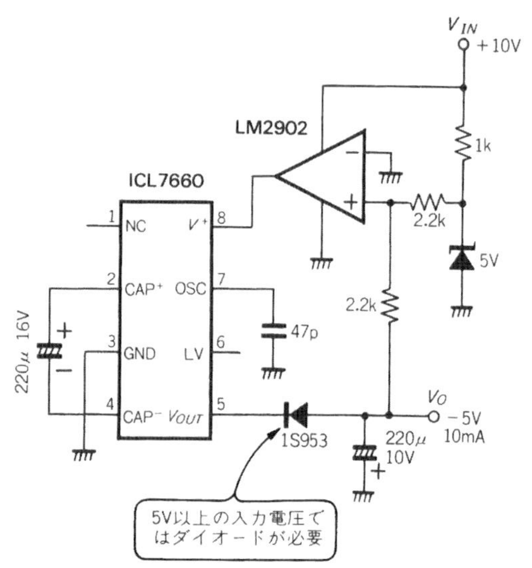

また，なんとか出力電圧の安定度を向上させたいという時には，図A-5のように入力電源V_{IN}側にシリーズ・レギュレータを付加してやる方法があります．この時の入力電圧は，IC内部の電圧降下V_{DROP}を考慮して，

$$V_{IN} \geqq V_O + V_{DROP}$$

でなくてはなりません．

第7章――パソコンの停電補償を行うために 無停電電源の設計法

●無停電電源とは
●インバータ部の設計
●充電部の設計

無停電電源とは

● 停電時のバックアップ電源

無停電電源は一般にはUPS(Uninterrupt Power Supply)と呼ばれ，商用電源が停電した時でも，パソコンなどのメモリの内容が消滅してしまったりするのを防止する目的で多く用いられるようになりました．つまり，通常は商用の100 Vラインからパソコンに電源を供給するわけですが，停電になったときにこのUPSからパソコンに電源を供給してやり，パソコンの停電を防ごうというわけです．

現在商品として市場に出ているUPSはライン同期型といって，停電時に商用電源に同期した交流を発生します．これは高周波PWM制御と呼ばれる方式で，サイン波の定電圧出力となっています．

しかし，現在のパソコン内部の直流電源は，ライン・オペレート型のスイッチング・レギュレータですから，必ずしもそんなに厳密なサイン波のAC 100 Vを必要としません．そこで，手軽にできる無停電電源を設計してみます．

● 無停電電源の構成

無停電電源の構成は，どんなものであっても，

(1) バッテリ充電器
(2) バッテリ
(3) インバータ

の3要素からなっています．

図7-1が基本的な無停電電源の構成図で，常時インバータから負荷へ電力を供給するようにします．もちろん，停電時以外は商用電源から負荷へ電力を供給するようにしたほうがよいのですが，切り替えの方法が複雑になります．そのうえ，この切り替え時間をゼロで行うのは容易ではありませんから，負荷側の入力瞬断保証時間などからみて，常時インバータを通しておいたほうが動作は確実です．

〈図7-1〉無停電電源の基本構成

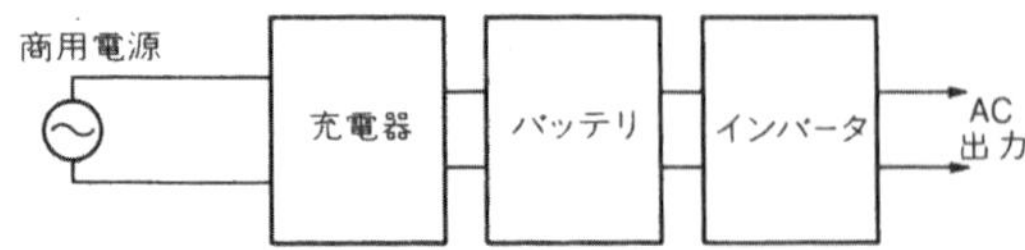

インバータ部の設計

● インバータとは

インバータとは，コンバータとは対称的な言葉として用いられています．つまり，直流電源を入力として交流電圧を出力するものを総称してこう呼んでいます．ここでは発振周波数が低いので，第6章でDC-DCコンバータとしても紹介したロイヤーの回路を使用します．

まず，バッテリは12 Vのものを2個直列にして，24 Vとします．ただしバッテリは，実際には公称電圧より高い値ですので，$V_{IN}=27$ Vとしてトランスを設計します．図7-2にインバータ部の基本回路構成を示します．

● インバータ回路の設計

発振周波数が50/60 Hzと低いですから，コアの最大磁束密度が極力高いものを使用しないと，巻数が多くなってしまいます．ここでは，日本金属のトロイダル型ニッケル・パーマロイ・コアを使用します．表7-1

〈図7-2〉ロイヤー方式によるインバータ回路

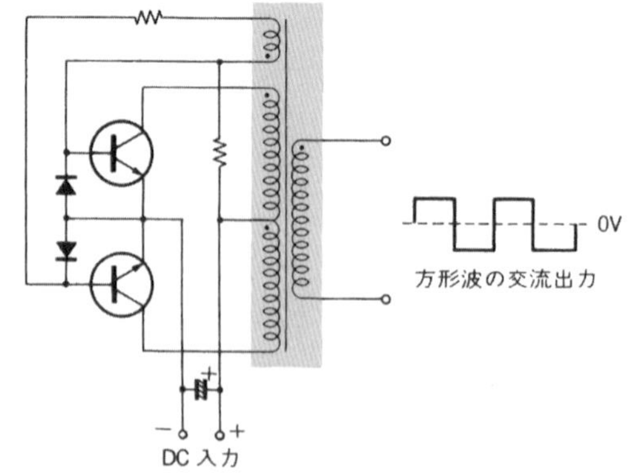

がこのコアの特性です(TN15×20×70).

これは，有効断面積 $A_e=2.76\ \mathrm{cm}^2$ で，最大磁束密度 $B_m=18$ k ガウスですから，発振トランスの1次巻線の巻数 N_P は，

$$N_P=\frac{V_{IN}-V_{CE(\mathrm{sat})}}{4\cdot B_m\cdot A_e\cdot f}\times 10^8$$

$$=\frac{27-0.5}{4\times 18\times 10^3\times 2.76\times 55}\times 10^8$$

$$=242\ \text{ターン}$$

となります．**周波数が低いのでかなり巻数が多くなって**しまいます．周波数 f は，50 Hz と 60 Hz との中間 55 Hz で計算してあります．

● 出力側交流電圧の考え方

出力側交流電圧は，100 V では足りません．というのは，商用電源はサイン波の実効値が 100 V で，ピーク値は $\sqrt{2}$ 倍の約 140 V です．一方，**負荷となるパソコンなどの直流電源は，入力側がコンデンサ・インプット型**ですから，交流のピーク値近くまで充電します．

ですから，**インバータの出力電圧は 120 V** として考えます．そして2次巻線 N_S を計算すると，

$$N_S=\frac{E_S}{E_P}\cdot N_P=\frac{120}{26.5}\times 242$$

$$=1096\ \text{ターン}$$

となります．

出力電流 I_O は 1 A として考えます．すると，出力電力は 120 VA となります．これより，1次側のトランジスタのコレクタ電流 I_C を求めます．交流電圧波形が方形波ですから，トランスの巻数比で単純に計算でき，

〈表7-1〉ニッケル・パーマロイ・コアの特性

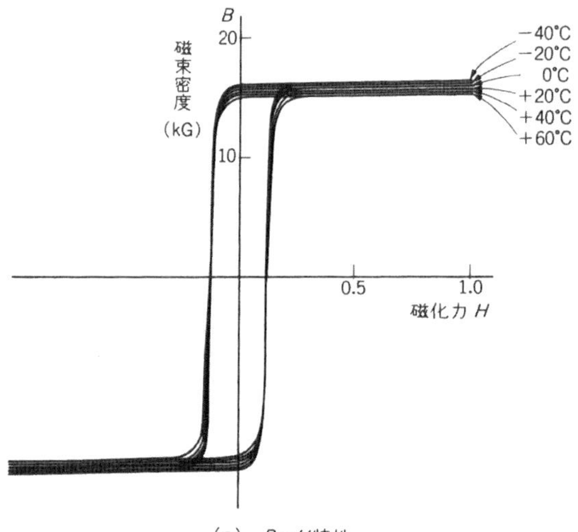

(a) B−H特性

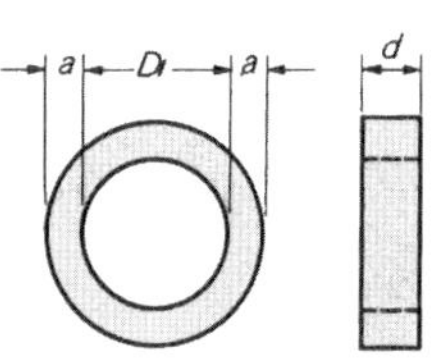

材質 PE100
型名 TN15×20×70
(旧L140)

(b) コアの外形

標準寸法 a×b×Di (mm)	ケース寸法 (mm) 外径	内径	高さ	L (cm)	A_e (cm²)
2.5× 5× 20	28	17	8	7.07	0.12
5 × 5× 25	38	22	9	9.42	0.23
5 × 5× 40	55	36	9	14.14	0.23
5 ×10× 20	33	17	14	7.86	0.46
3.5×10× 15	25	12	13	5.81	0.32
3.5×10× 20	30	17	13	7.38	0.32
5 ×10× 25	38	22	14	9.43	0.46
5 ×10× 30	44	26	14	11.00	0.46
5 ×10× 35	48	32	14	12.57	0.46
5 ×10× 40	54	36	14	14.14	0.46
7.5×10× 45	64	42	14	16.51	0.69
7.5×10× 30	49	27	14	11.78	0.69
10 ×10× 40	64	36	14	15.71	0.92
10 ×10× 45	69	42	14	17.28	0.92
10 ×10× 55	79	52	14	20.42	0.92
12.5×10× 40	69	36	14	16.50	1.15
10 ×10× 60	84	56	14	22.00	0.92
10 ×10× 80	104	76	14	28.28	0.92
10 ×15×189	216	185	22	62.53	1.38
16 ×15×189	225	185	22	64.41	2.21
12.5×15× 50	81	46	19	19.63	1.73
10 ×15× 60	84	56	20	22.00	1.38
10 ×20× 50	74	47	24	18.84	1.84
3.5×20× 24	35	21	24	8.64	0.64
15 ×20× 50	84	46	24	20.42	2.76
10 ×20× 60	84	56	24	22.00	1.84
10 ×20× 65	89	62	24	23.57	1.84
15 ×20× 70	104	67	25	26.71	2.76
10 ×20× 80	104	76	25	28.28	1.84
15 ×20× 80	115	76	25	29.85	2.76
40 ×20× 70	157	65	25	34.56	7.36
17.5×20× 85	124	81	25	32.21	3.22
20 ×20× 60	104	56	25	25.14	3.68
17 ×20×300	338	296	25	99.60	3.13
10 ×30× 60	84	56	35	22.00	2.76
15 ×30× 70	105	66	35	26.71	4.14
15 ×30× 95	132	90	35	34.56	4.14
15 ×30× 90	126	86	35	33.00	4.14
15 ×30× 80	116	76	35	29.85	4.14
20 ×30×100	145	96	35	37.70	5.52
20 ×40× 85	132	80	47	33.00	7.36
25 ×50×100	155	95	57	39.28	11.50
25 ×50×110	165	105	57	42.42	11.50

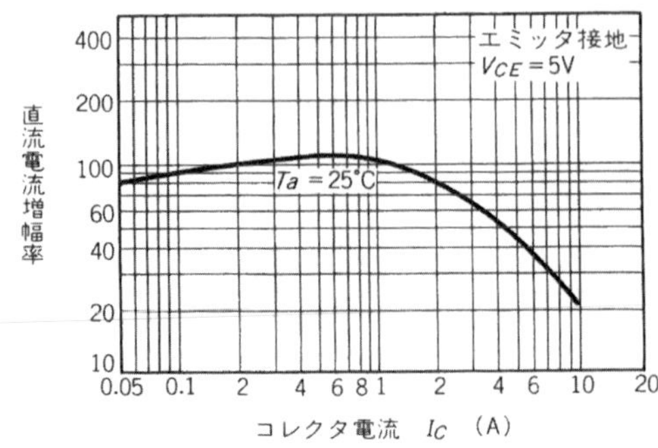

〈図7-3〉[9] 2SD867 の h_{FE}特性

$$I_C=\frac{N_S}{N_P}\cdot I_O=\frac{1096}{242}\times 1$$

$$=4.5\ \mathrm{A}$$

となります．

スイッチング・トランジスタには大電力スイッチング用の2SD867を用います．このトランジスタの h_{FE} 特性を図7-3に示します．$V_{CEO}=110$ V，$I_C=10$ A が最大定格で，$I_C=4.5$ A 時の $h_{FE}\geqq 40$ ですから，ベース電流 I_B は，

$$I_B=\frac{I_C}{h_{FE}}=\frac{4.5}{40}=113\ \mathrm{mA}$$

ですが，余裕を見て200 mA流すことにします．

トランスの N_f 巻線には5 Vの電圧 V_f を発生させることにすると，ベース抵抗 R_f は，

$$R_f=\frac{V_f-(V_{BE}+V_F)}{I_B}$$

$$=\frac{5-(0.6+1)}{0.2}=17\ \Omega$$

ですから，18 Ωとします．

充電器部の設計

● 充電部のしくみ

次に充電器部を設計します．バッテリへの充電電流

〈表7-2〉[23] バッテリの種類(GSポータラック)

タイプ	型式	公称電圧(V)	定格容量(Ah:20時間率)	1時間率容量(Ah:参考値)	概略重量(g)	外形寸法(mm) L	W	H	TH	充電条件(定電圧充電) 初期最大電流(A)	設定電圧 トリクル	サイクル	最大連続放電電流(A)
ポータブル・タイプ	PE4-4R	4	4.0	2.8	510	48±1	35.5±1	119±2	119±2	1.0	—	2.40〜2.45 V/セル /20℃	12
	PE4A-6R	6	4.0	2.8	770	48±1	51±1	118.5±2	118±2	1.0			12
	PE2-12R	12	2.0	1.4	720	200.5±1	25±1	60.5±2	60.5±2	0.5			6
	PE2.7B-12R	12	2.7	1.89	900	100±1	41.5±1	114±2	114±2	0.67			8.1
スタンダード・タイプ	PE6-2R	2	6.0	3.6	390	50±1	34±1	100±2	105±2	1.5	2.25〜2.30 V/セル /20℃		18
	PE4.5-4R	4	4.5	2.7	700	49±1	53±1	94±1	98±1	1.12			13.5
	PE9-4R	4	9.0	5.4	1150	102±1	44±1	94±1	98±1	2.25			27
	PE1-6R	6	1.0	0.6	290	51±1	42±1	51±1	56±2	0.25			3
	PE1.2-6R	6	1.2	0.72	300	97±1	24±1	50.8±1	54±2	0.3			3.6
	PE3-6R	6	3.0	1.8	700	66±1	33±1	118±2	122±2	0.75			9
	PE4-6R	6	4.0	2.4	820	70±1	48±1	102±2	106±2	1.0			12
	PE6.5-6R	6	6.5	3.9	1400	151±1	34±1	94±2	98±2	1.62			19.5
	PE8-6R	6	8.0	4.8	1550	98±1	56±1	118±2	118±2	2.0			24
	PE10-6R	6	10.0	6.0	2100	150.5±1	50.5±1	94±2	98±2	2.5			30
	PE20-6R	6	20.0	12.0	3700	157±1	83±1	125±2	125±2	5.0			60
	PE0.7-12R	12	0.7	0.42	350	96±1	25±1	61.5±1	61.5±1	0.17			2.1
	PE1.2-12R	12	1.2	0.72	500	97±1	42±1	50.8±1	54±2	0.3			3.6
	PE1.8-12R	12	1.8	1.08	790	200.5±1	25±1	60.5±1	60.5±1	0.45			5.4
	PE1.9-12R	12	1.9	1.14	890	178±1	34±1	60±1	65±2	0.47			5.7
	PE2.6-12R	12	2.6	1.56	1300	195±1	47±1	70±2	75±2	0.65			7.8
	PE2.7-12R	12	2.7	1.62	1100	79±1	55.5±1	102±2	102±2	0.67			8.1
	PE2.7A-12R	12	2.7	1.62	1200	132±1	33±1	101±2	101±2	0.67			8.1
	PE6.5-12R	12	6.5	3.9	2600	151±1	65±1	94±2	98±2	1.62			19.5
	PE10-12R	12	10.0	6.0	4300	134±1	80±1	160.5±2	163.5±2	2.5			30
	PE15-12R	12	15.0	9.0	5800	181±1	76±1	167±2	167±2	3.75			45
Lタイプ	PE144-2R	2	144.0	86.4	9100	166±1	125±1	170±2	187±2	36	2.25〜2.30 V/セル /20℃		432
	PE72-4R	4	72.0	43.2	9100	166±1	125±1	170±2	187±2	18			216
	PE48-6R	6	48.0	28.8	9100	166±1	125±1	170±2	187±2	12			144
	PE24-12R	12	24.0	14.4	9100	166±1	125±1	175±2	175±2	6			72
	PE40-12R	12	40.0	24.0	13000	208±1	174±1	174^{+1}_{-2}	174^{+1}_{-2}	10			114

は，何時間で充電が完了するかという，時間率によって異なってきます．しかしこの方式では，正常状態においてもバッテリへの充電だけでなく，インバータ部へ全電力を供給しなくてはなりません．ですから，直流出力電流としては，4.5 A 以上取り出せなければなりません．

また，バッテリはいったん充電完了しても，そのまま放置しておけば自然放電しますから，トリクル充電という自然放電分の補充電を，常時行わなければなりません．さらには，停電回復時にはインバータ部とバッテリへ同時に電流を供給しなければなりません．

● バッテリの選定

そこで，まず使用するバッテリを決定します．ここでは停電保証の時間を 10 分として考えます．そして，12 V のものを 2 個直列にして用いますから，これから必要な容量を決定します．

ここでは**表7-2** に示す，日本電池の鉛電池であるポータラック・シリーズの，スタンダード・タイプの中から選択します．放電電流と放電時間の最適値が，**図7-4** のようなグラフになっていますから，放電電流4.8 A で時間 10 分とすると，PE1.9-12R が最も合理的となります．

充電電圧は 2.4 V/セルとなりますので，バッテリ 1 個当たり 6 セルで，これが 2 個直列ですから 28.8 V が必要となります．厳密には，充電完了後のトリクル充電では，充電電圧を若干下げなければなりません．さらに，バッテリの温度によっても充電の条件を変えてやらなければなりませんが，回路が大変複雑になりますので，基本的には通常の定電流充電方式とします．

● 充電器の設計

全回路を**図7-5** に示します．

充電器には，出力電力が約 135 W と大きい容量なのでフォワード・コンバータ方式のスイッチング・レギュレータを用います．基本的な回路の動作は，第 4 章で紹介した AC 入力型の 24 V 出力スイッチング・レギュレータと変わりありません．ただし，ここでは MOS FET でなく，バイポーラ・トランジスタを使って設計しています．

レギュレータのスイッチング周波数は 50 kHz とし，出力トランスを計算します．使用するコアは，第 1 章，表1-9，表1-10 で示した H_{7c1} 材の EE60 とします．このコアの有効断面積は $A_e = 2.47\ \text{cm}^2$ ですから，出力トランスの 1 次巻線 N_P は，

$$N_P = \frac{V_{IN} \cdot t_{on}}{\Delta B \cdot A_e} \times 10^8$$

$$= \frac{90 \times \sqrt{2} \times 0.9 \times 10 \times 10^{-6}}{2800 \times 2.47} \times 10^8$$

$$= 16.5\ \text{ターン}$$

したがって 17 ターンとします．

次に 2 次巻線 N_S を求めますが，最低入力電圧時に必要なトランスの端子電圧 V_S は，

〈図7-4〉[23] バッテリ，ポータラックの放電電流対時間特性

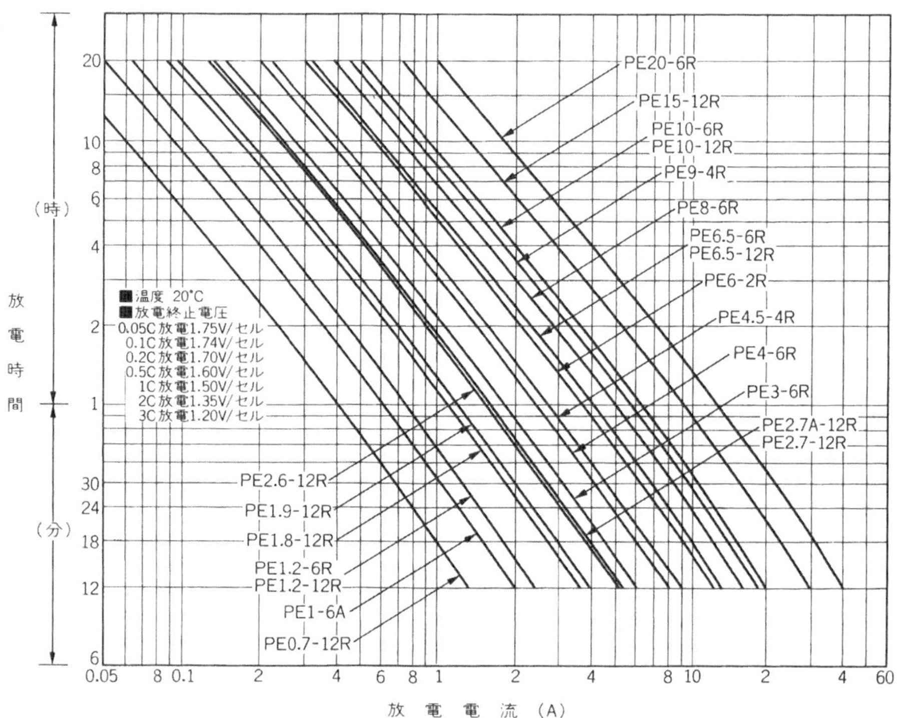

〈図7-5〉無停電電源装置の回路

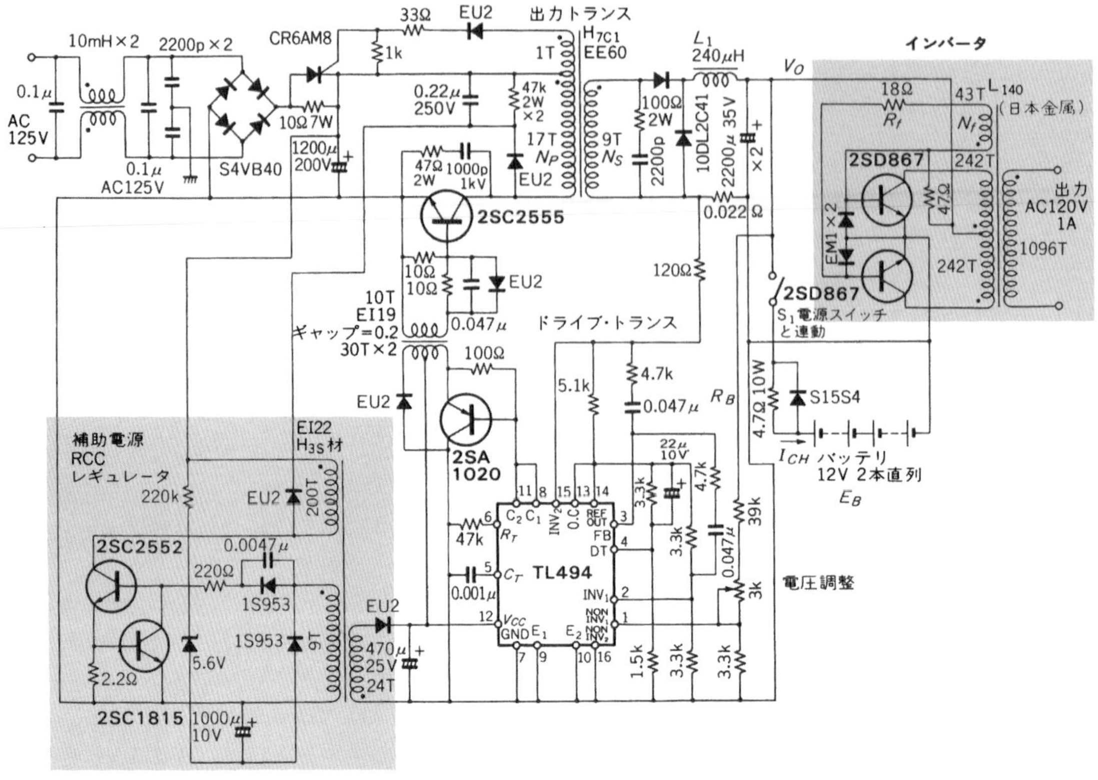

$$V_S = V_O + V_F + V_{LD}$$
$$= 28.8 + 1 + 1 = 30.8\ \text{V}$$

となります．V_Oは出力電圧，V_Fは整流ダイオードの順方向電圧降下，V_{LD}はライン・ドロップです．これから2次巻線の巻数N_Sは，

$$N_S = \frac{V_S}{V_{IN}} \cdot (1/D) \cdot N_P$$
$$= \frac{30.8}{114} \times 0.5 \times 17 = 9\ \text{ターン}$$

となります．

2次側平滑用チョーク・コイルのインダクタンスL_1は，入力電圧最高時の条件で計算します．コイルを流れるリプル電流は，出力電流I_Oの30 $\%_{P-P}$とすると，

$$L_1 = \frac{V_S - (V_O + V_F)}{\Delta I_O} \cdot t_{on}$$
$$= \frac{76.9 - (28.8 + 1)}{0.3 \times 5}\, 7.6 \times 10^{-6}$$
$$= 240\ \mu\text{H}$$

となります．使用するコイルとしては第1章，表1-5でも示しているCY37×23×10Cなどが適当です．

次にスイッチング・トランジスタの動作を考えます．トランジスタのt_{on}は，

$$t_{on} = T \cdot \frac{V_O}{V_{S(\max)} - V_F}$$

で求めます．したがって，

$$t_{on} = 20 \times 10^{-6} \times \frac{28.8}{76.9 - 1} = 7.6\ \mu\text{s}$$

となります．

スイッチング・トランジスタのコレクタ電流I_Cは，2次側のリプル電流も考慮に入れると，

$$I_C = \left(I_O + \frac{\Delta I_O}{2} \right) \cdot \frac{N_S}{N_P}$$
$$= \left(5 + \frac{1.5}{2} \right) \cdot \frac{9}{17} = 3\ \text{A}$$

となります．

以上のことからトランジスタには，高速高電圧スイッチング用のTO3P型状の2SC2555(V_{CEO}=400 V，I_C=8 A，t_{stg}=2.5 μs)を用います．このトランジスタでI_C=3 A時のh_{FE}=10とすると，ベース電流I_Bは0.3 A流す必要がありますので，ドライブ・トランスの2次巻線電圧V_S=4 Vとすると，ベース抵抗R_Bは，

$$R_B = \frac{V_S - V_{BE}}{I_B} = \frac{4 - 1}{0.3} = 10\ \Omega$$

となります．

制御回路用ICには，TL494を使用します．

● 回路構成上の注意点

停電回復時に放電し切ったバッテリへの充電電流を，あまり大きな値で流すわけにはいきません．使用バッテリのPE1.9-12Rでは初期最大電流が0.47 Aと規定されていますので，これ以下の初期充電電流とします．

したがって整流回路に，バッテリを直接接続するわけにはいきません．充電電流は抵抗を通して流し，停電時の放電はダイオードを通して，インバータ部へ供給するようにします．こうすると充電電流I_{CH}は，充電器の出力電圧V_Oとバッテリの端子電圧V_B，電流制限抵抗R_Bとから，

$$I_{CH}=\frac{V_O-V_B}{R_B}$$

となります．ですから，充電するにしたがってI_{CH}が減少し，最終的にはトリクル充電となります．

なお，バッテリにスイッチを接続しますが，これはAC入力側のスイッチと連動しておかないと，この装置を使用しない時に，インバータ部へ電力を供給し放電してしまいますので注意してください．

第8章 ―― DC-DCコンバータと倍電圧整流を利用する 高圧電源の設計法

●高圧電源のしくみ
●高圧電源の設計例

数kV以上の高圧電源が最も多く使用されているのは，ブラウン管の電子ビームの加速用などです．オシロスコープなどに使用されている高圧電源ユニットの一例を**写真8-1**に示します．

この高圧電源も最近では複写機やプロッタの静電吸着用など，多方面に使用されるようになりました．参考までに高圧電源の応用例を**表8-1**に示します．

これらの高圧電源は，特殊な用途を除いては**負荷電流が小さく，数十μA～10 mA程度で十分です**．ですから，電源部の電力容量は数Wで済みますが，通常の直流電源と同様な設計をすると，大変な間違いを起こしてしまいます．

ここでは，DC-DCコンバータの原理を使用した12 kVの**高圧電源**を設計しながら，一般の電源とは異なった高圧電源特有の問題点とその解決法をさぐっていくことにしましょう．

高圧電源のしくみ

● 高圧電源を作るには

高圧電源を作りたい場合，一つの方法として，1次側電源は**図8-1**のように商用のAC 100 Vを用いて，電源トランスの2次側の巻数を多くし，高圧を発生する方法が考えられます．しかし，この方法では商用電源の周波数は50/60 Hzですから，**2次巻線の巻数が数万ターン以上にもなってしまいます**．

そこで，巻数が少なくても済むようにする工夫が大切になります．それには何らかの方法で，高周波のスイッチング回路を設けることが一般的です．

スイッチングの方式はどんなものでも基本的には問題ありませんが，後に説明するさまざまな理由から，トランスの2次側電圧波形が，正負対称形のもののほうが設計の計算が容易となります．そこで，ここでは第6章のDC-DCコンバータのところで紹介したジェンセン方式をベースにして考えていきます．

● ジェンセンのDC-DCコンバータでも

例えば入力電圧V_{IN}＝12 Vで，発振周波数が20 kHzとしたときのジェンセン方式DC-DCコンバー

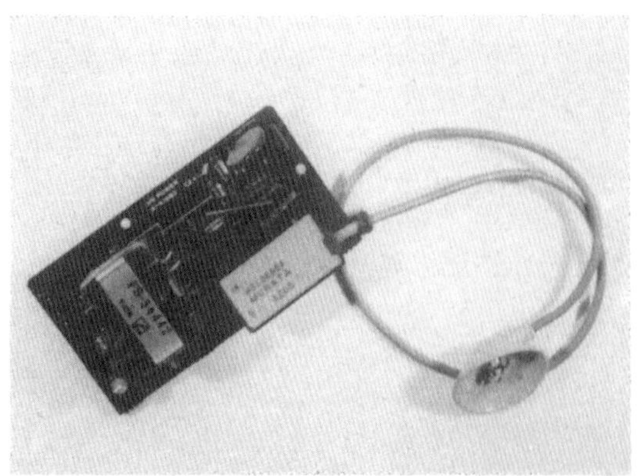

〈写真8-1〉高圧電源ユニット(オシロスコープ用)

〈表8-1〉高圧電源の応用機器

(1) ブラウン管用 ・計測器(オシロスコープ)…15k～20kV ・CRTディスプレイ ・レーダ
(2) 静電吸着用 ・コピーマシンのトナー吸着……4k～5kV ・プロッタやXYレコーダの紙吸着……1kV
(3) レーザ ・15kV 数百mA
(4) 放電管 ・Xeランプ……700～1200V
(5) 点火装置 ・電子ライタ ・石油ヒータ ・ガス・コンロ

〈図8-1〉商用トランスによる高圧電源

商用トランスによると，トランスのN_Sが10万ターンにもなってしまう

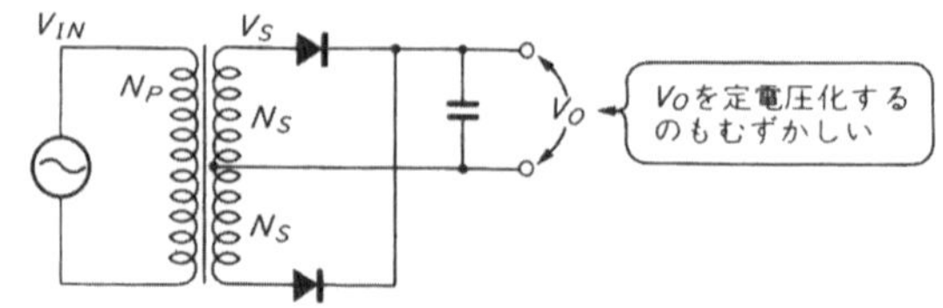

タでの巻線について考えてみます．

使用するトランスのコアの有効断面積 $A_e=1.48$ cm² とすると，1次巻線の巻数 N_P は，

$$N_P=\frac{E}{4\cdot \varDelta B\cdot A_e\cdot f}\times 10^8$$

$$=\frac{12}{4\times 2800\times 1.48\times 20\times 10^3}\times 10^8$$

$$\fallingdotseq 3.6 \text{ ターン}$$

ですから，4ターンとなります．コアの材料としては，フェライト材で，磁束密度の変化値 $\varDelta B=2800$ ガウスとしてあります．

さて，この1次巻線に対して，12 kV の直流電圧を得ようとする時の2次巻線の巻数 N_P は，理想的なトランスを前提としても，

$$N_S=\frac{V_S}{V_{IN}}\cdot N_P=\frac{12000}{12}\times 4$$

$$=4000 \text{ ターン}$$

となります．

これくらいの巻数なら出力電流も少ないので，電線の径は細いもので十分ですから，それほど大きなコアを使用しなくても巻くことができます．

● ストレ・キャパシティによる問題

さて，コアには細い線を数多く巻いていますので，**図8-2** に示すように隣り同士の電線との間隔が狭く，その間にキャパシタンスをもってしまいます．さらには，4000ターンも1層には巻けませんから，何層にも分割すると，**上下の層との間にも大きな静電容量をもってしまいます．**

これがストレ・キャパシティと呼ばれるものですが，実際にはこれが巻線内いっぱいに分布定数的に存在します．これを，等価的に巻線両端間に集中したと考えると，**2000～3000 pF** もの容量となってしまいます．

そして，このストレ・キャパシティ C_S には，**図8-3** のように高周波の交流電圧が印加されたことと等しいわけですから，当然毎周期ごとに電流が流れます．

このストレ・キャパシティ C_S **への充放電のエネルギ量** P_S は，単位時間当たりでは，$C_S=3000$ pF，発生電圧を 12 kV とすると，

$$P_S=\frac{1}{2}C_S V^2\cdot f$$

$$=\frac{1}{2}\times 3000\times 10^{-12}\times(12\times 10^3)^2\times 20\times 10^3$$

$$=3.6 \text{ kW}$$

にもなります．

もちろんこれがすべて損失になるわけではありませんが，1次側スイッチング・トランジスタでかなりの損失を発生させることは明らかです．さらに，C_S への充放電電流によって大きな雑音も発生します．

● 整流しながら電圧をてい倍する

前述より，トランスの2次電圧を上げるために巻線を増やすことだけで対応するというのは得策ではありません．

そこで，トランスの端子電圧をあまり高くせずに，

〈図8-2〉トランスのストレ・キャパシティ

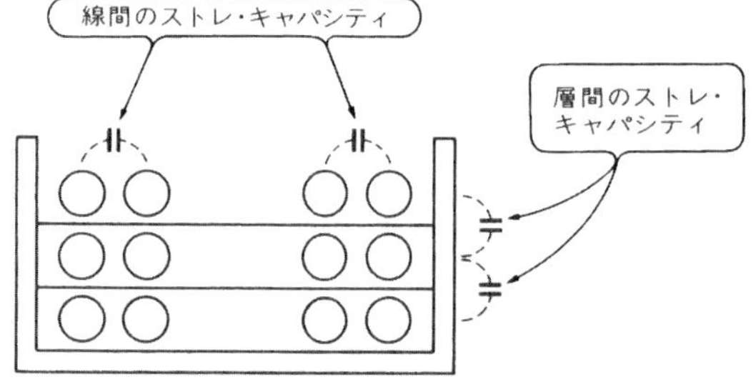

〈図8-3〉ストレ・キャパシティへ流れる電流

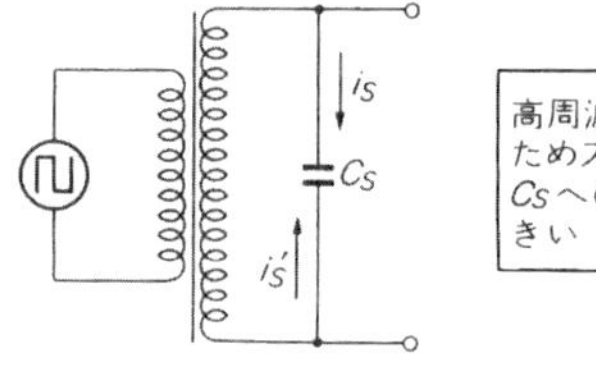

〈図8-4〉コッククロフト・ウォルトンの原理図

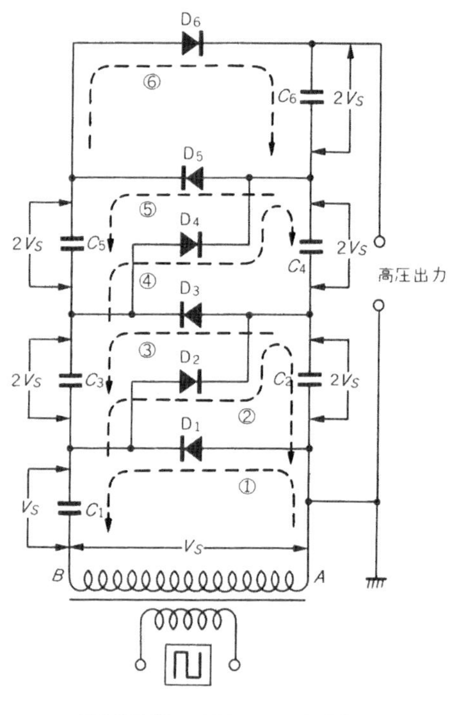

高圧の直流電圧を得るための整流回路が種々考案されてきました．その中でも最も合理的なのが，**図8-4**に示す**コッククロフト・ウォルトン回路と呼ばれる倍電圧整流回路**です．

この回路の特徴は，ダイオードとコンデンサを直列に**積み上げ，その積み上げた段数だけ，トランスの2次電圧 V_S の倍数の高圧直流電圧を得る**ことができることです．

すなわち，段数を n とすると出力電圧 V_O は，

$$V_O = n \cdot V_S$$

となるわけです．

この回路の動作は，まずトランスの巻線のA側に正の電圧が発生すると，ダイオード D_1 が導通してコンデンサ C_1 を充電します．これは，コンデンサ・インプット型の整流となりますから，C_1 の端子電圧は V_S となります．

次にトランスの巻線電圧の極性が反転し，B側に正の電圧が発生すると，トランスの巻線電圧と C_1 の充電電圧とが加算されて，ダイオード D_2 を導通させ，C_2 を充電します．したがって，この時点で C_2 の端子電圧 V_{C2} は，

$$V_{C2} = 2 \cdot V_S$$

となります．

さらにトランスの端子電圧が反転して，またA側が正電圧となると巻線電圧 V_S に C_2 の電圧 $2V_S$ が積み上がり，D_3 を通して C_3 を充電します．しかしこの時の C_3 の端子電圧は，C_1 の端子電圧 V_S があるために $3V_S$ とはならず，C_2 と同様に $2V_S$ となります．

このような動作を順次繰り返していくと，**C_1 を除いたほかのすべてのコンデンサには，$2V_S$ が充電**されることになります．

ですから，最後のコンデンサ C_n の(+)側とトランスのA側の端子間には，$n \cdot V_S$ の直流電圧が発生することになります．また，それぞれのコンデンサの接続点では，右側では V_S の偶数倍の電圧が，左側では奇数倍の電圧も得ることができます．

なお，この回路にある負荷抵抗 R_L が接続されると，

〈図8-5〉ダイオードの逆方向印加電圧

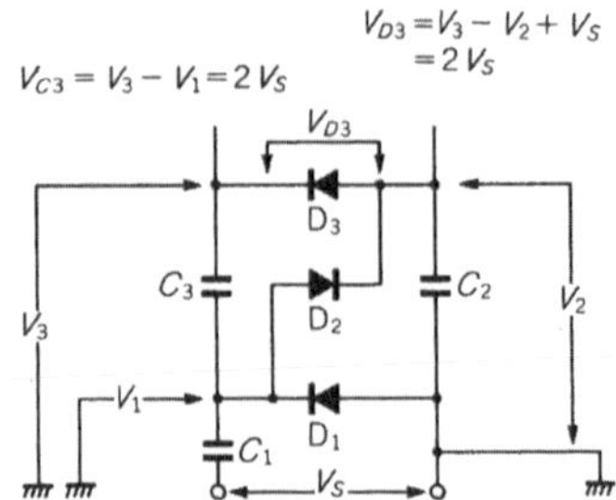

負荷へ供給される電力は右側の偶数番目のコンデンサからだけ供給されることになります．そして，その他のコンデンサからは，次の段の奇数番目のコンデンサへの充電電流も流しますから，各コンデンサにはリプル電圧が発生します．

このリプル電圧は，各コンデンサの直列接続の合成容量 C と，負荷抵抗値 R_L との時定数に関係しますから，**出力電流 I_O に応じてコンデンサの容量を決定**しなければなりません．

また，**図8-5**のように**各コンデンサとダイオードの耐圧は，当然トランスの端子電圧の2倍**あればよく，直接1段で高圧を得る時よりも部品の選定に自由度があります．

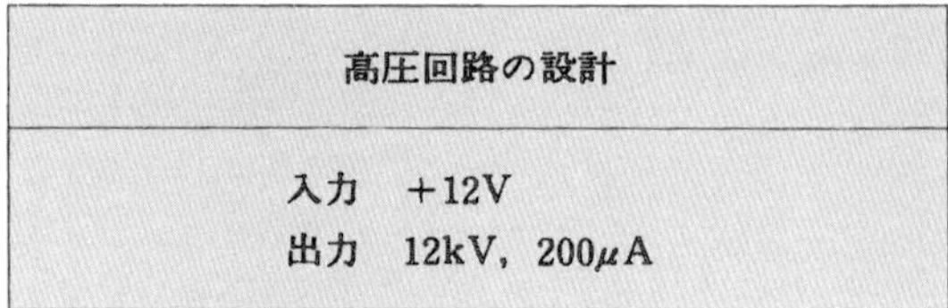

高圧回路の設計
入力　+12V 出力　12kV，200μA

● **ジェンセン回路の設計**

では**図8-6**に示す回路例で実際の設計を行ってみましょう．

出力電圧を定電圧化する方法は，ジェンセン回路では直接制御することができませんが，ここでは扱う電力も少ないので，**図8-7**のように**ジェンセンの発振回路の前段にシリーズ・レギュレータを付加し，これに**

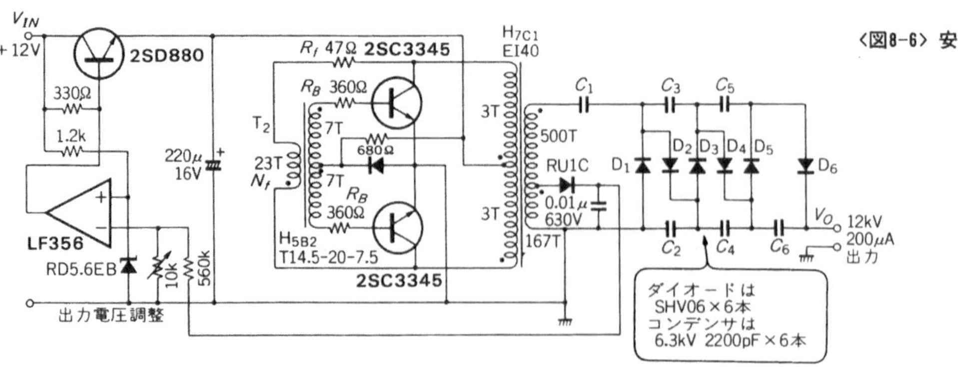

〈図8-6〉安定化高圧電源

〈図8-7〉 出力電圧の定電圧化の方法

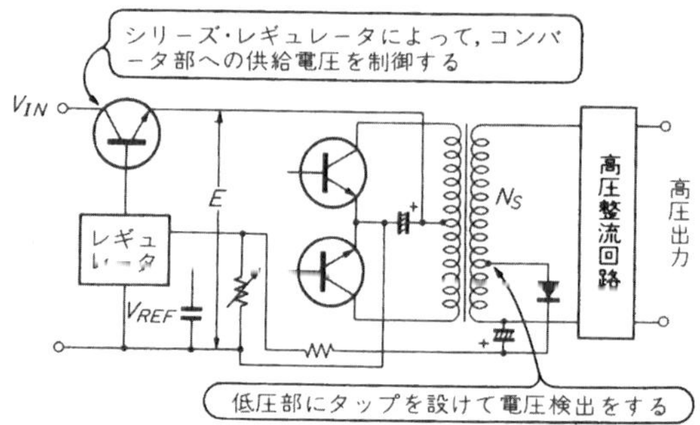

〈図8-8〉 高圧トランスの構造

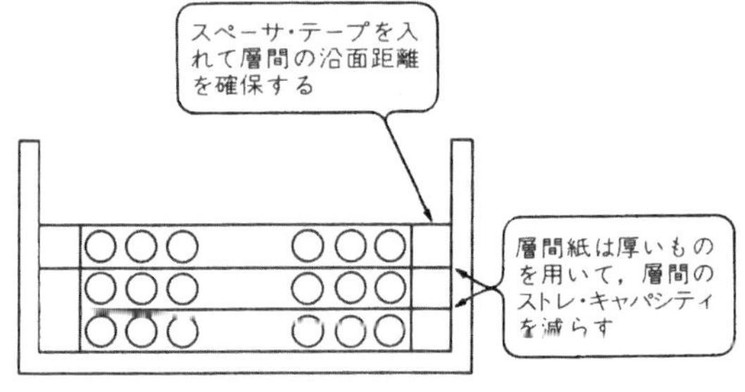

よって定電圧化を計ることとします．

ここでは，出力電圧 V_O=12 kV，出力電流 I_O=200 μA ですから，出力電力 P_O は，

$$P_O = V_O \cdot I_O = 12\times10^3\times0.2\times10^{-3}$$
$$=2.4\ \mathrm{W}$$

となります．

回路への入力電圧 V_{IN} は 12 V ですが，安定化のためのシリーズ・レギュレータでの電圧降下を考慮して，発振回路へ供給する電圧は余裕を見て 9 V とします．

発振周波数は耳に聴こえない範囲ということで 20 kHz で，出力トランスのコアには TDK の H_{7C1} 材 EI 40 を用います．第 1 章，表1-9，表1-10 にコアの特性を示しますが，これは最大磁束密度 B_m が約 4600 ガウスですから，残留磁束 B_r を考慮して，磁束密度の変化 **ΔB=3000 ガウス**で計算します．

コアの有効断面積 A_e=1.27 cm² ですから，1 次側巻線の巻数 N_P は，

$$N_P = \frac{E}{4\cdot\Delta B\cdot A_e\cdot f}\times10^8$$
$$=\frac{9}{4\times3000\times1.27\times20\times10^3}\times10^8$$
$$=2.9\ \text{ターン}$$

ですから 3 ターンとします．

● コッククロフト・ウォルトン回路の設計

さて，高圧発生回路のコッククロフト・ウォルトン回路の**段数を 6 段**とすると，トランスの端子電圧 V_S は，

$$V_S = \frac{12\ \mathrm{kV}}{n} = 2\ \mathrm{kV}$$

ですから，トランスの 2 次巻線の巻数 N_S は，

$$N_S = \frac{V_S}{E}\times N_P = \frac{2000}{9}\times3$$
$$=\mathbf{667\ ターン}$$

となります．

巻数がかなり少なくなりましたが，まだまだこれだけの数ですから，トランスの製作時には十分な注意が必要です．あまり細い電線は巻きづらいので，線径 0.2 φ を用いると，1 層当たりに 70 ターンも巻けます．しかし，これでも**上下の層間では最大 400 V 以上の電位差**になります．

〈表8-2〉 スペーサ・テープの一例

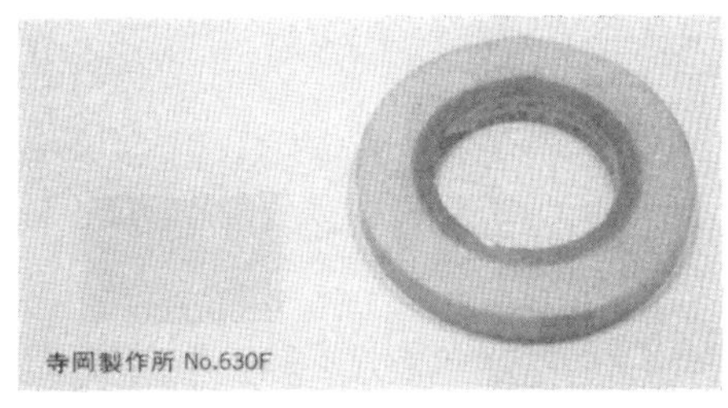
寺岡製作所 No.630F

〈表8-3〉 絶縁チューブの一例

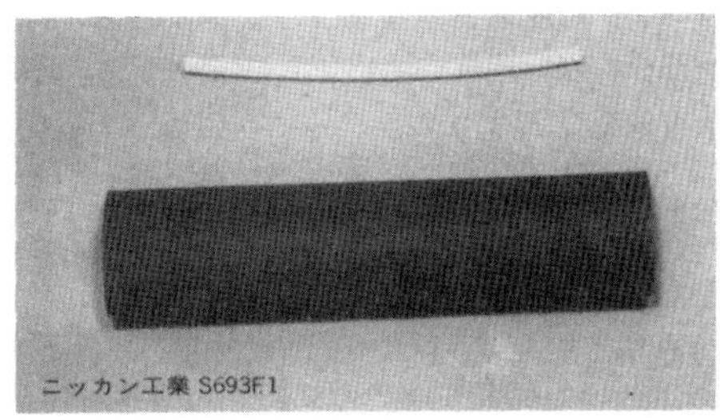
ニッカン工業 S693F1

そこで，**図8-8** のように各層ごとに巻線の端部分に約 1.5 mm 幅のスペーサ・テープを巻き，上下の層との沿面距離を確保します．**表8-2** がよく使用するスペーサ・テープの一例です．

また，巻き始め，巻き終わりのリード線には，絶縁チューブを挿入します．**表8-3** が絶縁チューブの一例です．こうした対策によって，絶縁破壊やレア・ショートを防止します．

また，**セパレータ付きのボビン**を用いる方法もあります．これはテレビ用の高圧電源を得るフライバック・トランスなどによく用いられているものです．このコアの型状は UU 型とよばれるもので，**丸型のボビンの巻幅方向が，絶縁物によって 10 分割されているもの**です．これによると，わざわざ層間紙を巻き込まなくても巻線間が分割されますので，耐圧を容易に確保

〈表8-4〉トロイダル・コアの形状(H_{5B2}材)

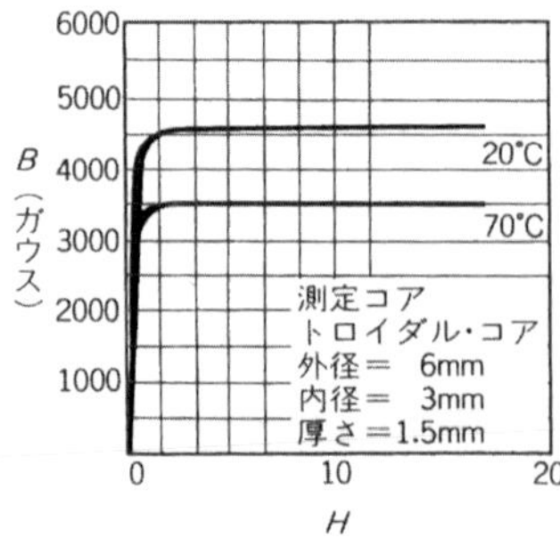

(a) B-H特性

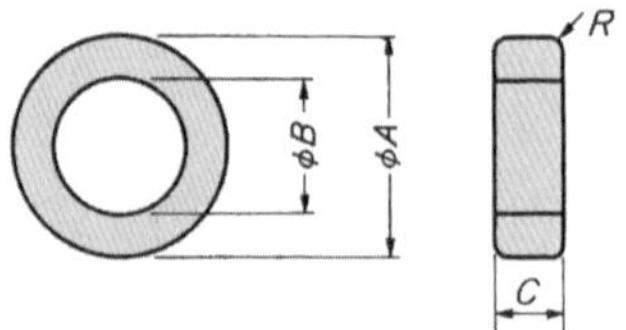

形　状	A	B	C	実効断面積 (mm²)	実効磁路長 (mm)
T8-16-4	16	8	4	15.4	34.8
T9-18-4.5	18	9	4.5	19.5	39.2
T10-20-5	20	10	5	24.0	43.6
T14.5-20-7.5	20	14.5	7.5	20.4	53.3
T16-28-13	28	16	13	76.0	65.6
T19-31-8	31	19	8	47.1	75.5
T30-44.5-13	44.5	30.0	13.0	93.0	114.0
T31-51-13	51	31	13	127.0	124.0
T44-68-13.5	68	44	13.5	159.5	170.5
T52-72-10	72	52	10	99.1	191.4
T74-90-13.5	90	74	13.5	108	256.0

(b) 外形(単位mm)

することができます.

● 発振回路の設計

さて，ジェンセンの発振回路に使用するトランジスタのコレクタ電流 I_C を計算します．シリーズ・レギュレータ部分を除いた電力変換効率を $\eta=85\,\%$，発振回路の入力電源を E とすると，

$$I_C=\frac{V_{IN}}{\eta\cdot E}=\frac{2.4}{0.85\times 9}$$

$$=0.31\ \mathrm{A}$$

となります．そこで，トランジスタには大電流スイッチング用として代表的な 2SC3345($V_{CEO}=50$ V，$I_C=12$ A，$P_C=40$ W，$t_{stg}=1.0\ \mu$s)を使用しますが，$h_{FE}=80$ として，必要なベース電流 I_B は，

$$I_B=\frac{0.31}{80}\fallingdotseq 4\ \mathrm{mA}$$

です．余裕を見て 10 mA を流します．

発振トランスのベース側巻線の電圧 V_B を 4 V とすると，トランジスタへのベース抵抗 R_B は，

$$R_B=\frac{V_B-V_{BE}}{I_B}=\frac{4-0.6}{0.01}$$

$$=360\ \Omega$$

となります．

これから発振トランス T_2 の計算をしますが，帰還用の N_f 巻線に挿入した抵抗 R_f の電圧降下を 4 V と見積ると，N_f 巻線への印加電圧 V_f は，

$$V_f=2\cdot E-4=14\ \mathrm{V}$$

となります．

これから N_f を求めますが，発振トランスの T_2 にはトロイダル・コアの H_{5B2} 材 T14.5-20-7.5 を用います(**表8-4** 参照)ので，実効断面積 $A_e=0.2\ \mathrm{cm}^2$ で，飽和磁束密度 $B_m=3800$ ガウスとします．したがって，

$$N_f=\frac{V_f\times 10^8}{4\cdot B_m\cdot A_e\cdot f}$$

$$=\frac{14\times 10^8}{4\times 3800\times 0.2\times 20\times 10^3}$$

$$=23\ \text{ターン}$$

となります．さらにトランジスタのベース駆動用 N_B 巻線は，

$$N_B=\frac{V_B}{V_f}\times N_f=\frac{4}{14}\times 23$$

$$=6.6\ \text{ターン}$$

ですから，7 ターンの 2 巻線とします．

● 高圧整流回路の部品

高圧発生回路に使用する各ダイオードですが，発振周波数が 20 kHz と高周波ですから，高速ダイオードを用います．逆方向の耐圧 V_{RM} は，

$$V_{RM}=2\times 2\ \mathrm{kV}=\mathbf{4\ kV}$$

以上が必要ですので，**表8-5** から SHV06(サンケン電気)を用います．このダイオードは順方向電圧降下 V_F

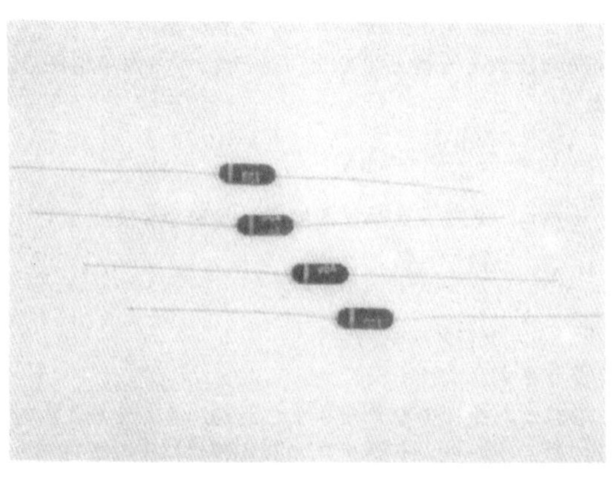

〈写真8-2〉高圧ダイオード SHV06 の外観

〈表8-5〉[25] 高圧用ダイオード(サンケン電気(株))

定格/特性 品名	最大定格 V_{RSM} (kV)	V_{RM} (kV)	I_{FSM} (A)	T_j (℃)	電気的特性 (T_a=25℃) V_F (V)	$I_{R(H)}$ (μA)	t_{rr} (μs)	C_t (pF)
			50Hz正弦半波，単発		I_F=10mA max	$V_R=V_{RM}$ T_a=100℃ max		f=1MHz V_R=100V
SHV03	—	3	0.5	100	16	3	0.18	1
SHV06	7	6			26			
SHV08	9	8			36			
SHV10	12	10			40			0.6
SHV12	14	12			45			
SHV14	17	14			55			
SHV16	19	16			60			
SHV20	24	20			75			
SHV24	27	24			75			
SHV06UN	7	6	0.5	100	44	3	0.15	—
SHV08UN	9	8			55			
SHV12U	14	12			68			
SHV16U	19	16			90			

注；I_O＝2 mA，I_R＝1 μA($V_R=V_{RM}$)

〈表8-6〉[26] 高耐圧セラミック・コンデンサ DE シリーズ(村田製作所)

●6.3kVDC

静電容量 (pF)	外径寸法 (mm)	リード間隔 (mm)	容量許容差	品名
100	9	10±1.5	±10%	DE0910B101K6K
150	9			DE0910B151K6K
220	9			DE0910B221K6K
330	9			DE0910B331K6K
470	10			DE1010B471K6K
680	11			DE1110B681K6K
1000	13			DE1310B102K6K

●6.3kVDC

静電容量 (pF)	外径寸法 (mm)	リード間隔 (mm)	容量許容差	品名
1000	11	10±1.5	+80 −20 %	DE1110E102Z6K
2200	15			DE1510E222Z6K

〈図8-9〉 出力リプルの低減方法

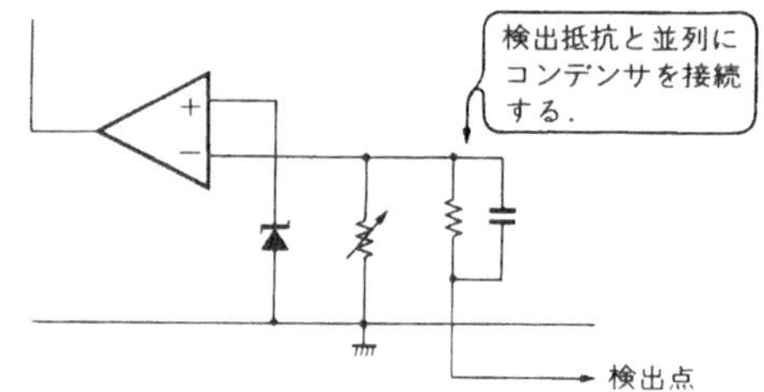

〈図8-10〉 出力リプルの測定方法

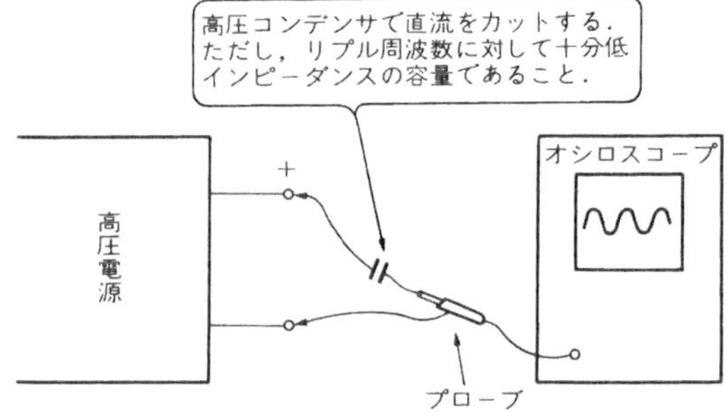

が26 Vありますが，出力電圧から比較するとあまり問題となりません．**写真8-2** がこのダイオードの外観です．

各アーム(枝路)のコンデンサも，4 kV 以上の耐圧がなければなりませんので，**表8-6** に示す**高耐圧セラミック・コンデンサ DE1510E222Z6K** を用います．

定電圧制御用の検出電圧は，出力電圧から抵抗分割したのでは大変ですから，トランスの2次巻線にタップを設けて，疑似的にこれで帰還をかけることにします．あまり低い電圧のタップでは出力電圧の精度が悪くなってしまいますから，約500 V が得られる点とします．

● 定電圧回路の設計

残りはシリーズ・レギュレータですが，これはOP アンプによるもので，電流増幅用トランジスタを外付けしてあります．このトランジスタの損失 P_C は，

$$P_C=(V_{IN}-E)\cdot I_C$$
$$=(12-9)\times 0.31=0.93\ \mathrm{W}$$

となりますので，**小型の放熱器**が必要です．このトランジスタは一般の電力増幅用でよく，2SD880(V_{CEO}=60 V，I_C=3 A)を使用することにします．

なお，出力電圧 V_O はなかなか計算どおりにピタリと電圧値が定まりませんので，可変抵抗により電圧が調整できるようにしてあります．

出力リプル電圧が大きい時には，**図8-9** のように電圧制御検出抵抗に並列にコンデンサを接続します．こうすると，リプル分が誤差増幅器の入力に多く帰還され，負帰還動作で低リプルに抑えることができます．

なお，出力リプルの測定は，**高圧なので直接オシロスコープで観測することができません**．通常のオシロスコープでは，入力端への印加電圧は600 V 程度しか許容されていませんので，100対1くらいのアッテネータなどを使用しなければなりません．ところが，これでは1 V 以下のリプルを正確に見られなくなってしまいます．

そこで，**図8-10** のように直列に**高圧のコンデンサを接続し，直流分をカットして交流分だけを観測**します．付加するコンデンサは，リプル周波数に対するインピーダンスが十分低くなるような容量のものを用いないと，測定値が不正確になってしまいます．

第9章—— ノイズ対策のノウハウを詳解
雑音を小さくするさまざまな工夫

●雑音はどこから
●雑音の性質を分けてみると
●雑音対策の具体的方法など

スイッチング・レギュレータの最大の欠点は，大きな雑音電圧を発生させる点にあります．これは，スイッチング波形が方形波状であるため，多分の高調波成分を含んでいるからです．また，スイッチング・トランジスタがONあるいはOFFする時に，高速度で電圧・電流が変化することによることもあります．

雑音はどこから

● 雑音発生の基本的な要因

本来，電気回路が動作状態にある時には，多かれ少なかれ雑音を発生させています．それがたとえシリーズ・レギュレータのようなリニアな回路であっても，熱雑音やショット雑音とよばれる，物理的雑音を発生させているのです．ところが，スイッチング・レギュレータのように，電流や電圧が大きく変化するものでは，その値は比較にならないほど大きなレベルを示します．

まず，方形波は基本周波数成分のほかに，多くの高調波成分を含んでいます．とりわけ，3次と5次の奇数次の高調波が主となります．

さらに，スイッチング電流のように電流が大きく変化するといわゆる過渡現象として，図9-1のように，

$$V_n=-L\frac{di}{dt}$$

の雑音電圧を発生します．これはコイルに発生する逆起電圧であって，電流の変化する速度 di/dt に比例します．この雑音電圧 V_n は，特にスイッチング・トランジスタがOFFした時のように，回路のインピーダンスが高くなった時ほど大きな値となります．

なお，L は図9-2に示すように，配線やプリント基板パターンのインダクタンス成分などです．ですから，最短距離で配線するということは，雑音低減のためには重要なこととなります．

● スイッチング・トランジスタの発生する雑音

スイッチング・レギュレータに使用するトランジスタは，損失を低減するために，少しでも高速度でスイッチングできるような，様々な駆動回路が工夫されています．ところが，スイッチング速度を速めるということは，di/dt を大きくするということですから，発生雑音電圧がそのぶん大きくなってしまいます．

また，ライン・オペレート型のスイッチング電源では，トランジスタのコレクタ-エミッタ間に300V以上もの雑音を含んだ電圧波形が加わっています．そして図9-3のように，エミッタは入力ラインの(−)側に接続されていて，電圧変化はないのに，コレクタ電極がスイッチングの電圧変化を常時繰り返していることになります．

ところが，どんな型状のパワー・トランジスタであっても，外囲器の金属ケースはコレクタ電極となって

〈図9-1〉 電流変化による雑音の発生

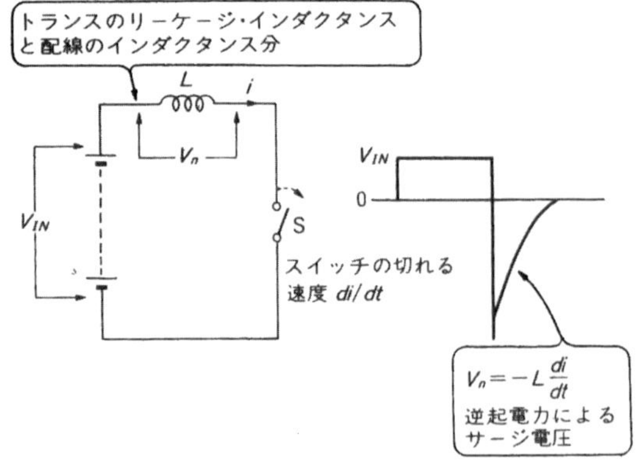

〈図9-2〉 ノイズを発生させるインダクタンス

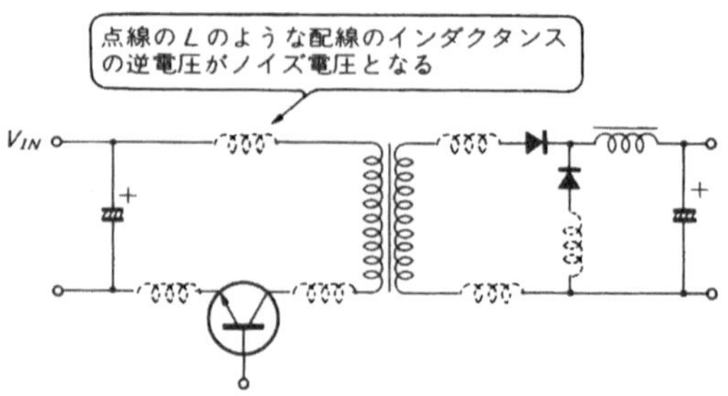

〈図9-3〉 過渡サージ波形

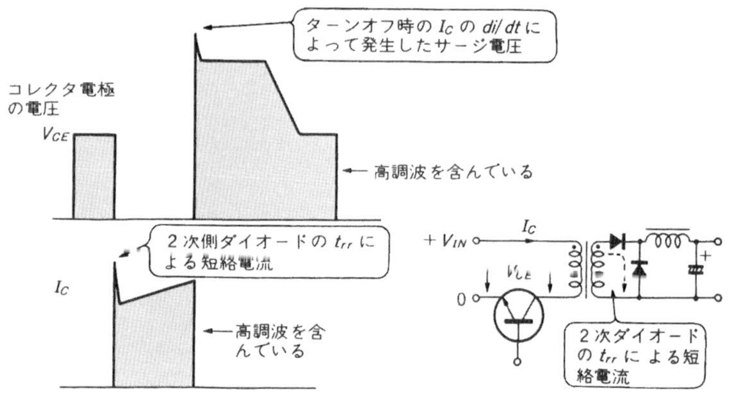

います．そのうえ，温度上昇を抑えなければならないので，**図9-4**のように放熱器に取り付けて使用します．つまり，**コレクタ電極の雑音を含んだ電圧が，放熱器にも印加され，広い面積から大気に放射**されてしまうのです．

● **2次側整流ダイオードの発生する雑音**

回路方式によっても異なりますが，スイッチング・レギュレータでもっとも**大きな雑音源が2次側の整流ダイオードです．**

第1章でも述べたように，ダイオードには逆回復時間t_{rr}があります．例えば，**図9-5**のフォワード・コンバータにおいて，トランジスタがONした瞬間に，D_2のt_{rr}によって**短絡電流**i_Sが流れてしまいます．

さらに，この短絡電流i_Sの流れる経路は，電圧降下を少なくするために，極力低インピーダンス化できるように設計されています．したがって，短絡電流は大変大きな値になるし，その結果としてdi/dtも大きな波形となってしまいます．

RCC方式のスイッチング・レギュレータでは，ダイオードを流れる電流が0になってから次にトランジスタがONするために，**t_{rr}の発生が少なくてほとんど短絡電流が流れません．**また，多石式コンバータにおいても，**図9-6**のようにダイオードに印加される逆電圧が低く，電流の最大値が比較的小さくなります．したがって，方式的には**フォワード・コンバータがもっとも大きな短絡電流を発生させ，雑音も大きい**ことになります．

また，スイッチング・トランジスタの場合と同様に，ダイオードのカソード電極も大きな電圧変化をしています．ですから，外囲器がカソード電極になっているダイオードを放熱器に取り付けると，やはりこれから大気へ雑音を放射することになってしまいます．

RCC方式のように，コンデンサ・インプット型整流

〈図9-4〉 放熱器からのノイズの放射

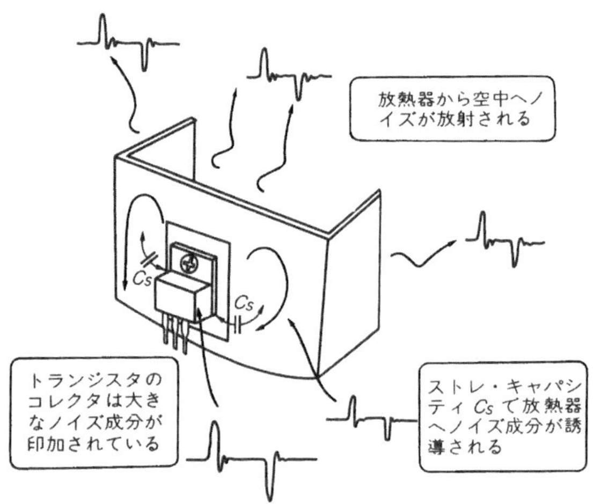

〈図9-5〉 ダイオードの短絡電流

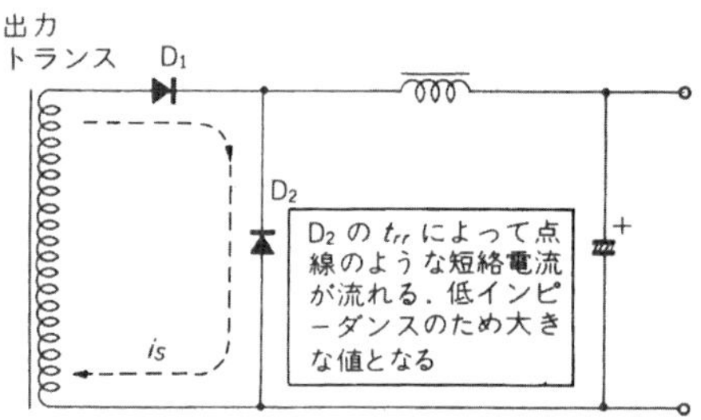

〈図9-6〉 多石式コンバータのダイオード逆電圧

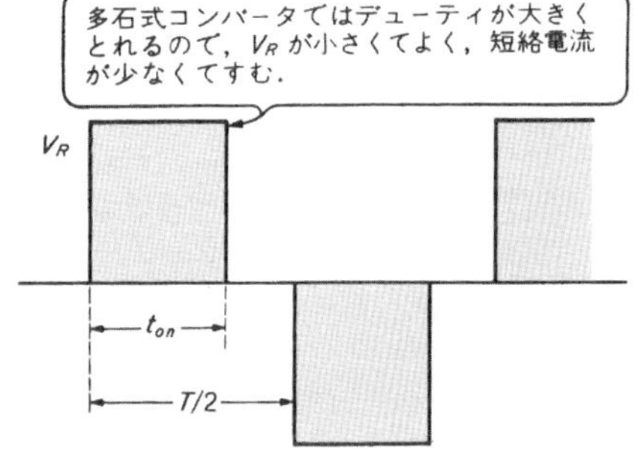

〈図9-7〉RCC方式の整流回路

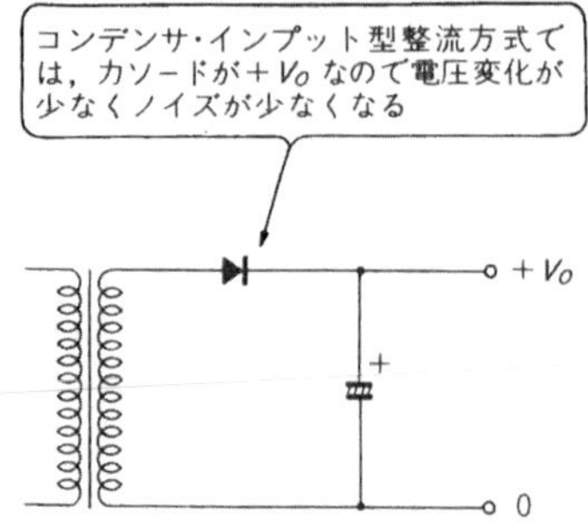

〈図9-8〉トランスのリーケージ・フラックス

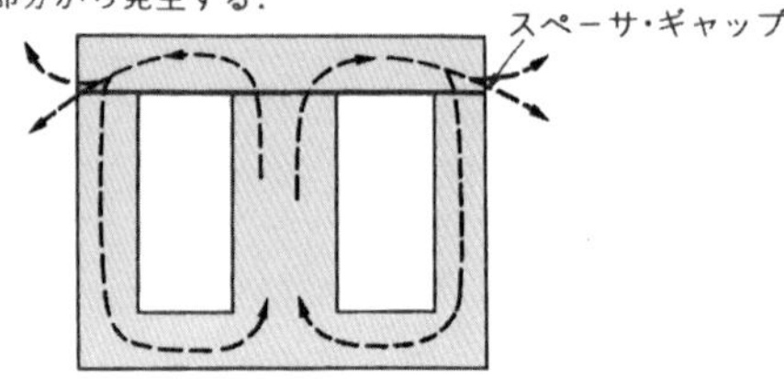

のものでは，**図9-7**のように出力電圧で電極がクランプされていますから，比較的雑音の発生量が少なくなります．

● **出力トランスやチョーク・コイルからの発生雑音**

出力トランスから発生する雑音は，主にRCC方式で気をつけなければなりません．というのは，巻線のインダクタンスをギャップによって調整しているので，ギャップ周辺から**図9-8**のように，リーケージ・フラックスが発生します．これが，近辺にある金属内で雑音成分の渦電流となってしまいます．

フォワード・コンバータなどでは，わざわざ出力トランスにギャップを設けることはありません．しかし，1次巻線で発生した磁束が，すべて2次巻線に鎖交するわけではありませんから，わずかであってもリーケージ・フラックスが発生します．

フォワード・コンバータは，2次側整流回路のチョーク・コイルにも大きなギャップを設けますが，これは**図9-9**に示すように磁束の変化幅は小さいため，トランスに比較するとリーケージ・フラックスはあまり多くありません．

● **雑音電流の経路に注意する**

雑音発生の要因となる主な部品は，以上に述べた，

(1) スイッチング・トランジスタ
(2) 2次側整流ダイオード
(3) 出力トランス，チョーク・コイル

の三つです．ところが，実際にはこれらの部品からだけでなく，雑音成分を含んだ電流の流れる経路すべてから，外部に雑音が放射されます．

〈図9-9〉チョーク・コイルの磁束変化

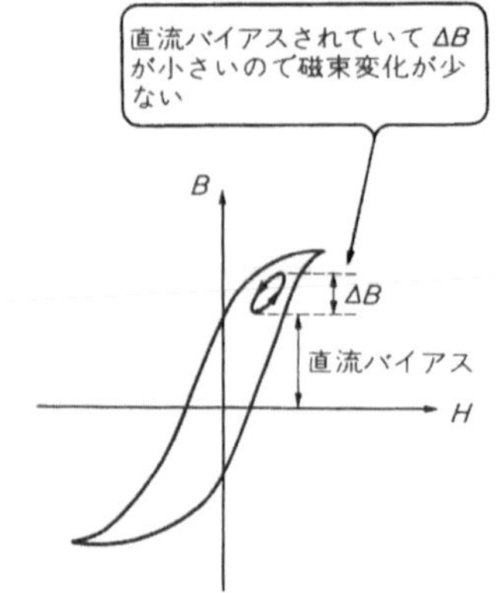

〈図9-10〉各回路方式の雑音電流

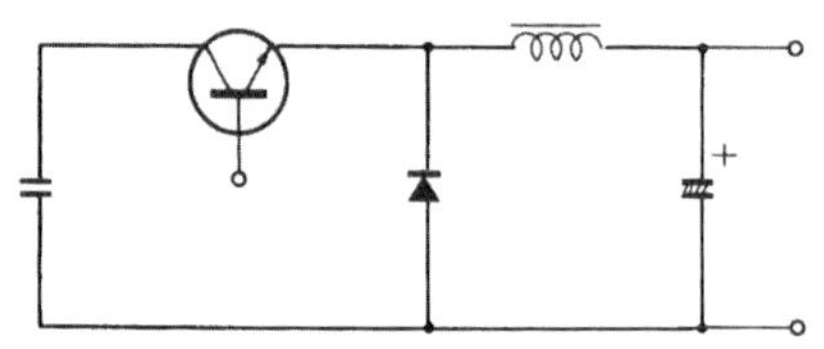
(a) チョッパ方式

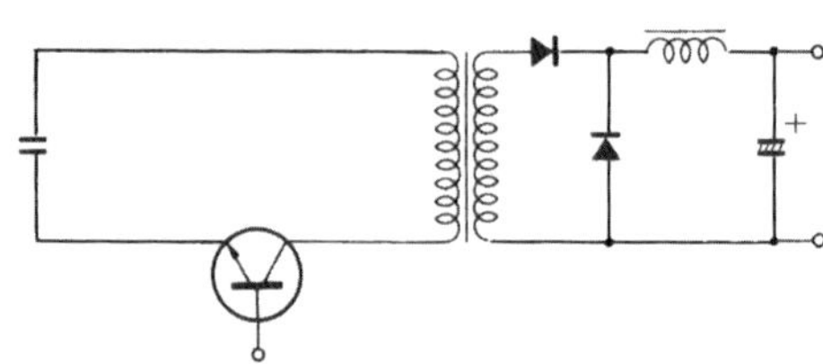
(b) フォワード・コンバータ方式

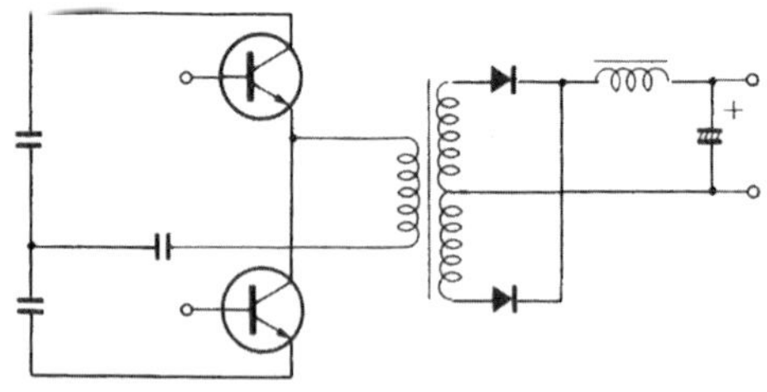
(c) ハーフ・ブリッジ方式

図9-10は代表的な回路方式の例ですが，赤線の部分には雑音電流が流れます．回路方式にかかわらず，入力側コンデンサから出力側整流コンデンサにいたる主回路電流の流れる配線経路すべてで，雑音が発生することになります．ですから，これらに相当する配線やプリント基板のパターンは，極力太く短くに徹するように心掛けなければなりません．

雑音の性質を分けてみると

● ノーマル・モード・ノイズとコモン・モード・ノイズ

雑音を性格の面から大別すると，ノーマル・モード・ノイズとコモン・モード・ノイズとになります．**図9-11** に示すようにノーマル・モード・ノイズは，電流の流れる線間に現れる雑音成分のことです．代表的なものが，出力電圧に重畳されてくるリプル電圧です．

これに対してコモン・モード・ノイズは，各線と大地間とに現れる成分を意味しています．いわゆるスパイク・ノイズといわれるものがこれで，実は対策が非常に困難なものです．

コモン・モード・ノイズは，各線の大地に対するインピーダンス不平衡によって発生します．つまり，出力側の(+)と(−)のラインは，その線の長さが異なりますし，ライン上に挿入される部品も違います．ですから，大地を基準にして見ると，必ずしも正負で対称な電流が流れることはありません．これが**不平衡状態**とよばれるものです．

したがって，電源の直流出力端子から負荷への配線は，**図9-12** のツイスト・ペアと呼ばれる方法を取る必要があります．つまり，(+)と(−)の線をなるべく細いピッチでねじり合せて，負荷まで配線するものです．こうすることによって，少しでも平衡度を保って，コモン・モード・ノイズの影響を受けないようにします．

● 発生雑音のスペクトラム

スイッチング・レギュレータの発生する雑音は，低周波から高周波領域にいたるまで，大変広い範囲にわたります．**図9-13** はその代表的な例です．

〈図9-11〉 ノーマル・モード・ノイズとコモン・モード・ノイズ

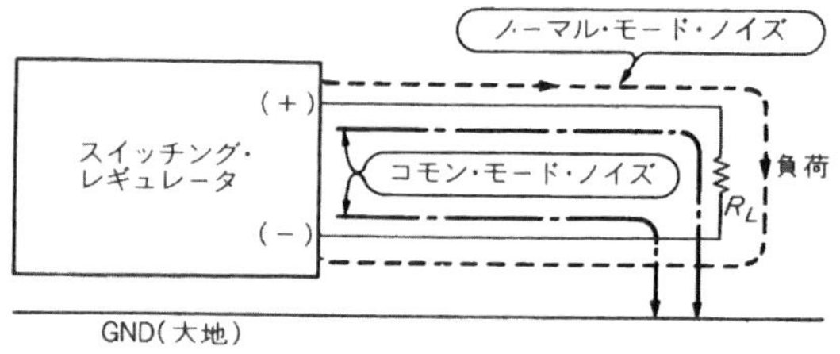

〈図9-12〉 ツイスト・ペアによる配線

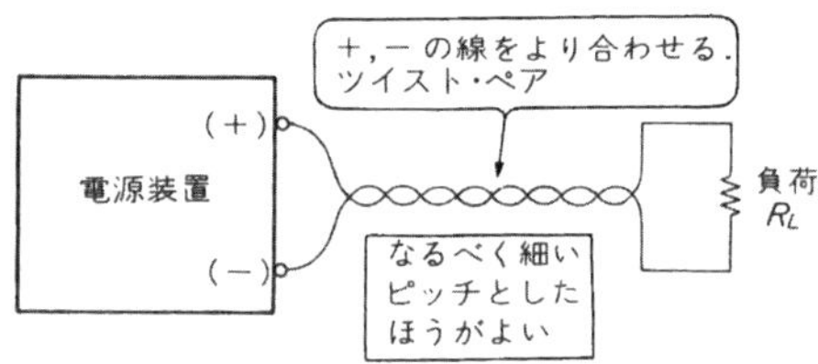

雑音の発生は基本的には，スイッチング周波数以下の成分の発生はありません．もちろん，入力側に商用周波数成分のハムもありますが，これは別にして考えます．

ですから，**低域の 1 MHz 以下の成分は主にスイッチング波形に含まれる高調波成分**が原因となります．

これ以上の高域の成分は，トランジスタのコレクタ電流の di/dt や，2 次側整流ダイオードの短絡電流が原因で発生するものです．そのため，スイッチング速度を上げると，より高い周波数の領域へスペクトラムが広がっていきます．

一般には高周波スイッチング・レギュレータほど，トランジスタのスイッチング速度を上げて損失を低減しなければならず，時には**数百 MHz までノイズ成分のスペクトラムが広がる**こともめずらしくありません．

RCC 方式では，スイッチング電流の最大値が大きいことからスイッチング波形の高調波成分が多く，1 MHz 以下の低域の雑音が大きくなります．ただし，ダイオードの短絡電流は発生しにくいために，高域の成分は他の方式に比較してずっと少なくなります．

雑音の伝わり方

スイッチング・レギュレータ内で発生した雑音が外部へ漏れていく経路としては，**図9-14** のように大別して三つがあります．

〈図9-13〉 雑音のスペクトラム

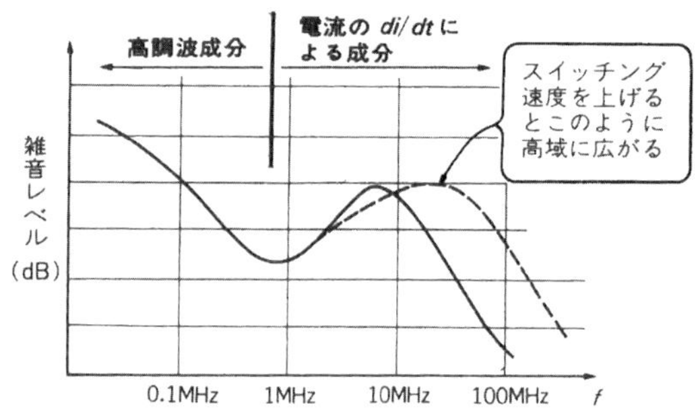

〈図9-14〉 雑音の伝導経路

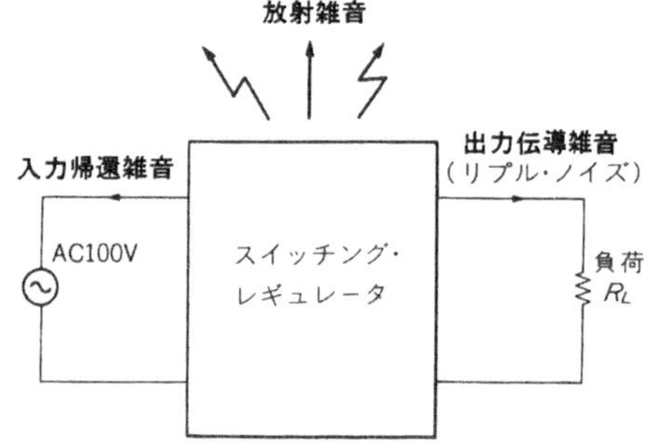

〈図9-15〉 入力帰還雑音

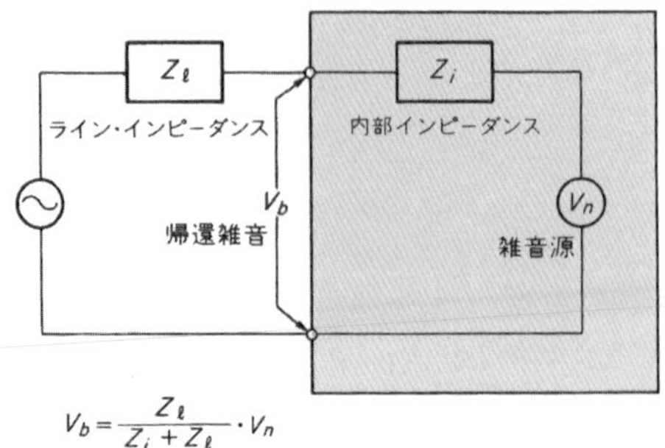

〈図9-18〉 リプル・ノイズの波形

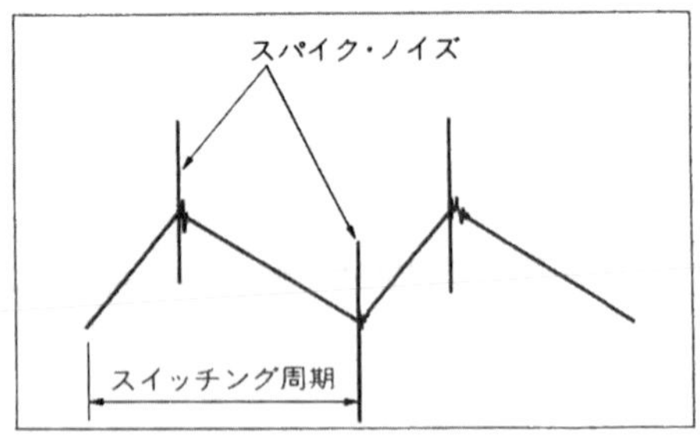

● AC入力側にもどる雑音

最近世界中で，電子機器の発生する雑音に対する規制が強化されています．それらの**規制対象として入力帰還雑音**と呼ぶものがあります．

これは，スイッチング・レギュレータ内部で発生した雑音が，入力のACラインにもどっていくものを意味しています．**図9-15**で，内部の発生雑音 V_n は，ライン・インピーダンス Z_l と内部インピーダンス Z_i との比率で，入力帰還雑音 V_b として，

$$V_b=\frac{Z_l}{Z_i+Z_l}\cdot V_n$$

の大きさで，AC入力の端子間に現れてしまいます．

これが，同じAC入力電源を使用している**ほかの機器へ混入し，雑音障害**を与えます．また，入力ラインから直接空中へ放射されることもあります．これらの雑音成分としては，ノーマル・モード，コモン・モードの両方が含まれています．

いずれにしても，前記の式よりレギュレータの内部インピーダンス Z_i を高くしておけば，入力端子の雑音が低減できます．ライン・フィルタはその目的で，電源内部に組み込まれているのです．

直接の関連性は少なそうなのに，ライン・フィルタ

〈図9-16〉 トランスのシールド・リング

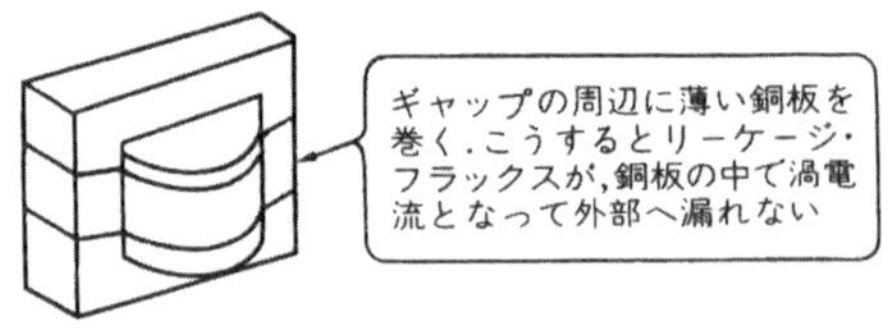

〈図9-17〉 センタ・ギャップのトランス

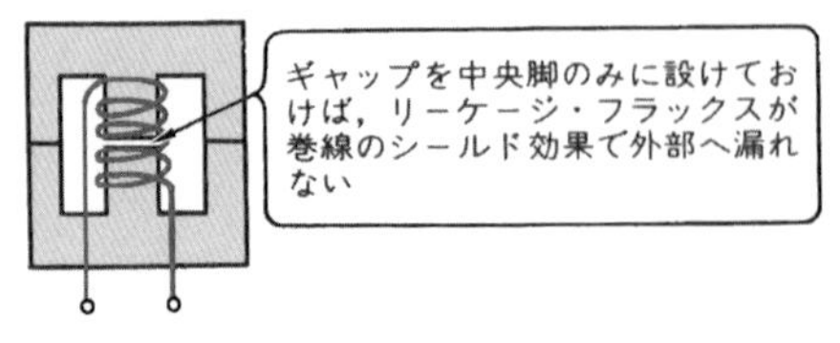

を強化すると出力に現われるスパイク・ノイズが低減するなどということもよくあることです．

● 空中へ放射する雑音

空中へ放射する雑音は，内部雑音が磁束や電磁波として，直接大気へ出ていくものをいいます．例えば，RCC方式による回路の出力トランスが発生する**リーケージ・フラックスや，トランジスタを取り付けた放熱器**などが原因となります．

この成分の雑音強度は，距離の2乗に反比例して弱くなる傾向をもっています．したがって，雑音の影響を受けやすい回路部品は，発生源からなるべく遠くに離して配置するということが，極めて重要な対策方法となります．

また，一般的には**電源部分を金属のケースで囲う，**いわゆるシールドが効果的です．しかし，これは逆に熱の対流を悪化させて，内部の温度上昇を大きくしてしまいます．

そこで**図9-16**のように，トランスのギャップ周辺に**銅板のショート・リング**を巻く方法などがとられています．これは，リーケージ・フラックスを銅板の中で渦電流にしてしまい，外部へ漏れないようにするためのものです．

最近では，**RCC方式**などに使用するギャップ付きトランスは，**図9-17**のようにEEコアの中央部にギャップを付ける，**センタ・ギャップ方式**が多く用いられるようになってきました．この方式によると，ギャップから発生したリーケージ・フラックスが，その上に巻かれているコイル内で渦電流となってしまい，外部に漏れないですみます．

ただし，この方法は後になって微妙なギャップの調整ができなくなるのが欠点です．

● 出力リプル・ノイズ

出力リプル・ノイズは出力伝導雑音とも呼ばれるもので，**図9-18**に波形の例を示します．リプル電圧は，ノーマル・モード成分ですから，**2次側平滑回路のチョーク・コイルのインダクタンスを大きく**したり，平滑コンデンサの内部インピーダンスを低いものにすれ

〈図9-19〉 整流コンデンサへの配線ルート

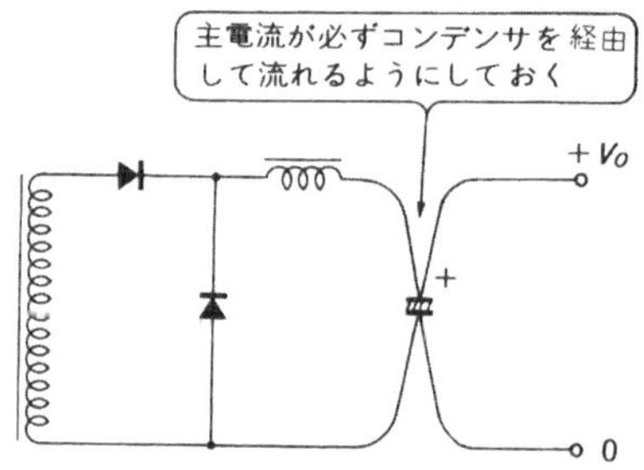

〈図9-20〉 出力ラインのコモン・モード・ノイズ対策

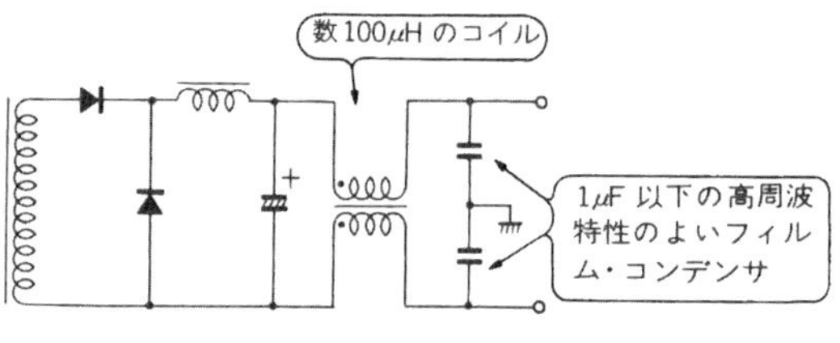

ば，簡単に低減することができます．

しかし，部品の配置上で図9-19 のように，**出力電流が平滑コンデンサの端子の近くを流れるようにしておかないといけません**．なぜなら，コンデンサのリードのインダクタンス分が大きいと，等価的に内部インピーダンスを高くしたことになり，リプルが低減できないことになってしまうからです．

スパイク・ノイズは，トランジスタがON/OFF する瞬間に発生します．これの対策はなかなか容易ではありません．ノイズの誘導されてくる経路は複雑ですが，いずれにしてもコモン・モード成分ですから，**出力ラインに図9-20 のようなコモン・モード・フィルタを付加して対処します**．

コモン・モード・ノイズは一般的に数MHz 以上の高周波成分ですから，100 μH 以下の小さなインダクタンスのコイルと，1 μF 以下の高周波特性の優れたフィルム・コンデンサによって構成しています．

雑音対策の具体的方法

スイッチング・レギュレータにおける雑音対策には，特効薬的な手法はないと思ったほうが間違いありません．つまり，何か一つの対策をすることによって，雑音レベルを目的とする値まで低減できるということはほとんどあり得ないのです．

ですから，一つ一つの対策による効果はたとえわずかであっても，**その総合的な結果として低雑音化にむすびつくものなのです**．しかも，セット1台ごとにその内容が異なるものですから，根気よく対応しなくてはならないのが現実です．

〈図9-21〉 ダイオードのリカバリ特性

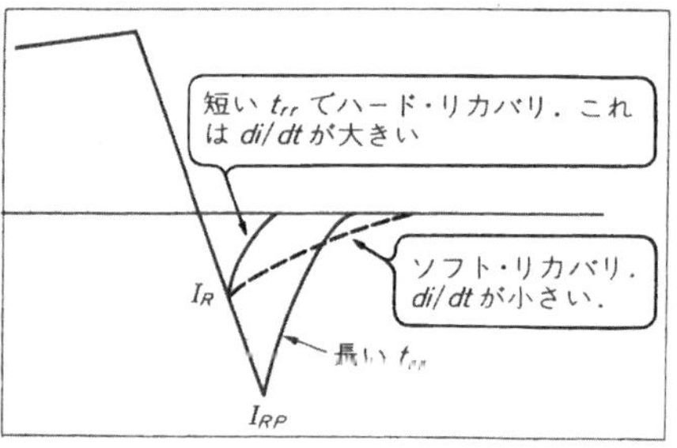

● 2次側整流ダイオードへの対策…ソフト・リカバリ・ダイオードを使う

ダイオードの逆回復時間 t_{rr} 期間の短絡電流が，大きな雑音源であると先に述べました．この t_{rr} が短ければ短いほど短絡電流の発生量も少なくなりますから，少しでも高速のダイオードを使用したほうが有利となります．

しかし，ただ t_{rr} が短ければ良いのではなく，その特性が問題となります．電流が減少する di/dt は，回路のインダクタンス分などによって決定されますが，図9-21 のようにこの I_{RP} から0へもどる**電流の変化率**が重要です．これが緩慢ないわゆる**ソフト・リカバリ特性のほうが di/dt が小さく，雑音電圧も小さくなります**．したがって，たんに t_{rr} の数値だけで判断するのは禁物です．

最近では，ソフト・リカバリで t_{rr} の短いダイオードが種々発売されていますので，これを用いるのが有利です．

これらのダイオードには二種の構造があります．一つは通常のPN 接合型で，キャリヤの消滅速度を速めるためにライフ・タイム・キラーと呼ぶ白金や金を拡散し，その深度を最適値にコントロールしたものです．難点としては，順方向電圧降下 V_F がやや高目なことです．しかし，価格が安いことは魅力な点です．

もう一つは，エピタキシャル・ウェハを用いたもので，さらにイオン注入法で製造されるものです．順方向電圧降下 V_F も1V 以下とかなり低目になりますが，現状では耐圧が200 V 程度のものまでしか作れず，価格もかなり高くなってしまいます．

● 直列に可飽和リアクトルを挿入する

さて2次側の整流ダイオードは，**いずれにしても t_{rr} が0ではありませんので**，まだ短絡電流は発生してしまいます．そこで，図9-22 のように，**ダイオードに直列にリアクトルを挿入し，電流値を制限する**方法が大変有効です．

ただし，このリアクトルは全期間インダクタンスを

〈図9-22〉 直列リアクトルの挿入

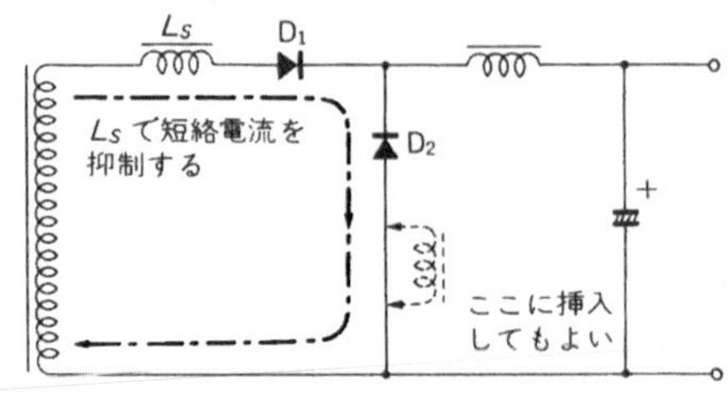

〈図9-23〉 可飽和リアクトルの印加波形

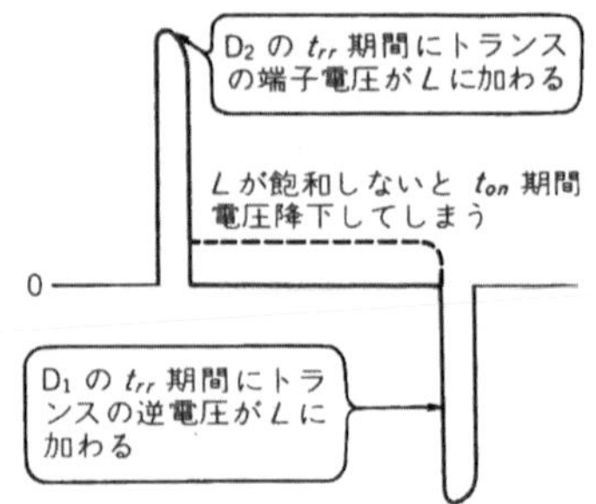

もっていたのでは，**図9-23** のように電圧降下が生じて好ましくありませんし，その必要もありません．したがって，ダイオードの t_{rr} 期間だけインダクタンスをもっていればよく，その後は磁気飽和を起こす可飽和リアクトルを用いることになります．

ここで使用するリアクトルは，スイッチングの一周期に2度飽和を繰り返しますから，コアのヒステリシ

●雑音の誘導について

雑音電圧は，発生した後に何らかの形態で，ほかの回路と結合していなければ，障害を与えることはありません．この誘導する方法としては，大きく分けて以下の二つが考えられています．

● 電磁誘導による結合

図9-A のように，2本の平行した電線があると，片方の1線に流れた雑音電流によって磁束が発生します．これがほかの1線に磁気的な結合をして，誘導電圧を発生させます．

流れた雑音電流を I，平行している距離を l，2線間の結合度を M とすると，誘導雑音電圧 V_n は，

$$V_n = j\omega MIl$$

と表すことができます．

結合度 M は，2線間の距離 d に反比例します．したがって，距離 d を確保して結合度 M を小さくしたり，平行している距離を短くすることが誘導雑音を小さくすることになります．

1次側の配線と2次側の配線を一緒に束線しないという原則は，このためのものです．つまり，外部から侵入してきた雑音が，入力ラインから出力ラインに現れないようにするためのものです．

また，2次側で発生した雑音が入力帰還雑音とならないようにする意味もあります．

ですから，どうしても両束線を近づけなければならない時には，絶対に平行にならず，ただ直角に交叉するような配慮が必要なわけです．

● 静電容量による結合

図9-B のように，2線間のストレ・キャパシティを通して，雑音電圧が誘導されてしまいます．

雑音の発生源の電圧 V_n から，あるインピーダンス成分 R の両端に誘導される電圧 V_R は，

$$V_R = \frac{\omega C_2 R}{\sqrt{1+\omega^2 (C_2+C_3)^2 \cdot R^2}} \cdot V_n$$

と表せます．ストレ・キャパシティは C_2 ですから，これに比例して誘導電圧が増加してしまいます．

図9.4 に示したように，トランジスタやダイオードの電極から放熱器へ誘導された雑音が，周辺の回路とのストレ・キャパシティによって雑音障害を与えるのはこのためです．

この場合にも，相互の距離を保ってストレ・キャパシティが少なくなるような注意が必要となります．

〈図9-A〉 電磁誘導結合

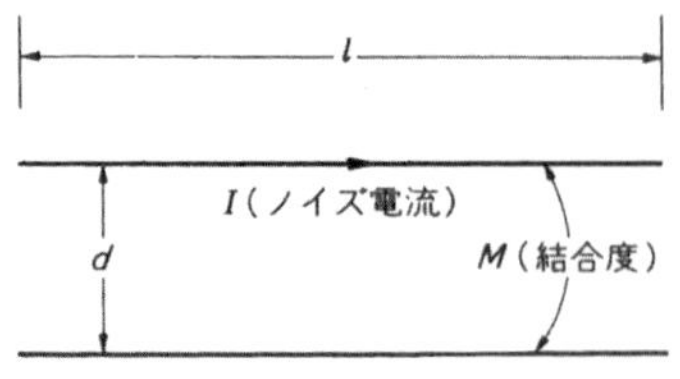

〈図9-B〉 静電容量結合

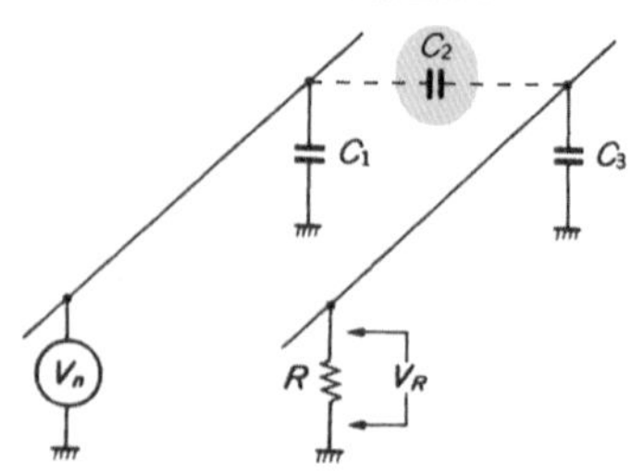

〈図9-24〉 アモルファス・コアの磁気特性

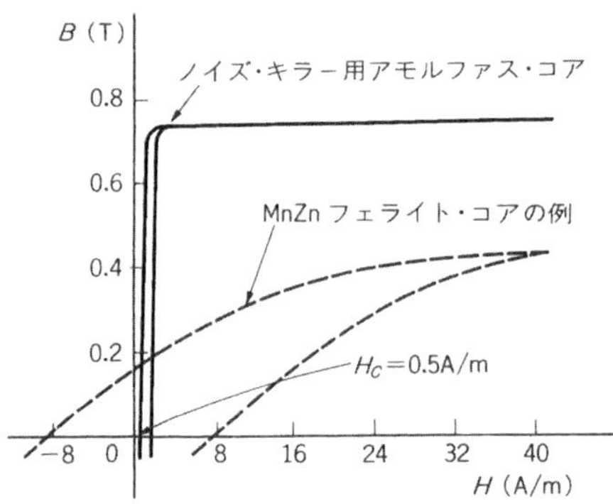

〈図9-25〉 電流の流れるループの面積

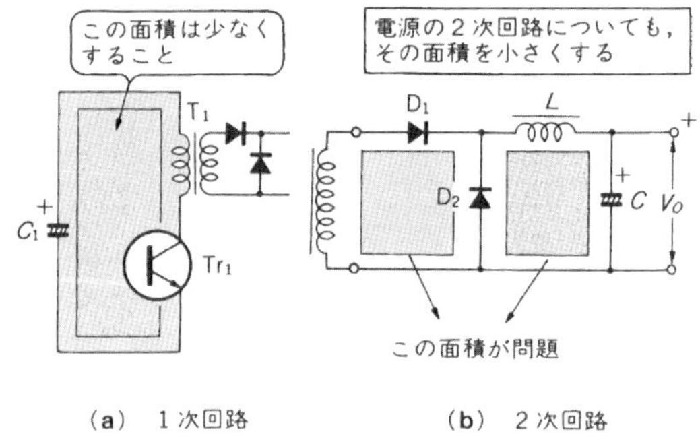

(a) 1次回路　　(b) 2次回路

ス損失が問題となり，かなりの温度上昇をきたします．そこで一般的には，B-H 曲線の幅が狭く，角型比の大きいものが望ましく，**アモルファスが最適**であるといえます．第1章，表1-5 に可飽和リアクトルの一例を示します．

可飽和リアクトルに用いるアモルファス・コアは，物性的に結晶構造をもたないので**非晶質コア**と呼ばれています．これは鉄系の金属にコバルトなどを添加し，高温で溶かしたものをうすい板状にしながら急速に冷却して作ります．

磁気特性は**図9-24** に示すように，**極めて鋭角な B-H 曲線**を示します．このような特性のものを**高角型比特性**と呼んでいます．また B-H 曲線の描く面積が狭いので，コアの発生する鉄損も少なく，高周波回路での可飽和リアクトルには最適の材料といえます．

このアモルファス・コアを利用したものとして，東芝金属からスパイク・キラーという名称で小型のコイルが発売されています．これを**表9-1** に示しておきます．

● 配線上のさまざまな注意

ノイズを発生する回路の配線は，極力短くなるように部品配置するのが原則です．プリント基板上では両面のパターンを上下対称な**電流が流れるように**したり，配線は必ず**細いピッチのツイスト・ペアを用いて平衡度を保ち**，コモン・モード・ノイズの発生しにくい構造にしておきます．

また**図9-25** のように，電流の流れるループが作る面

〈表9-1〉 スパイク・キラー
((株)東芝)

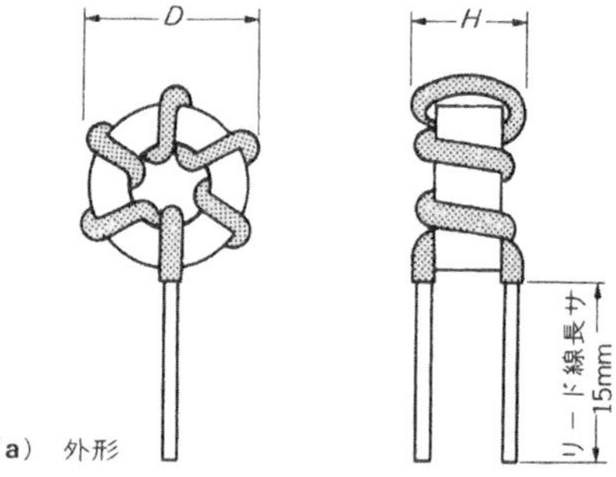

(a) 外形

品　名	最大寸法 D-H (mm)	磁束量 min	抑制効果持続時間の目安 〔素子端子電圧 5V(μs)〕	初期インダクタンス (μH)	最大インダクタンス (μH)	残留インダクタンス (μH)	連続使用電流 (DC.A)
SA4.5×4×3 F	7.2−5.2	270	0.3	10	50	0.15	1.0
SA4 5×4×3 E	7.2−5.2	400	0.4	20	100	0.20	1.0
SA5 ×4×3 F	7.7−5.2	550	0.6	20	100	0.20	1.0
SA5 ×4×3 E	7.7−5.2	800	0.9	40	200	0.25	1.0
SA5 ×4×3 D	7.7−5.2	1100	1.2	70	350	0.30	1.0
SA7 ×6×4.5D	11.0−7.5	1600	1.8	80	350	0.30	1.5
SA7 ×6×4.5B	11.0−7.5	2400	2.6	150	800	0.40	1.5
SA8 ×6×4.5C	13.0−8.0	3600	4.0	200	1000	0.30	2.0
SA8 ×6×4.5A	13.0−8.0	5200	5.7	400	2000	0.50	2.0

(b) 特性

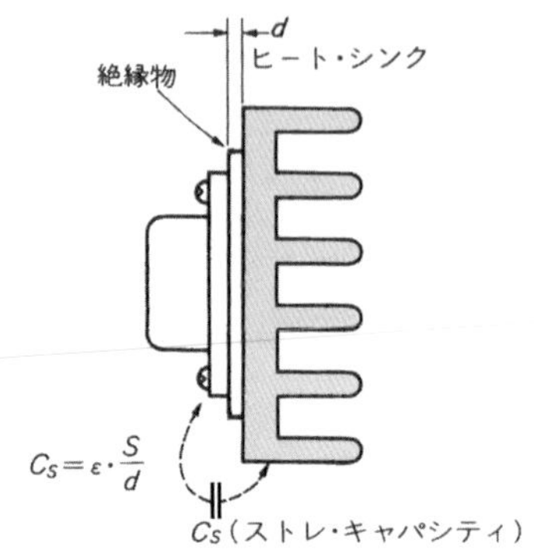

〈図9-26〉半導体と放熱器のストレ・キャパシティ

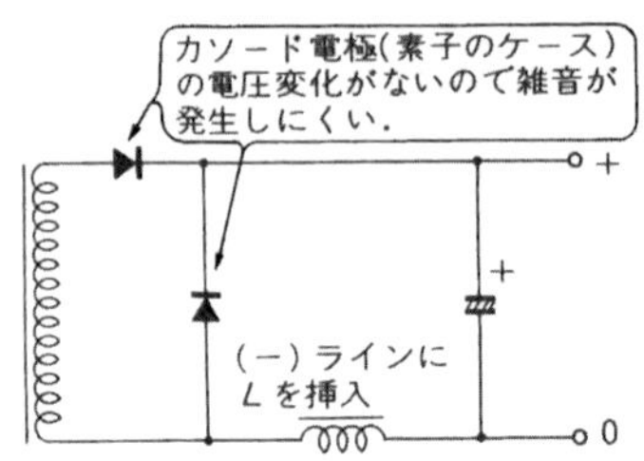

〈図9-27〉チョーク・コイルの挿入位置

積が広くならないように，往路と復路が極力近接して平行に走るようにもします．さらに，1次側は整流コンデンサがあたかも電源であるかのように，ここまでの配線のインピーダンスを低くします．また2次側の平滑コンデンサも，高周波電流の流れる側を低インピーダンスとなるように配慮しておきます．

しかし，このことは実はコンデンサを発熱部に近接させることになりますので，熱の干渉という意味では逆行します．相互の兼ね合いで適当な位置とします．しかし，これも口でいうほど簡単ではなく，スイッチング・レギュレータの設計では，最も難しい部分ですから慎重に対応してください．

● **放熱器からの誘導を小さくするには**

さきにトランジスタやダイオードの電圧的雑音が，放熱器に誘導されて空中へ放射されると述べましたが，この放熱器への誘導は，素子とのストレ・キャパシティによります．

トランジスタのケースはコレクタ電極ですし，ダイオードではカソード電極ですから，これには特に大きい雑音電圧が印加されていることになります．したがって，たとえ絶縁物を介して取り付けたとしても，**図9-26**のように，

$$C_S=\varepsilon\cdot\frac{S}{d}$$

の容量分で，放熱器も大きな雑音成分をもつことになります．

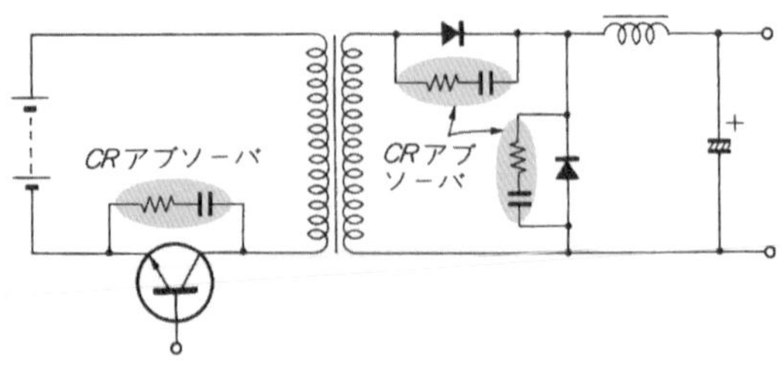

〈図9-28〉CRアブソーバ

したがって，絶縁物には誘電率 ε の小さな厚み d のあるものを用います．もちろん熱の伝導率が良くなければなりませんので，ベリリヤ磁器が理想的です．しかし，これは高価なため，実際にはシリコン系のゴムなどを用いています．

また，チョーク・コイルの挿入位置によっても発生雑音が変化します．通常使用する電力用ダイオードは，ケースがカソード側となっていますので，コイルを(+)ラインに挿入すると，これが放熱器に誘導されてしまいます．ダイオードのカソード電極の電圧は，ノイズを多分に含んだ電圧で常に変化しており，これがストレ・キャパシティを通して誘導されるからです．

そこで，**図9-27**のようにチョーク・コイルを(−)ラインに挿入すれば，カソード電極が直流出力の(+)に直結していますから，電位変化がなくノイズの誘導をせずにすむことになります．

● **CRアブソーバの挿入**

スイッチング・トランジスタや2次側整流ダイオードでの発生ノイズを抑えるものとして，それぞれの電極間に，C と R を直列にしたものを**図9-28**のように接続します．これはあたかも，発生雑音を吸収するかのように見えますが，実は次のような動作としてとらえてください．

例えば，トランジスタがターンオフする瞬間には，コレクタ電流がある dI_C/dt で下降します．このとき配線などのインダクタンス分などで逆起電圧が発生しますが，この値はスイッチの開いた時のインピーダンスに比例します．ですから，ここに CR が接続されていれば，この過渡インピーダンスでさほど高いノイズ電圧を発生させないで済むことになります．

また，この CR の時定数で電圧の上昇率 dV_{CE}/dt も抑えることができますので，さらに好都合ということになります．

もちろん，C だけでもかまわないのですが，回路のインダクタンス分とで**図9-29**のように共振条件を満たし，高周波での減衰振動を起こしてしまうことがあります．したがって，これの制動用としての R がどうしても必要となります．

なお，この R の値はあまり高すぎても低すぎても役

〈図9-29〉 アブソーバ挿入時の波形

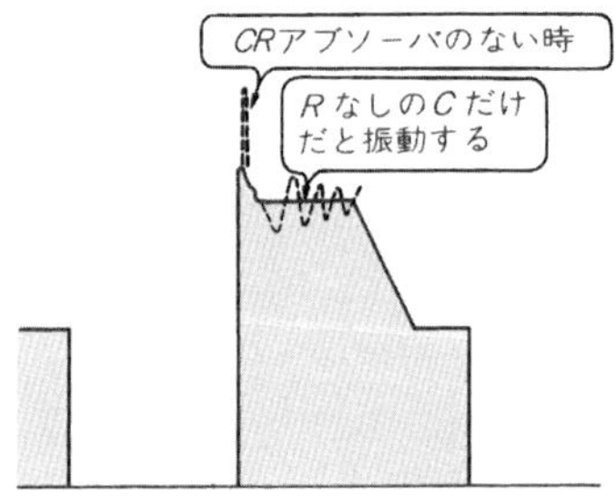

〈図9-30〉 ライン・フィルタの回路例

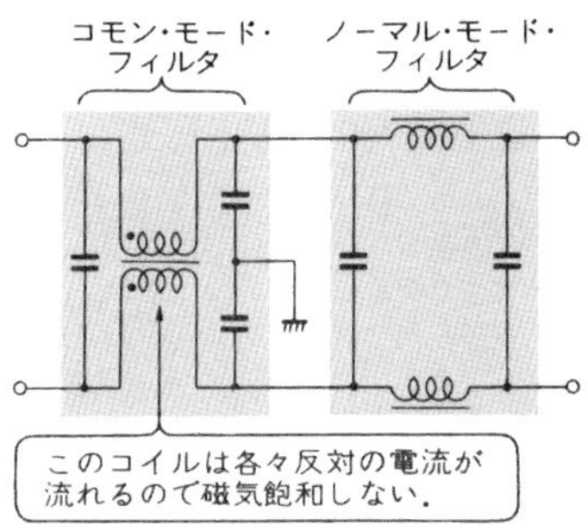

目を果しませんので，**数十 Ω～数百 Ω の範囲で実験的**に最適値を探さなければなりません．また，この R によって熱損失を発生しますので，むやみに大きな C を用いることができず，**数百 pF～1000 pF が限界**となります．

● AC ライン・フィルタの効果

さて，AC 入力ラインにもどるノイズがなかなかやっかいで，これを除去することで出力ノイズをも低減できることがあります．

この入力帰還雑音を低減させるには，ライン・フィルタを強化する以外に手がありません．市販品のライン・フィルタを使用する方法もありますが，1 MHz 以下で大きな減衰率をもっているものが少なく，しかも高価ですから，***LC* を電源内部にアセンブリするほうがいろいろな面で有利**となります．

回路構成はいくつか考えられますが，一般的には**図9-30** のようにコモン・モード・チョークによる 1 段か 2 段構成がよく使用されます．

フィルタの低域の減衰特性は $L \times C$ 積で決定されますが，グラウンドへ流れる漏洩電流をあまり大きくするわけにはいかず，比較的大きなインダクタンスのコイルを必要とします．

コモン・モード・チョークの効果を，**図9-31** の等価回路で定量的に考えてみます．発生する雑音電圧を V_g とすると，

〈図9-31〉 コモン・モード・チョークの等価回路

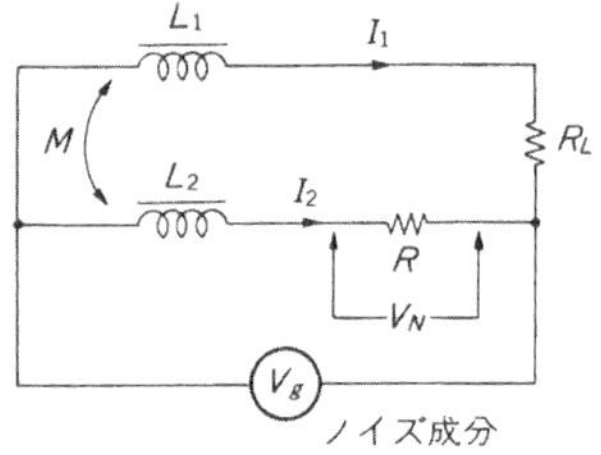

〈図9-32〉 コイルのストレ・キャパシティ

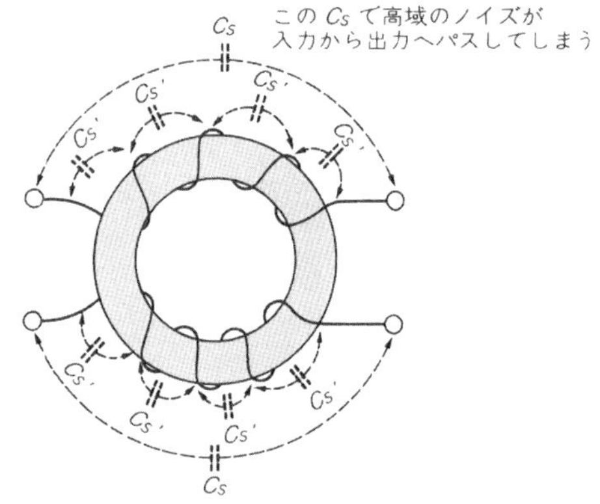

$$V_g = j\omega L_1 \cdot I_1 + j\omega M I_2 + I_1 R_4$$
$$V_g = j\omega L_2 I_2 + j\omega M I_1 + I_2 R$$

で，$L_1 = L_2 = M = L$ とすると，

$$I_1 = \frac{V_g \cdot R}{j\omega L(R + R_L) + R \cdot R_L}$$

$$I_2 = \frac{V_g \cdot R_L}{j\omega L(R + R_L) + R \cdot R_L}$$

となり，負荷 R_L に発生する雑音電圧 V_N は，

$$V_N = I_1 \cdot R_L = \frac{V_g \cdot R \cdot R_L}{j\omega LR + j\omega \cdot L \cdot R_L + R \cdot R_L}$$

$$= \frac{V_g \cdot R}{j\omega L \dfrac{R}{R_L} + j\omega L + R}$$

となります．ここで現実には $R \ll R_L$ となりますから，

$$V_N = \frac{V_g \cdot R}{j\omega L + R}$$

となり，雑音電圧の減衰比は，

$$\frac{V_N}{V_g} = \frac{\dfrac{V_g \cdot R}{j\omega L + R}}{V_g} = \frac{R}{j\omega L + R}$$

と表すことができます．この結果から，インダクタンス L に比例して雑音の減衰度の上がることがわかります．

● ライン・フィルタを作るには

次に実際の設計上での注意点をのべることにします．フィルタの特性としては，低域から高域まで大きな減

〈表9-2〉 コモン・モード・フィルタ用SCコイル
((株)トーキン)

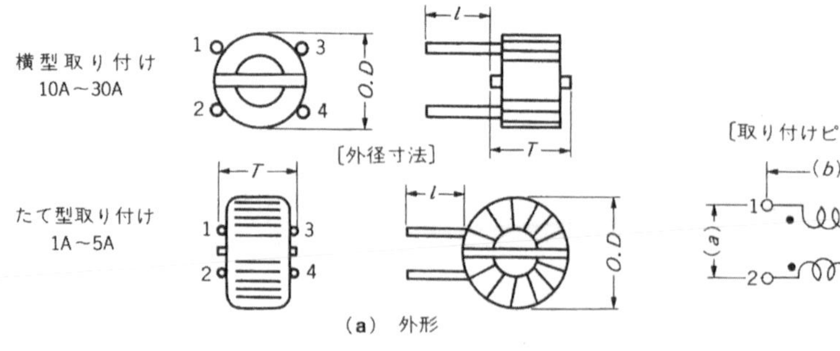

(a) 外形

(単位 mm)

品　名	定格電流 (A)	インダクタンス (mH) 100kHz	直流抵抗 (mΩ) 片側ライン	温度上昇 (deg.)	線径 φ	O.D	T	l±2	(a)	(b)
SC02-101	2	≧1	≦100	≦40	0.6	23.0	13.0	15	10	13
SC02-100	2	≧1	≦100	≦40	0.6	23.0	18.5	15	10	19
SC02-200	2	≧2	≦110	≦40	0.6	23.0	18.5	15	10	19
SC02-300	2	≧3	≦100	≦40	0.6	25.0	20.0	15	10	17
SC02-500	2	≧5	≦150	≦45	0.6	27.0	20.0	15	10	17
SC02-800	2	≧8	≦ 50	≦40	0.6	34.0	23.0	15	18	16
SC05-100	5	≧1	≦ 70	≦40	0.8	25.0	18.5	15	10	19
SC05-200	5	≧2	≦ 80	≦40	0.8	32.0	21.0	15	18	21
SC05-500	4	≧5	≦ 80	≦60	0.8	34.0	23.0	15	18	21
SC05-800	4	≧8	≦ 20	≦60	0.8	34.0	23.0	15	18	21
SC10-100	10	≧1	≦ 20	≦40	1.3	34.0	21.0	15	22	21
SC10-200	10	≧2	≦ 28	≦40	1.3	47.0	27.0	15	30	30
SC15-100	15	≧1	≦ 12	≦40	1.8	49.0	27.0	15	35	35
SC20-100	20	≧1	≦ 8	≦40	2.3	60.0	30.0	15	40	40
SC30-100	30	≧1	≦ 6	≦40	2.6	62.0	35.0	15	55	20

(b) 特性

衰比を示して欲しいのですが，なかなかそうはいきません．それは**図9-32**のように，コイルにストレ・キャパシティ C_S があるためです．高域ではこの C_S を通してノイズがパスしてしまい，阻止できなくなってしまいます．

低域の特性をよくしようとしてコイルの巻数を多くすると，それだけストレ・キャパシティも増えてしまいますから，**コイルは極力多層にせず，各層間に層間紙を入れて距離を保ち，C_S を少なくする**ようにします．また，大きなインダクタンスのコイルと小さなインダクタンスのコイルを組み合わせて広帯域のフィルタとすることもできます．

使用するコアは，型状としては何でもかまいませんが，材質的には透磁率 μ が大きく，周波数特性はむしろ悪いもので，雑音成分をコア・ロスにしてしまうもののほうが良い特性となります．**表9-2**，**表9-3**にライン・フィルタ用コイルの一例を示します．

なおフィルタの取り付け位置としては，トランスやチョーク・コイルに近づけすぎると，磁気結合で雑音成分がコモン・モード・チョークなどに誘導してしまいます．ですから，極力距離を保ち，また入力端子に近い所に配置するよう心掛けてください．

● 市販のライン・フィルタを使うとき

最近では各社から多くの種類のライン・フィルタが市販されています．しかし，それぞれ特性が異なるために，どれを使用してもよいというわけにはいきません．

選択基準としてもっとも重要なのが，雑音の減衰特性です．ライン・フィルタはいずれにしてもコイルとコンデンサを組み合わせて構成されていますが，コイルのインダクタンス L と，コンデンサの容量 C の積が大きいほど，低周波領域での減衰特性がよくなります．

〈図9-33〉 コモン・モード・フィルタの回路

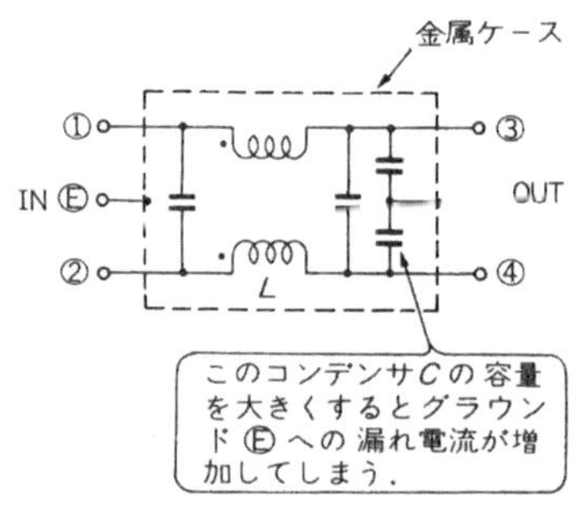

しかし，例えば**図9-33**に示す回路はコモン・モード・ノイズ用フィルタですが，コンデンサ C をあまり大きくすると，ACラインからグラウンドへの漏れ電流が

〈表9-3〉 ノーマル・モード用SNコイル((株)トーキン)

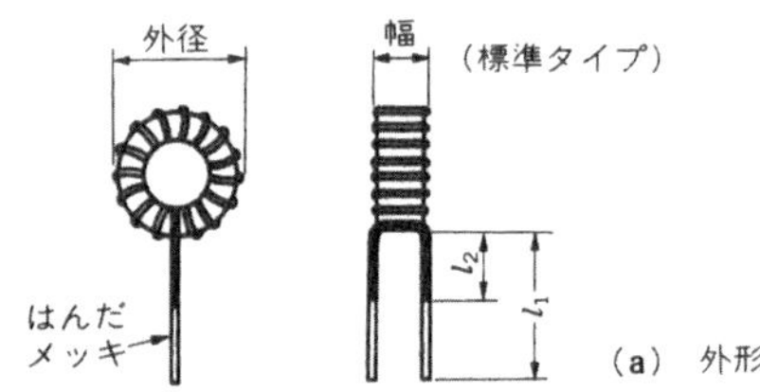

(a) 外形

品名		定格電流 (A)	インダクタンス (μH) min	直流抵抗 (Ω) max	仕上がり寸法 (mm) 外径 max	幅 max	l_1	l_2	線径 (mmφ)
小型	SN 3-200	1	10	0.040	8.5	5.5	$20^{\pm 2}$	5max	0.4
	SN 5-300	2	25	0.042	13	7	20	5	0.55
	SN 5-400	2	48	0.058	13	8	20	5	0.55
標準タイプ	SN8S-300	2	26	0.042	16	8	$20^{\pm 2}$	5max	0.6
	SN8S-400	2	46	0.052	16	8	20	5	0.6
	SN8S-500	2	72	0.068	16	9	20	5	0.6
	SN8D-300	2	45	0.052	16	11	$20^{\pm 2}$	5max	0.6
	SN8D-400	2	80	0.072	16	11	20	5	0.6
	SN8D-500	2	125	0.092	17	12	20	5	0.6
	SN10-300	3	40	0.035	21	11	$20^{\pm 2}$	5max	0.8
	SN10-400	3	72	0.042	21	11	20	5	0.8
	SN10-500	3	110	0.052	21	12	20	5	0.8
	SN12-400	5	64	0.032	25	12	$20^{\pm 2}$	5max	1.0
	SN12-500	5	100	0.040	26	12	20	5	1.0
	SN13-300	6	56	0.023	30	17	$20^{\pm 2}$	5max	1.2
	SN13-400	6	100	0.030	30	18	$20^{\pm 2}$	5max	1.2
	SN13-500	6	155	0.036	31	18	$20^{\pm 2}$	5max	1.2

(b) 特性

増加してしまいます.

この漏れ電流は感電の危険性がありますので，一般的に安全基準として1mA以下としなければなりません．つまり商用周波数に対しては，コンデンサとしては2200pFが限界となってしまいます.

そこで，実際には大きなインダクタンスのコイルを用いなければなりませんが，巻線の発熱を考慮すると大型のコアに太い電線を巻かなければなりません．つまり，それだけ大型化してしまいます.

〈写真9-1〉 ライン・フィルタ

● ライン・フィルタの種類の使い分け

市販のライン・フィルタとしては，形状的には写真9-1に示すようなインレット型のものと，ネジ端子構造のものとがあります.

インレット型のものは小型のものが多く，コイルとしては2mH程度のものを使用しています．そのため，40dB以上の十分な減衰特性を得るのは1MHz以上の周波数に対してということになってしまいます.

ところが，RCC方式のスイッチング・レギュレータのように，数百kHz以下のノイズ成分が多いものでは，このくらいのライン・フィルタでは低雑音化することができません．したがって，このようなときにはネジ端子型の形状で，5mH以上のインダクタンスのコイルを内蔵したものを用いるようにします.

また，フォワード・コンバータのように，数十MHz以上の高周波ノイズの多いものでは，それほど大きなインダクタンスを必要としません．むしろ大きなインダクタンスのコイルを用いると，巻線間のストレ・キャパシティによって，高周波ノイズが通過してしまい減衰しないことになってしまいます.

スイッチング周波数を高くすればするほど，発生するノイズも高周波領域に分布しますから，小型のライン・フィルタのほうが都合がよいことになります.

〈写真9-2〉スイッチング電源の入力帰還ノイズ(14.9 MHz/div, 10 dB/div)

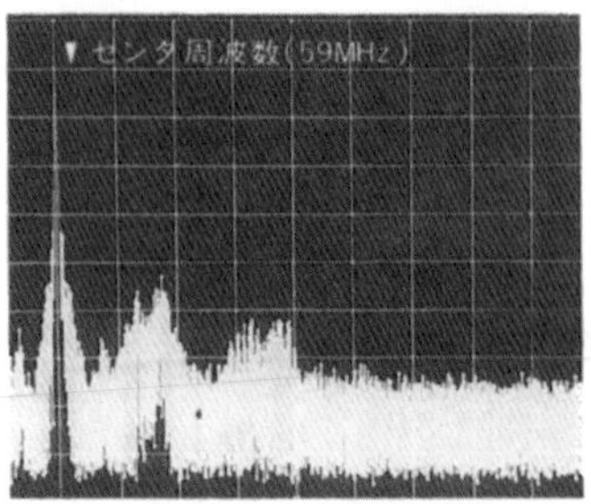

(a) RCC方式(フィルタなし)

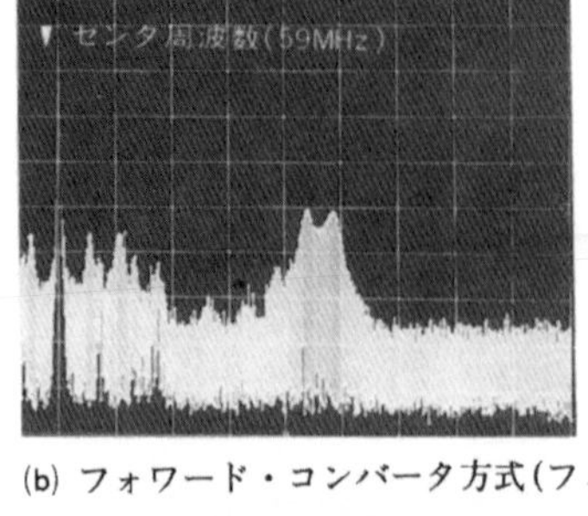

(b) フォワード・コンバータ方式(フィルタなし)

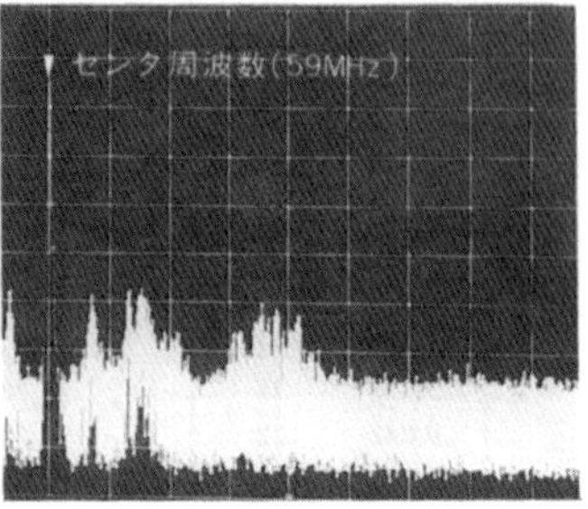

(c) RCC方式(フィルタ有り)

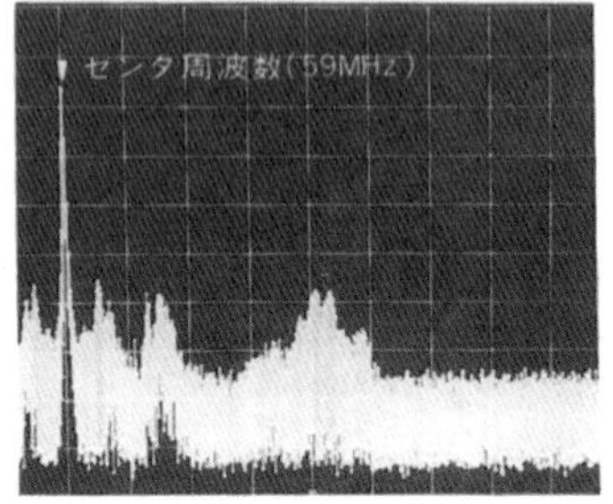

(d) フォワード・コンバータ方式(フィルタ有り)

● 金属ケースはグラウンドすること

ところで，市販のライン・フィルタはほとんどのものが金属のシールド・ケースに収められています．そして，この**金属ケース**がグラウンドとなっていますので，しっかりと装置の**金属**シャーシにネジ止めするようにします．あるいは，極力太く短い電線で接地するように配線してください．

写真9-2に，ライン・フィルタを付加した時としない時の，入力側への帰還雑音の変化を示しておきます．

また，代表的なライン・フィルタの例を**図9-34**に示しておきます．

そして最後に，以上のいくつかの雑音対策の方法をまとめたものを**図9-35**に示します．

〈図9-34〉 ライン・フィルタの例

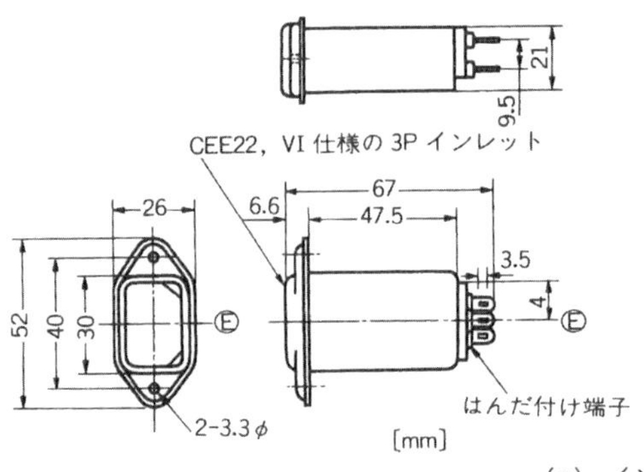

	GL2030C3	GL2060C3
定格電圧	250V	250V
定格電流	3A	6A
絶縁耐圧	1800V DC（ライン〜ライン間） 1500V AC（ライン〜ケース間） 1分間	
絶縁抵抗	500V DC 300MΩ 以上 （ライン〜ケース間）	
漏れ電流	250V 60Hz 0.5mA 以下	

(a) インレット型

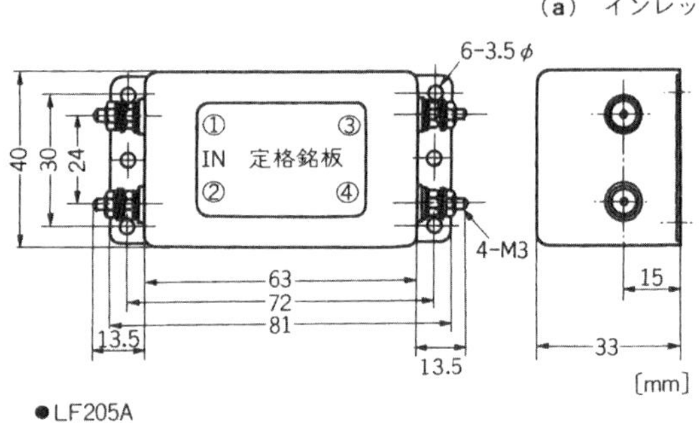

●LF205A

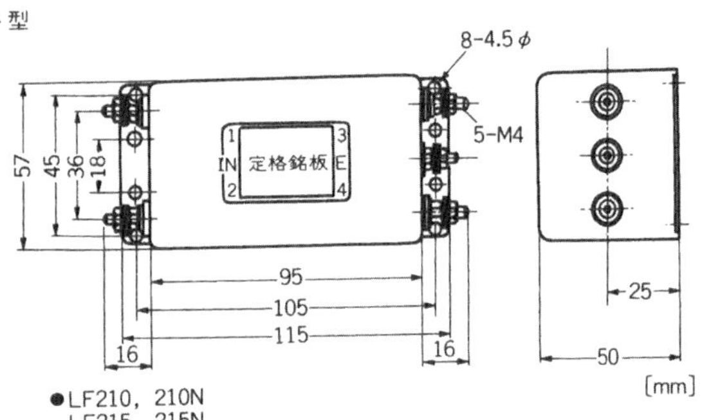

●LF210, 210N
LF215, 215N

品　名	定格電圧 AC DC (A)	定格電流 AC DC (A)	試験電圧 AC 1 分間(V) アース・端子間	絶縁抵抗 (MΩ) 500VDC 1 分間後 アース・端子間	漏れ電流 (mA) 250V・60Hz
LF202A	250	2	1500	≧300	≦1
LF202U1	250	2	1500	≧300	≦1
LF205A	250	5	1500	≧300	≦1
LF210	250	10	1500	≧300	≦1
LF215	250	15	1500	≧300	≦1

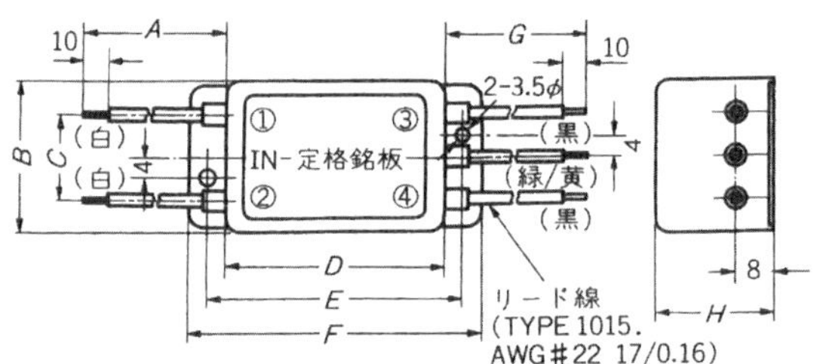

品　名	A	B	C	D	E	F	G	H
LF202A	100	32	17	48	56	64	100	25
LF202U1	200	32	17	48	56	64	200	25

(b) ねじ端子型

〈図9-35〉 スイッチング・レギュレータのノイズ対策

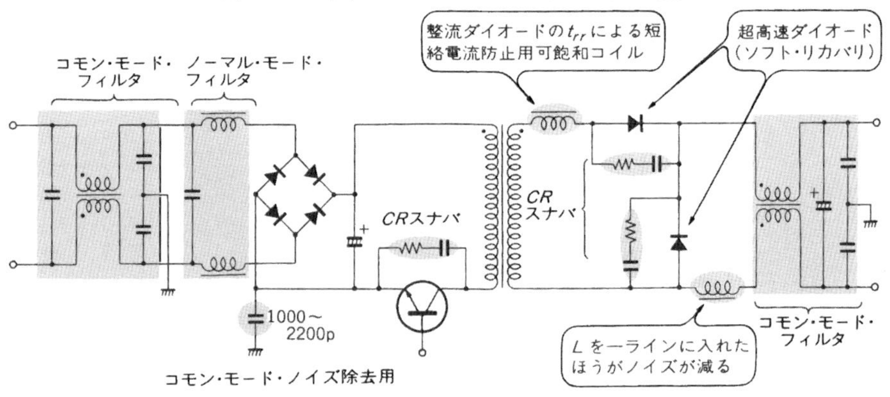

プラス・ワン
放熱のための実装技術ノウハウ

●熱設計の考え方
●放熱を考慮した部品実装
●パターン設計の考え方

電源装置においては，部品をどのような構造でどう配置するかは，極めて重要な問題です．特に電力を扱うことから，発熱物の放熱設計は装置の信頼性に大きな影響を与えます．また，スイッチング・レギュレータの場合には，雑音の発生も部品配置や配線の引き回しによって大きく変化をします．

このほか，電源装置にはトランスなどの重量物を搭載しますので，振動や衝撃に対する機械的強度も考慮しなければなりません．

これらの条件を生産性を考えて配置設計するのは，なかなかたやすいことではありません．

熱設計の考え方

電源装置内部には，大きな発熱物と熱に弱い部品とが混在しています．発熱物の代表は，パワー・トランジスタやダイオードで，これらの放熱設計はすでに第1部，第5章などで述べてあります．ところがこれ以外にも，トランスや抵抗などかなり大きな発熱をする部品がいくつもあります．

さらに，熱に弱い部品の代表として電解コンデンサがあります．電解コンデンサは温度が10℃上がるごとに寿命が半減してしまいます．電源回路の出力特性，とりわけリプルやノイズを低減しようとすると，パワー・トランジスタと電解コンデンサとを極力近接して配置して，配線を太く短くしたいという，相矛盾する条件が出てきます．

〈図1〉 熱の移動経路

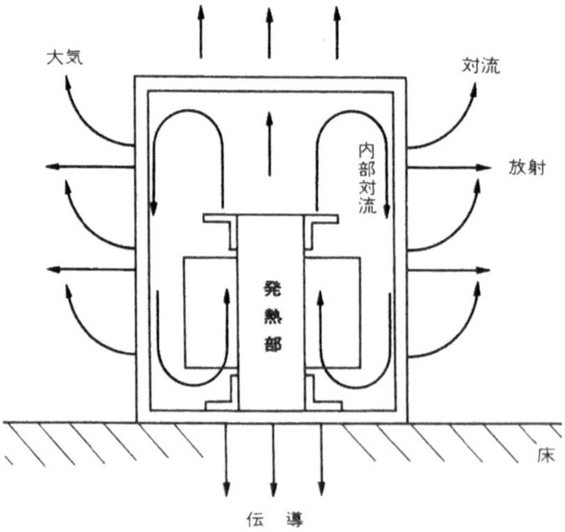

● 全体的な部品配列の工夫

元来，機器内部で発生した熱は，図1のように対流，放射，伝導の三つの径路で外部へ出て行きます．特にケースで囲まれた内部では，内部対流による熱の移動が下方から上方へ向って行われています．

これは当然のことながら，熱せられた空気は軽くなるために上面へと移動しますから，装置内部では底面側よりも上面側の温度が高くなってしまいます．

通風の条件によっても異なりますが，底面側と上面側とで温度差が15℃以上になることもめずらしくありません．

また，熱が発熱部周辺に滞留せずに良好な対流条件を作り出すためには，部品の実装は図2のように垂直面に行ったほうがよいことも明らかです．

ところが，この時に下面部に発熱物があるとすると，この熱で上方にある部品を暖めてしまい，すべての部品を大きく温度上昇させてしまうことになります．

ですから，図3に示すように，基本的に電解コンデンサは発熱物のすぐ上には配置せずに，上下，左右共に距離を保てるような構造を考えておかなけれ

〈図2〉 プリント基板の配置

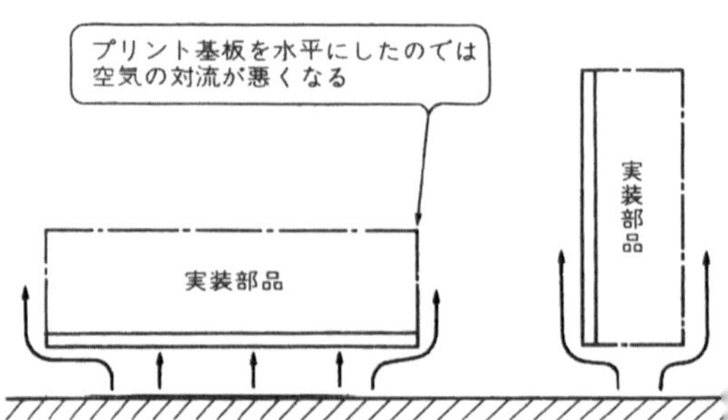

〈図3〉基本的な部品配置

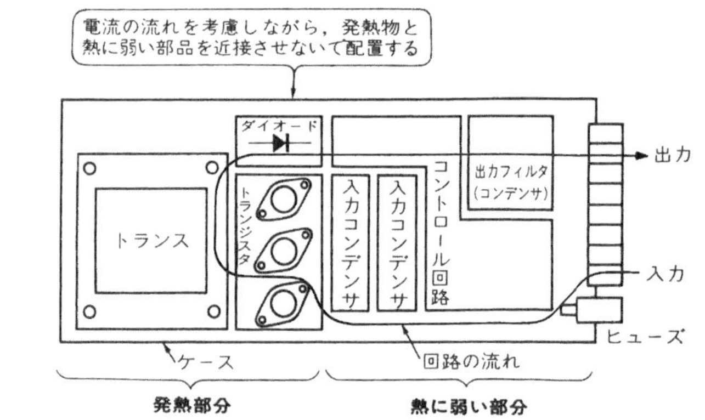

〈図6〉2枚のボードの配置

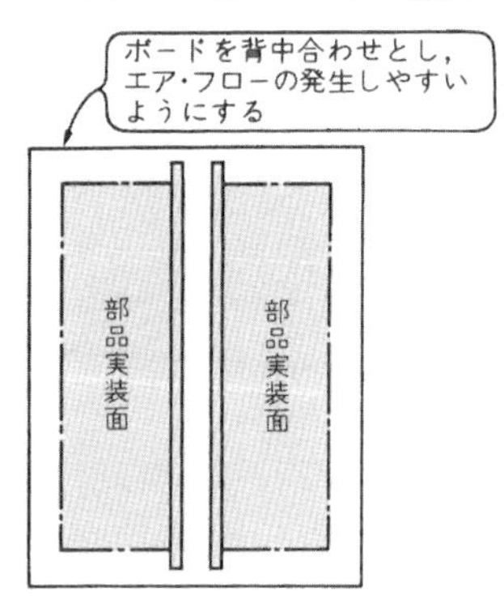

〈図4〉通風孔の種類

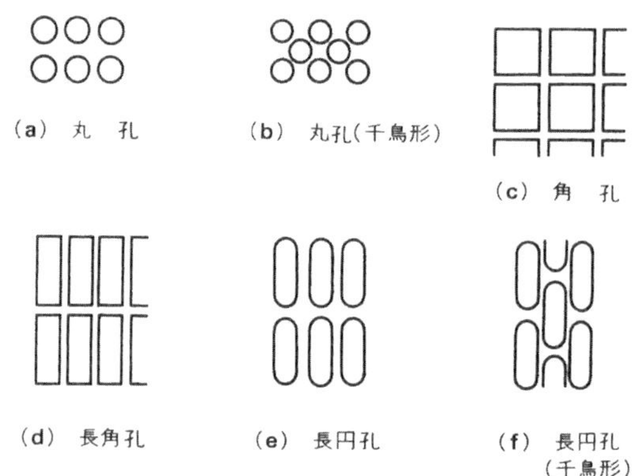

ばなりません．

● **装置内部での熱の対流を考慮**

ケースが密閉構造だと，外気への熱の流通がなくなってしまい，大きな内部温度上昇を起こしてしまいます．したがって，このような場合には**ケースの外表面に何らかの通風孔**を設けなければなりません．

図4に通風孔のいくつかの例を示しますが，孔の位置や形状によって，対流の条件が大きく左右されてしまいます．ですから，極力総体的な孔の面積，いわゆる開口率が上がるような形状となるように工夫しなければなりません．

〈図5〉底面からのエア・フロー

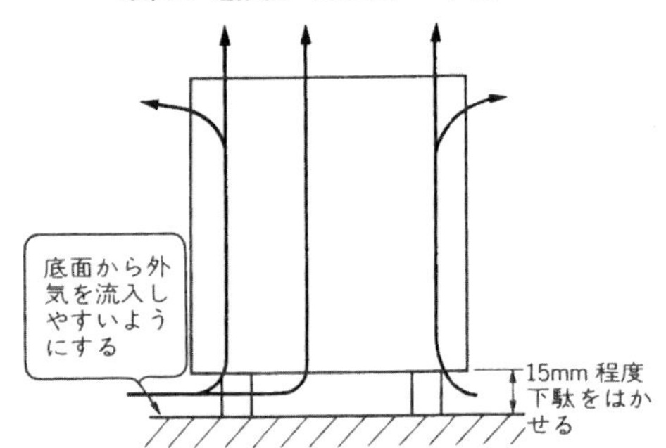

熱された空気はケース上部に滞ります．そのため，ケース上部には必ず空気の流出孔が必要となりますが，上面板に開口部を設けるのは，チリやホコリなど異物混入の原因となります．側面板の上部に通風孔を設けるのが適切です．

しかし，下方にも空気の流入孔がなければ，良好な対流が起こりません．ところが，流入孔に関しては，いくら下方であっても側面板では外気をなかなかうまく吸い込んではくれません．ですから底面に流入孔を設け，さらに**図5**のように**据え付け時に10～15 mm 程度下駄をはかせるなどの工夫が必要**となります．

ところで，回路を1枚のプリント基板で実装しきれない時は，相互の部品面を対向させる構造ではなく，**図6**のように基板が背中合わせとなるように配置します．こうすれば，部品実装面により良好な空気の対流を期待することができます．

● **内部温度上昇の計算法**

さて，電源装置などを設計するときは，装置内部の温度上昇がどの程度になるかを概略見積っておくことが大切です．しかし，これは大変複雑な条件が組み合わさっていますので，なかなか計算と実際とをピタリと合致させるわけにはいきません．以下は参考値として考えてください．

図7のグラフは，装置の包絡体積に合った熱抵抗 θ_e を読み取るものです．これと回路の内部損失とから温度上昇 T_e を計算してみましょう．

まず，出力電力 P_O での電力変換効率を η とすると，電源の内部損失電力 P_e は，

$$P_e = P_O\left(\frac{1}{\eta} - 1\right)$$

となります．ここで，放熱器に取り付けられた素子

〈図7〉包絡体積と熱抵抗

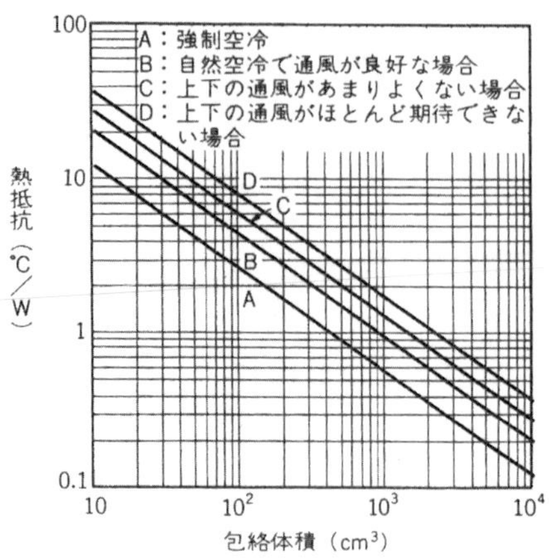

の損失 P_S のうち，50％が外気に熱放散されたとすると，装置内部での損失 P_I は，

$$P_I = P_e - \frac{1}{2} P_S$$

$$= P_O \left(\frac{1}{\eta} - 1 \right) - \frac{1}{2} P_S$$

となります．

これから温度上昇は，

$$\Delta T_e = \theta_e \cdot P_I$$

$$= \theta_e \left\{ P_O \left(\frac{1}{\eta} - 1 \right) - \frac{1}{2} P_S \right\}$$

と求めることができます．これに使用最高環境温度を加算したものが，実装されている部品の周囲温度ということになります．

● **放熱器の形状とその取り付け方法の工夫**

同じ熱抵抗の放熱器を使用したとしても，形状や取り付け方法によって，温度上昇に大きな差異がでてしまいます．

図8は，放熱器のフィン（羽根）が水平方向と垂直方向の場合の2種類を比較したものです．(a)の**水平方向に配列したフィンでは，フィンとフィンとの間の空気の対流が起こりにくいために**，放熱の条件が悪くなってしまいます．時によっては，この二つの例では10℃もの温度差が生じてしまうこともあります．

ですから，装置の設置される向きを考慮して，フィンが必ず垂直方向に配列されるようにしなければなりません．

また，フィンの間隔が狭いものや，極端に縦長の型状のものも空気の対流が悪くなります．少なくとも，**フィンの間隔は5mm以上**あるものを使用するようにします．

〈図8〉放熱器の配置方法

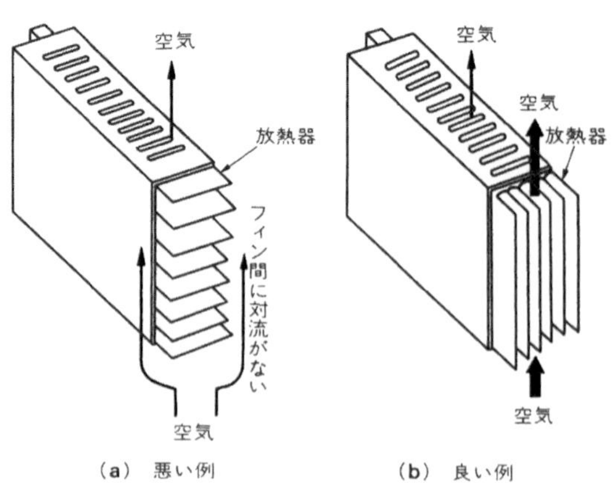

〈図9〉TO3型トランジスタの温度上昇

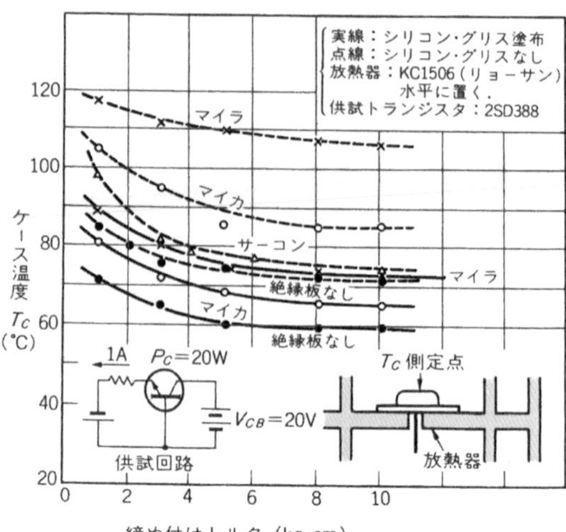

放熱を考慮した部品実装

● **半導体デバイスの実装**

ここでは，大きな電力損失を発生するパワー半導体デバイスについて考えてみます．

トランジスタにしてもダイオードにしても，大きな電力を扱うものは何らかの放熱器に取り付けることになります．

ところが，取り付け方法によっては，半導体と放熱器間の接触熱抵抗によってかなり温度上昇に差が生じてきます．もちろん，絶縁物の種類によっても熱抵抗の差がありますが，**シリコン・グリスを塗布した場合と，しない場合とでは30％もの温度差が現われる**場合があります．

図9は，TO3型の外形をしたトランジスタの温度上昇，**図10**はTO220型の外形をしたトランジスタの温度上昇を測定したものです．ここで使用しているサーコンは，本来シリコン・グリースを塗布しな

〈図10〉 TO220型トランジスタの温度上昇

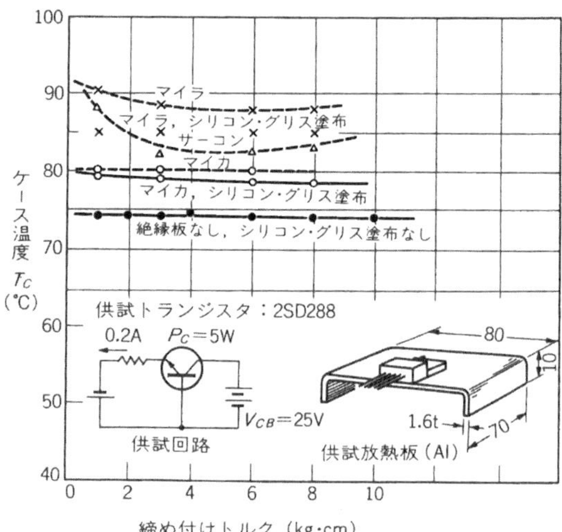

いで用いるものですから，1種類のデータだけを掲載してあります．

このデータではトランジスタをネジ締めする時の強度である，締め付けトルクを横軸に記入してあります．ある値までは明らかに温度上昇が少なくなりますが，それ以上はあまり変化しない領域に入ります．ですから，むやみに強く締めすぎて，素子に機械的ストレスを与えるほど，強く締めることはありません．

シリコン・グリースを塗布したものは，いずれの場合も温度上昇が低くなります．ところが，プラスチック・パッケージのTO220などでシリコン・グリスを塗布すると，封止剤と金属の間隙から油分が浸透して，素子の信頼性を低下させることもあります．

また，配線やプリント基板のパターンの関係から半導体を直接放熱器に取り付けられない場合があります．この時には，図11のようにアルミ板などを用いて，熱を放熱器まで伝導する方法が取られています．

アルミ板は厚ければ厚いほど熱の伝導が良くなり

〈図11〉 半導体の熱の伝導方法

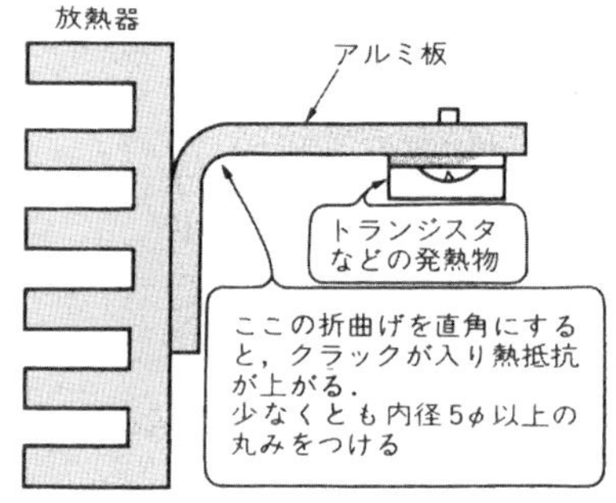

〈図12〉 重量物の部品配置

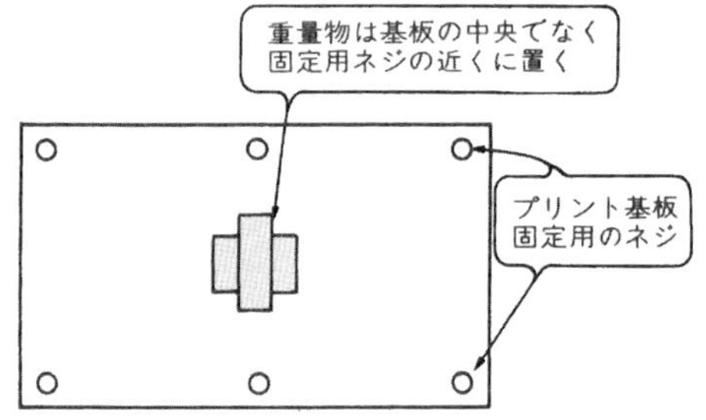

〈表1〉 トランスの絶縁種

絶縁種類	最高許容温度
A 種	105°C
E 種	120°C
B 種	130°C
F 種	155°C
H 種	180°C

ます．しかし，折り曲げを直角にしてしまうと，この部分に細いクラックが入ってしまい，伝導の熱抵抗が大きくなってしまいます．

ですから，少なくとも5Rくらいの丸みを付けた折り曲げとするようにしてください．

● トランスやコイルの発熱

トランスやコイル類は重量物ですから，商用電源トランスなどは，小電力のもの以外はプリント基板への実装は機械的強度の面から不可能です．限界値としては，トランスの容量で5VAくらいと思ってよいでしょう．

スイッチング・レギュレータ用の巻線類は，かなりの大電力用のものでも小型軽量ですから，ほとんどの場合がプリント基板に直接取り付けることができます．しかし，この場合でも図12のように，大きな面積の基板の中央部に重量物を配置したのでは，基板がたわんでしまいます．重量物はできるだけ端部に置くようにします．

ところで，トランス類も大きな発熱源です．しかも，表面と内部とでは10℃以上もの温度差となります．

トランス類に用いる絶縁材には，表1のように絶縁種というものが規定されています．一般的に用いられるウレタン電線などはE種ですから，120℃が絶縁を保つための上限の温度となってしまいます．

そこで，トランス内部の温度を計算で求める方法として，抵抗法というものがあります．これは，巻線に用いる銅の抵抗値が温度に比例して上昇するこ

〈図13〉 コンデンサへの配線例

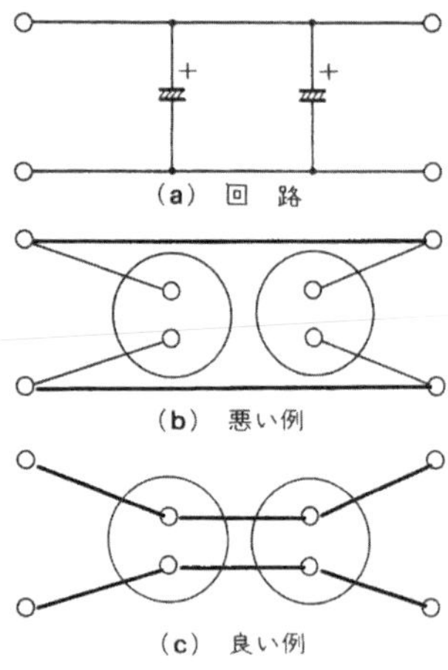

〈図14〉 抵抗器の表面温度

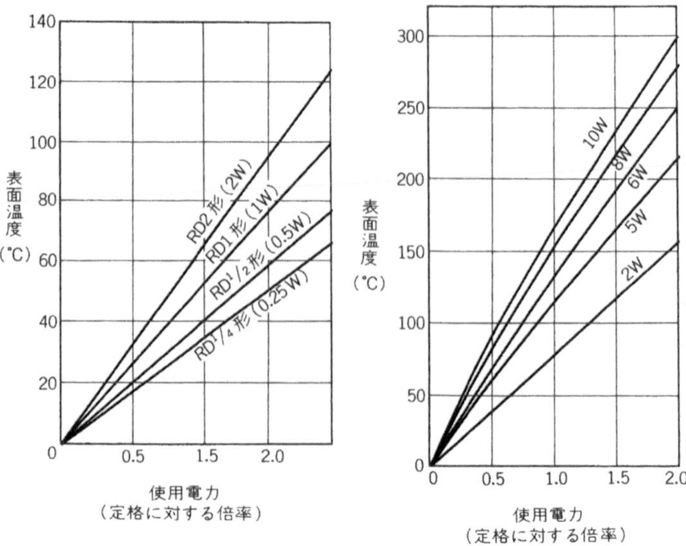

(a) RD抵抗の表面温度　(b) 電力型巻線抵抗の表面温度

とを利用したものです.

温度上昇$\varDelta T$℃は，次式によって計算します.

$$\varDelta T=\frac{R_2-R_1}{R_1}(234.5+t)$$

R_1：通電前の巻線の直流抵抗

R_2：通電後の巻線の直流抵抗

t：室温

ただし，この測定にあたってはトランスの温度が完全に上がりきるまでにはかなり長い時間を必要としますので，少なくとも**1時間は通電放置**しておかなければなりません.

● 電解コンデンサの実装方法

電解コンデンサが熱に弱いことはすでにのべました．ここでは，型状と配線方法について考えてみます.

商用のAC 100Vを扱うライン・オペレート型スイッチング・レギュレータの1次側の整流回路は，**静電容量とリプル電流に気をつければ型状にはあまり神経を使う必要がありません.**

ところが，スイッチング・レギュレータの2次側高周波整流用コンデンサは，型状にまで気を使わなければなりません．これは，電解コンデンサの**内部インピーダンスを決定するインダクタンス分が型状によって異なるからです.**

電解コンデンサは2枚のアルミ箔を絶縁紙をはさんで巻いた構造となっています．ですから，巻き回数が多ければ多いほどインダクタンスが増加してインピーダンスも大きくなります.

したがって，同じ定格のコンデンサであっても，**長さが長く細長い形状のものほど，低インピーダンスとなっています.**

また，プリント基板への実装ではパターンの引き回しにも注意しなければなりません.

例えば**図13**のように，同じように2個のコンデンサを並列に接続する場合を考えてみます．図(a)の例では，主電流のパターンとコンデンサの端子間にインダクタンス分が存在してしまいます．ですから，図(b)のように必ず**主電流がコンデンサの端子を通るようなパターンの流れ**としなければなりません.

● 電力用抵抗の実装

抵抗器自体は，温度が200℃くらいまで上昇してもさほど問題がありません．しかし，これがプリント基板に密着して取り付けられていたのでは，基板の温度を上げて変色や炭化といった重大な問題を発生させてしまいます.

さらには，近辺にある部品も一緒に温度を上げてしまいます.

図14に，抵抗器の電力と表面温度のグラフを示しますが，当然ながら大型になればなるほど温度上昇も大きくなる傾向を示します.

〈図15〉 電力用抵抗器の取り付け方法

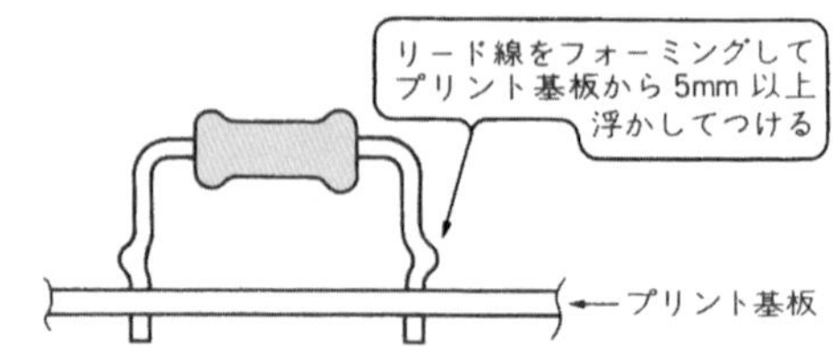

〈図16〉プリント基板上での大電流の流し方

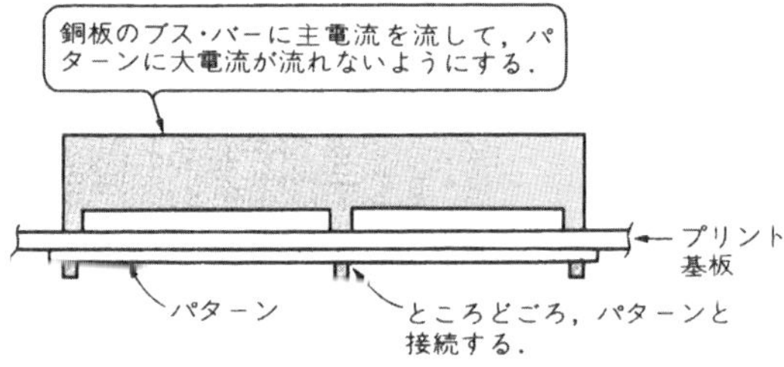

〈図17〉電解コンデンサのパターン

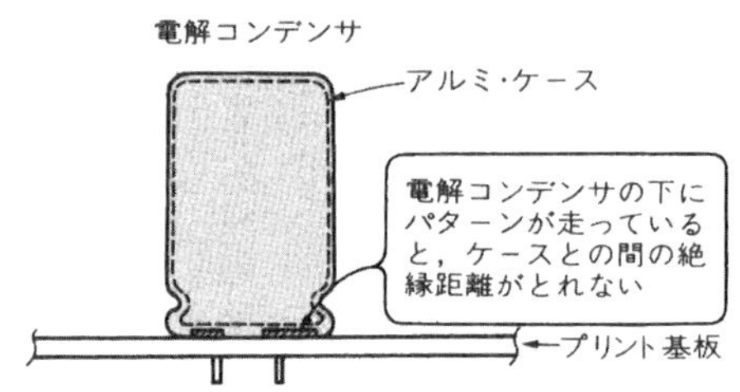

ですから，1W以上の抵抗器は定格の1/2～1/3くらいの消費電力で使うようにします．さらに，図15のように，基板から少し浮かして取り付けるようにすると，プリント基板の温度上昇を防ぐことができます．

パターン設計の考え方

100W程度までの電源であれば，大半の部品をプリント基板上に実装します．しかし，5V電源では直流電流が20Aにもなりますから，パターン設計には細心の注意をはらわなければなりません．

● パターンの許容電流

プリント基板用の銅箔は，通常の場合では35μmの厚みのものを使用しています．この薄い銅箔に大電流を流すのですから，当然パターンに電力損失が発生して発熱します．

一般論として，1mmのパターン幅で1Aの電流を流すことができます．ただし，これは10mm幅の10Aくらいまでの電流値であって，これ以上の大電流になると温度上昇が大きくなってしまいます．ですから，より以上に広い導体幅としなければなりません．

また，両面基板で表裏に大きな電流を流すと熱が集中して，より大きな温度上昇となることにも注意しなければなりません．このような場合には，図16のように銅板を利用して，主電流をこれに流すような方法がとられています．

● パターン間隔の耐圧について

最近各国で，電子機器の安全規格に対する規制が

〈図18〉巻線類近辺のパターン

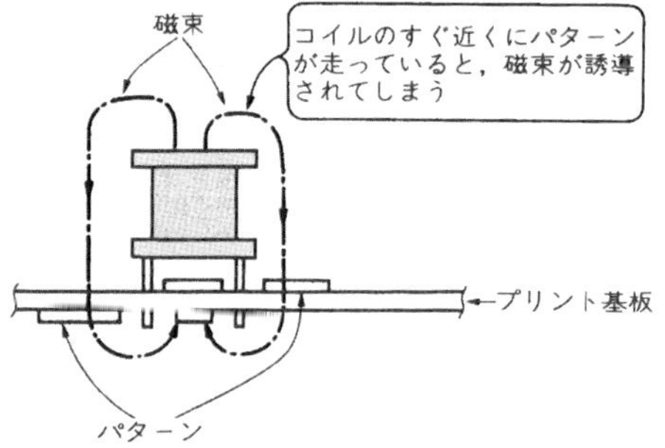

〈図19〉外部との布線の方法

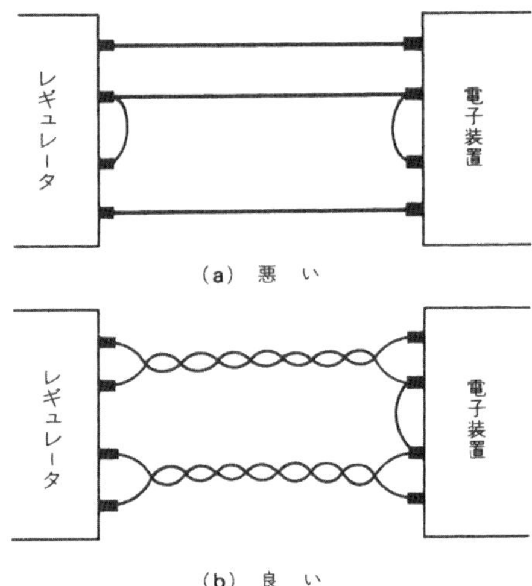

強化されています．とりわけ，電源では1次回路の電極間の距離が，印加電圧に応じて規定されています．表2に各国の代表的な例を掲げておきます．

安全規格は別としても，ライン・オペレート型のスイッチング・レギュレータのように，数百Vもの電圧が印加される部分がありますので，パターン間の耐圧には十分注意しておかなければなりません．

一般には，空間距離は1mm当たり1kVの耐圧があるとされています．ところが，プリント基板のような絶縁物の表面の距離(沿面距離という)では耐圧がずっと低下し，実際には半分程度になってしまいます．したがって，十分に余裕をもったパターン間隔としておかなければなりません．

特に気をつけなければならないのは，図17のような両面基板の上面の電解コンデンサです．電解コンデンサのケースは(−)電極になっていますから，この下を(＋)電極のパターンが通っていたのでは，耐圧が確保できなくなってしまいます．

● 巻線類周辺のパターン

出力トランスやチョーク・コイルは，多量のリーケージ・フラックスを発生させています．ですから，

（単位 mm）

〈表 2〉 各国の安全規格

回路電圧（V）			1 次 回 路 間					
RMS	ピーク	規 格	UL	CSA	VDE	IEC	BSI	SEV
< 50	71	空間距離	1.2	1.2	1.5	−	1.5	2.0
		沿面距離	1.2	1.2	2.0	−	2.0	2.0
<125	177	空間距離	1.6	1.6	1.5	1.5	1.5	3.0
		沿面距離	1.6	1.6	2.0	2.0	2.0	3.0
<130	184	空間距離	2.4	2.4	1.5	1.5	1.5	3.0
		沿面距離	2.4	2.4	2.0	2.0	2.0	3.0
<250	354	空間距離	2.4	2.4	2.5	2.5	2.5	3.0
		沿面距離	2.4	2.4	3.0	3.0	3.0	3.0
<354	500	空間距離	9.5	9.5	3.0	3.0	3.0	3.0
		沿面距離	12.7	12.7	4.0	4.0	4.0	4.0
<440	622	空間距離	9.5	9.5	3.0	3.0	3.0	3.5
		沿面距離	12.7	12.7	4.0	4.0	4.0	4.5

（a） 1 次回路間，空間，沿面距離

（単位 mm）

回路電圧（V）			1 次-接地間 1 次-2 次（non-SELV）間					
RMS	ピーク	規 格	UL	CSA	VDE	IEC	BSI	SEV
< 50	71	空間距離	1.2	1.2	1.5	−	1.5	2.0
		沿面距離	1.2	1.2	2.0	−	2.0	2.0
<125	177	空間距離	1.6	1.6	1.5	1.5	1.5	3.0
		沿面距離	1.6	1.6	2.0	2.0	2.0	3.0
<130	184	窒間距離	2.4	2.4	1.5	1.5	1.5	3.0
		沿面距離	2.4	2.4	2.0	2.0	3.0	3.0
<250	354	空間距離	2.4	2.4	3.0	3.0	3.0	3.0
		沿面距離	2.4	2.4	4.0	4.0	4.0	3.0
<354	500	空間距離	9.5	9.5	−	3.0	−	3.0
		沿面距離	12.7	12.7	−	4.0	−	4.0
<440	622	空間距離	9.5	9.5	−	3.0	−	3.5
		沿面距離	12.7	12.7	−	4.0	−	4.5

（注） SELV 回路（Safety Extra-Low Voltage cicuit）.：通常の状態および単一の故障状態において，操作する人間が触れることのできる，二つの回路間の電圧が，安全な値を超えないように設計され，かつ保護されている回路をいう，通常，実効値で 30 V，ピーク値で 42.4 V 以下の回路をいう，
non-SELV 回路：SELV 以上の電圧の回路

（注2） 規格と対応する国との関係は以下のとおり．

UL ：アメリカ	VDE：西ドイツ	BSI ：イギリス
CSE：カナダ	IEC ：国際電気学会	SEV：スウェーデン

（b） 1 次-接地間，1 次-2 次（non-SELV）間の空間，沿面距離

この真下や近辺をパターンが通っていると，磁束が誘導されてしまいます．

特に出力側の(−)ラインがこの雑音電圧の影響を受けると，いくら平滑回路を強化しても，後で対処のしようがなくなってしまいます．

一般にスイッチング・レギュレータでは，出力リプル電圧を低減させるために，π 型フィルタを追加しますが，コイルに開磁路型のドラム・コアを用いると，**図18** のように磁束がパターンと鎖交してしまいます．いくら少ない磁束の変化であっても，距離が近ければこのような問題が発生します．

● 入出力線の配線方法

電源装置の入出力の配線は，ノイズの影響を受けないように，次の点に注意しなければなりません．

(1) 電源の入出力の線は，**図19** のようにツイスト・ペアで配線する．
(2) 負荷となる回路の入口には，フィルム・コンデンサなどを接続し，雑音を低減する．
(3) 多出力型の電源では，グラウンド・ラインを共通にはしないで，各回路ごとにペア線で結線する．
(4) 入力ラインと出力ラインは接近させない．
(5) 電線を電源部の金属ケースに密着して配線すると，ケース内のノイズ電流が誘導する．沿わせて配線しないように注意する．

エピローグ
電源回路の新しい技術

●力率改善のためのアクティブ平滑フィルタ
●高周波，低ノイズ化のための共振型電源

電源回路は電子機器の心臓部ということから，技術的には各方面で活発な研究が進められています．もちろん，この中にはここ数年は実現できそうもないものも多いようですが，かなり実用に近ずいてきたものもあるようです．

ということで，ここでは本書のしめくくりとして，最近もっとも話題となっている電源回路の新しい技術について二点ほど紹介したいと思います．

一つは，ライン・オペレート型スイッチング・レギュレータで問題となっている整流回路の力率を改善する技術，もう一つは，スイッチング・レギュレータをさらに高周波化，小型化するための共振型電源といわれる技術です．

従来型整流回路の欠点

●平滑コンデンサの充電電流が問題

商用電源のAC 100 Vを入力源として動作する電子機器は，必ずといっていいほど整流回路を必要とします．小型の機器では，電源トランスによっていったん数V～数十Vの交流に電圧変換してから，整流して直流電源を得ています．

しかし，最近では第3章(RCCレギュレータ)や第4章(フォワード・コンバータ)，第5章(多石式コンバータ)で述べたように，AC 100 Vを直接整流して130 Vくらいの直流とし，数百kHz以上の高周波で電力を変換する，ライン・オペレート型と呼ばれるスイッチング・レギュレータが多く用いられています．これらの多くは，ブリッジ整流器を用いたコンデンサ・インプット型整流方式が採用されています．

図1がその代表的な構成例です．ブリッジ整流は両波整流方式ですから，電圧波形は図2に示すように電源周波数の2倍の脈流となります．これをコンデンサで平滑して直流としますが，この時に図3のようにi_1とi_2が交互に流れて，コンデンサを充電します．ところが，このコンデンサを充電する電流が図2に示すようにたいへん大きな電流となり，パルス的に流れてしまうのです．そして，これが整流回路の力率を低下させるということで問題となっています．

●コンデンサ・インプット型整流の復習

コンデンサ・インプット型整流方式はピーク値充電

〈図1〉ライン・オペレート型電源の構成

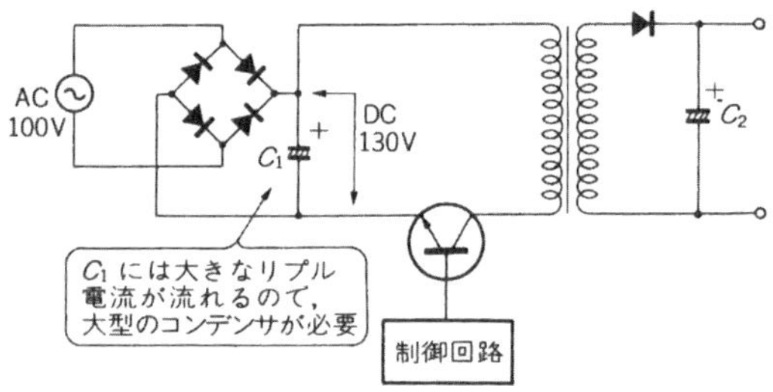

〈図2〉コンデンサ・インプット型整流のリプル電圧と電流

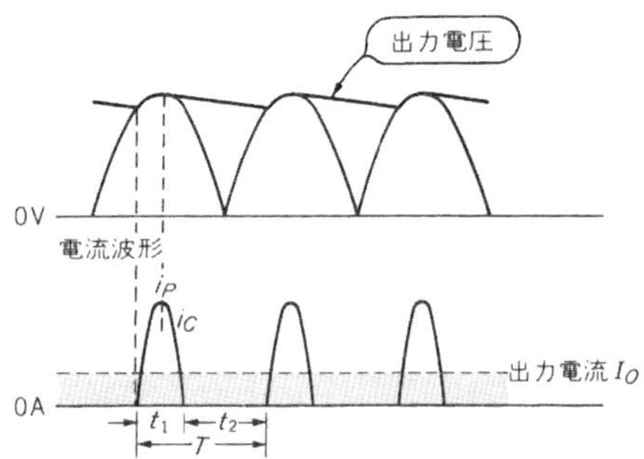

〈図3〉コンデンサ・インプット型の電流経路

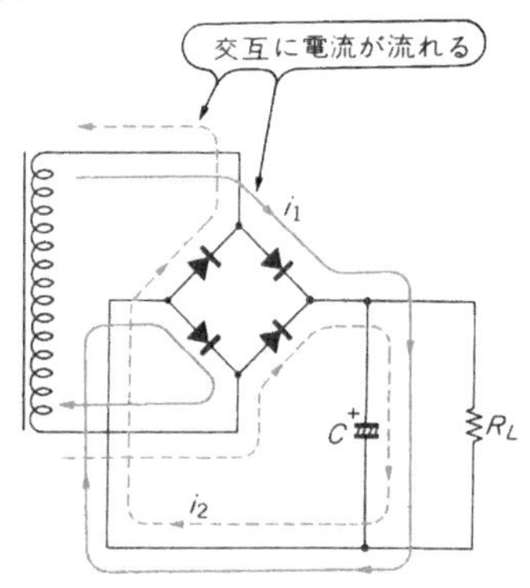

〈図4〉 コンデンサのリプル電流

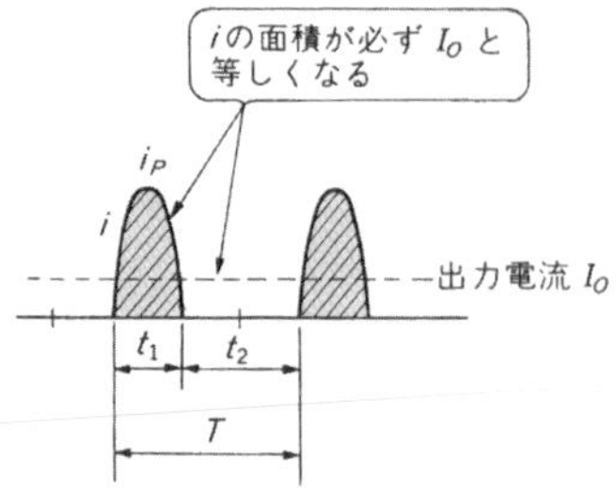

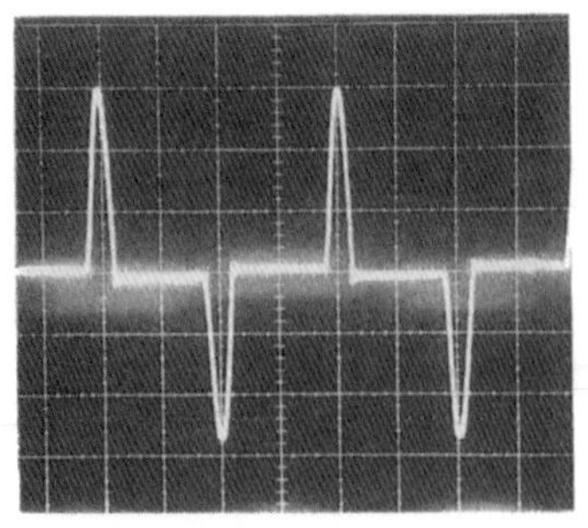

〈写真1〉 コンデンサ・インプット方式の入力電流
〔0.5 A/div，5 ms/div〕

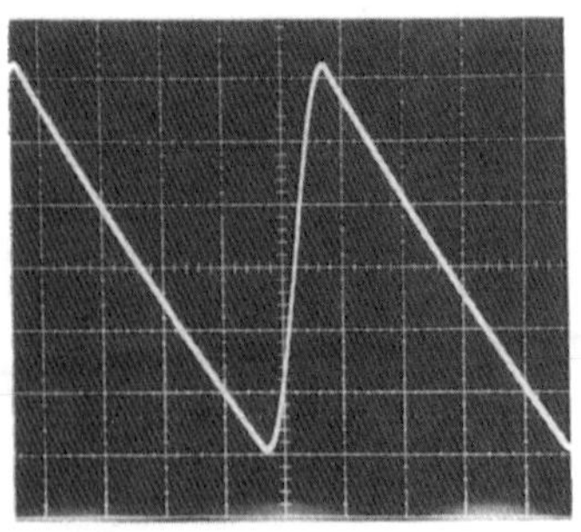

〈写真2〉 コンデンサ・インプット方式の出力リプル電圧
〔2 V/div，1 ms/div〕

〈図5〉 電解コンデンサの等価回路

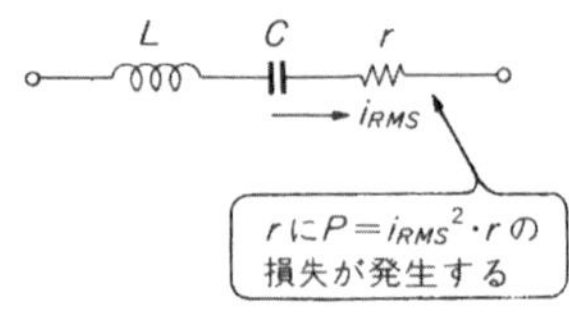

〈図6〉 抵抗負荷時の電流と電圧

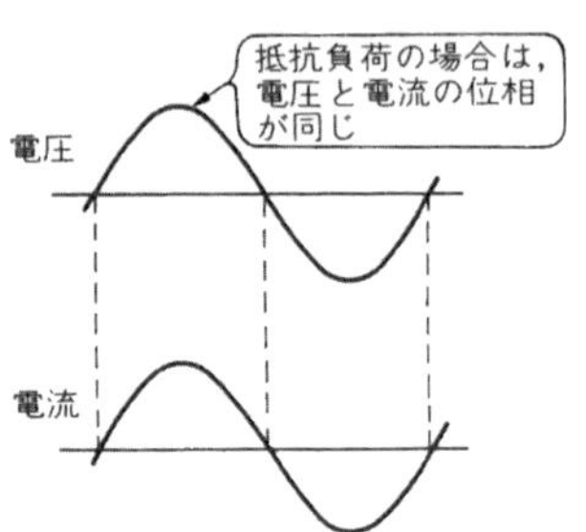

〈図7〉 力率とは

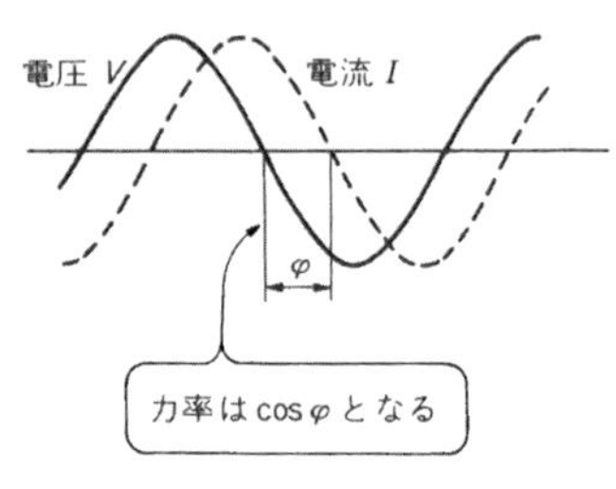

方式ですから，ライン・オペレート型の電源ではAC 100 V 入力時には，**脈流の最大値である約 140 V までコンデンサに充電**されます．ところが，平滑用コンデンサの端子電圧と脈流との電圧関係で，脈流の電圧値のほうが低くなると，コンデンサへの充電電流は流れません．

しかし，この間でも負荷であるスイッチング・レギュレータは，コンデンサの蓄積電荷を放電し続けますので，コンデンサの端子電圧は時間と共に徐々に低下していきます．この低下していく傾斜は，負荷抵抗 R_Lとコンデンサの静電容量 C との時定数で決まり，ある時間 t 経過後の端子電圧 V_C は，充電電圧の最大を V_P とすると，

$$V_C = V_P \cdot \varepsilon^{-\frac{t}{CR_L}}$$

と表すことができます．

次に脈流電圧が再度上昇し始めてコンデンサの端子電圧よりも高くなるとまた充電電流が流れ，それにつれて端子電圧も上昇します．この端子電圧の変動が，出力リプル電圧となるわけです．

ですから，ある負荷抵抗 R_Lに対してはコンデンサの静電容量を大きくすればするほど t_2期間の電圧の下降する傾斜がゆるやかになり，リプル電圧が小さな値となります．

●平滑コンデンサへの充電電流の大きさ

コンデンサ・インプット型整流回路のコンデンサへの**充電電流は**，前述のように交流サイクルの全期間ではなく，**図4** に示すように **t_1の期間だけにしか流れません**．この t_1期間を導通角といいますが，コンデンサへの充電電流の平均値は直流出力電流 I_Oに等しくなければならないので，

$$I_O = \frac{1}{T}\int_0^{t_1} i\,dt$$

表すことができます．

つまり，**図4** の充電電流の面積が出力電流 I_Oと等しくなることを意味しています．

ところが，ここに問題があります．同じ出力電流I_Oを流すためには，**導通角 t_1が狭くなるとそれだけ充電電流の最大値 i_Pを大きくしなければなりません**．そのため，充電電流の実効値 i_{RMS}は，

$$i_{RMS} = \sqrt{\frac{1}{T}\int_0^{t_1} i^2\,dt}$$

とたいへん大きな値となってしまいます．

このため，整流回路に用いられている電解コンデンサは内部損失による温度上昇によって寿命が短くなってしまいます．**図5** に示す等価回路上の抵抗分 r が，この充電電流の実効値とで，$(i_{RMS}{}^2\cdot r)$の損失を発生して発熱します．

したがって，すべての電解コンデンサには流し得る最大の電流値が，許容リプル電流として規定されています．こうした意味で，信頼度の高い電源回路を作る

〈図8〉実効電力と皮相電力の測定回路

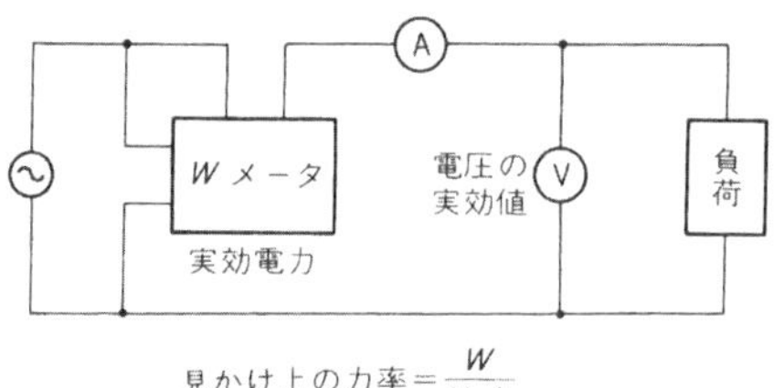

には少しでもコンデンサへの充電ピーク電流 i_P を小さくし，**リプル電流を少なくする**必要があります．

写真1にコンデンサ・インプット型整流方式の入力電流波形を，**写真2**に出力リプル電圧を示します．

●力率として考えると

さてライン・オペレート型レギュレータにおける平滑コンデンサへの充電電流は，入力側交流回路の電流としても同じ波形で流れますから，これをAC入力側から見ると見かけ上の力率が低下します．

力率とは電気回路理論では，

$$\cos\varphi=\frac{W}{VA}$$

と表しています．これは**図6**のように，交流電源の負荷が純抵抗のときに成り立つ計算式です．

この式における $\cos\varphi$ の φ とは**図7**のように，電流と電圧の位相差を表すもので，コンデンサ負荷の場合には電流の位相が90°進み，インダクタンス負荷の場合には90°遅れます．

ところが，**整流回路でいう見かけ上の力率**とは，この位相のずれではなく，**実効電力 W と皮相電力 VA の比率**のことで，**図8**のような測定回路を用いて表されます．そして，普通の**コンデンサ・インプット型整流では，**

$$\frac{W}{VA}\fallingdotseq 0.6$$

とかなり悪い数値になってしまうのです．これは，皮相電力を示す電流の実効値が大きいために発生する問題です．

●チョーク・インプット型整流にすると

コンデンサ・インプット型整流の入力電流波形をもっとも**簡単に改善する方法としては，チョーク・インプット型整流方式**があります．

これは**図9**のように，ブリッジ整流器と平滑コンデンサの間にチョーク・コイルを接続するものです．こうすると，チョーク・コイルのインピーダンス分でコンデンサへの充電電流が制限されて導通角が広がり，力率が改善されます．

しかし，この方式だと**整流出力電圧 V_O は脈流電圧の平均値**となるので，入力電圧の実効値に対して約0.9倍

〈図9〉チョーク・インプット型整流方式の原理図

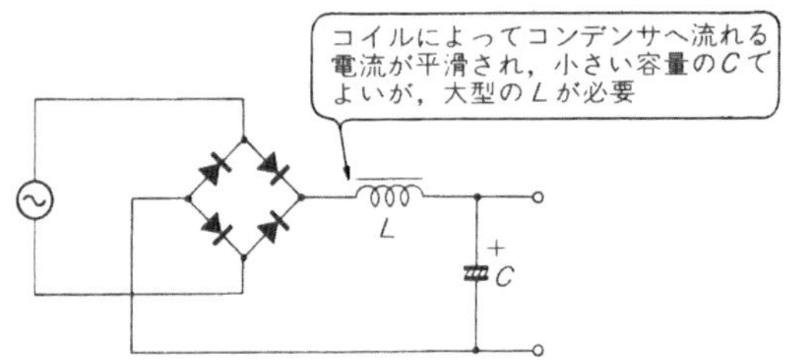

〈図10〉アクティブ平滑フィルタの構成

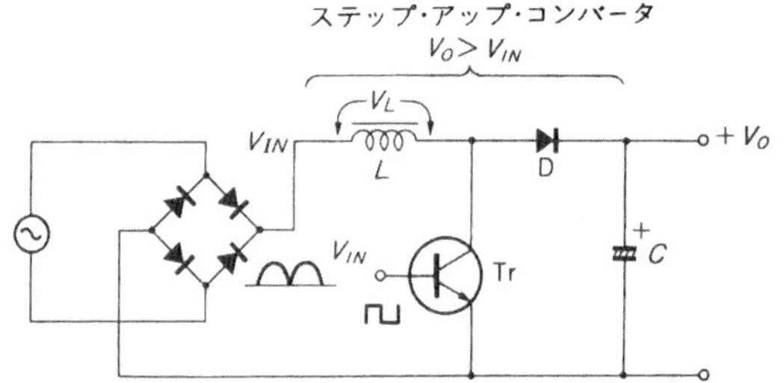

と低くなります．

しかも，この条件が満たされるのは出力電流が十分に大きいときだけで，**小さな電流値のときにはコンデンサ・インプット型整流動作**に向かうため，出力電圧が急激に上昇してしまいます．

したがって，チョーク・コイルのインダクタンスは相当大きな値のものが必要となり，形状も大きく，重量も重くなるので，小型の装置にはほとんど使用されていません．

そこで，小型化が可能で力率を改善する方法が考えられています．これがアクティブ平滑フィルタと呼ばれるものです．

アクティブ平滑フィルタとは

●アクティブ平滑フィルタ IC TDA4814

図10がアクティブ平滑フィルタを実現するための構成図です．回路的には**平滑コンデンサの代わりに，昇圧型チョッパ・コンバータを付加**したものです．

昇圧型チョッパとは第2章でも詳しく述べているように，入力電圧よりも出力電圧を高くする，非絶縁型のスイッチング・レギュレータの一方式です．

アクティブ平滑フィルタを実現するには回路構成がやや複雑ですが，最近では西独のシーメンス社から専用のコントローラICが市販されていますので，少ない外付け部品で十分な特性を得ることができるようになりました．このICはTDA4814という型名で，14ピンのDIPパッケージ内にほとんど必要な機能が集積されています．

〈図11〉 TDA4814 のピン接続図

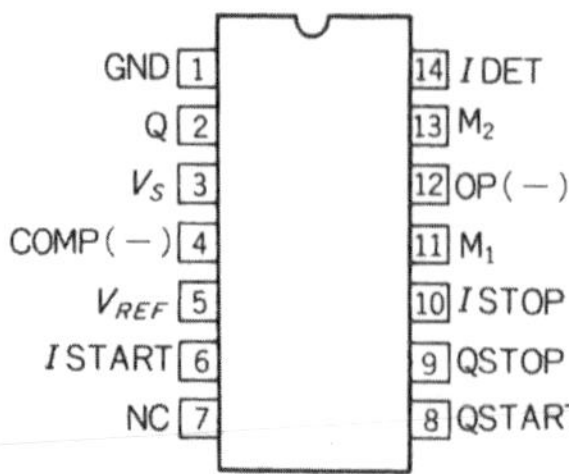

〈表 1〉 TDA4814 の電気的特性

項　目	記号	条　件	min	max	単位
供給電圧	V_S	V_Z＝ツェナ電圧	−0.3	V_Z	V
比較器入力(＋)	$V_{COMP(+)}$	IC内部電圧 V_{QM}	−0.3	33	V
比較器入力(−)	$V_{COMP(-)}$		−0.3	33	V
制御アンプ入力(＋)	V_{REF}		−0.3	6	V
制御アンプ入力(−)	$V_{OP(-)}$		−0.3	6	V
乗算器入力(M_1)	V_{M1}		−0.3	33	V
乗算器入力(M_2)	V_{M2}		−0.3	6	V
ツェナ電流(V_S-GND)	I_Z	P_{max}に注意	0	300	mA
駆動出力	V_Q		−0.3	V_S	V
駆動出力クランプ・ダイオード	I_Q	$V_Q > V_S$, $V_Q < -0.3$V	−10	10	mA
スタート入力	V_{ISTART}		−0.3	25	V
スタート入力外部容量	C_{ISTART}	I START-GND間		150	μF
スタート出力	V_{QSTART}		−10	3	V
ストップ入力	V_{ISTOP}		−0.3	33	V
ストップ出力	V_{QSTOP}		−0.3	6	V
検出器入力	V_{IDET}		0.9	6	V
検出器入力クランプ・ダイオード	I_{IDET}	$V_{IDET} > 6$V, $V_{IDET} < 0.9$V	−10	10	mA
接合部温度	T_j			125	℃
保存温度	T_S		−55	125	℃
熱抵抗(接合部-周囲)	R_{thJa}			65	℃/W

図11 に TDA4814 のピン接続図を，**表 1** に電気的特性を示します．

アクティブ平滑フィルタでは，**図12** に示すように**ブリッジ整流器で両波整流された脈流波形を，数十 kHz 以上の周波数で全周期にわたりスイッチング**します．

こうすると，入力電流波形は各スイッチング電流の各周期ごとの平均値となり，**負荷に大きなコンデンサがあったとしても，あたかも純抵抗負荷と等価**となり，入力のスイッチング電流はマクロ的にはサイン波状で流れます．

また，入力電圧が変動したり負荷電流が変化しても，各スイッチング電流の最大値をそれに応じて変化させてやれば，直流出力電圧を定電圧化することができます．しかも，**平滑用コンデンサのリプル電流は大幅に低減する**ことができます．

● TDA4814 による安定化電源

TDA 4814 は，このアクティブ平滑フィルタの動作を行うための回路構成になっています．**図13** に TDA4814 を用いた定電圧電源を示します．

図13 で脈流電圧波形を R_1と R_2で分圧し，これを TDA4814 の 11 番ピン乗算器の M_1に加えます．M_2端子は OP アンプの出力に接続されています．この OP アンプは整流出力を定電圧化するための誤差増幅器で，非反転入力に 2 V の基準電圧が内部で与えられています．出力電圧の検出信号は，反転入力の 12 番ピンへ印加します．

いま出力電圧 V_Oが低下すると，OP アンプの出力は上昇し，乗算器の出力信号 QM としては脈流電圧レベルを上昇させて比較器に送ります．比較器のもう一方の反転入力端子 4 番ピンには，スイッチング電流の検出信号が加えられています．

このスイッチング電流の検出信号が，乗算器の出力電圧 QM に等しくなると，比較器が反転します．これによって，RS フリップフロップをリセットし，ドライブ回路の出力を "L" に落とし，スイッチング・トランジスタを OFF させます．

すると，コイル L_1を流れていた電流で逆起電力が発生し，ダイオードDを通して負荷へ電流を供給します．コイルに巻かれた n_2巻線は，コイル内を流れる電流を検出するためのものです．

コイルへの蓄積エネルギがすべて負荷へ供給し終わると，逆起電圧の発生がなくなり端子電圧 V_2が 0 となります．

これは**図14** のように，このコイルの端子電圧はトラ

〈図12〉 スイッチング電流の波形

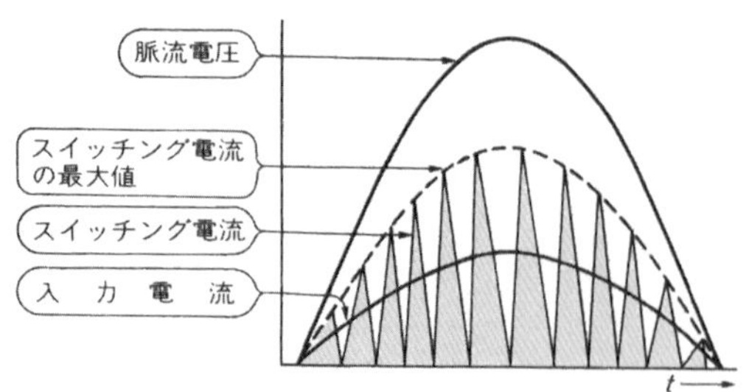

〈図13〉 250 V, 0.2 A の安定化電源回路

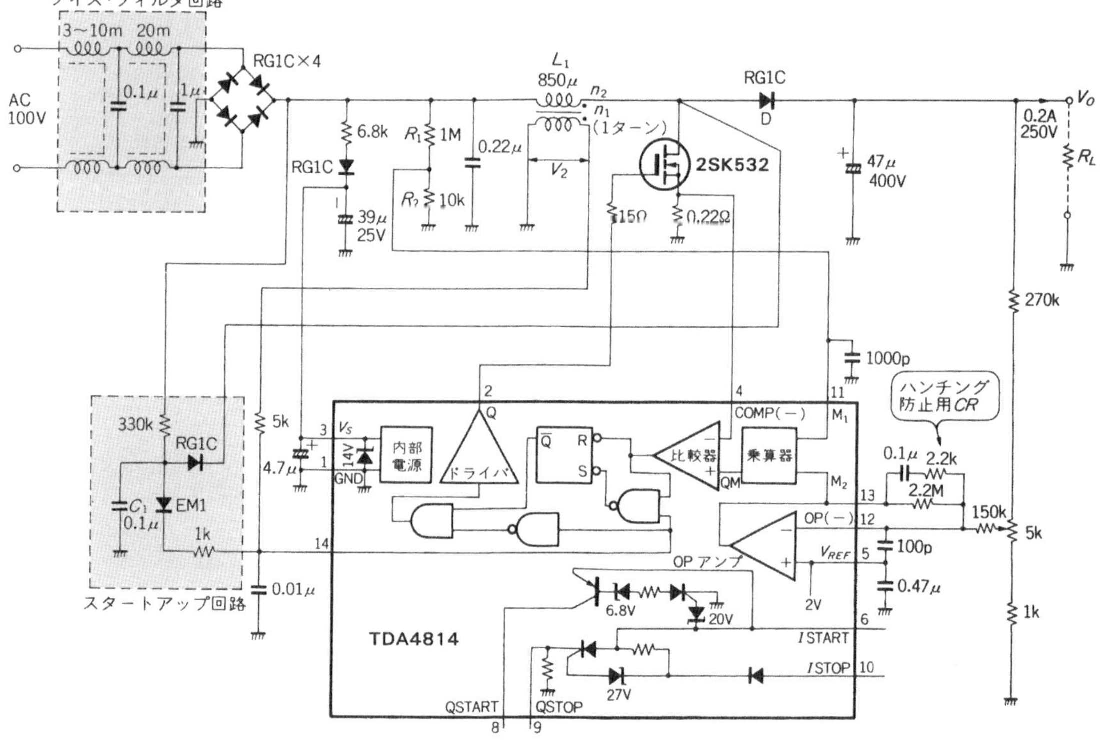

ンジスタのON時には入力電圧が印加されるので,

$$V_2=\frac{n_2}{n_1}\cdot V_{IN}$$

となります. そしてTr_1がOFF期間中の電圧は,

$$V_2'=\frac{n_2}{n_1}(V_O-V_{IN})$$

となります.

蓄積エネルギが放出し終わるとV_2が0となり, IC内部のフリップフロップをセットして, スイッチング・トランジスタをONさせる信号を出力します.

こうした回路動作によって, **ダイオードの電流が0になってからスイッチング・トランジスタをONする**ので, ダイオードの逆回復特性の発生が少なく短絡電流を発生させずにすみます.

ただし, このICは電源投入時に, 何らかの起動信号を14番ピン(電流検出ピン)に印加しないと, 自励発振動作を開始しません. そのための回路が外部に付加したスタート回路です.

入力電源が加えられると, まず両波整流の脈流が発生し, それを*CR*によって小さい電圧のリプルとして14番ピンに加えます. このリプルによって, IC内部のフリップフロップがセットされ, 最初のON駆動信号が出力されます.

この回路は自励発振動作が開始するともう必要がなくなりますので, コンデンサC_1をダイオードを通してスイッチング・トランジスタで放電します.

なお, このICの6, 8, 9, 10番ピンはたんに直流を得る整流器として用いる場合には使用しません.

●スイッチング・トランジスタの選定…MOS FET

このアクティブ平滑フィルタ用スイッチング・トランジスタとしては, MOS FETが適しています. もちろんバイポーラ・トランジスタであってもかまいませんが, **ICの駆動出力はFETのゲートを直接駆動できる**ように, $I_{SOURSE}=300$ mA, $I_{SINK}=350$ mAの電流が

〈図14〉 コイルの電流検出

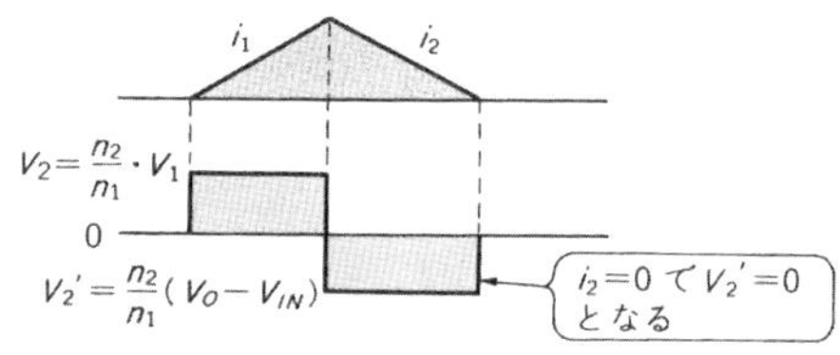

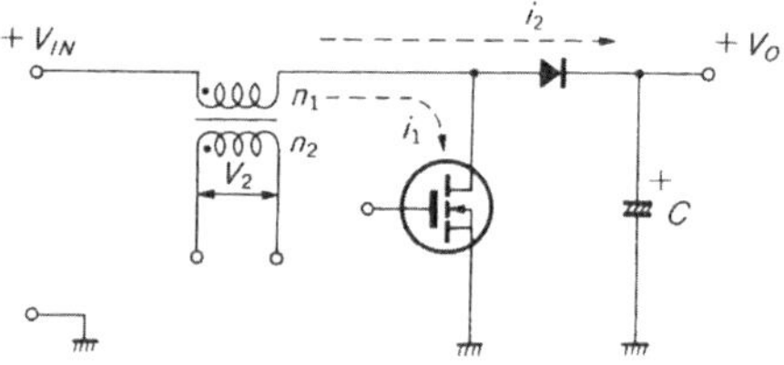

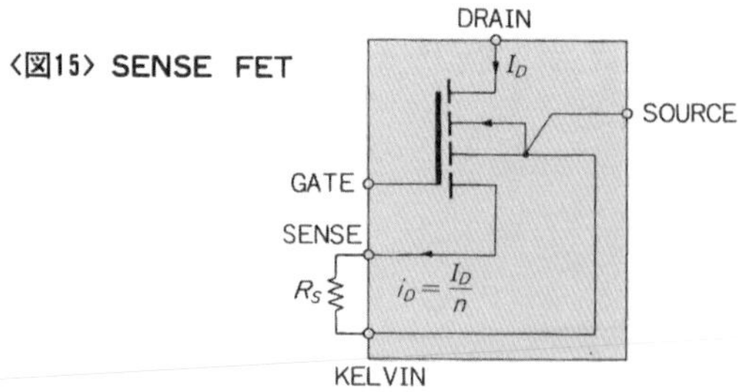

〈図15〉 SENSE FET

〈図16〉 パワーMOS FET の I_D と V_{SENSE} の関係

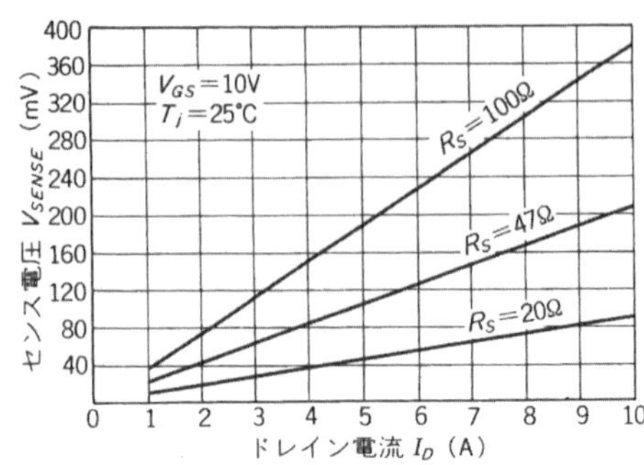

流せるようになっています．

とりわけ，最近モトローラ社から発表されている **SENSE FET** は好都合です．このFETは，通常のドレイン，ソース，ゲート端子のほかに，**図15**に示したようにSENSE/KELVIN端子が付加された5端子構造となっています．これを用いて，**スイッチング電流であるドレイン電流を検出**すると，検出抵抗へほとんど電流を流さずにすみ，ロスのない電流検出ができるからです．

MOS FETは，ドレイン-ソース間のオン抵抗 $R_{DS(ON)}$ を小さくして，電圧降下 $V_{DS(ON)}$ を低くし，損失を減らすような工夫が必要です．そのため内部構造としては，セルと呼ばれる多数の小さな素子を並列接続しています．並列数を n として，各セルに均等にドレイン電流 I_D が流れたとすると，1セル当たりには，

$$i_D=\frac{I_D}{n}$$

しか流れません．

したがって，これに抵抗を接続して電流検出をしても抵抗による損失がほとんど発生しません．検出抵抗をパラメータにした，ドレイン電流と検出電圧の関係を**図16**に示しておきます．

ところで，OFF時に印加されるドレイン-ソース間の電圧は出力電圧 V_O となりますので，**ライン・オペレート型電源を想定すると** $V_{DSS}≧250$ V **のものが必要に**なります．SENSE FETでは現在のところ150V耐圧のものが最高ですが，近々高耐圧品が発表されること

〈図17〉 ノーマル・モード・フィルタ

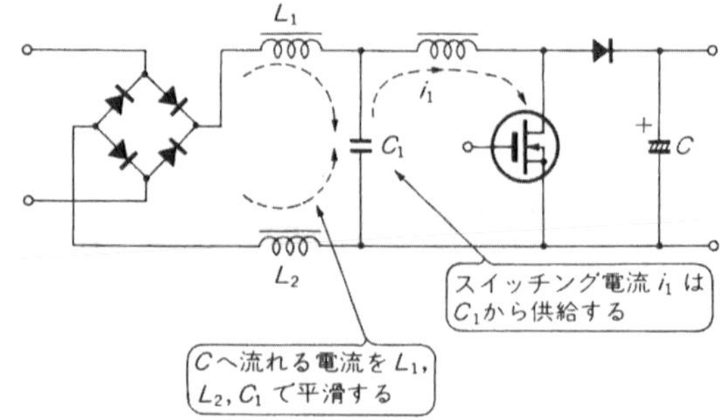

になっています．

今回は400V耐圧の普通のMOS FET 2SK532を用いて，**0.2Ωの低抵抗で電流検出**を行っています．

●入力帰還雑音の対策が必要

アクティブ平滑フィルタは，AC入力側へ戻る入力帰還雑音に注意しなければなりません．この方式は，**AC入力電源を直接高周波でスイッチング**するわけですから，スイッチング電流による雑音が入力側に現れてしまいます．これでは，周辺のほかの機器に障害を与えてしまいます．

そこで，しっかりと雑音対策をしておかなければなりません．そのための回路が，**図17**の L_1，L_2，C_1 です．スイッチング電流による雑音はノーマル・モード成分ですから，この L と C はノーマル・モード・フィルタを構成しています．

コンデンサ C_1 は静電容量を大きくすればするほど雑音成分を低減できますが，あまり大きくしてしまってはコンデンサ・インプット型整流と同じになってしまいます．また，コンデンサにはスイッチングの1周期ごとに電流を流せればよく，ここでは0.22μFのフィルム・コンデンサを用いています．

ここには比較的大きな高周波電流が流れますので，損失の少ないポリプロピレンを用いた，低インピーダンスのフィルム・コンデンサが適しています．

●アクティブ平滑フィルタの電力変換効率

このアクティブ平滑フィルタは，通常のコンデンサ・インプット型整流方式に比較して，使用する部品点数が増加しています．そのうえ，電力損失を発生する部品がいくつかありますので，電力変換効率を若干低下させてしまいます．

ただし，ブリッジ整流器は電流波形がサイン波となるので，これによる損失は減少します．ところが，**スイッチング・トランジスタと逆流防止用ダイオードの損失が増加**してしまいます．したがって，いずれもスイッチング速度の速い，電圧降下の少ないものを使用する必要があります．

〈表2〉特性データ

項目	アクティブ平滑フィルタ	コンデンサ・インプット	単位
入力電圧	100	188	V_{AC}
入力電流	0.56	0.49	A_{RMS}
入力電力	54	52.5	W
力率	0.96	0.57	$\frac{W}{V \cdot A}$
出力リプル電圧	5.5	13	V_{P-P}
リプル電流	0.12	0.23	A_{RMS}

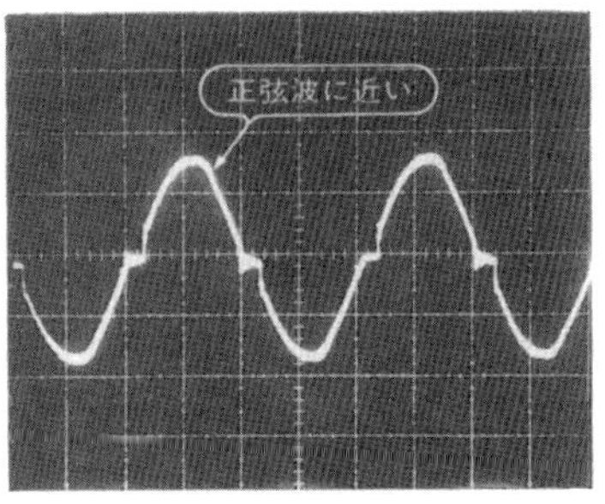

〈写真3〉アクティブ平滑フィルタの入力電流〔0.5A/div, 2ms/div〕

●ハンチングの対策方法

図13に示した安定化電源回路は，整流出力電圧を検出し定電圧動作をさせる帰還制御を施していますから，帰還系に位相遅れが生じるとハンチングを起こします．

ハンチングは発振現象の一種ですから，位相遅れが180°になる周波数で，誤差増幅器のゲインを0にしなければなりません．

そこで，図13に示した回路ではTDA 4814の13番と12番ピンの間に，位相補償用の抵抗とコンデンサを直列に接続したものを付加しています．

●コンデンサ・インプット型との力率の比較

コンデンサ・インプット型整流とアクティブ平滑フィルタとの比較で，整流出力をDC 250 V，0.2 Aの50 W出力としたときの測定データを表2に示します．

入力電力で1.5 W損失が増加していますが，全体の出力電力に比較すると約3％の効率低下となります．力率が0.96と予想より若干低い値となっていますが，写真3に見られるように，ゼロ・クロス近辺でスイッチング動作を停止するために，電流の導通角が180°にならないためです．

それでもコンデンサ・インプット型の力率＝0.57に比べれば，大幅に改善されていることがわかります．

写真4～写真6に各部の波形を示します．このように，アクティブ平滑フィルタはコンデンサ・インプット型整流回路に比較して，たいへん大きな優位点があります．しかも，コンデンサへ流れるリプル電流がサイン波状(写真3参照)となるので，リプル電流もリプル電圧も大幅に軽減することができます．そのため，小型のコンデンサを用いても高い信頼性を得ることができます．

また，整流電圧を昇圧しながら定電圧にすることができますので，負荷として接続されるスイッチング・レギュレータにとって，設計が極めて容易となります．

まだまだ改善しなければならない点もたくさんありますが，今後様々な検討がなされて，アクティブ平滑フィルタ部とスイッチング・トランジスタを含めた集積化が行われれば容易に使いこなせるようになると思います．

高周波スイッチング化の追求

電子機器が全般に小型化されているなかで，電源部もより一層小型化しなければならないことが多くなってきました．

パワーMOS FETの出現や高周波整流ダイオードの特性改善，また出力トランス用コアの低損失化などが，電源の小型化に寄与しています．また，回路の集積化なども小型化に大いに貢献しています．

しかし，スイッチング周波数を高周波化すればさらに多くの回路部品を小型化できるために，少しでも高周波化しようとする努力が続けられています．

●高周波化のメリット

高周波化すると，まず出力トランスを小型化することができます．すでに説明してきたように，出力トランスの1次巻線の巻数N_Pは，

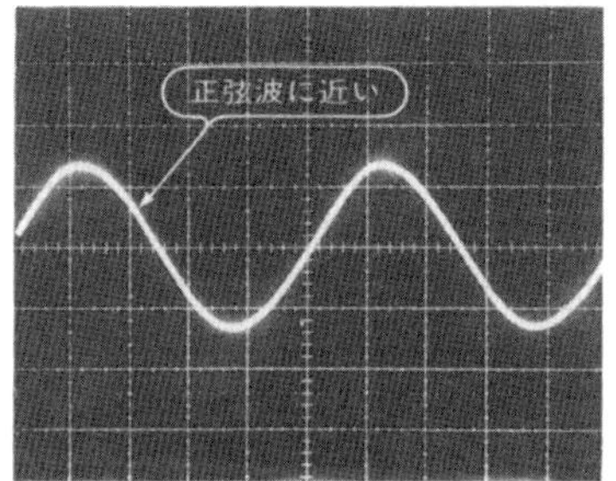

〈写真4〉アクティブ平滑フィルタの出力リプル電圧〔2V/div, 2ms/div〕

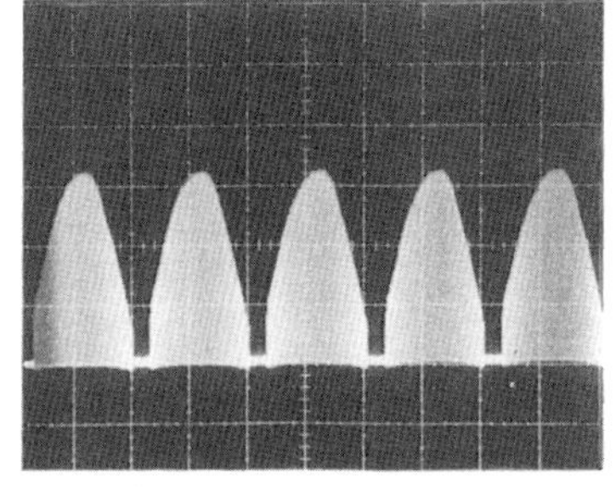

〈写真5〉FETのドレイン電流〔0.5A/div, 5ms/div〕

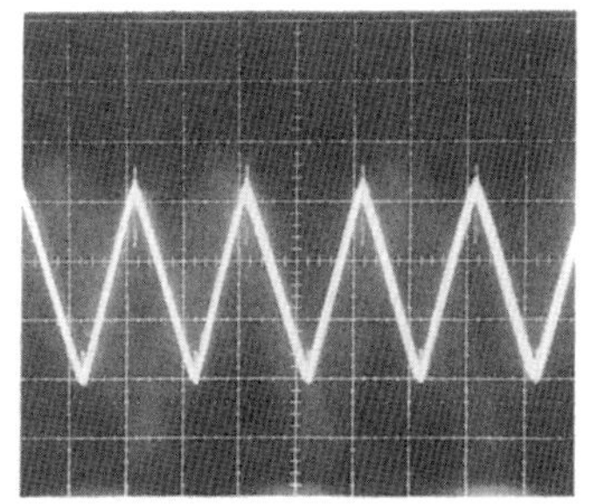

〈写真6〉コイルのスイッチング電流〔0.5A/div, 50μs/div〕

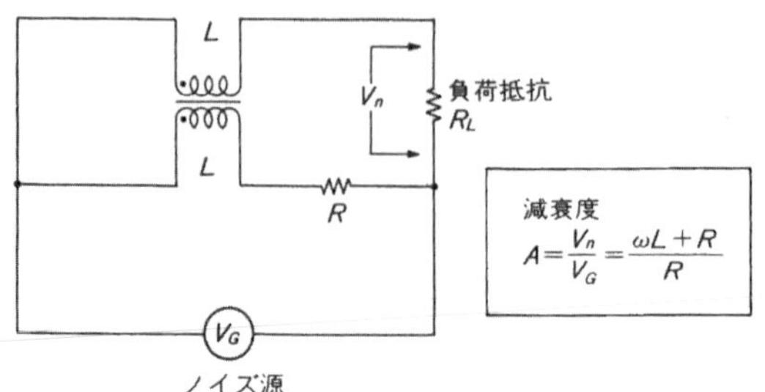

〈図18〉コモン・モード・チョークの等価回路

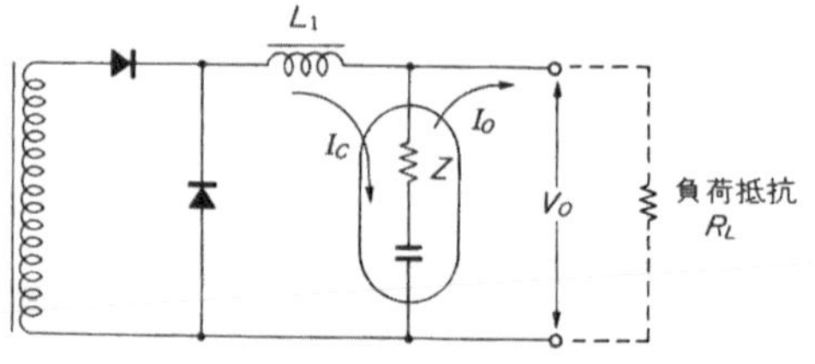

〈図19〉電源のダイナミック負荷変動

$$N_P=\frac{E}{\varDelta B\cdot A_e\cdot f}\times 10^8$$

と表せます．f がスイッチング周波数ですから，高周波化するにしたがって N_Pが少なくなり，小さなコアのトランスでよいことになります．

また，ノイズ防止用コモン・モード・チョークのノイズ減衰特性 A は，図18 において，

$$A=\frac{\omega L+R}{R}$$

と周波数に正比例して向上します．言い換えれば，同じ減衰率とするには，高周波化すればするほどコモン・モード・チョークは小さなインダクタンスでよいことになります．ただし，R は回路のライン・インピーダンス分を示しています．

また図19 において，一般のスイッチング・レギュレータでは負荷電流が急激に変化したときの出力電圧の変動(これをダイナミック負荷変動という)は，出力ライン間に接続されたコンデンサの蓄積電荷で補償しています．つまり，100 kHz のスイッチング・レギュレータであっても，フィードバック・ループの応答周波数は，ハンチングを起こさないために 5 kHz 程度が限界となってしまいます．

ですから，これ以上の速度で変化する負荷変動に対しては，誤差増幅器で定電圧化することができないのです．そのため，一般には大容量の電解コンデンサを出力ラインに付加しなければならないわけです．ところが，**電解コンデンサには寿命という決定的な問題があるので，できるならば使用量を少しでも減らしたい部品なのです．**

そこで，スイッチング周波数を高周波化すると，出力側平滑用のチョーク・コイルを低インダクタンス化でき，それに比例してフィードバック・ループの位相遅れが少なくなります．

その結果，誤差増幅器の応答周波数を高くしても，ハンチング症状を起こさずに済みます．つまり，急激な負荷電流の変化があっても，出力ライン間のコンデンサの蓄積電荷に頼らずに，出力電圧を定電圧化することができるのです．

したがって，平滑用として寿命の短い電解コンデンサを使わずにフィルム・コンデンサや積層セラミック・コンデンサなどの高信頼性コンデンサでも使用できるようになるのです．

●高周波化するときの問題点

現在一般的に使用されているスイッチング・レギュレータは，動作波形が基本的には方形波状となっています．回路方式によって電圧波形も電流波形も多少異なりますが，スイッチング・トランジスタの損失を軽減するためには，**ターンオン/ターンオフ時のスイッチング・スピードを上げなければならないことには変わりありません．**

ところが，電流のスイッチング・スピードを速くすると，スイッチング電流と回路のインダクタンス分とで，

$$V_n=-L\frac{di}{dt}$$

のノイズ電圧が増加してしまいます．そして，電源部を小型化しようとして，スイッチング周波数を高周波化すればするほど，トランジスタのスイッチング損失が増加するため，その分スイッチング・スピードを上げなければなりません．その結果ますます**発生ノイズが増えてしまいます．**

これが，スイッチング・レギュレータの高周波化を阻害している一大要因となっているのです．

ところが，メモリを代表とした半導体製造の技術革新によって，電子機器の小型化がものすごいスピードで進行しています．それに応じて，電源部も小型化しなければならなくなってきています．そのための新しい技術として，数年前に共振型電源という考え方が登場し，研究されるようになってきました．

これは，まだまだ完成した技術ではありませんが，近い将来の電源としてはもっとも有望な方法で，高効率で小型化と低ノイズ化が同時に実現できる可能性をもっています．

〈図20〉 共振型電源の動作波形

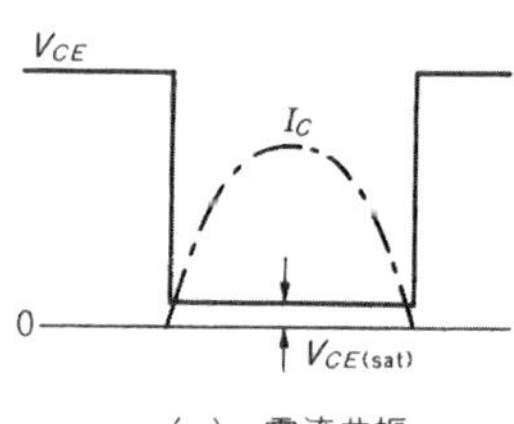

(a) 電流共振

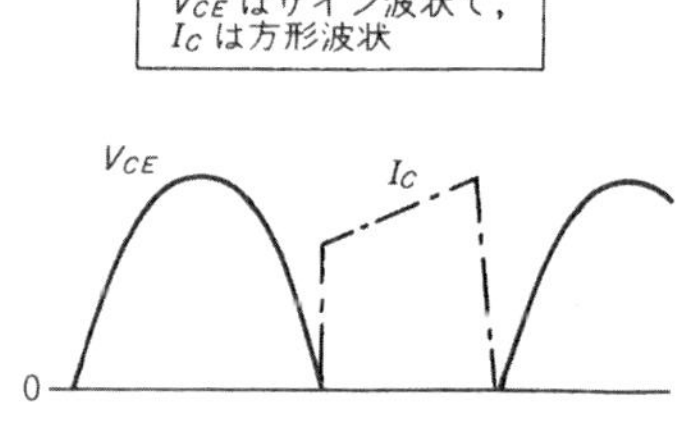

(b) 電圧共振

〈図21〉 変形ハーフ・ブリッジ式電流共振型電源

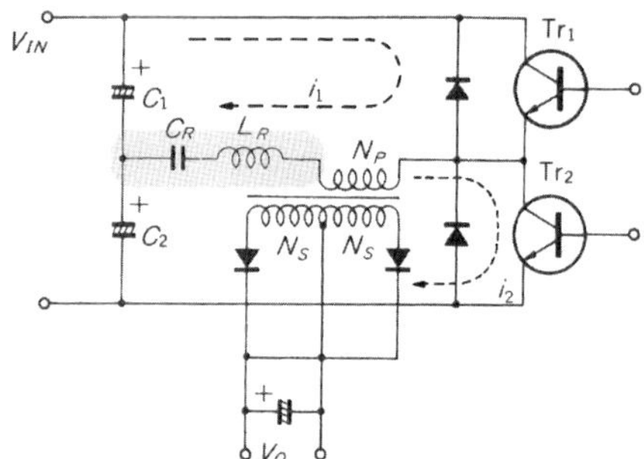

共振型電源とは

●共振型の基本的な考え方

共振型電源とは名前が示すとおりに，**電流あるいは電圧波形をコイルとコンデンサによって共振させ，サイン波状としてスイッチングさせるものです．**

これは**図20**のように，スイッチング電流を共振させるものを電流共振，あるいは直列共振型と呼んでいます．また，電圧波形を共振させるものを電圧共振，または並列共振型と呼んでいます．

図20(a)の電流共振型で回路の動作を考えてみます．もっとも一般的な回路構成は**図21**の変型ハーフ・ブリッジ方式を利用したものです．

この回路でトランジスタ Tr_1がONすると，電流 i_1が共振用コンデンサ C_Rと共振用コイル L_Rを流れて，

$$f=\frac{1}{2\pi\sqrt{L_R \cdot C_R}}$$

の周波数で共振し，サイン波状となります．この電流は，出力トランスの1次巻線 N_Pにも流れ，2次巻線N_Sへ電力を伝達します．

次に，Tr_1がOFFしてTr_2がONすると，電流 i_2がi_1とは逆方向で流れます．そして，トランスの2次側はセンタ・タップ巻線による両波整流方式となっているので，半周期ずつ同じ電力を取り出せることになります．

さて，トランジスタのコレクタ-エミッタ間の電圧V_{CE}は，方形波状でON/OFFを操り返します．電圧波形がONになると同時に，コレクタ電流 I_Cが共振の弧を描いて，0から徐々に上昇していきます．つまり，**ターンオン時のスイッチング損失をほとんど発生させずに，ON状態へ移行することができます．**

その後の電流は，共振の弧に沿って減少していき，ついには0に達します．それ以後に，スイッチの電圧波形をOFFにしてやれば，ターンオフの過渡状態においても，V_{CE}とI_Cがオーバラップすることがなく，スイッチング損失を発生させずにすみます．

〈図22〉 プシュプル型電圧共振型電源

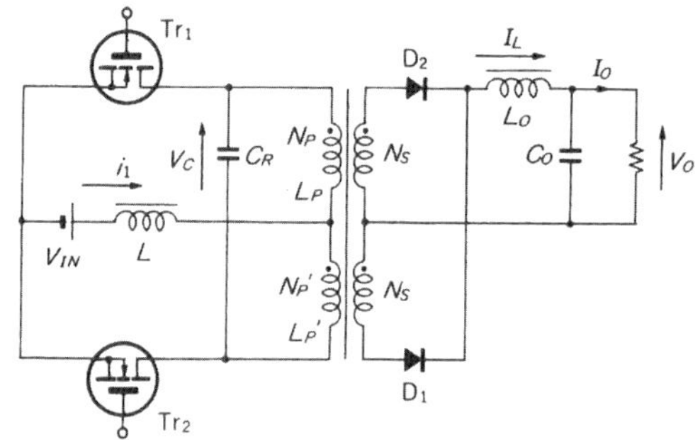

つまり，**動作周波数をどんどん上げても，損失の増加がほとんどなく効率が低下しないわけです．**

しかも，電流波形の時間による変化率 di/dt が方形波に比較して大変小さく，ノイズ電圧の発生も少なくなります．そのうえ，**サイン波状の電流波形ですから高調波成分の含有率も大変少なく，**その意味でも低雑音化を図ることができます．

●基本的な回路構成

電圧共振型のもっとも一般的な回路構成は**図22**です．プッシュプル・コンバータの出力トランスの1次巻線の両端に，共振用コンデンサを付加してあります．

いま，トランジスタ Tr_1がONすると，出力トランスの N_P巻線に電流 i_1が流れます．このとき，Tr_2はOFFしていますから，N_p'巻線に電圧 V'が，

$$V'=\frac{N_P'}{N_P}\cdot V_{IN}$$

と発生します．そして $N_P=N_P'$と巻きますから，$V'=V_{IN}$となります．

ところが，コンデンサ C_Rがあるために V'は一気にV_{IN}に達することはできず，N_P'のインダクタンス分 L_P'とで，電圧は共振しながらゆっくりと立ち上がっていきます．

共振の周波数 f は，

$$f=\frac{1}{2\pi\sqrt{L_P' \cdot C_R}}$$

〈図23〉 2次整流ダイオードの印加電圧

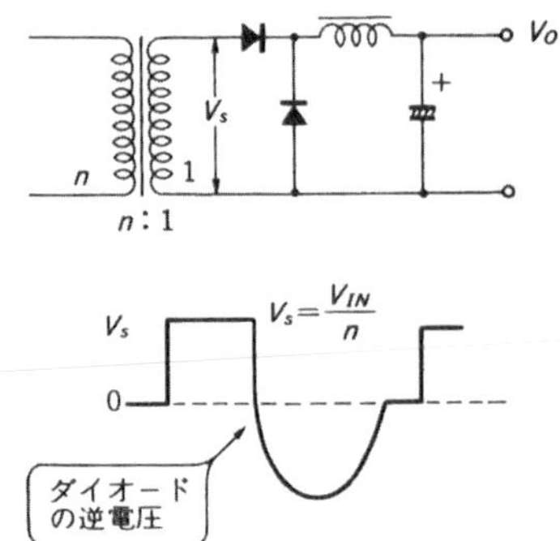

〈図24〉 1石式電流共振型コンバータ

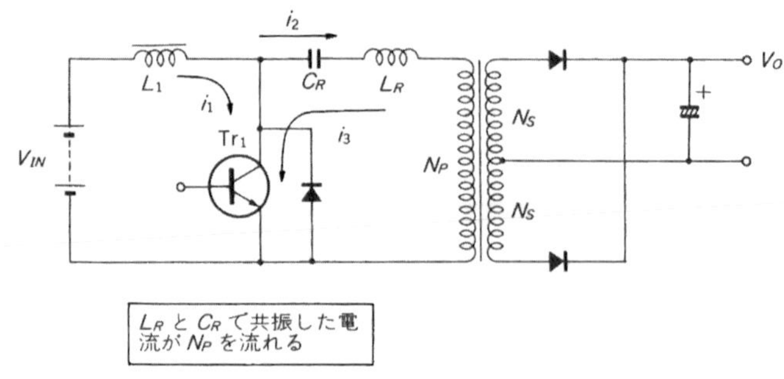

となります．

この共振電圧波形は，トランジスタ Tr_2 のコレクタ-エミッタ間電圧 V_{CE} として印加されます．V_{CE} が共振の弧に沿って0Vに達した後に，Tr_1 をOFFして Tr_2 をONすれば，V_{CE} と I_C のオーバラップを発生させずにすみ，スイッチング損失もほとんど発生しないですむわけです．

この電圧波形は，トランスの2次巻線にも巻数に比例した値で誘起されます．ですから，**図23**のように，2次側整流ダイオードに印加される逆電圧も，0Vから徐々に立ち上がります．その結果，ダイオードの逆回復特性による短絡電流も少なく，低ノイズ化が計れます．もちろん，電圧波形に含まれる高調波も少なく，その点でも発生ノイズを低く抑えることができます．

このように，共振型電源は動作を高周波化しながら，低ノイズで高効率の電源を構成することができます．そして，現在一般的に使用されているスイッチング・レギュレータのすべて方式をアレンジすることによって，共振型電源を構成することができます．

●1石式電流共振コンバータ

図24は，トランジスタが1個で構成された電流共振型コンバータです．トランジスタ Tr_1 がONすると，電流制限用のチョーク・コイル L_1 を通して，入力側電源から電流 i_1 が流れます．**L_1 は十分に大きな値としてあるので，i_1 はほぼ方形波状の電流**となります．

あるON時間 t_{on} を経過すると，Tr_1 がOFFします．すると，L_1 に逆起電力が発生し，共振用コンデンサ C_R を充電する方向で，トランスの1次巻線 N_P 内を電流 i_2 が流れます．このとき，L_1 と C_R の時定数は t_{on} に対して非常に大きいため，**i_2 は共振波形とはなりません．**

次に Tr_1 がONすると，i_1 と同時に C_R に充電されていた電荷を放電するように，電流 i_3 が流れ出します．L_R は L_1 に対して小さな値となっているので，C_R との間で共振状態となり，**i_3 はサイン波状で流れる**ことになります．

Tr_1 のコレクタ電流は，方形波状の i_1 とサイン波状の i_3 が加算された波形となります．しかし，トランス内にはサイン波状の電流しか流れないので，一般的なスイッチング・レギュレータに比較して，発生ノイズを少なくすることができるわけです．

●フォワード・コンバータによる電圧共振

図25は，フォワード・コンバータを変形した電圧共振型電源の例です．トランジスタ Tr_1 がONしている期間は，通常のフォワード・コンバータとまったく同様の動作をしています．

ON時間 t_{on} 後に Tr_1 がOFFすると，コレクタ-エミッタ間に接続されたコンデンサ C_R と，トランスのインダクタンス分 L_P とで共振し，電圧波形がサイン波状となります．入力側コンデンサ C_1 は C_R に対して，**$C_1 \gg C_R$ としておけば，共振周波数は C_R のみによって決定**されます．

〈図25〉 フォワード・コンバータによる電圧共振型電源

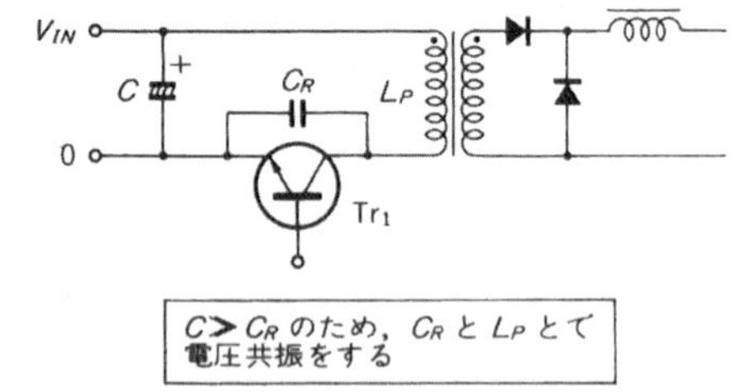

〈図26〉 電流共振型電源の問題

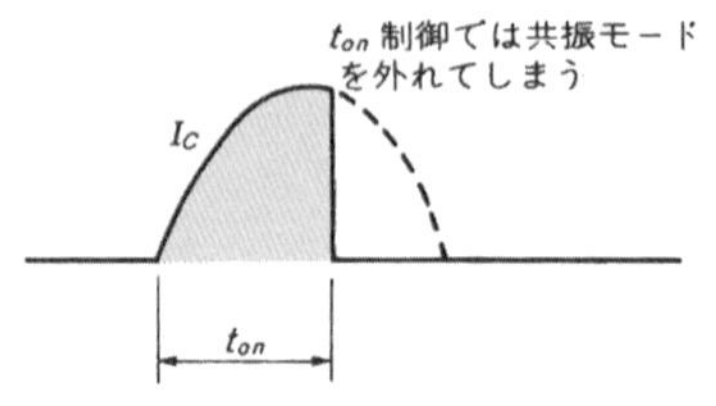

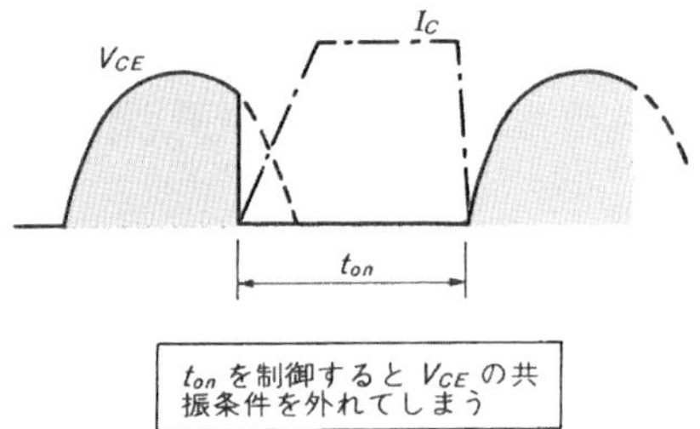

〈図27〉電圧共振型の問題点

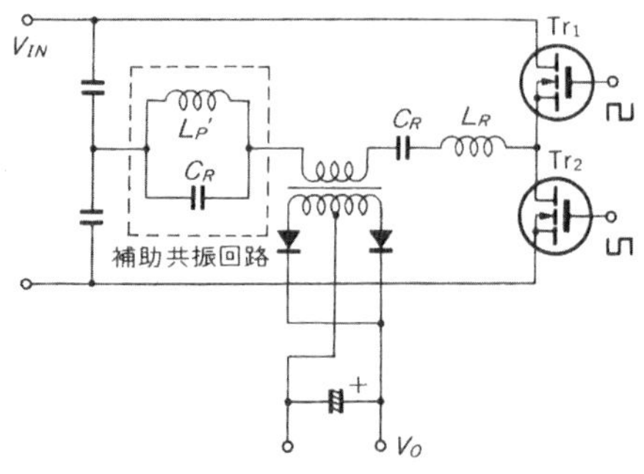

〈図28〉特性改善した電流共振型電源

共振型電源の課題

●定電圧制御をどうするか

共振型電源はどのような回路方式にしろ，通常のスイッチング・レギュレータに比較して，大変優れた動作であるといえます．ところが，現段階では決定的な問題を一つかかえています．それは，**出力電圧を定電圧化する制御方法が極めて難しい**ことです．

通常のスイッチング・レギュレータにおいては，トランジスタのON時間 t_{on}を変化させるPWM制御によって容易に出力電圧を可変することができます．

しかし，共振型電源においては，例えば**図26**のように **t_{on}を変化してしまっては，共振条件を外れてしまいます**．これでは，せっかくコレクタ電流が0になってからトランジスタをOFFさせるというメリットがなくなってしまいます．

また**図27**のように，電圧共振型電源においては，電圧波形が0に達する前にトランジスタをONさせなければならず，同様な問題が発生してしまいます．

そこで現状では，**電流共振型においてはON時間を固定にし，電圧共振型においてはOFF時間を固定に**して，動作周波数を変化する**周波数制御方法**がとられています．こうすると，確かに共振条件を外れることはありませんが，出力電流に正比例して周波数を下げなければなりません．ですから，せっかく高周波化しようとしたものが，最低周波数で回路定数を決めなければならず，思ったような**小型化が達成できなくなって**しまいます．

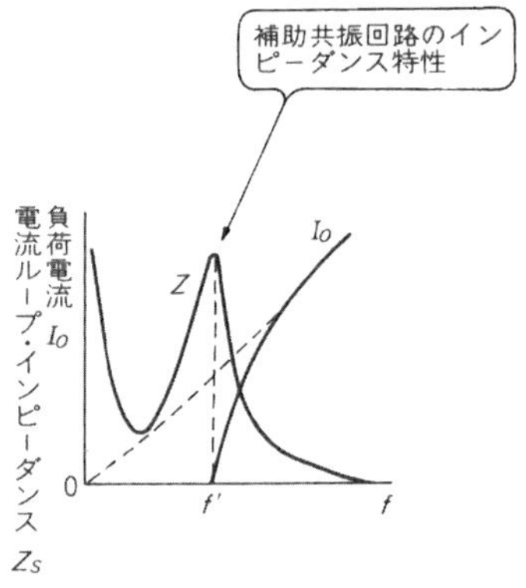

〈図29〉補助共振回路の特性

●特性を改善した制御方法

そこで，**図28**のような回路構成が考案されました．

共振電流の流れる経路上に，**補助共振回路**とよばれる並列共振回路を，L_R'とC_R'とで構成して付加する方法です．この共振周波数f'は，L_RとC_Rによる共振周波数fよりも若干低めに設定しておきます．

これは基本的には，Tr_1とTr_2のON時間を固定した周波数制御方式となっています．そして**図29**の特性のように，並列共振回路は共振点付近で高インピーダンスになることを利用しています．

例えば，出力電流I_Oが最大値から徐々に減少してきたとすると，それに応じて周波数も低下していきます．ところが，補助共振回路の共振周波数f'に近ずいていくにしたがって，回路のインピーダンスが上昇し，電圧降下V'が増加します．そのため，出力トランスの1次巻線N_Pに印加される電圧V_Pは，

$$V_P = V_{IN} - V'$$

と低下しますから，2次巻線電圧も低下して出力電圧を変化することができます．

共振回路においては，いくら電圧降下が発生しても純抵抗分以外による損失は発生しませんので，効率の低下をさせないで出力電圧を制御することができるわけです．

現在ではこの考え方は大変優れたものではありますが，**余分な共振素子を付加しなければならないために**，決して経済的であるとはいえません．そこで，多くの技術者がより完璧な制御方法を検討しています．いくつか新しいアイデアが発表されていますが，まだ今後の課題となっています．

ただし，近い将来には**10 MHz以上で動作する，小型・高効率・低ノイズの電源が，共振型方式**を用いて実現されるものと思います．

◆参考・引用*文献◆

(1) 長谷川彰；スイッチング・レギュレータ設計ノウハウ，CQ 出版社.

(2)*白庄司・戸川；スイッチング・レギュレータの設計法とパワー・デバイスの使い方，誠文堂新光社.

(3) 新電元，半導体製品カタログ，CAT Ne.F 029.

(4)*日立製作所，情報産業用リニヤ IC データ・ブック.

(5)*東芝，産業・汎用バイポーラ IC.

(6)*サンケン電気，半導体集積回路カタログ.

(7)*ナショナル・セミコンダクター，リニヤ IC データブック.

(8)*テキサスインスツルメンツ，リニヤ・サーキット・データブック，No.SCJ 1166.

(9)*東芝，半導体データブック，パワートランジスタ編.

(10)*フェアチャイルド，リニヤ・ディビジョン・プロダクツ・データブック.

(11)*リョーサン，半導体素子用ヒート・シンク，CAT No.82.

(12)*マキシム，パワー・サプライ・サーキット.

(13)*モトローラ，リニヤ・アンド・インターフェース IC.

(14)*松下電器，コンデンサ・カタログ.

(15)*東北金属工業，東金プロダクツ'85/'86，No.GL 002.

(16)*太陽誘電，マイクロ・インダクター・カタログ.

(17)*サンケン電気，半導体集積回路カタログ.

(18)*東芝，アモルファス CY チョーク・コイル.

(19)*TDK，プロダクツ・セレクション・ガイド'85/'86.

(20)*戸川治朗；スイッチング・レギュレータの設計演習，トリケップス.

(21)*東芝，半導体データブック光半導体編.

(22)*インターシル，アナログ・プロダクト総合カタログ，Vol.1.

(23)*日本電池，ポータラック・シリーズ・バッテリ・カタログ.

(24)*東芝，パワー MOS FET 技術資料.

(25)*サンケン電気，半導体カタログ・ダイオード.

(26)*村田製作所，中高圧セラミック・コンデンサ.

(27) 鳳，木原；高電圧工学，共立出版.

(28) 戸川治朗監修；スイッチング・レギュレータ実装トラブル対策の要点，日本工業技術センター.

(29) 横山秀夫監修；電源設計/製作技術，日本工業技術センター.

(30) 戸川治朗；スイッチング電源応用設計の問題と対策，トリケップス.

(31) 鍬田・榊原；動作周波数の負荷依存性を改善した直列共振コンバータ，電子通信学会 PE 86-13

(32) 日本金属，ニッパロイ・コア・カタログ.

(33) 日本フェライト，フェライト・コア・カタログ.

(34) マルコン電子，電解コンデンサ・カタログ.

(35) 信英通信工業，電解コンデンサ・カタログ.

—索引—

〔あ　行〕

〔か　行〕

〔さ　行〕

〔た　行〕

〔な　行〕

〔は　行〕

〔ま　行〕

〔ら　行〕

〔数　字〕

〔欧　文〕

●著者略歴

戸川 治朗（とがわ じろう）

昭和24年　栃木県に生まれる.

昭和48年　新潟大学工学部卒業．長野日本無線（株），サンケン電気（株）を経て，岩崎通信機（株）産業計測（事）計計測技術部に勤務.

高周波・低雑音スイッチング・レギュレータの研究・開発業務に従事.

著書　スイッチング・レギュレータの設計法とパワーデバイスの使い方（誠文堂新光社）

スイッチング電源応用設計上の問題と対策（トリケップス）など

実用電源回路設計ハンドブック［オンデマンド版］

1988年 5月 20日　初版発行
2012年 12月 1日　第29版発行
2022年 11月 1日　オンデマンド版発行

著　者　戸　川　治　朗
発行人　櫻　田　洋　一
発行所　CQ出版株式会社
〒112-8619　東京都文京区千石 4-29-14
電話　編集　03-5395-2123
販売　03-5395-2141

ISBN978-4-7898-5306-4

定価は表紙に表示してあります.

乱丁・落丁本はご面倒でも小社宛てにお送りください.
送料小社負担にてお取り替えいたします.

印刷・製本　大日本印刷株式会社
Printed in Japan